Bergbaumechanik

Lehrbuch für bergmännische Lehranstalten
Handbuch für den praktischen Bergbau

von

Dipl.-Ing. J. Maercks

Bergschule Bochum

Mit 455 Textabbildungen

Springer-Verlag Berlin Heidelberg GmbH
1930

ISBN 978-3-662-36214-3   ISBN 978-3-662-37044-5 (eBook)
DOI 10.1007/978-3-662-37044-5

Vorwort.

Die fortschreitende Mechanisierung im Bergbau hat das Lehrgebiet der Bergschulen auf eine stärkere Betonung des Maschinenwesens gedrängt. Da nun die Mechanik die Grundlage aller maschinentechnischen Vorgänge bildet, so war es eine natürliche Folge, daß auch die Mechanik als Fundamentalwissen der Schüler gefördert werden mußte. Das vorliegende Lehrbuch soll die Vermittlung dieser Wissenschaft erleichtern helfen, es entspringt einer Anregung des Leiters der Bochumer Bergschule, des Herrn Professor Dr.-Ing. h. c. Heise, dem ich an dieser Stelle für sein großes Interesse, das er meiner Arbeit widmete, und für die wertvolle Beratung in bergmännischen Fragen ganz besonders danke. Ebenfalls danke ich den Kollegen im Bochumer Lehrkörper, die mir mit Rat zur Seite gestanden, insbesondere Herrn Dipl.-Berging. von Rosen, der mir für die Strömungslehre manche Anregung gegeben hat.

Da die Mechanik erfahrungsgemäß ein schwer aufzunehmender Unterrichtsstoff ist, war ich bemüht, die Anwendung der Gesetze vielseitig an praktischen Beispielen zu zeigen. Der Stoff gliedert sich in vier Abschnitte mit der Reihenfolge: Statik, Dynamik, Festigkeitslehre und Strömungslehre. Er ist so gefaßt, daß im Unterricht sowohl mit der Dynamik wie mit der Statik begonnen werden kann.

In der Statik habe ich versucht, die Verteilung der im Streckenausbau auftretenden Kräfte zu klären. Es kam mir darauf an, unter Annahme einer bestimmten Druckrichtung die wahrscheinliche Bruchstelle zu finden. Umgekehrt wird dann bei beobachtetem Bruch die vorhanden gewesene Druckrichtung gefolgert werden können.

Die Mechanik der Hämmer ist eingehend behandelt, die Betrachtungen über den Rückstoß und die Stoßelastizität ergaben bedeutsame Schlußfolgerungen. Auch die Mechanik der Schüttelrutschen fand breiteren Raum, sie zeigt Wege zur Leistungssteigerung und Ersparung an Luftverbrauch. Daß Seilrutschgefahr, Fangvorgang beim Absturz eines Korbes und Bremsvorrichtungen besondere Beachtung fanden, wird dazu beitragen, die Frage der Sicherheit dieser Gefahrenbetriebe eingehender zu studieren.

Die Festigkeitslehre ist nur als kurzer Abriß gebracht, aber der Bedeutung der Seilsicherheit und der Knickgefahr der Grubenstempel ist besonders gedacht.

In der Strömungslehre sind die grundlegenden Gesetze für die Wetterlehre behandelt. Die bedeutsamen Ergebnisse der neueren Strömungsforschung, welche neue Wege für die Berechnung der Strömungswiderstände und Strömungsmengen brachten, sind hierbei besonders berücksichtigt worden. Ich hoffe, daß dieser Abschnitt den Herren in

der Praxis, die die Bewetterung durchzuführen haben, besonders
wertvoll sein wird, da er die grundlegenden Fragen über Strömung in
Schächten, Strömung in Strecken söhlig, steigend und fallend, über
natürlichen Wetterzug und Abführung der Grubenwärme beantwortet.

Zum Schluß möchte ich der wertvollen Unterstützung gedenken, die
mir bei der Anfertigung des Figurenmaterials durch das von Herrn
Haibach geleitete Zeichenbüro der Bergschule zuteil wurde.

Bochum, im März 1930.

Maercks.

Inhaltsverzeichnis.

Inhaltsverzeichnis. VII

Dritter Abschnitt.

Druckfehlerberichtigung.

Seite 156 lies $1\,\text{kWh} = 860\,\text{kcal}$ statt 861.

Seite 178, 3. Zeile lies $v = t \cdot g$ statt $v = v \cdot g$.

Seite 201, 9. Zeile lies $\dfrac{G + N}{G}$ statt $\dfrac{G + N}{N}$.

Seite 201, letzte Zeile lies $\dfrac{G + N}{G}$ statt $\dfrac{G + N}{N}$.

Seite 202, 3. Zeile lies $\dfrac{G + N}{G}$ statt $\dfrac{G + N}{N}$.

Seite 307, 13. Zeile lies $l = \dfrac{l_B}{\mathfrak{S}}$ statt $\dfrac{\sigma_B}{\mathfrak{S}}$.

Seite 354, 3. Zeile von unten lies $= \dfrac{\tau \cdot l \cdot g}{v \cdot \gamma}$ statt $\dfrac{\tau \cdot l \cdot g}{v}$.

Einleitung.

Die Mechanisierung unserer Betriebe vollzieht sich unbewußt nach den Gesetzen der Mechanik. Man mechanisiert, indem man Kräfte und Bewegungen, welche bisher der Mensch oder das Tier mit seinen Muskeln hervorrief, mechanisch hervorbringen und mechanisch ausführen läßt.

Einer unserer ältesten mechanischen Apparate ist die Uhr. In einem Gehäuse ist ein Räderwerk zusammengestellt, das durch Entspannen einer aufgezogenen Feder eine Antriebskraft erhält und nun eine ganz bestimmte Bewegung in ganz bestimmter Zeit ausführt. Die mechanische Kraft, die Federkraft, erzeugt eine mechanische Bewegung, die Zeigerbewegung.

Die Mechanik befaßt sich mit solchen Aufgaben. Sie lehrt uns, wie Körper Kräfte aufnehmen, ohne in Bewegung zu geraten, und ebenso, wie Körper Kräfte aufnehmen und dann eine Bewegung ausführen.

Beide Aufgaben löst die Technik im Großen. Sie baut Brücken, Hallen und Häuser, das sind Bauwerke, welche trotz Einwirkung äußerer Kräfte feststehen müssen. Würden sie in Bewegung geraten, so würden sie einstürzen. Sie baut Maschinen, das sind Konstruktionen, welche unter Einwirkung äußerer Kräfte Bewegungen ausführen sollen. So soll die Fördermaschine den Förderkorb hochziehen, die Lokomotive Wagen bewegen und das Schwungrad der Dampfmaschine die Transmissionswellen der Fabrik treiben.

Die Technik löst diese Aufgaben auf Grund der Gesetze, welche die Mechanik vermittelt. Die Mechanik wird daher zwei Hauptarbeitsgebiete haben, sie wird lehren

1. die Bedingungen für den Gleichgewichtszustand der Körper, der im allgemeinen der Ruhezustand der Körper sein wird,

2. die Bedingungen für das Zustandekommen einer Bewegung und das Aufrechterhalten des Bewegungszustandes.

Die Lehre von dem Gleichgewichtszustand der Körper nennt man Statik, die Lehre von dem Bewegungszustand der Körper Dynamik.

Feste Körper müssen so widerstandsfähig sein, daß sie bei der Verwendung für Bauzwecke fest genug bleiben. Die Festigkeitslehre wird diese Aufgabe zu lösen haben.

Bei flüssigen und gasförmigen Körpern erzeugt die Störung des Gleichgewichtszustandes eine Strömung. Solche Strömungsvorgänge hat die Strömungslehre zu untersuchen.

Die Statik der festen Körper.

1. Allgemeines von den Kräften.

Um sich eine Kraft vorzustellen, denke man an eine natürliche Kraft, an das Gewicht der Körper. Hängt man ein Gewicht an einem Gummifaden auf, so wird der Faden länger, d. h. es findet eine Bewegung in der Kraftrichtung statt. Man könnte daher die Kraft auch als Ursache einer Bewegung deuten. Die Kraft äußert sich in diesem Fall als eine Zugwirkung.

Setzt man ein Gewicht auf einen Gummiball, so wird der Ball zusammengedrückt. Es tritt ebenfalls wieder eine Bewegung in der Kraftrichtung ein, aber nicht in Form einer Verlängerung sondern einer Verkürzung des Stützkörpers. Auch hier kann die Kraft wieder als Ursache dieser Bewegung betrachtet werden. Die Kraft äußert sich jetzt als Druckwirkung.

Wir erkennen daraus, daß Kräfte sich im allgemeinen durch Zug- oder Druckwirkungen bemerkbar machen. Diese Wirkungen hat die Mechanik zu untersuchen, ohne sich um die physikalische Art der Kraft zu bekümmern, d. h. ohne zu berücksichtigen, ob die Kraft als Gewichtskraft, als Federkraft oder als Explosionskraft eines Gases oder als Expansionskraft eines hochgespannten Dampfes zustande kommt.

Die Wirkung einer Kraft wird von verschiedenen Umständen beeinflußt. Man sagt, drei Bestimmungsgrößen legen die Wirkung einer Kraft eindeutig fest. Diese sind:

1. der Angriffspunkt,
2. die Richtung,
3. die Größe oder Intensität der Kraft.

Zwei Arbeiter wollen einen Baum umlegen. Sie befestigen das Seil im Punkte A (Abb. 1) unmittelbar über dem Boden, der Baum wird nicht weichen. Verlegen sie aber den Angriffspunkt nach oben, wählen sie also B als Angriffspunkt, so wird der Baum dem Seilzug folgen und sich umlegen.

Auch die Richtung der Zugkraft spielt eine Rolle. Bleiben die Arbeiter auf ihrem ersten Standort stehen und ziehen in der Richtung C, so werden sie wenig Erfolg haben. Je weiter sie sich aber von dem Baum entfernen, und je flacher sie die Neigung D der Zugkraft werden lassen, um so leichter werden sie den Baum umlegen können.

Daß die Größe der Zugkraft auch entscheidend ist, ist ohne weiteres klar. Würde die Kraft der beiden Arbeiter nicht ausreichen, so würde man ein Pferd an dem Seil ziehen lassen und mit dieser größeren Kraft den Baum umlegen können.

Da man die Gewichte der Körper als Kräfte auffaßt und diese mit anderen Kräften vergleicht, so ist es ganz natürlich, daß man als Kraft-

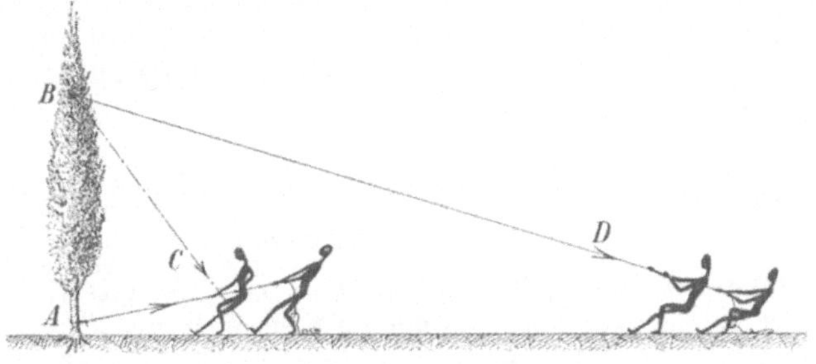

Abb. 1. Die Wirkung einer Kraft.

einheit die Gewichtseinheit nimmt. Als Gewichtseinheit gilt das Kilogramm (kg), das ist ein Gewichtsstück, dessen Gewicht mit dem Gewicht von einem Liter Wasser übereinstimmt.

So wie man rechnerisch die Größe oder Intensität einer Kraft

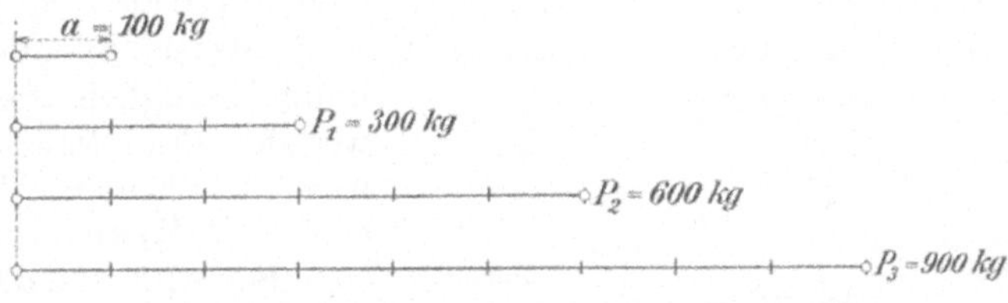

Abb. 2. Zeichnerische Darstellung von Kraftgrößen.

durch Zahlengrößen darstellt, stellt man sie zeichnerisch durch Liniengrößen dar. Man muß dann für die Krafteinheit eine beliebige Längeneinheit zugrunde legen, z. B. für 100 kg die Linienlänge 1 cm, dann wird

Abb. 3. Zeichnerische Darstellung der Kraftrichtungen.

für $P_1 = 300$ kg die Linienlänge $P_1 = 3$ cm, für $P_2 = 600$ kg die Linienlänge $P_2 = 6$ cm und für $P_3 = 900$ kg die Linienlänge $P_3 = 9$ cm.

In Abb. 2 sei a die Längeneinheit für 100 kg, dann wird der Darsteller der Kraft $P_2 = 600$ kg sechsmal und der Darsteller der Kraft $P_3 = 900$ kg neunmal so lang.

Zeichnerisch den Angriffspunkt festzulegen, ist ebenfalls möglich, denn der Körper, auf den die Kraft wirkt, wird durch eine Figur dargestellt. Der Körper sei z. B. ein Förderwagen (Abb. 3), der durch einen

Arbeiter fortbewegt wird. Legt der Arbeiter seine Fäuste auf den oberen Wagenrand, so ist die Berührungsstelle A der Angriffspunkt der Kraft.

Die Richtung in welcher die Kraft wirkt, wird zeichnerisch durch eine Linie angegeben, welche durch den Angriffspunkt geht. In Abb. 3 soll der Arbeiter in horizontaler Richtung seine Kraft zur Wirkung bringen, also muß man durch den Angriffspunkt A eine horizontale Richtungslinie legen. In dieser Horizontalen sind aber zwei Richtungen möglich, der Arbeiter kann den Wagen vor sich her drücken, er kann aber auch den Wagen auf sich zu ziehen. Welche Richtung die Kraft nimmt, ist durch einen Pfeil anzugeben.

2. Zusammensetzung von Kräften, welche in derselben Geraden wirken.

In Abb. 4 wird ein Förderwagen von zwei Arbeitern bewegt, der eine drückt gegen den Förderwagen mit einer Kraft $P_1 = 80$ kg, der andere zieht rückwärts in derselben Kraftrichtung mit der Kraft $P_2 = 60$ kg.

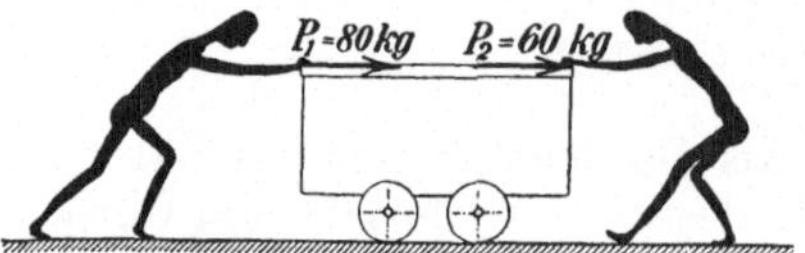

Abb. 4. Zwei Kräfte in derselben Richtung.

Die beiden Kräfte unterstützen sich, rechnerisch wird die Summe der beiden Kräfte, also die zusammengesetzte Kraft $R = P_1 + P_2 = 80 + 60 = 140$ kg den Wagen bewegen. Man nennt diese summarische Kraft R, welche dieselbe Wirkung bezüglich der Bewegung des Wagens hat wie die beiden Einzelkräfte, die Resultierende oder Resultante der Einzelkräfte.

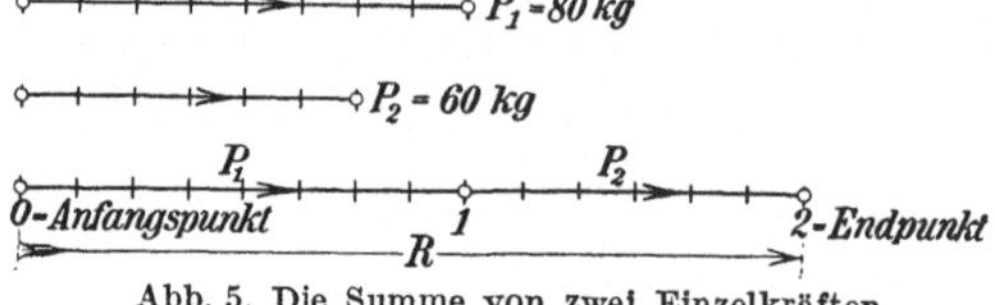

Abb. 5. Die Summe von zwei Einzelkräften.

Satz: *Wirken zwei Kräfte in derselben Richtung, so ist die Resultierende gleich der Summe der beiden Kräfte.*

Zeichnerisch läßt sich die Resultierende ebenfalls leicht darstellen. In Abb. 5 sind die beiden Kräfte $P_1 = 80$ kg und $P_2 = 60$ kg durch Linienlängen dargestellt. Will man die Resultierende zeichnen, so wählt man einen beliebigen Punkt 0 als Anfangspunkt und zieht eine Linie $\overline{01}$ gleich und parallel P_1 und anschließend eine Linie $\overline{12}$ gleich und parallel P_2. Den Punkt 2 nennt man den Endpunkt. Die Resultierende ist dann die Linie $\overline{02}$, d. h. die Verbindungslinie von Anfangs- und Endpunkt.

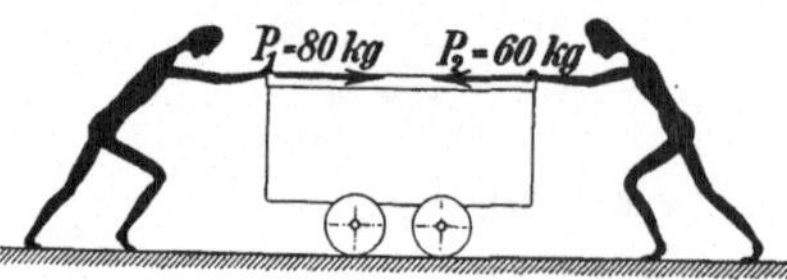

Abb. 6. Zwei Kräfte in entgegengesetzten Richtungen.

In Abb. 6 sind sich die beiden Arbeiter nicht einig, beide wollen den Wagen nach entgegengesetzten Richtungen drücken. Der Wagen wird dem Stärkeren folgen. Die resultierende Kraft wird gleich der

Differenz der beiden Einzelkräfte sein, da die Kräfte entgegengesetzt wirken. Sind diese $P_1 = 80$ kg und $P_2 = 60$ kg, so wird

$$R = P_1 - P_2 = 80 - 60 = 20\,\text{kg}.$$

Die Resultierende nimmt die Richtung der größeren Kraft, also die Richtung der Kraft P_1 an. Der Stärkere überwindet den Schwächeren und drückt den Wagen vorwärts.

Die zeichnerische Lösung bringt Abb. 7. Man sieht die beiden Einzelkräfte $P_1 = 80$ kg und $P_2 = 60$ kg wieder durch Linienlängen gegeben. Um die Resultierende zu finden, wählt man einen beliebigen Punkt 0 als Anfangspunkt, zieht eine Linie $\overline{01}$ gleich und parallel der Kraft P_1 und anschließend in entgegengesetzter Richtung eine Linie $\overline{12}$ gleich und parallel der Kraft P_2. Der Punkt 2 wird wieder Endpunkt genannt.

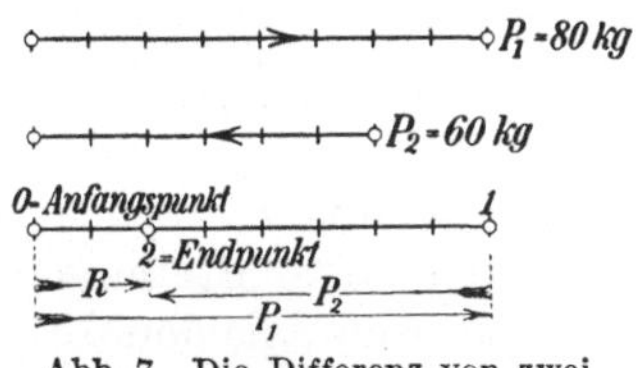

Abb. 7. Die Differenz von zwei Einzelkräften.

Die Linie $\overline{02}$, d. i. die Verbindungslinie von Anfangs- und Endpunkt, ist nun als Differenz der beiden Einzelstrecken die gesuchte Resultierende R.

Satz: Wirken zwei Kräfte einander entgegengesetzt, so ist die Resultierende gleich der Differenz der beiden Kräfte.

Die Richtung der größeren Kraft bestimmt die Richtung der Resultierenden.

Bei zeichnerischer Lösung zieht die Resultierende immer vom Anfangspunkt nach dem Endpunkt der Kräftelinie.

3. Zusammensetzung von Kräften, welche nicht in derselben Geraden wirken, aber denselben Angriffspunkt haben.

a) Zwei Kräfte.

In Abb. 8 sei T eine Tischplatte. Auf der Tischplatte liege eine Kugel. An der Kugel ziehen zwei Kräfte in verschiedenen Richtungen, die Kraft $P_1 = 100$ kg, und rechtwinkelig hierzu die Kraft $P_2 = 200$ kg. In welcher Richtung wird die Kugel sich bewegen?

Wenn eine einzige Kraft auf die Kugel wirkt, ist die Bewegung der Kugel sofort bestimmbar, sie wird sich geradlinig in Richtung dieser Kraft bewegen, und zwar um so schneller, je größer die Kraft ist.

Hat z. B. in Abb. 9 eine Kugel unter dem Einfluß einer Kraft P_1 in einer bestimmten Zeit den Weg s_1 zurückgelegt, so wird dieselbe

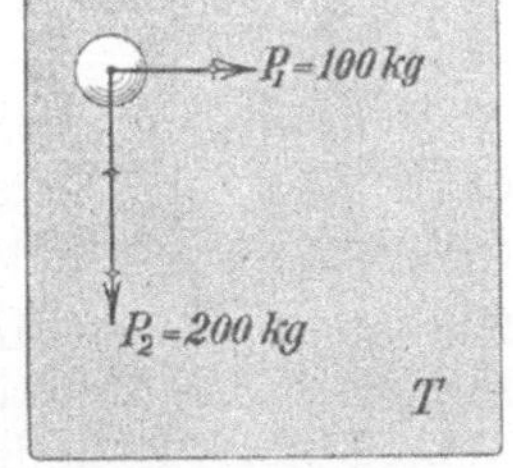

Abb. 8. Zwei Kräfte in verschiedenen Richtungen.

Kugel unter dem Einfluß der doppelt so großen Kraft $P_2 = 2 \cdot P_1$ in derselben Zeit den doppelten Weg $s_2 = 2 \cdot s_1$ zurückgelegt haben, d. h. die Wegestrecken wachsen proportional den bewegenden Kräften.

Um die Bewegung unserer Kugel auf der Tischplatte (Abb. 10) zu verfolgen, denke man sich die beiden Kräfte nicht gleichzeitig, sondern nach einander wirkend. Die Kugel bewege sich zunächst nur unter dem

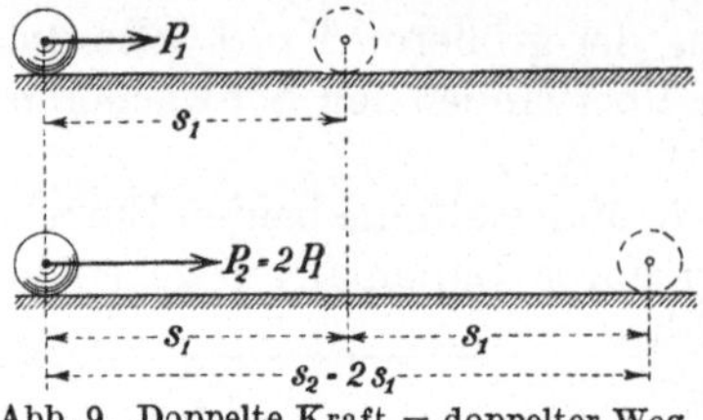

Abb. 9. Doppelte Kraft = doppelter Weg.

Einfluß der Kraft P_1, dann läuft die Kugel in der Kraftrichtung P_1 und legt in einer bestimmten Zeit den Weg s_1 zurück. In Stellung II angekommen, stehe die Kugel still, und nun wirke die zweite Kraft P_2 ebenso lange auf die Kugel. Da P_2 doppelt so groß ist wie P_1, legt nun die Kugel den doppelten Weg $s_2 = 2 \cdot s_1$ in der neuen Kraftrichtung P_2 zurück. Sie gelangt nach Stellung III.

Nach dieser Stellung III hätte die Kugel auch einfacher gelangen können, wenn sie den direkten Weg $I\,III = s_R$ durchlaufen hätte, und den hätte sie durchlaufen, wenn die beiden Kräfte P_1 und P_2 nicht nacheinander, sondern gleichzeitig gewirkt hätten.

Da nun die Wege s_1 und s_2 proportional den Kräften P_1 und P_2 sind, so muß auch der resultierende Weg s_R proportional der resultierenden

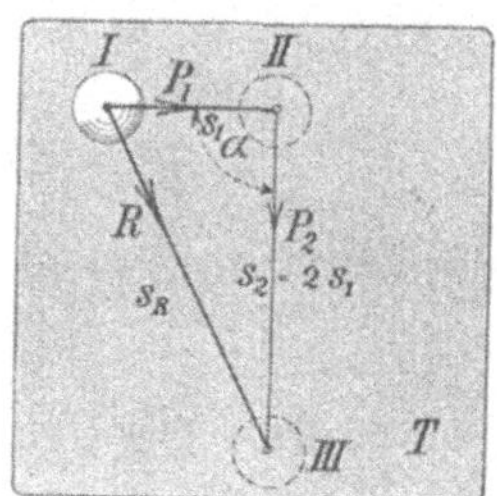

Abb. 10. Die Kräfte wirken nacheinander.

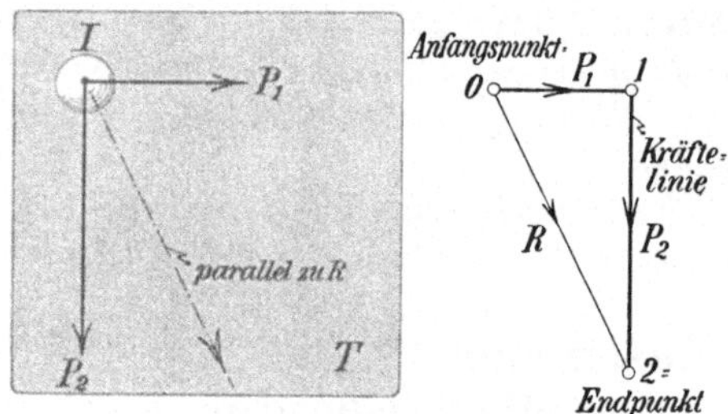

Abb. 11. Zeichnerische Lösung durch Bildung des Kräfteecks.

Kraft R sein, welche wir suchen, d. h. wir finden die resultierende Kraft R als dritte Seite eines Dreiecks, von dem die beiden Seiten P_1 und P_2 und der eingeschlossene Winkel α gegeben sind.

Somit findet unsere Aufgabe eine einfache zeichnerische Lösung (Abb. 11).

Man wähle einen beliebigen Punkt 0 der Zeichenebene als Anfangspunkt, ziehe eine Gerade $\overline{0\,1}$ gleich und parallel P_1, anschließend eine Gerade $\overline{1\,2}$ gleich und parallel P_2, dann ist Punkt 2 der Endpunkt der Kräftelinie und die Linie $\overline{0\,2}$ als Verbindungslinie von Anfangs- und Endpunkt die Resultierende der beiden Einzelkräfte; sie zieht vom Anfangspunkt nach dem Endpunkt.

Diese resultierende Kraft R ersetzt die beiden Einzelkräfte. Die Kugel bewegt sich genau so, als wenn sie nur unter dem Einfluß der Kraft R stände. Zieht man daher auf der Tischplatte durch den Angriffspunkt I der Kräfte eine Parallele zu R, so hat man die gesuchte Bewegungsrichtung der Kugel.

Die in Abb. 11 gezeichnete Kräftefigur wird durch die Resultierende R eine geschlossene Linienfigur. Man nennt diesen Linienzug ein *Kräfteeck*, und da dieses Kräfteeck drei Seiten hat, ein Kräftedreieck.

Das Kräftedreieck ist die Hälfte eines Parallelogramms, das wie folgt gebildet wird. Sind in Abb. 12 die beiden Kräfte $P_1 = ab$ und $P_2 = ac$ gegeben, und zieht man durch den Punkt b eine Parallele zu P_2 und durch den Punkt c eine Parallele zu P_1, so schneiden sich diese im Punkte d und bilden das Parallelogramm $abdc$. Zieht man die Diagonale ad, so ist $ad = R$ die Resultierende der beiden Einzelkräfte.

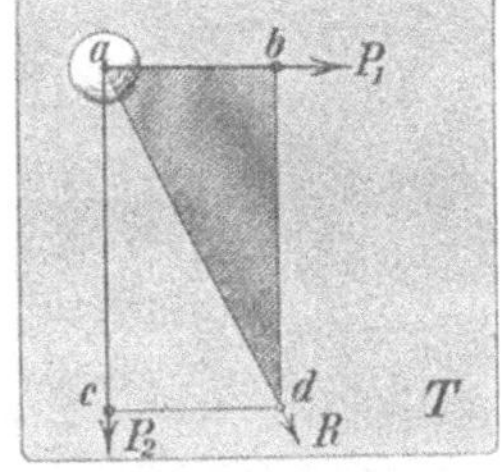

Abb. 12. Das Kräfteparallelogramm.

Der Satz vom Parallelogramm der Kräfte: *Gehen zwei Kräfte mit verschiedenen Richtungen von demselben Angriffspunkt aus, so wird die Resultierende der Größe und Richtung nach dargestellt durch die vom Angriffspunkt ausgehende Diagonale des mit den Einzelkräften als Seiten konstruierten Parallelogramms.*

Der Satz ist in Abb. 13 und 14 für zwei verschiedene Winkel, den die beiden Kräfte $P_1 = 400$ kg und $P_2 = 300$ kg miteinander bilden, zur Anwendung gebracht. In Abb. 13 ist der Winkel α kleiner als 90^0, in

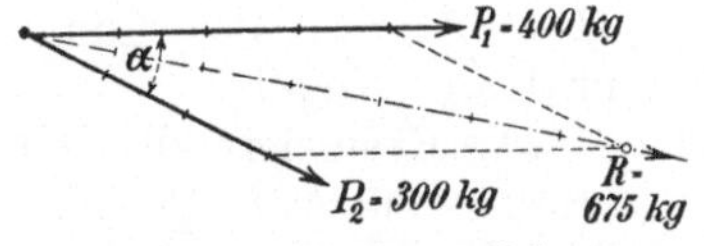

Abb. 13. Das Kräfteparallelogramm.

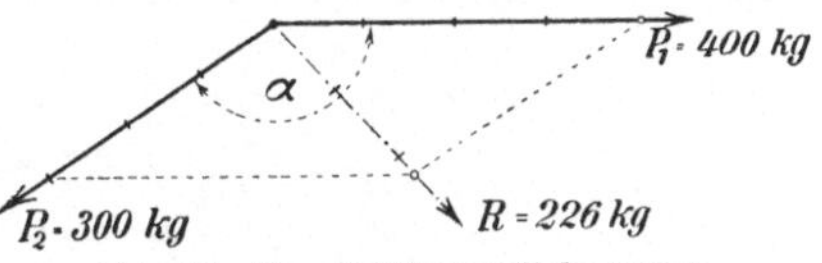

Abb. 14. Das Kräfteparallelogramm.

Abb. 14 größer als 90^0, die Resultierende wird im 1. Fall $R = 675$ kg, im 2. Fall $R = 226$ kg. Je kleiner also der Winkel α wird, desto größer wird der Wert von R, der Grenzfall für $\alpha = 0$, beide Kräfte wirken in derselben Geraden mit gleicher Richtung, würde den größten Wert $R = P_1 + P_2 = 400 + 300 = 700$ kg ergeben.

Je größer der Winkel α wird, desto kleiner wird der Wert von R, der Grenzfall für $\alpha = 180^0$, beide Kräfte wirken in derselben Geraden, aber mit entgegengesetzter Richtung, würde den kleinsten Wert $R = P_1 - P_2 = 400 - 300 = 100$ kg ergeben.

b) Beliebig viele Kräfte.

Ob nun zwei Kräfte oder eine Reihe von Einzelkräften mit demselben Angriffspunkt auf einen Körper wirken, das Aufsuchen der resultierenden Kraft geschieht immer nach derselben Methode, nämlich durch Aufzeichnen der Kräftelinie.

Es wirken z. B. in Abb. 15 auf eine Kugel vier Kräfte in verschiedenen Richtungen, die Kräfte $P_1 = 40$ kg, $P_2 = 60$ kg, $P_3 = 30$ kg und $P_4 = 50$ kg, in welcher Richtung und mit welcher Kraft wird die Kugel sich bewegen?

Man zeichnet die Kräftelinie, indem man einen beliebigen Punkt 0 als Anfangspunkt wählt und eine Linie $\overline{01}$ gleich und parallel P_1 zieht. Zieht man anschließend eine Linie $\overline{12}$ gleich und parallel P_2, daran anschließend eine Linie $\overline{23}$ gleich und parallel P_3, und wiederum an-

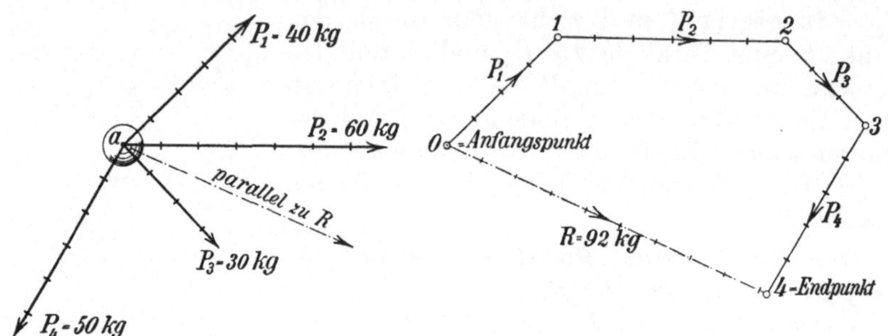

Abb. 15. Beliebig viele Kräfte mit gleichem Angriffspunkt.

schließend eine Linie $\overline{34}$ gleich und parallel P_4, so ist Punkt 4 der Endpunkt der Kräftelinie.

Schließt man die Figur durch die Verbindungslinie $\overline{04}$, so ist die Länge der Linie $\overline{04}$ die Größe der resultierenden Kraft R. Wir messen $R = 92$ kg als Bewegungskraft der Kugel.

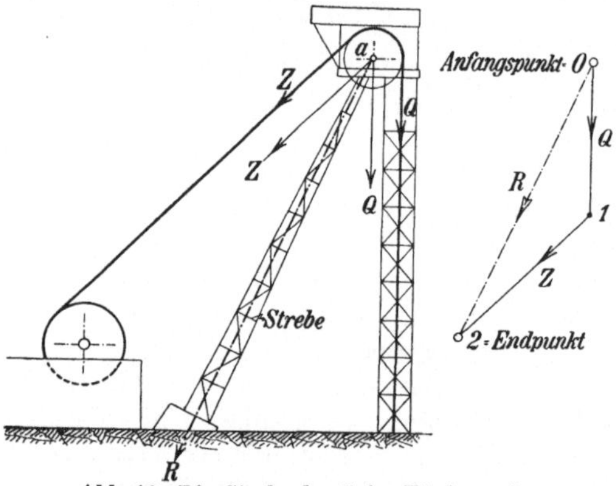

Die Resultierende zieht immer vom Anfangs- nach dem Endpunkt und damit ist auch die Pfeilrichtung der Resultierenden gegeben.

Legt man durch den Angriffspunkt a der vier Kräfte eine Parallele zur Resultierenden R, so ist die Richtung gefunden, in welcher die Kugel abrollt.

Abb. 16. Die Strebenkraft im Fördergerüst.

Man nennt die geschlossene Figur (Abb. 15) ein Kräftevieleck die Verbindungslinie von Anfangs- und Endpunkt der Kräftelinie nennt man die Schlußseite.

Satz: Die Resultierende aller Einzelkräfte, welche mit gemeinsamem Angriffspunkt auf einen Körper wirken, wird durch die Schlußseite des Kräftelinienzuges gebildet. Sie zieht immer vom Anfangspunkt nach dem Endpunkt.

1. Beispiel: Die Seilscheibe eines Fördergerüstes (Abb. 16) wird am Umfang durch die beiden Kräfte Q und Z belastet. Wie groß ist der resultierende Lagerdruck und welche Richtung hat er?

Die Kräfte Q und Z müssen durch die Wellenzapfen auf das Lager, und von diesem auf den Turm übertragen werden. Der Wellenmittelpunkt a ist daher der gemeinsame Angriffspunkt der beiden Kräfte. Um die Resultierende der Größe und Richtung nach zu finden, zeichnet man die Kräftelinien. Man wählt einen beliebigen Punkt 0 als Anfangspunkt, zieht die Linie $\overline{01}$ gleich und parallel Q und anschließend die Linie $\overline{12}$ gleich und parallel Z. Die Verbindungslinie $\overline{02}$ vom Anfangs-

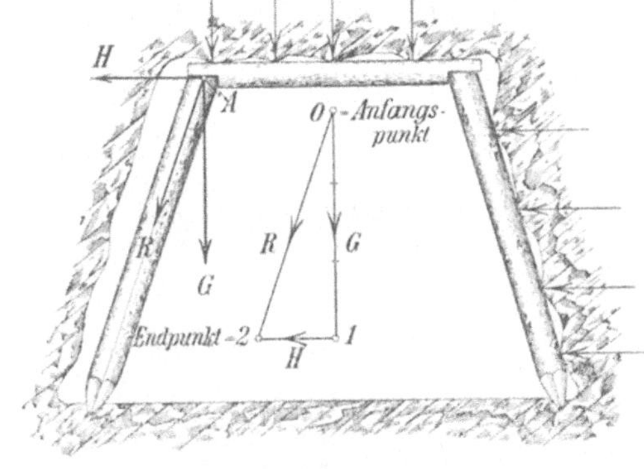

und Endpunkt ist die gesuchte Resultierende R. Sie zieht vom Anfangspunkt nach dem Endpunkt.

Zieht man durch den Wellenmittelpunkt a die Linie R parallel zur Linie R des Kräftedreiecks, so ist die Richtung gefunden, in welcher das Lager auf den Turm drückt. In dieser Richtung muß die Strebe den Turm abstützen, damit der Turms icher steht.

Abb. 17. Streckenzimmerung mit Stoßdruck und Druck aus dem Hangenden.

2. Beispiel: Bei einer Streckenzimmerung (Abb. 17) ist Druck aus dem Hangenden und Seitendruck aufzunehmen. In welcher Richtung wird der Kappenstützpunkt A ausweichen wollen?

Im Stützpunkt A der Kappe wirken zwei Kräfte, die aus dem Druck des Hangenden entstehende Gewichtsbelastung G und die in Richtung der Kappe vom Seitendruck herrührende Horizontalkraft H. Die Schlußseite $\overline{02}$ des aus G und H gebildeten Kräfteecks liefert die Resultierende R der Größe und Richtung nach. Zieht man durch den Stützpunkt A der Kappe die Linie R parallel zur Linie R des Kräftedreiecks, so ist damit die Richtung gegeben, in welcher der Stützpunkt A ausweichen will. Es ist daher zweckmäßig, dem stützenden Stempel diese Richtung zu geben, ihn also schräg zu stellen.

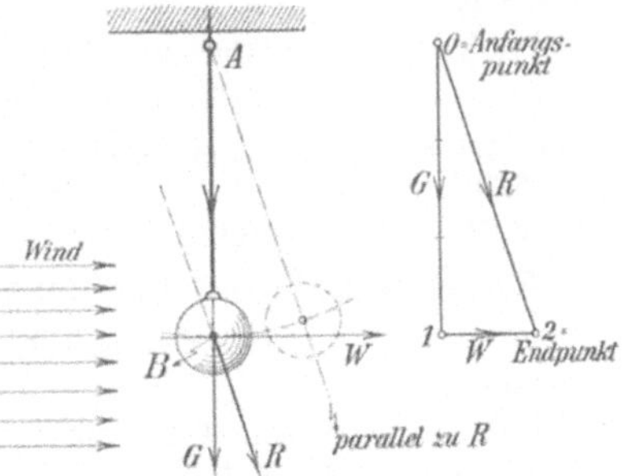

Abb. 18. Kugelpendel, vom Wind getroffen.

3. Beispiel: In Abb. 18 ist eine Kugel an einem Faden aufgehängt. Man beobachtet, daß bei starkem Wind die Kugel aus der senkrechten in eine schräge Fadenlage kommt und in dieser Lage verharrt, wie erklärt sich diese Erscheinung?

Bei windstiller Luft wirkt auf die Kugel nur eine Kraft, das ist das Kugelgewicht G, dessen Angriffspunkt der Mittelpunkt B der Kugel ist. Die Verlängerung der Kraftrichtung G nach oben hin geht durch den festen Aufhängepunkt A, so daß die Kugel bei dieser vertikalen Fadenrichtung in Ruhe bleibt.

Bei bewegter Luft drückt der Wind in horizontaler Richtung auf die Kugel, so daß zu der senkrechten Kraft G noch die Horizontalkraft W hinzukommt, welche ebenfalls im Punkt B angreift. Nimmt man z. B. an, daß $W = \frac{1}{3} \cdot G$ ist, und zeichnet in bekannter Weise das Kräftedreieck auf, so erhält man in R die Resultierende der beiden Kräfte. Zieht man durch B die Linie R parallel zur Resultierenden R des Kräftedreiecks, so geht diese Linie nicht durch den festen Aufhängepunkt. Mithin schwingt die Kugel so weit nach der Seite, bis die Fadenrichtung parallel zu R geworden ist. In dieser schrägen Lage bleibt dann die Kugel stehen.

Man könnte mit dieser einfachen Einrichtung eine Messung der Windgeschwindigkeit oder Windstärke vornehmen, wenn man die Ausschlag-

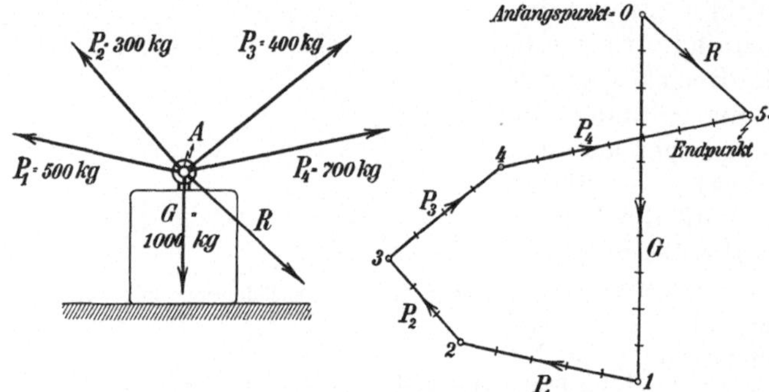

Abb. 19. Die zeichnerische Bestimmung der Resultierenden.

größen bei Luftströmen von bekannter Geschwindigkeit einmal empirisch festlegt.

Auch ist zu beachten, daß Lotungen fehlerhaft werden, wenn das Lot in stark bewegter Luft hängt.

4. Beispiel: An einem Gewicht von $G = 1000$ kg ziehen (Abb. 19) die Kräfte $P_1 = 500$ kg, $P_2 = 300$ kg, $P_3 = 400$ kg, $P_4 = 700$ kg in verschiedenen Richtungen schräg nach oben, wird das Gewichtsstück gehoben?

Sämtliche Kräfte haben denselben Angriffspunkt A, folglich lassen sie sich in bekannter Weise im Kräfteeck zu einer Resultierenden zusammenfassen.

Zieht man durch den Angriffspunkt A der Kräfte eine Pfeillinie R parallel zur Linie R des Kräfteecks, so wird das Gewicht in dieser Richtung sich fortbewegen wollen. Da die Kraft R schräg nach unten wirkt, so wird ein Hochheben des Gewichtes nicht erfolgen können.

4. Das Zerlegen einer Kraft in zwei Seitenkräfte.

Zwei in B und C gelenkartig gestützte Eisenstäbe (Abb. 20) legen sich im Punkte A gelenkartig gegeneinander. Im Punkte A werde ein Gewicht G aufgehängt. Dann muß das Gewicht von den Eisenstäben getragen werden. Und da das Gewicht auf den Kopf der Stäbe drückt, so muß eine Druckkraft in jedem Stabe auftreten. Diese Druckkräfte verlaufen in Richtung der Stäbe. Folglich sind die Stabrichtungen die Richtungen der Seitenkräfte P_1 und P_2.

Man zeichnet, von einem beliebigen Punkt 0 als Anfangspunkt ausgehend, die Linie $\overline{02}$ gleich und parallel G, legt durch den Anfangspunkt 0 eine Parallele zur Stabrichtung AC und durch den Endpunkt 2 eine Parallele zur Stabrichtung AB. Beide schneiden sich im Punkte 1.

Die Linie $\overline{01}$ stellt

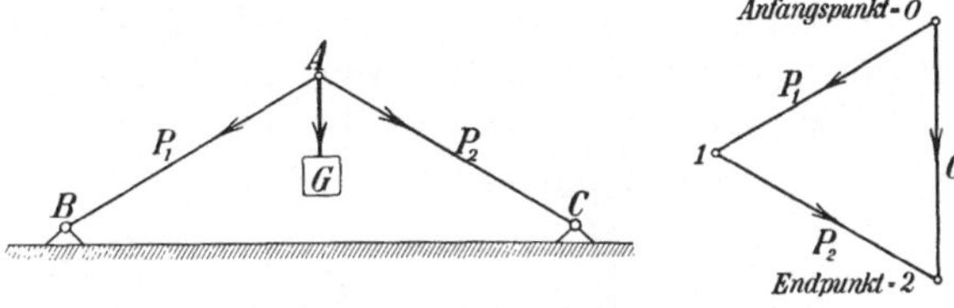

Abb. 20. Das Zerlegen einer Kraft in zwei Seitenkräfte.

die gesuchte Seitenkraft P_1 und die Linie 12 die gesuchte Seitenkraft P_2 dar. Auch hier findet man die Pfeilrichtungen, indem man die Seitenkräfte P_1 und P_2 vom Anfangspunkt nach dem Endpunkt ziehen läßt.

In Abb. 21 sind zwei Eisenstäbe in den Punkten B und C gelenkartig an der Decke aufgehängt

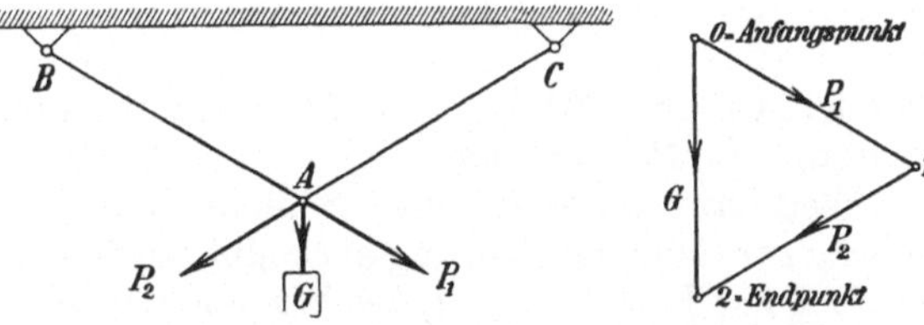

Abb. 21. Das Zerlegen einer Kraft in zwei Seitenkräfte.

und im Punkte A gelenkartig miteinander verbunden. Im Punkte A ist ein Gewicht G angehängt. Es werden die Stabkräfte P_1 und P_2 gesucht. Da das Gewicht am Fuß der Stäbe zieht, so muß in jedem Stab eine Zugkraft auftreten. Diese Zugkräfte verlaufen in der Richtung der

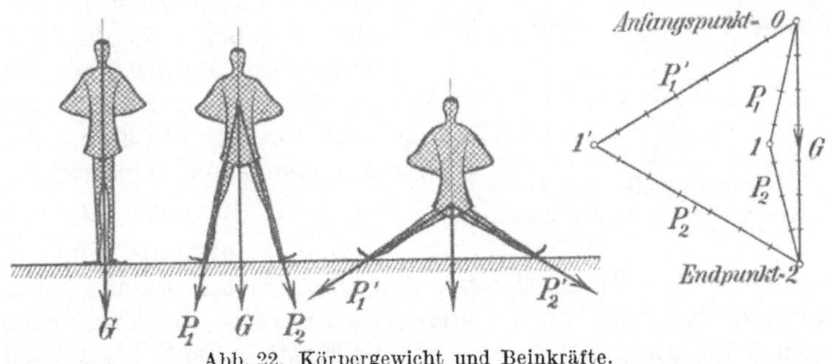

Abb. 22. Körpergewicht und Beinkräfte.

Stäbe, folglich sind die Stabrichtungen die Richtungen der gesuchten Seitenkräfte P_1 und P_2. Das Kräfteeck liefert die Kräfte P_1 und P_2 der Größe und Richtung nach.

Das Körpergewicht G des Menschen (Abb. 22) verteilt sich bei lotrechter Beinstellung zu gleichen Teilen auf beide Beinstützen. Jedes Bein nimmt die Druckkraft $\frac{1}{2} \cdot G$ auf. Bei schräger Beinstellung stellt sich aber eine größere Belastung ein. Man findet sie, indem man die bekannte Kraft G in die beiden Seitenkräfte P_1 und P_2 zerlegt, deren Richtungen durch die Beinstellungen gegeben sind. Die Kraftgrößen P_1 und P_2 ergeben sich aus dem Kräfteeck, das man findet, indem man durch den Anfangspunkt 0 der Kraft G eine Parallele zur Beinrichtung P_1 und durch den Endpunkt 2 eine Parallele zur Beinrichtung P_2 legt.

Geht der Mensch durch Spreizen der Beine in die tiefere Lage über, so entstehen infolge der starken Schrägstellung der Beine die Seitenkräfte P_1' und P_2', welche, wie das Kräfteeck zeigt, ganz bedenkilch groß werden. Hat man z. B. das Kräfteeck mit $G = 70$ kg auf-

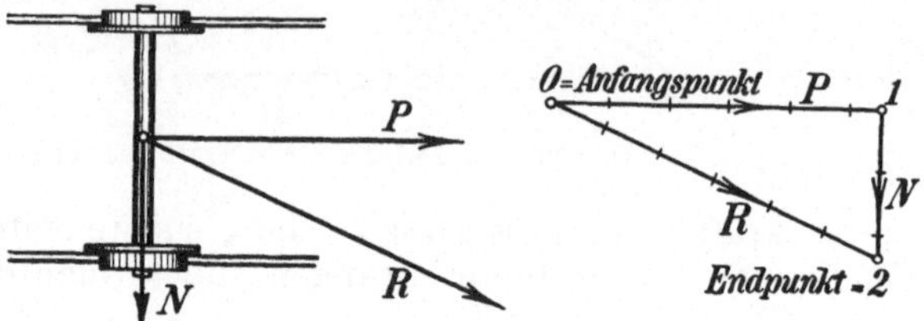

Abb. 23. Der Schienendruck bei Schrägkräften.

gezeichnet, so wird in Abb. 22 die Seitenkraft $P_1' = 68$ kg und die Seitenkraft $P_2' = 68$ kg.

Wenn auf die Achse eines Schienenweges (Abb. 23) eine Zugkraft R schräg zur Schienenrichtung ausgeübt wird, so wird nur ein Teil der Zugkraft R zur Fortbewegung des Wagens ausgenutzt, denn der Spurkranz des einen Rades wird gegen die Schienen gedrückt. Man zerlegt die gegebene Kraft R in zwei Seitenkräfte, in eine Kraft P parallel zum Schienenlauf und in eine Kraft N normal zum Schienenlauf. Im Kräfteeck ist $\overline{02} = R$ die gegebene Zugkraft, zieht man durch Punkt 0 ein Parallele zur gegebenen Kraftrichtung P und durch Punkt 2 eine Parallele zur gegebenen Kraftrichtung N, so stellt die Linie $\overline{01}$ die Kraftgröße P und die Linie $\overline{12}$ die

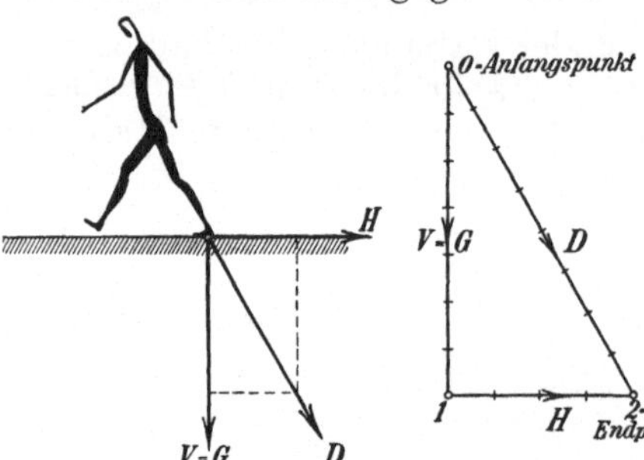

Abb. 24. Der Gang des Menschen.

Kraftgröße N der. Man erkennt, daß die Kraft P kleiner ist als die Zugkraft R. Sie wird um so kleiner, je schräger die Kraft gegen die Schienen zieht. Am günstigsten zieht die Kraft in der Schienenrichtung.

Beim gewöhnlichen Gehschritt des Menschen (Abb. 24) wirkt eine Schrägkraft D gegen den Boden, deren Größe sich aus dem Körpergewicht G bestimmt. D ist die Resultierende aus der Seitenkraft V und der Seitenkraft H. Bekannt ist in diesem Fall V, denn V muß der Gewichtskraft G gleich sein.

Im Kräfteeck findet man aus der bekannten Kraft $V = G$ die Unbekannten D und H.

Je schräger die Beinstellung D wird, um so größer wird die Horizontalkraft H. Diese will aber den Fuß zum Ausgleiten oder den Körper zum Fallen bringen. Ist der Boden sehr glatt, so tritt Gleiten ein. Dem sucht der Mensch aber zu entgehen, indem er bei Glatteis nur kurze Trippelschritte macht, wodurch die Horizontalkraft H infolge der steileren Beinstellung sehr klein bleibt.

Beim Kurbeltrieb einer Kolbenkraftmaschine (Lufthaspel, Dampfmaschine) wird in der Kurbelstellung A (Abb. 25) der Widerstand D der Schubstange auf den Kreuzkopf drücken. Der Widerstand D zerlegt sich in eine horizontale Seitenkraft H, welche von der Kolbenkraft

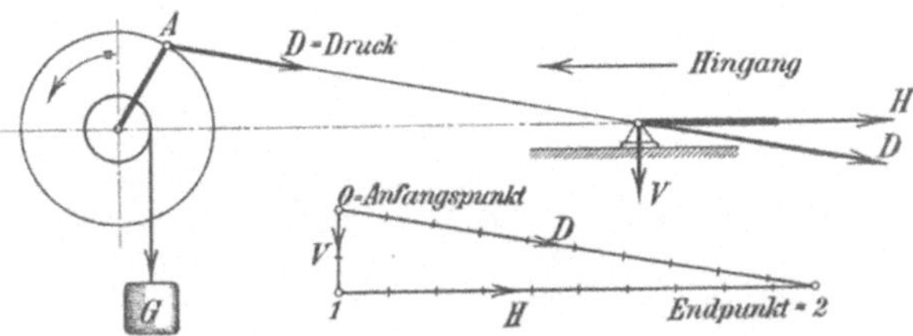

Abb. 25. Der Kurbeltrieb beim Hingang, Linksdrehung.

überwunden werden muß, und in eine vertikale Seitenkraft V, welche von der Kreuzkopfbahn aufzunehmen ist. Das Kräfteeck ist in bekannter Weise zu zeichnen.

In der Kurbelstellung B (Abb. 26) zieht der Schubstangenwiderstand Z an dem Kreuzkopf. Z liefert eine Horizontalkraft H in entgegengesetzter Richtung, dagegen eine Vertikalkraft V, welche wieder in

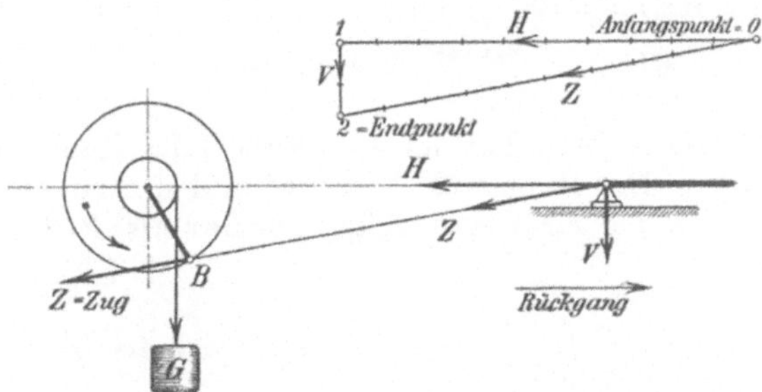

Abb. 26. Der Kurbeltrieb beim Rückgang, Linksdrehung.

derselben Richtung nach unten auf den Kreuzkopf drückt. Bei dem gezeichneten Drehsinn der Kurbel wird also der Kreuzkopf sowohl beim Hingang als auch beim Rückgang gegen die untere Kreuzkopfbahn gedrückt, so daß bei gleichbleibender Drehrichtung die obere Kreuzkopfbahn fehlen kann.

Hat die Kurbel entgegengesetzten Drehsinn (Abb. 27), so wird sowohl in der Kurbelstellung A wie in der Kurbelstellung B die Vertikalkraft V den Kreuzkopf nach oben drücken, so daß nun die obere Kreuzkopfbahn ausgeführt werden muß, während die untere Bahn fehlen könnte.

Ist die Maschine umsteuerbar, so daß beide Drehrichtungen abwechseln wie beim Lufthaspel und der Fördermaschine, so muß der Kreuzkopf demnach oben und unten geführt werden.

Der Bohrhammer muß durch die Fäuste des Bergmanns abgestützt werden. In Abb. 28 ist die falsche Abstützung gezeigt. Der Arbeiter sitzt viel zu weit rückwärts und stützt den Hammer infolgedessen

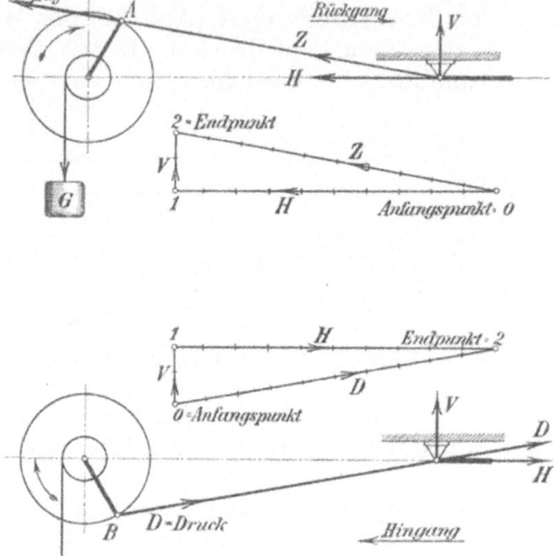

Abb. 27. Rechtsdrehung.

schräg ab. Der rechte Arm hat den **Rückstoß** des Hammers am Handgriff aufzufangen. Der Rückstoß P erzeugt in dem Arm die Schrägkraft D. Diese ist, wie das Kräfteeck zeigt, **größer** als P. Die Armmuskel

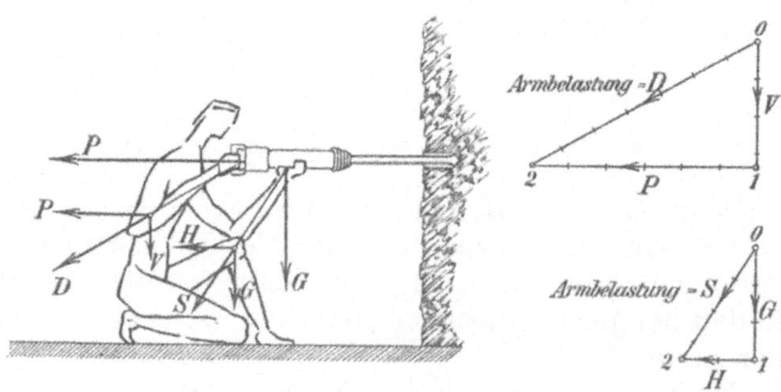

Abb. 28. Falsche Hammerhaltung.

wird dadurch unnötig belastet, denn der Arm hat außer der Horizontalkomponente $H = P$ noch die Vertikalkomponente V aufzunehmen. Auch der linke Arm, welcher das **Gewicht** G des Hammers abzufangen hat, erhält durch die schräge Lage die Druckkraft S, welche größer ist als G, denn zu der Vertikalkomponente G tritt noch die Horizontalkomponente H.

Die richtige Führung des Hammers zeigt Abb. 29. Der Arbeiter setzt das Knie so weit vor, daß der linke Unterarm den Hammer senkrecht abstützt. Dadurch wird die Armbelastung nicht größer als G. Der rechte Unterarm steht vollständig horizontal in der Verlängerung des Hammers, so daß der Rückstoß P in der Armrichtung

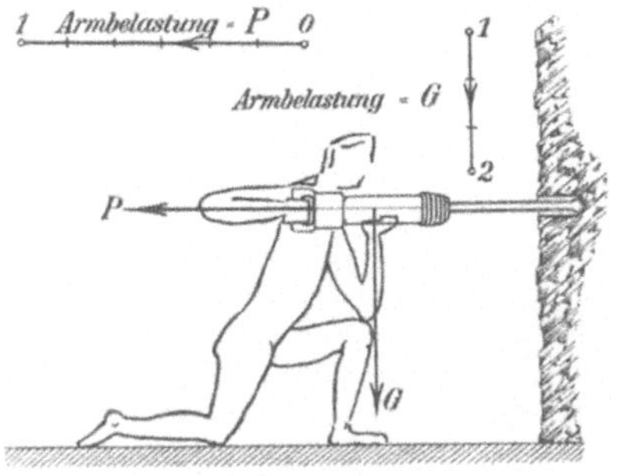

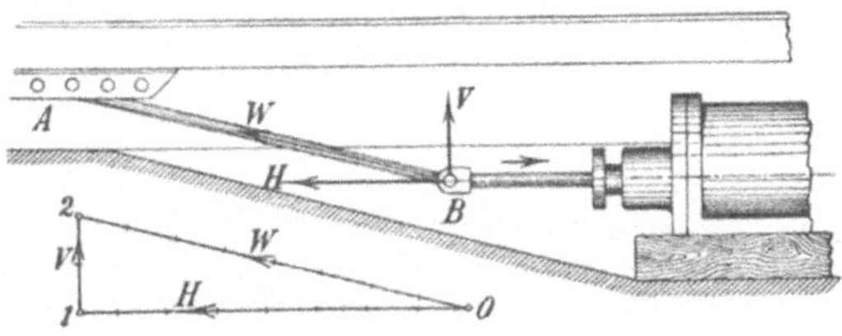

Abb. 29. Richtige Hammerhaltung.

Abb. 30. Falscher Angriffspunkt des Rutschenmotors.

liegt. Dadurch wird der Arm nur durch den horizontalen Rückstoß P und nicht mehr zusätzlich durch eine vertikale Stoßkomponente belastet.

Fehlerhafte Aufstellung von Rutschenmotoren verursachen häufig Betriebsstörungen. Liegt z. B. der Angriffspunkt A (Abb. 30) an der Rutsche wesentlich höher wie der Kolbenstangengelenkpunkt B, so wirkt der Rutschenwiderstand W in der schrägen Richtung der Verbindungsstange.

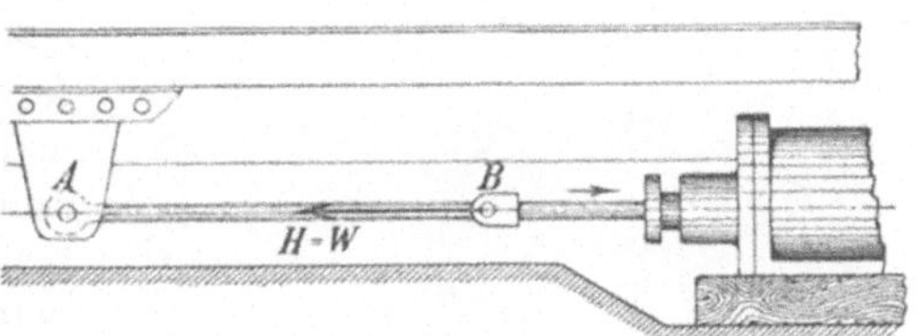

Abb. 31. Richtiger Angriffspunkt des Rutschenmotors.

W zerlegt sich aber in eine horizontale Seitenkraft H, welche von der Kolben-

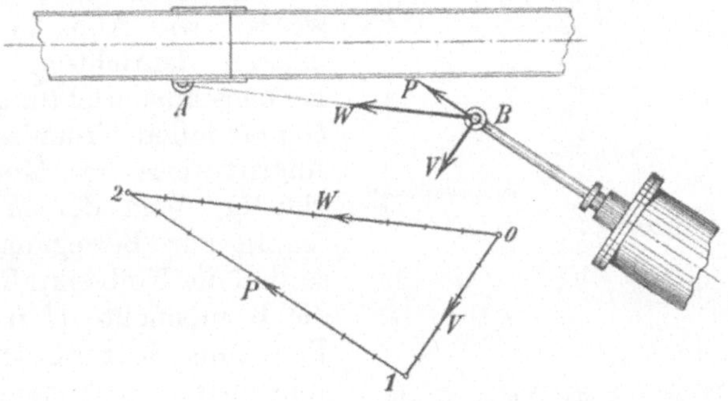

Abb. 32. Falsche Schräglage des Motors.

kraft überwunden werden muß, und in eine vertikale Seitenkraft V, welche die Kolbenstange nach oben biegt. Diese Kraft verursacht einen schnellen Verschleiß der Führungsbüchse, kann aber auch so groß sein, daß die Kolbenstange derart verbogen wird, daß der Motor nicht mehr arbeitet, oder daß die Kolbenstange bricht.

In Abb. 31 ist die richtige Aufstellung gezeigt. Der Angriffspunkt A ist so tief gelegt, daß die Verbindungsstange $A\,B$ in Richtung der Kolben-

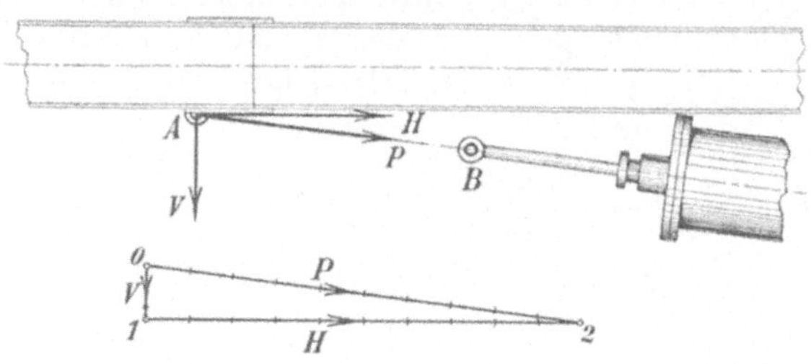

Abb. 33. Richtige Schräglage des Motors.

stange liegt, so daß der Rutschenwiderstand W nur eine Kolbenbelastung $H = W$ hervorruft.

Wird die Rutsche von einem seitlich der Rutsche liegenden Motor angezogen (Abb. 32), so ist die Aufstellung des Motors wieder fehlerhaft,

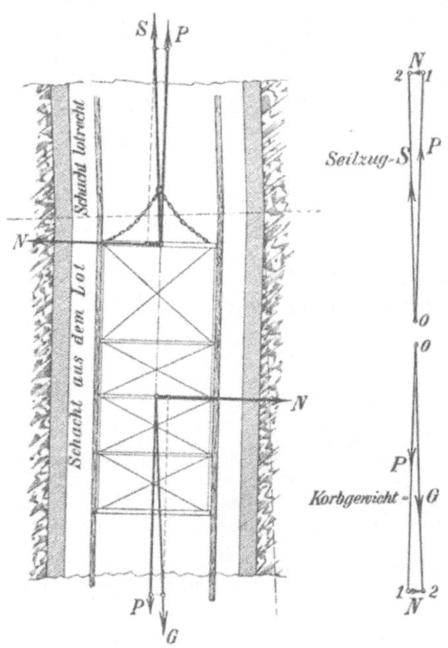

Abb. 34. Der Förderkorb im schiefen Schacht.

wenn die Seilrichtung $A\,B$ mit der Kolbenstangenrichtung einen Knick macht. Der Rutschenwiderstand W erzeugt einen Seitenwiderstand P parallel zur Kolbenstangenrichtung und einen Seitenwiderstand V vertikal zur Stangenrichtung. Die Kolbenstange wird durch die Vertikalbelastung V wieder zur Seite gebogen.

Der Motor muß so gestellt werden wie Abb. 33 zeigt. Es müssen Seilrichtung $A\,B$ und Kolbenstangenrichtung in eine Gerade fallen. Trotzdem ist diese Angriffsweise des Motors nicht günstig, denn der Motor zieht schräg zur Bewegungsrichtung, so daß die Kolbenkraft P sich in die Komponente H parallel zur Bewegungsrichtung der Rutsche und in die Komponente V senkrecht hierzu zerlegt. Die Seitenkraft V will aber die Rutsche aus der Bewegungsrichtung herausdrängen, so daß die Rutsche unruhig arbeitet. Jedenfalls darf der Winkel zwischen Seilrichtung und Rutschenrichtung nur klein sein.

Bei Schächten, die stellenweise erheblich aus dem Lot geraten sind, können zusätzliche Seilbelastungen und starker Spurlattenverschleiß entstehen. Sowohl der vertikale Seilzug S (Abb. 34) als auch das vertikale Korbgewicht G zerlegt sich in eine Seitenkraft P parallel zur Schräglage der Spurlatten und in eine Seitenkraft N normal zur Spurlattenrichtung. Die Kräfte N drücken senkrecht auf die Spurlatten und erzeugen einen Reibungswiderstand, der das Seil zusätzlich belastet und

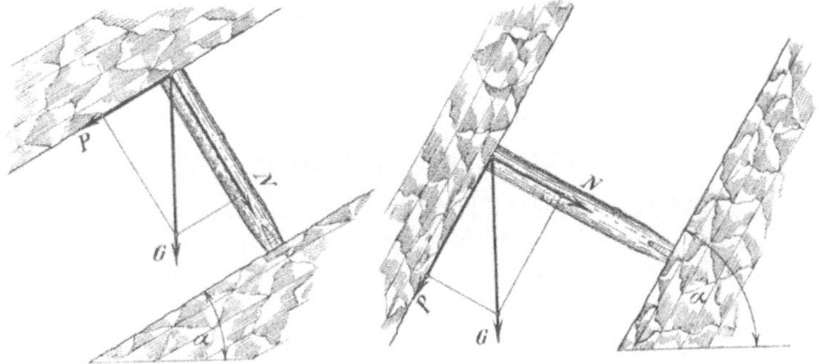

Abb. 35. Die Stempelbelastung bei verschiedenem Einfallen.

außerdem die Spurlatten zum schnellen Verschleiß bringt. Starker Spurlattenverschleiß an derselben Stelle des Schachtes ist daher meistens auf Schräglage des Schachtes zurückzuführen. Nebenher können auch Klemmungen des Korbes auftreten, wodurch ganz bedeutende Seilbelastungen auftreten können. Sie wirken stoßartig und erzeugen

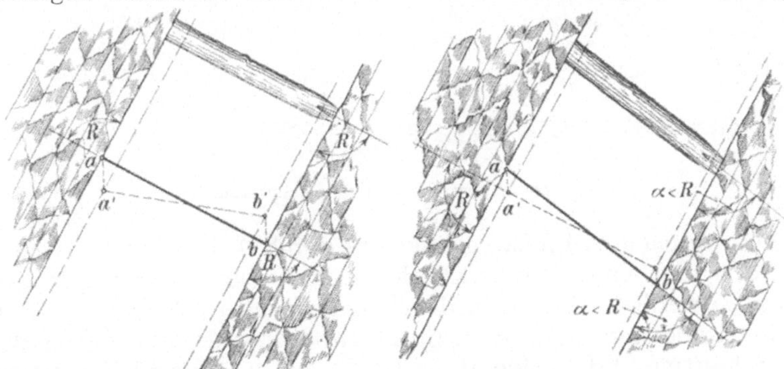

Abb. 36. Die Stempelstellung mit Rücksicht auf die Bewegung der Gebirgsschichten.

vertikale Schwingungen des fahrenden Korbes, die von den Mitfahrenden leicht wahrgenommen werden können.

Bei einfallenden Schichten (Abb. 35) hängt die Stempelbelastung von der Größe des Einfallwinkels α ab. Auf den Kopf des Stempels drückt in vertikaler Richtung das Gewicht G der hangenden Schicht. Es zerlegt sich in die Komponenten P und N. Die Normalkomponente N erzeugt die Stempelbelastung. Sie wird um so kleiner, je größer der Einfallwinkel α wird.

In Abb. 36 ist gezeigt, wie durch die Bewegung der Gebirgs-
schichten sich die Lage des Stempels verändert. Wird der Stempel
genau senkrecht zum Schichtenverlauf gestellt, so steht der Stempel
nach dem Setzungsvorgang schräg, denn der Punkt a senkt sich nach
a', während der Punkt b sich nach b' hebt, die Linie $a'b'$ steht dann
schräg, so daß der Stempel fallen kann.

Stellt man den Stempel aber von Anfang an schräg, wie die zweite
Figur zeigt, so geht die schräge Linie ab nach dem Bewegungsvorgang
in die senkrechte Lage $a'b'$ über und der Stempel steht gut.

5. Zusammensetzung von Kräften, welche nicht denselben Angriffspunkt haben.

Auf das Kappenholz eines Türstocks (Abb. 37) drücken zwei Schrägkräfte mit den Angriffspunkten I und II. Beide Kräfte sollen durch
eine Resultierende ersetzt werden. Die Resultierende der Größe und

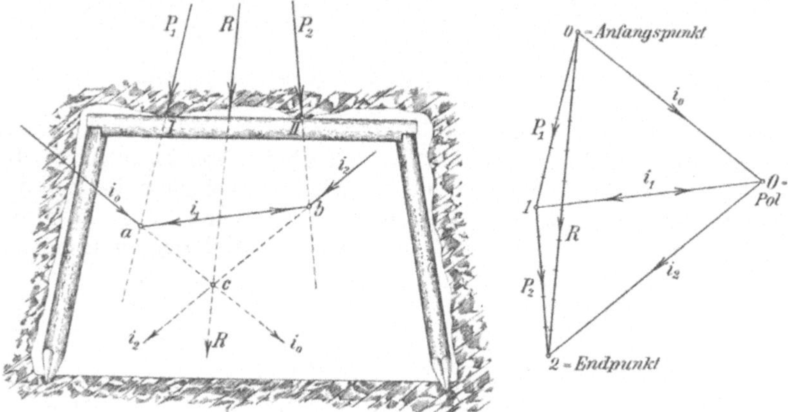

Abb. 37. Der Türstock mit Kappenlast.

Richtung nach zu finden, gelingt uns durch Aufzeichnen des Kräfteecks. Aber der Angriffspunkt fehlt noch. In der Zeichnung könnte er
gefunden werden, wenn man die Kraftrichtungen P_1 und P_2 bis zum
Schnitt verlängern könnte, denn die Resultierende muß immer durch
den Schnittpunkt der beiden Einzelkräfte gehen. Aber der Schnittpunkt
fällt nicht mehr in die Zeichenebene.

Man muß daher in anderer Weise den Schnittpunkt finden, und
zwar so: zerlegt man R in zwei beliebige Seitenkräfte, die sich in der
Zeichenebene schneiden, so ist in diesem Schnittpunkt der Angriffspunkt gefunden. Wählt man z. B. außerhalb der Linie R des Kräfteecks
einen beliebigen Punkt O und zieht die Strahlen i_0 und i_2, so sind diese
Strahlen zwei solche Seitenkräfte. Außerdem zieht man noch den
mittleren Strahl i_1, dann zerlegt sich P_1 in die Seitenkräfte i_0 und i_1
und P_2 in die Seitenkräfte i_1 und i_2. Diese Kräfte i_0, i_1 und i_2 müssen
nun in die Kräftefigur übertragen werden.

Man wählt auf der Kraftrichtung P_1 einen beliebigen Punkt a, zieht durch a eine Parallele i_0 zur Linie i_0 des Kräfteecks und ebenfalls eine Parallele i_1 zur Linie i_1 des Kräfteecks. Diese Parallele schneidet die Kraftrichtung P_2 im Punkte b. Zieht man durch b eine Parallele i_2 zur Linie i_2 des Kräfteecks und verlängert die Parallelen i_2 und i_0 bis zum Schnittpunkte c, so ist dieser der gesuchte Angriffspunkt der Resultierenden R. Man legt nun durch c eine Parallele R zur Linie R des Kräfteecks, in dieser Linie erfolgt der resultierende Druck auf das Kappenholz.

Der seitlich des Kräfteecks beliebig gewählte Punkt O wird Pol genannt, die von O ausgehenden Strahlen i_0, i_1 und i_2 heißen Polstrahlen.

In der Kräftefigur heißen die Parallelen i_0, i_1 und i_2 Seilstrahlen, der erste Seilstrahl i_0 und der letzte Seilstrahl i_2 heißen die beiden äußeren Seilstrahlen. Der aus den Seilstrahlen gebildete Linienzug heißt das Seileck. Der Schnittpunkt der beiden äußeren Seilstrahlen liefert den gesuchten Angriffspunkt.

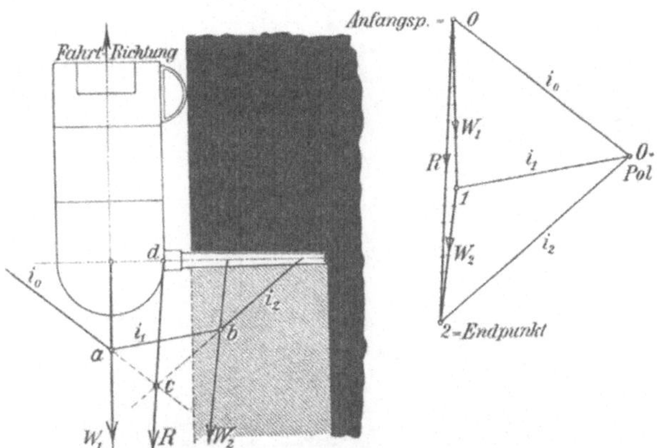

Abb. 38. Die Wiederstandskräfte einer Schrämmaschine.

An einer Stangenschrämmaschine (Abb. 38) treten zwei Widerstände auf, entgegengesetzt zur Bewegungsrichtung der Widerstand W_1 als Fahrwiderstand oder Gleitwiderstand und der Widerstandsdruck W_2 der Schrämspindel. Es soll der resultierende Widerstand R gesucht werden.

Man zeichnet das Kräfteeck und findet die Größe und Richtung von R als Verbindungslinie $\overline{02}$ von Anfangs- und Endpunkt. Unbekannt ist noch der Angriffspunkt der Resultierenden R an der Schrämmaschine.

Um den Angriffspunkt zu finden, muß man das Seileck konstruieren. Man wählt in der Krafteckfigur einen beliebigen Punkt O als Pol und zieht die Pohlstrahlen i_0, i_1 und i_2.

Dann wählt man als Anfangspunkt des Seilecks auf der ersten Kraftrichtung W_1 einen beliebigen Punkt a, zieht i_0 und i_1 parallel zu den Polstrahlen i_0 und i_1. Seilstrahl i_1 liefert auf der zweiten Kraftrichtung W_2 den Schnittpunkt b, durch den man den Seilstrahl i_2 parallel zum Polstrahl i_2 legt.

Verlängert man die äußeren Seilstrahlen i_0 und i_2 bis zum Schnitt, so ist der Schnittpunkt c der Punkt, durch den die Resultierende R gehen muß. Legt man durch c die Linie R parallel zur Resultierenden R des Kräfteecks, so ist damit die Lage von R an der Schrämmaschine gefunden. Die Richtungslinie R trifft den Schrämmaschinenkörper im

Punkte d der Schrämspindel. Der gesamte Bewegungswiderstand der Schrämmaschine wird nunmehr durch die im Schrämspindelpunkt d angreifende Resultierende R dargestellt, und in dieser Richtung will sich die Schrämmaschine aus dem Schram herausdrehen.

6. Zusammensetzung paralleler Kräfte.

Auf das Kappenholz einer Türstockzimmerung (Abb. 39) drücken die Vertikalkräfte P_1, P_2, P_3 und P_4, es sollen diese Einzelkräfte durch eine resultierende Kraft ersetzt werden.

Vom Anfangspunkt 0 ausgehend, werden die Vertikalkräfte nacheinander aufgetragen, Punkt 4 wird dann der Endpunkt der Kräftelinie.

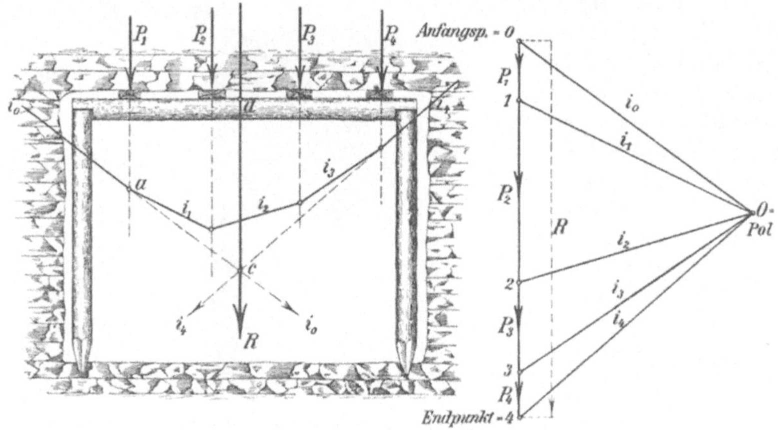

Abb. 39. Der resultierende Kappendruck.

Die ganze Linie $\overline{04}$ liefert die Resultierende R der Größe und Richtung nach.

Um den Angriffspunkt oder die Angriffslage in der Türstockzeichnung zu finden, muß unter beliebiger Wahl des Poles O den Polstrahlen entsprechend das Seileck gebildet werden, indem man auf der ersten Kraftrichtung P_1 einen beliebigen Punkt a annimmt und die Parallelen i_0 und i_1 zu den Polstrahlen i_0 und i_1 zieht. Setzt man das Parallelenziehen fort, so entsteht das Seileck.

Verlängert man die beiden äußeren Seilstrahlen i_0 und i_4 bis zum Schnitt, so ist der Schnittpunkt c derjenige Punkt, durch den die Resultierende R gehen muß. Die Kraftrichtung R trifft das Kappenholz im Punkte d, und das Kappenholz würde unter dem Einfluß der Belastung genau so auf die Stempel drücken, als wenn nur die einzige Kraft R im Punkte d die Belastung bringen würde.

7. Das Gesetz der Wechselwirkung oder Reaktion.

Das Gesetz der Wechselwirkung ist ein Erfahrungsgesetz. Es heißt, Druck erzeugt Gegendruck, jede Kraft erzeugt eine Gegenkraft oder Reaktionskraft. Diese Gegenkraft hat stets gleiche Größe, aber entgegengesetzte Richtung wie die äußere Kraft.

Legt man sich z. B. mit dem Rücken gegen die Wand (Abb. 40), so drückt der Körper mit der Kraft P gegen die Wandfläche. Mit der

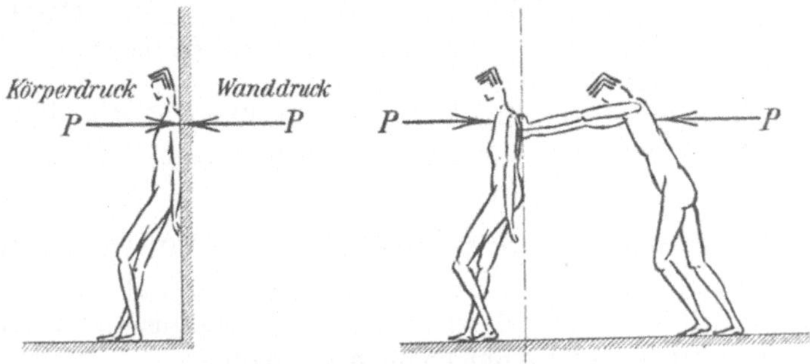

Abb. 40. Druck und Gegendruck.

gleichen Kraft P drückt aber die Wand auch gegen den Körper. Denn würde man die Wand durch einen Menschen ersetzen, so würde dieser,

um denselben Zustand herzustellen, sich mit derselben Kraft P gegen den Rücken des Körpers stemmen müssen.

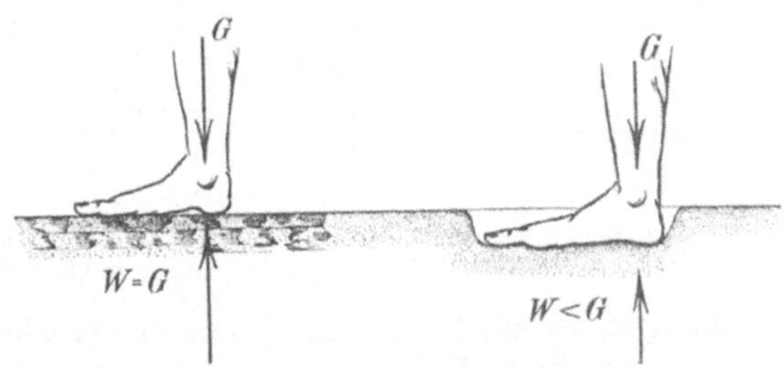

Abb. 41. Druck und Gegendruck.

Tritt man mit dem Fuß auf harten Boden (Abb. 41), so bleibt der Fuß in dieser Höhenlage stehen, denn der Widerstand des Bodens reicht aus, um das Körpergewicht G aufzunehmen. In diesem Fall drückt der Boden mit der Widerstandskraft $W = G$ gegen den Fuß.

Ist der Boden aber schlammig, so sinkt der Fuß ein, d. h. er kommt aus dem Zustand des Gleichgewichts, denn die Widerstandskraft W des Bodens ist nicht ausreichend, um das Gewicht G aufzunehmen. Sobald also der Gegendruck W kleiner ist als G, das Gesetz der Wechselwirkung demnach nicht erfüllt ist, ist der Gleichgewichtszustand gestört.

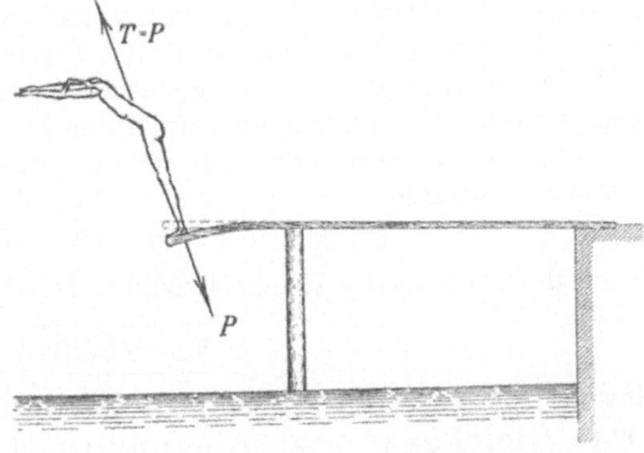

Abb. 42. Druck und Gegendruck.

Man nennt die Gegenwirkung einer Kraft auch Reaktion. Diese Reaktionskräfte treten oft fühlbar und sichtbar auf; z. B. fühlt der Schütze beim Schießen den Rückstoß des Gewehrkolbens in der Schulter. Der Artillerist sieht beim Abfeuern als Reaktionsstoß den Rücklauf der Lafette, der Bergmann fühlt beim Arbeiten mit dem Abbauhammer den Rückstoß des vorwärts getriebenen Schlagkolbens als Zurückprallen des ganzen Hammers.

Ein Schwimmer (Abb. 42), der mit der Stoßkraft P das Sprungbrett herunterdrückt, wird vom Sprungbrett mit derselben Kraft $T = P$ abgeschleudert.

8. Die ersten zwei Gleichgewichtsbedingungen.

Ein Körper, der auf dem Boden steht (Abb. 43) und nur durch eine Vertikalkraft G belastet wird, ist im Gleichgewichtszustand, er verharrt an derselben Stelle und kommt nicht in Bewegung.

Will man die Bedingung für diesen Gleichgewichtszustand untersuchen, so muß man sämtliche Kräfte aufsuchen, die an dem Körper zur

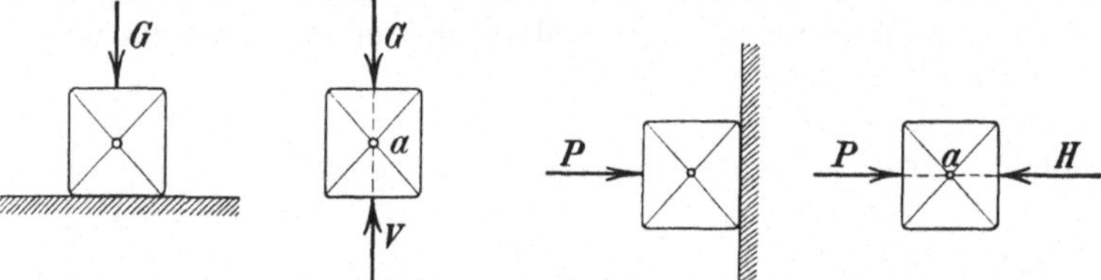

Abb. 43. Der Gleichgewichtszustand
bei Vertikalbelastung.
Abb. 44. Der Gleichgewichtszustand
bei Horizontalbelastung.

Wirkung kommen. Nach dem Gesetz der Wechselwirkung ist die Stützwirkung der Bodenfläche durch die Reaktionskraft $V = G$ zu ersetzen. Diese Gleichung $V = G$ läßt sich auch schreiben

$$V - G = 0.$$

Beide Kräfte wirken in derselben Angriffslinie, aber in entgegengesetzter Richtung. Rechnerisch kommt das dadurch zum Ausdruck, daß man der einen Kraftgröße V ein positives Vorzeichen gibt, also diese Größe $+V$ schreibt, und der entgegengesetzt gerichteten Kraft G das entgegengesetzte Vorzeichen, also ein Minus-Zeichen gibt und schreibt $-G$.

Bildet man die algebraische Summe dieser beiden Kraftgrößen, so lautet die Summe

$$+V + (-G) \quad \text{oder} \quad V - G.$$

Nach dem Gesetz der Wechselwirkung ist aber

$$\boxed{V - G = 0,}$$

das ist für den vorliegenden Fall die Gleichgewichtsbedingung. Die erste Gleichgewichtsbedingung lautet demnach allgemein:

Wirken auf einen Körper nur Vertikalkräfte, so ist der Körper im Gleichgewicht, wenn die Summe aller Vertikalkräfte gleich Null ist. Hierbei sind nach unten gerichtete Kräfte negativ, nach oben gerichtete Kräfte positiv zu setzen.

In Abb. 44 werde ein gewichtsloser Körper mit der horizontalen Kraft P gegen eine senkrechte Wand gedrückt. Auch dieser Körper wird in dieser Lage verharren, d. h. er ist im Gleichgewichtszustand. Untersucht man den Gleichgewichtszustand, so ersetzt man die Stützfläche der Wand durch die horizontale Gegenkraft H. Nach dem Gesetz der Wechselwirkung ist wieder

$$P = H \quad \text{oder} \quad P - H = 0.$$

Beide Kräfte wirken in derselben Angriffslinie, aber sie wirken in entgegengesetzter Richtung. Bezeichnet man die eine Kraft mit $+P$, so muß die andere Kraft H das entgegengesetzte Vorzeichen haben, also $-H$ genannt werden. Die Summe beider Kräfte ist

$$+ P + (-H) = P - H.$$

Da nach dem Gesetz der Wechselwirkung

$$\boxed{P - H = 0}$$

ist, so lautet die 2. Gleichgewichtsbedingung:

Wirken auf einen Körper nur Horizontalkräfte, so ist der Körper im Gleichgewicht, wenn die Summe aller Horizontalkräfte gleich Null ist; hierbei sind nach rechts ziehende Kräfte positiv, nach links ziehende negativ zu setzen.

Denkt man sich, wie in Abb. 45 gezeigt, die beiden Kräfte G und P gleichzeitig wirkend, so muß man zur Abstützung auch beide Wände anbringen. Der Gleichgewichtszustand herrscht wieder vor, denn der Körper verharrt in seiner Lage.

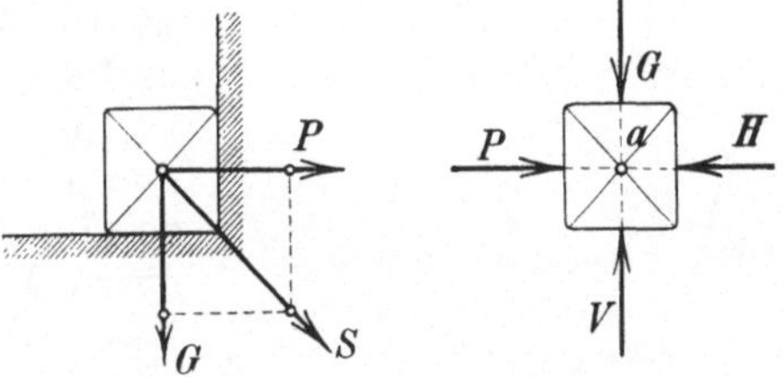

Abb. 45. Der Gleichgewichtszustand bei Schrägbelastung.

Zur Untersuchung des Gleichgewichtszustandes ersetzt man die Wandflächen wieder durch die Reaktionskräfte V und H. Und nun kommt das Gesetz der Wechselwirkung zweimal zur Anwendung. Es muß sein

$$1) \quad V - G = 0,$$
$$2) \quad P - H = 0.$$

In der Wandflächenfigur kann man die beiden Seitenkräfte G und P ersetzen durch die resultierende Schrägkraft S, welche als Einzelkraft auf den Körper dieselbe Wirkung ausübt wie die beiden Kräfte G und P, und für diese würden dann auch die beiden vorstehenden Gleichungen gelten.

Wenn daher Schrägkräfte auf den Körper wirken, so zerlegt man diese in Vertikal- und Horizontalkräfte, so daß man wieder die beiden schon bekannten Gleichgewichtsbedingungen anwenden kann.

Allgemein lauten nun die beiden Gleichgewichtsbedingungen:

Wirken auf einen Körper Kräfte in verschiedenen Richtungen, so herrscht Gleichgewicht, wenn

1. die Summe aller Vertikalkräfte und aller Vertikalkomponenten der Schrägkräfte gleich Null ist, und

2. die Summe aller Horizontalkräfte und aller Horizontalkomponenten der Schrägkräfte gleich Null ist.

Sind diese beiden Bedingungen erfüllt, so ist die Resultierende aller Kräfte, welche auf den Körper wirken, gleich Null, d. h. die Kräfte heben sich gegenseitig auf.

9. Die zeichnerische Gleichgewichtsbedingung.

Denkt man sich in Abb. 46 eine Kugel auf dem Blatt des Buches liegend und in horizontaler Ebene von den Kräften P_1, P_2 und P_3 gedrückt, so findet man im Kräfteeck bekanntlich die Resultierende als

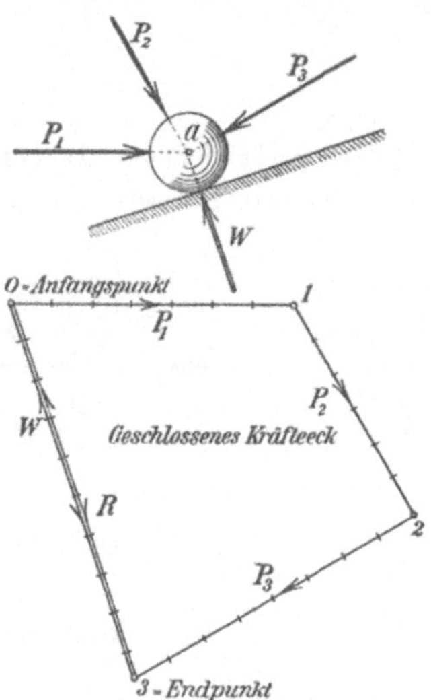

Abb. 46. Die zeichnerische Gleichgewichtsbedingung.

Verbindungslinie $\overline{03}$ vom Anfangs- und Endpunkt der Kräftelinie.

Diese Resultierende zieht vom Anfangspunkt 0 nach dem Endpunkt 3. Lasse ich die gleiche Kraft in entgegengesetzter Richtung als Widerstand W wirken, so wird dadurch die Resultierende aufgehoben und der Körper bleibt in Ruhe.

Zieht man daher durch den Angriffspunkt a der Einzelkräfte eine Parallele W zur Linie W des Kräfteecks und läßt in dieser Richtung die Kraft W gegen die Kugel drücken, so bleibt die Kugel im Gleichgewicht. Man könnte auch dieselbe Wirkung durch eine Stützfläche erzielen, welche man senkrecht zur W-Richtung gegen die Kugel legt.

Betrachtet man das Kräfteeck, so erkennt man, daß die Kräftelinie mit dem Anfangspunkt 0 und dem Endpunkt 3 durch die Linie W eine geschlossene Figur wird, und geht man vom Anfangspunkt 0 aus über die Kräfte P_1, P_2, P_3 und W nach dem Anfangspunkt 0 zurück, so liegen sämtliche Pfeile in der Richtung dieser Bewegung, d. h. alle Kräfte haben gleichen Pfeillauf. Demnach können wir für die zeichnerische Lösung folgende zwei Gleichgewichtsbedingungen aufstellen:

Wirken auf einen Körper Kräfte in verschiedenen Richtungen, so herrscht Gleichgewicht, wenn

1. das Kräfteeck eine geschlossene Figur bildet, und

2. im Kräfteeck gleichbleibender Pfeillauf herrscht.

Sind diese beiden Bedingungen erfüllt, so ist die Resultierende aller Kräfte, welche auf den Körper wirken, gleich Null, denn die Gegenkraft W hebt die Resultierende R vollständig auf, so daß der Körper bewegungslos, d. h. in Ruhe oder im Gleichgewicht bleibt.

10. Das Kräftepaar und das statische Moment einer Kraft.

An einem Beispiel soll gezeigt werden, daß ein Körper unter dem Einfluß von Kräften trotz Erfüllung der algebraischen Gleichgewichtsbedingung nicht im Gleichgewicht zu sein braucht. In Abb. 47 sei ein Würfel an seiner rechten Seitenfläche mit einer schweren Bleiplatte belastet, die ihn mit der Kraft P nach unten drückt. Er sei so auf eine Bodenfläche gesetzt, daß die Grundfläche über die Bodenfläche herausragt.

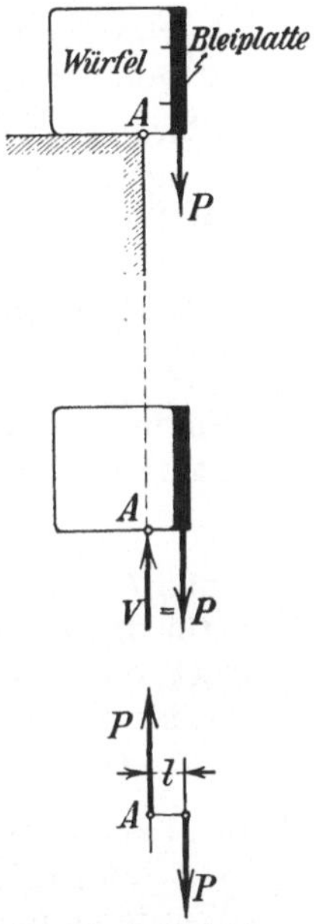

Nach dem Gesetz der Wechselwirkung muß die Stützfläche mit derselben Kraft $V = P$ in entgegengesetzter Richtung gegen den Würfel drücken. Diese Kraft V hat aber einen anderen Angriffspunkt als P, sie kann günstigsten Falles in dem Kantenpunkt A angreifen, und es entstehen zwei gleiche aber entgegengesetzte Parallelkräfte P oder ein Kräftepaar P mit der Abstandslänge l.

Ein solches Kräftepaar ruft eine Drehung hervor, der Würfel wird rechts herum gedreht, kommt also aus dem Gleichgewicht, trotzdem die Gleichgewichtsbedingung

$$V - P = 0$$

erfüllt ist.

Daraus schließen wir, daß die abgeleiteten Gleichgewichtsbedingungen nur unter bestimmten Voraussetzungen genügen. Sieht man sich die Kräftefiguren Abb. 43, 44, 45 und 46, welche zur Ableitung der Gleichgewichtsbedingungen dienten, darauf hin an, so fällt auf, daß in allen vier Figuren die Kraftrichtungen durch einen gemeinsamen Punkt a gehen, d. h. die Kräfte haben einen gemeinsamen Angriffspunkt gehabt. Das ist nicht mehr der Fall in Abb. 47.

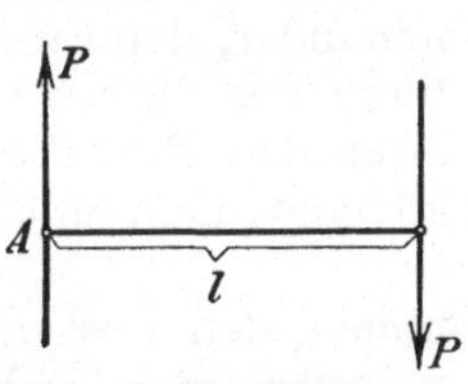

Voraussetzung für ein Genügen der beiden ersten Gleichgewichtsbedingungen ist also immer, die an dem Körper wirkenden Kräfte müssen einen gemeinsamen Angriffspunkt haben. Ist

Abb. 47. Die gleichgewichtslose Stützung.

Abb. 48. Das Kräftepaar.

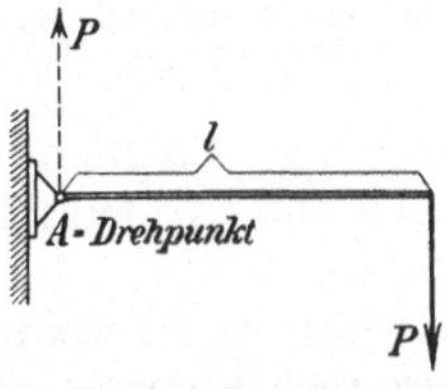

Abb. 49. Das Drehmoment rechts herum.

diese Voraussetzung nicht erfüllt, so genügen die beiden ersten Gleichgewichtsbedingungen nicht mehr. Es muß jedenfalls noch eine weitere Bedingung erfüllt werden, die noch zu suchen ist.

Das Gleichgewicht wird durch ein Kräftepaar (Abb. 48), das eine Drehung des Körpers verursacht, gestört. Diese Drehwirkung kommt besser zum Ausdruck, wenn man, wie in Abb. 49 geschehen, die beiden Parallelkräfte durch einen Stab, der rechtwinkelig zu den Kräften steht, verbindet und den Endpunkt A des Stabes gelenkartig an einer Wand befestigt. Jetzt geht die eine Kraft P durch den festen Gelenkpunkt und übt keine Drehwirkung mehr aus, dagegen will die andere Kraft P den Stab im vorigen Sinn weiter drehen. Die Drehwirkung ändert sich also am Stabe nicht. Und nun sieht man, daß die Drehwirkung von zwei Faktoren abhängig ist:

     1. von der Größe P,
     2. von der Größe l.

Würde man die Kraft zweimal so groß machen, so würde die Drehwirkung ebenfalls zweimal so groß, und würde man den Hebelarm l dreimal so groß machen, so würde die Drehwirkung auch dreimal so groß, d. h. die Gesamtdrehwirkung würde das $2 \cdot 3 = 6$fache betragen. Die Drehwirkung wird daher durch das

Produkt $P \cdot l$

bestimmt. Dieses Produkt nennt man das statische Moment der Kraft und bezeichnet es mit dem Buchstaben M. Man setzt daher:

$$M = P \cdot l.$$

Da man P in kg und l in cm zu messen pflegt, so ist das cmkg die Einheit für die Momentengröße. Der feste Gelenkpunkt A heißt der Drehpunkt, der Abstand l des Drehpunktes von der Wirkungslinie der Kraft heißt der Hebelarm der Kraft. Man kann daher auch sagen:

Drehmoment = statisches Moment = Kraft $\times$ Hebelarm.

Das statische Moment einer Kraft in bezug auf einen Drehpunkt ist gleich dem Produkt aus Kraft mal Hebelarm.

Würde man, wie in Abb. 50, an demselben Hebelarm l dieselbe Kraft P in entgegengesetzter Richtung wirken lassen, so hat das statische Moment wieder dieselbe Größe

$$M = P \cdot l$$

Abb. 50. Das Drehmoment links herum.

und doch unterscheiden sich die beiden Wirkungen voneinander, denn in Abb. 49 erfolgt eine Rechtsdrehung des Stabes und in Abb. 50 eine Linksdrehung. Folglich ist durch das Produkt $P \cdot l$ das statische Moment noch nicht vollständig bestimmt, man muß noch den Drehsinn berücksichtigen.

Man ist übereingekommen, den Drehsinn im Sinne des Uhrzeigers, also rechts herum, als den positiven anzunehmen und den Drehsinn links herum als den negativen. Daher heißt das statische Moment

in Abb. 49 $M = + P \cdot l$,
in Abb. 50 $M = - P \cdot l$.

11. Das Aufsuchen der 3. Gleichgewichtsbedingung.

Auf einer Achse (Abb. 51) sitzen zwei Scheiben, eine kleine Scheibe mit dem Radius r und eine große Scheibe mit dem Radius R. Um die kleine Scheibe schlingt sich ein Seil, das nach links abläuft und mit dem Gewicht G belastet ist. Das Gewicht will die Scheibe links herum drehen, es hat in bezug auf den Achsenmittelpunkt als Drehpunkt das statische Moment

$$M = -G \cdot r.$$

Um die Drehung zu verhindern, kann man um die große Scheibe ein Seil schlingen, das nach rechts abläuft. Zieht man mit der Kraft X am Seilende, so wird eine Drehbewegung nach rechts entstehen. Die Wirkung dieser Drehbewegung wird durch das statische Moment:

$$M = +X \cdot r$$

gekennzeichnet. An der Achse herrscht Gleichgewicht, wenn die Wirkung der Rechtsdrehung gleich der Wirkung der Linksdrehung ist, d. h. wenn die absoluten Werte der beiden Momente einander gleich sind. Also muß sein:

$$X \cdot R = G \cdot r \quad \text{oder} \quad +X \cdot R - G \cdot r = 0.$$

Diese Gleichung liefert die 3. Gleichgewichts- bedingung: **Wirken auf einen Körper Kräfte in verschiedenen Richtungen und mit verschiedenen Angriffspunkten, so herrscht Gleichgewicht, wenn die Summe aller statischen Momente in bezug auf ein und denselben Drehpunkt gleich Null ist.** Hierbei ist zu beachten, daß rechts- drehende Momente positiv und links- drehende Momente negativ sind.

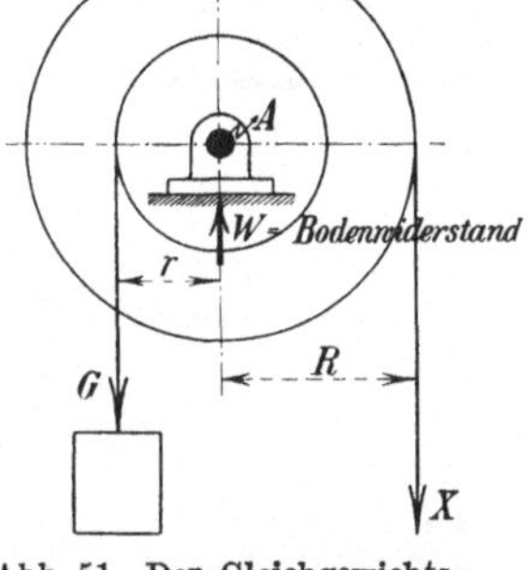

Abb. 51. Der Gleichgewichts- zustand.

Außer dieser 3. Gleichgewichtsbedingung sind die früher ab- geleiteten ersten zwei Gleichgewichtsbedingungen: 1. Summe aller Verti- kalkräfte gleich Null und 2. die Summe aller Horizontalkräfte gleich Null, zu erfüllen.

In Abb. 51 kommen Horizontalkräfte nicht vor, die Belastung erfolgt nur durch Vertikalkräfte, daher ist für diesen Belastungsfall nur noch die erste Gleichgewichtsbedingung: „Summe aller Vertikalkräfte gleich Null", zu erfüllen.

Denkt man sich das Stützlager der Achse auf weichen Boden gesetzt, so würde das Lager so lange einsinken, also nicht im Gleichgewicht sein, bis der Bodenwiderstand W der ersten Gleichgewichtsbedingung genügt. Diese lautet:

$$W - G - X = 0 \quad \text{oder} \quad W = G + X,$$

d. h. der Bodenwiderstand muß gleich der Summe der Belastungskräfte sein.

12. Anwendungen der Gleichgewichtsbedingungen, Balken auf zwei Stützen.

Die Gleichgewichtsbedingungen finden Anwendung, um unbekannte Kräfte zu ermitteln. Solche unbekannten Kräfte sind z. B. die Auf- lagerkräfte eines an den beiden Endpunkten gestützten Balkens, der unter dem Druck einer Belastung steht. In Abb. 52 ist R die resultierende Belastungskraft. Der Balken ist in den Endpunkten A und B durch Auflager gestützt. Nimmt man die Stützlager fort, so würde der Balken absinken. Um dieses zu verhindern, muß man an den Endpunkten zwei Kräfte A und B anbringen, welche entgegengesetzt gerichtet sind wie die Belastungskraft R. Diese Kräfte heißen die Auflagerkräfte oder Stützenwiderstände. Sie lassen sich mit Hilfe der Gleichgewichtsbedingungen bestimmen.

Da nur Vertikalkräfte wirken, ist die erste Gleichgewichtsbedingung, Summe aller Vertikalkräfte gleich Null, zu erfüllen. Also muß sein

$$+A - R + B = 0 \quad \text{oder} \quad A + B = R.$$

Wir sehen, daß die Summe der Auflagerkräfte gleich der Belastungskraft R sein muß, wissen aber noch nicht, wie groß A und B für sich werden, denn aus einer Gleichung, welche zwei Unbekannte enthält, lassen sich die Unbekannten nicht berechnen.

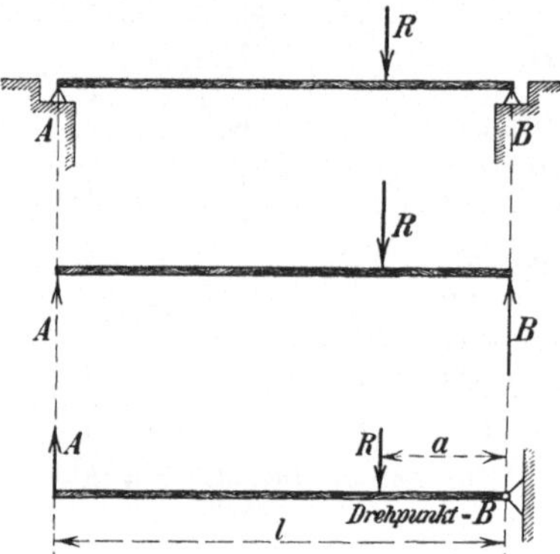

Abb. 52. Der Balken auf zwei Stützen.

Da die Kräfte keinen gemeinsamen Angriffspunkt haben, muß auch die dritte Gleichgewichtsbedingung oder der Momentensatz erfüllt werden, und da man bei der Anwendung des Momentensatzes den Drehpunkt beliebig wählen kann, legt man ihn so, daß eine der Unbekannten aus der Gleichung herausfällt.

Wählt man z. B. den Endpunkt B des Balkens als Drehpunkt, wie die dritte Figur der Abb. 52 zeigt, so fällt die Unbekannte B aus der Momentengleichung heraus, weil die Kraft B durch den Drehpunkt geht und den Hebelarm null hat.

An dem Balken wirkt die Kraft A am Hebelarm l rechtsdrehend und die Kraft R am Hebelarm a linksdrehend, also lautet die Momentengleichung

$$+A \cdot l - R \cdot a = 0.$$

In dieser Gleichung ist A die einzige Unbekannte, sie läßt sich also berechnen. Man bildet

$$A \cdot l = R \cdot a \quad \text{oder} \quad A = \frac{R \cdot a}{l}.$$

Nach der ersten Gleichgewichtsbedingung war

$$A + B = R, \quad \text{also} \quad B = R - A.$$

Damit sind die Auflagerdrücke A und B berechnet.

Dieselbe Aufgabe kann auch zeichnerisch gelöst werden, wie Abb. 53 zeigt. Man zeichnet eine Strecke $\overline{01}$ gleich und parallel der Belastungskraft R, wählt einen beliebigen Punkt O als Pol und zieht die Polstrahlen

i_0 und i_1. Nun zeichnet man in der anderen Figur das Seileck, indem man auf der Kraftrichtung R einen beliebigen Punkt m wählt und die Seilstrahlen i_0 und i_1 parallel zu den Polstrahlen zieht. Seilstrahl i_0 schneidet die Auflagervertikale A im Punkte a, Seilstrahl i_1 die Auf-

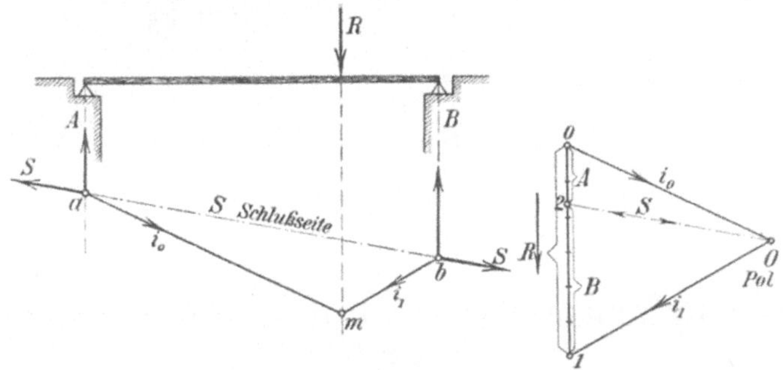

Abb. 53. Zeichnerische Bestimmung der Auflagerdrücke.

lagervertikale B im Punkte b. Zieht man die Linie ab, so ist ab die Schlußseite S des Seilecks.

Zieht man durch den Pol O eine Linie S parallel zur Schlußseite, so schneidet diese mit dem Punkt 2 auf der Kräftelinie R die Auflagerkräfte A und B aus.

Die Begründung ist leicht, wenn man sich in der Schlußseitenlinie zwei gleiche aber entgegengesetzt gerichtete Kräfte S denkt, die eine Kraft S zieht im Punkte a nach links, die andere Kraft S im Punkte b nach rechts.

Im Punkte a wirken drei Kräfte, nämlich A, S und i_0. Sie sind im Gleichgewicht, weil das Kräfteeck $0\,0\,2$ geschlossen ist und ununterbrochenen Pfeillauf zeigt. Man sieht ferner, daß am Seileck die Kraft A den beiden Kräften S und i_0 das Gleichgewicht hält.

Im Punkte b wirken ebenfalls drei Kräfte. Diese drei Kräfte B, S und i_1 sind im Gleichgewicht, weil das Kräfteeck $2\,0\,1$ geschlossen ist und ununterbrochenen Pfeillauf zeigt. Am Seileck sieht man wieder, daß die Kraft B den beiden Kräften S und i_1 das Gleichgewicht hält.

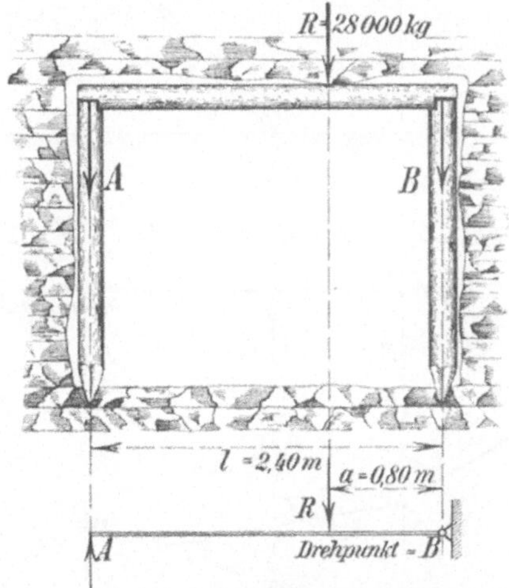

Abb. 54. Bestimmung der Stempelbelastungen.

Das Kappenholz eines Türstockes (Abb. 54) ist ein Balken auf zwei Stützen. Die Stützendrücke A und B belasten die Stempel, welche die Kappe abstützen. Der Gebirgsdruck R wirke einseitig auf die Kappe, wie groß sind die Stempeldrücke A und B?

Man wendet den Momentensatz an und wählt wieder den Endpunkt

B als Drehpunkt, dann muß die Summe aller statischen Momente in bezug auf B als Drehpunkt gleich Null sein.

$$+ A \cdot l - R \cdot a = 0,$$

$$A = \frac{R \cdot a}{l} = \frac{21\,000 \cdot 0{,}80}{2{,}40} = \mathbf{7000\ kg.}$$

Nach der 1. Gleichgewichtsbedingung ist

$$A + B = R \quad \text{oder} \quad B = R - A = 21\,000 - 7000 = \mathbf{14\,000\ kg.}$$

Die Stempel werden also sehr ungleichmäßig belastet, weil der Gebirgsdruck einseitig auf der Kappe liegt.

13. Der Balken auf zwei Stützen mit überragendem Ende.

Um Lasten hochzuziehen, legt man oft Bühnenbalken (Abb. 55) so, daß das eine Ende über seine Unterstützung herausragt. Es wirke am freien Ende des Balkens die Last P_1 und zwischen den Stützpunkten die Last P_2, es sollen die Stützendrücke A und B bestimmt werden.

Um den Stützendruck A zu berechnen, wählt man den Endpunkt B des Balkens als Drehpunkt und stellt nach Fig. a den Momentensatz auf:

$$- P_1 \cdot (a + l) + A \cdot l - P_2 \cdot b = 0,$$

$$A \cdot l = P_1 \cdot (a + l) + P_2 \cdot b,$$

$$A = \frac{P_1 \cdot (a + l) + P_2 \cdot b}{l}.$$

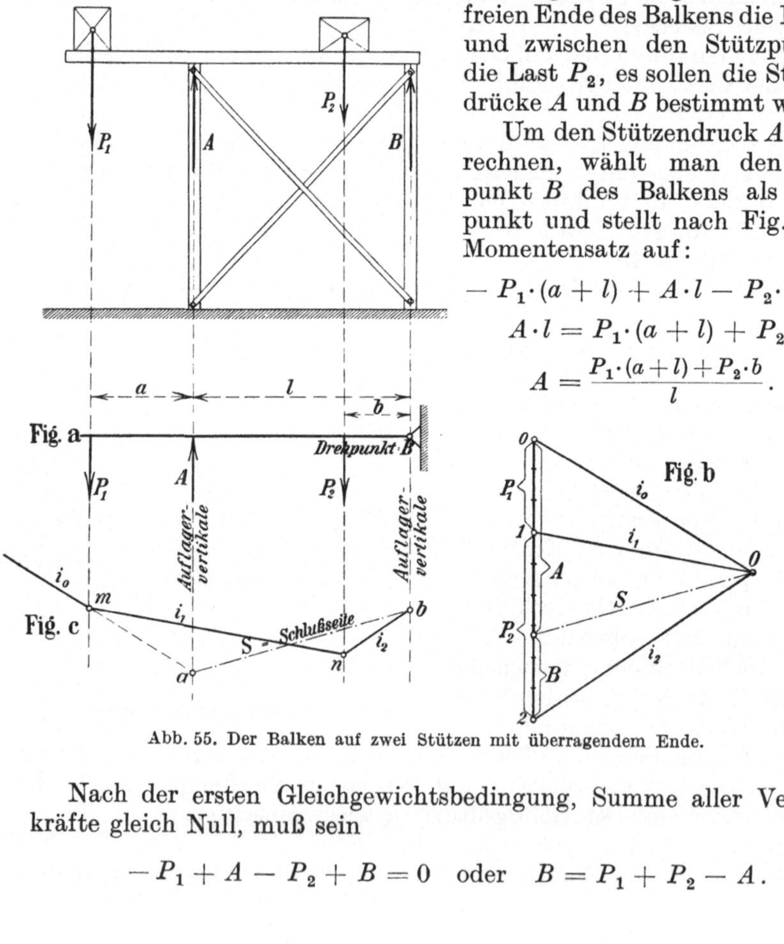

Abb. 55. Der Balken auf zwei Stützen mit überragendem Ende.

Nach der ersten Gleichgewichtsbedingung, Summe aller Vertikalkräfte gleich Null, muß sein

$$- P_1 + A - P_2 + B = 0 \quad \text{oder} \quad B = P_1 + P_2 - A.$$

Die zeichnerische Lösung dieser Aufgabe ist in Fig. b und c gezeigt. In Fig. b ist die Linie $\overline{01} = P_1$, die Linie $\overline{12} = P_2$. Der beliebig gewählte Punkt O ist der Pol, i_0, i_1 und i_2 sind die Polstrahlen.

In Fig. c ist m ein auf der Kraftrichtungslinie P_1 beliebig gewählter Punkt. Durch m ist der Seilstrahl i_0 parallel zum Polstrahl i_0 und der Seilstrahl i_1 parallel zum Polstrahl i_1 gezogen. Der Seilstrahl i_1 schneidet die Richtungslinie der Kraft P_2 im Punkte n, durch n ist der Seilstrahl i_2 parallel zum Polstrahl i_2 gezogen.

Nun bringt man die äußersten Seilstrahlen zum Schnitt mit den Auflagervertikalen, d. h. man verlängert i_0 bis zum Schnittpunkt a, während i_2 die Auflagervertikale durch B im Punkte b schneidet. Die Verbindungslinie $a\,b$ ist die Schlußseite S des Seilecks.

Zieht man in Fig. b durch den Pol O eine Linie S parallel zur Schlußseite S des Seilecks, so schneidet diese auf der Kräftelinie $\overline{02}$ durch den Punkt 2 die Auflagerkräfte A und B aus.

14. Der Balken auf zwei Stützen mit Schrägbelastung.

Ein Balken sei auf zwei Schneiden reibungslos gelagert, er werde in schräger Richtung durch die Resultierende R (Abb. 56) belastet. Soll man den Gleichgewichtszustand untersuchen, so muß man die Schräg-

last R in zwei Seitenkräfte zerlegen, in die senkrechte Seitenkraft V und die horizontale Seitenkraft H.

Die Vertikalbelastung V wird von den Schneiden aufgenommen. Die vertikalen Schneidendrücke V_1 und V_2 berechnen sich in bekannter Weise.

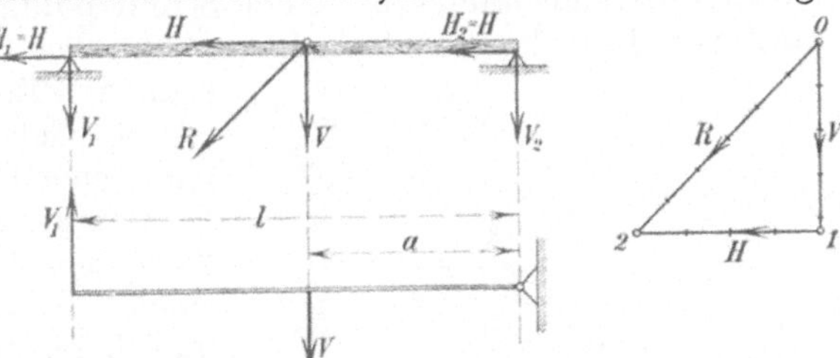

Abb. 56. Der Balken auf zwei Schneiden unter Schräglast.

$$+ V_1 \cdot l - V \cdot a = 0, \qquad V_1 = \frac{V \cdot a}{l}.$$

Ferner ist

$$V_1 + V_2 = V \quad \text{oder} \quad V_2 = V - V_1.$$

Die horizontale Seitenkraft H will den Balken von den Schneiden herunterschieben. Da der Balken nur reibungslos aufliegt, so erfolgt diese Bewegung und der Balken stürzt ab, d. h. der Gleichgewichtszustand ist in dieser Lagerung unmöglich.

Um den Balken zu halten, muß man ihn einspannen. Das kann nach Abb. 57 durch feste Gelenke an den Auflagern geschehen. Und nun kann man sich denken, daß die schräge Last R in den beiden Gelenkpunkten parallel zu R die Auflagerkräfte A und B erzeugt. Um A zu berechnen, wendet man den Momentensatz an:

$$+ A \cdot l_2 - R \cdot l_1 = 0, \qquad A = \frac{R \cdot l_1}{l_2}.$$

Ferner ist

$$A + B - R = 0 \quad \text{oder} \quad B = R - A.$$

Damit wären die Auflagerdrücke bestimmt.

Aber nun ist folgendes zu bedenken: R ist die Resultierende von A und B, d. h. A und B sind die Seitenkräfte von R. Wir wissen aber, daß

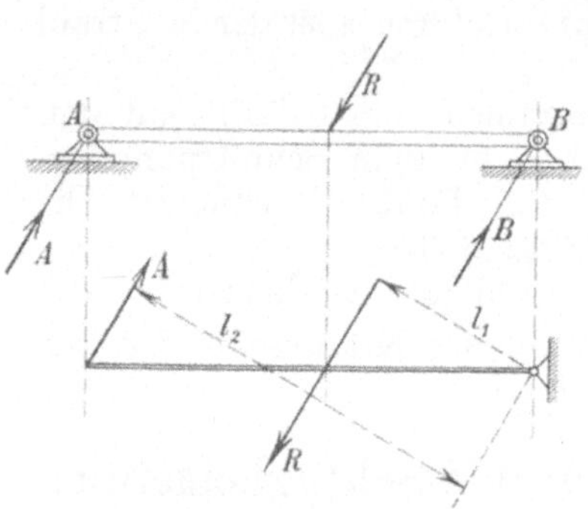

Abb. 57. Der Balken mit zwei Gelenkpunkten unter Schräglast.

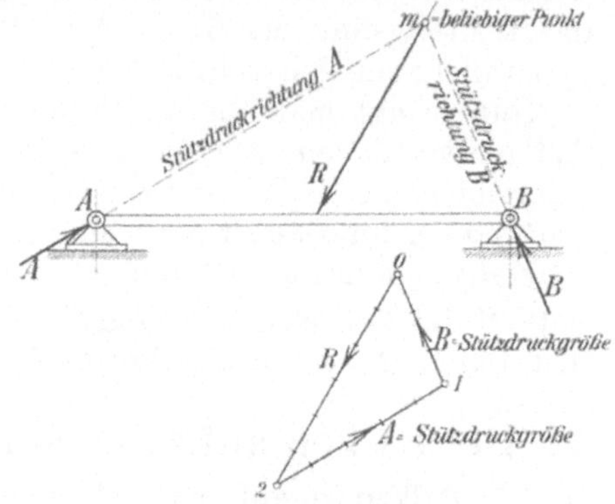

Abb. 58. Der statisch unbestimmte Balken.

die Resultierende immer durch den Schnittpunkt der Seitenkräfte gehen muß. Hier liegt der Schnittpunkt im Unendlichen. Er könnte aber eben-sogut im Endlichen liegen, da die festen Gelenkpunkte Widerstand nach jeder Richtung hin geben.

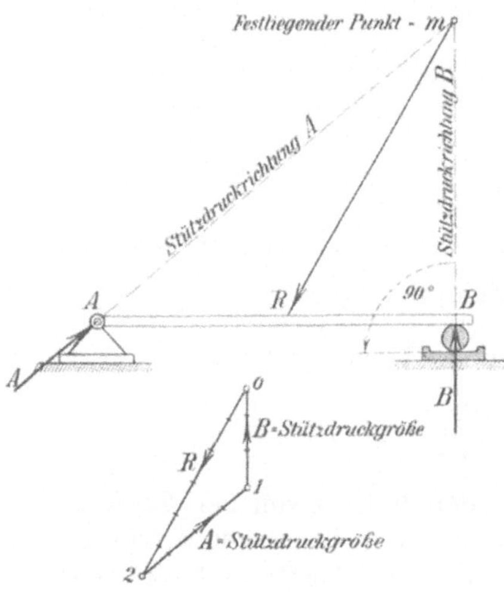

Abb. 59. Der statisch bestimmte Balken.

Man könnte also, wie in Abb. 58 geschehen, auf der Kraftrichtung R einen beliebigen Punkt m annehmen und diesen mit den Gelenkpunkten des Balkens verbinden, dann er-hielte man auch zwei Seitenkraft-richtungen A und B. Würde man eine Linie $\overline{02}$ gleich und parallel R zeichnen, durch Punkt 0 eine Par-allele zur Auflagerrichtung B und durch Punkt 2 eine Parallele zur Auflagerrichtung A legen, so schnei-den sich diese im Punkt 1, und es würde die Linienlänge $\overline{01}$ die Stütz-druckgröße B und die Linienlänge $\overline{12}$ die Stützdruckgröße A ergeben.

Da der Punkt m beliebig gewählt werden kann, so läßt die Aufgabe un-endlich viele Lösungen zu, d. h. die Aufgabe ist statisch unbestimmt.

Um die statische Bestimmbarkeit herzustellen, macht man nur den einen Endpunkt des Balkens, z. B. den Punkt A, gelenkartig fest; dagegen lagert man das andere Ende des Balkens frei auf einer Walze, welche sich auf einer horizontalen Stützfläche frei verschieben kann. Die Walze bleibt nur dann in Ruhe, wenn sie senkrecht zur Stützfläche belastet wird, d. h. das Walzenende des Balkens kann nur einen Stützendruck B (Abb. 59) senkrecht zur Gleitfläche der Walze aufnehmen.

Der Stützendruck B senkrecht zur Stützfläche (Abb. 59) schneidet aber die Resultierende R im Punkte m. Damit ist der Punkt m festgelegt, und der Stützendruck A muß in die Richtung der Verbindungslinie mA fallen.

Die Stützendrücke A und B sind damit eindeutig bestimmbar. Man zeichnet eine Linie $0\overline{2}$ gleich und parallel R, zieht durch Punkt 0 eine Parallele zu mB und durch Punkt 2 eine Parallele zu mA. Beide schneiden sich im Punkte 1, und es ist die Linienlänge $\overline{01} =$ Auflagerdruck B und die Linienlänge $\overline{12} =$ Auflagerdruck A.

In Abb. 60 ist das Kappenholz einer Türstockzimmerung durch eine Schräglast R belastet. Die Kappe ist an beiden Auflagerenden verblattet. Die Schrägkraft R hat das Bestreben, das Kappenholz nach links zu verschieben, folglich ist die senkrechte Blattfläche am Auflager B unwirksam, nur die horizontale Blattfläche kann einen Druck senkrecht zur Auflagerfläche aufnehmen. Damit ist die Richtung des Auflagerdruckes B bestimmt, die Kraftrichtung B schneidet

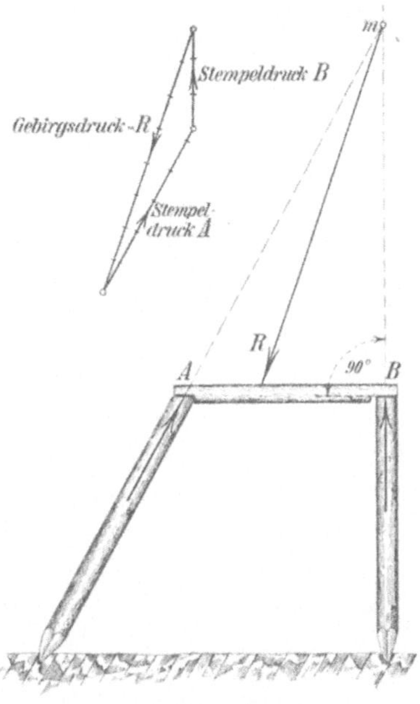

Abb. 60. Schrägstellung des Türstockstempels.

die Resultierende R im Punkte m. Verbindet man m mit dem Auflagerpunkt A, so ist mA die Richtung der Auflagerkraft A. Soll der Türstock besonders widerstandsfähig sein, so muß das linke Stempelholz mit dieser Neigung gesetzt werden, während das rechte Stempelholz senkrecht stehen muß.

Das Kräftedreieck in Abb. 60 liefert die von der Schräglast R hervorgerufenen Stempeldrücke A und B.

15. Eine Verbindung von zwei sich stützenden Stangen.

Die beiden Stangen AC und BC (Abb. 61) sind bei C durch einen Gelenkbolzen derartig verbunden, daß jede Stange sich in der Bildebene drehen läßt. Am anderen Endpunkt ist jede Stange durch einen festliegenden Gelenkbolzen in A bzw. B unterstützt. Nur die eine Stange AC sei durch eine resultierende Last R belastet.

Die Belastung R erzeugt in den Auflagerpunkten A und B Stützendrücke, d. h. R muß sich in zwei Seitenkräfte A und B zerlegen, die durch diese Stützpunkte gehen. Wie bestimmen sich diese Kraftrichtungen?

Die unbelastete Stange CB (Fig. a) hat in B ihren festen Drehpunkt.
Die einzige Kraft, welche außerhalb des Drehpunktes an der Stange angreift, ist der von der anderen Stange herkommende Gelenkdruck in C.
Soll die Stange im Gleichgewichtszustand sein, so muß der Gelenkdruck
in C so gerichtet sein, daß er durch den festen Drehpunkt B der Stange
geht, weil sonst die Stange sich um B drehen würde. Der Gelenkdruck geht durch den festen Dreh- punkt B, wenn er dieselbe Richtung hat wie die Stange BC. Das ergibt folgende Gleichgewichtsbe- dingung:

Die Richtungslinie des Druckes in dem gemeinsamen Stütz- punkt der Stangen muß mit der Rich- tung der **unbelasteten** Stange, d. h. mit der Verbindungslinie ihrer Stützpunkte zusam- menfallen.

Verlängert man daher die Stangenrichtung BC bis zum Schnittpunkt m mit der Kraftrichtung R, so liegt damit auch die Kraftrichtung für den Stüt- zendruck A fest. Sie muß

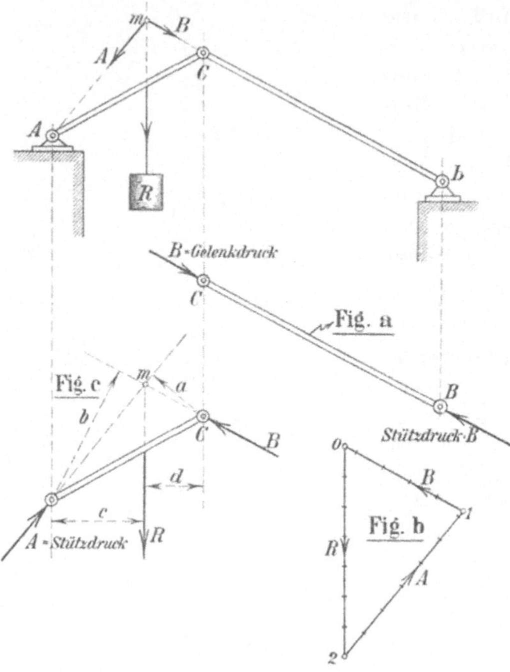

Abb. 61. Zwei sich stützende Stangen.

durch diesen Punkt m gehen, denn die drei Kräfte R, A und B müssen
einen gemeinsamen Schnittpunkt haben.

Nachdem nun die Richtungen der Kräfte A und B bekannt sind,
findet man zeichnerisch die Größen dieser Kräfte, indem man (Fig. b)
eine Linie $\overline{02}$ gleich und parallel R zeichnet, durch Punkt 0 eine Parallele zur Kraftrichtung B und durch Punkt 2 eine Parallele zur Kraftrichtung A legt. Beide schneiden sich im Punkte 1, so daß Linienlänge
$\overline{01} = B$ und Linienlänge $\overline{12} = A$ ist.

Rechnerisch findet man die Stützkräfte A und B durch Anwendung
des Momentensatzes. Wählt man in Fig. c den Punkt C als Drehpunkt,
so ist

$$+ A \cdot a - R \cdot d = 0 \quad \text{oder} \quad A = \frac{R \cdot d}{a}.$$

Wählt man den Punkt A als Drehpunkt, so ist

$$- B \cdot b + R \cdot c = 0 \quad \text{oder} \quad B = \frac{R \cdot c}{b}.$$

16. Das Stabdreieck (Abb. 62).

Ein Stab AB werde fest eingespannt. An seinem Endpunkt A werde der Stab AC_1, an den Endpunkt B der Stab BC_2 gelenkartig angeschlossen.

Diese beiden Stäbe lassen sich um ihre festen Gelenkpunkte drehen, Stabpunkt C_1 bewegt sich auf einem Kreisbogen vom Radius AC_1 um den Punkt A als Mittelpunkt, Stabpunkt C_2 auf einem Kreisbogen vom Radius BC_2 um B als Mittelpunkt.

Beide Kreisbögen schneiden sich im Punkte C, d. h. man kann die eine Stange in die Lage AC und die andere in die Lage BC bringen, und

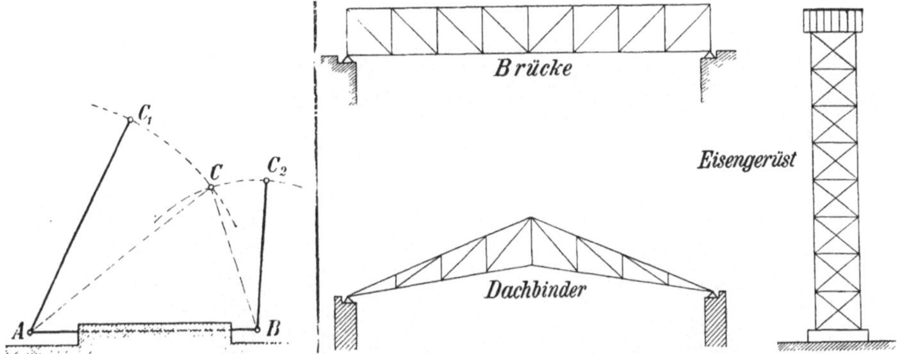

Abb. 62. Das Stabdreieck. Abb. 63. Die Anwendung des Stabdreiecks.

beide Stäbe im Punkte C gelenkartig miteinander verbinden. Dadurch wird der Punkt C unverrückbar fest. Die Gelenkpunkte A und B liegen schon durch das Einspannen der Stange AB fest, so daß nunmehr das ganze Stabdreieck ein starres System bildet, das trotz der Gelenke in sich keine Bewegung mehr zuläßt.

Wegen seiner Starrheit verwendet man das Stabdreieck bei allen Eisenkonstruktionen. Brücken, Eisengerüste und eiserne Dachbinder (Abb. 63) setzen sich immer aus Stabdreiecken zusammen, weil diese Konstruktion mit dem geringsten Materialaufwand die größte Starrheit erzielt.

17. Der Dreigelenkbogen im Grubenausbau.

Zum Ausbau der Grubenstrecken verwendet man heute vielfach Beton oder Eisenbeton.

Solche Streckengestelle in Eisenbeton besitzen in der Firste ein Gelenk. Die Auflagerung der Fußpunkte auf dem Gebirge oder auf einer besonderen Sohlenauskleidung kann ebenfalls als gelenkig angesehen werden. So zeigt Abb. 64 einen Betonausbau, der aus zwei Segmenten besteht, die in der Firste gelenkartig ineinander greifen.

a) Gleichmäßige Vertikalbelastung.

Die günstigste Belastung tritt ein, wenn beide Segmente den gleichen Firstendruck G aufzunehmen haben. Alsdann geht durch den Firstengelenkpunkt C eine Horizontalkraft H. Die Horizontale durch C schneidet auf der linken Seite die Kraftrichtung G im Punkte I, auf der rechten Seite im Punkte II. Verbindet man Punkt I mit dem Fußgelenkpunkt A, so hat man die Stützdruckrichtung A, verbindet man Punkt II mit dem Fußgelenkpunkt B, so hat man die Stützdruckrichtung B.

Nachdem man die **Kraftrichtungen** A und B festgelegt hat, findet man die **Größen** dieser Kräfte, indem man im Kräfteeck eine Linie $\overline{01}$ gleich und parallel G, anschließend eine Linie $\overline{12}$ gleich und parallel dem zweiten Firstendruck G zieht. Die durch Punkt 0 gezogene Parallele zu A und die durch Punkt 2 gezogene Parallele zu B schneiden sich im Punkte a, und es ist Linie $\overline{0\,a} =$ Stützendruck A und Linie

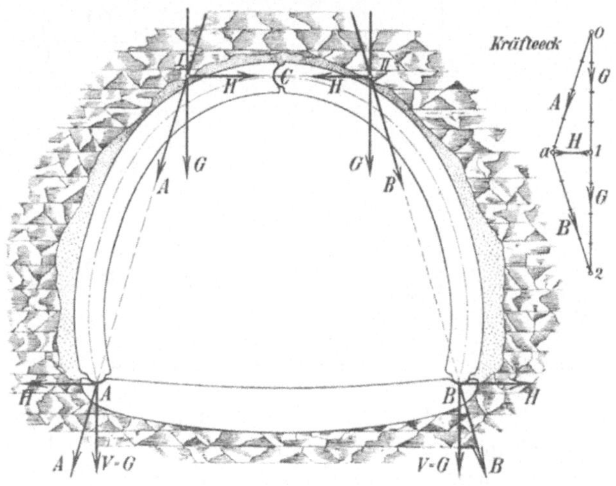

Abb. 64 Das Stabdreieck im Grubenausbau.

$\overline{a\,2} =$ Stützendruck B, während Linie $\overline{a\,1}$ die im Firstengelenk auftretende **Horizontalkraft** H darstellt.

Vergleicht man die Stützgelenkkräfte A, B und H miteinander, so erkennt man, daß A und B einander gleich und größer als der Belastungsdruck G sind, dagegen fällt H erheblich kleiner als G aus.

Da die Gelenkpunkte die schwächsten Stellen der Segmentkörper sind, so wird bei dieser Belastung der Bruch am wahrscheinlichsten in den **Gelenken** erfolgen. Und da das Firstgelenk nur gering beansprucht wird, so wird die größte Bruchgefahr in den Fußgelenken liegen.

Zerlegt man an den Fußpunktgelenken die Kräfte A und B in eine Vertikalkomponente V und eine Horizontalkomponente H, so erkennt man, daß die Horizontalkräfte H die Segmente nach außen auseinanderzerren wollen. Bei Gelenkbruch werden daher die Segmente nach außen abgleiten, womit gleichzeitig eine Senkung des Firstenpunktes C stattfindet.

In der Kräftefigur erkennt man die Kraftgrößen der Komponenten V und H. Die Vertikalkomponente V wird gleich dem Firstendruck G und die Horizontalkomponente H wird ebenso groß wie die Horizontalkraft H im Firstgelenk.

b) Einseitige Vertikalbelastung.

Ist nur ein Segment (Abb. 65) durch den vertikalen Firstendruck belastet, dann verläuft der Druck im Firstgelenkpunkt C nicht mehr horizontal.

Die Richtungslinie des Druckes in dem gemeinsamen Stützpunkt C beider Segmentkörper fällt, wie früher (S. 34) abgeleitet, immer mit der Verbindungslinie der Stützpunkte des unbelasteten Segmentkörpers zusammen. Der unbelastete Segmentkörper hat die Stützpunkte C und B, folglich muß der Druck im Firstgelenkpunkt C die Richtung CB haben.

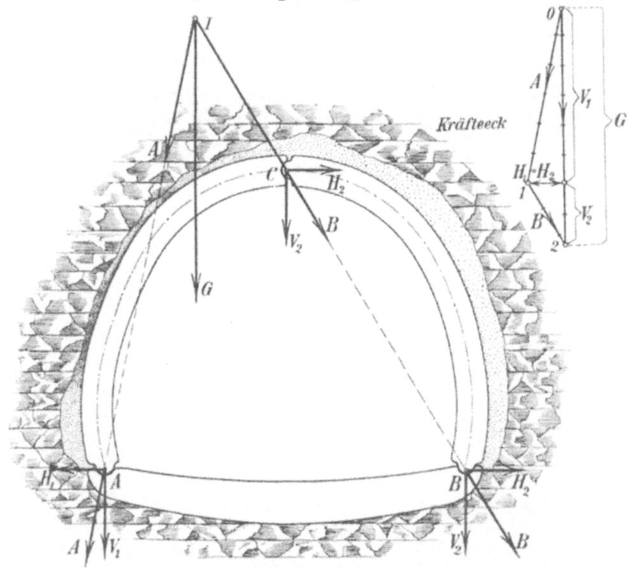

Abb. 65. Einseitige Vertikalbelastung.

Die Verlängerung von CB schneidet die bekannte Kraftrichtung G im Punkte I. Verbindet man nun Schnittpunkt I mit Fußgelenkpunkt A, so muß die Linie IA die Kraftrichtung der gesuchten Auflagerkraft A sein, denn soll die bekannte Kraft G die Resultierende der Stützendrücke A und B werden, so müssen die drei Kräfte durch einen gemeinsamen Schnittpunkt, hier Punkt I, gehen.

Nachdem in der Linie IA die Kraftrichtung A und in der Linie IB die Kraftrichtung B gefunden ist, ermittelt man im Kräfteeck ihre Größen. Linie $\overline{02}$ ist die bekannte Kraft G, legt man durch Punkt 0 eine Parallele zur Kraftrichtung A und durch Punkt 2 eine Parallele zur Kraftrichtung B, so ist Liniengröße $\overline{01} =$ Stützendruck A und Liniengröße $\overline{12} =$ Stützendruck B. A ist die größte Kraft, d. h. die Bruchgefahr ist bei dieser Belastung im Fußgelenkpunkt A größer als im Fußgelenkpunkt B.

Zerlegt man in Abb. 65 wieder die Auflagerdrücke A und B in die Horizontal- und Vertikalkomponenten, so drängen die Horizontalkräfte H_1 und H_2 die Fußgelenke nach außen.

Der Firstengelenkdruck im Punkte C ist in Richtung und Größe dem Stützendruck B gleich. Zerlegt man im Firstenpunkt die Kraft B in H_2 und V_2, so versucht die Kraft V_2 den Gelenkpunkt C zu senken, d. h. bei einseitiger Belastung besteht die Gefahr, daß der Firstgelenkpunkt in senkrechter Richtung abgebrochen wird.

Im Kräfteeck liefert die Horizontale durch den Punkt 1 die Horizontalkomponenten H_1 und H_2 der Stützendrücke A und B, sie schneidet gleichzeitig auf der Kräftelinie $\overline{02}$ die Vertikalkomponente V_1 der Stützkraft A und die Vertikalkomponente V_2 der Stützkraft B aus.

c) Einseitige Schrägbelastung.

Der Gebirgsdruck G belaste das eine Bogensegment in schräger Richtung (Abb. 66). Um die Stützendruckrichtung zu finden, bringt

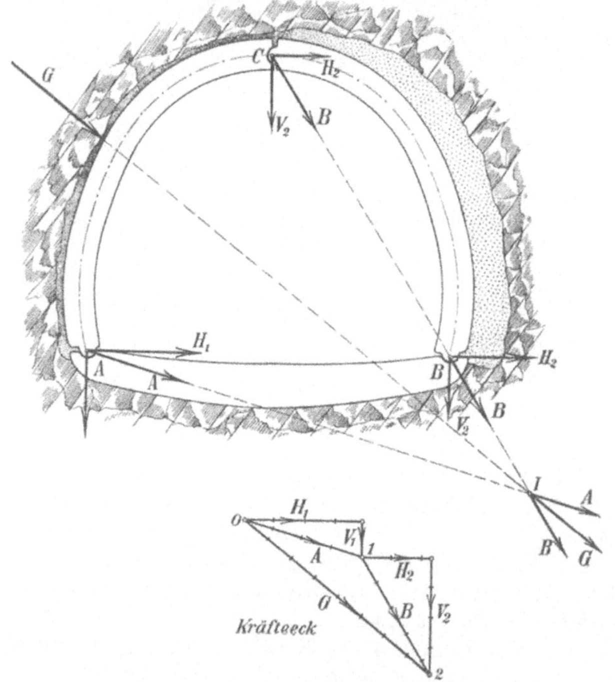

Abb. 66. Einseitige Schrägbelastung.

man die Kraftrichtung G zum Schnitt mit der Verbindungslinie der Gelenkpunkte C und B des unbelasteten Bogensegmentes. Der Schnittpunkt ist Punkt I. Dann liefert die Verbindungslinie des Gelenkpunktes A mit dem Schnittpunkt I die Kraftrichtung A, während die Verbindungslinie CB die Kraftrichtung B ergibt.

Nach Festlegung der Kraftrichtungen A und B findet man im Kräfteeck die wirklichen Größen dieser Kräfte, indem man eine Linie $\overline{02}$ gleich und parallel der gegebenen Kraft G zeichnet, durch den Anfangspunkt 0 eine Parallele zur Kraftrichtung A und durch den Endpunkt eine Parallele zur Kraftrichtung B legt. Beide schneiden sich im Punkt 1, und es ist Linienlänge $\overline{01}=$ Stützkraft A und Linienlänge $\overline{12}=$ Stützkraft B.

Der gemeinsame Stützendruck im Firstgelenkpunkt C ist in Richtung und Größe der Stützkraft B gleich.

Im Kräfteeck findet man H_1 und V_1 als Seitenkomponenten des Auflagerdruckes A, und ebenfalls H_2 und V_2 als Seitenkomponenten vom Auflagerdruck B. Am gefährlichsten sind die Horizontalkräfte an den Fußgelenken. Da H_1 erheblich größer ist als H_2, so besteht die größte Bruchgefahr im Fußgelenk A. Bei einem Bruch dieses Gelenkes würde sich der Bogen nach innen schieben.

Für das Firstgelenk ist die Vertikalkomponente V_2 die ge-

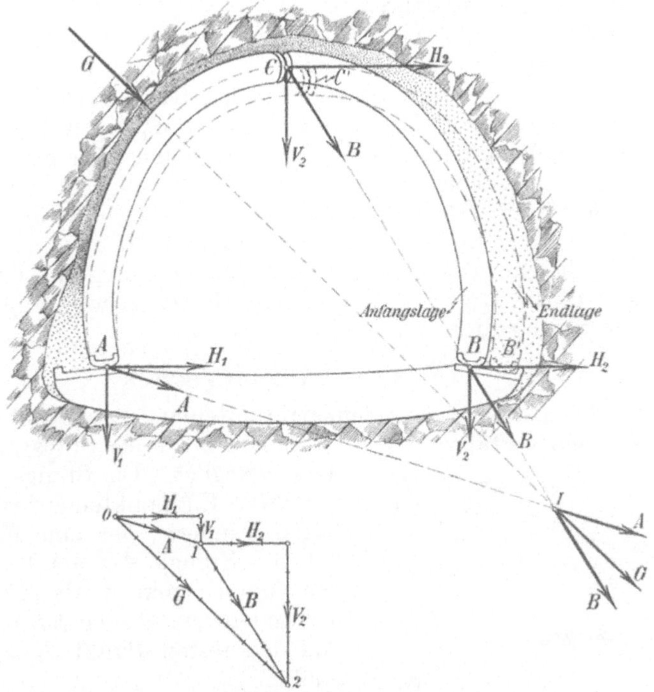

Abb. 67. Nachgiebiger Dreigelenkbogen.

fährlichste. Sie ist gleich der Vertikalkomponente des Stützendruckes B. Und da nach der Kräftefigur V_2 ebenso groß ist wie H_1, so hat der Firstpunkt gleiche Bruchgefahr wie das Fußgelenk A. Bei einem Bruch des Firstgelenkes würde der linke Segmentbogen sich oben absenken.

d) Allgemeines über den Dreigelenkbogen.

Der Dreigelenkbogen ist wie ein Stabdreieck ein vollkommen starres System, d. h. er kann in seiner Form den äußeren Kräften nicht elastisch nachgeben. Ein Nachgeben kann nur eintreten, wenn die Fußpunkte sich in wagerechter Richtung verschieben, oder wenn die im Scheitelgelenk zusammenstoßenden Bogenteile sich in lotrechter Richtung gegeneinander bewegen, das sind aber Bewegungen, die nur möglich sind, wenn die Gelenke zu Bruch gehen.

Praktisch sucht man den ersten Gebirgsdruck dadurch nachgiebig aufzunehmen, daß man um den ganzen Dreigelenkbogen eine Pufferung aus Kesselasche legt. Aber diese Pufferung ist bald zusammengedrückt, und dann erfolgt der Druck auf die starren Segmentbögen, die infolgedessen starke Eisenarmierung und große Querschnitte haben müssen.

Man könnte den Dreigelenkbogen nachgiebig gestalten, wenn man z. B. die Fußgelenkpunkte offen ausbilden würde. In Abb. 67 hat der Sohlenbalken zwei schräge Auflagerflächen. Die Segmente setzen sich mit walzenförmigen Fußpunkten auf diese Auflager und können eine Gleitbewegung ausführen.

Das linke Segmentstück sei durch den schrägen Gebirgsdruck G belastet. Kraftrichtungen und Kraftgrößen findet man in besprochener Weise. Die Fußpunkte drücken in den Richtungslinien A und B auf die Auflagerflächen. Die Horizontalkraft H_1 am Auflager A wird keine Verschiebung hervorrufen, da im Fall einer Bewegung der linke Gelenkbogen sich heben müßte.

Dagegen wird die Horizontalkraft H_2 am Auflager B eine Bewegung nach B' bewirken können, weil der Fußpunkt B abwärts gleiten kann. Mit diesem Abwärtsgleiten ist eine Senkung des Firstgelenkpunktes C in die Lage C' verbunden, d. h. der ganze Bogen kann elastisch nachgeben.

18. Das Stabviereck.

Verbindet man 4 Stäbe gelenkartig miteinander, wie Abb. 68 zeigt, und spannt einen Stab z. B. AB fest ein, so bleibt das Stabsystem trotzdem beweglich. Die Stange CD kann mit ihren Endpunkten auf zwei Kreisbögen wandern; der eine Kreisbogen hat die Stange AC als Radius und den festen Punkt A als Mittelpunkt, der andere die Stange BD als Radius und den festen Punkt B als Mittelpunkt.

Tritt einseitiger Druck auf, z. B. Druck von links, so erfolgt eine Rechtsdrehung, die Stange CD bewegt sich nach $C'D'$, und so kann das ganze Stabsystem, den äußeren Kräften nachgebend, sich in eine neue Gleichgewichtslage hereindrehen.

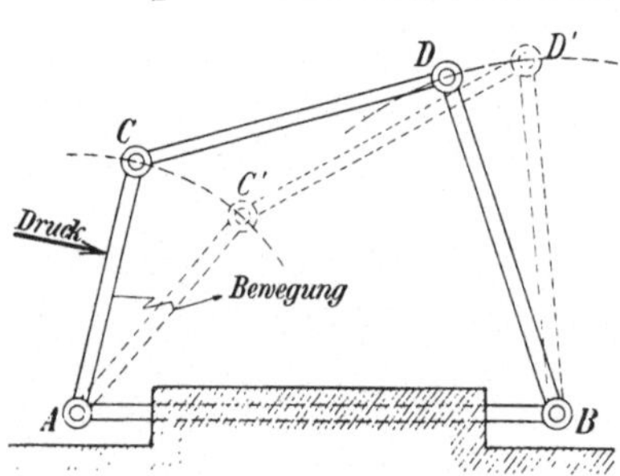

Abb. 68. Das Stabviereck.

Man wird daher das Stabviereck überall da vermeiden, wo das Bauwerk starr und unbeweglich bleiben muß, dagegen mit Vorteil da verwenden, wo eine Nachgiebigkeit von Nutzen ist, wie z. B. im Grubenausbau.

a) Belastung der Kappenstange.

Da das Stabviereck (Abb. 69) bei Einspannung des Stabes AB mit den übrigen drei Stangen beweglich bleibt, so kann der Stab CD eine Belastung G nur dann tragen, wenn die Gleichgewichtslage nicht gestört wird.

Die Untersuchung der Gleichgewichtslage kann man auf die Gleichgewichtsuntersuchung eines Stabdreiecks zurückführen. Denkt man sich den Punkt D festgelagert, so ist ACD ein Stabdreieck, dessen Stab CD durch das Gewicht G belastet ist. Für die Gleichgewichtslage muß die Richtungslinie des Druckes im gemeinsamen Stützpunkt C der Stangen mit der Richtung der unbelasteten Stange zusammenfallen. Verlängert man daher die Richtung AC bis zum Schnittpunkt m mit der Kraftrichtung G, so muß mD die Druckrichtung im Punkte D sein.

Fällt die Druckrichtung mD mit der Richtung der zweiten unbelasteten Stange DB zusammen, so erleidet auch die Stange DB kein Drehmoment, d. h. das Stabviereck bleibt bewegungslos, es ist im Gleichgewichtszustand.

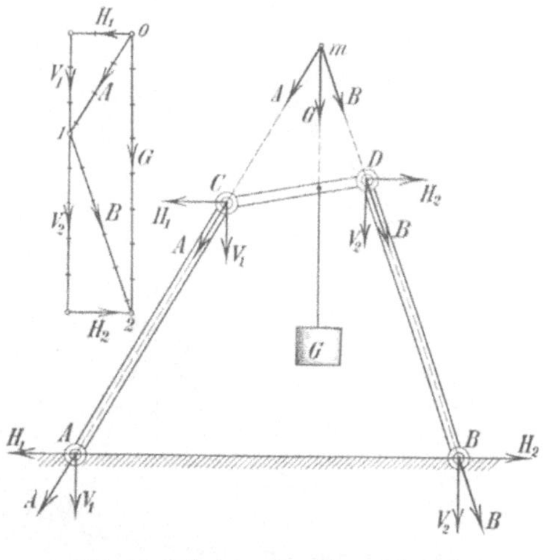

Die Bedingung für die Gleichgewichtslage lautet: Es müssen die Richtungslinien der beiden unbelasteten Stangen sich auf der Richtungslinie der Belastung schneiden.

In Abb. 69 schneiden sich die Richtungslinien der Stangen AC und BD im Punkte m. Folglich kann das Stangensystem nur dann im Gleichgewicht sein, wenn die Belastung G der Kappenstange CD so angreift, daß ihre Richtungslinie ebenfalls durch den Punkt m geht. Das Stangensystem bleibt dann in sich ohne seitliche Anlehnung im Gleichgewicht.

Abb. 69. Belastung der Kappenstange.

Für diese Gleichgewichtslage lassen sich durch Aufzeichnen des Kräfteecks die Größen der auftretenden Stützkräfte ermitteln. Man zeichnet eine Linie $\overline{02}$ gleich und parallel der bekannten Belastungskraft G, legt durch Punkt 0 eine Parallele A zur Stangenrichtung AC und durch Punkt 2 eine Parallele B zur Stangenrichtung BD. Die Parallelen schneiden sich im Punkte 1, und es ist Linie $\overline{01}$ = Stützkraft A und Linie $\overline{12}$ = Stützkraft B.

Die Kraft A ruft in den Gelenkpunkten C und A die Vertikalbelastung V_1 und den Horizontaldruck H_1, die Kraft B in den Gelenkpunkten D und B die Vertikalbelastung V_2 und den Horizontaldruck H_2 hervor. Man erkennt, daß die Horizontaldrücke H_1 und H_2 gleich und entgegengesetzt gerichtet sind, und daß ferner sein muß

$$V_1 + V_2 = G,$$

d. h. die Summe der vertikalen Stangendrücke muß gleich der Gewichtsbelastung G sein.

In Abb. 70 sind die Stangen nicht in der Gleichgewichtslage. Wie erkennt man das? Die Richtungslinien der unbelasteten Stangen AC und
BD schneiden sich im Punkte m. Dieser Punkt liegt nicht auf der Kraft-

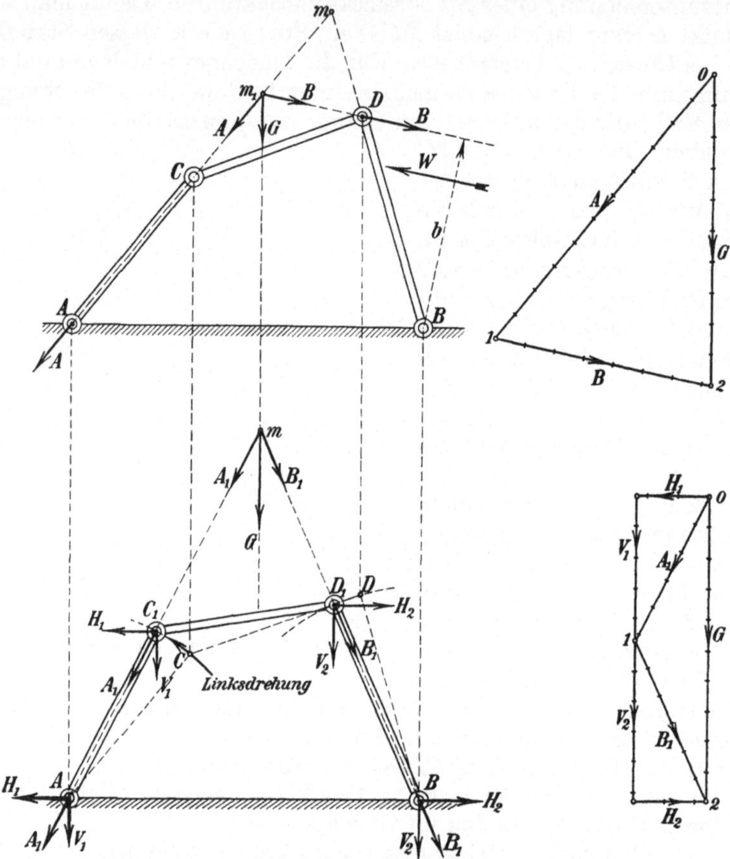

Abb. 70 und 71. Gleichgewichtsuntersuchung am Stabviereck.

richtungslinie G, folglich ist die Gleichgewichtsbedingung nicht erfüllt.
Was tritt ein?

Die Richtungslinie der Stange AC schneidet die Kraftrichtung G
im Punkte m_1. Verbindet man m_1 mit dem Gelenkpunkt D, so wirkt in
dieser Richtung m_1D eine Kraft B. Diese dreht die Stange BD nach
rechts mit dem Drehmoment

$$M = B \cdot b.$$

Das ganze Stangensystem wird sich daher um die Festpunkte A und
B nach rechts drehen, und es kann nur dadurch zur Ruhe kommen,
daß die Seitenstange BD durch Anlehnung an eine feste Wand einen

Widerstand W findet, der in entgegengesetzter Richtung drückt. Bei der Drehung ändern sich die Kraftgrößen A und B, in der gezeichneten Lage haben sie die im Kräfteeck gefundenen Größen.

Abb. 71 zeigt, wie man das Stabsystem für die Belastungsrichtung G einzustellen hätte, wenn die Gleichgewichtslage von Anfang an bestehen soll. Man muß das Stabsystem aus der Anfangslage $ABDC$ so lange nach links drehen, bis die Lage ABD_1C_1 erreicht ist. In dieser Lage schneiden sich die Richtungslinien der beiden unbelasteten Stangen auf der Belastungslinie G, der gemeinsame Schnittpunkt ist m.

Zeichnet man in Abb. 70 und 71 die Kräfteecke, so findet man die Stützendrücke A und B, bzw. A_1 und B_1. Je kleiner die Stützendrücke

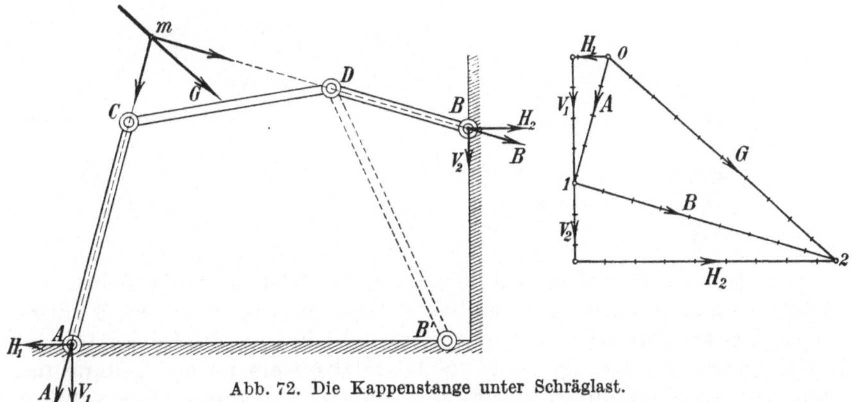

Abb. 72. Die Kappenstange unter Schräglast.

werden, um so günstiger wird die Belastung abgefangen. Da die Stützendrücke A_1 und B_1 die kleineren sind, so wird die Stabstellung der Abb. 71 die günstigere sein.

Wird die Kappenstange durch eine Schrägkraft G belastet, wie in Abb. 72, und würde $ACDB'$ die anfängliche Lage des Stabviereckes sein, so würde die Belastung sofort eine Bewegung der Kappenstange CD nach rechts hervorrufen. Um dem Stabsystem das Gleichgewicht zu geben, müßte man die Stangen so stellen, daß die unbelasteten Stäbe sich auf der Kraftrichtung G schneiden. Man könnte z. B. AC verlängern bis zum Schnitt m mit der Kraftrichtung G und der dritten Stange die Richtung mD geben. Dann würde DB die Stützstange sein und in dieser Lage das Gleichgewicht herstellen.

Das Kräfteeck liefert für diesen Gleichgewichtszustand die Stützenbelastungen A und B, d. h. Stützpunkt A muß die Vertikalbelastung V_1 und die Horizontalbelastung H_1 aufnehmen, Stützpunkt B die entsprechenden Kräfte V_2 und H_2.

b) Belastung der Seitenstange.

Das Stabviereck $ABDC$ sei von der linken Seite her durch eine Schrägkraft G belastet (Abb. 73). Man verlängere die Stabrichtung DC bis zum Schnitt m mit der Kraftrichtung G und verbinde m mit dem

Stützpunkt A. Die Schräglast G zerlegt sich dann in die Komponenten A und H, d. h. die Kraft H würde das Stabsystem nach rechts drehen und diese Verschiebung würde so lange dauern, bis im Stützpunkt D eine gleichgroße Gegenkraft H durch Anlehnung an eine feste Wand gefunden wäre.

Schlußfolgerung: Ein Stabviereck wird unter dem Einfluß von Belastungskräften nur dann im Gleichgewicht bleiben, wenn die Stäbe

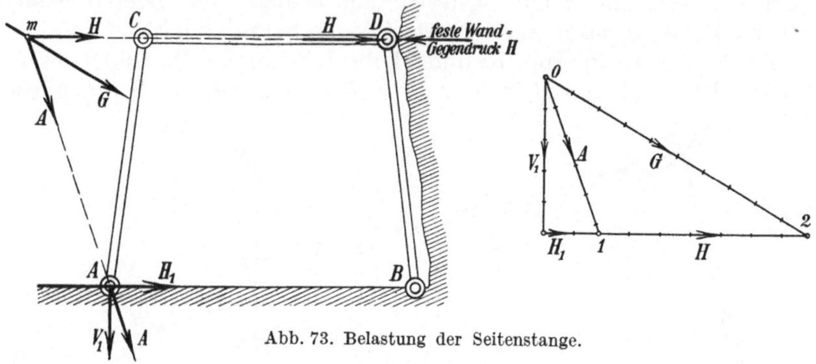

Abb. 73. Belastung der Seitenstange.

ganz bestimmte Richtungen haben. Sind die Gleichgewichtsrichtungen nicht vorhanden, dann gibt das Stabsystem so lange nach, bis äußere Gegenkräfte das Gleichgewicht hergestellt haben. Sind diese Gegenkräfte nicht wirksam, dann stürzt das Stabsystem unter Drehung um seine festen Gelenkpunkte zusammen. Man wird also praktisch auf eine Anlehnung des Stabvierecks an eine feste Wand nicht verzichten können.

19. Das Stabviereck im Grubenausbau.

Das Stabviereck findet als Streckenausbau vielseitige Verwendung. Der allgemein verwendete Türstock aus Holz ist z. B. ein Stabviereck. Diesem nachgebildet sind die Türstöcke aus Eisen und aus Eisenbeton. Sie bestehen aus Stempeln und Kappen und sind, da sie vier Gelenkpunkte besitzen, vollständig beweglich.

Am vorteilhaftesten sind zapfenartige Gelenke, wie sie der Türstock Abb. 74 hat. Die Köpfe der Stempel sind walzenförmig abgerundet und legen sich in entsprechende Höhlungen der Kappen. Eisenbeschläge an den Enden der Kappen und Stempel sichern die Haltbarkeit.

Wird ein Gebirgsdruck G in schräger Richtung auf die Kappe wirkend angenommen, und betrachtet man den Gelenkpunkt D vorläufig als feststehend, so liefert die Verlängerung der unbelasteten Stange AC auf der Kraftrichtung G den Schnittpunkt m. Durch diesen Punkt m sind die Kraftrichtungen A und B bestimmt. Die Kraftgrößen A und B findet man im Kräfteeck, das auch A in die Komponenten H_1 und V_1 und B in die Komponenten V_2 und H_2 zerlegt zeigt.

Der Gelenkpunkt D hat die Horizontalkraft H_2 aufzunehmen, er wird sich daher in der Kraftrichtung H_2 bewegen und diese Bewegung so lange fortsetzen, bis er an der festen Wand den Widerstand H_2 gefunden hat. Nach dieser Bewegung ist der Gleichgewichtszustand her-

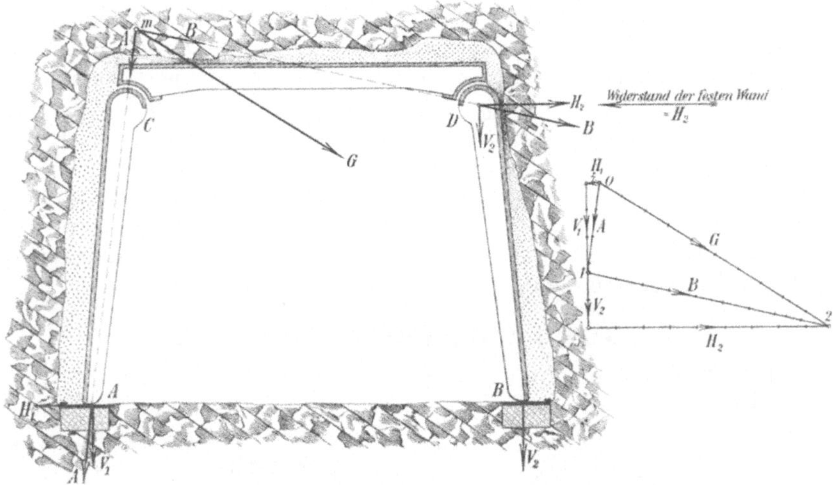

Abb. 74. Das Stabviereck im Grubenausbau.

gestellt. Der Fußpunkt B hat die Vertikalkomponente V_2 aufzunehmen, der Fußpunkt A die Vertikalkomponente V_1 und den verhältnismäßig kleinen Horizontalschub H_1.

Bei starkem Druck aus dem Hangenden ist die Türstockform Abb. 75 zweckmäßig. Man will durch diese Form die Kappenlänge verkleinern, denn die Stempel sind nach innen eingeknickt und ergeben somit eine kürzere Spannweite für das aufzulegende Kappenstück.

Der Gebirgsdruck G greife genau in der Mitte der Kappe an und wirke senkrecht nach unten. Die Verlängerungen der unbelasteten Stangen AC und BD schneiden

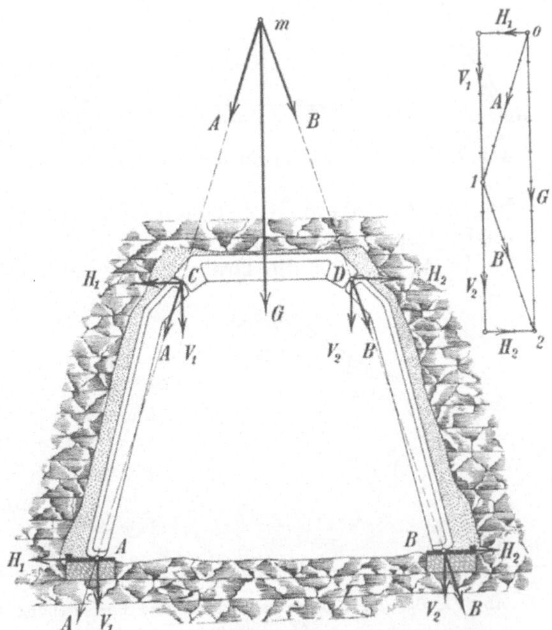

Abb. 75. Türstock für starken Druck aus dem Hangenden.

sich auf der Kraftrichtung G in dem gemeinsamen Schnittpunkt m. Das Stabsystem ist daher ohne seitliche Anlehnung in der Gleichgewichtslage. Im Kräfteeck ergeben sich die Größen der Fußpunkt-belastungen A und B, die wieder in ihre Horizontal- und Vertikal-komponenten zerlegt sind.

Wird der Gebirgsdruck stärker, so werden auch die Horizontal-kräfte H_1 und H_2 an den Fußpunkten größer. Sie können so groß werden, daß die Fußpunkte nach außen auf der Sohlenplatte ausweichen, damit tritt eine Senkung der Kappe ein, d. h. der Gebirgsdruck wird nachgiebig aufgenommen, wodurch eine Zerstörung der Ausbauvorrichtung vermieden bleibt.

Beim Aufstellen solcher Türstöcke beachte man immer ihre statische Wirkungsweise. Sie würde z. B. grundsätzlich sofort gestört, wenn man die Füße der Stempel einmauerte, weil dann die Gelenkigkeit der Fußpunkte verloren geht.

20. Das symmetrische Stabfünfeck.

Ein Stabfünfeck in symmetrischer Form ist in Abb. 76 dargestellt. Die Stange AB werde fest eingespannt, dann bleiben die vier anderen Stangen beweglich.

Schwingt der Gelenkpunkt C den Drehwinkel φ_1 nach C_1 und der Gelenkpunkt E den Drehwinkel φ_2 nach E_1, so ist damit auch die neue Lage D_1 des Punktes D gegeben. D_1 ist der Schnittpunkt des um C_1 als Mittelpunkt mit CD als Radius beschriebenen Kreis-

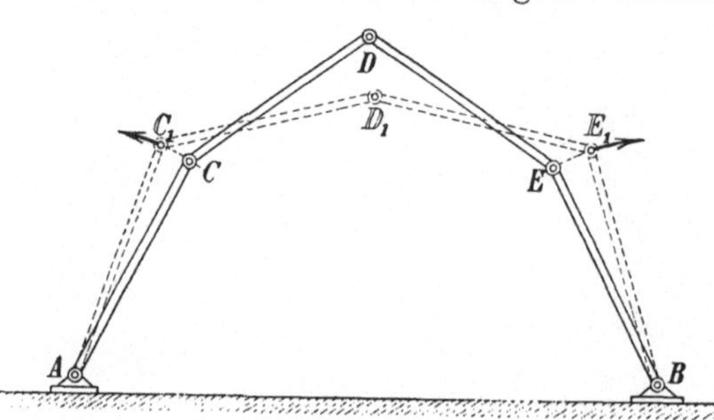

Abb. 76. Das Stabfünfeck bei Rechtsdrehung der Stützen.

bogens mit dem Kreisbogen, der um E_1 als Mittelpunkt mit ED als Radius beschrieben ist.

In Abb. 77 ist die Drehung der beiden Fußpunktstangen nach entgegengesetzten Richtungen vorgenommen. In beiden Fällen ist eine Senkung des Firstpunktes D eingetreten. Würde die Bewegung durch eine äußere Kraft, welche senkrecht oder schräg auf den Firstpunkt drückte, hervorgerufen sein, so könnte man von einer nachgiebigen Druckaufnahme sprechen.

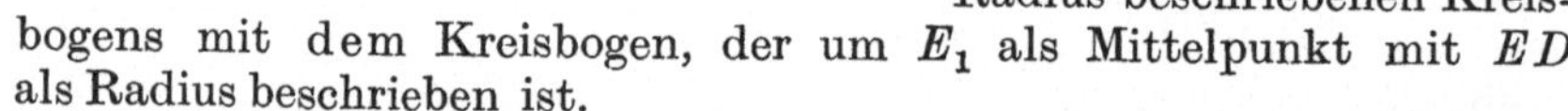

Abb. 77. Das Stabfünfeck bei Rechts- und Linksdrehung der Stützen.

Es scheint daher auch dieses System von Stäben geeignet zu sein, im Bergbau zur nachgiebigen Aufnahme von Druckkräften verwendet zu werden.

21. Das Stabfünfeck im Grubenausbau.

Das Stabfünfeck ist ein nachgiebiges System. Infolge seiner Nach-giebigkeit kann der Streckenausbau in Fünfeck-Form verhältnismäßig leicht gehalten werden.

In Abb. 78 ist der Ausbau einer Strecke in Beton-Segmenten dargestellt. Der Ausbau setzt sich gewölbeartig aus vier Segmenten und drei Quetschholzgelenken zusammen, zwei Segmente bilden die Tür-stöcke und zwei Segmente die Kappen.

Schon seine äußere Form verrät, daß er besonders geeignet erscheint, als Spitzbogen großen Firstendruck aufzunehmen. In der Figur

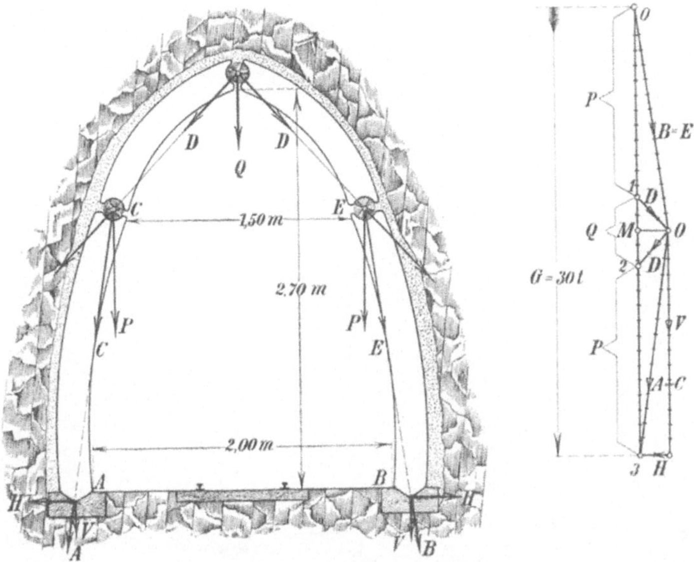

Abb. 78. Das Stabfünfeck im Grubenausbau.

ist eine gesamte Vertikalbelastung von $G = 30$ t angenommen, und es ist gezeigt, in welcher Weise bei symmetrischer Lastwirkung diese Last sich auf die drei Gelenkpunkte verteilt.

Die senkrechte Kräftelinie $\overline{03}$ stellt die Last $G = 30$ t dar. Der Punkt M halbiert die Kräftelinie, so daß Linie $OM = 15$ t die Vertikalbelastung des Fußpunktes B und $M3 = 15$ t $= V$ die Vertikalbelastung des Fuß-punktes A bildet.

Legt man durch M eine Horizontale und durch Punkt 3 eine Paral-lele zur Verbindungslinie AC der Gelenke A und C, so entsteht der Schnittpunkt O, und es ist $O3 = A = C$ die Gelenkpunktbelastung der Punkte A und C. Man mißt $A = C = 15{,}2$ t und den Horizontalschub der Fußgelenke $H = 2$ t.

Durch den Punkt O zieht man ferner zwei Linien D, die eine parallel zur Verbindungslinie CD der Gelenkpunkte C und D, die andere parallel zur Verbindungslinie ED der Gelenkpunkte E und D, dann entstehen auf der Kräftelinie die Schnittpunkte *1* und *2*, und es ist die Linienlänge $\overline{12} = Q =$ Belastung des Firstpunktes D. Man mißt auf der Kräftelinie $Q = 4{,}6$ t.

Und nun fallen auf der Kräftelinie ohne weiteres die Strecken $\overline{01} = P$ und $\overline{13} = P$ aus als die Teilgewichte, welche auf die Gelenkpunkte C und E entfallen. Man mißt $P = 12{,}7$ t. Die Gelenkpunkte C und E haben daher die größten Kräfte aufzunehmen, hier werden die Quetschhölzer sich zusammendrücken, wenn die Last in voller Größe zur Wirkung kommt. Der Firstgelenkpunkt D hat dagegen nur verhältnismäßig kleine Kräfte aufzunehmen, hier wird das Quetschholz erhalten bleiben.

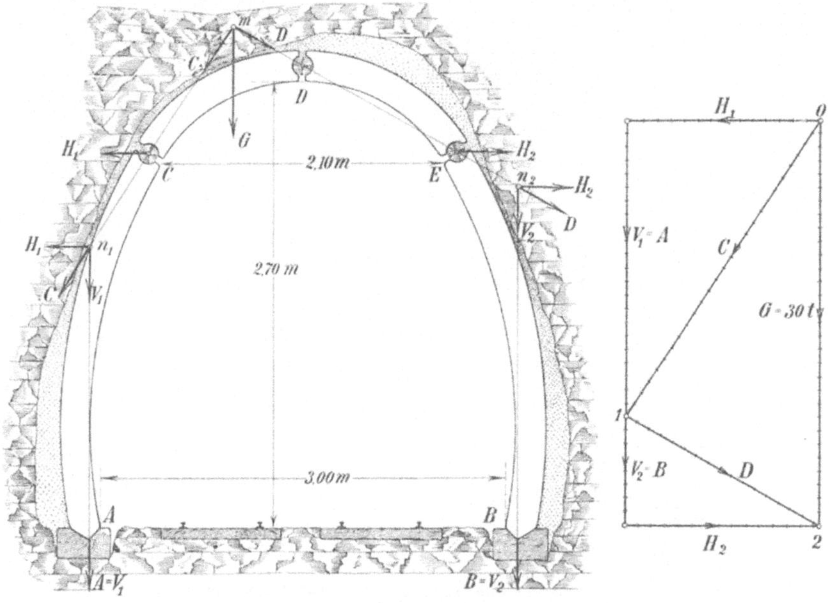

Abb. 79. Einseitige Belastung des Kappenbogens.

Eine gleichmäßige und symmetrische Verteilung der ganzen Gebirgsbelastung stellt den günstigsten Fall der Beanspruchungsarten des Ausbaues dar, er wird nur in den seltensten Fällen praktisch vorkommen. Es soll daher auch der ungünstigste Fall untersucht werden, der eintritt, wenn der Gebirgsdruck G das Gewölbesegment einseitig belastet wie in Abb. 79.

Um für diesen Fall die Kräfteverteilung zu untersuchen, müssen bestimmte Voraussetzungen festgelegt werden. Es werde angenommen, die Gelenkpunkte C und E stehen unnachgiebig fest, dann ist CDE ein Stabdreieck, dessen belastete Seite CD und dessen unbelastete Seite DE ist. Bringt man die Verlängerung der unbelasteten Seite ED zum Schnitt mit der bekannten Kraftrichtung G, so entsteht der Schnittpunkt m und die Verbindungslinie mC und mE geben die Kraftrichtungen C und D für die Gelenkdrücke in C und D.

Die Kraftgrößen C und D findet man in der Kräftefigur, indem man durch Punkt 0 eine Parallele zur Kraftrichtung C und durch Punkt 2 eine Parallele zur Kraftrichtung D legt. Man erhält den Schnittpunkt 1 und mißt bei einem Gebirgsdruck $G = 30$ t die Kraftgröße $C = $ Linie $\overline{01} = 26$ t und die Kraftgröße $D = $ Linie $\overline{12} = 16{,}5$ t.

Die gefährlichste Druckbeanspruchung erhält also das Quetschholz C, hier wird das Zusammendrücken beginnen. Und nun werde weiter angenommen, daß die Fußpunkte A und B nur Vertikalkräfte aufnehmen, da die Stoßsegmente seitlich infolge ihrer losen Außenpolsterung ausweichen können.

Die Auflagervertikale A schneidet die Kraftrichtung C im Punkte n_1, die Auflagervertikale B die Kraftrichtung D im Punkte n_2, und nun sind im Punkte n_1 wirksam die Vertikalkraft V_1, sie wird aufgenommen vom Fußpunkt A, und die Horizontalkraft H_1, sie wird das Segment gegen das Gebirge drücken. Im Punkte n_2 sind ebenfalls zwei Kräfte tätig, die Vertikalkraft V_2, sie wird aufgenommen vom Fußpunkt B, und die Horizontalkraft H_2, welche das Segment gegen das Gebirge drückt.

Finden die Türstöcke hier oben durch Anlehnung an die feste Gebirgswand ein festes Widerlager, so ist der Gleichgewichtszustand hergestellt. Das erscheint besonders günstig, weil dann die Türstöcke nur im Bereich von C nach n_1 und von E nach n_2 durch die Horizontalkräfte auf Biegung beansprucht werden, während die darunter liegenden Teile nur den senkrechten Druck aufzunehmen brauchen.

Die Untersuchung liefert wieder ein bemerkenswertes Ergebnis. Es lautet: die Türstocksegmente halten am besten, wenn sie beim Ausweichen die Widerlager am Gebirge möglichst hoch finden, d. h. es ist dafür zu sorgen, daß die Stoßsegmente nach unten zu ein weiteres Polster finden wie oben, wie es ja auch in der Abb. 79 zu erkennen ist.

Die Kräftefigur liefert noch die Kraftgrößen $H_1 = H_2 = 14{,}4$ t, die Fußpunktbelastung $A = V_1 = 22$ t und die Fußpunktbelastung $B = V_2 = 8$ t. Der Fußpunkt A hat also eine ganz bedeutende Überlast zu tragen.

22. Das Stabpolygon.

Das Stabpolygon ist eine Verbindung von beliebig vielen Stäben. In Abb. 80 sind z. B. sechs Stäbe gelenkartig zu einem geschlossenen System zusammengesetzt. Um die Bewegungsmöglichkeit zu untersuchen, spannt man einen der Stäbe, z. B. den Stab AB, fest ein.

Die Gelenkpunkte C und F können sich dann nur noch auf einem Kreisbogen bewegen, dessen Mittelpunkt A bzw. B und dessen Radius gleich AB bzw. BF ist. Die Gelenkpunkte D und E bleiben dagegen noch freier beweglich.

Bewegen sich die beiden Stangen AC und BF um den gleichen Drehwinkel nach außen, so senkt sich der Stab DE horizontal bleibend in die Lage D_1E_1.

In Abb. 81 sind die Gelenkpunkte C und F um einen gleichen Drehwinkel nach innen gedreht. Das hat zur Folge, daß der Stab DE eine parallele Hochschiebung in die Lage D_1E_1 erleidet.

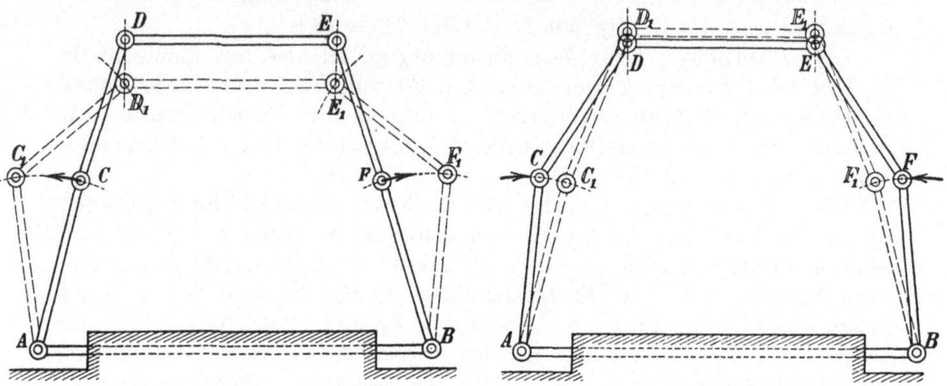

<table>
<tr><td>Abb. 80. Das Stabpolygon bei Außen-
drehung der Stützen.</td><td>Abb. 81. Das Stabpolygon bei Innen-
drehung der Stützen.</td></tr>
</table>

Die erste Bewegung kann durch starken Firstendruck, die zweite Bewegung durch beiderseitigen Seitendruck von außen eingeleitet werden. Demnach scheint auch das Stabpolygon geeignet zu sein, im Grubenausbau Anwendung zu finden, um sowohl Firstendruck als auch Seitendruck nachgiebig aufzunehmen.

23. Das Stabpolygon im Grubenausbau.

Das Stabpolygon fand bisher im Ausbau wenig Anwendung. Bekannt ist die Polygonzimmerung zur Verstärkung von gewöhnlichen Türstöcken. Erst in neuerer Zeit ist man zur Verwendung des reinen Stabpolygons übergegangen, von dem eine Ausführungsart Abb. 82 zeigt. Kappe und Stempel bestehen aus I-Eisen oder Schienen. Die Gelenkpunkte A, B, C und F werden aus Rundhölzern gebildet, die in der Regel durch mehrere Gestelle hindurchgehen. Die Kappe ruht an den Enden D und E auf starken Holzkeilen.

Als günstigsten Belastungsfall zeigt Abb. 82 den Gebirgsdruck G senkrecht und symmetrisch auf die Kappe wirkend. Seine Angriffslinie geht durch den Schnittpunkt m der verlängerten Stabrichtungen CD und FE. Der Gebirgsdruck G zerlegt sich in zwei Komponenten D und E, deren Richtungen mit den eben genannten Stabrichtungen zusammenfallen.

In der Kräftefigur findet man die Größen der Kräfte D und E, indem man durch den Anfangspunkt 0 der gegebenen Kraft $G = 12$ t eine Parallele zur Kraftrichtung D und durch den Endpunkt 2 eine Parallele zur Kraftrichtung E legt, sie schneiden sich im Punkte 1, und es ist Linie $\overline{01} = D = 7{,}3$ t und Linie $\overline{12} = E = 7{,}3$ t.

Die Kraft D pflanzt sich auf den Gelenkpunkt C, die Kraft E auf den Gelenkpunkt F fort. C zerlegt sich in die Komponenten H_1 und A,

F in die Komponenten H_1 und B. In der Kräftefigur findet man $H_1 = H_1 = 3{,}6$ t und $A = B = 6{,}2$ t.

Die in den Gelenkpunkten C und F nach außen wirkenden Horizontalkräfte H_1 drücken die Gelenkpunkte so lange nach außen, bis die Gegenpolsterungen oder die Stöße die gleichen Kräfte als Widerstand entgegensetzen. Mit dem Herausdrücken der Gelenkpunkte findet eine Senkung der Kappe statt, so daß der Gebirgsdruck nachgiebig oder elastisch aufgenommen wird.

Die unteren Stoßstempel CA und FB übertragen die Schrägkräfte A und B durch die Fußpunkte in das Liegende. Man kann A und B in die Komponenten V und H_2 zerlegen und findet in der Kräftefigur $V = 6$ t und $H_2 = 0{,}6$ t.

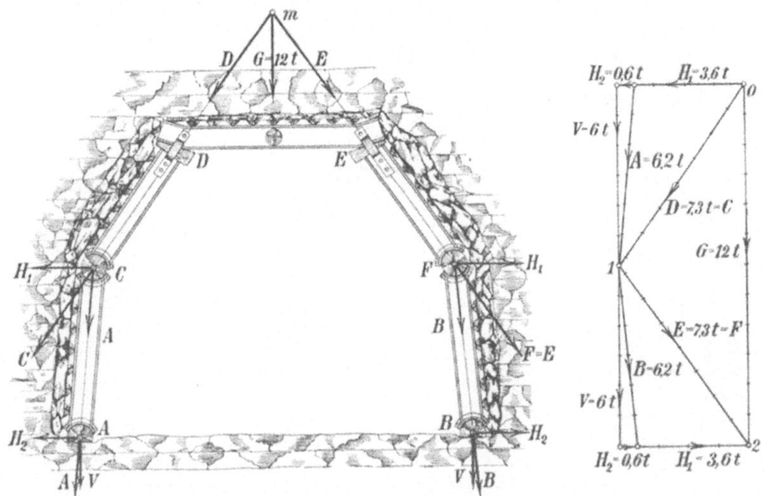

Abb. 82. Das Stabpolygon im Grubenausbau.

Sobald eine **Schrägbelastung durch den Gebirgsdruck** eintritt, wird der Belastungsfall schon ungünstiger, weil dann die einzelnen Ausbauteile ganz ungleich beansprucht werden. In Abb. 83 ist der Gebirgsdruck von rechts oben kommend angenommen, er belastet die Mitte der Kappe mit $G = 10$ t.

Eine Deutung der Kräfteverteilung ist nur unter bestimmten Voraussetzungen möglich. Nimmt man an, daß die Gelenkpunkte C und E vorläufig starr und fest sind, so entsteht das Stabdreieck CDE, dessen Schenkel DE der belastete Teil und dessen Schenkel CD der unbelastete Teil ist.

Die Stabrichtung CD des unbelasteten Stabes schneidet die verlängerte Kraftrichtung G im Punkte m. Verbindet man m mit dem Schenkelpunkt E, so ist diese Linie die Richtungslinie für den Gelenkdruck in E, während die Verbindungslinie von m mit dem Gelenkpunkt C die Richtungslinie für den Gelenkdruck in C liefert.

In der Kräftefigur findet man durch Parallele zu diesen Kraftrichtungen die gegebene Kraft $G = 10$ t zerlegt in die Komponenten $E = 6,2$ t und $C = 4,5$ t.

Im Knickpunkt E wirkt die Schrägkraft E, sie zerlegt sich in eine Horizontalkomponente und in eine Vertikalkomponente, deren Größen man aus der Kräftefigur abliest zu $H_2 = 6$ t und $V_2 = 1,5$ t. Die Horizontalkraft H_2 zieht die Kappe nach links und setzt sich auf den Gelenkpunkt D fort. Die Vertikalkraft V_2 drückt auf den Gelenkpunkt F und weiter auf das Fußgelenk B, das den Druck auf die Streckensohle setzt.

Wenn sich die Kappe im Endpunkt D nicht gegen den Stoß setzt, wird die Horizontalkraft H_2 auch auf den Gelenkpunkt C übertragen. Dieser hat aber außerdem die Schrägkraft C aufzunehmen, die sich in die Horizontalkomponente H_1 und in die Vertikalkomponente V_1

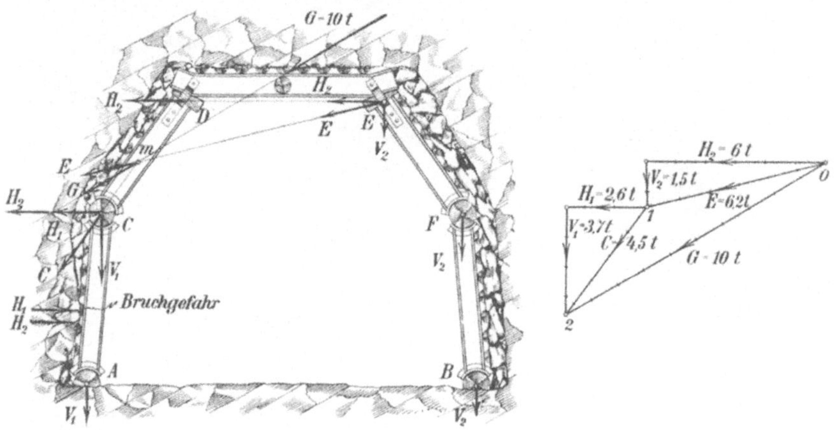

Abb. 83. Schräger Druck aus dem Hangenden.

zerlegt, deren Größen in der Kräftefigur zu suchen sind. Man findet $H_1 = 2,6$ t und $V_1 = 3,7$ t.

Der Gelenkpunkt C wird also sehr stark belastet. Die Summe der Horizontalkräfte $(H_1 + H_2)$ drückt ihn nach links, so daß er gegen den Stoß gedreht wird. Findet er hier keinen Widerstand, so dreht sich Stab CA um A als Drehpunkt gegen den Stoß. Kommt der Stab nun in der unteren Hälfte zuerst zur Anlehnung, so drückt der Stoß mit Kraft $(H_1 + H_2)$ gegen den Stab und bricht ihn in die Strecke herein, da das Biegungsmoment sehr groß ist. Daher ist eine Hauptforderung für die Sicherheit dieses Ausbaues, daß der Stoßstempel nicht in der unteren Hälfte an der Drehung durch Anlehnung an den Stoß gehindert wird. Er soll sich drehen können, muß dann aber seine Anlehnung möglichst in Höhe des Gelenkpunktes C finden.

Die Vertikalkomponente V_1 drückt weiter auf den Fußpunkt A, und dieser setzt den Druck auf die Streckensohle.

Im ersten Belastungsfall würden beide Seiten des Ausbaues ganz gleichmäßig beansprucht, hier liegt die größte Belastung auf der linken Ausbauseite, welche den ganzen Horizontalschub $H_1 + H_2$ = 2,6 + 6 = 8,6 t und den größten Vertikaldruck $V_1 = 3,7$ t gegenüber $V_2 = 1,5$ t der anderen Seite aufzunehmen hat.

24. Der Ausbau in Abbaustrecken.

Der Ausbau von Abbaustrecken erfolgt nach praktischen Gesichtspunkten, wobei die Art der Kräfteaufnahme oft nicht erkannt wird. Untersucht man die Kräfteverteilung nach den Gesetzen der Mechanik, so lernt man auch hier die Schwächen im Ausbau kennen.

In Abb. 84 ist ein Ausbau bei geringem Einfallen dargestellt. Der Strangstempel ist schräg zur Einfallrichtung gestellt, der Damm-

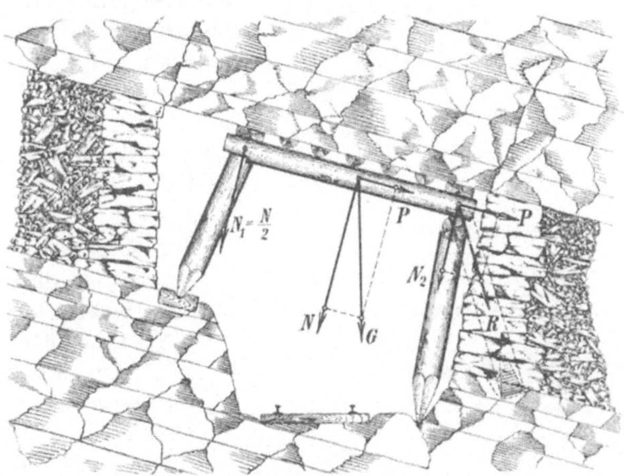

Abb. 84. Abbaustreckenausbau bei geringem Einfallen, Druck aus dem Hangenden.

stempel steht fast senkrecht zur Einfallrichtung. Zwischen dem Kappenholz und dem Dammstempel ist ein Quetschholz gesetzt. Das gelockerte Hangende drückt in senkrechter Richtung mit dem Gewicht G seiner Bruchmassen auf das Kappenholz.

Die Belastung G zerlegt sich in zwei Komponenten
1. in die Komponente N normal zur Einfallrichtung,
2. in die Komponente P parallel zur Einfallrichtung.

Die Normalkomponente N erzeugt bei gleichmäßiger Druckverteilung links den Stempeldruck $N_1 = \dfrac{N}{2}$ und rechts den Stempeldruck $N_2 = \dfrac{N}{2}$.

Da das Kappenholz sich nicht gegen die Bergewand stützt, so drückt am Kopf des Dammstempels die Kraft P und die Kraft N_2, beide bilden die Resultierende R. In dieser Richtung will der Auflagerpunkt des Kappenholzes ausweichen. Am vorteilhaftesten würde das Ausweichen verhindert, wenn der Dammstempel — wie gestrichelt gezeichnet — in der Richtung R stehen würde. Die Steilstellung ist also ungünstig.

Auch die Anspitzung des Dammstempels ist nicht günstig. Besser wäre eine Schneide, und diese muß so stehen, daß die Keilfläche senkrecht zur Streckenrichtung steht, da die Schneide in dieser Richtung den Horizontalschub ins Liegende setzen muß.

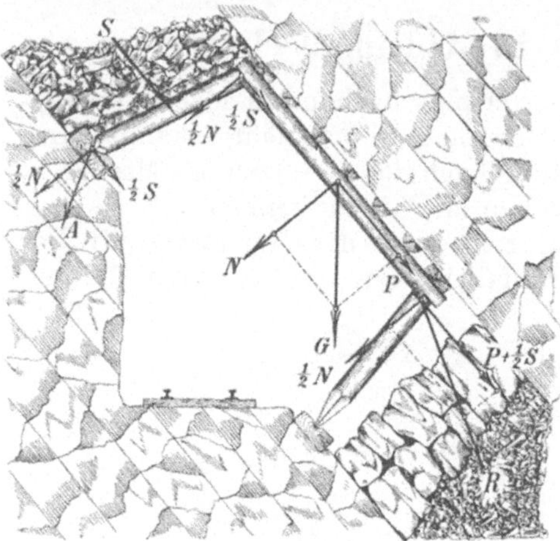

Abb. 85. Starkes Einfallen.

Der Strangstempel, der nur durch die Kraft N_1 belastet wird, steht schräg. Er stände aber besser in der Richtung der Kraft N_1.

Bei starkem Einfallen (Abb. 85) zeigt die Zerlegung des Hangendendrucks G eine Abnahme der Komponente N, dagegen eine Zunahme der Komponente P. Die Normalbelastung N des hangenden Holzes erzeugt auf jeder Seite die Kopfbelastung $\frac{1}{2}N$ für die Stempel.

Der Strangstempel wird außerdem noch durch den Bergedruck S belastet, so daß Fußpunkt und Kopfpunkt des Stempels noch mit der Kraft $\frac{1}{2}S$ auf ihre Stützpunkte drücken.

Am Fußpunkt des Strangstempels setzen sich die Kräfte $\frac{1}{2}N$ und $\frac{1}{2}S$ zur Resultierenden A zusammen. In dieser Richtung A setzt sich die Stempelbelastung ins Liegende. Ein Abrutschen des unteren Quetschholzes kann also nicht eintreten.

Der Kopfpunkt des Dammstempels hat die Kraft $(P + \frac{1}{2}S)$ und die Kraft $\frac{1}{2}N$ aufzunehmen, beide Kräfte bilden zusammen die Resultierende R, in deren Richtung der Kopfpunkt

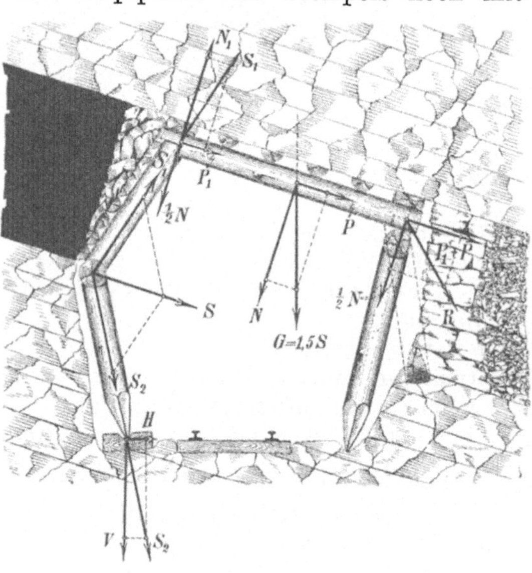

Abb. 86. Starker Seitendruck.

ausweichen will. Theoretisch müßte also die Abstützung des hangenden Holzes in der Richtung R erfolgen. Das würde aber praktisch schlecht gehen, denn die Kraftrichtung R geht in den Versatz herein, und der Versatz ist keine sichere Stütze. Das ist aber auch nicht nötig, denn die Kraft $(P + \frac{1}{2}S)$ dreht den Dammstempel gegen das Hangende ein, wodurch das Kappenholz so fest gegen das Hangende gepreßt wird, daß ein Abrutschen verhindert wird. Es ist daher streng darauf zu achten, daß der Dammstempel schräg zum Hangenden steht, damit ein Eindrehen durch die Belastung möglich ist.

Der Strangstempel oben würde noch besser stehen, wenn er parallel zum Dammstempel stände, dann würde auch dieser Stempel beim Eindrehen gegen das Hangende drücken und die Standfestigkeit der Zimmerung erhöhen.

Bei starkem Seitendruck S (Abb. 86) muß der Stoßdruck durch besondere Maßnahmen aufgefangen werden. Man bricht den Stempel, indem man ein Knie bildet. Die Schubkraft S zerlegt sich in die Seitenkomponenten S_1 und S_2. Die Stempelbelastung S_2 wird am Fußpunkt des Stempels in das Liegende gesetzt. Hier zerlegt sich S_2 in die Vertikalkomponente V und in die Horizontalkomponente H. Da die Kraft H verhältnismäßig klein ist, wird sie die Spitze wohl nicht abbrechen.

Die Stempelkraft S_1 des oberen Knieholzes drückt mit der Normalkomponente N_1 gegen das Hangende und mit der Kraft P_1 in das Kappenholz. Die Komponente N_1 drückt das Holz so fest gegen das Hangende, daß die Komponente P_1 wahrscheinlich durch den Reibungswiderstand aufgehoben wird. Wenn nicht, verstärkt P_1 die Schubkraft P, welche durch die Belastung G aus dem Hangenden entsteht.

In der Figur ist angenommen

$$G = 1{,}5 \cdot S.$$

Die Normalkomponente N des hangenden Druckes G verteilt sich mit dem Druck $\dfrac{N}{2}$ gleichmäßig auf die Stützpunkte des Kappenholzes, die mit der Kraft $\dfrac{N}{2}$ auf die Stützstempel drücken. Der rechte Stützpunkt hat noch ein Quetschholz zwischengeschaltet. Das hat eigentlich keinen Zweck, denn wie drückt die Belastung?

Die Belastung ist eine zweifache, sie erfolgt

1. durch den Druck $\frac{1}{2}N$,
2. durch die Schubkraft $(P_1 + P)$,

beide bilden zusammen die Resultierende R, welche das Quetschholz gar nicht trifft. In der Richtung R will der Stützpunkt ausweichen. Nun sieht man, daß der Dammstempel ungünstig steht, er steht fast normal zur Einfallrichtung, so daß er beim Eindrehen des Stempels sich nicht fester setzt, sondern sich lockert, d. h. der Ausbau kommt nach rechts in Bewegung und setzt sich gegen die Dammmauer.

Das würde verhindert werden, wenn man den Stempel schräg zur Einfallrichtung setzt, wie gestrichelt angedeutet ist. Auch die Anspitzung ist falsch, es muß eine Schneide gemacht werden, welche senkrecht zur Strecke steht.

25. Der Gebirgsdruck.

Der Druck der Gebirgsschichten oder der Spannungszustand im Gebirgsinnern wird in der Hauptsache durch das Gewicht der übergelagerten Massen beeinflußt.

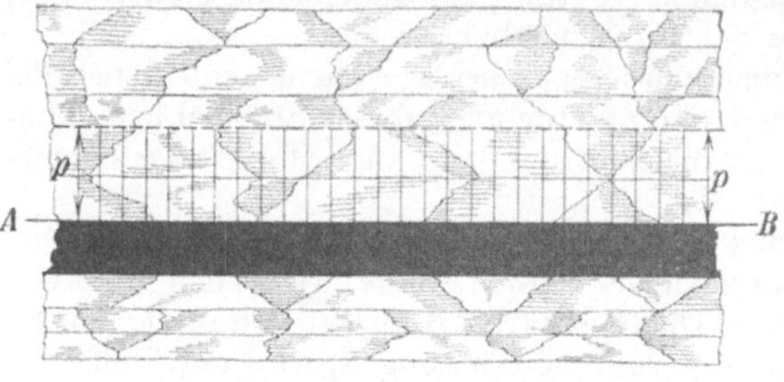

Abb. 87. Der Druck bei unverletztem Gebirge.

Wird unter Tage eine Strecke vorgetrieben, so wird bei absolut standfestem Gebirge die Strecke ohne jeden Ausbau stehen bleiben. Bei ziemlich standfestem Gebirge genügt ein verhältnismäßig schwacher Ausbau, um die Strecke zu halten. Man schließt daraus, daß die Lasten der übergelagerten Schichten vom Hohlraum ferngehalten werden. Die Ursachen dieses Verhaltens sollen untersucht werden.

Im unverletzten Gebirge der Abb. 87 wird eine Horizontalschicht, z. B. die Firstschicht AB eines Kohlenflözes, einen gleichmäßg verteilten Druck aufnehmen, dessen Größe

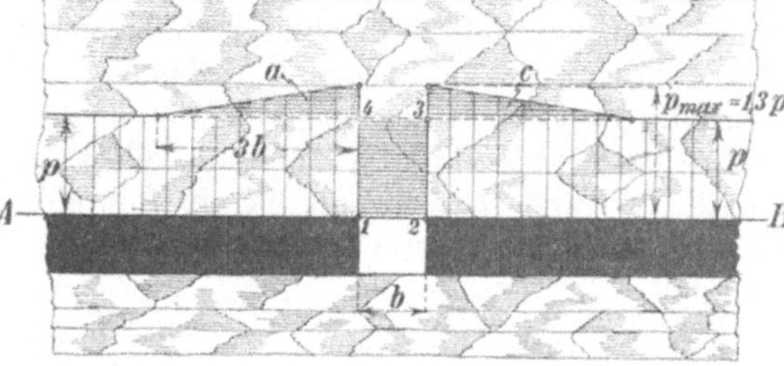

Abb. 88. Der Druck nach Auffahren einer Strecke, weiches Gebirge.

durch die Ordinatenhöhe p dargestellt werden kann.

Wird im Flöz eine Strecke (Abb. 88) aufgefahren, so fällt in der Firstenbreite der Gegendruck weg, die Belastung der Strecke $\overline{12}$ muß daher von den Seitenwänden aufgenommen werden.

Die Druckfläche $\overline{1234}$ muß inhaltsgleich aufgeteilt werden in die Flächen a und c. Wird angenommen, daß bei weichem Gebirge der Druck zu beiden Seiten

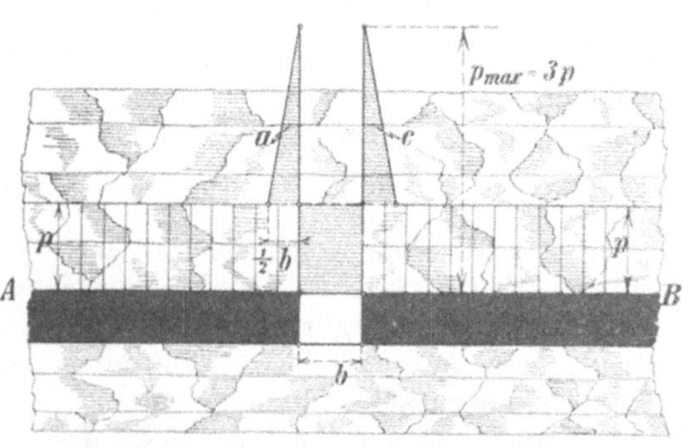

Abb. 89. Kantenpressung bei hartem Gebirge.

auf die dreifache Streckenbreite sich verteilt, so stellt sich eine höchste Kantenpressung

$$p_{\max} = 1{,}33 \cdot p$$

ein. Ist das Gestein hart, so wird sich der Druck auf eine geringere seitliche Entfernung verteilen. Nimmt man eine Druckverteilung auf die halbe Streckenbreite (Abb. 89) beiderseitig an, so wächst die höchste Kantenpressung an auf

$$p_{max} = 3 \cdot p.$$

Die Stöße haben also nicht nur den vollen Betrag des lotrechten Gebirgsdrucks aufzunehmen, sondern sie werden noch zusätzlich durch Übernahme des Firstendruckes belastet.

Diese starke lotrechte Belastung ruft in den Stößen nach dem Streckeninnern hin Seitendrücke hervor. In Abb. 90 ist das dargestellt. Der Seitendruck drückt in die Strecke herein, es entsteht ein Treiben der Stöße, das durch wagerechte Lagerung noch begünstigt wird, nament-lich dann, wenn das Gebirge zum Druck-haftwerden neigt. Wir erkennen hieraus auch, daß der Seitendruck im un-mittelbaren Zusammenhang mit der überlastenden Gebirgshöhe steht.

Im Gegensatz hierzu besteht zwi-schen Firstendruck und überge-lagerter Gebirgshöhe keine Beziehung. Man erklärt das so:

In der Firste ist durch die Aushöhlung der Gegendruck weggenommen. Das im Hangenden stehende Gestein biegt sich daher elastisch nach unten durch und wird dadurch unfähig, den von oben kommenden Druck weiter zu tragen. Es bildet sich infolgedessen über der hangenden Schicht eine Art Gewölbe-bogen von parabolischer Form (Abb. 90).

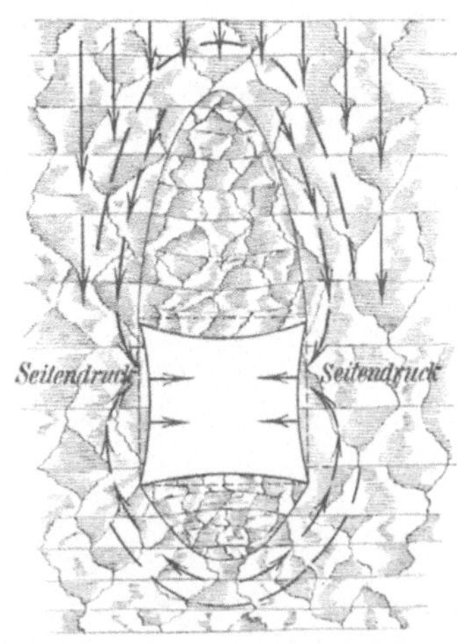

Abb. 90. Die Streckenbelastung.

Dieser Bogen trägt den übergelagerten Druck und setzt ihn auf die Stöße.

Der parabolische Körper, der von dem Gewölbebogen umschlossen wird, ist die gelockerte Gebirgsmasse. Diese Masse steht nur noch unter der Wirkung der Eigengewichtsbelastung, und diese Eigengewichts-belastung drückt nur noch als hangende Last.

Die Höhe des parabolischen Körpers ist von der Beschaffenheit des Gebirges abhängig. Im harten Gestein ist die Höhe gering, in Geröllen und Schuttmassen mit geringer Zusammenhaftbarkeit (Kohäsion) kann die Höhe bedeutend werden, so daß dann der durch das Eigen-gewicht entstehende Druck aus dem Hangenden den Ausbau noch erheb-lich belasten kann.

Für gewöhnlich tritt aber die ganze Überlastungshöhe der Gebirgs-schichten als Firstendruck nicht auf. Das beweisen auch die Erfahrungen im Grubenausbau. Die Bruchlast eines Grubenstempels von 10 cm Durch-messer und 125 cm Länge ist durch Versuche ermittelt worden zu $P = 15400$ kg. Hat der Stempel z. B. 1 m² Hangendes zu tragen, so würde der Stempel (Abb. 91) für 1 m Gebirgshöhe ein Belastungsgewicht von 1600 kg aufzunehmen haben, wenn 1 m³ Gebirgsmasse 1600 kg wiegt.

Ist x die Belastungshöhe, bei welcher der Bruch erfolgt, so würde sein

$$1600 \cdot x = 15400$$

$$x = \frac{15400}{1600} = 9{,}6 \text{ m},$$

d. h. wenn der Stempel im Ausbau hält, so trägt er nicht mehr als das Gewicht einer hangenden Schicht von 9,6 m Höhe.

Im allgemeinen wird also der Druck auf das Hangende von der auflagernden Gebirgshöhe unabhängig sein. Vor Herstellung des Hohlraumes verläuft die hangende Schicht (Abb. 92) in der Horizontalen ACB. Ist der Hohlraum hergestellt, so senkt sich die Linie. Am meisten senkt sich der Firstpunkt C, er senkt sich um

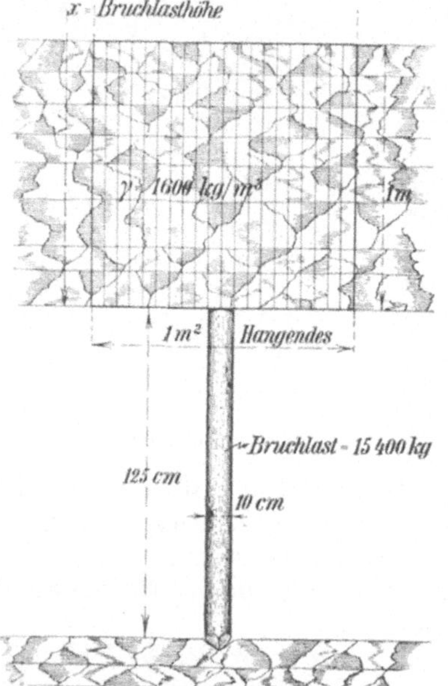

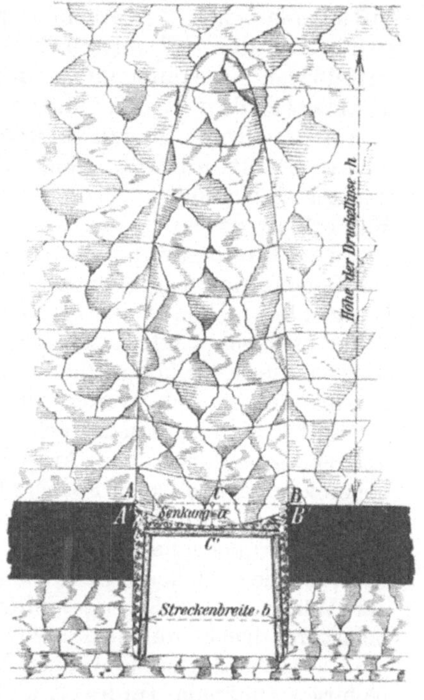

Abb. 91. Die Bruchlasthöhe eines Stempels.   Abb. 92. Die Druckellipse bei hereinbrechendem Hangenden.

das Maß a nach C'. Auch die Endpunkte A und B senken sich in die Lagen A' und B'.

Die Senkungen können beobachtet und gemessen werden. Sie verursachen in auflockerungsfähigem Gebirge eine Entspannung und Auflockerung der darüber liegenden Massen. Es entsteht ein Bruchkörper von parabolischer Gestalt. Kommerell[1] ersetzt die Parabelform durch eine Ellipse und nennt sie Druckellipse. Die größte Höhe h

---

[1] Kommerell: Statische Berechnung von Tunnelmauerwerk. Berlin: W. Ernst & Sohn 1912.

der Bruchmassen berechnet **Kommerell** aus der gemessenen Senkung a zu

$$h = \frac{100 \cdot a}{p},$$

wenn p die bleibende Auflockerung der Ausbruchsmassen in Prozent angibt. Die Werte von p können durch einfache Messungen festgestellt werden, schätzungsweise kann man annehmen für

$$\begin{array}{llll}
\text{Sand und Kies} \dots \dots & p = 1 & \text{bis } 1,5 & \text{vH} \\
\text{Lehm} \dots \dots \dots & = 2 & „ \ 4 & „ \\
\text{Mergel, Keuper u. dgl.} \dots & = 4 & „ \ 5 & „ \\
\text{Fester Ton} \dots \dots & = 6 & „ \ 7 & „ \\
\text{Felsen} \dots \dots \dots & = 8 & „ \ 15 & „
\end{array}$$

Für $p = 0$ (Wasser, Schwimmsand, Schlamm) würde $h = \infty$ werden, in diesem Fall geht die Druckellipse in zwei durch A und B gehende senkrechte Linien über, d. h. die ganze Überlagerung würde das Hangende belasten.

Neigt das Hangende zu Spaltenbildungen, so soll man zu der berechneten Höhe einen entsprechenden Zuschlag (20 bis 50%) machen.

Für die Streckenbreite b ist der Flächeninhalt der Halbellipse

$$F = \pi \cdot \frac{h \cdot b}{4}.$$

Ist γ das Gewicht von 1 m³ Ausbruchmasse, so ist das Gewicht der Ausbruchmassen für 1 m Streckenlänge

$$G = \gamma \cdot \pi \cdot \frac{h \cdot b}{4}.$$

Dieses Gewicht würde die Kappe des Streckenausbaues belasten, wenn sie 1 m Streckenlänge zu tragen hätte.

Es sei z. B. ein Türstock von $b = 2$ m Breite für den Streckenquerschnitt Abb. 92 rechnerisch zu untersuchen, bei welchem gemessen wurde

$$\begin{array}{l}
\text{größte Senkung } a = 30 \text{ cm} = 0,30 \text{ m,} \\
\text{Auflockerung} \quad p = 4 \text{ vH.}
\end{array}$$

Die Höhe der Druckellipse ist

$$h = \frac{100 \cdot a}{p} = \frac{100 \cdot 0,3}{4} = \mathbf{7,5 \ m.}$$

Aus dem Hangenden drückt dann auf 1 m Streckenlänge das Gewicht

$$G = \gamma \cdot \pi \cdot \frac{h \cdot b}{4}.$$

Es sei $\gamma = 1800$ kg/m³, dann ist

$$G = 1800 \cdot \pi \cdot \frac{7,5 \cdot 2}{4} = \mathbf{21300 \ kg.}$$

Diese Last verteile sich gleichmäßig auf die beiden Stempelhölzer, dann hat jeder Stempel eine Drucklast von $\frac{G}{2} = 10650$ kg aufzunehmen.

Der Ausbau verwende Stempel von $d = 15$ cm Stärke und $l = 200$ cm Länge. Ein solcher Stempel hält nach Versuchen eine Knicklast von 33 000 kg aus, also steht dann der Stempel mit einer

$$\frac{33\,000}{10\,650} = 3,1\,\text{fachen Sicherheit.}$$

26. Das Gleichgewicht von Körpern mit fest gelagerter Drehachse.

Achsen und Wellen haben Drehachsen, deren Abstützung in feststehenden Lagern erfolgt. In der Regel sind die Belastungskräfte dieser Körper bekannt, unbekannt sind aber die in den Lagern erzeugten Drücke, die Lagerdrücke oder Stützendrücke. Sie können mit Hilfe der bekannten Gleichgewichtsbedingungen errechnet werden.

a) Die Belastungskräfte wirken in derselben Richtung und haben verschiedene Angriffspunkte.

In Abb. 93 werde eine Achse durch die Schwungscheibengewichte G_1 und G_2 belastet, wie groß sind die Lagerdrücke A und B?

Man wende die 3. Gleichgewichtsbedingung — Summe aller statischen Momente der Kräfte in bezug auf einen beliebigen Drehpunkt gleich Null — an. Denkt man sich die Lager entfernt, so kann die Achse nur dann in der gezeichneten Lage verharren, wenn an den Auflagerpunkten zwei Kräfte A und B von unten nach oben gegen die Achse drücken, also entgegen-

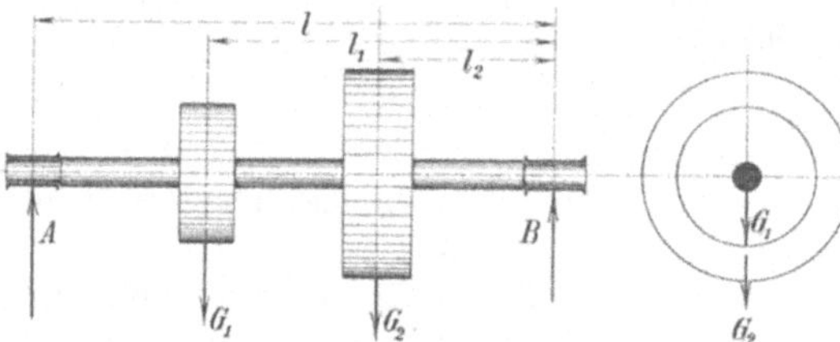

Abb. 93. Die Lagerdrücke bei Vertikalbelastung.

gesetzt den Belastungsgewichten G_1 und G_2.

Bei der Wahl des Drehpunktes beachte man, daß z w e i unbekannte Kräfte A und B vorhanden sind, daß aber nur e i n e Unbekannte in der Gleichung vorkommen darf. Man wählt daher den Angriffspunkt einer Unbekannten als Drehpunkt, z. B. den Angriffspunkt der Unbekannten B, und findet

$$+ A \cdot l - G_1 \cdot l_1 - G_2 \cdot l_2 = 0$$
$$A = \frac{G_1 \cdot l_1 + G_2 \cdot l_2}{l}.$$

Die zweite Unbekannte B findet man aus der ersten Gleichgewichtsbedingung: Summe aller Vertikalkräfte gleich Null, dann ist

$$+ A - G_1 - G_2 + B = 0,$$
$$B = G_1 + G_2 - A.$$

Beispiel: Die Gewichte der Scheiben seien $G_1 = 2000$ kg und $G_2 = 5000$ kg und die Abmessungen

$$l = 300 \text{ cm}, \quad l_1 = 200 \text{ cm}, \quad l_2 = 100 \text{ cm}.$$

$$A = \frac{2000 \cdot 200 + 5000 \cdot 100}{300} = \frac{900\,000}{300} = \mathbf{3000\ kg.}$$

$$B = 2000 + 5000 - 3000 = \mathbf{4000\ kg.}$$

b) Die Belastungskräfte wirken in verschiedenen Richtungen, haben aber denselben Angriffspunkt.

Eine in den Lagern A und B gestützte Achse (Abb. 94) sei im Abstande l_1 vom Lager B durch eine Seilscheibe belastet. Das Gewicht der Seilscheibe sei gleich G. Am Seil hängt eine Belastung Q, die durch die Zugkraft $Z = 1,20 \cdot Q$ hochgezogen werde.

Die Umfangskräfte Z und Q übertragen sich durch die Nabe der Seilscheibe auf die Achse, so daß der Achsenquerschnitt in der Nabe in senkrechter Richtung durch die Kräfte Q und G, in schräger Richtung durch die Kraft Z beansprucht wird.

Um die Auflagerdrücke A und B zu finden, ersetzt man diese drei Kräfte durch die Resultierende R. Man findet R der Größe und Richtung nach durch die bekannte Parallelogrammkonstruktion, Z ist die eine Seite, $(Q + G)$ die andere

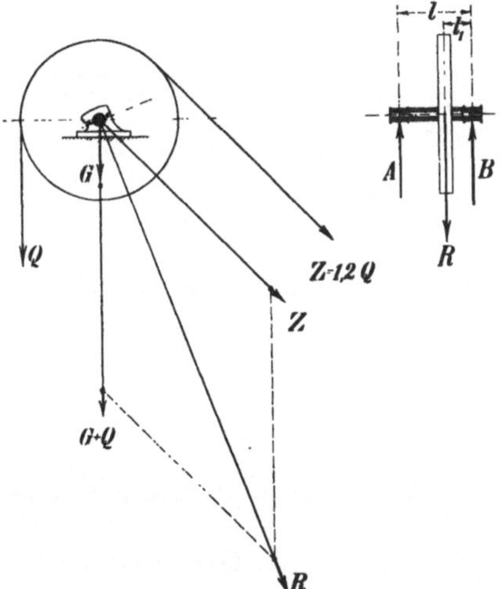

Abb. 94. Die Lagerdrücke bei Schrägbelastung.

Seite und R die Diagonale des aus den beiden Seiten konstruierten Parallelogramms.

Nun ist die Aufgabe einfach, eine in A und B gestützte Achse ist durch die Einzelkraft R belastet. Man stellt mit B als Drehpunkt die Momentengleichung auf:

$$+ A \cdot l - R \cdot l_1 = 0, \qquad A = \frac{R \cdot l_1'}{l_1}.$$

Nach der 1. Gleichgewichtsbedingung ist

$$A - R + B = 0, \qquad B = R - A.$$

Da die Auflagerdrücke A und B schräge Richtung haben — sie haben die Richtung von R —, so wird man zweckmäßig den Lagerdeckel so stellen, daß die Schnittlinie der Lagerschalen senkrecht zu R steht, wie es in Abb. 94 angedeutet ist.

c) Die Belastungskräfte wirken in verschiedenen Richtungen und haben verschiedene Angriffspunkte.

Verschiedene Richtungen haben z. B. die Kräfte, wenn außer den Gewichtsbelastungen noch Riemenspannungen auftreten. Die beiden

Schwungscheiben der Abb. 95 sind gleichzeitig Riemenscheiben, die Riemen laufen in horizontaler Richtung ab, der Riemen der kleinen Scheibe belastet die Welle mit der Horizontalkraft Z_1, der Riemen der großen Scheibe mit der Horizontalkraft Z_2.

Man macht zwei getrennte Berechnungen

1. für die Kräfte in der Vertikalebene,
2. für die Kräfte in der Horizontalebene.

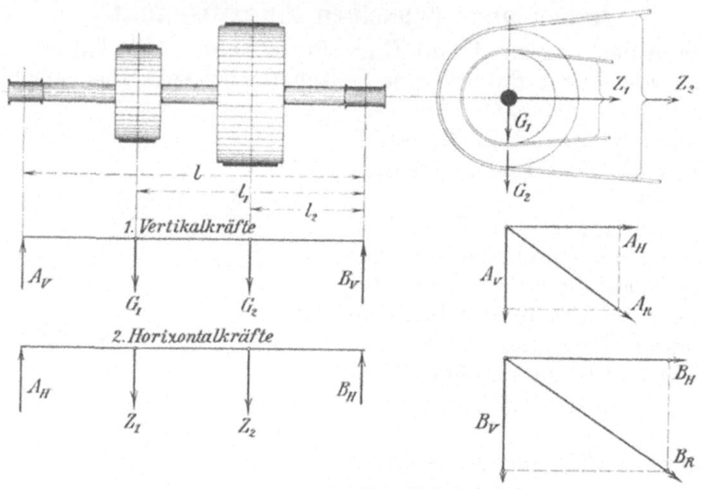

Abb. 95. Die Lagerdrückung bei Vertikal- und Horizontalbelastung.

1. Die Kräfte in der Vertikalebene.

In der Vertikalebene erzeugen die Gewichte G_1 und G_2 die vertikalen Lagerdrücke A_v und B_v. Die Momentengleichung mit dem Drehpunkt im rechten Auflager lautet:

$$+ A_v \cdot l - G_1 \cdot l_1 - G_2 \cdot l_2 = 0, \qquad A_v = \frac{G_1 \cdot l_1 + G_2 \cdot l_2}{l} ;$$

ferner ist

$$B_v = G_1 + G_2 - A_v .$$

2. Die Kräfte in der Horizontalebene.

In der Horizontalebene erzeugen die Zugkräfte Z_1 und Z_2 die horizontalen Lagerdrücke A_H und B_H. Aus der Momentengleichung

$$+ A_H \cdot l - Z_1 \cdot l_1 - Z_2 \cdot l_2 = 0$$

folgt

$$A_H = \frac{Z_1 \cdot l_1 + Z_2 \cdot l_2}{l} .$$

Ferner ist wieder $B_H = Z_1 + Z_2 - A_H$.

Die Komponenten A_v und A_H lassen sich durch Parallelogrammkonstruktion zur Resultierenden A_R, die Komponenten B_v und B_H zur Resultierenden B_R zusammensetzen. Diese resultierenden Lagerdrücke belasten die Lager in schräger Richtung.

d) Zahnräderwellen.

In Abb. 96 ist eine Zwischenwelle dargestellt, sie trägt zwei Zahnräder, das Rad *2*, welches durch ein Ritzel *1* in Linksdrehung versetzt wird, und das Rad *3*, welches die Bewegung nach dem Rad *4* weiterleitet.

Es entstehen die vertikal nach unten gerichteten Zahndrücke Z_1 und Z_2, sie erzeugen zusammen mit den Zahnradgewichten G_1 und G_2 die Lagerdrücke A und B.

Der Zahndruck Z_1 wird durch die vom Ritzel übertragene Leistung gegeben sein. Der Zahndruck Z_2 berechnet sich aus Z_1.

$$+ Z_2 \cdot r_2 - Z_1 \cdot r_1 = 0,$$
$$Z_2 = \frac{Z_1 \cdot r_1}{r_2}.$$

Ist z. B. $\dfrac{r_1}{r_2} = \dfrac{3}{1}$, so ist $Z_2 = 3 \cdot Z_1$, d. h. der Zahndruck ist auf den dreifachen Betrag angewachsen, so daß das Rad *3* mit stärkeren Zähnen versehen werden muß als das Rad *2*.

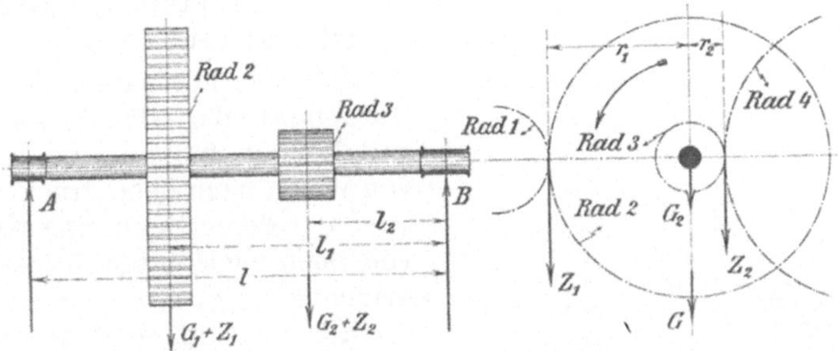

Abb. 96. Die Lagerdrücke bei Zahnradwellen.

Sind die Zahndrücke und Gewichte bekannt, so berechnen sich die Lagerdrücke in bekannter Weise.

Mit dem Drehpunkt in der Lagermitte B lautet die Momentengleichung

$$+ A \cdot l - (G_1 + Z_1) \cdot l_1 - (G_2 + Z_2) \cdot l_2 = 0,$$
$$A = \frac{(G_1 + Z_1) \cdot l_1 + (G_2 + Z_2) \cdot l_2}{l}.$$

Damit wird

$$B = (G_1 + Z_1) + (G_2 + Z_2) - A.$$

e) Kurbelwellen.

Bei Maschinenwellen mit Kröpfung oder mit Kurbelarm werden bei einer bestimmten Kurbelstellung Riemenzug und Kolbenkraft in derselben Richtung ziehen, so daß dann die Lagerdrücke ein Maximum werden. Beim Riemenantrieb wird die Umfangskraft P an der Riemenscheibe eine Wellenbelastung von der Größe $3P$ hervorrufen, da der Riemen fest gespannt werden muß, um das Gleiten des Riemens zu verhindern.

In Abb. 97a soll durch eine Riemenscheibe ein stehender Kompressor von der Wellenkröpfung aus angetrieben werden. Der Antriebsmotor stehe vertikal unter der Riemenscheibe und treibe vermittels Spannrolle die Riemenscheibe an.

Der Riemen belastet daher die Welle in vertikaler Richtung mit der Kraft $3P$, in derselben Richtung wirkt das Gewicht G der Scheibe. Am Zapfen der Wellenkröpfung greift der Kolbenwiderstand K ebenfalls vertikal nach unten ziehend an.

Zur Berechnung der Lagerdrücke müssen die Belastungskräfte einzeln in Rechnung gestellt werden, da die Lagerdrücke im Lager B verschiedene Richtungen haben werden.

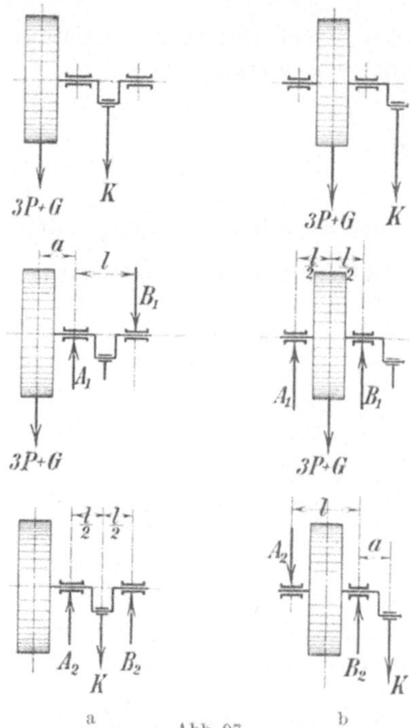

a

Abb. 97.

b

a) Die Lagerdrücke bei gekröpfter Welle.
b) Die Lagerdrücke einer Kurbelwelle.

1. Die Belastung $(3P+G)$ wirke allein an der Welle.

Um nach Fortnahme der Lagerstützpunkte das Gleichgewicht herzustellen, muß man eine Kraft A_1 von unten nach oben drückend und an der anderen Seite eine Kraft B_1 von oben nach unten drückend anbringen.

Mit dem linken Auflagerpunkt als Drehpunkt lautet die Momentengleichung

$$- (3P + G)\cdot a + B_1 \cdot l = 0,$$

$$B_1 = \frac{(3P + G)\cdot a}{l}.$$

Nach der 1. Gleichgewichtsbedingung ist

$$- (3P + G) + A_1 - B_1 = 0,$$

$$A_1 = (3P + G) + B_1.$$

2. Die Belastung K wirke allein an der Welle.

Um nach Fortnahme der Lagerstützpunkte das Gleichgewicht herzustellen, muß man am linken Lagerpunkt eine Kraft A_2, am rechten Lagerpunkt eine Kraft B_2, beide nach oben drückend, anbringen. Da K in der Mitte der Lagerentfernung angreift, so verteilt sich K gleichmäßig nach beiden Lagerstellen, d. h. es wird

$$A_2 = B_2 = \frac{K}{2}.$$

3. Beide Belastungen wirken gleichzeitig.

Die errechneten Lagerdrücke A_1 und A_2, B_1 und B_2 sind unter Berücksichtigung der Kraftrichtungen zu addieren. Es entstehen die resultierenden Lagerdrücke

$$A_R = A_1 + A_2,$$
$$B_R = B_2 - B_1.$$

In Abb. 97b wird der Kolben eines stehenden Kompressors durch eine Stirnkurbel angetrieben, die Antriebsriemenscheibe sitzt in der Mitte zwischen den Wellenlagern. Die Untersuchung ist in derselben Weise durchzuführen.

1. Die Belastung $(3P+G)$ wirke für sich allein.

Es entstehen die Lagerdrücke

$$A_1 = B_1 = \frac{3P+G}{2}.$$

2. Die Belastung K wirke für sich allein.

Mit dem Drehpunkt im rechten Auflagerpunkt lautet die Momentengleichung

$$-A_2 \cdot l + K \cdot a = 0, \qquad A_2 = \frac{K \cdot a}{l}.$$

Nach der ersten Gleichgewichtsbedingung ist

$$-A_2 + B_2 - K = 0, \qquad B_2 = A_2 + K.$$

3. Die Belastungen wirken gleichzeitig.

Es ergeben sich die resultierenden Lagerdrücke

$$A_R = A_1 - A_2, \qquad B_R = B_1 + B_2.$$

27. Bewegliche Hebel.

Der Hebel findet vielseitige Verwendung, z. B. als Werkzeug in Form von Zangen und Scheren, im Haushalt als Nußknacker und Dosenöffner, im Transportwesen als Hebebaum. Im allgemeinen versteht man unter einem Hebel einen Stab, der an einem seiner Endpunkte oder auch zwischen den Endpunkten drehbar gelagert ist. Im ersten Fall nennt man den Hebel einarmig, im zweiten Fall zweiarmig. Man verwendet den Hebel, um eine Kraftübersetzung zu erzielen, so z. B. in Abb. 98. Ein Arbeiter setzt durch Druck auf einen Hebebaum einen schweren Eisenbahnwagen in Bewegung. Der Hebebaum ist als zweiarmiger Hebel in D drehbar. Der Arbeiter drückt mit der Kraft G auf den Hebebaum und erzeugt am Eisenbahnrad die Umfangskraft P. Mit D als Drehpunkt lautet die Momentengleichung:

$$+G \cdot a - P \cdot b = 0 \qquad \text{oder} \qquad P = G \cdot \frac{a}{b}.$$

Die Gegenkraft von P drückt vertikal nach oben gegen das Rad. Der Drehpunkt D hat den Druck

$$R = P + G$$

aufzunehmen.

Beim Ausheben von Bohrröhren leistet ein doppeltwirkendes Hebelwerk (Abb. 99) gute Dienste. Der Handhebel hat einen festen Drehpunkt, der hinter der Bohrröhre liegt. Das Gewicht G der Bohrröhre wird einmal auf die linke Seite, das andere Mal auf die rechte Seite übertragen. Das bewirken die beiden Klemmengesperre. Wird der Handhebel mit der Kraft P heruntergedrückt, so

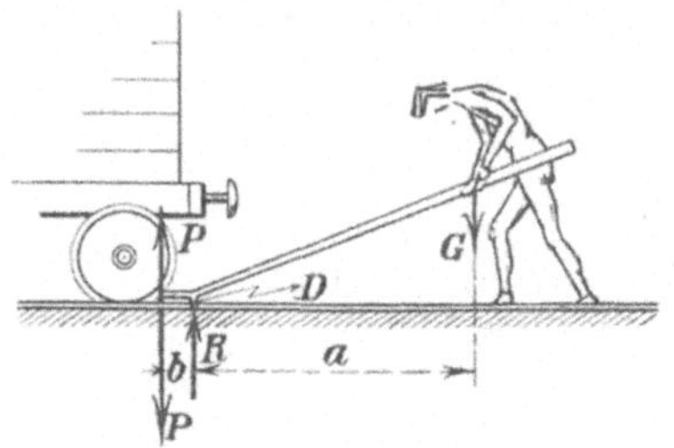

Abb. 98. Der Hebebaum.

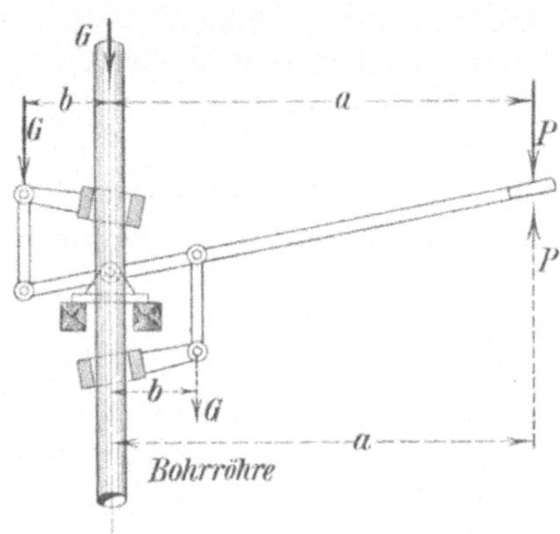

Abb. 99. Das Ausheben von Bohrröhren.

hebt die linksseitige Klemme das Rohr, während die rechtsseitige Klemme sich löst. Es ist

$$+ P \cdot a - G \cdot b = 0 \quad \text{oder} \quad P = G \cdot \frac{b}{a}.$$

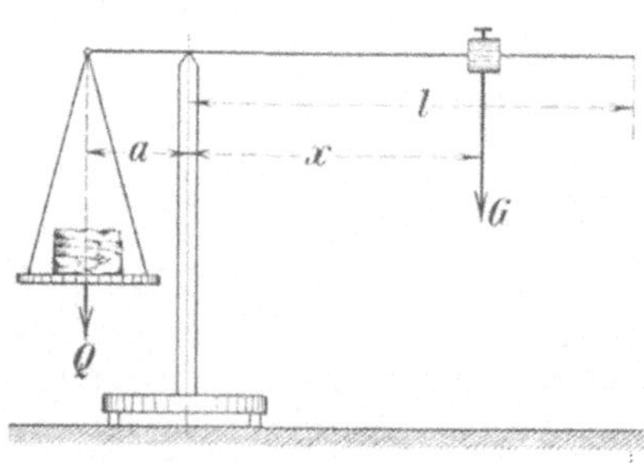

Abb. 100. Die Schnellwaage.

Beim Hochziehen des Handhebels hängt das Gewicht G an der rechtsseitigen Klemme, und es ist

$$- P \cdot a + G \cdot b = 0, \quad P = \frac{G \cdot b}{a}.$$

Die Gleichgewichtsbedingung für die Schnellwaage (Abb. 100) mit der Schneidenstütze als Drehpunkt lautet

$$+ G \cdot x - Q \cdot a = 0, \quad Q = \frac{G \cdot x}{a}.$$

Es können also mit demselben Gewicht G größere Lasten Q gewogen werden, indem man den Hebelarm x durch Hinausschieben des Gewichtes G vergrößert.

Die Zeigerwaage (Abb. 101) hat zwei veränderliche Hebelarme, es ändert sich der Hebelarm x des konstanten Gewichtes G und der Hebelarm y der Belastung Q. Aber das Anwachsen von x erfolgt schneller als das Anwachsen von y, so daß die Belastung Q vermehrt werden muß, wenn man das Gewicht zum Ausschlagen bringen will.

Man kann die Momentengleichung aufstellen

$$-G \cdot x + Q \cdot y = 0, \quad Q = \frac{G \cdot x}{y}.$$

Große Lasten können mit kleinen Gewichten auf der **Brückenwaage** (Abb. 102) gewogen werden. Die Last Q erzeugt in der Schneide den Druck A und in der Zugstange die Zugkraft B.

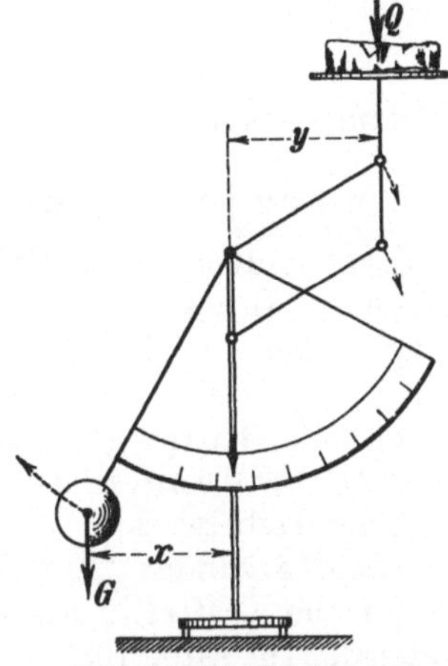

Der Schneidendruck A überträgt sich auf den Hebel *1*, die Zugkraft B auf den Hebel *2*, für beide Hebel müssen die Gleichgewichtsbedingungen aufgestellt werden.

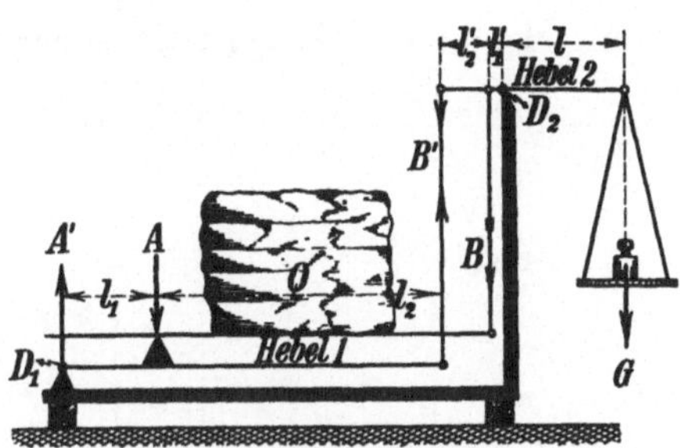

Abb. 101. Die Zeigerwaage.

Abb. 102. Die Dezimalwaage.

a) Gleichgewichtsbedingung für Hebel *1*.

Der Schneidendruck A erzeugt die Auflagerkräfte A' und B'. Mit D_1 als Drehpunkt lautet die Momentengleichung

$$+ A \cdot l_1 - B' \cdot (l_1 + l_2) = 0,$$
$$B' = A \cdot \frac{l_1}{l_1 + l_2}.$$

b) Gleichgewichtsbedingung für Hebel *2*.

Mit D_2 als Drehpunkt wird

$$+ G \cdot l - B' \cdot (l_1' + l_2') - B \cdot l_1' = 0,$$
$$G \cdot l = B' \cdot (l_1' + l_2') + B \cdot l_1'.$$

Nun ist

$$B' = A \cdot \frac{l_1}{l_1 + l_2}$$

$$G \cdot l = A \cdot \frac{l_1}{l_1 + l_2} \cdot (l_1' + l_2') + B \cdot l_1',$$
$$G = A \cdot \frac{l_1}{l_1 + l_2} \cdot \frac{l_1' + l_2'}{l} + B \cdot \frac{l_1'}{l}.$$

Bei der Brückenwaage ist nun das Hebelverhältnis

$$\frac{l_1}{l_1 + l_2} = \frac{l_1'}{l_1' + l_2'}$$

gemacht, also ist

$$G = A \cdot \frac{l_1'}{l_1' + l_2'} \cdot \frac{l_1' + l_2'}{l} + B \cdot \frac{l_1'}{l}$$

$$= A \cdot \frac{l_1'}{l} + B \cdot \frac{l_1'}{l} = (A + B) \cdot \frac{l_1'}{l}.$$

Da nach der 1. Gleichgewichtsbedingung $A + B = Q$ ist, so wird

$$G = Q \cdot \frac{l_1'}{l}.$$

Macht man $\frac{l_1'}{l} = \frac{1}{10}$, so hat man die Dezimalwaage, macht man $\frac{l_1'}{l} = \frac{1}{100}$, so hat man die Zentesimalwaage, d. h. man kann im ersten Fall mit 1 kg auf der Waagschale einer Brückenlast von 10 kg, im zweiten Fall einer Brückenlast von 100 kg das Gleichgewicht halten.

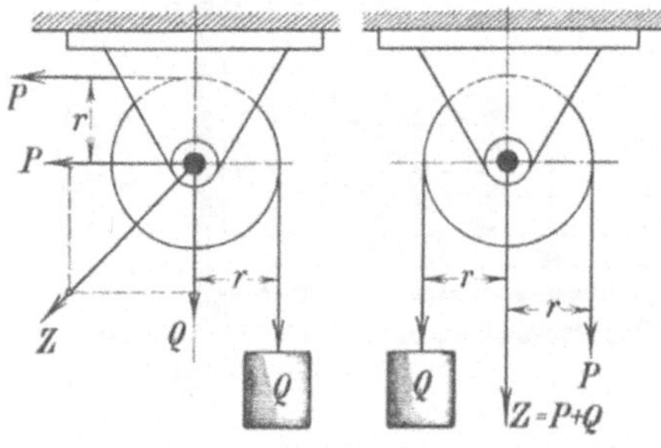

Abb. 103. Feste Rolle mit horizontaler Zugkraft.   Abb. 104. Feste Rolle mit vertikaler Zugkraft.

Auch die Rolle und die Rollenverbindungen sind bewegliche Hebelwerke. Eine feste Rolle findet Anwendung, um die Kraftrichtung zu verändern. In Abb. 103 wird die Last Q durch eine Horizontalkraft P hochgezogen, in Abb. 104 durch eine Kraft P, welche nach unten zieht.

Mit dem Zapfenmittelpunkt als Drehpunkt lautet in beiden Fällen die Gleichgewichtsbedingung

$$P \cdot r = Q \cdot r \quad \text{oder} \quad P = Q.$$

Der Zapfen der ersten Rolle erfährt einen schrägen Zapfendruck Z, der sich zeichnerisch als Diagonale des mit P und Q konstruierten Parallelogramms ergibt. Rechnerisch ist

$$Z = \sqrt{P^2 + Q^2}.$$

Der Zapfen der zweiten Rolle erleidet einen größeren Zapfendruck, und zwar

$$Z = P + Q.$$

Bei der festen Rolle sind die Wege von Kraft und Last gleichgroß.

In Abb. 105 ist eine lose Rolle dargestellt. Das linke Seilende ist an einem festen Punkt aufgehängt, am rechten Teilstück greift die Kraft an, während die Last Q an der losen Rolle hängt. Die Kräfte in den beiden Seilenden seien P_1 und P_2. Betrachtet man den horizontalen Rollendurchmesser als Hebel mit dem Drehpunkt D, so heißt die Momentengleichung

$$-P_2 \cdot 2r + Q \cdot r = 0,$$

$$P_2 = \frac{Q \cdot r}{2\,r} = \frac{Q}{2}.$$

Die treibende Kraft ist also halb so groß wie die Last. Hebt sich die Rolle um den Weg s, so müssen beide Seilenden um das Maß s gekürzt werden, daher ist der Weg der treibenden Kraft $2s$, also doppelt so groß wie der Weg der Last.

Man benutzt die lose Rolle meistens in Verbindung mit einer festen Rolle, wie Abb. 106 zeigt, damit die Zugkraft P nach unten gerichtet werden kann.

Die lose Rolle kann auch versteckt vorkommen, das sollen Abb. 107 und 108 erläutern. Ein Mann steht in Abb. 107 auf einem Schlitten und zieht sich an einem Seil, das an einer festen Wand verankert ist, vorwärts. W ist der Widerstand des Schlittens. Der Mann muß daher mit der Kraft $P = W$ an dem Seil ziehen. Durch seine Füße wird die Gegenkraft P auf den Schlitten übertragen, und der Schlitten geht vorwärts. Zieht er sich um den Seilweg s weiter, so muß auch der Schlitten um den gleichen Weg s weitergehen.

In Abb. 108 sitzt an der festen Wand eine Rolle, um welche sich ein Seil schlingt. Das eine Seilende ist am Schlitten befestigt, das andere Seilende hält der Mann, um sich vorwärts zu ziehen.

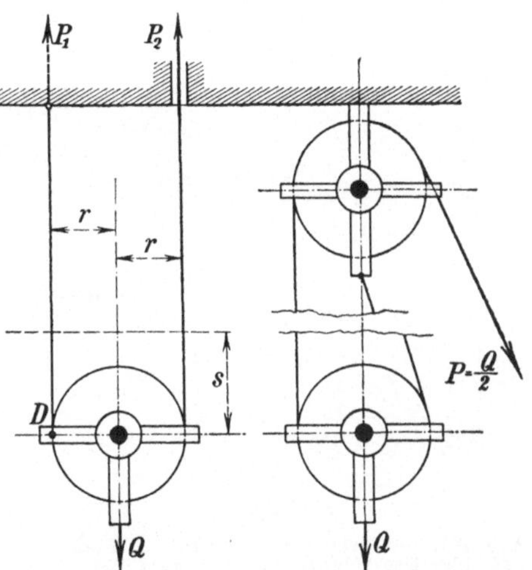

Abb. 105. Die lose Rolle.

Abb. 106. Lose Rolle in Verbindung mit einer festen Rolle.

Der Widerstand des Schlittens verlangt, daß die Rolle von der Wand mit der Kraft W gehalten wird. P_1 und P_2 sind die Seilkräfte. Betrachtet man den vertikalen Rollendurchmesser als Hebel mit D als Drehpunkt, so ist

$$P_2 \cdot 2r - W \cdot r = 0, \qquad P_2 = \frac{W \cdot r}{2r} = \frac{W}{2},$$

also ist auch $P_1 = \dfrac{W}{2}$, denn es muß sein

$$P_1 + P_2 = W.$$

Der Mann hat also jetzt nur mit der Kraft

$$P = \frac{W}{2}.$$

an dem Seil zu ziehen, seine Füße übertragen als Gegenkraft die Kraft $P_2 = \dfrac{W}{2}$ auf den Schlitten, während das andere Seilende, das am Schlitten befestigt ist, die Kraft $P_1 = \dfrac{W}{2}$ auf den Schlitten überträgt, so daß dieser

mit der Gesamtkraft
$$P_1 + P_2 = W$$
vorwärts bewegt wird.

Wie groß sind nun die Wege? Zieht der Mann das Seil um das Stück s an, so kommt seine Hand vom Punkt a nach a_1, der Schlitten folgt um den gleichen Weg s, also kommt sein Fuß vom Punkt b nach b_1. Sollen Hand und Fuß aber wieder vertikal übereinander stehen, so muß er das Seil um den Weg $2s$ verkürzen, d. h. einem Schlittenweg s entspricht nun ein Seilweg $2s$, also genau so wie bei der losen Rolle.

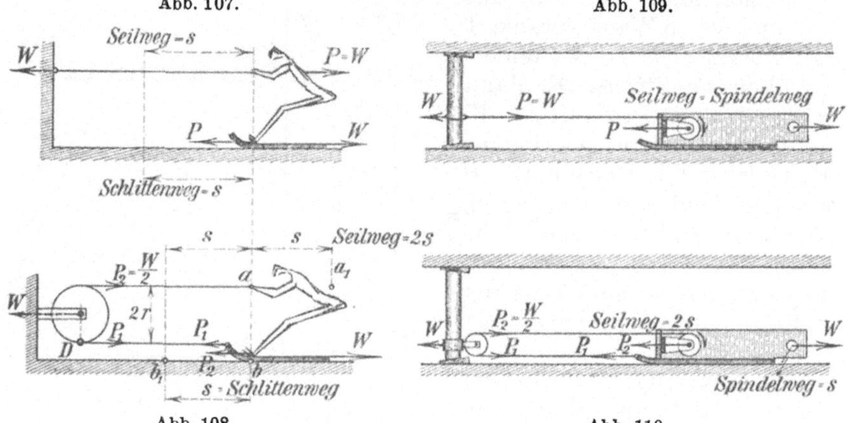

Abb. 107. Der Schlittenweg ohne lose Rolle.
Abb. 108. Der Schlittenweg mit loser Rolle.
Abb. 109. Der Schrämmaschinenvorschub ohne lose Rolle.
Abb. 110. Der Schrämmaschinenvorschub mit loser Rolle.

Der Mann als solcher bildet nun die lose Rolle, während die Rolle an der Wand eine feste Rolle ist.

Der Schlittenbewegung ähnlich ist die Vorschubbewegung der Kohlenschrämmaschinen. Die Schrämspindel (Abb. 109) erzeugt den Widerstand W. Der Mann auf dem Schlitten wird durch eine Windetrommel ersetzt. Schlägt man das Seilende an einen Stempel, so hat das Seil die Zugkraft
$$P = W$$
aufzunehmen. Die Gegenkraft P als Lagerdruck an der Trommelwelle schiebt die Maschine vorwärts. In diesem Fall ist

Seilweg s = Maschinenweg s.

Man kann aber auch an dem Stempel eine feste Rolle (Abb. 110) befestigen, dann ist die Zugkraft im Seil nur
$$P = \frac{W}{2}.$$

Als Gegenkraft von P_2 drückt der Lagerdruck die Maschine mit der Kraft $P_2 = \dfrac{W}{2}$ vorwärts, während das am Schlitten angeschlagene Seilende ebenfalls mit der Kraft $P_1 = \dfrac{W}{2}$ die Maschine vorwärts zieht.

Trommellager und Seil werden nun nur noch mit der Kraft $\frac{W}{2}$ belastet, so daß die Konstruktionsteile leichter gehalten werden können. Allerdings ist dafür auch der Seilweg $= 2s$, wenn die Maschine sich um

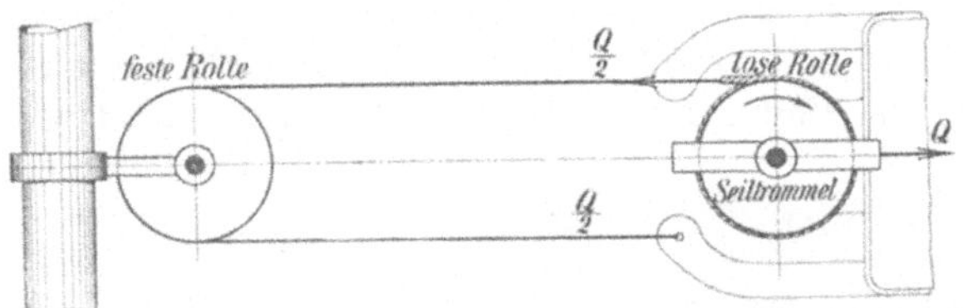

Abb. 111. Die Windetrommel als lose Rolle.

den Weg s weiterzieht, d. h. die Trommelgeschwindigkeit muß doppelt so groß sein wie die Fahrgeschwindigkeit.

Auch hier ist die lose Rolle nicht sofort erkennbar, sie wird durch die Seiltrommel gebildet. Im Prinzip zeigt Abb. 111 die Anordnung. Am Stempel angeschlagen ist die feste Rolle, während die Seiltrommel die lose Rolle ersetzt.

Der Gleichgewichtszustand der Schrämmaschine.

Bekanntlich zeigt die Stangenschrämmaschine das Bestreben, sich aus dem Schram herauszudrücken, so daß die Schramtiefe kleiner wird. Aus diesem Grunde ist die Lage der Seiltrommel und die Anschlagstelle des Zugseiles durchaus nicht gleichgültig.

In Abb. 112 ist eine Stangenmaschine im Schram liegend dargestellt. Man denke sich die Maschine in Ruhe und an der Stange die Kraft W_1 wirkend. Sie hat das Bestreben, die ganze Maschine um den Bügelpunkt D nach rechts zu drehen, so daß die Spindel aus dem Schram herauskommt.

Laufen die beiden Seilenden in den Richtungen P_1' und P_2' ab, so wirkt das Drehmoment

$$M = P_1' \cdot c' + P_2' \cdot d'$$

ebenfalls rechts drehend, also wird das Herausdrehen aus dem Schram dadurch gefördert.

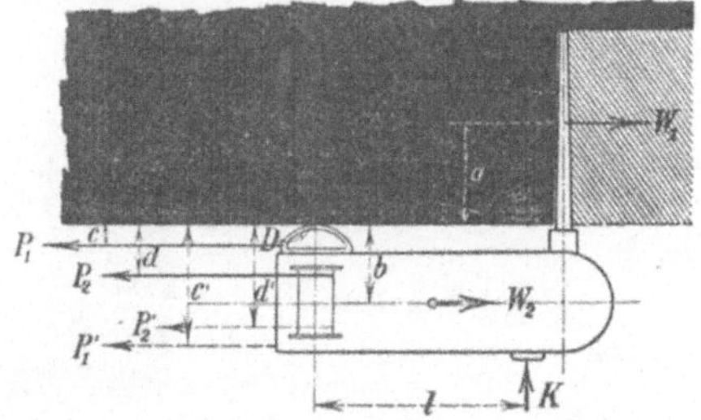

Abb. 112. Der Seilzug an der Schrämmaschine.

Läßt man dagegen die Seilenden in den Richtungen P_1 und P_2 ablaufen, so werden die Hebelarme c und d sehr viel kleiner, und die Maschine bleibt leichter im Schram.

Dem Herausdrehen der Maschine wirkt entgegen der durch das Gewicht der Maschine hervorgerufene Bewegungswiderstand W_2 am Hebelarm b und die durch die Stempelführung aufgezwungene Widerstandskraft K am Hebelarm l. Ein schweres Gewicht der Maschine und ein großer Hebelarm l fördern also die gute Lage der Maschine im Schram.

Mit D als Drehpunkt und mit den günstigen Seilrichtungen P_1 und P_2 heißt die Gleichgewichtsbedingung

$$+ W_1 \cdot a - K \cdot l - W_2 \cdot b + P_2 \cdot d + P_1 \cdot c = 0.$$

Die negativen Momente begünstigen das Verbleiben im Schram, sie sind daher möglichst groß zu machen. Eine große Kraft K ist aber nicht erwünscht, da dadurch die Stempel herausgedrückt werden können.

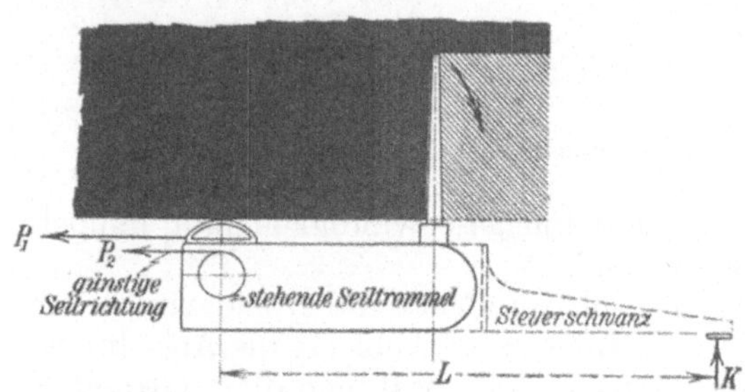

Abb. 113. Der Steuerschwanz bei leichten Schrämmaschinen.

Bei leichten Maschinen, bei denen das negative Gewichtsmoment klein ist, muß man, um eine zu große Kraft K zu vermeiden, einen besonderen Steuerschwanz ansetzen, wie in Abb. 113 gestrichelt angedeutet ist. Dadurch wird L sehr groß und es bleibt selbst bei großem Moment $K \cdot L$ die Kraft K klein.

Neuere Schrämmaschinen werden mit senkrecht stehender Windetrommel ausgerüstet, es bleibt dadurch, wie Abb. 113 zeigt, die günstige Seilrichtung P_2 erhalten, so daß die Maschine besser im Schram bleibt.

Bei Kettenschrämmaschinen ist die günstigste Anschlagsseite für das Zugseil gerade entgegengesetzt. Die Stähle schneiden, indem sie sich aus dem Schram herausbewegen, der Widerstand der Kohle drückt in entgegengesetzter Richtung auf die Stähle, so daß diese die Maschine in den Schram hereinziehen. Es muß daher schon der Schrämkopf so gestaltet werden, daß er sich mit dem Bogen B gegen den Kohlenstoß legt, damit der Kettenbalken nicht tiefer in den Schram hereingezogen wird.

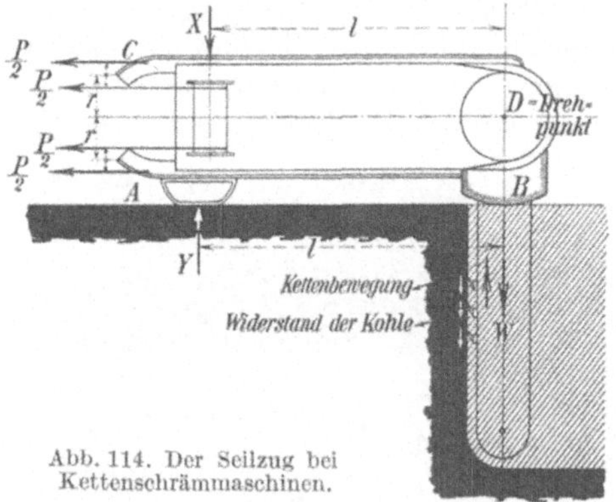

Abb. 114. Der Seilzug bei Kettenschrämmaschinen.

In Abb. 114 ist gezeigt, wie das Zugseil angeschlossen wird. Für die Anschlagsseite A entsteht mit D als Drehpunkt ein rechtsdrehendes Drehmoment $2 \cdot \dfrac{P}{2} \cdot r$. Der am Kohlenstoß liegende Bügel würde abgedrängt, und es müßte auf der Stempelseite der Stempel mit der Kraft X gegen die Maschine drükken, um das Gleichgewicht herzustellen. Es wird, wenn r der mittlere Hebelarm der beiden unteren Kräfte $\dfrac{P}{2}$ ist,

$$+ 2 \cdot \frac{P}{2} \cdot r - X \cdot l = 0, \quad X = \frac{P \cdot r}{l}.$$

Das ist aber ungünstig, ein Druck gegen die Stempelreihe soll möglichst vermieden werden. Das wird vermieden, wenn die Seite C Anschlagseite wird und das Seil an dieser Seite abläuft.

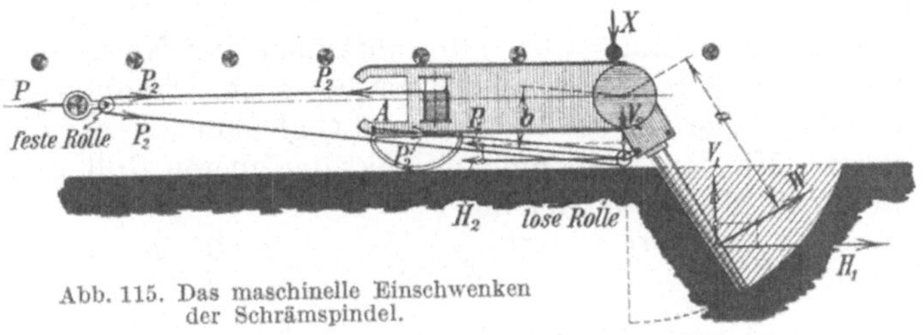

Abb. 115. Das maschinelle Einschwenken
der Schrämspindel.

Dann entsteht ein linksdrehendes Moment $2 \cdot \dfrac{P}{2} \cdot r$, das am Bügel den Druck Y erzeugt, d. h. der Kohlenstoß drückt gegen die Maschine mit der Kraft Y, und es wird

$$-2 \cdot \frac{P}{2} \cdot r + Y \cdot l = 0 \quad \text{oder} \quad Y = \frac{P \cdot r}{l}.$$

Die Stempelreihe wird also vollständig entlastet, wenn das Seil an der Seite C angeschlagen wird.

Beim maschinellen Einschwenken der Schrämstange kann man auch die Verwendung einer losen Rolle feststellen. Abb. 115 zeigt dieses Einschwenken. Das Seil wird in A angeschlagen, legt sich um die am Stangenkopf sitzende lose Rolle, läuft um die am Stempel befestigte feste Rolle und geht dann zur Windetrommel.

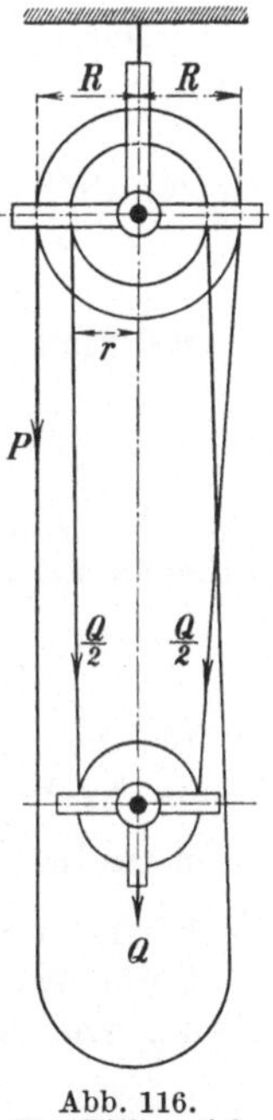

Das linksdrehende Moment $W \cdot a$ an der Schrämspindel wird durch das rechtsdrehende Moment $P \cdot b$ der losen Rolle überwunden. Die Momentengleichung lautet

$$+ P \cdot b - W \cdot a = 0, \quad P = \frac{W \cdot a}{b}.$$

W kann zerlegt werden in die Komponenten V_1 und H_1, P in die Komponenten V_2 und H_2. Die Kräfte V_1 und V_2 drängen die Maschine aus dem Schram heraus. Deswegen muß die Stempelreihe die Maschine festhalten, d. h. am Schrämkopf muß der Stempel mit der Kraft

$$X = V_1 + V_2$$

gegen die Maschine drücken.

Durch die Anwendung der losen Rolle entstehen in den Seilenden die Kräfte $\dfrac{P}{2}$, die Winde hat daher nur die Zugkraft $P_2 = \dfrac{P}{2}$ aufzunehmen.

Der Stempel in der Strecke, der die feste Rolle trägt, hat dagegen die ganze Kraft P aufzunehmen, er muß daher besonders fest gestellt werden.

Abb. 116.
Der Differential-
flaschenzug.

Der Differentialflaschenzug.

Diese Rollenverbindung besitzt bei gedrängter Anordnung und geringem Eigengewicht ein großes Übersetzungsverhältnis von Kraft zu Last.

Eine Kette ohne Ende (Abb. 116) läuft über drei Kettenrollen, von denen die beiden oberen aus einem Stück bestehen. Die untere Rolle ist eine lose Rolle, daher verteilt sich die Last Q gleichmäßig auf die beiden Kettenzweige. Mit dem Wellenmittelpunkt der oberen Rollen als Drehpunkt lautet die Momentengleichung

$$- P \cdot R - \frac{Q}{2} \cdot r + \frac{Q}{2} \cdot R = 0, \qquad P = \frac{Q}{2} \cdot \frac{R - r}{R}.$$

Die Kraft P wird um so kleiner

    1. je kleiner die Radiendifferenz $(R - r)$ ist,

    2. je größer R ist.

Dem Verhältnis der Radien proportional kann das Verhältnis der Zähnezahl Z und z der beiden Kettenräder gesetzt werden, also lautet die Gleichung auch

$$P = \frac{Q}{2} \cdot \frac{Z - z}{Z}.$$

Gewöhnlich macht man $Z - z = 1$, dann wird

$$P = \frac{Q}{2} \cdot \frac{1}{Z}.$$

Beispiel:

$$Z = 20, \quad z = 19,$$
$$P = \frac{Q}{2} \cdot \frac{1}{20} = \frac{Q}{40}.$$

Bei schweren Flaschenzügen wählt man größere Zähnezahlen und geht mit der Differenz auf 2 bis 3 herauf.

<h2>28. Das Übersetzungsverhältnis.</h2>

Bei der losen Rolle und bei dem Differentialflaschenzug ist die treibende Kraft P kleiner als die gehobene Last Q, es war z. B. bei der losen Rolle $\frac{P}{Q} = \frac{1}{2}$ und beim Differentialflaschenzug $\frac{P}{Q} = \frac{1}{40}$. Dieses Verhältnis nennt man das Übersetzungsverhältnis.

Beim Wellrad (Abb. 117) wirken Kraft und Last an derselben Welle. Die Gleichgewichtsbedingung lautet

$$+ P \cdot r - Q \cdot a = 0, \qquad P \cdot r = Q \cdot a,$$

d. h. das Drehmoment der Kraft muß gleich dem Drehmoment der Last sein, und es ist

$$\frac{P}{Q} = \frac{a}{r} \quad \text{und} \quad P = Q \cdot \frac{a}{r}.$$

Ein solches Übersetzungsverhältnis nennt man ein einfaches Übersetzungsverhältnis.

Beim Heben großer Lasten genügt ein einfaches Übersetzungsverhältnis, welches durch verschiedene Hebellängen erreicht wird, nicht mehr.

Man muß Zwischengetriebe einschalten, d. h. man trennt die Kraftwelle von der Lastwelle. Alsdann wird das Drehmoment der Last immer größer sein als das Drehmoment der Kraft. Ist z. B.

$$\frac{P \cdot r}{Q \cdot a} = \frac{1}{5},$$

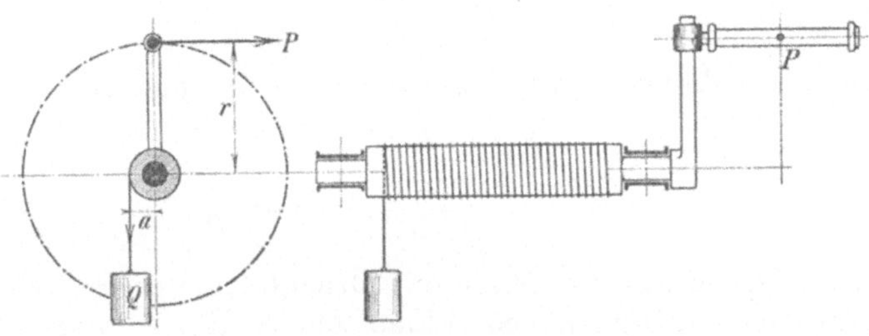

Abb. 117. Das Wellrad oder die Kurbelwelle.

so muß das Zwischengetriebe diese Übersetzung 1:5 haben, d. h. man muß ein Zahnräderpaar vom Verhältnis

$$\frac{r_1}{R_1} = \frac{1}{5}$$

wählen. Das gesamte Übersetzungsverhältnis wird dann

$$\frac{P}{Q} = \frac{a}{r} \cdot \frac{r_1}{R_1}.$$

Man nennt dieses Übersetzungsverhältnis ein doppeltes Übersetzungsverhältnis, es wird durch ein Hebelverhältnis und ein Räderverhältnis gebildet.

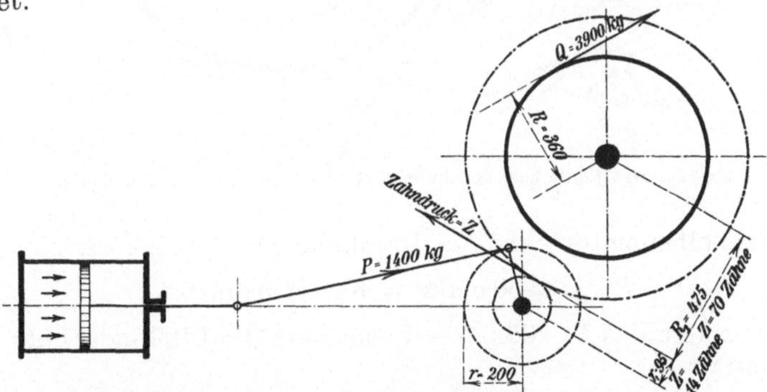

Abb. 118. Das Förderhaspeltriebwerk bei der gewöhnlichen Zylindermaschine.

Bei einem Förderhaspel (Abb. 118) soll z. B. mit einer Trommel vom Radius $R = 360$ mm eine Last $Q = 3900$ kg gehoben werden. Zum Antrieb stehe an der Maschinenkurbel $r = 200$ mm eine Kraft $P = 1400$ kg zur Verfügung.

$$\frac{\text{Kraftmoment}}{\text{Lastmoment}} = \frac{P \cdot r}{Q \cdot R} = \frac{1400 \cdot 20}{3900 \cdot 36} = \frac{1}{5} = \frac{r_1}{R_1}.$$

Es muß also ein einfaches Rädergetriebe mit der Übersetzung
1:5 eingeschaltet werden, man setzt auf die Kurbelwelle das kleine Zahnrad ($r_1 = 95$ mm), auf die Trommelwelle das große Zahnrad ($R_1 = 5 \cdot 95$
$= 475$ mm).

Das gesamte Übersetzungsverhältnis ist

$$\frac{P}{Q} = \frac{R}{r} \cdot \frac{r_1}{R_1} = \frac{36}{20} \cdot \frac{1}{5} = \frac{1}{2,78}.$$

Der Zahndruck Z errechnet sich aus der Momentengleichung

$$+ P \cdot r - Z \cdot r_1 = 0,$$

$$Z = \frac{P \cdot r}{r_1} = \frac{1400 \cdot 20}{9,5} = \textbf{2950 kg}.$$

Neuere Förderhaspel arbeiten mit Druckluftmotoren, welche um-
steuerbare Drehkolben haben. Einen solchen Haspel zeigt Abb. 119.

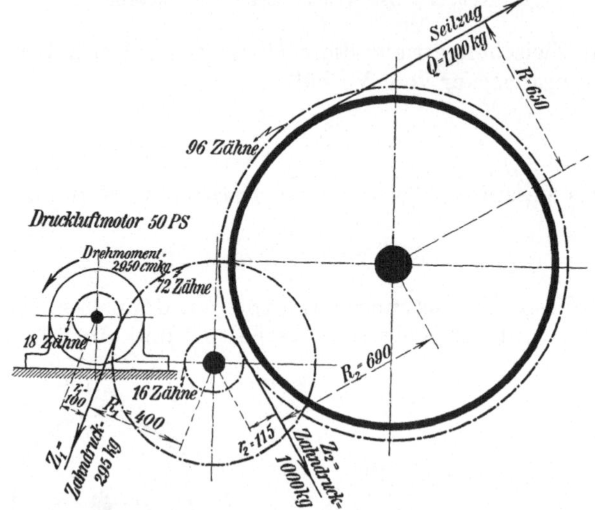

Abb. 119. Das Förderhaspeltriebwerk bei schnellaufendem Drehkolbenmotor.

Der Drehkolbenmotor habe ein Drehmoment

$$P \cdot r = 2950 \text{ cmkg} = \text{Kraftmoment}.$$

Am Trommelradius $R = 65$ cm soll eine Last $Q = 1100$ kg gehoben werden, dann ist

$$Q \cdot R = 1100 \cdot 65 = 71\,500 \text{ cmkg} = \text{Lastmoment}.$$

$$\frac{\text{Kraftmoment}}{\text{Lastmoment}} = \frac{2950}{71\,500} = \frac{1}{24}.$$

Das Übersetzungsverhältnis ist groß, wollte man durch ein einziges
Zahnräderpaar diese Übersetzung schaffen, so müßte

$$\frac{r_1}{R_1} = \frac{1}{24}$$

sein. Bei einem Durchmesser des kleinen Rades von $r_1 = 100$ mm würde dann das große Rad den Radius

$$R_1 = 24 \cdot r_1 = 24 \cdot 100 = \mathbf{2400\ mm}$$

erhalten. Solche großen Räder lassen sich aber nicht unterbringen, man muß daher das Übersetzungsverhältnis teilen und zwei Räderpaare nehmen. Man wählt z. B.

$$\frac{1}{24} = \frac{1}{4} \cdot \frac{1}{6} = \frac{r_1}{R_1} \cdot \frac{r_2}{R_2}.$$

Auf der Antriebswelle sitzt das Rad mit $r_1 = 100$ mm und 18 Zähnen, auf der Zwischenwelle das Rad mit $R_1 = 4 \cdot 100 = 400$ mm und $4 \cdot 18 = 72$ Zähnen.

Da die Antriebswelle das Drehmoment $M = 2950$ cmkg vom Druckluftmotor erhält, so wird der Zahndruck

$$Z_1 = \frac{M}{r_1} = \frac{2950}{10} = \mathbf{295\ kg}.$$

Die Zwischenwelle überträgt mit dem Rad $r_2 = 115$ mm und 16 Zähnen die Bewegung auf das Scheibenrad mit $R_2 = 6 \cdot 115 = 690$ mm, welches $6 \cdot 16 = 96$ Zähne hat.

Die Momentengleichung für die Zwischenwelle lautet

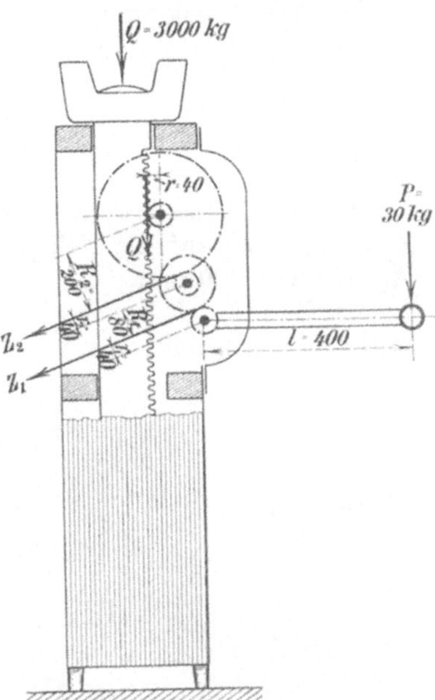

Abb. 120. Die Zahnstangenwinde.

$$-Z_1 \cdot R_1 + Z_2 \cdot r_2 = 0,$$

$$\text{Zahndruck}\quad Z_2 = \frac{Z_1 \cdot R_1}{r_2} = \frac{295 \cdot 400}{115} = \mathbf{1000\ kg}.$$

Das zweite Zahnräderpaar hat also den dreifachen Zahndruck vom ersten Räderpaar aufzunehmen, es wird daher die größere Zahnstärke haben.

Bei Wagenwinden mit Zahnstangengetriebe (Abb. 120) wird die Last durch eine Zahnstange auf ein Zahnrad gesetzt.

An der Handkurbel vom Hebelarm $l = 40$ cm wirke eine Kraft $P = 30$ kg, dann ist das Kraftmoment

$$P \cdot l = 30 \cdot 40 = 1200\ \text{cmkg}.$$

Die Zahnstange soll eine Last $Q = 3000$ kg haben, diese setzt sich auf den Zahn eines kleinen Zahnrades vom Radius $r = 4$ cm. Das Lastmoment ist daher

$$Q \cdot r = 3000 \cdot 4 = 12000\ \text{cmkg}.$$

Das Übersetzungsverhältnis muß also sein

$$\frac{\text{Kraftmoment}}{\text{Lastmoment}} = \frac{P \cdot l}{Q \cdot r} = \frac{1200}{12\,000} = \frac{1}{10}.$$

Das Übersetzungsverhältnis wird, um kleine Räder zu erhalten, geteilt. Man wählt

$$\frac{r_1}{R_1} \cdot \frac{r_2}{R_2} = \frac{1}{2} \cdot \frac{1}{5} \, .$$

Auf der Handkurbelwelle sitzt das kleine Rad $r_1 = 40$ mm, auf der Zwischenwelle das große Rad $R_1 = 2 \cdot 40 = 80$ mm.

Der Zahndruck an diesem Räderpaar berechnet sich aus der Momentengleichung

$$+ P \cdot l - Z_1 \cdot r_1 = 0 ,$$

$$Z_1 = \frac{P \cdot l}{r_1} = \frac{30 \cdot 40}{4} = 300 \text{ kg.}$$

Auf der Zwischenwelle überträgt das kleine Zahnrad $r_2 = 40$ mm den Zahndruck Z_2 auf die Zahnstangenwelle, bzw. auf das große Zahnrad $R_2 = 5 \cdot 40 = 200$ mm.

Der Zahndruck Z_2 berechnet sich mit dem Mittelpunkt der Zwischenwelle als Drehpunkt aus der Momentengleichung

$$+ Z_1 \cdot R_1 - Z_2 \cdot r_2 = 0 ,$$

$$Z_2 = \frac{Z_1 \cdot R_1}{r_2} = \frac{300 \cdot 8}{4} = 600 \text{ kg.}$$

Es ist also

$$Z_2 = 2 \cdot Z_1 = 2 \cdot 300 = 600 \text{ kg}$$

und

$$Q = 5 \cdot Z_2 = 5 \cdot 600 = 3000 \text{ kg.}$$

29. Die schiefe Ebene.

Um Lasten zu heben oder zu senken, wendet man in vielen Fällen schiefe Ebenen an, so sind z. B. die Anfahrten zu den Eisenbahnrampen schiefe Ebenen, auf denen die Fuhrwerke herauffahren, um dann horizontal verladen zu werden. Bekannt ist die Schrotleiter, auf denen der Frachtfuhrmann die schweren Lasten heruntergleiten läßt. Die Anwendung der schiefen Ebene erfolgt also sicher mit dem Zweck, schwere Lasten durch kleine Kräfte zu heben oder zu senken, so daß in der schiefen Ebene eine **Kraftübersetzung** zu suchen ist.

Auf der schiefen Ebene (Abb. 121) liege eine Last G, welche vertikal nach unten drückt. Es sei

$\alpha =$ Neigungswinkel der schiefen Ebene,

$l =$ Länge der schiefen Ebene,

$b =$ Basis   ,,   ,,   ,,

$h =$ Höhe   ,,   ,,   ,,

Bei reibungsloser Lagerung wird die Last abrutschen. Zerlegt man die Last G in zwei Komponenten, und zwar

1. in die Komponente P parallel zur schiefen Ebene,

2. in die Komponente N normal zur schiefen Ebene,

so wird die Kraft P das Abrutschen bewirken, während die Kraft N die Bahn der schiefen Ebene belastet.

Das schraffierte Kräftedreieck ist dem Dreieck, das durch die schiefe Ebene gebildet wird, ähnlich. Aus der Ähnlichkeit der Dreiecke folgert man

$$\frac{P}{G} = \frac{h}{l} \quad \text{oder} \quad P = G \cdot \frac{h}{l},$$

ferner

$$\frac{N}{G} = \frac{b}{l} \quad \text{oder} \quad N = G \cdot \frac{b}{l}.$$

Nach der Trigonometrie ist in dem rechtwinkligen Kräftedreieck

$$\frac{P}{G} = \sin \alpha \quad \text{oder} \quad P = G \cdot \sin \alpha,$$

ferner

$$\frac{N}{G} = \cos \alpha \quad \text{oder} \quad N = G \cdot \cos \alpha.$$

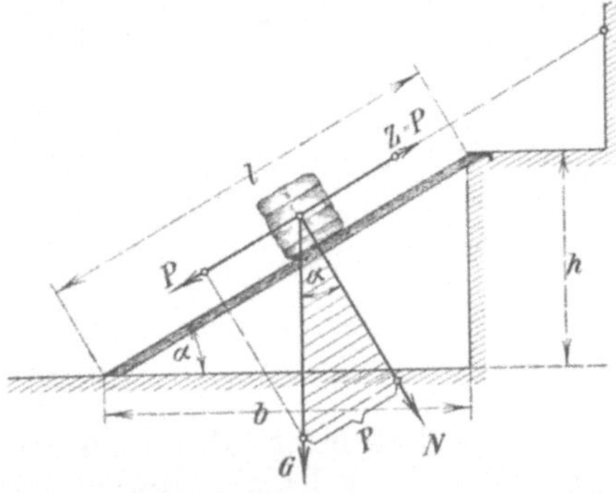

Abb. 121. Die schiefe Ebene, Zugkraft parallel zur schrägen Bahn.

Wollte man das Herabrutschen der Last G verhindern, so müßte man an dem Körper ein Seil anbringen und dieses an einer festen Wand anschlagen. Das Seil müßte in diesem Fall die Zugkraft

$$Z = P = G \cdot \sin \alpha$$

aushalten, eine Kraft, welche jedenfalls kleiner ist als G. Man sieht, in der schiefen Ebene liegt ein Übersetzungsverhältnis, man kann mit einer kleineren Kraft Z einer größeren Last G das Gleichgewicht halten.

In Abb. 122 wird die Last G durch ein Seil gehalten, das nicht parallel zur Bahnlänge l sondern parallel zur Basis b gespannt ist. Wie groß werden nun die Kräfte P und N?

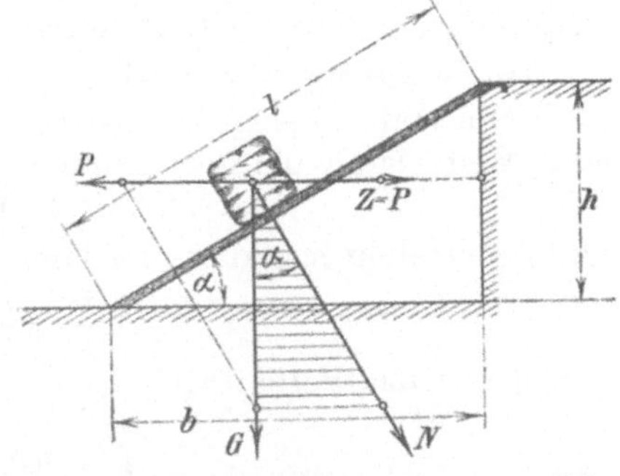

Abb. 122. Die schiefe Ebene, Zugkraft parallel zur Basis.

Aus der Ähnlichkeit der Dreiecke folgert man wieder

$$\frac{P}{G} = \frac{h}{b} \quad \text{oder} \quad P = G \cdot \frac{h}{b},$$

ferner

$$\frac{N}{G} = \frac{l}{b} \quad \text{oder} \quad N = G \cdot \frac{l}{b}.$$

Trigonometrisch ist im rechtwinkligen Kräftedreieck

$$\frac{P}{G} = \operatorname{tg} \alpha \quad \text{oder} \quad P = G \operatorname{tg} \alpha,$$

ferner

$$\frac{G}{N} = \cos \alpha \quad \text{oder} \quad N = \frac{G}{\cos \alpha}.$$

Die schiefe Ebene habe z. B. die Längenwerte $l = 87$ m, $b = 75$ m und $h = 45$ m, dann ist

im 1. Fall:

$$P = G \cdot \frac{45}{87} = 0{,}52 \cdot G,$$

$$N = G \cdot \frac{75}{87} = 0{,}86 \cdot G;$$

im 2. Fall:

$$P = G \cdot \frac{45}{75} = 0{,}60 \cdot G,$$

$$N = G \cdot \frac{87}{75} = 1{,}16 \cdot G.$$

Der 2. Fall liefert also ungünstigere Werte und wird daher weniger zum Heben von Lasten Anwendung finden.

Gleichgewichtssätze der schiefen Ebene:

1. Zieht die Kraft parallel zur Bahnlänge, so herrscht Gleichgewicht, wenn sich die Kraft zur Last verhält wie die Höhe zur Bahnlänge.

2. Zieht die Kraft parallel zur Basis, so herrscht Gleichgewicht, wenn sich die Kraft zur Last verhält wie die Höhe zur Basis.

Die Neigung der schiefen Ebene:

Wenn man an einer Bahnstrecke oder an einer Fahrstraße oder an einer Keilneigung die Bezeichnung

$$1:100$$

liest, so versteht man darunter immer das Verhältnis

$$\frac{h}{b} = \frac{\text{Höhe}}{\text{Basis}}$$

und nicht das Verhältnis

$$\frac{h}{l} = \frac{\text{Höhe}}{\text{Bahnlänge}} \; .$$

Trotzdem ist es in der Praxis vielfach Brauch, das letztere Verhältnis damit zu messen. Bei geringen Neigungen ist der Unterschied aber so gering, daß es gleichgültig ist, ob man die Basis oder die Bahnlänge mißt, z. B. ist

$$\frac{1}{80} = 0{,}0125, \quad \text{für } \sin\alpha = \frac{h}{l} = 0{,}0125 \text{ wird } \alpha = 0^0\,43',$$

$$\text{für } \operatorname{tg}\alpha = \frac{h}{b} = 0{,}0125 \text{ wird ebenfalls } \alpha = 0^0\,43'.$$

30. Die Reibungswiderstände.

Widerstände sind Kräfte, welche eine Bewegung hemmen. Erfahrungsgemäß kommt ein Körper, durch eine Kraft angestoßen, nach einiger Zeit wieder zur Ruhe. Will man die Bewegung aber aufrechterhalten, so muß man ständig eine Kraft aufwenden, die gerade so groß sein muß wie der Widerstand, der die Bewegung hemmt. Man nennt diese Widerstände Reibungswiderstände.

a) Die gleitende Reibung.

Schiebt man ein Buch auf einer Tischplatte vorwärts oder dreht man einen Zapfen in einem Lager, so gleiten die Berührungsflächen aufeinander, man spricht von einer Gleitbewegung. Die Widerstände solcher Gleitbewegungen lassen sich durch Versuche feststellen.

Man kann z. B. einen Eisenkörper auf einer horizontalen Eisenplatte durch ein Zugseil, das über eine Rolle geführt (Abb. 123) und durch Gewichte gezogen wird, in Bewegung

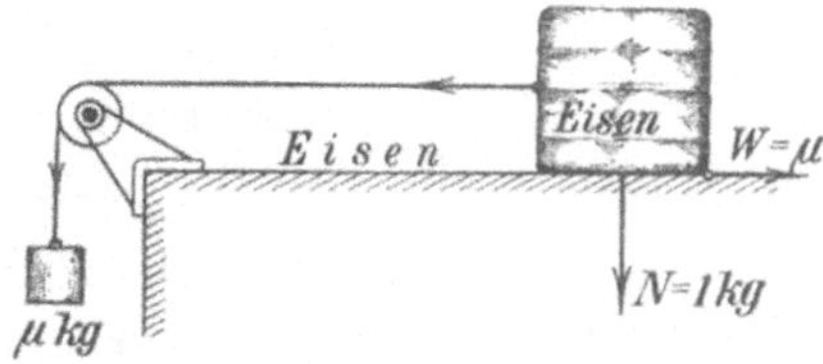

Abb. 123. Der Körper gleitet auf horizontaler Bahn.

setzen. Das Gewicht, welches die Bewegung gerade einleitet, zeigt uns dann den Reibungswiderstand an.

Der Körper übt einen Normaldruck N auf die Berührungsfläche aus, dieser ist bei horizontaler Berührungsbahn gleich dem Gewicht G des Körpers.

Die Erfahrung lehrt folgendes:

Macht man $N = 1$ kg, so ist der Reibungswiderstand $W = \mu$ kg
„   „ $N = 2$ kg, „ „ „   „ $W = 2 \cdot \mu$ kg
„   „ $N = 3$ kg, „ „ „   „ $W = 3 \cdot \mu$ kg ,

d. h. der Reibungswiderstand wächst proportional mit dem Normaldruck, oder es ist allgemein

$$W = \mu \cdot N .$$

Den Wert μ nennt man den Reibungskoeffizienten, d. i. eine Zahl, welche den Reibungswiderstand bei 1 kg Normaldruck angibt.

Die Werte von μ werden sehr verschieden sein, sie sind groß bei rauhen und ungeschmierten Flächen, sie sind klein bei glatten und geschmierten Flächen, d. h. die μ-Werte kennzeichnen die Beschaffenheit der Berührungsflächen. Diese μ-Werte sind in physikalischen Instituten genau bestimmt worden und uns in Tabellenform bekannt.

Zur Bestimmung der Reibungskoeffizienten kann man auch eine verstellbare schiefe Ebene (Abb. 124)

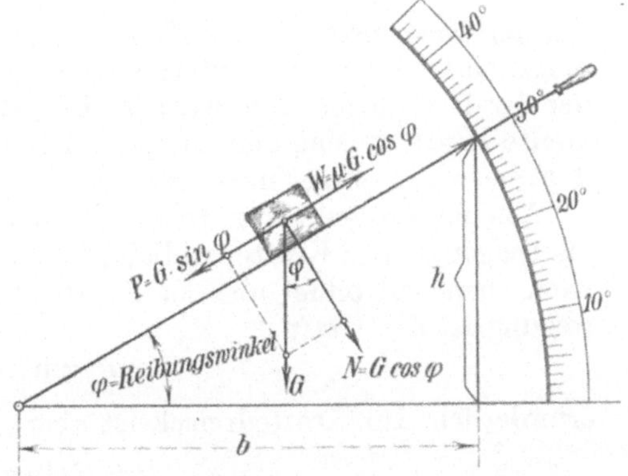

Abb. 124. Bestimmung der Reibungsziffer durch eine schiefe Ebene.

benutzen, deren Gleitfläche ausgewechselt werden kann. Liegt ein Körper vom Gewicht G auf der schiefen Ebene, so beginnt bei einem bestimmten Neigungswinkel φ die Gleitbewegung. Im Augenblick des Gleitbeginns heißt die Gleichgewichtsbedingung

$$P = W = \mu \cdot N,$$

$$G \cdot \sin\varphi = \mu \cdot G \cdot \cos\varphi,$$

$$\sin\varphi = \mu \cdot \cos\varphi,$$

$$\mu = \frac{\sin\varphi}{\cos\varphi} = \operatorname{tg}\varphi = \frac{h}{b}.$$

Man nennt den so gefundenen Neigungswinkel φ den Reibungswinkel, und es ist immer

$$\mu = \operatorname{tg}\varphi.$$

Reibungsvorstellung.

Wir gewinnen über die Wirkung der Reibung folgende Vorstellung: Ein Körper soll auf einer horizontalen Ebene (Abb. 125) verschoben

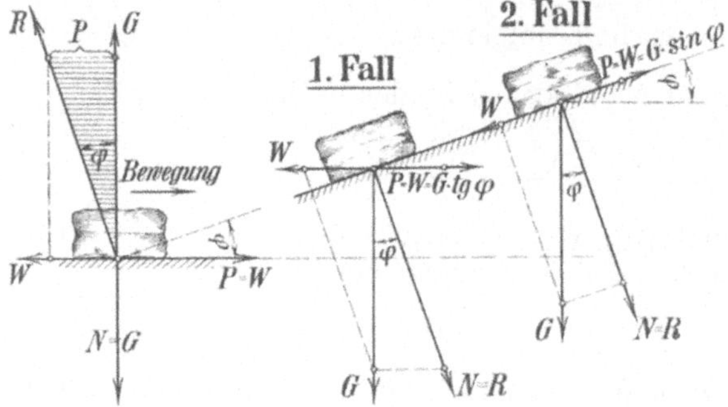

Abb. 125. Deutung des Reibungswiderstandes durch eine schiefe Ebene.

werden. Er drückt mit der Normalkraft $N = G$ gegen seine Stützfläche, umgekehrt drückt die Stützfläche in entgegengesetzter Richtung mit der Kraft G gegen den Körper. Der Reibungswiderstand W ist eine zweite Kraft, welche den Körper an der Stützfläche zurückhalten will, d. h. sie wirkt entgegengesetzt der Bewegungsrichtung.

Aus den Seitenkräften G und W läßt sich die resultierende Kraft R als Diagonale des Kräfteparallelogramms konstruieren. Sie zieht schräg nach oben und bildet mit der Kraftrichtung G den Winkel φ. Zur Bewegung ist die Kraft

$$P = W$$

erforderlich. Im Kräftedreieck ist aber

$$P = G \cdot \operatorname{tg}\varphi.$$

Das ist dieselbe Kraft, die erforderlich ist, um ein Gewicht G auf einer schiefen Ebene vom Neigungswinkel φ reibungslos hochzuziehen, und zwar mit einer Kraft P, welche horizontal zieht.

In Abb. 125 ist dieser Bewegungsvorgang als 1. Fall bezeichnet.

Wir lesen im Kräftedreieck ab

$$P = W = G \cdot \operatorname{tg} \varphi.$$

Wir gewinnen daher von der Wirkung der Reibung folgende Vorstellung:

Um einen Körper horizontal mit Reibung zu bewegen, ist eine **Kraft** erforderlich, welche gerade so groß ist wie die Kraft, welche den **Körper** reibungslos auf einer schiefen Ebene vom Neigungswinkel $\alpha = \varphi$ horizontal hochziehen würde.

Günstiger würde der 2. Fall (Abb. 125) sein. Läßt man die Kraft P unter dem Winkel φ zur Horizontalebene ziehen, also parallel zur schiefen Ebene, so würde sein

$$P = W = G \cdot \sin \varphi.$$

Diese Kraft P würde kleiner sein, denn der $\sin \varphi$ ist immer kleiner als $\operatorname{tg} \varphi$.

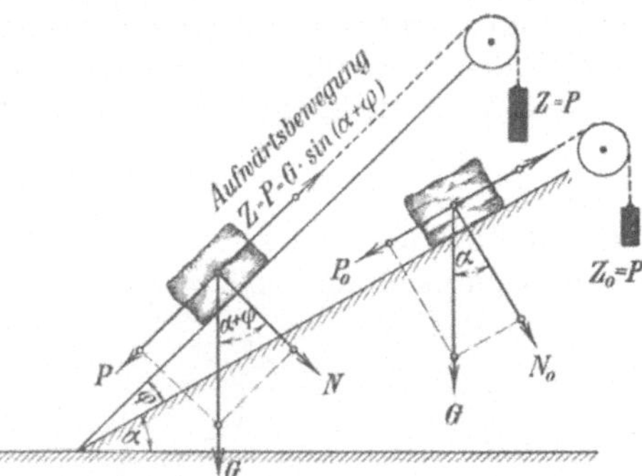

Abb. 126. Der Reibungswiderstand auf schiefer Ebene, Zugkraft parallel zur schrägen Bahn.

Um mit dem **kleinsten Kraftaufwand** einen Körper horizontal zu verschieben, sollte man daher die Kraft nicht horizontal sondern unter dem Reibungswinkel φ nach oben gerichtet ziehen lassen.

Der Reibungswiderstand auf der schiefen Ebene.

Der Reibungswiderstand auf der schiefen Ebene läßt sich in derselben Weise wie bei der Bewegung auf horizontaler Bahn berücksichtigen, denn die horizontale Bahn ist der Grenzfall der schiefen Ebene mit dem Neigungswinkel $\alpha = 0^0$.

Hat die schiefe Ebene den Neigungswinkel α (Abb 126), so wird bei reibungsloser Bewegung die Kraft

$$Z_0 = P_0 = G \cdot \sin \alpha$$

das Gewicht G hochziehen. Bei Reibungsbewegung

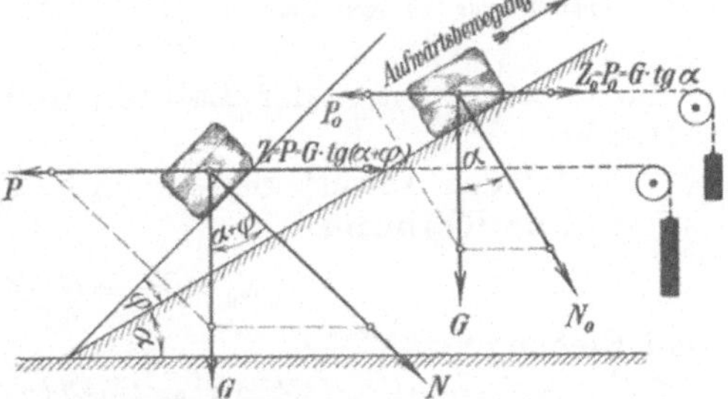

Abb. 127. Der Reibungswiderstand auf schiefer Ebene, Zugkraft parallel zur Basis.

wird die Kraft größer, denn die Reibung bedeutet eine Vergrößerung des Neigungswinkels α um den Reibungswinkel φ, d. h. es ist eine **Kraft** erforderlich, welche gerade ausreicht, um das Gewicht G reibungslos auf der **größeren Steigung** $(\alpha + \varphi)$ hochzuziehen. Dann wird

$$Z = P = G \cdot \sin (\alpha + \varphi).$$

In Abb. 127 zieht die Kraft in horizontaler Richtung das Gewicht G hoch. Bei reibungsloser Bewegung würde sein

$$Z_0 = P_0 = G \cdot \operatorname{tg} \alpha,$$

bei Reibungsbewegung dagegen genügt diese Kraft nicht, sie muß mindestens sein

$$Z = P = G \cdot \mathrm{tg}\,(\alpha + \varphi).$$

Beim Abwärtsgleiten der Last G wirkt, da die Bewegung entgegengesetzt erfolgt, die Reibung in entgegengesetzter Richtung, d. h. die Neigung der schiefen Ebene muß um den Reibungswinkel φ vermindert werden. Das Seil, das das Hinabgleiten vermeiden soll, hat bei schrägem Seilzug (Abb. 128) nicht die Zugkraft $G \cdot \sin \alpha$, sondern

$$Z = G \cdot \sin (\alpha - \varphi)$$

auszuhalten, also eine kleinere Kraft, es wird durch die Reibung entlastet. Denkt man sich den Seilzug durch ein Gewicht dargestellt, so erfordert

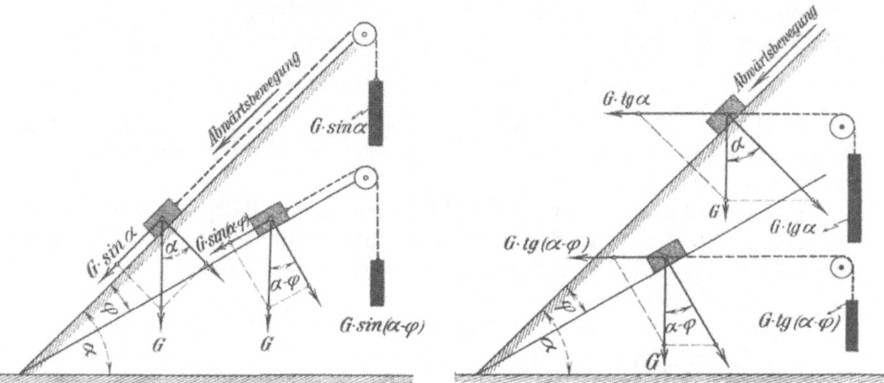

Abb. 128. Das Herabsinken einer Last, Seil parallel zur schrägen Lage.

Abb. 129. Das Herabsinken einer Last, Seil parallel zur Basis.

beim Abwärtsgleiten der Last die reibungslose Ebene das größere Gewicht.

Erfolgt das Abwärtsgleiten bei horizontalem Seilzug (Abb. 129) so ist ohne Reibung

$$Z_0 = P_0 = G \cdot \mathrm{tg}\,\alpha,$$

mit Reibung

$$Z = P = G \cdot \mathrm{tg}\,(\alpha - \varphi).$$

Das Seil wird also durch die Reibung entlastet.

Die Zapfenreibung.

Ein zylindrischer Tragzapfen, Abb. 130, werde durch den Normaldruck N belastet. Bei eintretender Drehbewegung wird sich am Umfang der Tragfläche der Reibungswiderstand der Bewegung entgegensetzen. Er wirkt wie ein Seil, das um den Zapfen geschlungen ist und mit dem Gegenzug

$$W = \mu \cdot N$$

den Zapfen festhält. Dadurch entsteht ein Drehwiderstand oder ein Drehmoment von der Größe

$$M = W \cdot r.$$

Zur Überwindung dieses Drehwiderstandes muß an der Kraftkurbel R eine Kraft P tätig sein.

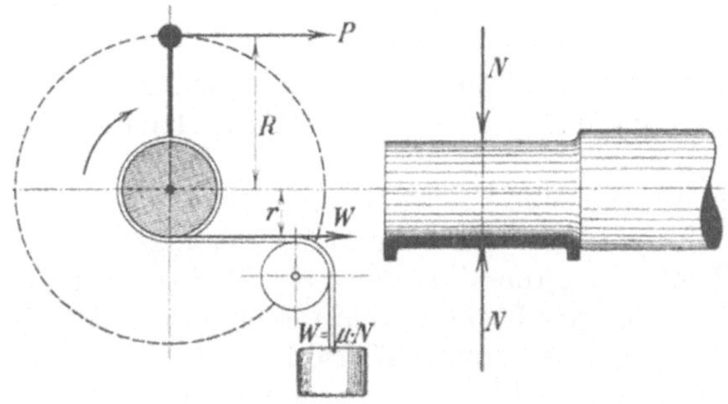

Abb. 130. Die Reibung am Zapfen einer Welle.

Mit dem Wellenmittelpunkt als Drehpunkt lautet die Gleichgewichtsbedingung

$$+ P \cdot R - W \cdot r = 0, \qquad P = \frac{W \cdot r}{R}.$$

Demnach muß die Kraft P um so größer werden, je größer der Hebelarm r des Reibungswiderstandes wird. Aus diesem Grunde soll der Zapfenradius r möglichst klein gehalten werden.

b) Die rollende Reibung.

Eine rollende Bewegung oder Wälzbewegung kann nur stattfinden, wenn an der Berührungsstelle zwischen Walze und Auflagerfläche der Reibungswiderstand groß genug ist, um das Gleiten ganz zu verhindern.

Eine Gartenwalze werde über weichen Boden gerollt (Abb. 131), dann sinkt die Walze um das Maß s ein. Dem Maß s entspricht die Projektionsbreite f der zum Aufliegen kommenden Walzenfläche, die das Gewicht der Walze

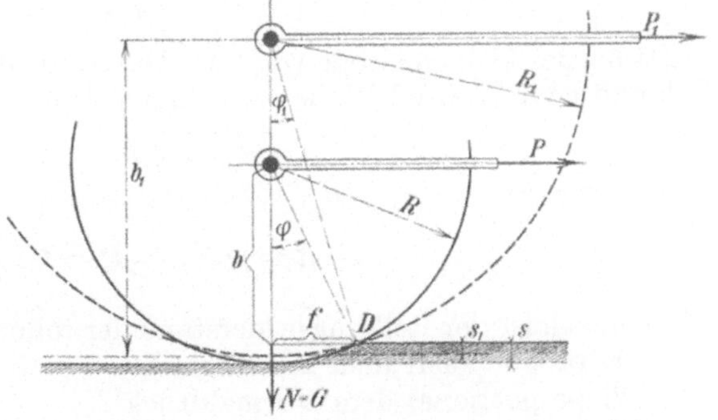

Abb. 131. Die rollende Reibung.

in den Boden setzt. Das Gewicht G der Walze bildet die Normalbelastung N der Fläche.

Um die Walze zu bewegen, zieht die Kraft P am Zapfen der Walze, welche um den Kantenpunkt D sich augenblicklich drehen will. Mit D als Drehpunkt heißt die Gleichgewichtsbedingung

$$+ P \cdot b - N \cdot f = 0, \qquad P = N \cdot \frac{f}{b} = N \cdot \operatorname{tg} \varphi \,.$$

Man könnte auch schreiben

$$P = N \cdot \mu \,,$$

wo $\mu = \operatorname{tg}\varphi$, und so käme man auf dieselbe Gleichung, die uns für gleitende Reibung bereits bekannt ist. μ wäre dann der Reibungskoeffizient für **rollende** Reibung.

Aber hier zeigt sich eine Schwierigkeit. Nimmt man eine Walze mit dem größeren Halbmesser R_1, so bleibt bei derselben Belastung $N = G$ die Druckflächenbreite f dieselbe, denn der Boden wird so lange nachgeben bis wieder die spezifische Bodenpressung, d. i. die Belastung für 1 cm² dieselbe wie bei der ersten Walze ist. Damit wird für die große Walze die Einsinktiefe s_1 kleiner. Die Gleichgewichtsbedingung für D als Drehpunkt lautet nun

$$+ P_1 \cdot b_1 - N \cdot f = 0,$$

$$P_1 = N \cdot \frac{f}{b_1} = N \cdot \operatorname{tg}\varphi_1 = N \cdot \mu_1 \,.$$

Der Winkel φ_1 ist viel kleiner geworden, und damit ist auch der Reibungswiderstand viel kleiner geworden, obwohl die Oberflächen, Eisen auf weicher Erde, dieselben geblieben sind.

Wir erkennen, daß in diesem Fall der Reibungswinkel φ nicht konstant bleibt und nicht in Tabellen angegeben werden kann, denn er würde sich mit dem Halbmesser der Walze ändern.

Dagegen bleibt der Faktor f unserer Rechnung konstant, und es liegt nahe, diese **Größe** f **als konstanten Faktor der rollenden Reibung** anzusehen. Man wird also die Formel schreiben:

$$P \cdot b = f \cdot N \,.$$

Da bei der kleinen Größe von f der Unterschied zwischen der Hebellänge b und dem Walzenhalbmesser R nur gering ist, kann man auch setzen

$$b = R$$

und es wird

$$P \cdot R = f \cdot N \,, \qquad P = f \cdot \frac{N}{R} \,.$$

Demnach ist der Reibungswiderstand der rollenden Reibung
1. proportional dem Hebelarm f,
2. proportional dem Normaldruck N,
3. umgekehrt proportional dem Rollenhalbmesser R.

Der Hebelarm f berücksichtigt die Härte oder die Beschaffenheit der Berührungsflächen, er wird um so größer sein, je weicher die Berührungsflächen sind. Die Zahl f hat also die Bedeutung eines Längenmaßes, denn f ist der Hebelarm einer Kraft. Man wird, da der Rollenhalbmesser

R in cm gemessen wird, auch das Maß f in cm angeben. Die für f in Tabellen angegebenen Werte sind also Zentimeter-Maße.

Von besonderer Bedeutung ist der Rollenhalbmesser R, seine Größe beeinflußt den Reibungswiderstand außerordentlich. Je größer man R macht, um so kleiner wird der Reibungswiderstand. Große Räder an den Fuhrwerken und Fahrzeugen bewirken also leichteren Gang.

Meistens werden die Rollen oder Räder sich um Zapfen drehen, also so wie bei der Gartenwalze in Abb. 131. Es kommen aber auch Fälle vor, wo die Last durch Walzen direkt weitergewälzt wird. In Abb. 132 liegt die Last G auf einer Walze, es wälzt sich die Last auf der Rolle vorwärts, während die Rolle sich auf der Bodenfläche abrollt. Der Mann drückt gegen die

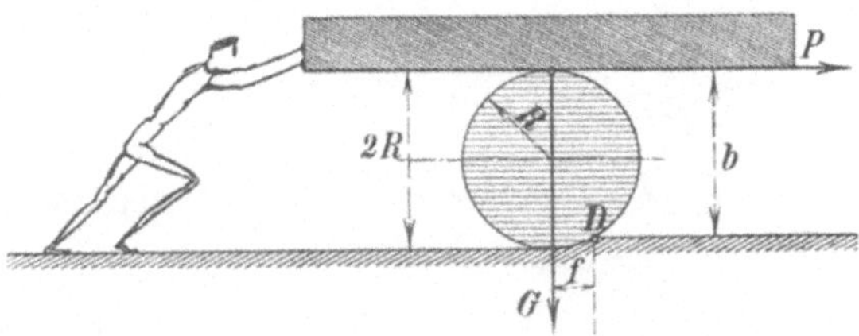

Abb. 132. Die Kraft greift am Rollenumfang an.

Last, so daß die treibende Kraft P an der Berührungsstelle von Last und Walze angreifen muß.

Mit D als Drehpunkt lautet die Gleichgewichtsbedingung, wenn man praktisch $b = 2R$ setzt:

$$+ P \cdot 2R - G \cdot f = 0, \qquad P = \frac{1}{2} \cdot \frac{G \cdot f}{R},$$

d. h. die Bewegungskraft ist nur halb so groß wie im vorigen Fall.

In vielen Fällen wird, wenn die Last sich auf der Walze abwälzt, auch an der Wälzfläche zwischen Last und Walze die rollende Reibung zu berücksichtigen sein. Dieser Fall ist in Abb. 133 gezeigt.

Die obere Wälzfläche wird um den Betrag s_1, die untere um den Betrag s_2 eingedrückt, dann entsteht oben f_1 als Hebelarm und unten f_2. Die Walze steht oben im Punkt D_1, unten im Punkt D_2 in Berührung, die Last setzt sich also durch den Auflagepunkt D_1 auf die Walze.

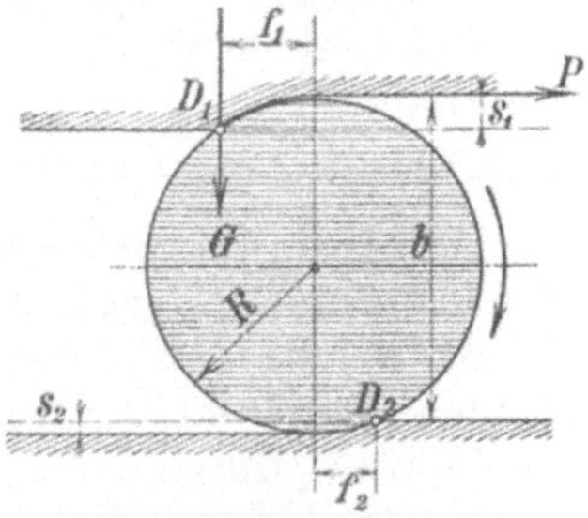

Mit D_2 als Drehpunkt heißt die Momentengleichung

Abb. 133. Rollende Reibung oben und unten.

$$+ P \cdot b - G \cdot (f_1 + f_2) = 0.$$

Wegen der Kleinheit der Werte s_1 und s_2 kann man setzen

$$b = 2R.$$

Dann wird

$$P \cdot 2R - G \cdot (f_1 + f_2) = 0,$$

$$P = \frac{1}{2} \cdot \frac{G \cdot (f_1 + f_2)}{R}.$$

In Abb. 134 ist eine Schüttelrutsche mit Wälzrollen dargestellt, bei welcher der eben beschriebene Wälzvorgang sich vollzieht. Man könnte nach der vorstehenden Gleichung den Widerstand der rollenden Reibung berechnen.

Bei 4 mm Blechstärke und 3 m Muldenlänge ist das Eigengewicht der Rutsche für ein laufendes Meter

$$g = 35 \text{ bis } 50 \text{ kg/m bei Breiten von } 450 \text{ bis } 550 \text{ mm},$$

das Ladegewicht etwa $k = 50$ bis 60 kg/m.

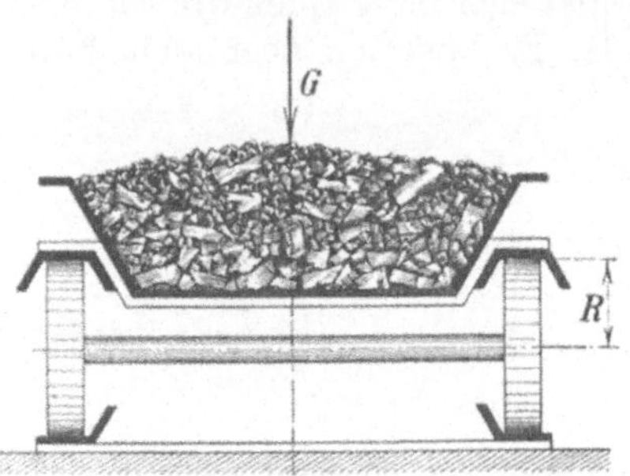

Abb. 134. Schüttelrutsche mit Wälzrollen.

Der Rollenhalbmesser ist im Mittel $R = 9{,}5$ cm. Für die obere Wälzfläche würde man setzen

Eisen auf Eisen $f_1 = 0{,}005$ cm

und für die untere Wälzfläche wegen der Verschmutzung

$$f_2 = 0{,}10 \text{ cm}.$$

Das Gewicht für ein laufendes Meter sei

$$G = g + k = 50 + 60 = 110 \text{ kg},$$

dann ist der Reibungswiderstand für 1 m Rutschenlänge

$$P = \frac{1}{2} \cdot \frac{110 \cdot (0{,}005 + 0{,}10)}{9{,}5} = 0{,}61 \text{ kg/m}$$

oder für 100 m Rutschenlänge $P = 61$ kg.

c) Reibung der Schienenwagen.

Der Fahrzeugwiderstand dieser Wagen setzt sich aus zwei Einzelwiderständen zusammen

1. aus dem Widerstand der Zapfenreibung,
2. aus dem Widerstand der rollenden Reibung zwischen Schiene und Laufrad.

Der Widerstand der Zapfenreibung.

Man kann die Betrachtung vereinfachen und das Gesamtgewicht G des beladenen Wagens (Abb. 135) auf einen Laufradzapfen setzen.

An welcher Stelle des Wagens die treibende Kraft P_1, welche den Zapfenwiderstand überwinden soll, angreift, ist gleichgültig, immer wird die Kraft P_1 durch das Lager auf die Laufachse übertragen, es geht also die Kraft P_1 durch die Zapfenmitte.

Der Auflagerpunkt des Rades auf der Schiene hält das Rad zurück, hier greift die Reaktion der Kraft P_1 an, d. h. die Kraft P_1 zieht hier in entgegengesetzte Richtung, es entsteht ein linksdrehendes Kraftmoment von der Größe $P_1 \cdot R$.

Die Zapfenreibung wirkt genau so, als wenn das Gewicht $G \cdot \mu$ auf den Zapfen aufgewickelt werden müßte, d. h. die Zapfenreibung bildet rechtsdrehend das Lastmoment $G \cdot \mu \cdot r$, so daß die Gleichgewichtsbedingung mit dem Zapfenmittelpunkt als Drehpunkt lautet:

$$- P_1 \cdot R + G \cdot \mu \cdot r = 0, \qquad P_1 = \frac{G \cdot \mu \cdot r}{R}.$$

Diese Kraft ist erforderlich, um ausschließlich die Zapfenreibung zu überwinden, sie wird um so kleiner, je kleiner die Reibungsfziffer μ und der Zapfenradius r und je größer der Radhalbmesser R ist.

Der Widerstand der rollenden Reibung.

Zur Überwindung der rollenden Reibung sei die Kraft P_2 erforderlich. Zwischen Schiene und Rad ist f der Hebelarm der rollenden Reibung. Nach Abb. 136 ist mit D als Drehpunkt

$$-P_2 \cdot R + G \cdot f = 0, \qquad P_2 = \frac{G \cdot f}{R}.$$

Der Gesamtwiderstand.

Beide Reibungswiderstände sind gleichzeitig zu überwinden, also ist zur Aufrechterhaltung der gleichförmigen Fahrbewegung eine Gesamt-

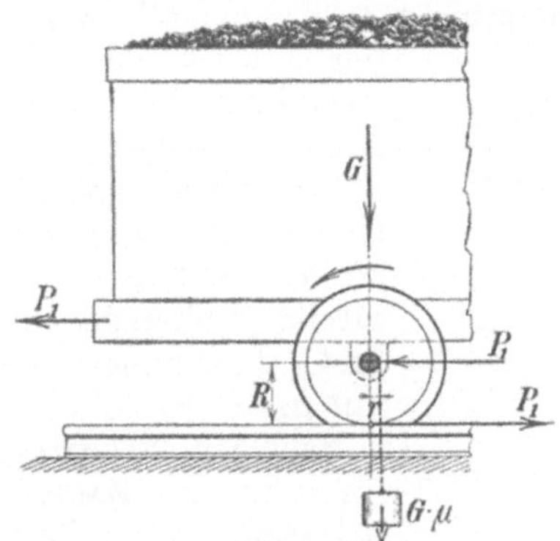

Abb. 135. Die Zapfenreibung am Schienenwagen.

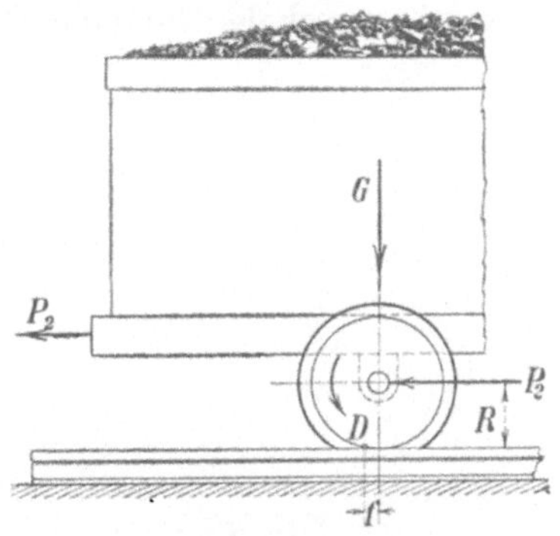

Abb. 136. Die rollende Reibung am Schienenwagen.

kraft erforderlich von der Größe

$$P = P_1 + P_2$$
$$= \frac{G \cdot \mu \cdot r}{R} + \frac{G \cdot f}{R}$$
$$= G \cdot \frac{\mu \cdot r + f}{R} = G \cdot \mu_g,$$

wenn $\mu_g = $ Gesamtreibungskoeffizient ist.

Beispiel: Der Fahrwiderstand eines Förderwagens ist zu berechnen, wenn folgende Verhältnisse vorliegen:

Leergewicht $= 500$ kg, Ladegewicht $= 750$ kg,
Zapfenradius $r = 2,5$ cm, Radhalbmesser $R = 15$ cm,
Koeffizient der gleitenden Reibung $\mu = 0,15$ (schlechte Schmierung),
Koeffizient der rollenden Reibung $f = 0,005$ cm.

Lösung:
$$G = 500 + 750 = 1250 \text{ kg},$$
$$P = 1250 \cdot \frac{0,15 \cdot 2,5 + 0,005}{15}$$
$$= 1250 \cdot 0,025 = \textbf{31,4 kg.}$$

Bei schlechter Schmierung würde der Reibungswiderstand in der Fahrbewegung demnach 2,5% des rollenden Gewichtes betragen. Das ist ein erheblicher Betrag, namentlich im Vergleich mit Eisenbahnfahrzeugen, bei denen der Fahrwiderstand mit 0,25 bis 0,5% des rollenden Gewichtes schon überwunden ist.

Das Beispiel ergab also $\mu_g = 0{,}025$ für Förderwagen in schlecht geschmiertem Zustand, während für Eisenbahnfahrzeuge $\mu_g = 0{,}0025$ bis 0,005 ist.

d) Reibung im Rollenlager.

Zur Verminderung der Zapfenreibung läßt man den Zapfen nicht in einer feststehenden Lagerschale gleiten, sondern umgibt den ganzen Zapfen mit Rollen oder Walzen und schließt darüber die Lagerschale.

Der Zapfen rollt dann auf den Walzen und diese rollen wiederum auf der Lagerschale. Ein reines Rollen findet nicht statt, es entsteht wegen der Differenz der Rollwege innen und außen auch ein Gleiten.

Die durch Versuche festgestellte Reibungsziffer nennt man die ideelle Reibungsziffer und bezeichnet sie mit μ_i.

Nach Abb. 137 wirkt, wenn G die Zapfenbelastung ist, am Zapfenumfang der Reibungswiberstand $\mu_i \cdot G$,

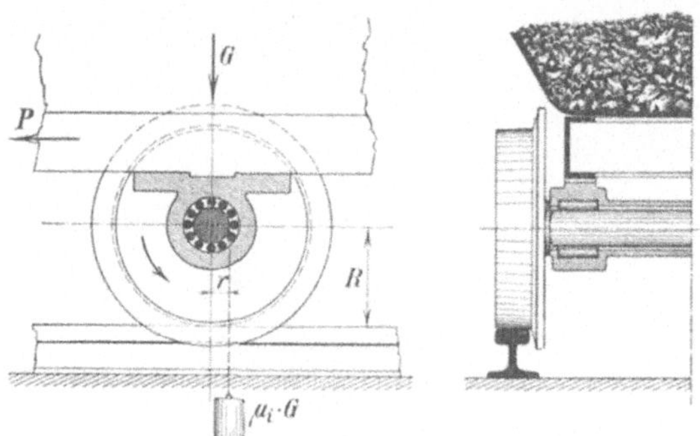

Abb. 137. Reibung im Rollenlager.

d. h. es entsteht ein Widerstandsmoment der Reibung von der Größe

$$M_r = \mu_i \cdot G \cdot r \ \text{cmkg}.$$

Man rechnet nach den Versuchswerten mit

$$\mu_i = 0{,}003 \text{ bis } 0{,}007.$$

Die kleinen Werte gelten für große Belastungen, die großen für kleine Belastungen.

Der große Vorteil dieser Rollenlager ist die Unabhängigkeit der Reibungsgröße von der Geschwindigkeit des Zapfens. Die Reibung der Ruhe ist nur unerheblich größer wie die Reibung der Bewegung, so daß der Anlaufwiderstand klein wird.

Bei Gleitlagern ist das nicht der Fall. Hier kann die Reibung der Ruhe doppelt so groß sein wie die Reibung der Bewegung.

Beispiel: Der Förderwagen werde mit Rollenlagern ausgerüstet, wie groß wird dann der Fahrwiderstand?

Lösung: Man verwendet die Formel

$$P = G \cdot \frac{\mu_i \cdot r + f}{R}$$

und setzt, $\mu_i = 0,006$,

$$P = 1250 \cdot \frac{0,006 \cdot 2,5 + 0,005}{15},$$

$$P = 1250 \cdot 0,0014 = \mathbf{1,75\ kg.}$$

Während bei schlechtem Gleitlager der Widerstand der Reibung eine Zugkraft $P = 31,4$ kg erforderte, ist hier nur der $\frac{31,4}{1,78} = 18$. Teil dieser Zugkraft erforderlich, oder gegenüber 2,5% werden nur 0,14% des rollenden Gewichtes als Zugkraft für die gleichförmige Bewegung benötigt.

e) Reibung im Kugellager.

Bei Kugellagern gilt dasselbe wie das für Walzenlager Gesagte. Sie bilden eine Verfeinerung der Rollenlager und haben noch geringere Reibungswiderstände. Nach Abb. 138 ist das Widerstandsmoment der Zapfenreibung

$$M_r = \mu_i \cdot G \cdot r \text{ cmkg.}$$

Man rechnet nach den Versuchswerten mit

$\mu_i = 0,0015$ bis $0,0035$. Die kleinen Werte gelten für große Belastungen, die großen für kleine Belastungen.

Beispiel: Der Förderwagen werde mit Kugellagern ausgerüstet, wie groß wird der Fahrwiderstand?

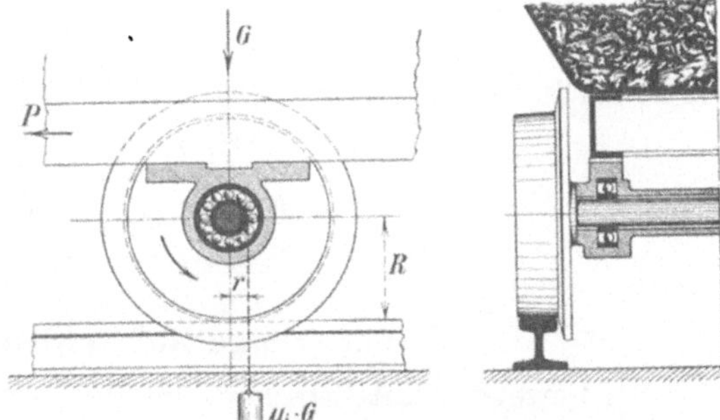

Abb. 138. Reibung im Kugellager.

Lösung: Bei einem Zapfenradius $r' = 2,5$ cm wird wegen des aufzusetzenden Laufringes $r = 3,5$ cm, ferner werde $\mu_i = 0,0035$ gesetzt.

$$P = G \cdot \frac{\mu_i \cdot r + f}{R}$$

$$= 1250 \cdot \frac{0,0035 \cdot 3,5 + 0,005}{15}$$

$$= 1250 \cdot 0,0012 = \mathbf{1,5\ kg.}$$

Während bei schlechtem Gleitlager der Widerstand der Reibung eine Zugkraft $P = 31,4$ kg erforderte, ist hier nur der $\frac{31,4}{1,5} = 21$. Teil dieser Zugkraft erforderlich, oder gegenüber 2,5% werden nur 0,12% des rollenden Gewichtes als Zugkraft für die gleichförmige Bewegung erforderlich sein.

Walzen- oder Kugellager bieten daher ein vorzügliches Mittel, den Fahrwiderstand unserer Schienenwagen erheblich herabzusetzen.

Ist G das Gewicht der rollenden Last, so ist der Zugwiderstand der Gesamtreibung allgemein

$$P = \mu_g \cdot G.$$

Für Förderwagen wird im allgemeinen, je nach den Verhältnissen, $\mu_g = 0{,}005$ bis $0{,}025$ sein.

Die Formel gilt natürlich nur für Transporte auf söhliger Strecke.

Der Reibungswert μ_g kann wie früher auf einer schiefen Ebene ermittelt werden, man stellt den Wagen auf eine schiefe Ebene und vergrößert den Ablaufwinkel der schiefen Ebene so lange, bis der Wagen seine Rollbewegung beginnt (Abb. 139).

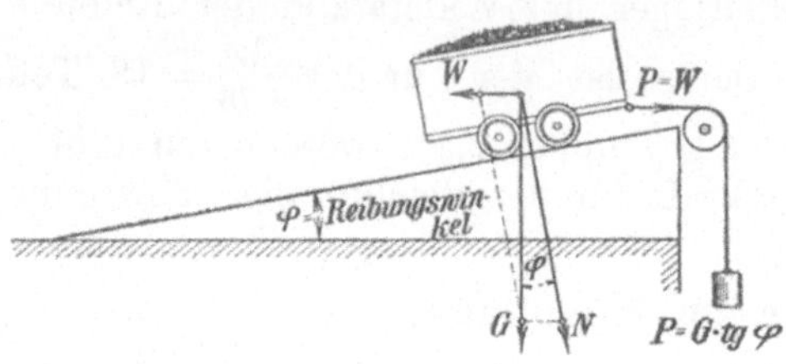

Da im Kräftedreieck

$$\frac{W}{G} = \operatorname{tg} \varphi$$

oder

$$W = G \cdot \operatorname{tg} \varphi$$

Abb. 139. Die Fahrwiderstandsermittlung durch eine schiefe Ebene.

ist, so ist

$$P = W = G \cdot \operatorname{tg} \varphi = G \cdot \mu \quad \text{oder} \quad \mu = \operatorname{tg} \varphi,$$

z. B. ist für $\mu_g = \operatorname{tg} \varphi = 0{,}025 \ldots \varphi = 1^0\,26'$
$$= 0{,}020 \ldots \varphi = 1^0\,10'$$
$$= 0{,}015 \ldots \varphi = 0^0\,52'$$
$$= 0{,}010 \ldots \varphi = 0^0\,35'$$
$$= 0{,}005 \ldots \varphi = 0^0\,17'$$

f) Fahrzeuge auf schiefer Ebene.

Bei Bewegung auf Strecken, die mit Gefälle oder Steigung angelegt sind, ist das Gesetz der schiefen Ebene anzuwenden. Nach Abb. 140 ist für die Aufwärtsbewegung zu dem Steigungswinkel α der Reibungswinkel φ zu addieren, und es ist

$$P = W = G \cdot \sin(\alpha + \varphi).$$

Beispiel: Ein beladener Förderwagen habe das Gewicht $G = 1250$ kg, welche Zugkraft P ist erforderlich, wenn die schiefe Ebene mit dem Winkel $\alpha = 30^0$ ansteigt, und der Fahrwiderstand der Reibung 2% beträgt?

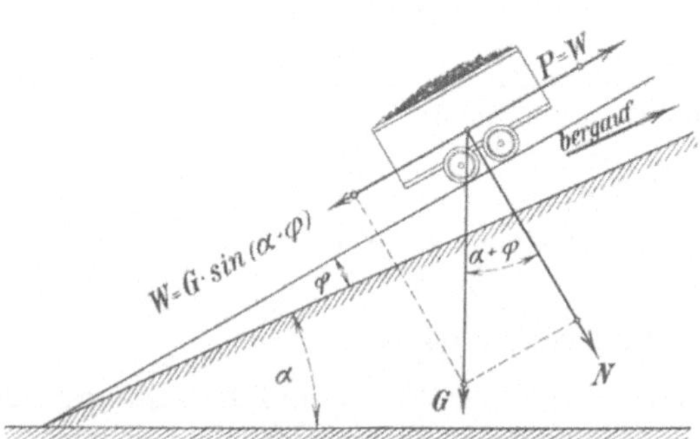

Abb. 140. Das Hochziehen des Förderwagens.

Lösung: Der Fahrzeugreibung von 2% entspricht

$$\mu_g = 0{,}02 = \operatorname{tg} \varphi \quad \text{oder} \quad \varphi = 1^0\,10'.$$
$$P = G \cdot \sin(\alpha + \varphi) = 1250 \cdot \sin(30^0 + 1^0\,10')$$
$$= 1250 \cdot \sin 31^0\,10' = 1250 \cdot 0{,}5175 = \mathbf{650\ kg.}$$

Für die Abwärtsbewegung auf der schiefen Ebene ist der Reibungswinkel φ von dem Steigungswinkel α abzuziehen. Nach Abb. 141 ist dann der Seilzug, der den Wagen herunterbremst,

$$P = W = G \cdot \sin (\alpha - \varphi).$$

Beispiel: Wie groß muß die Bremskraft am Seil werden, wenn der Förderwagen mit $G = 1250$ kg Gewicht eine schiefe Ebene von $\alpha = 30^0$ Gefälle bei 2% Fahrzeugreibung heruntergebremst werden soll?

Lösung:

$$\mu_g = 0{,}02 = \operatorname{tg} \varphi \quad \text{oder} \quad \varphi = 1^0\, 10',$$
$$P = G \cdot \sin (\alpha - \varphi) = 1250 \cdot \sin (30^0 - 1^0\, 10')$$
$$= 1250 \cdot \sin 28^0\, 50' = 1250 \cdot 0{,}4823 = \mathbf{600\ kg.}$$

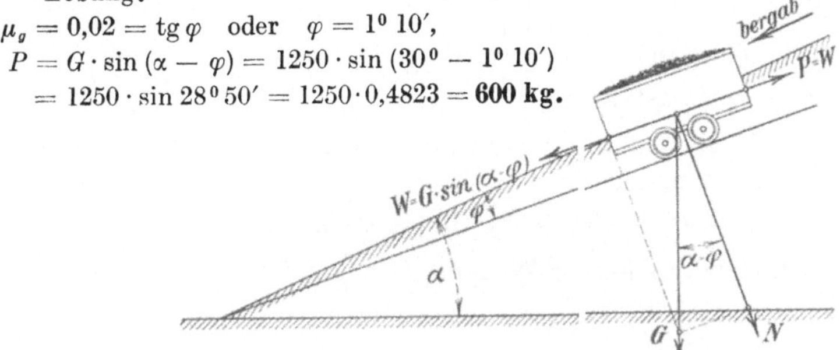

Abb. 141. Das Herunterbremsen des Förderwagens.

Es kann auch vorkommen, daß das Gefälle sehr gering ist, und der Wagen nicht selbsttätig herunterrollt, dann ist der Reibungswinkel φ größer als der Gefällewinkel α. Zieht man dann (Abb. 142) von dem Neigungswinkel α den Winkel φ ab, so entsteht eine schiefe Ebene mit der Steigung $(\varphi - \alpha)$ und es wird zum Herabrollen noch eine Zugkraft benötigt von der Größe

$$P = W = G \cdot \sin (\varphi - \alpha).$$

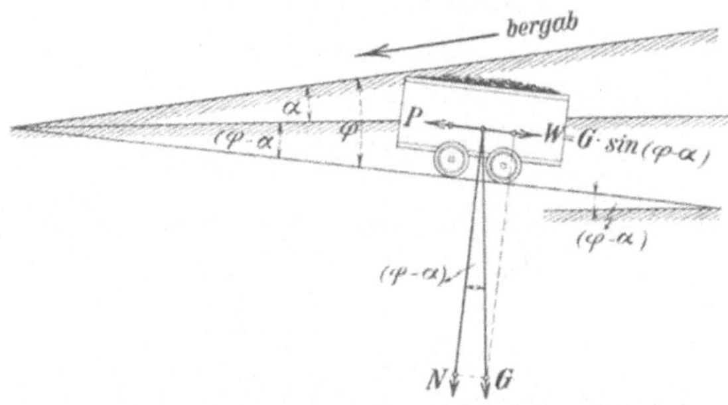

Abb. 142. Bewegung bei sehr geringem Gefälle.

Beispiel: Ein beladener Förderwagen von $G = 1250$ kg Gewicht soll im Gefälle $1:200$ abwärts gezogen werden, wie groß ist bei 2% Fahrzeugreibung die Zugkraft?

Lösung: Es ist

$$\sin \alpha = \frac{1}{200} = 0{,}005 \ldots \ \alpha = 0^0\, 17'$$

$$\mu_g = \operatorname{tg} \varphi = 0{,}020 \ldots \ \varphi = 1^0\, 10'.$$

$$P = G \cdot \sin (\varphi - \alpha) = 1250 \cdot \sin (1^0\, 10' - 0^0\, 17')$$
$$= 1250 \cdot \sin \cdot 0^0\, 53' = 1250 \cdot 0{,}0154 = \mathbf{19{,}3\ kg.}$$

Gleiche Zugkraft zum Abwärtsziehen der vollen und zum Aufwärtsziehen der leeren Wagen.

Man kann für einen bekannten Reibungswinkel φ und für ein bekanntes Gewichtsverhältnis zwischen vollem und leerem Förderwagen den Streckenneigungswinkel α so wählen, daß das Abwärtsziehen des vollen Wagens die gleiche Zugkraft benötigt wie das Aufwärtsziehen des leeren Wagens.

Es sei G_0 = Gewicht des leeren Wagens in kg,

$\qquad N$ = Nutzlast in kg,

dann ist $(G_0 + N)$ das Gewicht des vollen Wagens. Für das Abwärtsziehen des vollen Wagens wird die Zugkraft

$$P_1 = (G_0 + N) \cdot \sin(\varphi - \alpha),$$

für das Hochziehen des leeren Wagens

$$P_2 = G_0 \cdot \sin(\varphi + \alpha).$$

Setzt man $P_1 = P_2$, so wird

$$(G_0 + N) \cdot \sin(\varphi - \alpha) = G_0 \cdot \sin(\varphi + \alpha),$$

$$(G_0 + N) \cdot (\sin\varphi \cdot \cos\alpha - \cos\varphi \cdot \sin\alpha) = G_0 \cdot (\sin\varphi \cdot \cos\alpha + \cos\varphi \cdot \sin\alpha),$$

$$(G_0 + N) \cdot \sin\varphi \cdot \cos\alpha - (G_0 + N) \cdot \cos\varphi \cdot \sin\alpha$$
$$= G_0 \cdot \sin\varphi \cdot \cos\alpha + G_0 \cdot \cos\varphi \cdot \sin\alpha,$$

$$(G_0 + N - G_0) \cdot \sin\varphi \cdot \cos\alpha = (G_0 + N + G_0) \cdot \cos\varphi \cdot \sin\alpha,$$

$$N \cdot \sin\varphi \cdot \cos\alpha = (2 G_0 + N) \cdot \cos\varphi \cdot \sin\alpha,$$

$$\frac{\sin\varphi \cdot \cos\alpha}{\cos\varphi \cdot \sin\alpha} = \frac{2 G_0 + N}{N},$$

$$\frac{\operatorname{tg}\varphi}{\operatorname{tg}\alpha} = \frac{2 G_0 + N}{N},$$

$$\operatorname{tg}\alpha = \operatorname{tg}\varphi \cdot \frac{N}{2 G_0 + N}.$$

Ist h = Höhe der schiefen Ebene, b = Basis, so ist $\operatorname{tg}\alpha = \dfrac{h}{b}$, d. h. für $h = 1$ m ist die söhlige Länge der Strecke

$$b = \frac{1}{\operatorname{tg}\varphi} \cdot \frac{2 G_0 + N}{N}.$$

Beispiel: Welche söhlige Länge b muß eine Streckenförderung für je 1 m Steigung erhalten, wenn das Leergewicht des Wagens $G_0 = 500$ kg und die Nutzlast $N = 750$ kg ist, damit das Abwärtsziehen der vollen Wagen dieselbe Zugkraft erfordert wie das Aufwärtsziehen der leeren?

Lösung: Die Aufgabe läßt sich nur lösen, wenn die Fahrzeugreibung bekannt ist, denn die Gleichung lautet

$$b = \frac{1}{\operatorname{tg}\varphi} \cdot \frac{2 G_0 + N}{N},$$

für $G_0 = 500$ und $N = 750$ wird $\dfrac{2 G_0 + N}{N} = \dfrac{2 \cdot 500 + 750}{750} = 2{,}34$, also wird

$$b = \frac{2{,}34}{\operatorname{tg}\varphi} = \frac{2{,}34}{\mu},$$

für $\mu = 0,005$ wird $b = \dfrac{2,34}{0,005} = 468$, d. h. Streckenneigung $= 1 : 468$,

„ $\mu = 0,010$ „ $b = \dfrac{2,34}{0,010} = 234$, „ „ $= 1 : 234$,

„ $\mu = 0,015$ „ $b = \dfrac{2,34}{0,015} = 155$, „ „ $= 1 : 155$,

„ $\mu = 0,020$ „ $b = \dfrac{2,34}{0,020} = 117$, „ „ $= 1 : 117$,

„ $\mu = 0,025$ „ $b = \dfrac{2,34}{0,025} = 94$, „ „ $= 1 : 94$.

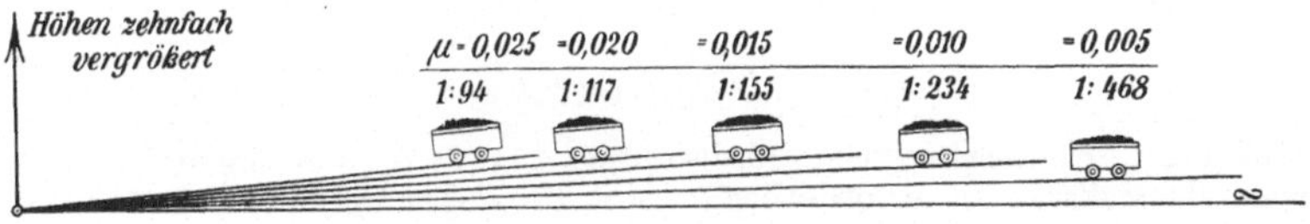

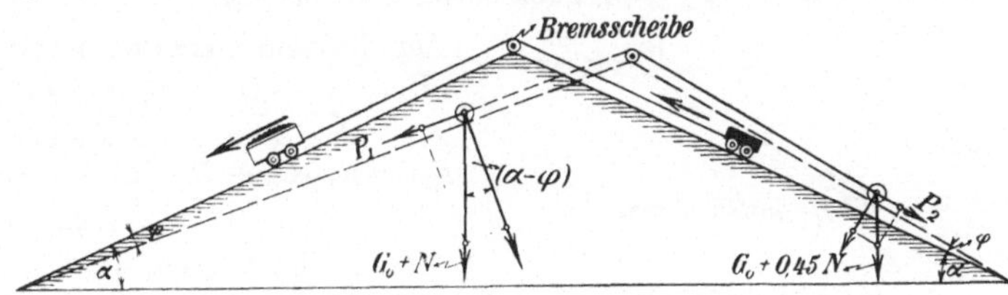

Abb. 143. Gleicher Kraftbedarf für Talfahrt der Beladenen und Bergfahrt der Leeren.

In Abb. 143 sind diese Streckenneigungen aufgetragen, man erkennt, die Reibung macht so verschiedene Neigungen erforderlich, daß bei den stark veränderlichen Reibungswerten, wie sie die Grube bringen wird, von einer praktischen Durchführung dieser Forderung wohl abgesehen werden muß.

g) Bremsberg- und Haspelförderung.

Unter einem Bremsberg versteht man im Bergbau eine mit Geleisen (Gestänge) versehene schiefe Ebene. Auf dem einen Gestänge werden die vollen Wagen vermöge ihres Eigengewichtes herunterbewegt, indem sie an einem Seil ziehen, das sich um eine mit einer Bremsvorrichtung versehenen Seilscheibe schlingt und am anderen Ende auf dem zweiten Gestänge einen Gegengewichtswagen hochzieht.

Abb. 144. Die Bremsbergförderung.

Obwohl die beiden Gestänge auf der gleichen schiefen Ebene liegen, kann man sich zur Betrachtung der Gleichgewichtsbedingungen zwei schiefe Ebenen mit der gleichen Horizontalneigung dachförmig gegeneinander gestellt denken. Das zeigt Abb. 144.

Auf der linken Seite läuft der beladene Wagen mit dem Gewicht $(G_0 + N)$ abwärts, auf der rechten Seite der Gegengewichtswagen mit dem Gewicht $(G_0 + 0,45 \cdot N)$ aufwärts, wenn

$G_0 =$ Leergewicht des Förderwagens $=$ Leergewicht des Gegengewichtswagens,

$N =$ Gewicht der Nutzlast

ist. Für die Aufstellung der Gleichgewichtsbedingung muß die Fahrzeugreibung ($\mu_g = \mathrm{tg}\,\varphi$) in Rechnung gestellt werden. Die schiefe Ebene ist auf der Seite der Abwärtsbewegung um den Winkel φ zu senken, auf der Seite der Aufwärtsbewegung um den Winkel φ zu heben, dann zieht auf der linken Seite der Bremsscheibe der Seilzug

$$P_1 = (G_0 + N) \cdot \sin (\alpha - \varphi),$$

auf der rechten Seite der Bremsscheibe der Seilzug

$$P_2 = (G_0 + 0{,}45 \cdot N) \cdot \sin (\alpha + \varphi).$$

Die Bremsscheibe muß die Differenz der beiden Seilzüge abbremsen, d. h. die Bremskraft, auf Mitte Seil bezogen, muß sein

$$B = P_1 - P_2.$$

Beispiel: Bei einer Bremsbergförderung sei $\alpha = 25^0$, $G_0 = 500$ kg und $N = 750$ kg. Welche Bremskraft ist erforderlich, wenn die Fahrzeugreibung 1,5% beträgt?

Lösung: Es ist $\mu_g = 0{,}015 = \mathrm{tg}\,\varphi$, d. h. $\varphi = 0^0\,52'$
$$(\alpha + \varphi) = (25^0 + 0^0\,52') = 25^0\,25'$$
$$(\alpha - \varphi) = (25^0 - 0^0\,52') = 24^0\,8'$$
$$(G_0 + N) = (500 + 750) = 1250 \text{ kg}$$
$$(G_0 + 0{,}45 \cdot N) = (500 + 0{,}45 \cdot 750) = 840 \text{ kg}.$$

Dann ist
$$P_1 = 1250 \cdot \sin 24^0\,8'$$
$$= 1250 \cdot 0{,}4089 = 515 \text{ kg},$$
$$P_2 = 840 \cdot \sin 25^0\,52'$$
$$= 840 \cdot 0{,}4363 = 365 \text{ kg}.$$

Bremskraft $B = P_1 - P_2 = 515 - 365 = \mathbf{150 \; kg}.$

Weih[1] gibt für die Lösung dieser Aufgabe ein zeichnerisches Verfahren an, das den trigonometrischen Rechnungsgang ganz entbehrlich macht.

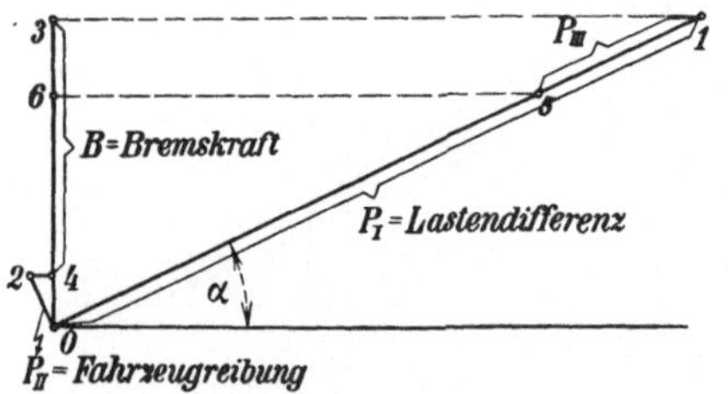

Abb. 145. Zeichnerische Ermittlung der Bremskraft nach Weih.

Man braucht hierzu die Kräfte:
$$P_I = \underbrace{G_0 + N}_{\text{linke Last}} - \underbrace{(G_0 + 0{,}45 \cdot N)}_{\text{rechte Last}}$$
$$P_{II} = \mu_g \cdot \underbrace{(G_0 + N}_{\text{linke Last}} + \underbrace{G_0 + 0{,}45 \cdot N)}_{\text{rechte Last}}$$

Man zeichnet (Abb. 145) unter dem Steigungswinkel α gegen die Horizontale eine schräge Linie $\overline{0\,1} = P_I$ und rechtwinklig hierzu eine Linie $\overline{0\,2} = P_{II}$.

Die Horizontalen durch Punkt 1 und Punkt 2 schneiden auf der Senkrechten durch den Punkt 0 die Strecke $\overline{34} = B$ = gesuchte Bremskraft ab.

Die tatsächliche Bremskraft wird durch die Zapfenreibung der Seilscheibe und durch die Seilsteifigkeit noch kleiner. Wird der Gesamtbetrag dieses Widerstandes mit 5% eingeschätzt, so ist mit $\mu = 0{,}05$

$$P_{III} = 0{,}05 \cdot \underbrace{(G_0 + N}_{\text{linke Last}} + \underbrace{G_0 + 0{,}45 \cdot N)}_{\text{rechte Last}}$$

---

[1] Weih, Dipl.-Ing.: Förderung auf schiefer Ebene. Siehe Der Bergbau 1927, S. 669.

Trägt man auf der Schrägen die Strecke $\overline{15} = P_{III}$ ab und zieht durch Punkt 5 eine Horizontale, so schneidet diese die Strecke $\overline{36}$ auf der Senkrechten ab, um welche die Bremskraft noch vermindert wird.

Bei der **Haspelförderung** werden die vollen Wagen auf der schiefen Ebene hochgezogen, zum Ausgleich der Lasten läuft auf derselben Ebene ein Gegengewichtswagen abwärts. Es seien folgende Lasten zu bewegen.

Lastenseite:
$$\begin{aligned}
\text{Gestellgewicht} &= 1300 \text{ kg}\\
2 \text{ Förderwagen} &= 2 \cdot 500 = 1000 \text{ ,,}\\
2 \text{ Ladungen} &= 2 \cdot 750 = 1500 \text{ ,,}
\end{aligned}$$

$$\text{Gesamtlast } G_1 = \mathbf{3800 \ kg.}$$

Gegengewichtsseite:
$$\begin{aligned}
\text{Gestellausgleich} &= 1300 \text{ kg}\\
\text{Wagenausgleich} &= 1000 \text{ ,,}\\
\text{Ausgleich der Nutzlast} = 0{,}55 \cdot 1500 &= 850 \text{ ,,}
\end{aligned}$$

$$\text{Gesamtgew. } G_2 = \mathbf{3150 \ kg.}$$

Nach Abb. 146 denkt man sich zwei schiefe Ebenen mit gleichem Neigungswinkel α dachförmig gegeneinander gestellt. Auf der linken Seite wird die Last G_1 hochgezogen, die schiefe Ebene ist um den Reibungswinkel φ schräger zu stellen. Auf der rechten Seite geht das Gegengewicht G_2 abwärts, die schiefe Ebene ist um den Reibungswinkel φ zu senken. Dann ergibt sich auf der Lastseite der Seilzug

$$P_1 = G_1 \cdot \sin(\alpha + \varphi),$$

auf der Gegengewichtsseite der Seilzug

$$P_2 = G_2 \cdot \sin(\alpha - \varphi).$$

Die Differenz der Seilzüge muß von der Seiltrommel des Haspels überwunden

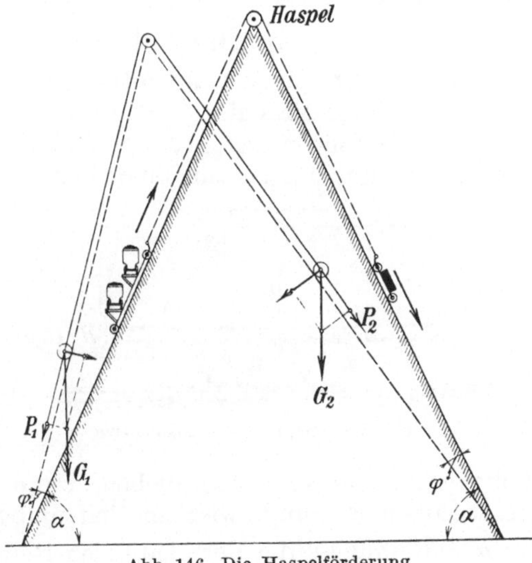

Abb. 146. Die Haspelförderung.

werden, also muß die Zugkraft an der Seiltrommel die Größe haben

$$P_1 - P_2 = G_1 \cdot \sin(\alpha + \varphi) - G_2 \cdot \sin(\alpha - \varphi).$$

Beispiel: Es soll für die vorstehenden Lasten die Zugkraft des Haspels berechnet werden, wenn $\alpha = 65^0$ ist und die Fahrzeugreibung mit 2 % berücksichtigt werden soll.

Lösung: Für 2 % Fahrzeugreibung wird

$$\mu_g = 0{,}02 = \mathrm{tg}\,\varphi \quad \text{oder} \quad \varphi = 1^0\,10'.$$

Dann ist:

$$\begin{aligned}
(\alpha + \varphi) &= (65^0 + 1^0\,10') = 66^0\,10',\\
(\alpha - \varphi) &= (65^0 - 1^0\,10') = 63^0\,50',\\
P_1 &= G_1 \cdot \sin(\alpha + \varphi) = 3800 \cdot 0{,}9147 = \mathbf{3470 \ kg,}\\
P_2 &= G_2 \cdot \sin(\alpha - \varphi) = 3150 \cdot 0{,}8975 = \mathbf{2820 \ kg,}\\
\text{Zugkraft} &= P_1 - P_2 = 3470 - 2820 = \mathbf{650 \ kg.}
\end{aligned}$$

Maercks, Bergbaumechanik. 7

Auch für die Haspelföderung gibt Weih ein zeichnerisches Verfahren an, das den trigonometrischen Rechnungsgang wieder entbehrlich macht. Er benötigt hierzu die Kräfte

$$P_I = G_1 - G_2 = \text{Lastendifferenz}$$
und
$$P_{II} = \mu_g \cdot (G_1 + G_2) = \text{Fahrzeugreibung}.$$

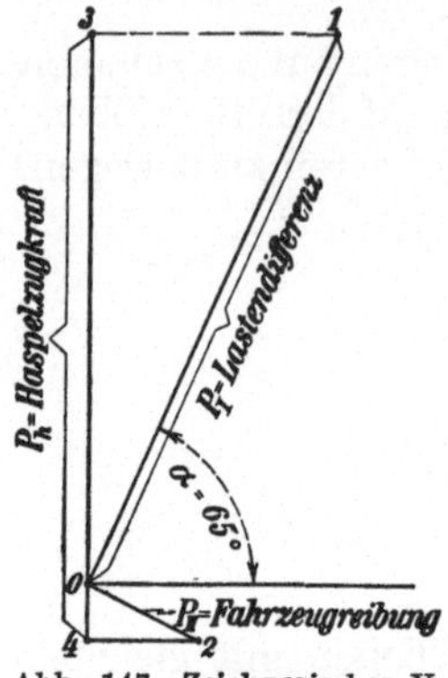

Man zeichnet (Abb. 147) unter dem Neigungswinkel α gegen die Horizontale eine schräge Linie $\overline{01} = P_I$ und rechtwinklig hierzu eine Linie $\overline{02} = P_{II}$.

Die Horizontalen durch Punkt *1* und Punkt *2* schneiden auf der Senkrechten durch den Punkt *0* die Strecke $\overline{34} = P_h = $ gesuchte Haspelzugkraft ab.

Das zeichnerische Verfahren liefert wieder denselben Wert

$$P_h = 650 \text{ kg,}$$

Abb. 147. Zeichnerisches Verfahren zur Ermittlung der Haspelzugkraft nach Weih.

wie ihn die Rechnung ergeben hat.

h) Die Lokomotivförderung.

Die Zugkraft einer Lokomotive (Abb. 148) hängt nicht allein von der Stärke ihrer Maschine, sondern auch von ihrem Dienstgewicht ab. Bekanntlich fangen bei glatten Schienen die Triebräder eine Mahlbewegung an, indem sie auf den Schienen durchgleiten, so daß keine Vorwärtsbewegung zustande kommt. In diesem Fall ist der Bewegungswiderstand der angehängten Last größer als die Zugkraft der Lokomotive.

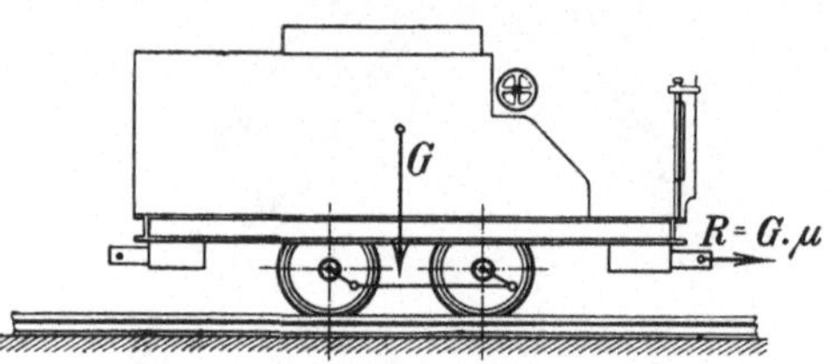

Abb. 148. Die Zugkraft der Lokomotive.

Denkt man sich die Räder der Lokomotive festgebremst, so kann man die Lokomotive nur vorwärtsschieben, wenn man den Widerstand R der gleitenden Reibung zwischen Rad und Schiene überwindet. Ist

$\mu = $ Reibungsziffer der gleitenden Reibung,
$G = $ Dienstgewicht der Lokomotive in kg,

so ist
$$R = \mu \cdot G$$

der höchste Zugwiderstand, den die Lokomotive überwinden kann, oder es ist
$$Z = R = \mu \cdot G$$

die höchste Zugkraft, welche die Lokomotive leisten kann. Da die Reibungsziffer μ sehr verschieden sein kann, sie schwankt in diesem Fall vielleicht zwischen 0,25 bei trockenen Schienen und 0,08 bei schlüpfrigen Schienen, so ist auch die Zugkraft der Maschine keine konstante Größe. Ist z. B. $G = 5400$ kg das Dienstgewicht einer Grubenlokomotive, so kann die Zugkraft folgende Werte annehmen:

$$\text{für } \mu = 0{,}08 \text{ wird } Z = 0{,}08 \cdot 5400 = 432 \text{ kg}$$
$$\mu = 0{,}10 \quad ,, \quad Z = 0{,}10 \cdot 5400 = 540 \text{ ,,}$$

für $\mu = 0,15$ wird $Z = 0,15 \cdot 5400 = 810$ kg
$\mu = 0,20$ „ $Z = 0,20 \cdot 5400 = 1080$ „
$\mu = 0,25$ „ $Z = 0,25 \cdot 5400 = 1350$ „

Beispiel: Wieviel beladene Förderwagen von 1250 kg Gewicht kann eine Lokomotive söhlig ziehen, wenn der Rollwiderstand der Wagen 1,5 % des Rollgewichtes beträgt und die Lokomotive ein Dienstgewicht $G = 5400$ kg hat?

Lösung: Bei schlüpfrigen Geleisen ist die Zugkraft mit $\mu = 0,08$ zu berechnen, dann ist

$$Z = 0,08 \cdot 5400 = 432 \text{ kg}.$$

Der Berechnungswiderstand eines Förderwagens ist

$$P = 0,015 \cdot 1250 = 18,8 \text{ kg},$$

$$\text{Wagenzahl } i = \frac{Z}{P} = \frac{432}{18,8} = \textbf{23 Wagen.}$$

Beispiel: Wieviel beladene Förderwagen zieht diese Lokomotive, wenn die Strecke ein Gefälle von 1:200 hat und die Schienen eine Reibungsziffer $\mu = 0,20$ haben?

Lösung: Die Zugkraft der Lokomotive ist bei $\mu = 0,20$

$$Z = 0,20 \cdot 5400 = 1080 \text{ kg}.$$

Für die Abwärtsbewegung des vollen Ladegewichtes L eines Wagens ist die Zugkraft

$$P = L \cdot \sin(\alpha - \varphi)$$

$$\operatorname{tg}\alpha = \frac{1}{200} = 0,005 \quad \text{oder} \quad \alpha = 0^0\,17'$$

$$\operatorname{tg}\varphi = 0,015 \quad \text{„} \quad \varphi = 0^0\,52'.$$

Da der Winkel φ größer ist als α, so setzt man

$$P = L \cdot \sin(\varphi - \alpha)$$
$$= 1250 \cdot \sin 0^0\,35' = 1250 \cdot 0,010 = \textbf{12,5 kg,}$$

$$\text{Wagenzahl } i = \frac{Z}{P} = \frac{1080}{12,5} = \textbf{86 Wagen.}$$

Beispiel: Wieviel Bergewagen von $L = 1500$ kg Gewicht kann diese Lokomotive auf der Gefällestrecke 1:200 hochziehen?

Lösung: Für die Aufwärtsbewegung des vollen Ladegewichtes L wird folgende Zugkraft benötigt

$$P = L \cdot \sin(\alpha + \varphi)$$
$$= 1500 \cdot \sin(0^0\,17' + 0^0\,52')$$
$$= 1500 \cdot \sin 1^0\,9' = 1500 \cdot 0,0201 = 30 \text{ kg}.$$

$$\text{Wagenzahl } i = \frac{Z}{P} = \frac{1080}{30} = \textbf{36 Wagen.}$$

Beispiel: Wieviel leere Förderwagen von $L = 500$ kg Gewicht kann diese Lokomotive auf der Gefällestrecke 1:200 hochziehen?

Lösung: Für die Aufwärtsbewegung des leeren Wagens von L kg Gewicht wird folgende Zugkraft benötigt

$$P = L \cdot \sin(\alpha + \varphi)$$
$$= 500 \cdot \sin(0^0\,17' + 0^0\,52')$$
$$= 500 \cdot \sin 1^0\,9' = 500 \cdot 0,0201 = 10 \text{ kg}.$$

$$\text{Wagenzahl } i = \frac{Z}{P} = \frac{1080}{10} = \textbf{108 Wagen.}$$

31. Der Keil.

Ein keilförmiger Körper stellt eine schiefe Ebene dar. In Abb. 149 soll ein Gewicht G durch die Keilkraft K gehoben werden. Zur Untersuchung der Gleichgewichtsbedingungen kann man sich der bekannten Kräftepläne bedienen.

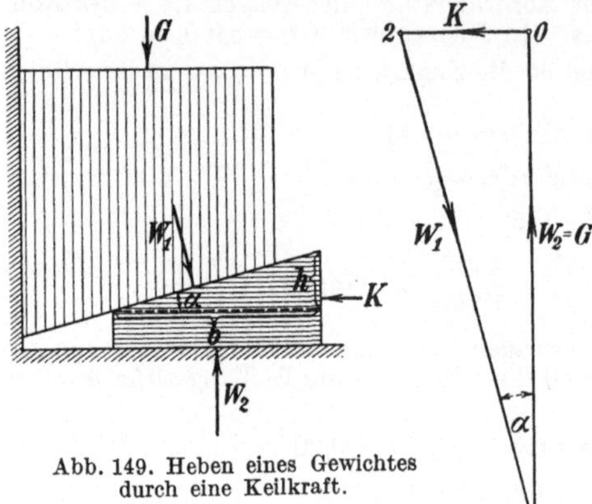

Abb. 149. Heben eines Gewichtes durch eine Keilkraft.

Angenommen, die Keilkraft K sei der Größe und Richtung nach bekannt. An den Auflagerflächen entstehen bei reibungsloser Bewegung die Normaldrücke W_1 und W_2, deren Richtungen somit festliegen. Ihre Größen findet man durch Aufzeichnen des Kräfteecks.

Man zeichnet eine Linie $\overline{02}$ gleich und parallel K, zieht durch Punkt 0 eine Parallele zur Kraftrichtung W_2 und durch Punkt 2 eine Parallele zur Kraftrichtung W_1. Dann erhält man den Schnittpunkt 1, und es ist

$$\text{Linie } \overline{01} = \text{Kraftgröße } W_2,$$
$$\text{Linie } \overline{12} = \text{Kraftgröße } W_1.$$

Es ist ohne weiteres zu erkennen, daß auch

$$W_2 = G$$

ist. Das Kräfteeck stellt ein rechtwinkliges Dreieck mit dem Keilneigungswinkel α, dar, und es ist

$$\operatorname{tg}\alpha = \frac{K}{G} \quad \text{oder} \quad G = \frac{K}{\operatorname{tg}\alpha}.$$

Am Keil ist

$$\operatorname{tg}\alpha = \frac{h}{b},$$

also ist

$$G = \frac{K \cdot b}{h}.$$

Ist z. B. die Keilneigung $h : b = 1 : 200$, so wird

$$G = \frac{K \cdot 200}{1} = 200 \cdot K.$$

Je flacher man den Keil nimmt, desto größer ist daher das Übersetzungsverhältnis zwischen Kraft und Last.

Beispiel: Welche Last G kann mit einem reibungslosen Keil, dessen Keilwinkel $\alpha = 15^0$ ist, gehoben werden, wenn die Keilkraft $K = 35$ kg beträgt?

Lösung: Es kann eine Last gehoben werden von der Größe

$$G = \frac{K}{\operatorname{tg}\alpha} = \frac{35}{\operatorname{tg}15^0} = \frac{35}{0,2679} = \textbf{130,5 kg.}$$

Dieselbe Lösung findet man auch durch Aufzeichnung des in Abb. 149 angegebenen Kräfteecks, indem man z. B. die Kraftlinie $\overline{02} = K = 35$ mm macht. Man findet dann Linienlänge $\overline{01} = G = 130{,}5$ mm $= 130{,}5$ kg.

Bei den Keilpaarungen spielt aber die Reibung eine große Rolle, das Übersetzungsverhältnis wird damit ein ganz anderes.

In Abb. 150 ist die Reibung berücksichtigt. Die Keilkraft K erzeugt an den Auflagerflächen die Stützendrücke N_1 und N_2 senkrecht zu den Auflagerflächen.

An der schrägen Keilfläche ist ein beliebiger Punkt a angenommen, an der horizontalen Keilfläche ein beliebiger Punkt b, in welchen die Kräfte N_1 bzw. N_2 angreifen sollen.

Im Punkte a wirkt in der Berührungsfläche der Reibungswiderstand R_1, im Punkte b der Reibungswiderstand R_2 der Bewegung entgegen, und zwar ist

$$R_1 = \mu \cdot N_1 \quad \text{und} \quad R_2 = \mu \cdot N_2.$$

Macht man z. B. $N_1 = 100$ mm, so wird für eine gegebene Reibungs-

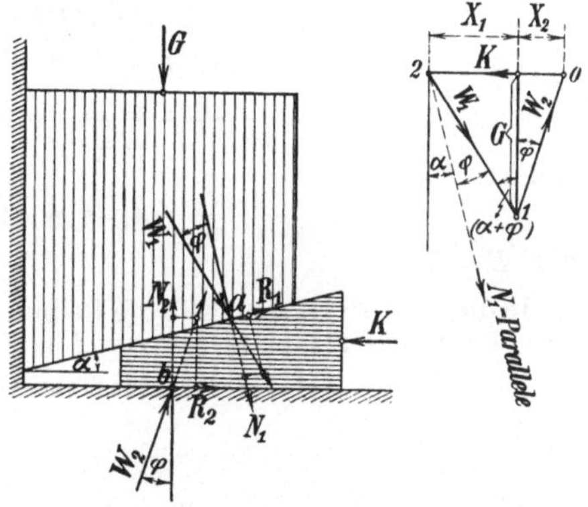

Abb. 150. Das Heben durch Keilkraft unter Berücksichtigung der Reibung.

ziffer, z. B. $\mu = 0{,}33$, $R_1 = 0{,}33 \cdot 100 = 33$ m, d. h. man kann aus dem Kräfteparallelogramm $N_1 = 100$ und $R_1 = 33$ die Richtung der Resultierende W_1 finden.

In gleicher Weise kann die Richtung der Resultierenden W_2 gefunden werden. Man sieht, daß die wirklichen Stützendrücke W_1 und W_2 mit den Stütznormalen den Reibungswinkel φ bilden, sie stellen sich schräg gegen die Bewegungsrichtungen.

Nachdem auf diese Weise die Richtungen der Stützenwiderstände festgelegt sind, findet man die Größen der Stützenwiderstände im Kräfteeck.

Man zeichnet eine Linie $\overline{02}$ gleich und parallel der gegebenen Kraft K, zieht durch Punkt 0 eine Parallele zu W_2 und durch Punkt 2 eine Parallele zu W_1, dann erhält man den Schnittpunkt 1.

Im Kräfteeck ist nun

$$\text{Linie } \overline{01} = \text{Kraftgröße } W_2$$

$$\text{Linie } \overline{12} = \text{Kraftgröße } W_1$$

Die Vertikalkomponente von W_2 ist gleich dem Belastungsgewicht G.

G teilt das Kräfteeck in zwei rechtwinklige Dreiecke. In diesen ist

$$\frac{X_1}{G} = \operatorname{tg}(\alpha + \varphi) \quad \text{und} \quad \frac{X_2}{G} = \operatorname{tg}\varphi,$$

$$X_1 = G \cdot \operatorname{tg}(\alpha + \varphi) \quad \text{und} \quad X_2 = G \cdot \operatorname{tg}\varphi.$$

Nun ist $X_1 + X_2 = K$, d. h. es ist

$$K = G \cdot \operatorname{tg}(\alpha + \varphi) + G \cdot \operatorname{tg}\varphi.$$

Das Übersetzungsverhältnis ist also

$$\frac{K}{G} = \operatorname{tg}(\alpha + \varphi) + \operatorname{tg}\varphi .$$

Beispiel: Welche Last G kann mit einem Keil, dessen Keilwinkel $\alpha = 15^0$ ist, gehoben werden, wenn die Keilkraft $K = 35$ kg und die Reibungsziffer $f = 0,333$ ist?

Lösung: Für $f = \operatorname{tg}\varphi = 0,333$ findet man $\varphi = 18^0\,26'$

$$\varphi = 18^0\,26',$$
$$\alpha + \varphi = 15^0 + 18^0\,26' = 33^0\,26',$$
$$\operatorname{tg}(\alpha + \varphi) = \operatorname{tg} 33^0\,26' = 0,6602,$$
$$\operatorname{tg}\varphi = 0,3333,$$
$$\overline{\operatorname{tg}(\alpha + \varphi) + \operatorname{tg}\varphi = 0,9935 = \sim 1,}$$

also ist

$$\frac{K}{G} = \operatorname{tg}(\alpha + \varphi) + \operatorname{tg}\varphi = 1,$$

d. h. $K = G$.

In diesem Fall verzehrt also die Reibung das ganze Übersetzungsverhältnis, und man könnte mit $K = 35$ kg nur eine Last $G = 35$ kg heben.

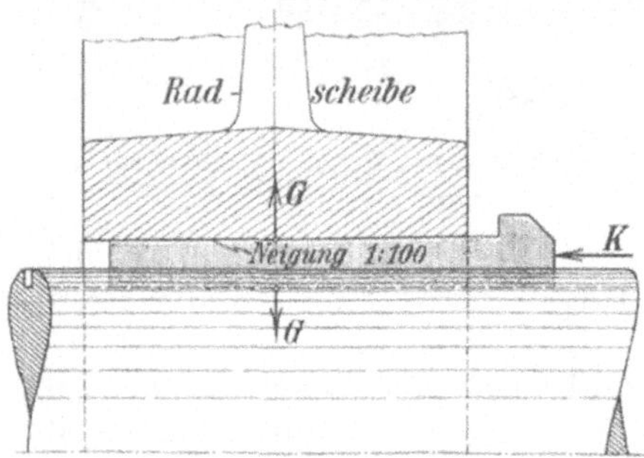

Abb. 151. Das Aufkeilen einer Radscheibe.

Bei reibungslosem Keil konnte man mit der Kraft $K = 35$ kg die Last $G = 130,5$ kg heben, d. h. das Übersetzungsverhältnis war

$$\frac{K}{G} = \frac{35}{130,5} = \frac{1}{3,74}.$$

Im Maschinenbau verwendet man zum Aufkeilen von Radscheiben auf Wellen Nasenkeile (Abb. 151) mit einem Anzug von der Größe $\operatorname{tg}\alpha = 1 : 100 = 0,01$. Schmiert man die Keilflächen beim Einschlagen, so kann man $f = \operatorname{tg}\varphi = 0,05$ setzen. Wie groß wird das Übersetzungsverhältnis?

$$\frac{K}{G} = \operatorname{tg}(\alpha + \varphi) + \operatorname{tg}\varphi$$

für $\operatorname{tg}\alpha = 0,01$ findet man $\alpha = 0^0\,34'$

,, $\operatorname{tg}\varphi = 0,05$,, ,, $\varphi = 2^0\,42'$

$$\operatorname{tg}(\alpha + \varphi) = \operatorname{tg}(0^0\,34' + 2^0\,52') = \operatorname{tg} 3^0\,26' = 0,060$$
$$\frac{K}{G} = 0,060 + 0,05 = 0,11 = \frac{11}{100} = \sim \frac{1}{10}.$$

Schlägt der Hammer z. B. mit $K = 100$ kg, so würde die Nabe mit $G = 10 \cdot K = 10 \cdot 100 = 1000$ kg auseinander gepreßt werden.

Man sieht bei diesen Befestigungskeilen den Keilwinkel α kleiner als den Reibungswinkel φ gewählt. Würde man das nicht tun, so würde, wenn $\alpha > \varphi$ ist, der Keil bei Stößen in der Maschine sich lockern und sich selbsttätig lösen.

Der nachgiebige Grubenstempel (Abb. 152) beruht auf dem Keilgesetz. Ein bewegliches, keilförmiges Oberteil schiebt sich in ein feststehendes Unterteil. Die schräge Fläche dieses Oberteils drückt gegen einen Eisenkörper k und dieser gegen ein Holzstück h. In dem Maße, wie das Holzstück zerquetscht wird, sinkt das Oberteil ein. Es wird die Gebirgsdruckarbeit in Formänderungsarbeit oder Vernichtungsarbeit verwandelt, das Holzstück wird vernichtet.

Die Untersuchung werde zunächst für reibungslose Bewegung durchgeführt. Dem Gebirgsdruck P wird das Gleichgewicht gehalten durch die Normalkräfte N_1 und N_2, welche senkrecht zu den Berührungsflächen stehen. Nachdem hiermit die Richtungen dieser Kräfte festgelegt sind, bestimmt man ihre Größen im Kräfteeck, indem man eine Linie $\overline{02}$ gleich und parallel P zeichnet, durch den Punkt 0 eine Parallele zu N_1 und durch den Punkt 2 eine Parallele zu N_2 legt. Der Schnittpunkt beider liegt nicht mehr in der Figur, man erkennt aber

$$\operatorname{tg} \alpha = \frac{P}{N_1} = \frac{P}{G}\,.$$

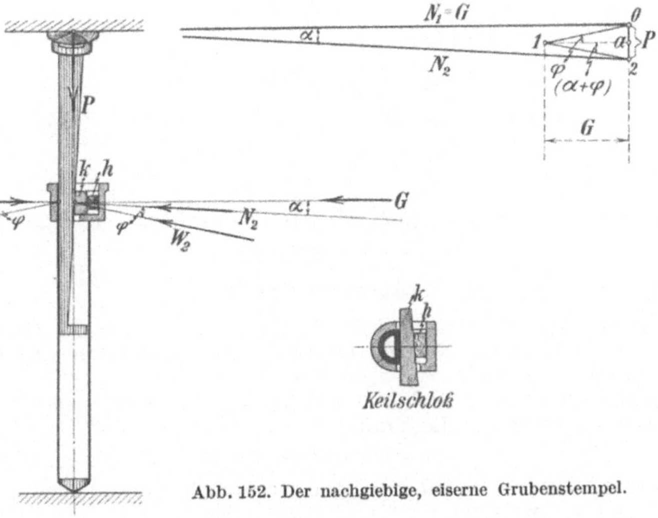

Abb. 152. Der nachgiebige, eiserne Grubenstempel.

G ist die Kraft, welche das Holzstück zerquetscht, ist z. B. $\operatorname{tg} \alpha = \frac{1}{40}$, so ist

$$\frac{P}{G} = \frac{1}{40} \quad \text{oder} \quad G = 40 \cdot P,$$

d. h. im Keilschloß würde der 40fache Gebirgdsruck das Holzstück zerquetschen. Es würde das eine außerordentlich große Kraft sein, und das Keilschloß müßte gewaltige Wandstärken erhalten.

Das wird durch die Reibung anders. An den Berührungsflächen sind die Stützkräfte in Wirklichkeit nicht normal gerichtet, sondern schräg gegen die Bewegungsrichtung. Die Stützkräfte W_1 und W_2 schließen mit den Stütznormalen die Reibungswinkel φ ein, die mit der Reibungsziffer $\mu = \operatorname{tg} \varphi$ gegeben sind.

Im Kräfteeck findet man die Größen von W_1 und W_2, indem man durch den Punkt 0 eine Parallele zu W_1 und durch den Punkt 2 eine

Parallele zu W_2 legt. Beide schneiden sich im Punkt 1, und es ist

$$\text{Linie } \overline{0\,1} = \text{Kraftgröße } W_1,$$

$$\text{Linie } \overline{1\,2} = \text{Kraftgröße } W_2.$$

Linie $\overline{1\,a} \perp P$ ist gleich G, sie bildet im Kräfteeck zwei rechtwinklige Dreiecke mit den Spitzenwinkeln φ und $(\alpha + \varphi)$. Man liest ab

$$\overline{0\,a} = G \cdot \operatorname{tg} \varphi,$$

$$\overline{2\,a} = G \cdot \operatorname{tg} (\alpha + \varphi),$$

$$P = \overline{0\,a} + \overline{2\,a} = G \cdot \operatorname{tg} \varphi + G \cdot \operatorname{tg} (\alpha + \varphi),$$

$$\frac{P}{G} = \operatorname{tg} \varphi + \operatorname{tg} (\alpha + \varphi).$$

Setzt man für Eisen auf Eisen (trocken) $\mu = 0{,}20$, so ist $\operatorname{tg} \varphi = 0{,}2000$ oder der Reibungswinkel $\varphi = 11^0\,19'$, setzt man ferner $\operatorname{tg} \alpha = \frac{1}{40} = 0{,}025$, so ist $\alpha = 1^0\,26'$.

$$\frac{P}{G} = \operatorname{tg} \varphi + \operatorname{tg} (\alpha + \varphi)$$

$$= 0{,}2000 + \operatorname{tg} (1^0 26' + 11^0 19')$$

$$= 0{,}2000 + \operatorname{tg} 12^0 45' = 0{,}2000 + 0{,}2263 = 0{,}4263$$

$$\frac{P}{G} = \frac{42{,}63}{100} = \frac{1}{2{,}35},$$

d. h. für den Gebirgsdruck P wird im Keilschloß nur eine Gegenkraft

$$G = 2{,}35 \cdot P$$

wachgerufen und diese zerquetscht das Holz.

Beispiel: Welchen Gebirgsdruck P kann ein nachgiebiger Grubenstempel, dessen Schrägfläche die Neigung 1:40 hat, aufnehmen, wenn das Quetschholz eine Quetschfläche von $7 \cdot 4 = 28$ cm^2 hat?

Lösung: Die Druckfestigkeit des Holzes sei 280 kg für 1 cm^2, dann ist zum Zerquetschen des Holzes die Kraft

$$G = 28 \cdot 280 = 7840 \text{ kg}$$

erforderlich. Mit dem Reibungskoeffizienten $f = 0{,}20$ wurde gefunden

$$\frac{P}{G} = \frac{1}{2{,}35} \quad \text{oder} \quad P = \frac{G}{2{,}35} = \frac{7840}{2{,}35} = \mathbf{3340 \text{ kg}},$$

d. h. der nachgiebige Stempel würde bereits bei einem Gebirgsdruck von 3340 kg ineinander geschoben sein.

In der Regel halten die nachgiebigen Stempel nur Drücke von 3000 bis 8000 kg aus.

Würde man in dem vorstehenden Beispiel das Quetschholz aus Eichenholz, dessen Druckfestigkeit 600 kg für 1 cm^2 ist, nehmen, so würde der Gebirgsdruck das

$$\frac{600}{280} = 2{,}14 \text{fache}$$

betragen müssen, also $2{,}14 \cdot 3340 = \sim 7000$ kg sein müssen.

Man kann natürlich auch durch Vergrößerung der Quetschfläche den aufzunehmenden Gebirgsdruck steigern.

Bei der Keilneigung 1 : 40 des Oberteils wird für je 1 mm Quetschweg am Holz das Oberteil um 40 mm einsinken. Wird das Holz im ganzen um 10 mm eingequetscht, so sinkt der Stempel um $10 \cdot 40 = 400$ mm zusammen, d. h. das Hangende könnte 0,40 m herunterkommen[1].

Welchen Anteil die Formänderungsarbeit, die durch Zerdrücken des Quetschholzes geleistet wird, an der Vernichtung der Gebirgsdruckarbeit nimmt, zeigt folgende Rechnung:

Es werde angenommen, der Stempel erleide einen Gebirgsdruck von $P = 0$ bis 7000 kg und sinke hierbei um 0,40 m. Die geleistete Arbeit ist dieselbe, als wenn der Stempel mit der mittleren Belastung

$$\frac{0 + 7000}{2} = 3500 \text{ kg}$$

einsinken würde. Die Gebirgsdruckarbeit ist also

$$A = 3500 \cdot 0{,}40 = 1400 \text{ mkg}.$$

Das Quetschholz werde mit der 2,35fachen Gebirgsdruckkraft um 1 cm zusammengequetscht, dann ist die Quetscharbeit

$$A' = 2{,}35 \cdot 3500 \cdot 0{,}01 = 82 \text{ mkg},$$

d. h. die Formänderungsarbeit beträgt

$$\frac{82 \cdot 100}{1400} = 6\%$$

der Gebirgsdruckarbeit, und es wird bereits ein sehr großer Teil der Gebirgsdruckarbeit durch Reibung vernichtet.

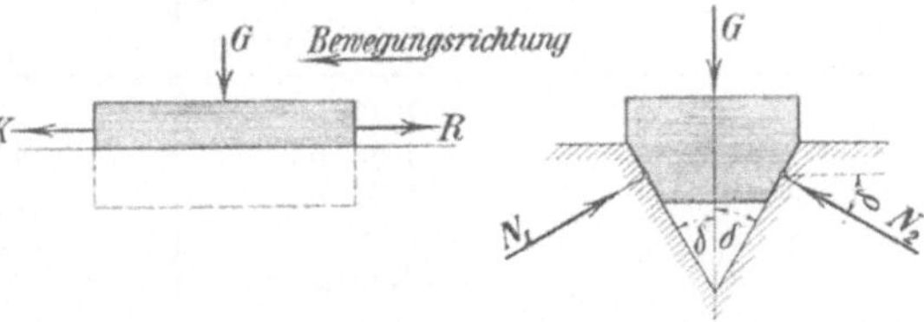

Die Bewegung in Keilnuten.

Wenn ein Körper in einer keilförmigen Rinne fortbewegt wird (Abb. 153), so sind zwei Berührungsflächen vorhanden. An beiden Berührungsflächen entsteht ein Reibungswiderstand, welcher entgegengesetzt zur Bewegungsrichtung wirkt. Die Fortbewegungskraft K muß also gleich der Summe dieser beiden Reibungswiderstände sein.

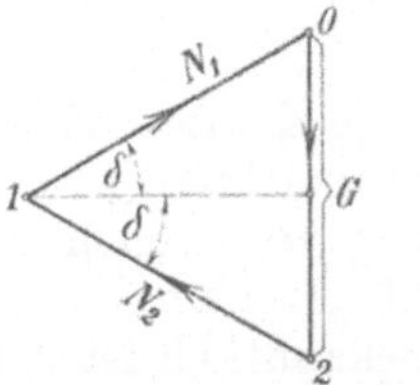

Abb. 153. Bewegung in keilförmiger Rinne.

Zur Berechnung der Reibungswiderstände müssen die Normalkräfte N_1 und N_2 der beiden Reibungsflächen ermittelt werden. Das geschieht im Kräfteeck, welches mit Belastungsgewicht G aufgezeichnet wird. Nennt man den halben Keilwinkel ϑ, so erscheint der Winkel ϑ im Kräfteeck wieder. Man liest ab

$$\frac{\frac{1}{2}G}{N_1} = \sin \vartheta \quad \text{oder} \quad N_1 = \frac{\frac{1}{2}G}{\sin \vartheta},$$

$$\frac{\frac{1}{2}G}{N_2} = \sin \vartheta \quad \text{oder} \quad N_2 = \frac{\frac{1}{2}G}{\sin \vartheta}.$$

---

[1] Siehe „Glückauf" 1925, Nr. 7: „Vergleichende Betrachtungen über Holz- und Eisenstempel" von Maercks.

Ist μ der Reibungskoeffizient der gleitenden Reibung, so ist der Reibungswiderstand

$$R = \mu \cdot N_1 + \mu \cdot N_2,$$

$$R = \mu \cdot \frac{\frac{1}{2}G}{\sin \vartheta} + \mu \cdot \frac{\frac{1}{2}G}{\sin \vartheta} = \frac{\mu}{\sin \vartheta} \cdot 2 \cdot \frac{1}{2} \cdot G,$$

$$R = \frac{\mu}{\sin \vartheta} \cdot G.$$

Der Quotient $\dfrac{\mu}{\sin \vartheta} = \mu_1$ kann der Reibungskoeffizient für die Bewegung in Keilnuten genannt werden, alsdann wird

$$R = \mu_1 \cdot G.$$

Dieser Reibungswiderstand muß von der Bewegungskraft K überwunden werden, also ist

$$K = \mu_1 \cdot G.$$

Die Keilnutenform hat also einen bedeutenden Einfluß auf die Größe der Reibung, sie vergrößert den Reibungskoeffizienten μ der ebenen Reibung ganz erheblich, und zwar um so mehr, je kleiner der Keilwinkel wird, wie folgende Tabelle zeigt.

Halber Keilwinkel ϑ	μ_1 als Vielfaches von μ	Halber Keilwinkel ϑ	μ_1 als Vielfaches von μ
45^0	$1{,}41 \cdot \mu$	20^0	$2{,}93 \cdot \mu$
40^0	$1{,}55 \cdot \mu$	15^0	$3{,}86 \cdot \mu$
35^0	$1{,}74 \cdot \mu$	10^0	$5{,}77 \cdot \mu$
30^0	$2{,}00 \cdot \mu$	5^0	$11{,}50 \cdot \mu$
25^0	$2{,}36 \cdot \mu$		

Wenn z. B. der halbe Keilwinkel $\vartheta = 30^0$, also $\sin \vartheta = 0{,}5$ ist, so wird

$$\mu_1 = 2 \cdot \mu,$$

d. h. die Keilnutenform hat denselben Einfluß, als wenn man bei ebener Bewegungsbahn eine solche Vergrößerung der Rauhigkeit der Oberflächen vornehmen würde, daß der Reibungskoeffizient die doppelte Größe erreichte.

Bekanntlich ist der Reibungswinkel bei ebener Bahnfläche

$$\operatorname{tg} \varphi = \mu.$$

Bei der Keilnutenbahn wird der Reibungswinkel größer, er wird

$$\operatorname{tg} \varphi_1 = \frac{\operatorname{tg} \varphi}{\sin \vartheta} = \mu_1$$

und wird als Reibungswinkel für die Keilnutenbewegung bezeichnet.

Sämtliche Gleichungen für die ebenen Gleitflächenbewegungen gelten auch für die Bewegung in Keilnuten, wenn darin μ durch μ_1 und $\operatorname{tg} \varphi$ durch $\operatorname{tg} \varphi_1$ ersetzt wird.

32. Die Schraube.

Die Schraube folgt dem Gesetz der schiefen Ebene, denn eine Schraubenlinie entsteht, indem man eine schiefe Ebene um die Mantelfläche eines Zylinders wickelt. In Abb. 154 ist das dargestellt.

Es ist ein Rechteck von der Basis $b = 2\,r\,\pi$ und der Höhe h gezeichnet, darin die Diagonale, welche eine schiefe Ebene mit dem Steigungswinkel α darstellt. Wickelt man das Rechteck um einen Zylinder vom Radius r, so bildet die Diagonale die Schraubenlinie. Sie legt sich so auf die Mantelfläche, daß ein Punkt, welcher sich auf der Schraubenlinie hochbewegt, bei einem vollen Umlauf um den Zylinder die Höhe h erreicht hat. Man nennt h die Steighöhe der Schraube.

Das Steigungsverhältnis der Schraubenlinie berechnet sich aus der Gleichung

$$\operatorname{tg}\alpha = \frac{h}{2\,r\,\pi}.$$

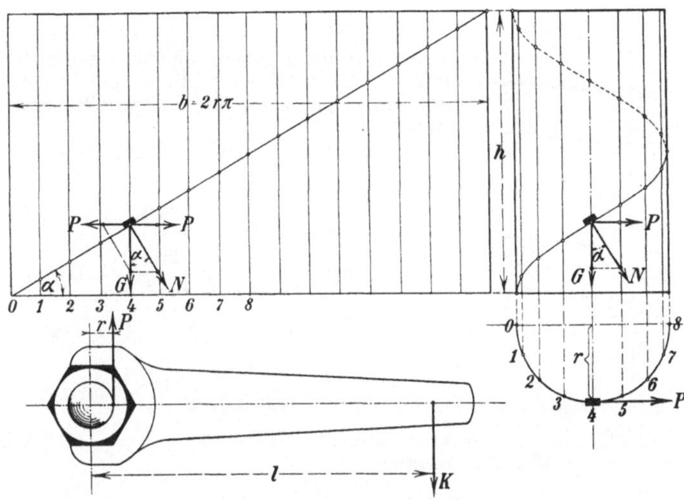

Abb. 154. Die abgewickelte Schraubenlinie als schiefe Ebene.

Steht ein Körper vom Gewicht G auf der schiefen Ebene, so drückt er mit der Normalkraft N gegen die schiefe Ebene und will mit der Horizontalkomponente P nach unten abgleiten. Im rechtwinkligen Dreieck ist

$$\frac{P}{G} = \operatorname{tg}\alpha.$$

Um das Abgleiten zu verhindern, muß in entgegengesetzter Richtung die gleiche Kraft

$$P = G \cdot \operatorname{tg}\alpha$$

tätig sein.

Auf der Mantelfläche des Zylinders ist die Schraubenlinie weiter nichts als eine schiefe Ebene. Der Körper vom Gewicht G kann mit der Horizontalkraft

$$P = G \cdot \operatorname{tg}\alpha$$

hochgeschraubt werden.

P ist in diesem Fall die Tangentialkraft an der Schraube und G die axiale Belastung der Schraube. Nun wird man niemals am Umfang der Schraube mit der Kraft P angreifen können, man steckt auf die Schraubenmutter einen Schlüssel vom Hebelarm l, und wird die

Schraubenmutter mit der Schlüsselkraft K anziehen. Um den Widerstand P am Umfang der Schraube zu überwinden, ist die Kraft K erforderlich. Die Gleichgewichtsbedingung lautet

$$+ K \cdot l - P \cdot r = 0\,,$$

$$K = P \cdot \frac{r}{l} = G \cdot \operatorname{tg} \alpha \cdot \frac{r}{l}\,.$$

In der Regel wird die Schlüsselkraft K bekannt sein, man kann dann aus den ebenfalls bekannten Schraubenabmessungen die Kraft G, mit welcher die Schraube axial pressen kann, berechnen:

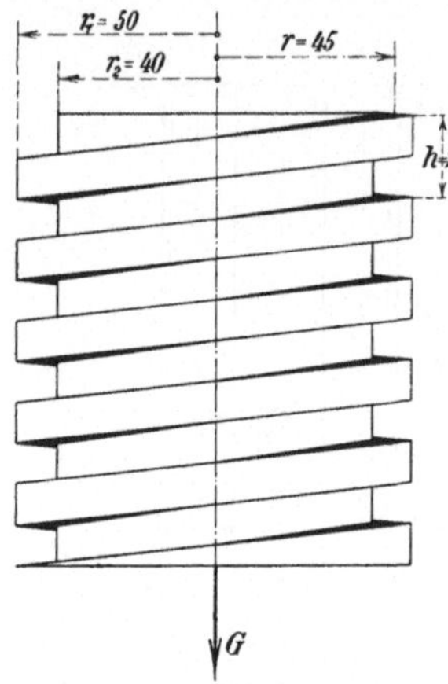

$$G = K \cdot \frac{l}{r} \cdot \frac{1}{\operatorname{tg} \alpha}\,.$$

Beispiel: Es sei das in Abb. 155 gezeichnete Flachgewinde gegeben, welche Axialkraft G kann mit der Kraft K ausgeübt werden, wenn auf der Schraubenspindel ein Handrad vom Radius $l = 40$ cm sitzt?

Lösung: Der mittlere Schraubenganghalbmesser ist

$$r = \frac{r_1 + r_2}{2} = \frac{50 + 40}{2} = 45 \text{ mm} = 4{,}5 \text{ cm}\,,$$

$$\operatorname{tg} \alpha = \frac{h}{2 r \pi} = \frac{20}{2 \cdot 45 \cdot 3{,}14} = 0{,}0708\,,$$

$$G = \frac{l}{r} \cdot \frac{1}{\operatorname{tg} \alpha} \cdot K$$

$$= \frac{40}{4{,}5} \cdot \frac{1}{0{,}0708} \cdot K = 125 \cdot K\,.$$

Abb. 155. Das Flachgewinde.

Die Schraube bringt also eine 125fache Übersetzung. Um 1000 kg Spindeldruck auszuüben, müßte das Handrad mit

$$K = \frac{G}{125} = \frac{1000}{125} = 8 \text{ kg}$$

angedreht werden.

Die für die Schraube abgeleiteten Gesetze gelten für reibungslose Bewegung. Praktisch findet aber immer Reibung statt, und in den meisten Fällen ist der Reibungsbetrag so groß, daß er nicht vernachlässigt werden kann.

Soll bei der schiefen Ebene die Reibung berücksichtigt werden, so ist beim Hochziehen der Last der Steigungswinkel α um den Reibungswinkel φ zu vermehren, beim Heruntergehen der Last um den Reibungswinkel φ zu vermindern. Da die Schraube eine schiefe Ebene ist, so gilt dasselbe für die Schraube.

Bei der mit Reibung arbeitenden Schraube ist zur Ausübung einer Axialkraft G am Umfang der Schraube eine Kraft P erforderlich von der Größe

$$P = G \cdot \operatorname{tg} (\alpha + \varphi)\,.$$

Wird an der Schlüssellänge l die Kraft K ausgeübt, so ist

$$K = G \cdot \operatorname{tg} (\alpha + \varphi) \cdot \frac{r}{l}$$

oder

$$G = K \cdot \frac{l}{r} \cdot \frac{1}{\operatorname{tg} (\alpha + \varphi)}\,.$$

Beispiel: Welche Axialkraft G kann mit der Schraubenspindel der vorigen Aufgabe ausgeübt werden, wenn der Reibungskoeffizient $\mu = 0{,}08$ ist?

Lösung: Für $\mu = 0{,}08$ wird $\operatorname{tg} \varphi = 0{,}08$ oder der Reibungswinkel $\varphi = 4^0 34'$. Nach der vorigen Aufgabe war

$$\operatorname{tg} \alpha = 0{,}0780 \quad \text{oder} \quad \alpha = 4^0 3',$$

$$\operatorname{tg}(\alpha + \varphi) = \operatorname{tg}(4^0 3' + 4^0 34') = \operatorname{tg} 8^0 37' = 0{,}1515,$$

$$G = K \cdot \frac{l}{r} \cdot \frac{1}{\operatorname{tg}(\alpha + \varphi)} = K \cdot \frac{40}{4{,}5} \cdot \frac{1}{0{,}1515} = 58 \cdot K.$$

Die Schraubenspindel bringt also bei Berücksichtigung der Reibung nur eine 58fache Übersetzung. Um 1000 kg Spindeldruck auszuüben, müßte das Handrad mit

$$K = \frac{G}{58} = \frac{1000}{58} = 17{,}2 \text{ kg}$$

angezogen werden, bei reibungsloser Schraube fanden wir $K = 8$ kg, so daß der Wirkungsgrad dieser Spindel

$$\eta = \frac{8}{17{,}2} = 0{,}465$$

ist.

Zum Lösen einer mit der Axialkraft G festgepreßten Schraube ist die Kraft

$$P = G \cdot \operatorname{tg}(\alpha - \varphi)$$

erforderlich. Ist der Winkel α kleiner als der Reibungswinkel φ, so setzt man

$$P = G \cdot \operatorname{tg}(\varphi - \alpha).$$

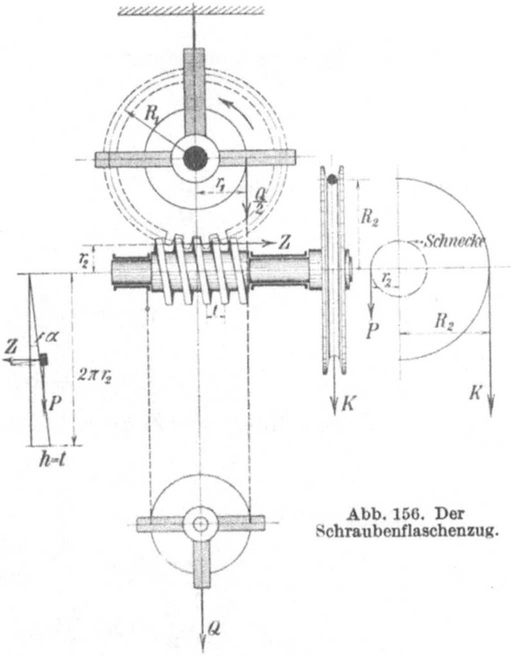

Beispiel: Welche Kraft ist erforderlich, um die mit $G = 1000$ kg festgepreßte Schraubenspindel der vorigen Aufgabe zu lösen?

Lösung:

$$K = G \cdot \operatorname{tg}(\varphi - \alpha) \cdot \frac{r}{l},$$

$$\operatorname{tg}(\varphi - \alpha) = \operatorname{tg}(4^0 34' - 4^0 3') = \operatorname{tg} 0^0 31' = 0{,}0090,$$

$$K = 1000 \cdot 0{,}009 \cdot \frac{4{,}5}{40} = 1 \text{ kg}.$$

Abb. 156. Der Schraubenflaschenzug.

Man müßte also an dem Handrad der Spindel eine Kraft $K = 1$ kg aufwenden, um die Spindel zu lösen.

Schraubenflaschenzüge. Werden Flaschenzüge mit Schraubengetriebe oder Schneckengetriebe ausgerüstet, so erreicht man große Übersetzungsverhältnisse bei einfachster Konstruktion. In Abb. 156 ist ein Schraubenflaschenzug dargestellt. Die Last Q hängt an einer losen Rolle. Die mit $\frac{Q}{2}$ belastete Kette wird auf einem Kettenrad vom Radius r_1 aufgewickelt, das von einem Schraubenrad vom Radius R_1 bewegt wird. Eine Schraube vom mittleren Radius r_2 und der Ganghöhe t

bewegt das Schraubenrad. Dieses erhält seinen Antrieb von einem Handrad, an dem die Kraft K am Hebelarm R_2 dreht.

Für die Kettenradwelle heißt die Gleichgewichtsbedingung

$$+ \frac{Q}{2} \cdot r_1 - Z \cdot R_1 = 0. \tag{1}$$

Da die Schraube eine schiefe Ebene mit dem Steigungswinkel α
darstellt, ist

$$\frac{P}{Z} = \operatorname{tg} \alpha \quad \text{oder} \quad Z = \frac{P}{\operatorname{tg} \alpha}.$$

Damit lautet Gleichung 1:

$$\frac{Q}{2} \cdot r_1 = \frac{P}{\operatorname{tg} \alpha} \cdot R_1. \tag{2}$$

Die Gleichgewichtsbedingung für die Schraubenwelle lautet

$$- P \cdot r_2 + K \cdot R_2 = 0,$$

$$P = \frac{K \cdot R_2}{r_2}.$$

Gleichung 2 lautet hiermit

$$\frac{Q}{2} \cdot r_1 = K \cdot \frac{R_2}{r_2} \cdot \frac{R_1}{\operatorname{tg} \alpha}. \tag{3}$$

Nun ist

$$\operatorname{tg} \alpha = \frac{t}{2 \pi r_2},$$

ferner

$$2 \pi \cdot R_1 = z \cdot t,$$

wenn $t =$ Zahnteilung, $z =$ Zähnezahl ist.

$$R_1 = \frac{z \cdot t}{2 \pi}.$$

Damit lautet Gleichung 3:

$$\frac{Q}{2} \cdot r_1 = K \cdot \frac{R_2 \cdot z \cdot t \cdot 2 \pi \cdot r_2}{r_2 \cdot 2 \pi \cdot t},$$

$$\frac{Q}{2} = K \cdot \frac{R_2}{r_1} \cdot z. \tag{4}$$

Das Schraubenradgetriebe hat also das Übersetzungsverhältnis

$$\frac{\text{Last}}{\text{Kraft}} = \frac{\frac{1}{2} Q}{K} = \frac{R_2}{r_1} \cdot z \quad \text{oder} \quad \frac{Q}{K} = 2 \cdot \frac{R_2}{r_1} \cdot z,$$

hierin bedeutet $R_2 =$ Radius des Handrades,
      $r_1 =$ Radius der Kettentrommel,
      $z =$ Zähnezahl des Schraubenrades.

Beispiel: Der Schraubenflaschenzug habe folgende Verhältnisse

$$R_2 = 180 \text{ mm}, \quad r_1 = 60 \text{ mm}, \quad z = 30,$$

wie groß ist das Übersetzungsverhältnis?

Lösung:

$$\frac{\text{Last}}{\text{Kraft}} = 2 \cdot \frac{R_2}{r_1} \cdot z = 2 \cdot \frac{180}{60} \cdot 30 = 180.$$

Also ist $Q = 180 \cdot K$.

Ist z. B. $K = 30$ kg, so würde sein
$$Q = 180 \cdot 30 = \mathbf{5400\ kg}.$$

Der Wirkungsgrad der Schraube.

Durch Reibung an den Berührungsflächen geht Kraft verloren, man muß daher immer mehr Kraft aufwenden als theoretisch erforderlich ist. Die Verhältniszahl

$$\frac{\text{theoretische Kraft}}{\text{verbrauchte Kraft}} = \eta$$

heißt der Wirkungsgrad der Schraube. Ist α der Steigungswinkel und φ der Reibungswinkel, so ist nach unserer früheren Ableitung zum Heben der Last Q folgende Kraft erforderlich

theoretisch $P_0 = Q \cdot \operatorname{tg} \alpha$

praktisch $\quad P = Q \cdot \operatorname{tg}(\alpha + \varphi)$.

Der Wirkungsgrad der Schraube ist damit

$$\eta = \frac{P_0}{P} = \frac{Q \cdot \operatorname{tg}\alpha}{Q \cdot \operatorname{tg}(\alpha + \varphi)}$$
$$= \frac{\operatorname{tg}\alpha}{\operatorname{tg}(\alpha + \varphi)}.$$

Der Wirkungsgrad ist demnach unabhängig von der Belastung, er ist nur abhängig vom Steigungswinkel der Schraube und von dem Reibungswinkel.

Berechnet man für verschiedene Steigungswinkel und für einen konstant bleibenden Reibungswinkel die Wirkungsgrade, so erkennt man, daß der

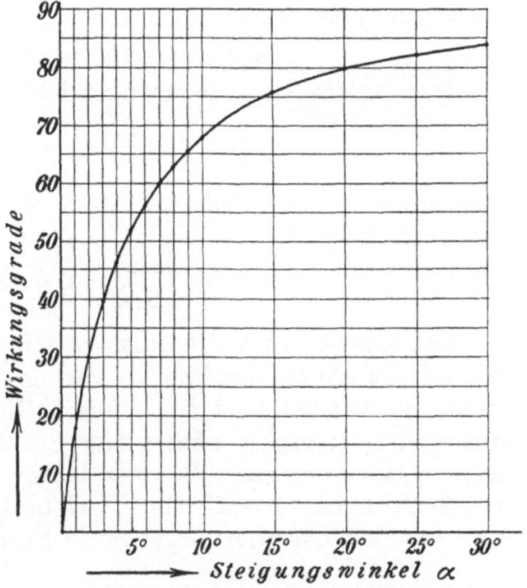

Abb. 157. Der Schraubenwirkungsgrad in Abhängigkeit vom Steigungswinkel.

Wirkungsgrad mit dem Steigungswinkel wächst. Folgende Tabelle ist mit $\mu = 0{,}08 = \operatorname{tg}\varphi$ oder $\varphi = 4^0\,34'$ errechnet.

Wirkungsgrade für $\mu = 0{,}08$.

Steigungs-winkel α	η	Steigungs-winkel α	η	Steigungs-winkel α	η
1^0	0,18	6^0	0,56	15^0	0,76
2^0	0,30	7^0	0,60	20^0	0,80
3^0	0,39	8^0	0,63	25^0	0,82
4^0	0,46	9^0	0,66	30^0	0,84
5^0	0,52	10^0	0,68		

Die Zahlenwerte sind in Abb. 157 graphisch aufgetragen. Man sieht, große Steigungswinkel sind günstig.

Beispiel: Wie groß wird der Wirkungsgrad des Schraubenradgetriebes der vorigen Aufgabe sein, wenn die Schnecke einen mittleren Radius $r_2 = 54{,}5$ mm und eine Ganghöhe $h = t = 36{,}2$ mm hat, wenn $\mu = 0{,}08$ ist?

Lösung: Es ist

$$\operatorname{tg}\alpha = \frac{t}{2\pi r_2} = \frac{36,2}{2\pi\cdot 54,5} = 0,1051\,,$$

$$\alpha = 6^0\,,$$

für $\mu = \operatorname{tg}\varphi = 0,08$ ist $\varphi = 4^0\,34'$

$$\operatorname{tg}(\alpha+\varphi) = \operatorname{tg}(6^0 + 4^0\,34') = \operatorname{tg}10^0\,34' = 0,1865\,,$$

$$\eta = \frac{\operatorname{tg}\alpha}{\operatorname{tg}(\alpha+\varphi)} = \frac{0,1051}{0,1865} = 0,564\,.$$

Der Wirkungsgrad ist also 56,4%, so daß man unter Beachtung der Zapfenreibung höchstens mit einem Gesamtwirkungsgrad von 50% rechnen kann.

Für den reibungslosen Zustand war gefunden worden

$$Q = 180 \cdot K\,.$$

In Wirklichkeit wird man nur erreichen

$$Q = \eta \cdot 180 \cdot K = 0,50 \cdot 180 \cdot K = 90 \cdot K\,.$$

Das für das Schraubenradgetriebe gefundene Übersetzungsverhältnis

$$\frac{\text{Last}}{\text{Kraft}} = 2 \cdot \frac{R_2}{r_1} \cdot z$$

ist daher immer noch mit dem Wirkungsgrad η zu multiplizieren, man erhält dann

$$\frac{\text{Last}}{\text{Kraft}} = \eta \cdot 2 \cdot \frac{R_2}{r_1} \cdot z\,.$$

Bei älteren Schraubenflaschenzügen wählte man den Steigungswinkel der Antriebsschnecke gering, um das Getriebe selbstsperrend gegen Sinken der Last zu machen. Die neueren Schraubenflaschenzüge verwenden dagegen **steilgängige** Antriebsschnecken von **günstigerem** Wirkungsgrad. Sie verzichten auf die Selbstsperrung und verwenden eine Lastdruckbremse, welche die Schwebehaltung der Last durch das von der Last hervorgerufene Bremsmoment bewirkt.

Der Vorbaustempel.

Im Abbau werden Vorbaustempel verwendet, die eine Schraubenspindel tragen. Diese Stempel sind natürlich **starr** und werden infolgedessen erheblich durch den Gebirgsdruck belastet, falls sie längere Zeit stehen bleiben. Will man den Stempel rauben, so muß der Stempel mit Hilfe der Schraubenspindel ineinander geschoben werden. Dazu bedarf es einer Drehkraft, welche an den Hebelarmen der Spindelmutter angreift.

Abb. 158 zeigt einen Vorbaustempel mit Schraubenspindel. Als Gewinde wird **Kordelgewinde**, bei welchem der Gewindequerschnitt zylindrisch ist, verwendet, wie Abb. 158a zeigt. Hier ist

$$d_a = 34,92 \text{ mm}$$

$$d_i = 29,50 \text{ mm}$$

$$d_m = \frac{d_a + d_i}{2} = \frac{64,42}{2} = 32,21 \text{ mm}$$

oder

$$r = 16,1 \text{ mm}\,.$$

Das Gewinde hat 6 Gänge auf $1'' = 25{,}4$ mm, also ist die Ganghöhe

$$h = \frac{25{,}4}{6} = 4{,}23 \text{ mm}.$$

Damit wird der Steigungswinkel der Spindel

$$\operatorname{tg} \alpha = \frac{h}{2\pi r} = \frac{4{,}23}{2 \cdot 3{,}14 \cdot 16{,}1} = 0{,}0423,$$
$$\alpha = 2^0\,25'.$$

In der Grube sind die Stempel starker Verschmutzung ausgesetzt, man kann daher setzen

$$\text{Reibungsziffer } \mu = \operatorname{tg} \varphi = 0{,}25$$
$$\varphi = 14^0\,2'.$$

Da der Reibungswinkel φ größer ist als der Steigungswinkel α, hat man für das Lösen der Spindel zu bilden

$$\operatorname{tg}(\varphi - \alpha) = \operatorname{tg}(14^0\,2' - 2^0\,25') = \operatorname{tg} 11^0\,37'$$
$$= 0{,}2056.$$

Für das Lösen der Spindel ist folgende Kraft K erforderlich

$$K = \frac{G \cdot r}{l} \cdot \operatorname{tg}(\varphi - \alpha).$$

Der Stempeldruck G werde mit 1000 kg angenommen, ferner ist $r = 16{,}1$ mm und $l = 100$ mm. Damit wird

$$K = \frac{1000 \cdot 16{,}1}{100} \cdot 0{,}2056 = \mathbf{31\,kg},$$

d. h. für je 1000 kg Stempeldruck sind an der Spindelmutter 31 kg nötig, um die Spindel abwärts zu schrauben.

Ist z. B. der Stempeldruck 4000 kg, so wären $4 \cdot 31 = \mathbf{124\,kg}$ am Hebelarm 100 mm aufzuwenden. Das kann man von Hand nicht mehr machen, man wird daher zur Verlängerung des Hebelarmes ein Gasrohrstück aufsetzen müssen, oder der Bergmann wird mit dem Hammer auf den Schraubenspindelarm losschlagen müssen.

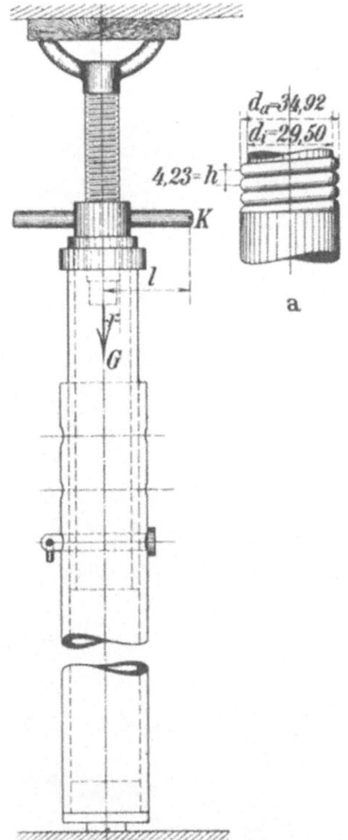

Abb. 158. Der Vorbaustempel.

Man vermeidet daher zweckmäßig die Anwendung des Stempels, wenn die Standzeit länger währt, da sonst das Rauben infolge des einsetzenden stärkeren Gebirgsdruckes schwierig wird.

Die scharfgängige Schraube.

Bei den bisher betrachteten Schrauben legte sich der Gewindegang mit ebener horizontaler Fläche auf seine Gegenfläche. Der Gewindegang hatte ein Rechteckprofil. Solche Schrauben nennt man flachgängig.

Bei der scharfgängigen Schraube ist die tragende Gewinde-
gangfläche schräg gestellt, der Gewindegang hat ein Dreieckprofil.
Man kann die scharfgängige Schraube aus der flachgängigen entwickeln.
Das ist in Abb. 159 gezeigt.

In Abb. 159a ist die untere tragende Fläche keilförmig gestaltet.
Der Gewindegang bewegt sich in Keilnuten, deren Keilwinkel $= 2\vartheta$ ist.

In Abb. 159b sind die drei Keilflächen der nebeneinander liegenden
Keilnuten zu einer einzigen Fläche vereinigt.
Es entsteht eine einzige Keilnute, deren
halber Keilwinkel $= \vartheta$ ist.

Da beim Gewindegang die obere Fläche
nicht trägt, so kann man ohne weiteres
auch diese obere Fläche schräg stellen, und
man erhält das in Abb. 159c dargestellte
scharfgängige Gewinde, bei welchem das
Gewindeprofil ein gleichschenkliges Dreieck ist.

Wir haben bei der scharfgängigen
Schraube eine Keilnutenbewegung, d. h.
der Reibungskoeffizient μ der gleitenden
Reibung muß durch den Reibungskoeffizienten μ_1 der Keilnutenbewegung ersetzt
werden.

Es ist

$$\mu_1 = \frac{\mu}{\sin \vartheta} \quad \text{und} \quad \operatorname{tg} \varphi_1 = \frac{\operatorname{tg} \varphi}{\sin \vartheta}.$$

In Abb. 159c ist die Hälfte des gleichschenkligen Dreiecks ein rechtwinkliges Dreieck mit der Hypotenuse c, dem Winkel ϑ
liegt die Seite a gegenüber, und es ist

$$\sin \vartheta = \frac{a}{c} = \cos \beta,$$

wenn β der halbe Winkel an der Spitze des
gleichschenkligen Dreiecks ist, welches den
Gewindequerschnitt darstellt.

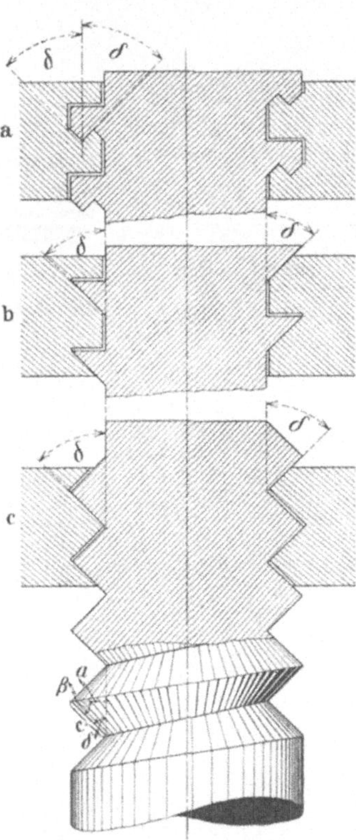

Abb. 159. Die scharfgängige Schraube.

Man erhält also zur Bestimmung der Keilnutenreibungszahl die
Gleichung

$$\mu_1 = \frac{\mu}{\cos \beta} \quad \text{oder} \quad \operatorname{tg} \varphi_1 = \frac{\operatorname{tg} \varphi}{\cos \beta}.$$

Ist K die Kraft am Schlüssel von der Hebellänge l und G die axiale
Belastung der Schraube, so ist nach unserer früheren Ableitung

$$K \cdot l = G \cdot r \cdot \operatorname{tg}(\alpha + \varphi_1) \quad \text{Anziehen der Schraube,}$$

$$K \cdot l = G \cdot r \cdot \operatorname{tg}(\alpha - \varphi_1) \quad \text{Lösen der Schraube,}$$

wenn

$$r = \text{mittlerer Gewindehalbmesser,}$$

$$\alpha = \text{Steigungswinkel des Gewindes.}$$

Soll durch den Reibungswiderstand allein schon die rückgängige Bewegung der Schraube verhindert werden, so muß sein

$$\alpha \leqq \varphi_1.$$

Die flachgängige Schraube würde schon bei dem kleineren Steigungswinkel $\alpha = \varphi$ von selbst zurückweichen.

In solchen Fällen, wo Sicherheit gegen rückgängige Bewegung das Haupterfordernis ist, wie es bei Befestigungsschrauben gefordert wird, erfüllt die scharfgängige Schraube bei gleichem Steigungswinkel ihren Zweck besser als die flachgängige. Befestigungsschrauben haben daher immer scharfgängiges Gewinde, während Bewegungsschrauben flachgängiges Gewinde erhalten.

Beispiel: Eine scharfgängige Schraube habe folgende Abmessungen:

$$\begin{aligned}
\text{äußerer Gewindedurchmesser} &= 30 \text{ mm} \\
\text{innerer} \quad \text{,,} \quad &= 24 \text{ mm} \\
\text{Steigung} \ldots\ldots\ldots &= 3,5 \text{ mm} \\
\text{Winkel an der Spitze } 2\beta \quad &= 60^0
\end{aligned}$$

Welche Axialkraft G kann mit einer Schlüsselkraft $K = 14$ kg am Hebelarm $l = 300$ mm ausgeübt werden, wenn die Reibungsziffern für gleitende Reibung $\mu = 0,105$ ist?

Lösung: Der mittlere Gewindedurchmesser ist

$$d = \frac{30 + 24}{2} = 27 \text{ mm},$$

also

$$r = \frac{27}{2} = 13,5 \text{ mm}.$$

Der Steigungswinkel α berechnet sich aus der Steighöhe $h = 3,5$ mm.

$$\operatorname{tg} \alpha = \frac{h}{2\pi r} = \frac{3,5}{2\pi \cdot 13,5} = 0,0407,$$

$$\alpha = 2^0 \, 20'.$$

Der Reibungswinkel φ_1 errechnet sich aus der Reibungszahl $\mu = 0,105 = \operatorname{tg} \varphi$

$$\operatorname{tg} \varphi_1 = \frac{\operatorname{tg} \varphi}{\cos \beta} = \frac{0,105}{\cos 30^0} = \frac{0,105}{0,8660} = 0,1213,$$

$$\varphi_1 = 6^0 \, 55'$$

$$\operatorname{tg}(\alpha + \varphi_1) = \operatorname{tg} 9^0 15' = 0,1629,$$

$$G = \frac{K \cdot l}{r \cdot \operatorname{tg}(\alpha + \varphi_1)} = \frac{14 \cdot 300}{13,5 \cdot 0,1629} = \mathbf{1900 \ kg.}$$

Beispiel: Welche Schlüsselkraft K ist nötig, um die mit einer Axialkraft $G = 1900$ kg belastete Schraube obiger Abmessungen zu lösen?

Lösung: Die Bedingungsgleichung für das Lösen der Schraube ist

$$K \cdot l = G \cdot r \cdot \operatorname{tg}(\alpha - \varphi_1).$$

Da der Reibungswinkel φ_1 größer ist als der Steigungswinkel α, setzt man

$$K \cdot l = G \cdot r \cdot \operatorname{tg}(\varphi_1 - \alpha),$$

$$K = \frac{G \cdot r \cdot \operatorname{tg}(\varphi_1 - \alpha)}{l},$$

$$G = 1900 \text{ kg}, \quad r = 13,5 \text{ mm}$$

$$\operatorname{tg}(\varphi_1 - \alpha) = \operatorname{tg}(6^0 55' - 2^0 20') = \operatorname{tg} 4^0 35' = 0,0802$$

$$l = 300 \text{ mm}$$

$$K = \frac{1900 \cdot 13,5 \cdot 0,0802}{300} = \mathbf{6,85 \ kg.}$$

33. Die Backenbremse.

Alle Fördermittel, welche vermittels einer Trommel oder Scheibe eine Last hochziehen, müssen mit einer Bremse versehen werden. Die Bremse muß so stark sein, daß sie die Last hält, vielfach wird auch als Sicherheit ein Mehrfaches der Last verlangt. Bei Fördermaschinen z. B. heißt die Vorschrift:

„Die Fahrbremse sowohl wie die Sicherheitsbremse ist so zu berechnen, daß das größte vorkommende Übergewicht bei der Güterbeförderung der einen Förderseite über die andere mit wenigstens dreifacher Sicherheit gehalten wird.“

Die schematische Darstellung einer einfachen Backenbremse zeigt Abb. 160. Am Bremshebel von der Länge a wirkt die Bremskraft P und erzeugt am Bremsklotz die Normalkraft N, so daß am Umfang der Scheibe der Reibungswiderstand

$$W = \mu \cdot N$$

entsteht. Der Drehpunkt D des Bremshebels liege in der Richtungslinie des Reibungswiderstandes W. An der Trommelwelle herrscht Gleichgewicht, wenn die Bedingung erfüllt ist:

$$-W \cdot R + G \cdot r = 0,$$

$$W = G \cdot \frac{r}{R} = \mu \cdot N,$$

$$N = G \cdot \frac{1}{\mu} \cdot \frac{r}{R}.$$

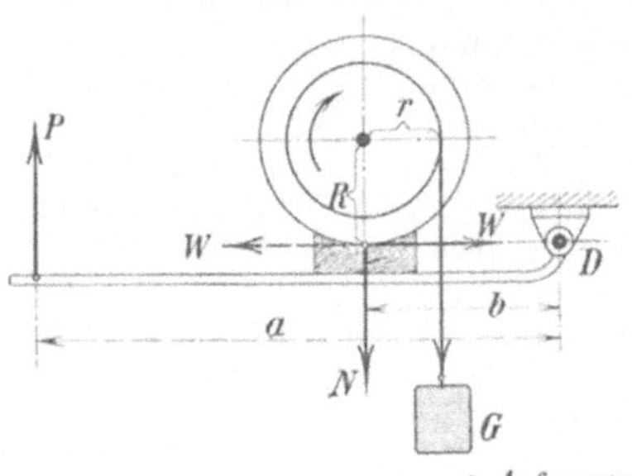

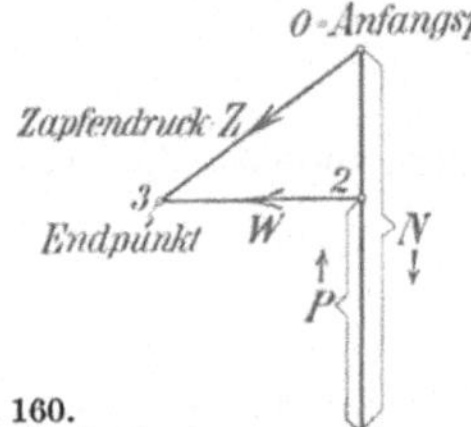

Abb. 160.
Die einfache Backenbremse.

Dieser Normaldruck muß von der Bremskraft P erzeugt werden, um die Last G festbremsen zu können. Am Bremshebel herrscht Gleichgewicht, wenn folgende Bedingung erfüllt ist:

$$+ P \cdot a - N \cdot b = 0, \qquad P = N \cdot \frac{b}{a}$$

oder, wenn man für N den eben abgeleiteten Wert einsetzt,

$$P = G \cdot \frac{1}{\mu} \cdot \frac{r}{R} \cdot \frac{b}{a}.$$

Soll die Bremse die Last G mit dreifacher Sicherheit halten, so müßte sein

$$P = 3 \cdot G \cdot \frac{1}{\mu} \cdot \frac{r}{R} \cdot \frac{b}{a}.$$

Um die Bremskraft P klein zu halten, ist es demnach vorteilhaft, wenn

1. die Reibungsziffer μ sehr groß ist,
2. die Abmessungen R und a groß sind,
3. die Abmessungen b und r klein sind.

Welchen Zapfendruck Z hat der Drehpunkt D aufzunehmen?

Das zeigt das Kräfteeck in Abb. 160. Den Zapfen belastet vertikal nach unten die Kraft $N = \overline{01}$, vertikal nach oben die Kraft $P = \overline{12}$, horizontal nach links ziehend der Reibungswiderstand $W = \overline{23}$.

Die Linie $\overline{03} = Z$, welche vom Anfangspunkt 0 nach dem Endpunkt 3 zieht, ist der resultierende Zapfendruck Z.

In Abb. 161 ist der Drehpunkt D des Bremshebels außerhalb der Richtungslinie W angeordnet, so daß W mit dem Hebelarme c auch ein Drehmoment $W \cdot c$ bildet.

Mit D als Drehpunkt lautet die Gleichgewichtsbedingung für den Hebel

$$+ P \cdot a + W \cdot c - N \cdot b = 0,$$

$$P = N \cdot \frac{b}{a} - W \cdot \frac{c}{a}.$$

Setzt man

$$W = G \cdot \frac{r}{R} \quad \text{und} \quad N = \frac{W}{\mu} = \frac{G}{\mu} \cdot \frac{r}{R},$$

so wird

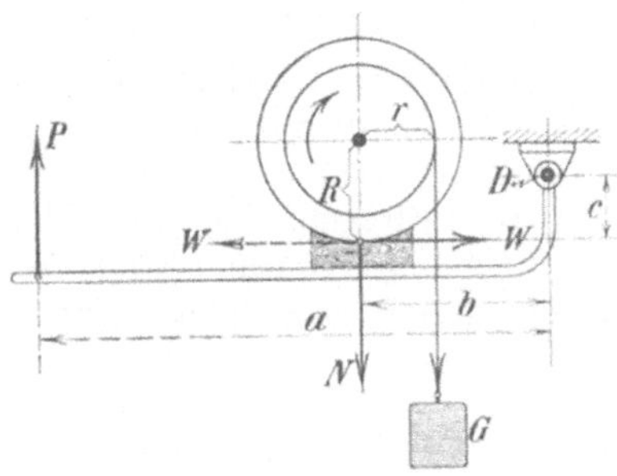

Abb. 161. Dieselbe Backenbremse mit verändertem Bremshebeldrehpunkt.

$$P = \frac{G}{\mu} \cdot \frac{r}{R} \cdot \frac{b}{a} - G \cdot \frac{r}{R} \cdot \frac{c}{a}, \qquad (1)$$

d. h. P wird kleiner wie bei der Anordnung in Abb. 160.

Man kann in diesem Fall die Hebelverhältnisse auch so bemessen, daß $P = 0$, d. h. die Bremse selbstsperrend wird, denn Gleichung 1 läßt sich auch schreiben

$$P = \frac{G}{a} \cdot \frac{r}{R} \cdot \left(\frac{b}{\mu} - c \right).$$

P wird gleich Null, wenn der Klammerwert Null wird.

$$\frac{b}{\mu} - c = 0 \quad \text{oder} \quad c = \frac{b}{\mu}.$$

Ist z. B. $\mu = 0{,}5$, so wird die Bremse selbstsperrend, wenn

$$c = \frac{b}{0{,}5} = 2b$$

wird.

Macht man außerdem noch $c = R$, so müßte für die Selbstsperrung werden:

$$R = \frac{b}{\mu} \quad \text{oder} \quad b = \mu \cdot R.$$

Die in Abb. 162 dargestellte Bremse ist mit $c = R$ und $b = \mu \cdot R = 0{,}5 \cdot R$ gezeichnet, eine solche Bremse würde Selbstsperrung haben.

Einfache Backenbremsen setzen den ganzen Bremsdruck N in das Wellenlager. Zweckmäßig legt man daher die Bremsbacke unten hin, dann drückt die Bremskraft nach oben und entlastet das Lager vom Druck des Trommelgewichtes.

Doppelte Backenbremsen haben diesen Nachteil nicht. Sie arbeiten, wie Abb. 163 zeigt, mit zwei einander gegenüberstehenden Bremsbacken und erzeugen radiale Drücke, die sich gegenseitig aufheben.

Infolgedessen wird das Wellenlager durch die Bremswirkung nicht belastet.

Man ordnet die Hebelstüzen, welche die Bremsbacken tragen, schräg gestellt an. Durch die Schrägstellung erreicht man ein selbsttätiges Ablösen der Bremsbacke von der Bremsscheibe, sobald die Bremskraft aufhört. Die Bremse lüftet sich also leicht.

Die Schrägstellung liefert außerdem auf beiden Seiten den Hebelarm c für den Reibungswiderstand $\frac{W}{2}$. Bei einer Linksdrehung der Trommel **verstärkt auf der rechten** Seite das Drehmoment $\frac{W}{2} \cdot c$ die Bremswirkung, **schwächt aber auf der linken** Seite die Bremswirkung, denn hier lockert sich durch die Drehwirkung die Bremsbacke. Bei **Rechtsdrehung** der Trommel sind die Wirkungen genau entgegengesetzt.

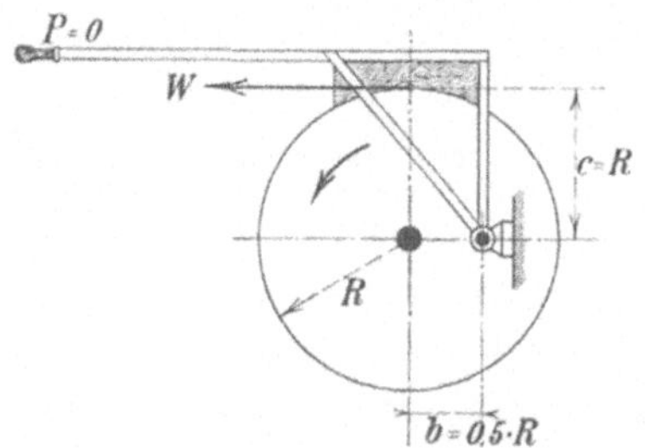

Abb. 162. Selbstsperrende Backenbremse.

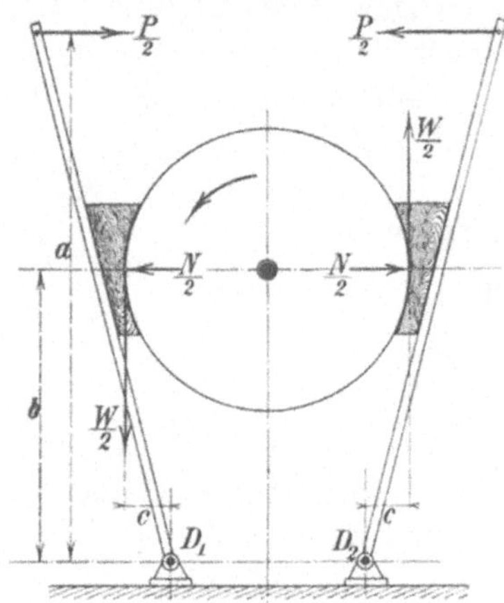

Abb. 163. Die doppelte Backenbremse.

Die in Abb. 161 dargestellte einfache Bremse unterliegt auch dem Drehmoment $W \cdot c$. Es **verstärkt** die Bremswirkung beim Rechtsdrehsinn der Trommel, **schwächt aber** die Bremswirkung bei entgegengesetztem Drehsinn. Soll die einfache Bremse für beide Drehrichtungen mit der gleichen Stärke bremsen, so muß man das Drehmoment $W \cdot c$ ausschalten. Das ist der Fall, wenn $c = 0$ wird.

Bei einfachen Bremsen, welche nach beiden Drehrichtungen mit der gleichen Stärke bremsen sollen, ist daher der **Drehpunkt** des Bremshebels so zu legen, daß die Richtungslinie des Bremswiderstandes W durch den Drehpunkt geht.

Die **doppelte** Backenbremse erfordert diese Maßnahme nicht, denn die Drehwirkungen liegen auf beiden Seiten vor, und zwar so, daß die eine Seite die Bremsung unterstützt, die andere Seite genau das Gegenteil macht, so daß diese Wirkungen sich gegenseitig aufheben. Das kann rechnerisch nachgewiesen werden.

In Abb. 163 hat der linke Bremshebel mit D_1 als Drehpunkt die Gleichgewichtsbedingung

$$+ \frac{P}{2} \cdot a - \frac{W}{2} \cdot c - \frac{N}{2} \cdot b = 0,$$

$$\frac{P}{2} = \frac{N}{2} \cdot \frac{b}{a} + \frac{W}{2} \cdot \frac{c}{a}.$$

Der rechte Bremshebel erfüllt die Gleichgewichtsbedingung

$$-\frac{P}{2}\cdot a - \frac{W}{2}\cdot c + \frac{N}{2}\cdot b = 0,$$

$$\frac{P}{2} = \frac{N}{2}\cdot\frac{b}{a} - \frac{W}{2}\cdot\frac{c}{a}.$$

Demnach ist die Summe beider Bremskräfte

$$\frac{P}{2} + \frac{P}{2} = P = \frac{N}{2}\cdot\frac{b}{a} + \frac{W}{2}\cdot\frac{c}{a} + \frac{N}{2}\cdot\frac{b}{a} - \frac{W}{2}\cdot\frac{c}{a}$$

oder
$$P = 2\cdot\frac{N}{2}\cdot\frac{b}{a} = N\cdot\frac{b}{a},$$

d. h. die Wirkung der Drehmomente der beiden Reibungswiderstände $\frac{W}{2}$ hebt sich auf. Dasselbe gilt auch für den entgegengesetzten Drehsinn der Trommel. Bei der doppelten Backenbremse bleibt demnach der Hebelarm c der Reibungswiderstände für beide Drehrichtungen ohne Einfluß auf die Größe der Gesamtbremskraft P.

Die Ausführung einer Doppelbackenbremse zeigt Abb. 164. An der Seiltrommel vom Radius R zieht die Last G. Um die Last festzubremsen, müssen die Bremsbacken gegen die Bremsscheibe vom Radius r gepreßt werden. Das geschieht durch die Kraft P_1, welche an dem Hebelarm a des Winkelhebels von unten nach oben drückt.

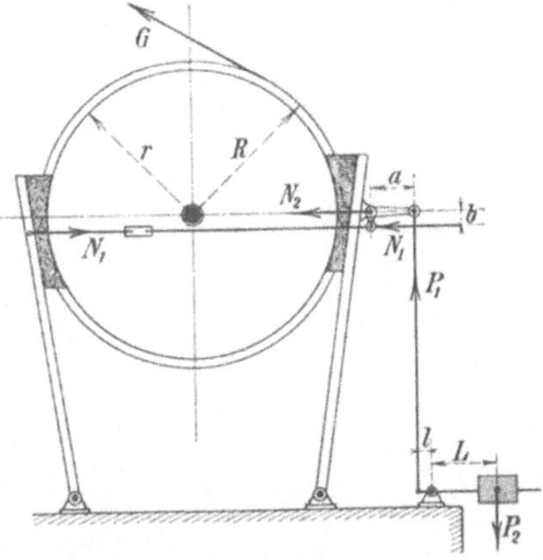

Abb. 164. Ausgeführte Doppelbackenbremse.

Die Gleichgewichtsbedingung für den Winkelhebel lautet

$$-P_1\cdot a + N_1 b = 0, \qquad N_1 = P_1\cdot\frac{a}{b}.$$

Die Kraft N_1 wird durch die Zugstange auf die linke Bremsbacke gesetzt. Das Lager des Winkelhebels erhält denselben Druck N_1 als Lagerdruck N_2, der sich auf die rechte Bremsbacke setzt, also ist

$$N_2 = N_1 = P_1\cdot\frac{a}{b}$$

und
$$N = (N_1 + N_2) = 2\cdot P_1\cdot\frac{a}{b}. \qquad (1)$$

Der Anpressungsdruck N erzeugt an der Bremsscheibe die Gesamtreibung $N\cdot\mu$, so daß die Gleichgewichtsbedingung der Trommelwelle lautet

$$-G\cdot R + N\cdot\mu\cdot r = 0, \qquad N = \frac{G}{\mu}\cdot\frac{R}{r}.$$

Hiermit lautet Gleichung 1

$$2\cdot P_1\cdot\frac{a}{b} = \frac{G}{\mu}\cdot\frac{R}{r},$$

$$P_1 = \frac{1}{2}\cdot\frac{G}{\mu}\cdot\frac{R}{r}\cdot\frac{b}{a}.$$

Die Bremskraft P_1 wird durch ein Gewicht P_2 erzeugt. Für den Gewichtshebel lautet die Gleichgewichtsbedingung

$$+ P_2 \cdot L - P_1 \cdot l = 0,$$

$$P_2 = P_1 \cdot \frac{l}{L} = \frac{1}{2} \cdot \frac{G}{\mu} \cdot \frac{R}{r} \cdot \frac{b}{a} \cdot \frac{l}{L}.$$

Soll die Last G mit **dreifacher** Sicherheit gehalten werden, so muß die Gewichtskraft werden

$$P_2 = 3 \cdot \frac{1}{2} \cdot \frac{G}{\mu} \cdot \frac{R}{r} \cdot \frac{b}{a} \cdot \frac{l}{L}.$$

Für Fördermaschinenbremsen ist nach den Leitsätzen der preußischen Seilfahrtkommission nunmehr auch der Reibungskoeffizient μ festgelegt worden. Man soll bei hölzernen Bremsklötzen auf schmiedeeisernen gedrehten Kränzen rechnen mit

$$\mu = 0{,}40.$$

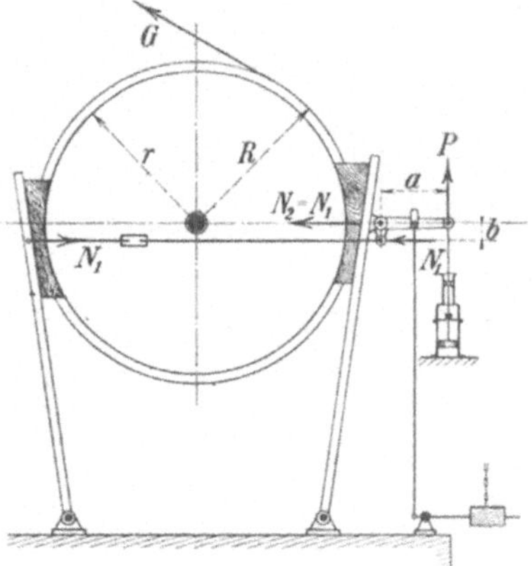

Abb. 165. Doppelte Backenbremse mit Bremszylinder.

Beispiel: Berechne das Fallgewicht einer Fördermaschinenbremse, wenn die unausgeglichene Last G aus der Nutzlast von 6 Förderwagen besteht.

Nutzlast = 600 kg je Wagen,
Trommeldurchmesser = 6000 mm,
R = 3000 mm,
Bremskranzdurchmesser = 5900 mm,
r = 2950 mm.

Lösung: Man setzt nach den Vorschriften $\mu = 0{,}40$. Zweckmäßig ist es, ein Belastungsgewicht anzunehmen und hierfür die Übersetzung auszurechnen. Will man z. B. mit dem Gewicht $P_2 = 1000$ kg auskommen, so müßte man ein Übersetzungsverhältnis schaffen von der Größe

$$\frac{b}{a} \cdot \frac{l}{L} = \frac{2}{3} \cdot P_2 \cdot \frac{\mu}{G} \cdot \frac{r}{R}$$

$$= \frac{2}{3} \cdot 1000 \cdot \frac{0{,}40}{3600} \cdot \frac{2950}{3000} = \frac{2350}{32400} = \frac{1}{13{,}8}.$$

Man würde also mit einer Übersetzung von $1:13{,}8$ auskommen. Das rundet man ab auf $1:15$ und macht

$$\frac{b}{a} \cdot \frac{l}{L} = \frac{1}{3} \cdot \frac{1}{5} = \frac{1}{15}.$$

Das Gewicht wird dann

$$P_2 = 3 \cdot \frac{1}{2} \cdot \frac{3600}{0{,}40} \cdot \frac{3000}{2950} \cdot \frac{1}{15} = \mathbf{915\ kg.}$$

Bremszylinder. In Abb. 165 werden die Bremsbacken durch einen Bremszylinder zum Anliegen gebracht, die Gewichtsbremse dient als Sicherheitsbremse. Ist P die Bremskraft an der Kolbenstange des Bremszylinders, so wird

$$N_1 = P \cdot \frac{a}{b},$$

und da $N_2 = N_1$ ist, so ist der gesamte Bremsdruck

$$N = N_1 + N_2 = 2 \cdot P \cdot \frac{a}{b},$$

$$P = \frac{1}{2} N \cdot \frac{b}{a}.$$

Mit

$$N = \frac{G}{\mu} \cdot \frac{R}{r}$$

wird

$$P = \frac{1}{2} \cdot \frac{G}{\mu} \cdot \frac{R}{r} \cdot \frac{b}{a}.$$

Soll die Last G mit **dreifacher** Sicherheit gehalten werden, so muß die Kolbenstangenkraft die Größe haben

$$P = 3 \cdot \frac{1}{2} \cdot \frac{G}{\mu} \cdot \frac{R}{r} \cdot \frac{b}{a} = 1{,}5 \cdot \frac{G}{\mu} \cdot \frac{R}{r} \cdot \frac{b}{a}.$$

Beispiel: Welchen Durchmesser muß der Bremszylinder haben, wenn die Verhältnisse der vorigen Aufgabe vorliegen, und die Bremssicherheit noch bei 5 atü gewahrt sein soll?

Lösung: Das Hebelverhältnis werde gewählt zu

$$\frac{b}{a} = \frac{1}{5}.$$

Es ist

$$P = 1{,}5 \cdot \frac{3600}{0{,}40} \cdot \frac{3000}{2950} \cdot \frac{1}{5}$$

$$= 2750 \text{ kg},$$

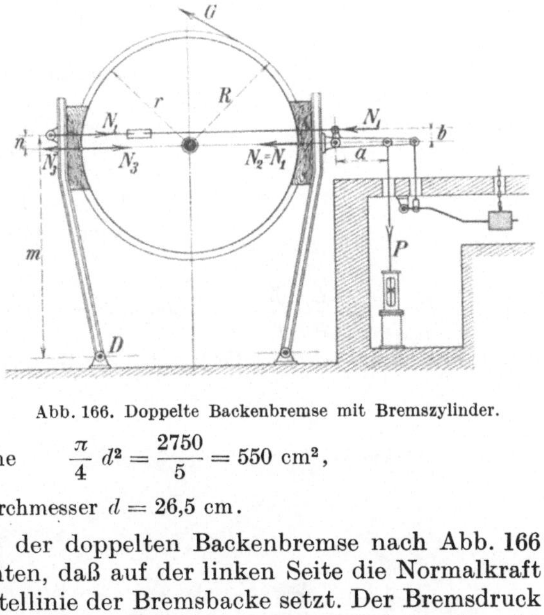

Abb. 166. Doppelte Backenbremse mit Bremszylinder.

$$\text{Kolbenfläche} \qquad \frac{\pi}{4} d^2 = \frac{2750}{5} = 550 \text{ cm}^2,$$

$$\text{Zylinderdurchmesser } d = 26{,}5 \text{ cm}.$$

Wird die Anordnung der doppelten Backenbremse nach Abb. 166 getroffen, so ist zu beachten, daß auf der linken Seite die Normalkraft N_1 sich nicht auf die Mittellinie der Bremsbacke setzt. Der Bremsdruck N_3 leitet sich aus der Zugkraft N_1 ab, indem man für D als Drehpunkt die Momentengleichung des linken Bremsgestänges aufstellt:

$$+ N_1 \cdot m - N_3 \cdot (m - n) = 0,$$

$$N_3 = \frac{m}{m - n} \cdot N_1.$$

Der gesamte Anpressungsdruck auf beiden Seiten ist dann

$$N = N_1 + N_3 = \left(1 + \frac{m}{m - n}\right) \cdot N_1.$$

Da

$$N_1 = P \cdot \frac{a}{b}$$

ist, so wird

$$N = \left(1 + \frac{m}{m-n}\right) \cdot P \cdot \frac{a}{b}.$$

$$P = \frac{N}{1 + \dfrac{m}{m-n}} \cdot \frac{b}{a}.$$

Mit

$$N = \frac{G}{\mu} \cdot \frac{R}{r}$$

wird

$$P = \frac{1}{1 + \dfrac{m}{m-n}} \cdot \frac{G}{\mu} \cdot \frac{R}{r} \cdot \frac{b}{a}.$$

Soll die Last G mit dreifacher Sicherheit gehalten werden, so muß an der Kolbenstange des Bremszylinders die Kraft P folgende Größe haben

$$P = \frac{3}{1 + \dfrac{m}{m-n}} \cdot \frac{G}{\mu} \cdot \frac{R}{r} \cdot \frac{b}{a}.$$

Beispiel: Wie ändert sich die Bremskraft der vorigen Aufgabe, wenn $m = 4200$ mm und $n = 250$ mm ist?

Lösung:

$$\frac{m}{m-n} = \frac{4200}{4200-250} = 1,06,$$

$$\frac{3}{1 + \dfrac{m}{m-n}} = \frac{3}{1+1,06} = \frac{3}{2,06} = 1,45,$$

$$P = 1,45 \cdot \frac{G}{\mu} \cdot \frac{R}{r} \cdot \frac{b}{a} \qquad \text{gegenüber} \qquad P = 1,50 \cdot \frac{G}{\mu} \cdot \frac{R}{r} \cdot \frac{b}{a}$$

der vorigen Aufgabe, d. h. die erforderliche Bremskraft beträgt das

$$\frac{1,45}{1,50} = 0,965 \text{fache}$$

der vorigen, sie wird also um 3,5 % kleiner.

Neuerdings wird auch beim Haspel die Backenbremse wegen ihrer vorzüglichen Bremswirkung angewendet. Eine Ausführung dieser Art zeigt Abb. 167. Die Bremskraft

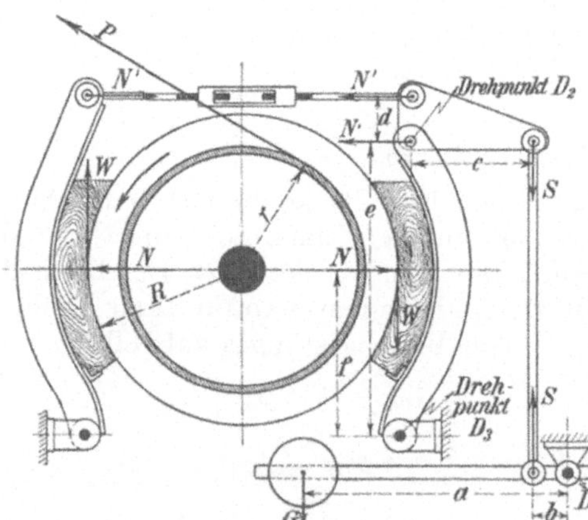

Abb. 167. Doppelte Backenbremse eines Förderhaspels.

wird durch das Gewicht G erzeugt, es hält die Bremse ständig geschlossen. Soll gefahren werden, so muß der Haspelführer durch Niedertreten des Fußhebels F die Bremse öffnen.

Das Gewicht G erzeugt die Stangenkraft S, diese errechnet sich aus der Momentengleichung. Sie lautet mit D_1 als Drehpunkt

$$- G \cdot a + S \cdot b = 0 \quad \text{oder} \quad S = G \cdot \frac{a}{b}.$$

Die Stangenkraft S erzeugt an dem Winkelhebel die Zugkraft N'. Mit D_2 als Drehpunkt ist

$$- N' \cdot d + S \cdot c = 0,$$

$$N' = S \cdot \frac{c}{d} = G \cdot \frac{a}{b} \cdot \frac{c}{d}.$$

Im Drehpunkt D_2 setzt sich die Normalkraft N' auf die Bremsbacke. Der Bremsbackenhebel hat in D_3 seinen Drehpunkt. Die Bremsscheibe drückt mit der Normalkraft N gegen das Bremsholz. Die Momentengleichung für den Hebel lautet mit D_3 als Drehpunkt

$$- N' \cdot e + N \cdot f = 0,$$

$$N = N' \cdot \frac{e}{f} = G \cdot \frac{a}{b} \cdot \frac{c}{d} \cdot \frac{e}{f}.$$

Diese Normalkraft N erzeugt am Anfang der Bremsscheibe den Reibungswiderstand

$$W = \mu \cdot N.$$

Auf der linken Seite der Bremsscheibe wird die zweite Bremsbacke mit der Kraft N' angezogen. Sie erzeuge dieselbe Normalkraft N, so daß auch an dieser Seite der Bremswiderstand $W = \mu \cdot N$ entsteht.

Hat die Seiltrommel am Radius r die Seilkraft P aufzunehmen, so lautet die Gleichgewichtsbedingung für die Maschinenwelle

$$- P \cdot r + 2 W \cdot R = 0,$$

$$P = 2 \cdot W \cdot \frac{R}{r} = 2 \cdot \mu \cdot N \cdot \frac{R}{r}$$

oder

$$P = 2 \cdot \mu \cdot G \cdot \frac{a}{b} \cdot \frac{c}{d} \cdot \frac{e}{f} \cdot \frac{R}{r}.$$

Diese Seilbelastung P könnte das Bremsgewicht G gerade noch halten.

Beispiel: Welche Last könnte der Haspel abbremsen, wenn folgende Verhältnisse vorliegen?

Bremsgewicht $G = 26$ kg, $\mu = 0{,}40$ (Holz auf Eisen), $R = 250$ mm, $r = 200$ mm,

$$\frac{a}{b} = \frac{8}{1}, \quad \frac{c}{d} = \frac{2{,}5}{1} \quad \text{und} \quad \frac{e}{f} = \frac{1{,}6}{1}.$$

Lösung: Das gesamte Übersetzungsverhältnis der Bremse ist

$$\frac{a}{b} \cdot \frac{c}{d} \cdot \frac{e}{f} \cdot \frac{R}{r} = \frac{8}{1} \cdot \frac{2{,}5}{1} \cdot \frac{1{,}6}{1} \cdot \frac{250}{200} = \frac{40}{1},$$

also hält die Bremse am Seil

$$P = 2\mu \cdot G \cdot 40 = 2 \cdot 0{,}40 \cdot 26 \cdot 40 = \mathbf{832\ kg.}$$

Auch bei den Haspelbremsen wird man eine bestimmte Sicherheit vorschreiben, da der Reibungskoeffizient immer eine unsichere Größe ist.

Die Vorschrift begnügt sich mit einer 1,5fachen Sicherheit. Für unser Beispiel wäre dann

$$1,5 \cdot P = 832 \text{ kg} \quad \text{oder} \quad P = \frac{832}{1,5} = \mathbf{550 \text{ kg}}.$$

Diese Seillast würde die Bremse mit 1,5facher Sicherheit halten.

34. Die Bandreibung.

Um einen nicht drehbaren Zylinder vom Radius r sei ein Band gelegt (Abb. 168), man will das Gewicht G durch Ziehen am linken Bandende heben, während das Band auf dem Zylindermantel gleitet. Dann muß man mit einer Kraft P ziehen, welche wahrscheinlich sehr viel größer sein wird als G, denn die Kräfte P und G erzeugen auf dem Zylinder einen Normaldruck N, der den Reibungswiderstand $\mu \cdot N$ der Bewegung entgegensetzt.

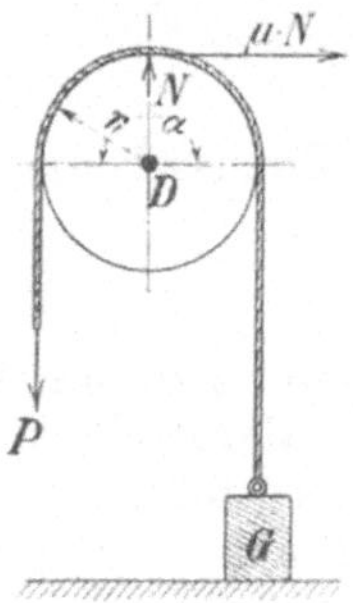

Abb. 168. Das Band gleitet auf feststehendem Zylinder.

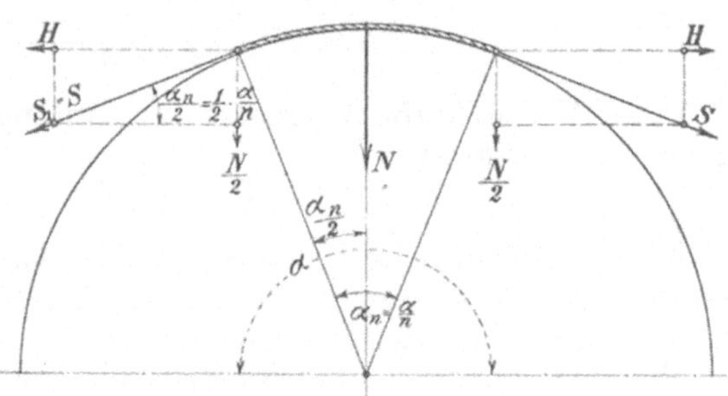

Abb. 169. Die Bandreibung.

Mit D als Drehpunkt wird die Momentengleichung lauten

$$-P \cdot r + \mu \cdot N \cdot r + G \cdot r = 0 \quad \text{oder} \quad P - G = \mu \cdot N,$$

d. h. die Differenz der beiden Bandspannungen würde gleich der Bandreibung sein.

Um die Bandreibung zu bestimmen, muß man den Normaldruck N kennen. Diesen findet man durch folgende Überlegung.

Man teilt den vom Band umspannten Bogen in n gleiche Teile und betrachtet ein herausgelöstes Bogenelement (Abb. 169). Auf der rechten Seite zieht die Bandkraft S, auf der linken Seite die Bandkraft S_1. Wenn keine Reibung an diesem Bandteil aufträte, wäre

$$S_1 = S.$$

S_1 und S sind zerlegt in die Komponenten H und $\dfrac{N}{2}$, und es ist auf beiden Seiten

$$\frac{N}{2} = S \cdot \sin \frac{1}{2} \cdot \frac{\alpha}{n}.$$

Je größer man die Zahl n annimmt, um so kleiner werden die Bogenteilchen, und um so kleiner wird der Fehler, den man macht, wenn man die Sinuszahl mit der Winkelzahl oder Bogenzahl vertauscht. Also schreibt man

$$\frac{N}{2} = S \cdot \frac{1}{2} \cdot \frac{\alpha}{n} \quad \text{oder} \quad N = S \cdot \frac{\alpha}{n}.$$

Diese Normalkraft N erzeugt die Reibung

$$\mu \cdot N = \mu \cdot S \cdot \frac{\alpha}{n}$$

und damit wird die Bandspannung

$$S_1 = S + \mu \cdot N = S + \mu \cdot S \cdot \frac{\alpha}{n} = S \cdot \left(1 + \frac{\mu \cdot \alpha}{n}\right).$$

Um nun die Reibung für den ganzen umspannten Bogen zu erhalten, muß man für jedes Bogenelement die Spannung S mit dem Faktor $\left(1 + \frac{\mu \cdot \alpha}{n}\right)$ multiplizieren.

Die Anfangsspannung aber ist $S = G$, also ist die Endspannung des Bandes

$$P = G \cdot \left(1 + \frac{\mu \cdot \alpha}{n}\right)^n.$$

Nach dem binomischen Lehrsatz ist

$$\left(1 + \frac{\mu \cdot \alpha}{n}\right)^n = 1 + \mu \cdot \alpha + \frac{(\mu \cdot \alpha)^2}{1 \cdot 2} + \frac{(\mu \cdot \alpha)^3}{1 \cdot 2 \cdot 3} + \cdots = e^{\mu \alpha},$$

worin e die Grundzahl des natürlichen Logarithmensystems ist und den Wert 2,718... hat.

Demnach erhält man für die Bandspannung P die Gleichung

$$P = G \cdot e^{\mu \alpha}.$$

Das Ergebnis der Betrachtung ist insofern besonders bemerkenswert, als wir erkennen, daß die Endspannung P des Bandes nur von den Größen α und μ abhängig ist, nicht aber von dem Halbmesser r des Zylinders.

Der Wert α der vorstehenden Gleichung bedeutet das Bogenmaß, für den ganzen Umspannungswinkel von 360^0 ist das Bogenmaß $= 2\pi$. für einen beliebigen Umspannungswinkel α^0 ist der Umspannungsbogen

$$\alpha = 2\pi \cdot \frac{\alpha^0}{360^0},$$

z. B. ist für $\alpha^0 = 36^0$ der zugehörige Bogen

$$\alpha = 2\pi \cdot \frac{36}{360} = 2\pi \cdot \frac{1}{10} = 0,628.$$

Beispiel: Welche Kraft ist nötig, um bei einem Umspannungsbogen $\alpha^0 = 180^0$ ein Gewicht von 100 kg hochzuziehen, wenn der Reibungskoeffizient zwischen Band und Zylinder $\mu = 0,40$ ist?

Lösung: Für den Umspannungsbogen $\alpha^0 = 180^0$ ist das Bogenmaß

$$\alpha = 2\pi \cdot \frac{180^0}{360^0} = \pi = 3,14.$$

Die gesuchte Zugkraft hat die Größe

$$P = G \cdot e^{\mu \alpha} = 100 \cdot e^{0,40 \cdot 3,14}.$$

Der Wert $e^{0,40 \cdot 3,14} = 2,718^{1,256}$ wird logarithmisch berechnet:

$$\log e = \log 2,718 = 0,4342,$$

$$\log e^{0,40 \cdot 3,14} = 1,256 \cdot \log 2,718 = 1,256 \cdot 0,4342 = 0,5450,$$

$$e^{0,40 \cdot 3,14} = N \text{ aus } 0,5450 = \mathbf{3,51}.$$

Demnach ist

$$P = G \cdot 3,51 = 100 \cdot 3,51 = 351 \text{ kg.}$$

Durch die Bandreibung kann auch ein Abrutschen der Last verhindert werden, das zeigt Abb. 170. Um den unbeweglichen Zylinder ist ein Band geschlungen, das auf der rechten Seite mit dem Gewicht G belastet ist. Um das Abrutschen des Bandes zu verhindern, muß auf der linken Seite eine Zugkraft P tätig sein. Wie groß ist diese Zugkraft?

P und G erzeugen am Zylinderumfang einen Normaldruck N, und dieser erzeugt einen Reibungswiderstand $\mu \cdot N$, welcher sich der Abrutschbewegung entgegenstellt. Die Gleichgewichtsbedingung lautet

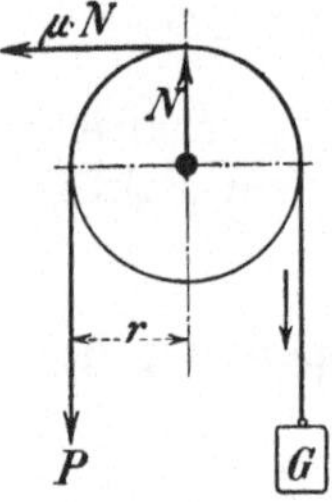

Abb. 170.
Die Bandreibung
hält die Last G.

$$-P \cdot r - \mu N \cdot r + G \cdot r = 0,$$

$$-P - \mu \cdot N + G = 0,$$

$$P = G - \mu \cdot N.$$

Die Anfangsspannung des Bandes ist G, diese wird um die Reibungsgröße $\mu \cdot N$ vermindert, die Endspannung P wird also kleiner als G. Man müßte nun wieder den ganzen Umspannungsbogen in n gleiche Teile zerlegen und dieselbe Betrachtung anstellen wie früher. Während man früher

$$P = G \cdot \left(1 + \frac{\mu \cdot \alpha}{n}\right)^n$$

fand, würde man in diesem Fall erhalten

$$P = G \cdot \left(1 - \frac{\mu \cdot \alpha}{n}\right)^n.$$

Da

$$\left(1 - \frac{\mu \cdot \alpha}{n}\right)^n = e^{-\mu \cdot \alpha}$$

ist, so wird

$$P = G \cdot e^{-\mu \cdot \alpha} \quad \text{oder} \quad P = G \cdot \frac{1}{e^{\mu \cdot \alpha}}.$$

Beispiel: Welche Kraft ist nötig, um bei einem Umspannungsbogen $\alpha^0 = 180^0$ ein Gewicht von 100 kg gerade am Abrutschen zu hindern, wenn der Reibungskoeffizient zwischen Band und Zylinder $\mu = 0,40$ ist?

Lösung: Es genügt eine Zugkraft von der Größe

$$P = G \cdot \frac{1}{e^{\mu \cdot \alpha}},$$

$$e^{\mu \cdot \alpha} = 2,718^{0,40 \cdot 3,14} = 3,51,$$

$$P = 100 \cdot \frac{1}{3,51} = \mathbf{28,5 \text{ kg.}}$$

Bei den bisherigen Betrachtungen wurde angenommen, daß der Zylinder unbeweglich war, und das Band gleitend über den Zylinder gezogen wurde. Auch für den umgekehrten Bewegungszustand haben die abgeleiteten Gesetze ihre Gültigkeit. In Abb. 171 ist diese Umkehrung dargestellt. Bei einer Rechtsdrehung (Fig. a) des Zylinders entsteht im festgehaltenen Band die Spannung

$$P = G \cdot e^{\mu \cdot \alpha},$$

bei einer Linksdrehung (Fig. b) des Zylinders die Spannung

$$P = G \cdot e^{-\mu \cdot \alpha}.$$

Die Gleichung für die Bandspannung hat daher die allgemeine Form

$$P = G \cdot e^{\pm \mu \cdot \alpha}.$$

Das Plus-Zeichen gilt, wenn die Reibung der Kraft P entgegen, das Minus-Zeichen, wenn die Reibung im gleichen Sinn wirkt.

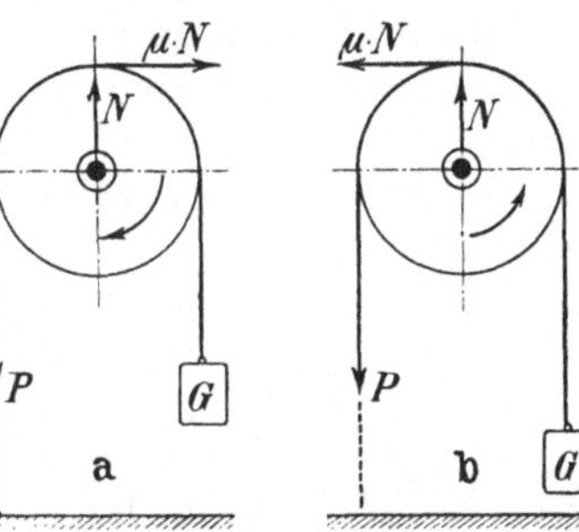

Abb. 171. Die Bandreibung bei festgehaltenem Band und sich drehender Scheibe.

In Abb. 171, Fig. b ist das Prinzip einer Maschine gegeben, welche durch eine rotierende Scheibe Schlagarbeit leisten kann. Zieht man das linke Bandende an, so hebt sich das Gewicht G, läßt man das Band los, so fällt das Gewicht zurück. Mit diesem Fallgewicht kann Schlagarbeit geleistet werden.

35. Die Bandbremse.

Am Hebelarm r der Windetrommel hänge eine Last Q (Abb. 172), welche die Trommel nach rechts drehen will. Soll die Last in einer bestimmten Höhenlage stehen bleiben, so muß die Abwärtsbewegung durch eine Bremse verhindert werden. Die Bremsung erfolgt durch ein Bremsband, das auf der Bremsscheibe den Umschlingungswinkel α hat. Die Bandspannung S_1 wird größer als die Bandspannung S_2 sein, sie berechnet sich nach der bekannten Gleichung $P = G \cdot e^{\mu \alpha}$ zu

$$S_1 = S_2 \cdot e^{\mu \alpha}.$$

Die Gleichgewichtsbedingung an der Trommel lautet

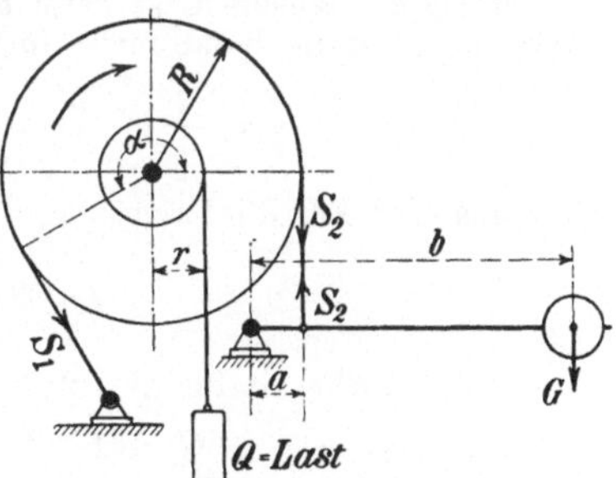

Abb. 172. Die Bandbremse bei Rechtsdrehung der Scheibe.

$$+ Q \cdot r + S_2 \cdot R - S_1 \cdot R = 0,$$
$$Q \cdot r = (S_1 - S_2) \cdot R = S_2 \cdot (e^{\mu \alpha} - 1) \cdot R,$$
$$Q = S_2 \cdot \frac{R}{r} \cdot (e^{\mu \alpha} - 1).$$

Das Bremsbandstück S_2 ist an einem Gewichtshebel befestigt, für dessen Drehpunkt die Momentengleichung lautet

$$+ G \cdot b - S_2 \cdot a = 0, \qquad S_2 = G \cdot \frac{b}{a}.$$

Die Gleichung für Q lautet damit

$$Q = G \cdot \frac{b}{a} \cdot \frac{R}{r} \cdot (e^{\mu\alpha} - 1).\tag{I}$$

Nach dieser Gleichung kann für ein bekanntes Bremsgewicht G diejenige Last Q berechnet werden, welche die Bremse gerade noch halten kann.

In Abb. 173 ist gezeigt, daß bei einem Wechsel der Lastrichtung und der Drehrichtung die Bandspannungen S_1 und S_2 zu vertauschen sind, denn die größte Bandspannung S_1 ist diejenige, welche der Bewegungsrichtung der Trommel entgegenwirkt. Nunmehr wirkt am Gewichtshebel die Bandspannung S_1, und es ist die Gleichgewichtsbedingung für den Hebel

$$- S_1 \cdot a + G \cdot b = 0$$

oder

$$G = S_1 \cdot \frac{a}{b} = S_2 \cdot e^{\mu\alpha} \cdot \frac{a}{b}.$$

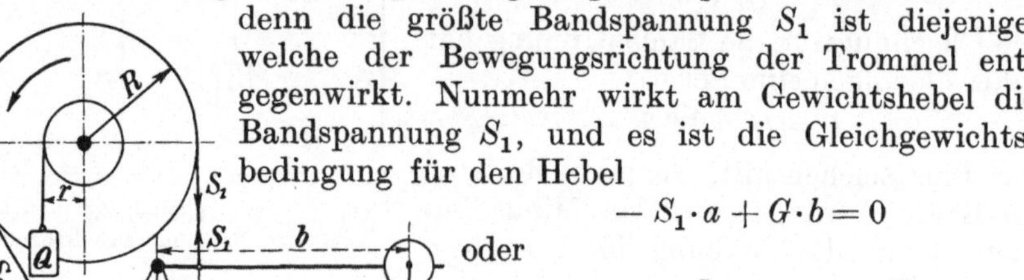

Abb. 173. Die Bandbremse bei Linksdrehung der Scheibe.

Da die Hebelkraft S_1 jetzt das $e^{\mu\alpha}$-fache von S_2 ist, so muß, um dieselbe Last Q in der Bremse festzuhalten, das Gewicht G das $e^{\mu\alpha}$-fache des vorigen Gewichtes werden.

Behält man aber dasselbe Gewicht G bei, so kann nur die $\dfrac{1}{e^{\mu\alpha}}$-fache Last der vorigen Drehrichtung gehalten werden. Das ist natürlich sehr ungünstig.

Beispiel: Welche Last kann mit einem Bremsgewicht $G = 10$ kg abgebremst werden, wenn die Bandbremse folgende Verhältnisse hat?

$$\frac{R}{r} = \frac{4}{1}, \quad \frac{b}{a} = \frac{20}{1}, \quad \alpha^0 = 240^0, \quad \mu = 0,20.$$

Lösung: Für die Bremsanordnung nach Abb. 172 ist

$$Q = G \cdot \frac{b}{a} \cdot \frac{R}{r} \cdot (e^{\mu\alpha} - 1).$$

Nach Tabelle ist für $\alpha^0 = 240^0$ und $\mu = 0,20$ der Wert $e^{\mu\alpha} = 2,31$, also wird

$$Q = 10 \cdot 20 \cdot 4 \cdot (2,31 - 1) = \mathbf{1050\ kg.}$$

Läuft die Last Q nach der entgegengesetzten Seite ab (Abb. 173), so zieht die größere Bandkraft S_1 am Gewichtshebel, und es vermindert sich die Bremslast auf das $\dfrac{1}{e^{\mu\alpha}}$-fache.

Es könnte also nur die Last

$$Q = G \cdot \frac{b}{a} \cdot \frac{R}{r} \cdot \frac{e^{\mu\alpha} - 1}{e^{\mu\alpha}}$$

von der Bremse gehalten werden, das wäre, da $e^{\mu\alpha} = 2,31$ ist, nur die Last

$$Q = \frac{1050}{2,31} = \mathbf{455\ kg.}$$

Wollte man aber dieselbe Bremslast $Q = 1050$ kg in der Bremse halten, so müßte das Bremsgewicht, welches $G = 10$ kg betrug, auf den 2,31fachen Betrag gebracht werden, d. h. es müßte sein

$$10 \cdot 2,31 = \mathbf{23,1\ kg.}$$

Die Differential-Bremse.

Eine Steigerung der Bremswirkung des Bandes läßt sich erzielen, wenn man beide Enden des Bremsbandes auf den beweglichen Hebel wirken läßt. Das stärker ziehende Band soll in diesem Fall die Drehung des Bremshebels unterstützen. Das zeigen die Anordnung a und b der Abb. 174.

Wählt man das Verhältnis der Bandhebelarme a und b so, daß

$$S_1 \cdot a = S_2 \cdot b$$

wird, so halten die Kräfte S_1 und S_2 allein schon den Bremshebel im Gleichgewicht und für die dritte Kraft G ergibt sich die Größe Null.

Es würde also das kleinste Gewicht G am Bremshebel ausreichen, um beliebig große Kräfte an den Bremsbändern zu erzeugen und die Bremsscheibe festzuhalten, ganz gleich, wie groß die Bremskraft auch sein möge.

Die Gleichgewichtsbedingung lautet für den Fall, daß $G = 0$ sein soll:

$$-S_1 \cdot a + S_2 \cdot b = 0,$$
$$S_1 \cdot a = S_2 \cdot b.$$

Da $S_1 = S_2 \cdot e^{\mu\alpha}$ ist, so wird

$$S_2 \cdot e^{\mu\alpha} \cdot a = S_2 \cdot b,$$

$$e^{\mu\alpha} \cdot a = b \quad \text{oder} \quad \frac{b}{a} = e^{\mu\alpha}.$$

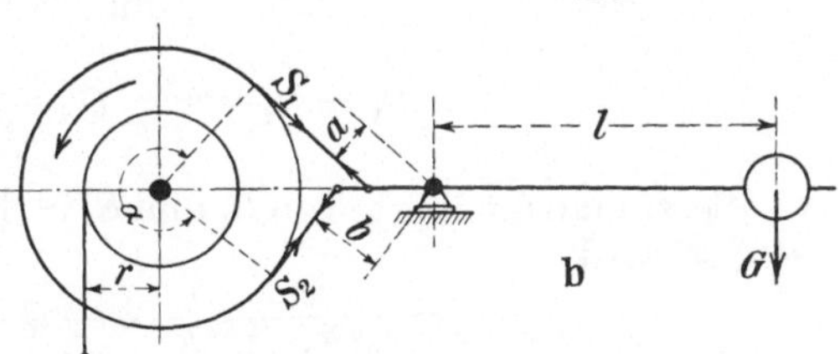

Abb. 174. Die Differentialbremse bei Linksdrehung der Scheibe.

Macht man das Hebelverhältnis

$$\frac{b}{a} > e^{\mu\alpha},$$

so muß noch eine Zusatzkraft G am Bremshebel tätig sein, um die Bremslast festzuhalten.

Macht man das Hebelverhältnis

$$\frac{b}{a} < e^{\mu\alpha},$$

wobei aber $b > a$ bleiben muß, so spannt sich die Bremse selbsttätig fest. Damit ist die Einrichtung **selbstsperrend**, d. h. die Bremse muß, wenn man die Bremssperre aufheben will, durch eine am Hebel entgegengesetzt zu G wirkende Kraft gelöst werden.

Praktisch wählt man das Hebelverhältnis meistens so, daß noch eine kleine Gewichtskraft G zusätzlich zur Bremsung erforderlich ist, man

macht also
$$b > a \cdot e^{\mu\alpha}.$$

Für diesen Fall werde die Gleichgewichtsbedingung (Abb. 174a) abgeleitet. Für den Gewichtshebel lautet sie

$$- G \cdot l - S_1 \cdot a + S_2 \cdot b = 0,$$
$$G \cdot l = S_2 \cdot b - S_1 \cdot a.$$

Die Bandspannungen S_1 und S_2 müssen aus der Bremslast Q hergeleitet werden. Die Differenz der Bandkräfte

$$S_1 - S_2$$

bildet am Umfang der Bremsscheibe die Kraft, deren Drehmoment dem Drehmoment der Last Q das Gleichgewicht halten muß, also ist

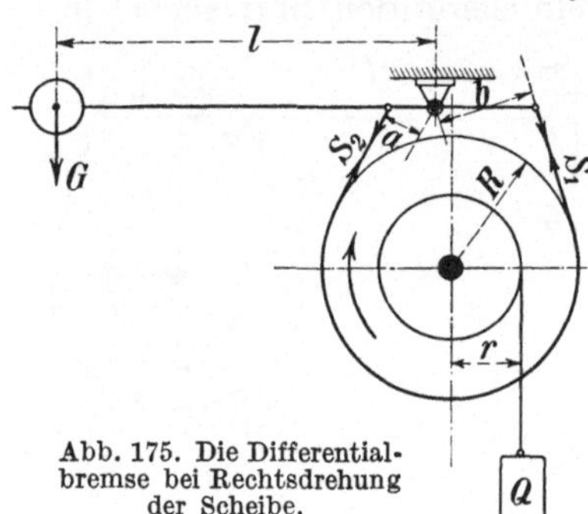

Abb. 175. Die Differentialbremse bei Rechtsdrehung
der Scheibe.

$$(S_1 - S_2) \cdot R = Q \cdot r,$$
$$S_1 - S_2 = Q \cdot \frac{r}{R}.$$

Nun ist $S_1 = S_2 \cdot e^{\mu\alpha}$, also wird

$$S_2 \cdot e^{\mu\alpha} - S_2 = Q \cdot \frac{r}{R},$$
$$S_2 \cdot (e^{\mu\alpha} - 1) = Q \cdot \frac{r}{R},$$
$$S_2 = \frac{Q}{e^{\mu\alpha} - 1} \cdot \frac{r}{R},$$

und damit wird

$$S_1 = S_2 \cdot e^{\mu\alpha} = Q \cdot \frac{e^{\mu\alpha}}{e^{\mu\alpha} - 1} \cdot \frac{r}{R}.$$

Setzt man die Werte von S_1 und S_2 in die Gleichung $G \cdot l = S_2 \cdot b - S_1 \cdot a$ ein, so wird

$$G \cdot l = \frac{Q}{e^{\mu\alpha} - 1} \cdot \frac{r}{R} \cdot b - Q \cdot \frac{e^{\mu\alpha}}{e^{\mu\alpha} - 1} \cdot \frac{r}{R} \cdot a,$$

$$G \cdot l = \frac{Q}{e^{\mu\alpha} - 1} \cdot \frac{r}{R} (b - e^{\mu\alpha} \cdot a) \quad \text{oder} \quad Q = G \cdot l \cdot \frac{R}{r} \cdot \frac{e^{\mu\alpha} - 1}{b - e^{\mu\alpha} \cdot a}.$$

In Abb. 175 ist dieselbe Hebelanordnung gelassen, es läuft nur die Last Q nach der anderen Seite ab, so daß die Bremsung mit entgegengesetztem Drehsinn erfolgen muß. Nunmehr wirkt die größere Bandkraft S_1 nicht mehr fördernd auf die Bremsdrehung des Bremshebels. Die Gleichgewichtsbedingung für den Gewichtshebel lautet

$$+ S_1 \cdot b - S_2 \cdot a - G \cdot l = 0,$$
$$G \cdot l = S_1 \cdot b - S_2 \cdot a.$$

Nun ist wieder

$$S_1 = Q \cdot \frac{e^{\mu\alpha}}{e^{\mu\alpha} - 1} \cdot \frac{r}{R},$$

$$S_2 = \frac{Q}{e^{\mu\alpha} - 1} \cdot \frac{r}{R}.$$

Hiermit lautet die Gleichung

$$G \cdot l = Q \cdot \frac{e^{\mu\alpha}}{e^{\mu\alpha} - 1} \cdot \frac{r}{R} \cdot b - \frac{Q}{e^{\mu\alpha} - 1} \cdot \frac{r}{R} \cdot a,$$

$$G \cdot l = \frac{Q}{e^{\mu\alpha} - 1} \cdot \frac{r}{R} \cdot (b \cdot e^{\mu\alpha} - a) \quad \text{oder} \quad Q = G \cdot l \cdot \frac{R}{r} \cdot \frac{e^{\mu\alpha} - 1}{b \cdot e^{\mu\alpha} - a}.$$

Beispiel: Ein Differentialbremsband arbeite mit dem Umschlingungswinkel $\alpha = 240^0$ auf eine Scheibe vom Radius $R = 50$ cm, die Last hänge an einer Trommel vom Radius $r = 40$ cm. Am Gewichtshebel seien die Hebellängen

$$a = 5 \text{ cm}, \qquad b = 12 \text{ cm}, \qquad l = 50 \text{ cm}.$$

Welche Last kann mit dem Bremsgewicht $G = 5$ kg gehalten werden, wenn $\mu = 0{,}20$ ist?

Lösung: 1. Die Bremse habe die Anordnung der Abb. 174, d. h. die größere Bandkraft S_1 unterstützt die Wirkung des Bremsgewichtes.

Für $\alpha = 240^0$ und $\mu = 0{,}20$ ist nach Tabelle

$$e^{\mu\alpha} = 2{,}31.$$

Das Hebelverhältnis ist

$$\frac{b}{a} = \frac{12}{5} = 2{,}4 > 2{,}31,$$

d. h. die Bremse hat keine Selbst-sperrung. Nach unserer Ableitung ist

$$Q = G \cdot l \cdot \frac{R}{r} \cdot \frac{e^{\mu\alpha} - 1}{b - e^{\mu\alpha} \cdot a},$$

$$Q = 5 \cdot 50 \cdot \frac{50}{40} \cdot \frac{2{,}31 - 1}{12 - 2{,}31 \cdot 5}$$

$$= 915 \text{ kg.}$$

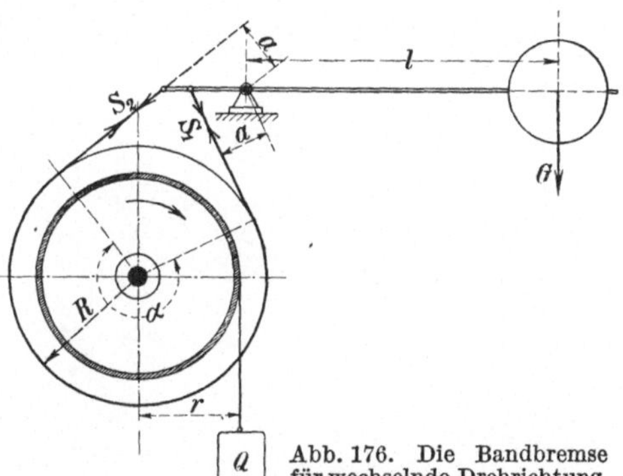

Abb. 176. Die Bandbremse für wechselnde Drehrichtung.

2. Die Bremse habe die Anordnung der Abb. 175, d. h. sie soll in der entgegengesetzten Richtung die Last Q abbremsen, dann ist nach unserer Ableitung

$$Q = G \cdot l \cdot \frac{R}{r} \cdot \frac{e^{\mu\alpha} - 1}{b \cdot e^{\mu\alpha} - a}$$

$$= 5 \cdot 50 \cdot \frac{50}{40} \cdot \frac{2{,}31 - 1}{12 \cdot 2{,}31 - 5} = 18 \text{ kg.}$$

Die Bremswirkung für diese Umlaufrichtung ist also fast Null, so daß eine Differentialbremse dieser Anordnung sich nur für eine und nicht für wechselnde Umlaufrichtung eignet.

Die Bandbremse für wechselnde Drehrichtung.

Der für den Grubenbetrieb benutzte Haspel soll für beide Drehrichtungen eine gleichgünstige Bremswirkung haben. Diese Wirkung ist möglich, wenn man beide Bandenden mit gleichem Hebelarm an dem Gewichtshebel anschließt. Abb. 176 zeigt eine solche Ausführungsart.

Die Bandkräfte S_1 und S_2 haben in bezug auf den festen Drehpunkt des Gewichtshebels dieselbe Hebelarmgröße a. Das Drehmoment der Last Q muß von dem Drehmoment der Bandreibung aufgenommen werden. Der Bandreibungswiderstand P ist gleich der Differenz der beiden Bandkräfte, also ist

$$P = S_1 - S_2.$$

Die Gleichgewichtsbedingung der Trommelwelle lautet

$$- P \cdot R + Q \cdot r = 0,$$

$$Q = \frac{P \cdot R}{r} = \frac{(S_1 - S_2) \cdot R}{r}.$$

Nun ist
$$S_1 = S_2 \cdot e^{\mu \alpha},$$
$$S_1 - S_2 = S_2 \cdot (e^{\mu \alpha} - 1).$$

Damit wird

$$Q = S_2 \cdot (e^{\mu \alpha} - 1) \cdot \frac{R}{r} \qquad \text{(Gleichung a)}.$$

Für den Gewichtshebel lautet die Gleichgewichtsbedingung

$$-S_1 \cdot a - S_2 \cdot a + G \cdot l = 0,$$
$$S_1 \cdot a + S_2 \cdot a = G \cdot l,$$
$$S_2 \cdot e^{\mu \alpha} \cdot a + S_2 \cdot a = G \cdot l.$$
$$S_2 \cdot a \cdot (e^{\mu \alpha} + 1) = G \cdot l,$$
$$S_2 = G \cdot \frac{l}{a} \cdot \frac{1}{e^{\mu \alpha} + 1}.$$

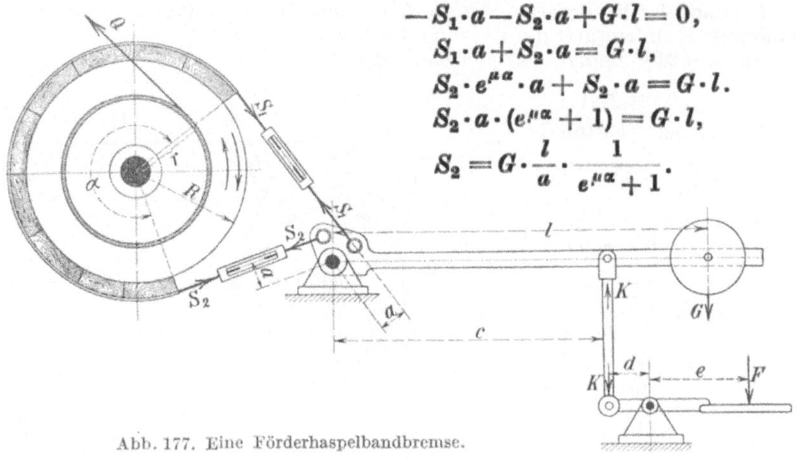

Abb. 177. Eine Förderhaspelbandbremse.

Mit diesem Wert von S_2 lautet die vorige Gleichung a für Q

$$Q = G \cdot \frac{l}{a} \cdot \frac{1}{e^{\mu \alpha} + 1} \cdot (e^{\mu \alpha} - 1) \cdot \frac{R}{r} \quad \text{oder} \quad Q = G \cdot \frac{l}{a} \cdot \frac{R}{r} \cdot \frac{e^{\mu \alpha} - 1}{e^{\mu \alpha} + 1}.$$

Diese Last Q kann das Bremsgewicht G nach beiden Drehrichtungen gerade noch halten.

Beispiel: Ein Förderhaspel, dessen Antrieb durch einen stehenden Blockmotor erfolgt, hat eine Bandbremse nach Anordnung der Abb. 177. Welche Last Q kann die Bremse gerade noch halten, wenn folgende Verhältnisse vorliegen?

Reibungsziffer Holz auf Eisen $\mu = 0{,}40$, Umschlingungsbogen $\alpha^0 = 270^0$, Bremsgewicht $G = 36$ kg, Bremshebellänge $l = 74$ cm, Hebellängen $a = 5{,}2$ cm, Trommelradius $r = 15$ cm, Bremsscheibenradius $R = 25$ cm.

Lösung: Nach Tabelle S. 449 findet man für $\alpha^0 = 270^0$ und $\mu = 0{,}40$

$$e^{\mu \alpha} = 6{,}60.$$

Die Bremslast ist

$$Q = G \cdot \frac{l}{a} \cdot \frac{R}{r} \cdot \frac{e^{\mu \alpha} - 1}{e^{\mu \alpha} + 1} = 36 \cdot \frac{74}{5{,}2} \cdot \frac{25}{15} \cdot \frac{6{,}60 - 1}{6{,}60 + 1} = \mathbf{630\ kg.}$$

Rechnet man, daß die Last mit 1,25facher Sicherheit gehalten werden soll, so ist die wirkliche Bremslast

$$\frac{630}{1{,}25} = \mathbf{500\ kg.}$$

An dem Gewichtshebel der Bremse greift noch ein Gestänge an, das mittels Fußhebels und der Fußkraft F die Bremse lüftet. Wie groß muß die Fußkraft F sein?

Bei gelüfteter Bremse sind die Bandkräfte S_1 und S_2 gleich Null, der Gleichgewichtszustand am Gewichtshebel herrscht, wenn die Bedingung erfüllt ist

$$- K \cdot c + G \cdot l = 0 \quad \text{oder} \quad K = G \cdot \frac{l}{c}.$$

Am Fußhebel herrscht Gleichgewicht, wenn ist

$$- K \cdot d + F \cdot e = 0 \quad \text{oder} \quad F = K \cdot \frac{d}{e} = G \cdot \frac{l}{c} \cdot \frac{d}{e}.$$

Für die berechnete Bremse liegen folgende Verhältnisse vor:

$$c = 54 \text{ cm}, \quad l = 74 \text{ cm}, \quad d = 8 \text{ cm}, \quad e = 20 \text{ cm}, \quad G = 36 \text{ kg}.$$

Mit diesen Werken ist die erforderliche Fußkraft

$$F = 36 \cdot \frac{74}{54} \cdot \frac{8}{20} = \sim 20 \text{ kg}.$$

Beispiel: Die Bandbremse eines Zwillingshaspels habe wieder die Anordnung der Abb. 177. Die Hebelarme a der beiden Bandkräfte S_1 und S_2 sind gleich, so daß die Bremswirkung für beide Drehrichtungen gleich gut ist.

Es soll die größte Trommellast Q berechnet werden, welche die Bremse halten kann. Gegeben sind die Größen:

Umschlingungsbogen $\alpha^0 = 280^0$, $\mu = 0{,}40$, Bremsgewicht $G = 62$ kg, Gewichtshebel $l = 85$ cm, Hebellängen $a = 3{,}5$ cm, Trommelradius $r = 35$ cm, Bremsscheibenradius $R = 42{,}5$ cm.

Lösung: Die Lösung werde ohne Benutzung der abgeleiteten Formel durchgeführt.

Die Gleichgewichtsbedingung für den Gewichtshebel lautet:

$$- S_1 \cdot a - S_2 \cdot a + G \cdot l = 0,$$

$$S_1 = S_2 \cdot e^{\mu \alpha}$$

mit $\alpha^0 = 280^0$ und $\mu = 0{,}40$ ist nach Tabelle S. 449

$$e^{\mu \alpha} = 7{,}0, \quad \text{also ist} \quad S_1 = 7 \cdot S_2,$$

$$- 7 \cdot S_2 \cdot a - S_2 \cdot a + G \cdot l = 0,$$

$$S_2 = \frac{G \cdot l}{8 \cdot a} = \frac{62 \cdot 85}{8 \cdot 3{,}5} = \mathbf{189 \text{ kg}},$$

$$S_1 = 7 \cdot S_2 = 7 \cdot 189 = 1323 \text{ kg},$$

$$S_1 - S_2 = 1323 - 189 = 1134 \text{ kg} = P.$$

Diese Kraft P ist der Reibungswiderstand am Umfang der Bremsscheibe, welcher der Trommellast das Gleichgewicht halten muß, also ist

$$- Q \cdot r + P \cdot R = 0,$$

$$Q = \frac{P \cdot R}{r} = \frac{1134 \cdot 42{,}5}{35} = \mathbf{1380 \text{ kg}}.$$

Rechnet man wieder mit 1,25facher Sicherheit, so kann die Bremse die Trommellast

$$\frac{1380}{1{,}25} = \mathbf{1100 \text{ kg}}$$

halten.

Auch diese Bremse ist mit einem Fußhebel versehen, mittels dessen die Bremse beim Fahren gelüftet wird. Mit den Hebelarmen der Abb. 177 ist die erforderliche Fußkraft

$$F = G \cdot \frac{l}{c} \cdot \frac{d}{e}.$$

Der Bremse liegen folgende Ausführungsmaße zugrunde: $l = 85$ cm, $c = 22$ cm, $d = 6$ cm, $e = 52$ cm.

$$F = 62 \cdot \frac{85}{22} \cdot \frac{6}{52} = \sim 28 \text{ kg.}$$

36. Die Seilrutschgefahr.

Bei Treibscheibenförderung muß die Reibung zwischen Seil und Treibscheibe die Maschinenkraft auf das Seil übertragen. In Abb. 178 ist eine Treibscheibenförderung dargestellt. Die Leerlasten auf beiden Seiten seien vollständig ausgeglichen, sie betragen für jede Seite G kg. Der leere Korb stehe auf der linken Seite oben, der volle Korb auf der rechten Seite unten, er habe die Nutzlast N zu tragen.

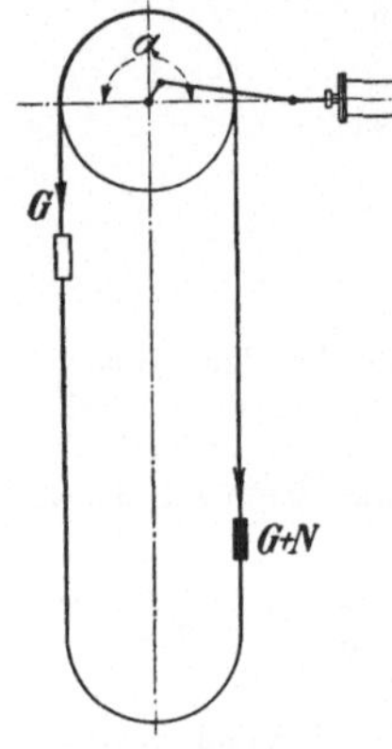

Abb. 178.
Die Seilrutschgefahr.

Auf der linken Seite zieht also nur die Seilbelastung G. Soll das Seil auf der festgebremsten Scheibe rutschen, so muß die Seilkraft auf der rechten Seite die Größe

$$G \cdot e^{\mu \alpha}$$

haben. Auf der rechten Seite hängt die Belastung $(G + N)$. Sobald diese den Wert $G \cdot e^{\mu \alpha}$ erreicht hat, wird das Rutschen eintreten. Die Bedingung für das Rutschen des Seiles lautet daher

$$G + N = G \cdot e^{\mu \alpha},$$

$$N = G \cdot e^{\mu \alpha} - G = G \cdot (e^{\mu \alpha} - 1).$$

Die Nutzlast darf diese Größe nicht erreichen, sonst beginnt das Seil zu rutschen.

Beispiel: Das Leergewicht auf beiden Seilseiten sei $G = 10000$ kg. Bei welcher Nutzlast N beginnt das Seilrutschen, wenn die Reibungsziffer zwischen Seil und Scheibe $\mu = 0{,}20$ und der Umschlingungswinkel $\alpha^0 = 180^0$ ist?

Lösung: Nach Tabelle S. 449 ist für $\alpha^0 = 180^0$ und $\mu = 0{,}20$ der Wert

$$e^{\mu \alpha} = 1{,}87.$$

Hiermit wird die Nutzlast

$$N = G \cdot (e^{\mu \alpha} - 1) = 10000 \cdot (1{,}87 - 1) = 8700 \text{ kg.}$$

Ist die wirkliche Nutzlast im Betriebe aber nur 2500 kg, so hätte man eine

$$\frac{8700}{2500} = 3{,}5 \text{ fache}$$

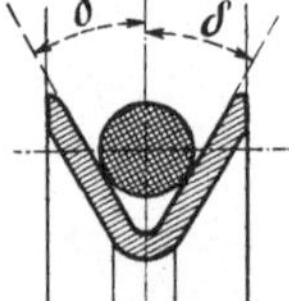

Abb. 179.
Das Seil in
der Keilnute.

statische Sicherheit gegen Seilrutschen.

Das Seil in der Keilnute.

Die Gleichungen für die Bandreibung, welche für zylindrische Berührungsflächen aufgestellt sind, gelten auch für den Fall, daß die Zylinderfläche mit einer Keilnute (Abb. 179) versehen wird, an deren Seitenwänden das runde Seil sich anlegt. Man hat für diesen Fall statt μ nur den Reibungskoeffizienten für Keilnuten

$$\mu_1 = \frac{\mu}{\sin \vartheta}$$

einzusetzen, worin $\sphericalangle\,\vartheta$ den halben Keilnutenwinkel bedeutet. Die für die Nutzlast N abgeleitete Gleichung würde dann lauten

$$N = G \cdot (e^{\mu_1 \cdot \alpha} - 1) = G \cdot \left(e^{\frac{\mu}{\sin\vartheta}\cdot\alpha} - 1\right).$$

Beispiel: Welche Nutzlast N könnte bis zum Seilrutschen erreicht werden, wenn das Seil der vorigen Aufgabe in einer Keilnute mit dem halben Keilwinkel $\vartheta = 30^0$ laufen würde?

Lösung: Es wird

$$\mu_1 = \frac{\mu}{\sin\vartheta} = \frac{0,20}{\sin 30^0} = \frac{0,20}{0.5} = 0,40.$$

Nach Tabelle S. 449 ist für $\mu_1 = 0,40$ und $\alpha^0 = 180^0$ der Wert

$$e^{\mu_1 \cdot \alpha} = 3,50.$$

Damit wird

$$N = G \cdot (e^{\mu_1 \cdot \alpha} - 1) = 10000 \cdot (3,50 - 1) = 25000 \text{ kg.}$$

Bei einer wirklichen Nutzlast von 2500 kg hätte man nun eine

$$\frac{25000}{2500} = 10\,\text{fache}$$

statische Sicherheit gegen Seilrutschen. Die Keilnutenform scheint daher ganz besonders vorteilhaft für Treibscheiben zu sein. Praktisch macht man aber bei Drahtseilen wegen des Seilverschleißes wohl keine Anwendung davon.

Beispiel: Bei einer Treibscheibenförderung mit elektrischem Antrieb (Abb. 180) liegen folgende Verhältnisse vor:

Korbgewicht $K = 6000$ kg, Gewicht von 6 leeren Wagen $W = 3600$ kg, Förderseilgewicht (550 m lang, 55 mm Durchmesser) $S = 5600$ kg, Unterseilgewicht $S = 5600$ kg, Nutzlast $= 6$ Wagenfüllungen Kohle $N = 6 \cdot 600 = 3600$ kg.

Der Umschlingungswinkel ist $\alpha^0 = 184^0$, Reibungsziffer $\mu = 0,20$.

Wie groß ist die statische Sicherheit gegen Seilrutsch?

Lösung: Die toten Lasten auf beiden Seiten sind vollkommen ausgeglichen, sie betragen für jede Seite

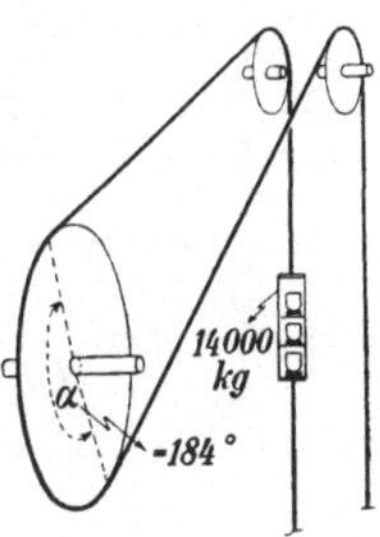

$$
\begin{aligned}
\text{Korbgewicht} \quad & K = 6000\ \text{kg} \\
\text{Seilgewicht} \quad & S = 5600\ \text{,,} \\
\text{Wagengewicht} \quad & W = 2400\ \text{,,} \\
\hline
K + S + W = {}& G = 14000\ \text{kg.}
\end{aligned}
$$

Der untere Korb soll die Nutzlast $N = 3600$ kg hochziehen. Verursacht diese Nutzlast Seilrutsch?

Diejenige Nutzlast, welche bei G kg Totlast das Seilrutschen einleitet, muß folgende Größe haben:

$$N = G \cdot (e^{\mu\alpha} - 1).$$

Für $\alpha^0 = 184^0$ ist das Bogenmaß

$$\alpha = 2\pi \cdot \frac{184}{360} = 3,21,$$

$$e^{\mu\alpha} = 2,718^{0,20\cdot 3,21} = 2,718^{0,642} = 1,9.$$

$$N = 14000 \cdot (1,9 - 1) = \mathbf{12\,600\ kg.}$$

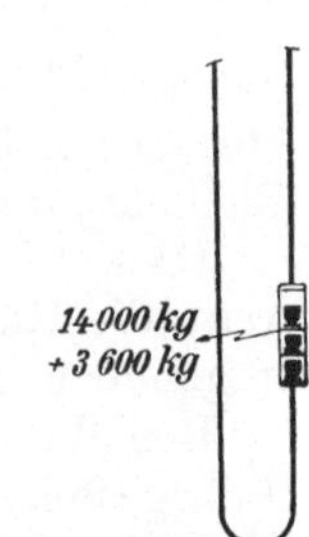

Abb. 180. Treibscheibenförderung.

Da die wirkliche Nutzlast nur **3600 kg** beträgt, so hat die Treibscheibenförderung eine

$$\frac{12600}{3600} = 3,5\,\text{fache}$$

statische Sicherheit gegen Seilrutschen

Beispiel: Bei welchem Umschlingungswinkel α^0 würde die Nutzlast $N = 3600\,\text{kg}$ ausreichen, um die Gefahr des Seilrutschens zu bringen?

Lösung: Bei einer beiderseitigen ausgeglichenen Seillast G lautet die Bedingung für das Seilrutschen

$$G \cdot e^{\mu\alpha} = G + N,$$

$$e^{\mu\alpha} = \frac{G + N}{N} = \frac{14000 + 3600}{14000} = 1{,}26,$$

$$\mu \cdot \alpha \cdot \log e = \log 1{,}26,$$

$$\text{Bogenmaß} \quad \alpha = \frac{\log 1{,}26}{\mu \cdot \log e} = \frac{0{,}1004}{0{,}20 \cdot 0{,}4342} = \frac{0{,}1004}{0{,}08684} = 1{,}16,$$

$$\text{Bogenmaß} \quad 2\pi = 6{,}28 = 360^0,$$

$$\text{Bogenmaß} \quad 1{,}16 = \frac{360 \cdot 1{,}16}{6{,}28} = 66{,}5^0.$$

Bei dem Umschlingungswinkel $\alpha^0 = 66{,}5^0$ würde eine Nutzlast von 3600 kg das Seil zum Rutschen bringen.

37. Der Riemenzug.

In Abb. 181 wird von dem Schwungradriemen einer Dampfmaschine eine Scheibe angetrieben. Die getriebene Scheibe hat den kleineren Durchmesser, also ist der Umspannungsbogen α dieser Scheibe kleiner wie der Umspannungsbogen auf dem Schwungrad. Daher ist auch die Gefahr des Riemengleitens auf der kleinen Scheibe am größten. Das Gleiten tritt ein, wenn der ziehende Riemen die Zugkraft

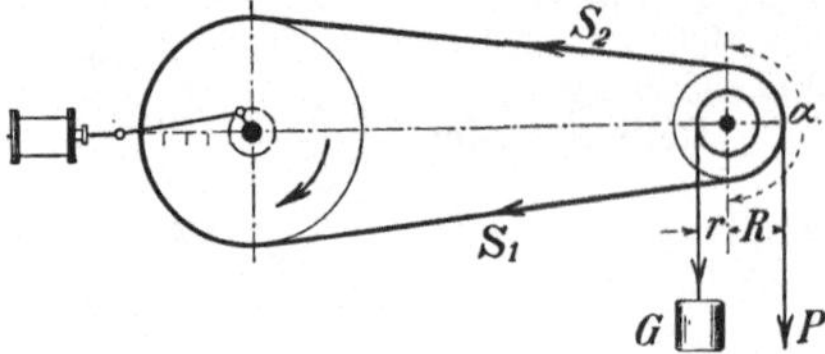

Abb. 181. Der Riemenzug.

$$S_1 = S_2 \cdot e^{\mu\alpha}$$

überschreitet. Die Zugkraft des Riemens ist also eine Funktion der Riemenspannung S_2.

Da $e^{\mu\alpha}$ konstant bleibt, kann die Zugkraft S_1 nur größer werden, wenn die Riemenspannung S_2 größer wird, d. h. je größer die zu übertragende Kraft ist, um so stärker muß der Riemen gespannt werden.

Der Widerstand der getriebenen Scheibe kann durch ein Gewicht G dargestellt werden, das auf der Trommel vom Radius r hochgezogen wird. Das Lastmoment $G \cdot r$ muß von der Umfangskraft P der Riemenscheibe, welche den Radius R hat, überwunden werden, also ist

$$P \cdot R = G \cdot r, \quad P = G \cdot \frac{r}{R}.$$

Die Differenz der beiden Riemenzugkräfte S_1 und S_2 liefert die Umfangskraft P, also ist

$$S_1 - S_2 = G \cdot \frac{r}{R}$$

und da

$$S_1 = S_2 \cdot e^{\mu\alpha} \quad \text{oder} \quad S_2 = \frac{S_1}{e^{\mu\alpha}}$$

ist, so wird

$$S_1 - \frac{S_1}{e^{\mu\alpha}} = G \cdot \frac{r}{R},$$

$$S_1 \cdot \left(1 - \frac{1}{e^{\mu\alpha}}\right) = G \cdot \frac{r}{R},$$

$$S_1 \cdot \frac{e^{\mu\alpha} - 1}{e^{\mu\alpha}} = G \cdot \frac{r}{R} \quad \text{oder} \quad \boldsymbol{S_1 = G \cdot \frac{r}{R} \cdot \frac{e^{\mu\alpha}}{e^{\mu\alpha} - 1}}.$$

Da

$$S_2 = \frac{S_1}{e^{\mu\alpha}}$$

ist, so wird

$$\boldsymbol{S_2 = G \cdot \frac{r}{R} \cdot \frac{1}{e^{\mu\alpha} - 1}}.$$

Meistens aber wird man nicht mit dem Drehmoment $G \cdot r$ einer Last zu rechnen haben, sondern unmittelbar mit der Umfangskraft P an der Scheibe. Dann lauten die Gleichungen für die Riemenkräfte

$$S_1 = P \cdot \frac{e^{\mu\alpha}}{e^{\mu\alpha} - 1} \quad \text{und} \quad S_2 = P \cdot \frac{1}{e^{\mu\alpha} - 1}.$$

Beispiel: Ein Riemen soll eine Umfangskraft $P = 100$ kg übertragen. Er läuft auf einer gußeisernen Scheibe ($\mu = 0,28$) mit einem Umspannungsbogen von $\alpha^0 = 144^0$. Wie groß werden die Riemenkräfte im ziehenden und gezogenen Riemenstück?

Lösung: Nach Tabelle S. 449 ist für $\alpha^0 = 144^0$ und $\mu = 0,28$ der Wert $e^{\mu\alpha} = 2,02$

$$S_2 = P \cdot \frac{1}{e^{\mu\alpha} - 1} = 100 \cdot \frac{1}{2,02 - 1} = \boldsymbol{98 \text{ kg}},$$

$$S_1 = e^{\mu\alpha} \cdot S_2 = 2,02 \cdot 98 = \boldsymbol{198 \text{ kg}}.$$

In diesem Fall hat also der ziehende Riemen rund die **doppelte Umfangskraft** und der gezogene Riemen die **ganze Umfangskraft** aufzunehmen. Man müßte daher die Lager der beiden Scheiben mit der dreifachen Umfangskraft gegeneinander spannen.

Beispiel: Wie groß müssen die Spannkräfte werden, wenn der Umspannungsbogen nur 108^0 ist?

Lösung: Nach Tabelle S. 449 ist für $\alpha^0 = 108^0$ und $\mu = 0,28$ der Wert $e^{\mu\alpha} = 1,69$.

$$S_2 = P \cdot \frac{1}{e^{\mu\alpha} - 1} = 100 \cdot \frac{1}{1,69 - 1} = \frac{100}{0,69} = \boldsymbol{145 \text{ kg}},$$

$$S_1 = e^{\mu\alpha} \cdot S_2 = 1,69 \cdot 145 = \boldsymbol{245 \text{ kg}}.$$

Der kleine Umspannungsbogen macht erforderlich, daß der Riemen stärker gespannt werden muß, und zwar ist $S_1 + S_2 = 245 + 145 = 390$ kg, d. h. die Lager der beiden Scheiben müssen fast mit der **vierfachen Umfangskraft** gegeneinander gespannt werden. Das wirkt sich ungünstig auf die Lager aus, welche ständig den Spanndruck aufzunehmen und infolgedessen mehr Reibungsarbeit zu leisten haben. Auch der Riemen wird dadurch ungünstig beansprucht, da er nun schon die 2,5fache Umfangskraft aufzunehmen hat. Kleine Umspannungsbogen sind daher außerordentlich nachteilig und sollten vermieden werden.

Um den Umspannungsbogen durch den Riemenlauf nicht zu vermindern, soll man dem ziehenden Riemen den **unteren Lauf** geben, wie Abb. 182, Fig. a zeigt. Das Durchhängen des oberen, gezogenen Riemenlaufs vergrößert den Umspannungsbogen. In Fig. b liegt der ziehende Riemen oben, der gezogene Riemen hängt unten im Bogen durch und vermindert dadurch den Umspannungsbogen.

Günstig wirken die neuerdings in Anwendung gekommenen Spannrollen, wie Abb. 183 zeigt. Die Spannrolle, die durch ein Gewicht G gegen den gezogenen Riemen gedrückt wird, vermehrt an der kleinen Scheibe den Umspannungsbogen.

Beispiel: Wie groß werden die Spannkräfte für einen Riemen, der 100 kg Umfangskraft übertragen soll, wenn durch Spannrolle an der kleinen Scheibe eine 0,7fache Umspannung ($\alpha^0 = 252^0$) erreicht wird und $\mu = 0,28$ ist?

Lösung: Nach Tabelle S. 449 ist für $\alpha^0 = 252^0$ und $\mu = 0,28$ der Wert $e^{\mu\alpha} = 3,43$.

$$S_2 = P \cdot \frac{1}{e^{\mu\alpha} - 1} = 100 \cdot \frac{1}{3,43 - 1} = \mathbf{41\ kg,}$$

$$S_1 = e^{\mu\alpha} \cdot S_2 = 3,43 \cdot 41 = \mathbf{141\ kg.}$$

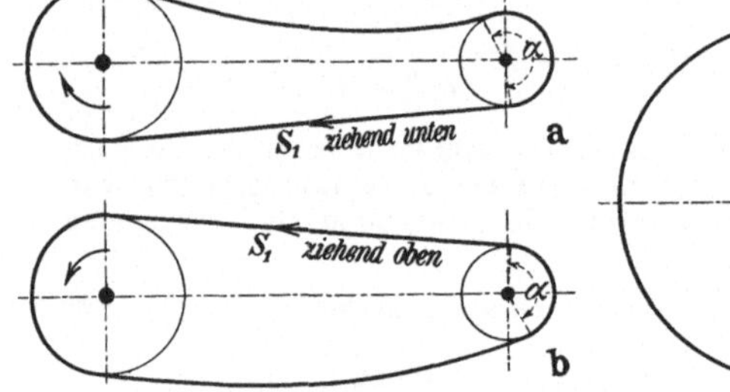

Abb. 182. Der Umspannungsbogen beim Riemenzug.

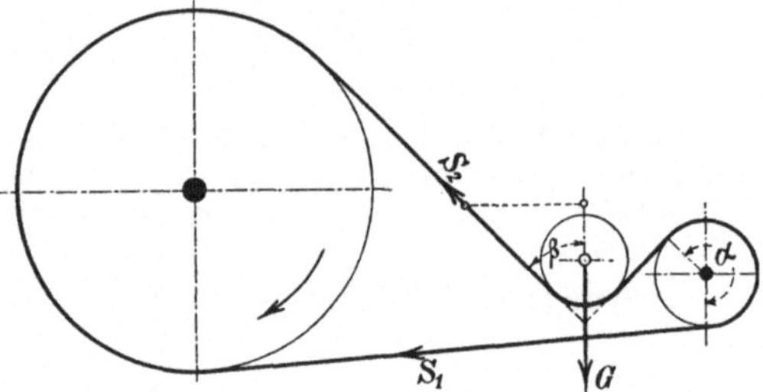

Abb. 183. Vergrößerung des Umspannungsbogens durch Spannrolle.

Der Riemen hat demnach als größte Zugkraft nur die $\frac{141}{100} = 1,41$fache Umfangskraft aufzunehmen, und die Lager werden nur mit der $\frac{141 + 41}{100} = 1,82$fachen Umfangskraft gegeneinander zu spannen sein.

Das Belastungsgewicht G der Spannrolle berechnet sich aus dem Riemenzug S_2. Nach Abb. 183 ist, wenn $\beta = 45^0$ der halbe Umspannungswinkel der Spannrolle ist,

$$\frac{\frac{G}{2}}{S_2} = \cos\beta, \quad \text{also} \quad G = 2 \cdot S_2 \cdot \cos\beta$$

$$G = 2 \cdot 41 \cdot \cos 45^0 = 2 \cdot 41 \cdot 0,7071 = \mathbf{78\ kg.}$$

Die Verwendung hölzerner Riemenscheiben bringt insofern Vorteile, als die Reibungsziffer zwischen Leder und Holz bedeutend größer ist als zwischen Leder und blankem Gußeisen. Man rechnet für Holzscheiben mit $\mu = 0,47$.

Für einen Umspannungsbogen $\alpha^0 = 144^0$, der einer Umspannung des 0,4fachen Umfanges entspricht, ist nach Tabelle S. 449

für $\mu = 0,47$ der Wert $e^{\mu\alpha} = 3,26$,

für $\mu = 0,28$ der Wert $e^{\mu\alpha} = 2,02$.

Also werden die Riemenspannungen:

$$S_2 = P \cdot \frac{1}{e^{\mu\alpha}-1} = P \cdot \frac{1}{3{,}26-1} = 0{,}442 \cdot P \;\Bigg\}\; \text{für Holzscheibe,}$$
$$S_1 = e^{\mu\alpha} \cdot S_2 = 3{,}26 \cdot 0{,}442 \cdot P = 1{,}44 \cdot P$$

$$S_2 = P \cdot \frac{1}{2{,}02-1} = 1 \cdot P \;\Bigg\}\; \text{für Gußeisenscheibe.}$$
$$S_1 = 2{,}02 \cdot 1\,P = 2 \cdot P$$

Holzscheiben bringen demnach kleinere Riemenspannungen und kleinere Lagerdrucke.

38. Der Kettenbiegungswiderstand.

Obwohl die Ketten außerordentlich biegsam sind und um Rollen kleinster Durchmesser gelegt werden können, tritt bei der Biegungsbewegung doch ein Widerstand auf, der durch Reibung an den Kettengliedern erzeugt wird. Ein Kettenglied ist ein Ring, der sich um einen Bolzen oder Zapfen legt.

Ein mit einem Gewicht G belasteter Ring (Abb. 184, Fig. a) wird, auf einen ruhenden Zapfen gehängt, sich so einstellen, daß die Kraftrichtung G durch den Stützpunkt A des Ringes geht.

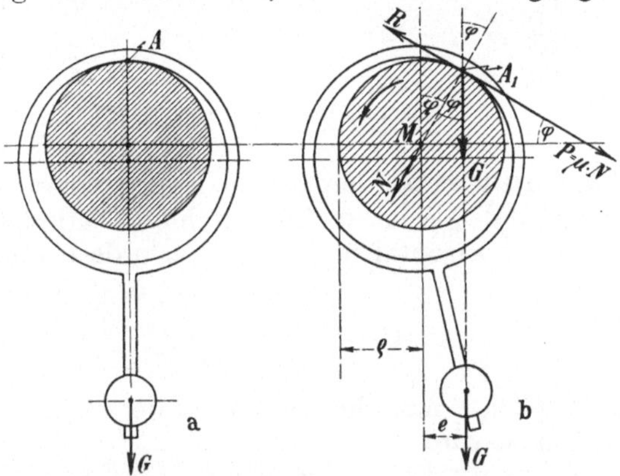

Abb. 184. Bolzen und Ring in Ruhe und Drehung.

Sobald der Zapfen sich dreht (Fig. b), verändert sich infolge des Reibungswiderstandes die Lage des Stützpunktes, er kommt nach A_1. Auch in dieser Lage kann nur Gleichgewicht herrschen, wenn die Kraftrichtung G wieder durch den Stützpunkt A_1 geht. Damit ist aber die Richtungslinie des Gewichtes um das Maß e aus der Mittellage herausgerückt.

Denkt man sich im Stützpunkt A_1 die Tangente an den Zapfenkreis gelegt, und diese Tangente als schiefe Ebene, darauf im Punkte A_1 das Gewicht G, so wird das Gewicht abrutschen, sobald der Neigungswinkel der Ebene die Größe des Reibungswinkels φ erreicht.

G erzeugt an der Auflagerstelle A_1 die Normalkomponente N und die Parallelkomponente P. Die Normalkomponente N erzeugt den Reibungswiderstand $\mu \cdot N$. Sobald

$$P = R = \mu \cdot N$$

wird, tritt das Rutschen ein.

Der Winkel φ erscheint als Winkel zwischen dem Berührungsradius $A_1 M$ und der Mittelpunktsvertikalen wieder. Der Stützpunkt A_1 läßt sich also bestimmen, wenn der Reibungskoeffizient

$$\mu = \operatorname{tg} \varphi$$

bekannt ist. Je größer die Reibung, um so weiter rückt A_1 von der Mittelpunktsvertikalen ab, um so größer wird die exzentrische Aufhängung e des Gewichtes. In der Abb. 184b liest man ab

$$e = \varrho \cdot \sin \varphi.$$

Da der Winkel φ immer sehr klein ist, kann man sin durch tg ersetzen, und es ist

$$e = \varrho \cdot \operatorname{tg} \varphi = \varrho \cdot \mu.$$

Die Formel sagt uns, daß die Exzentrizität e nur abhängig ist von dem Radius ϱ des Zapfens und der Reibungsziffer μ, und nicht ab

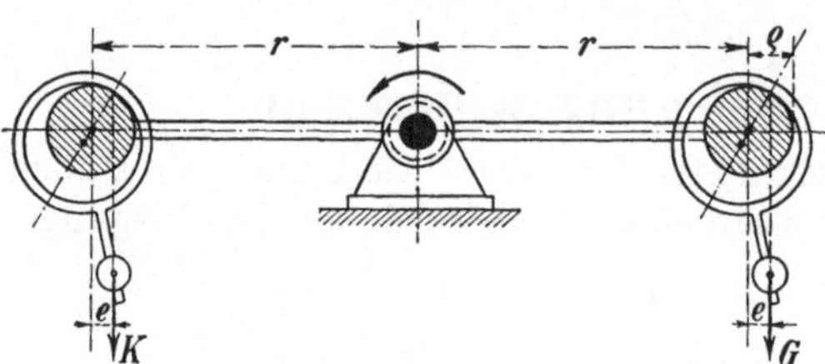

Abb. 185. Kettenbolzen.

hängig ist von der Drehgeschwindigkeit des Zapfens. Der Ring würde also auch in dieser exzentrischen Lage bleiben können, wenn die Drehgeschwindigkeit sehr klein würde.

Diese kleine Drehgeschwindigkeit des Zapfens liegt in Abb. 185 vor. Die Zapfen sitzen an den beiden Enden eines gleicharmigen, horizontalen Hebels, der sich in Linksdrehung befindet. Die Gleichgewichtslage in der horizontalen Stellung erfordert die Bedingung

$$K \cdot (r - e) = G \cdot (r + e),$$
$$\frac{K}{G} = \frac{r + e}{r - e}.$$

Multipliziert man den Bruch auf der rechten Seite oben und unten mit $(r + e)$, so wird

$$\frac{K}{G} = \frac{(r + e) \cdot (r + e)}{(r - e) \cdot (r + e)} = \frac{(r + e)^2}{r^2 - e^2} = \frac{r^2 + 2er + e^2}{r^2 - e^2}.$$

Der Wert e ist immer sehr klein, so daß der Ausdruck e^2 so klein wird, daß er vernachlässigt werden kann. Dann ist

$$\frac{K}{G} = \frac{r^2 + 2er}{r^2} = 1 + \frac{2e}{r}.$$

Man nennt den Ausdruck $\dfrac{K}{G}$ auch den **Verlustfaktor**. Er sagt, daß K immer größer sein muß als G, denn das Verhältnis $\dfrac{K}{G}$ ist nach der vorstehenden Gleichung größer als 1. Der größere Betrag dient zur Überwindung des Kettenbiegungswiderstandes.

In Abb. 186 soll durch eine Kettenrolle das Gewicht G hochgezogen werden. Die Kette ist aus einzelnen Gliedern zusammengesetzt, welche durch Gelenkbolzen miteinander verbunden sind. An der Auflauf- und Ablaufstelle findet eine Reibung der Bolzen in den Gelenken statt. Diese Reibung wirkt an beiden Stellen der Richtungsveränderung der Kette entgegen. Auch für diesen Fall gilt die gefundene Gleichung

$$\frac{K}{G} = 1 + \frac{2e}{r}.$$

Setzt man den früher gefundenen Wert $e = \varrho \cdot \mu$ ein, wo ϱ den Bolzenradius bedeutet, so wird

$$\frac{K}{G} = 1 + \mu \cdot \frac{2\,\varrho}{r}$$

$$2\,\varrho = \delta = \text{Dicke der Gelenkbolzen,}$$

$$\frac{K}{G} = 1 + \mu \cdot \frac{\delta}{r}\,.$$

Die zum Heben der Last G erforderliche Kraft ist

$$\boldsymbol{K = G + \mu \cdot \frac{\delta}{r} \cdot G}\,.$$

Der Biegungswiderstand hat also die Größe

$$W_b = \mu \cdot \frac{\delta}{r} \cdot G\,.$$

Der Biegungswiderstand nimmt daher zu

1. mit der Reibungsziffer μ,
2. mit der Bolzendicke δ,
3. mit der Gewichtsbelastung G.

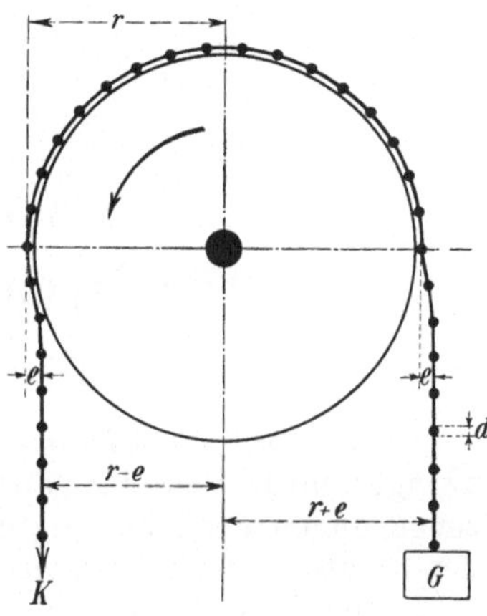

Abb. 186. Die Kettenrolle.

Er ist aber umgekehrt proportional dem Halbmesser r der Kettenrolle.

Beispiel: Die Gelenkbolzen einer Kette haben $\delta = 10$ mm Dicke, der Rollenhalbmesser sei $r = 100$ mm. Wie groß wird der Biegungswiderstand, wenn der Reibungskoeffizient der Gelenkbolzen $\mu = 0,15$ ist?

Lösung: Der Biegungswiderstand wird

$$W_b = 0,15 \cdot \frac{10}{100} \cdot G = 0,015 \cdot G\,.$$

Es hat also der Biegungswiderstand dieselbe Wirkung wie eine Vergrößerung der hochzuziehenden Last um 1,5%.

39. Der Seilbiegungswiderstand.

Ähnlich wie bei der Kette die Reibung in den Gelenken, so erzeugt bei geflochtenen Seilen die Reibung zwischen den Litzen und Drähten und der Drahtwiderstand gegen Biegen einen Widerstand, sobald das Seil eine Richtungsänderung erleidet. Die Größe dieses Widerstandes kann jedoch nicht durch Rechnung gefunden werden. Hier müssen Versuche einsetzen und die Grenzwerte dieser Widerstände ermitteln. Nach älteren Versuchen ist

$$W_b = 13 \cdot \frac{\delta^2}{r} \cdot G,$$

wenn bedeutet $\delta =$ Seildicke in m, $r =$ Rollenhalbmesser in m. Neuere Versuche, insbesondere mit Drahtseilen, sind nicht bekannt.

Beispiel: Wie groß wird der Seilbiegungswiderstand für ein Seil von 55 mm Dicke, wenn der Seilscheibenradius 2 m ist?

Lösung: Der Seilbiegungswiderstand wird

$$W_b = 13 \cdot \frac{0,055^2}{2,00} \cdot G = \boldsymbol{0,02 \cdot G},$$

d. h. der Biegungswiderstand wirkt wie eine Lastvergrößerung um 2%.

Die Dynamik fester Körper.

1. Die Bewegungsarten.

In der Technik erfolgen die Bewegungen zwangläufig, d. h. man zwingt dem Körper eine ganz bestimmte Bahnlinie auf. Schienenfahrzeuge folgen der Richtung der Schienen, Fahrstühle und Förderkörbe der Richtung der führenden Spurlatten, der Kreuzkopf folgt der Richtung der Kreuzkopfbahn, der Kurbelzapfen der Bahn der Kurbel, immer ist die Bahn eine vorgeschriebene.

Nach der Form der durchlaufenen Bahnlinie unterscheidet man geradlinige und krummlinige Bewegungen. Von den krummlinigen Bewegungen ist die Kreisbewegung die häufigste.

Aber auch die Bewegung an sich kann verschiedenartig sein. In der Bewegung einer Maschine liegt ein gewisser Rhythmus oder ein Gleichtakt. Die Maschine, die im Gleichtakt läuft, bewegt sich gleichförmig, d. h. sie legt mit ihrem Schwungrad in gleichen Zeiten gleiche Wegestrecken zurück.

Die Bewegung kann auch unrhythmisch oder ungleichförmig erfolgen. Dann legt der Körper in gleichen Zeiten ungleiche Wegestrecken zurück. Werden die Wegelängen größer, so nennen wir die Bewegung beschleunigt, werden die Wegelängen kleiner, so nennen wir die Bewegung verzögert.

2. Die gleichförmige Bewegung.

Ein Körper lege auf geradliniger Bahn in 2 Minuten einen Weg von 240 m zurück. Aus diesen Angaben läßt sich sofort berechnen, wie groß der in 1 Sekunde durchlaufene Weg ist. Er ist

$$\frac{240}{2 \cdot 60} = 2 \,\mathrm{m}\,.$$

Man sagt dann, der Körper hat eine Geschwindigkeit von 2 m und versteht unter der Geschwindigkeit den Sekundenweg des Körpers, in m gemessen.

Bei Eisenbahnzügen pflegt man die Fahrgeschwindigkeit der Züge in km je Stunde anzugeben, ebenso bei Flugzeugen die Fluggeschwindigkeit. Legt ein Verkehrsflugzeug z. B. in der Stunde 180 km zurück, so ist seine Geschwindigkeit

$$\frac{180\,000}{3600} = 50 \,\mathrm{m/sek}\,.$$

Ein Schnellzug, der in 1 Stunde 90 km fährt, hat die Geschwindigkeit

$$\frac{90\,000}{3600} = 25 \text{ m/sek.}$$

Bei Ozeandampfern wird die stündliche Fahrstrecke in Knoten angegeben.

1 Knoten = 1 deutsche Seemeile = $\frac{1}{4}$ Landmeile = 1852 m. Legt das Schiff in 1 Stunde 1 Knoten zurück, so ist seine Geschwindigkeit

$$\frac{1852}{3600} = 0,514 \text{ m/sek.}$$

Der Ozeandampfer, der mit 25 Knoten fährt, hat demnach eine Geschwindigkeit von

$$25 \cdot 0,514 = 12,85 \text{ m/sek.}$$

Die größten Geschwindigkeiten werden in der Schießtechnik erzielt, das Infanteriegeschoß hat eine Anfangsgeschwindigkeit von 620 m/sek, die Granate einer 10,5-cm-Kanone eine Anfangsgeschwindigkeit von 933 m/sek; im Sport wurde beim 100-m-Lauf eine Zeit von 10,8 Sekunden erzielt, d. h. die höchste Laufgeschwindigkeit eines Turners beträgt

$$\frac{100}{10,8} = 9,25 \text{ m/sek.}$$

Es ist üblich, für die Größen Weg, Zeit und Geschwindigkeit feste Bezeichnungen zu nehmen. Man setzt

$s =$ Weg des Körpers in m,
$t =$ Zeitdauer der Bewegung in sek,
$v =$ Geschwindigkeit des Körpers in m/sek.

Ein Körper, welcher in 1 Sekunde den Weg v zurücklegt, legt in t Sekunden einen Weg zurück von der Länge

$$s = v \cdot t.$$

Ein Körper, welcher in t Sekunden einen Weg von s Meter zurücklegt, legt in 1 Sekunde einen Weg zurück von der Größe

$$v = \frac{s}{t}.$$

Legt ein Körper einen Weg von s Meter zurück und bewegt er sich um v Meter in 1 Sekunde, so erfordert die Bewegung die Zeit

$$t = \frac{s}{v} \text{ Sekunden.}$$

Beispiel: Ein Fußgänger macht in der Minute 70 Doppelschritte zu 1,60 m; welche Geschwindigkeit hat er und wieviel km legt er in einer Stunde zurück? Es ist $s = 70 \cdot 1,6 = 112$ m in $t = 60$ sek,

$$v = \frac{s}{t} = \frac{112}{60} = 1,87 \text{ m/sek,}$$

$$s = v \cdot t = 1,87 \cdot 3600 = 6730 \text{ m} = 6,73 \text{ km/h.}$$

Beispiel: Auf dem Äquator ist ein Kabel verlegt, in welcher Zeit würde der Strom den Äquator durchlaufen haben, wenn die Fortpflanzungsgeschwindigkeit der Elektrizität 300 000 km beträgt?

Erddurchmesser $= 12730$ km, Äquatorlänge $= \pi \cdot 12730 = 40000$ km.

$$t = \frac{s}{v} = \frac{40000}{300000} = 0,13 \text{ sek.}$$

Beispiel: Welche Zeit erfordert die Seilfahrt aus 600 m Teufe, wenn die mittlere Seilgeschwindigkeit 5 m beträgt?

$$t = \frac{s}{v} = \frac{600}{5} = 120 \text{ sek} = 2 \text{ min.}$$

Beispiel: Eine Seilbahn (Abb. 187) zieht Förderwagen mit 400 kg Ladegewicht in Abständen von 20 m; wieviel Tonnen Stundenleistung hat die Bahn, wenn das Seil mit 0,80 m Geschwindigkeit läuft?

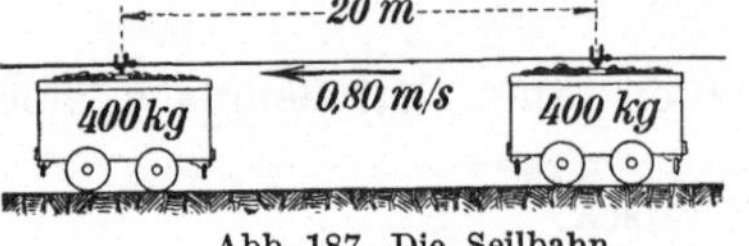

Abb. 187. Die Seilbahn.

Der Stundenweg des Seils ist $s = v \cdot t = 0,80 \cdot 3600 = 2880$ m, stündliche Wagenzahl $= \dfrac{2800}{24} = 144.$

Stundenleistung $= 144 \cdot 400 = 57\,600$ kg $= 57,6$ t.

Beispiel: Ein Becherwerk (Abb. 188) trägt in Abständen von je 50 cm Becher von 60 kg Ladegewicht; mit welcher Geschwindigkeit muß die Kette laufen, wenn in der Stunde 80 t gehoben werden sollen?

$$\text{Becherzahl in der Stunde} = \frac{80000}{60} = 1332,$$

$$\text{stündliche Kettenlänge} = 1332 \cdot 0,50 = 666 \text{ m} = s,$$

$$\text{Kettengeschwindigkeit} = v = \frac{s}{t} = \frac{666}{3600} = 0,185 \text{ m/sek.}$$

Beispiel: Ein Transportband (Abb. 189) von 1,00 m Breite bewege sich mit 0,80 m Geschwindigkeit. Wieviel t Kohlen liefert das Band in einer Stunde, wenn die mittlere Beschickungsbreite 0,65 m und die Beschickungshöhe 0,15 m ist?

$$\text{Fördervolumen} = 0,65 \cdot 0,15 \cdot 0,80 = 0,078 \text{ m}^3/\text{sek}$$
$$= 3600 \cdot 0,078 = 281 \text{ m}^3/\text{h},$$
$$1 \text{ m}^3 \text{ Kohle} = 1,3 \text{ t}$$
$$281 \text{ m}^3 \text{ Kohle} = 1,3 \cdot 281 = 365 \text{ t/h.}$$

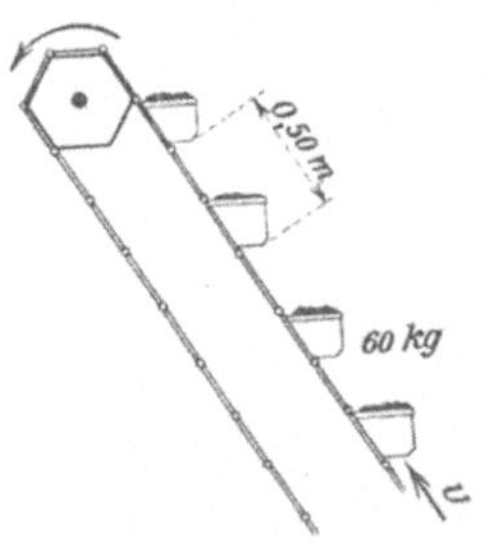

Abb. 188. Das Becherwerk.

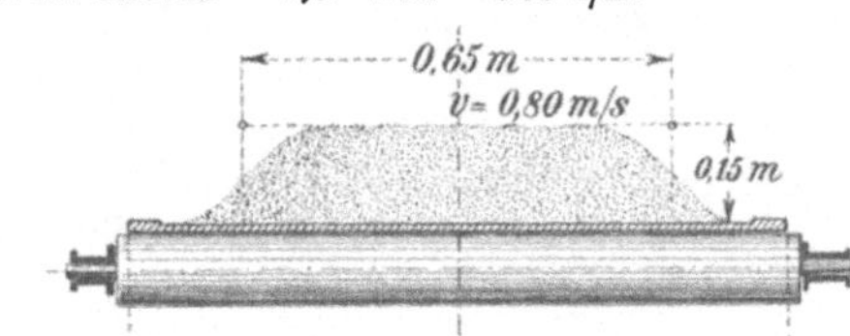

Abb. 189. Das Förderband.

Zeichnerische Darstellung der gleichförmigen Bewegung.
a) Das Zeit-Wege-Diagramm.

In Abb. 190 schneiden sich im Punkt O zwei rechtwinkelig zueinander stehende Linien oder Achsen, auf der horizontalen Achse wird die Zeit t abgetragen, indem man für die Sekunde eine beliebige Längeneinheit wählt, man sieht 10 Sekunden abgetragen. Auf der anderen Achse werden die Wegestrecken s abgetragen, in der Figur bedeutet die gewählte Längeneinheit z. B. eine Wegestrecke von 10 m.

Ein Körper bewege sich gleichförmig mit der Geschwindigkeit $v = 10$ m, dann heißt das, der Körper legt in jeder Sekunde einen Weg von 10 m zurück. Das stellt man im Diagramm so dar: Am Ende der ersten Sekunde hat der Körper einen Weg von 10 m zurückgelegt, man errichtet im 1. Sekundenpunkt ein Lot von der Länge 10 m. In jedem darauf folgenden Sekundenpunkt ist die Lotlänge immer um 10 m größer als die vorhergehende Lotlänge. Nach 10 Sekunden ist der Punkt I erreicht. Verbindet man die Endpunkte der Lotordinaten miteinander, so erhält man die schräge Linie OI, welche die Zeit-Wege-Linie genannt wird.

Ein Körper, der sich mit 1 m Geschwindigkeit gleichförmig bewegt, hat nach 10 Sekunden erst einen Weg von 10 m zurückgelegt. Im Diagramm ist diese Bewegung durch die schräge Linie OII dargestellt, welche erheblich flacher verläuft. Demnach ist der Neigungswinkel α der Zeit-Wege-Linie der Darsteller der Geschwindigkeit des Körpers, denn es ist

im 1. Fall:

$$\operatorname{tg} \alpha_1 = \frac{100}{10} = \frac{s}{t} = 10 \text{ m} = v_1,$$

im 2. Fall:

$$\operatorname{tg} \alpha_2 = \frac{10}{10} = \frac{s}{t} = 1 \text{ m} = v_2.$$

Resultat: Im Zeit-Wege-Diagramm wird die gleichförmige Bewegung durch eine gerade Linie dargestellt, deren Neigungswinkel ein Maß für die Größe der Geschwindigkeit ist.

b) Das Zeit-Geschwindigkeits-Diagramm.

Man zeichnet ein rechtwinkeliges Achsenkreuz (Abb. 191), auf

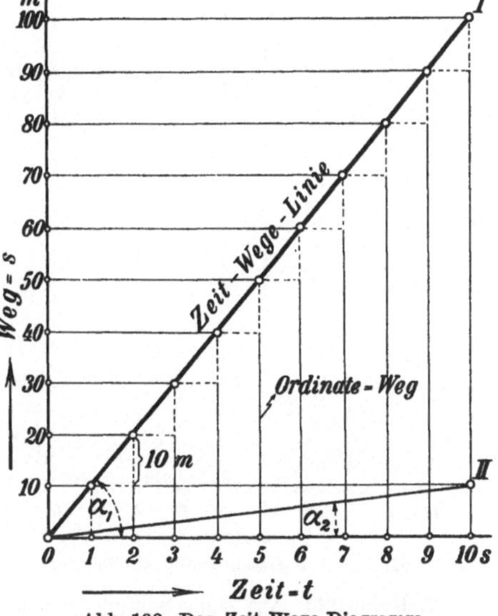

Abb. 190. Das Zeit-Wege-Diagramm.

der horizontalen Achse wird nach einem beliebigen Maßstab die Zeit in Sekunden, auf der senkrechten Achse nach einem beliebigen Maßstab die Geschwindigkeit abgetragen. Es werde wieder dasselbe Zahlenbeispiel gewählt, ein Körper bewege sich gleichförmig mit $v = 10$ m Geschwindigkeit. In den Sekundenteilpunkten errichtet man Lote, die Länge des Lotes soll die Geschwindigkeitszahl darstellen. Da die Geschwindigkeit dieselbe bleibt, so haben die Lote alle dieselbe Länge von 10 m. Die Verbindungslinie der Lotendpunkte liefert wieder eine gerade Linie, diese verläuft aber parallel zur Horizontalachse.

Es entsteht eine Rechteckfigur, der Flächeninhalt des Rechtecks ist der bildliche Darsteller der zurückgelegten Wegestrecke. Denn der Rechteckinhalt ist gleich dem Produkt aus Grundlinie mal Höhe, gleich Zeit mal Geschwindigkeit, gleich $t \cdot v$ und nach der Wegeformel ist

$$v \cdot t = s.$$

Resultat: Im Zeit-Geschwindigkeits-Diagramm wird die gleichförmige Bewegung durch eine gerade Linie dargestellt, welche parallel zur Horizontalachse läuft. Der Inhalt des entstehenden Rechtecks stellt die zurückgelegte Wegestrecke dar.

c) Die gleichförmige Kreisbewegung.

Der Umfangspunkt einer Scheibe beschreibt bei der Drehung der Scheibe eine Kreisbahn. Man nennt seine Geschwindigkeit die Umfangsgeschwindigkeit der Scheibe. Um die Umfangsgeschwindigkeit berechnen zu können, muß der Durchmesser der Kreisbahn gemessen sein und beobachtet werden, wie oft der Umfangspunkt die Kreisbahn in der Minute durchlaufen hat. Es sei

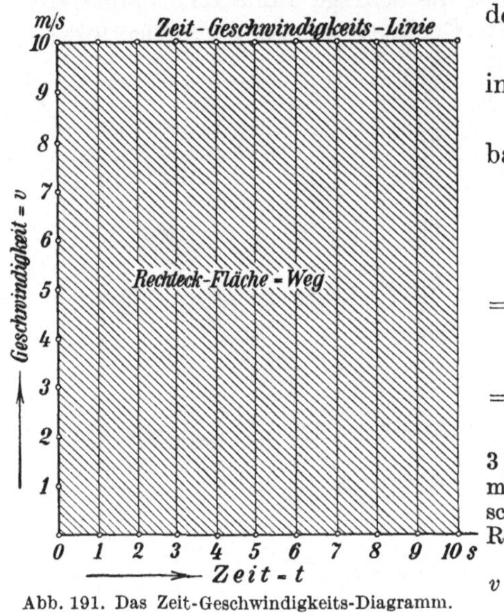

Abb. 191. Das Zeit-Geschwindigkeits-Diagramm.

$v =$ Umfangsgeschwindigkeit in m/sek,

$d =$ Durchmesser der Kreisbahn in m,

$n =$ Umlaufzahl in der Minute.

Weg nach 1 Umdrehung $= \pi \cdot d$,

Weg nach n Umdrehungen $= \pi \cdot d \cdot n =$ Minutenweg,

Sekundenweg $v = \dfrac{\pi \cdot d \cdot n}{60}$

$=$ Umfangsgeschwindigkeit.

1. Beispiel: Ein Schwungrad von 3 m Durchmesser läuft in der Minute mit 120 Umdrehungen; welche Geschwindigkeit hat der aufgelegte Riemen?

$$v = \frac{\pi d \cdot n}{60} = \frac{\pi \cdot 3 \cdot 120}{60} = 18{,}84 \text{ m/sek.}$$

2. Beispiel: Auf dem Schachtgerüst läuft eine Seilscheibe von 5 m Durchmesser; wie groß ist ihre höchste Umlaufzahl, wenn die größte Seilgeschwindigkeit 20 m beträgt?

$$\text{Aus} \qquad v = \frac{\pi d \cdot n}{60} \qquad \text{folgt} \qquad n = \frac{60 \cdot v}{\pi d} = \frac{60 \cdot 20}{\pi \cdot 5} = 76{,}5 \text{ Umdr./min.}$$

3. Beispiel: Ein Luttenventilator soll mit einer minutlichen Umdrehungszahl von 4200 laufen, wie groß darf sein Durchmesser höchstens sein, wenn die Umfangsgeschwindigkeit nicht größer als 88 m/sek werden soll?

$$\text{Aus} \qquad v = \frac{\pi d \cdot n}{60} \qquad \text{folgt} \qquad d = \frac{60 \cdot v}{\pi \cdot n} = \frac{60 \cdot 88}{\pi \cdot 4200} = 0{,}40 \text{ m.}$$

d) Die mittlere Kolbengeschwindigkeit.

Die Kreisbewegung der Maschinen wird vermöge eines Kurbeltriebwerks von der geradlinigen Bewegung eines hin- und herschwingenden Kolbens abgeleitet. Abb. 192 zeigt das Kurbeltriebwerk. Ist r die Kurbellänge, so ist der Kolbenhub $s = 2r$. Der Kolben kommt in den Totpunktlagen der Kurbel zur Ruhe und erreicht ungefähr in der Mitte der Kolbenbahn seine höchste Geschwindigkeit. Die Kolbengeschwindigkeit ist daher eine veränderliche Größe. Um trotzdem mit einer konstanten

Zahl rechnen zu können, berechnet man die mittlere Kolbengeschwindigkeit, die mit c bezeichnet werden möge.

Kolbenweg nach 1 Umdrehung $= 2 \cdot s$,

Kolbenweg nach n Umdrehungen $= 2s \cdot n =$ Minutenweg,

$$\text{Sekundenweg des Kolbens } c = \frac{2s \cdot n}{60} = \frac{s \cdot n}{30}.$$

1. Beispiel: Ein Lufthaspel macht einen Hub von 0,50 m; wie groß ist seine mittlere Kolbengeschwindigkeit bei 180 minutlichen Umdrehungen?

$$c = \frac{s \cdot n}{30} = \frac{0,50 \cdot 180}{30}$$

$$= 3,00 \text{ m/sek.}$$

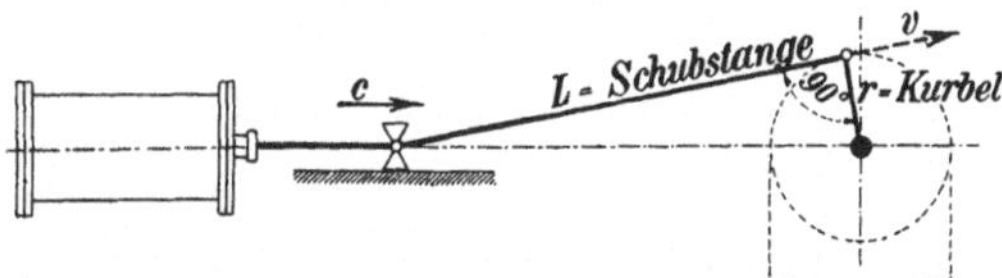

Abb. 192. Das Kurbeltriebwerk.

2. Beispiel: Wie groß darf der Kolbenweg einer Maschine sein, wenn die Maschine 300 Umdrehungen in der Minute machen soll, und die mittlere Kolbengeschwindigkeit 4 m sein darf?

Aus $\qquad c = \dfrac{s \cdot n}{30} \qquad$ folgt $\qquad s = \dfrac{30 \cdot c}{n} = \dfrac{30 \cdot 4}{300} = 0,40$ m.

3. Beispiel: Wieviel minutliche Umdrehungen darf ein Förderhaspel machen, wenn bei einem Kolbenhub von 0,40 m die mittlere Kolbengeschwindigkeit nicht größer als 3 m sein darf?

Aus $\qquad c = \dfrac{s \cdot n}{30} \qquad$ folgt $\qquad n = \dfrac{30 \cdot c}{s} = \dfrac{30 \cdot 3}{0,40} = 225.$

e) Die größte Kolbengeschwindigkeit.

In der Kurbeltriebfigur Abb. 192 ist gerade die Kurbelstellung gezeichnet, bei welcher die Schubstange den Kurbelkreis als Tangente berührt, Kurbelradius r und Schubstange L bilden zusammen einen Winkel von 90°. Bei dieser Kurbelstellung hat der Kolben seine größte Geschwindigkeit, und diese ist dann ebenso groß wie die Umfangsgeschwindigkeit der Kurbel, also ist

$$c_{\text{max}} = v = \frac{\pi \cdot s \cdot n}{60}.$$

Da $\dfrac{s \cdot n}{30} = c$ ist, so wird

$$c_{\text{max}} = \frac{\pi \cdot c}{2} = 1,57 \cdot c.$$

Bei einer mittleren Kolbengeschwindigkeit von $c = 3$ m wäre als $c_{\text{max}} = 1,57 \cdot 3 = 4,71$ m/sek.

f) Bewegungsübertragung durch Zahnräder, Riemen und Seile.

Bei geringem Abstand der Wellen dienen Zahnräder, bei mittleren Abständen Riemen und bei größeren Abständen Seile zur Bewegungsübertragung. Abb. 193 zeigt diese drei Fälle. Macht man die Durchmesser der Zahnräder oder Scheiben ungleich, so wird außer der Bewegungsübertragung noch eine Übersetzung ins Schnelle oder Langsame erzielt. Das Übertragungsgesetz soll abgeleitet werden.

Die treibende Welle trage das große Rad mit dem Durchmesser d_1, die getriebene das kleine Rad mit dem Durchmesser d_2, die zugehörigen minutlichen Umdrehungszahlen seien n_1 und n_2. In allen drei Fällen muß die Umfangsgeschwindigkeit der zusammen arbeitenden Räder oder Scheiben die gleiche sein.

$$\text{Großes Rad } v_1 = \frac{\pi\, d_1 \cdot n_1}{60},$$

$$\text{kleines Rad } v_2 = \frac{\pi\, d_2 \cdot n_2}{60}.$$

$$v_1 = v_2$$
$$\frac{\pi\, d_1 \cdot n_1}{60} = \frac{\pi\, d_2 \cdot n_2}{60},$$
$$d_1 \cdot n_1 = d_2 \cdot n_2,$$
$$\frac{n_1}{n_2} = \frac{d_2}{d_1},$$

d. h. die minutlichen Umdrehungszahlen verhalten sich umgekehrt wie die zugehörigen Durchmesser.

Bezeichnen z_1 und z_2 die Zähnezahlen der beiden Zahnräder, so haben beide bei der gleichen Zahnteilung t die Bedingung zu erfüllen

$$\pi \cdot d_2 = z_2 \cdot t \quad \text{und} \quad \pi \cdot d_1 = z_1 \cdot t,$$
$$\frac{\pi \cdot d_1}{\pi \cdot d_2} = \frac{z_1 \cdot t}{z_2 \cdot t}, \quad \frac{d_1}{d_2} = \frac{z_1}{z_2}$$

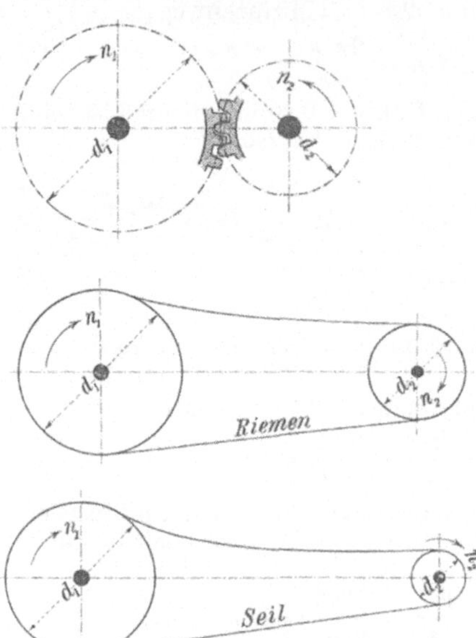

Abb. 193. Bewegungsübertragung durch Zahnräder, Riemen und Seil.

und damit wird die Gleichung

$$\frac{n_1}{n_2} = \frac{d_2}{d_1}$$

auch lauten können

$$\frac{n_1}{n_2} = \frac{z_2}{z_1},$$

d. h. bei Zahnrädern verhalten sich die minutlichen Umdrehungszahlen umgekehrt wie die Zähnezahlen.

Beispiel: Eine Bauwinde (Abb. 194) soll an einer Trommel von $d = 32$ cm Durchmesser eine Last mit $v_2 = 0{,}05$ m Geschwindigkeit heben. Der Antrieb erfolge durch eine Handkurbel vom Kurbelradius $r = 35$ cm. Wie groß muß die Übersetzung sein, wenn die Handkurbel mit $v_1 = 0{,}77$ m Umfangsgeschwindigkeit gedreht wird?

$$\text{Aus} \quad v = \frac{\pi \cdot d \cdot n}{60} \quad \text{folgt} \quad n = \frac{60 \cdot v}{\pi\, d},$$

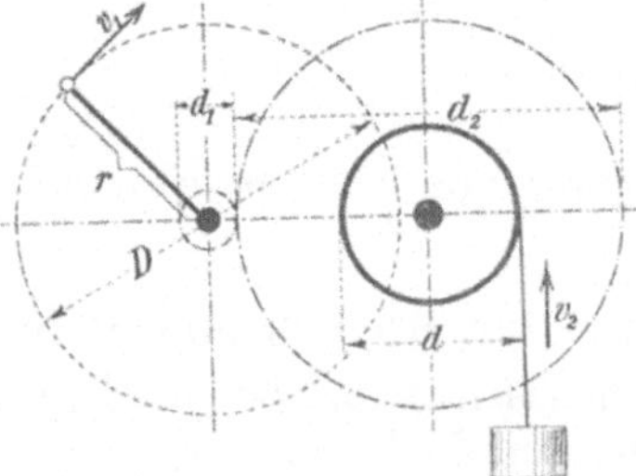

Abb. 194. Das Räderwerk einer Bauwinde.

mithin ist die minutliche Umdrehungszahl

$$\text{1. der Trommelwelle } n_2 = \frac{60 \cdot v_2}{\pi\, d} = \frac{60 \cdot 0{,}05}{\pi \cdot 0{,}32} = 3,$$

$$\text{2. der Kurbelwelle } n_1 = \frac{60 \cdot v_1}{\pi \cdot D} = \frac{60 \cdot 0{,}77}{\pi \cdot 0{,}70} = 21.$$

Das Übersetzungsverhältnis wird

$$\frac{d_2}{d_1} = \frac{n_1}{n_2} = \frac{21}{3} = \frac{7}{1}.$$

Wenn das kleine Zahnrad den Durchmesser $d_1 = 100$ mm erhält, muß das große Zahnrad den Durchmesser

$$d_2 = 7 \cdot d_1 = 7 \cdot 100 = 700 \text{ mm}$$

erhalten. Ist die Zähnezahl des kleinen Rades $z_1 = 8$, so muß das große Zahnrad

$$z_2 = 7 \cdot z_1 = 7 \cdot 8 = 56 \text{ Zähne}$$

erhalten.

Beispiel: Ein Aufzug (Abb. 195) soll von einem Drehstrommotor angetrieben werden. Der Motor macht 950 minutliche Umdrehungen. Der Fahrkorb hängt an einer Trommel von 500 mm Durchmesser und soll eine Fahrgeschwindigkeit von 0,80 m haben. Welche Übersetzung muß zwischengeschaltet werden?

Drehzahl der Trommel

$$n_2 = \frac{60 \cdot v_2}{\pi \cdot d_2} = \frac{60 \cdot 0{,}80}{\pi \cdot 0{,}50} = 30{,}6,$$

Drehzahl des Motors $n_1 = 950$,

$$\text{Übersetzung} = \frac{n_2}{n_1} = \frac{30{,}6}{950} = \frac{1}{31}.$$

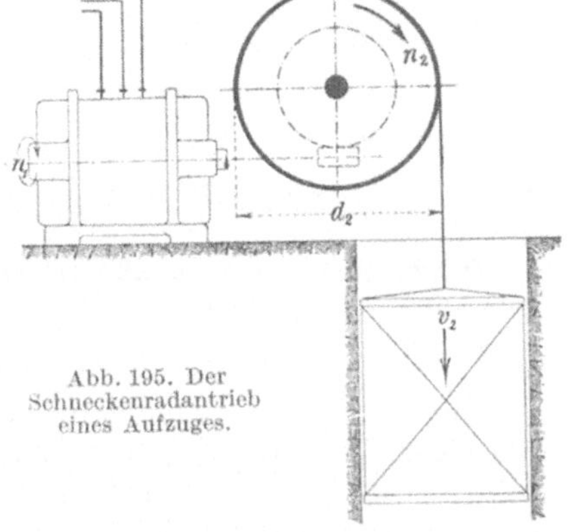

Abb. 195. Der Schneckenradantrieb eines Aufzuges.

Wählt man ein Schneckengetriebe zur Übersetzung, so wird bei einer Umdrehung der Schnecke das Schneckenrad um einen Zahn weitergedreht, das Schneckenrad muß daher 31 Zähne haben.

g) Gleichförmige Bewegung in Rohrleitungen.

Die Bewegung von Wasser oder Gas in Rohrleitungen wird im allgemeinen gleichförmig erfolgen. Ist in Abb. 196

$$F = \text{Querschnitt des Rohres in m}^2,$$
$$v = \text{Geschwindigkeit im Rohre in m/sek},$$

so schiebt sich eine Flüssigkeitssäule vorwärts vom Querschnitt F, und wenn diese Vorwärtsbewegung in der Sekunde v Meter beträgt, so wird die sekundliche Durchflußmenge

$$V = F \cdot v.$$

Diese Formel dient zur Berechnung des Rohrquerschnittes

$$F = \frac{V}{v}.$$

Abb. 196. Flüssigkeitsbewegung in Rohrleitungen.

Hiernach ist der Rohrquerschnitt von zwei Faktoren abhängig:

1. von der geforderten Liefermenge V,
2. von der gewählten Durchflußgeschwindigkeit v,

und zwar nimmt er zu direkt proportional mit der Liefermenge und umgekehrt proportional mit Zunahme der Durchflußgeschwindigkeit.

Die Wahl der Durchflußgeschwindigkeit spielt daher eine große Rolle, man soll sie möglichst niedrig halten, um kleine Reibungsverluste zu erhalten, aber dann werden die Durchmesser groß und die Leitungen teuer. Erfahrungsgemäß nimmt man

für Wasser $v = 1$ bis 2 m/sek,
für Druckluft $v = 10$ bis 20 m/sek,
für die Wetterbewegung in Lutten $v = 3$ bis 8 m/sek,
für Dampf $v = 25$ bis 40 m/sek.

Beispiel: Ein Abbauhammer (Abb. 197) verbrauche $0{,}60$ m³/min Saugluft und arbeite mit 4 atü, wie stark muß der Anschlußschlauch sein, wenn 20 m Druckluftgeschwindigkeit zugelassen werden?

Bei 4 atü oder 5 ata ist das Volumen der Druckluft $= \tfrac{1}{5}$ des Saugvolumens, also gehen durch den Schlauch

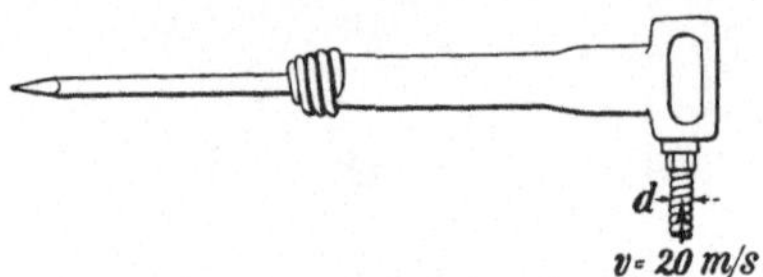

Abb. 197. Der Schlauchanschluß eines Abbauhammers.

$$\frac{0{,}60}{5} = 0{,}120 \text{ m}^3/\text{min} = 0{,}002 \text{ m}^3/\text{sek} = V,$$

$$F = \frac{V}{v} = \frac{0{,}002}{20} = 0{,}0001 \text{ m}^2 = 1 \text{ cm}^2.$$

Hierzu gehört ein Schlauchdurchmesser von $d = 1{,}13$ cm, man wird eine halbzöllige Schlauchleitung nehmen.

h) Die gleichförmige Bewegung in Kanälen und Wetterstrecken.

Für die Fortbewegung von Wasser wird man vielfach offene Gerinne oder Kanäle verwenden, die man mit Gefälle verlegt. Je geringer das Gefälle ist, um so kleiner wird die Wassergeschwindigkeit werden, und um so größer muß dann der Durchflußquerschnitt sein. Im allgemeinen wird man kleine Wassergeschwindigkeiten wählen, z. B.

für offene Gerinne $v = 1$ bis 2 m/sek.

Der Querschnitt des Stromgerinnes bestimmt sich wieder nach der Gleichung

$$F = \frac{V}{v}.$$

Beispiel: Ein Kolbenkompressor, welcher stündlich 10000 m³ Saugluft verdichtet, verbraucht an Kühlwasser 3 l für 1 m³ angesaugte Luft. Das Kühlwasser soll durch ein Rechteck-Gerinne (Abb. 198) einem Kühlturm zugeführt werden, welche Abmessungen gibt man dem Gerinne?

Stündliche Kühlwassermenge $= 10000 \cdot 3 = 30000 \text{ l} = 30 \text{ m}^3$

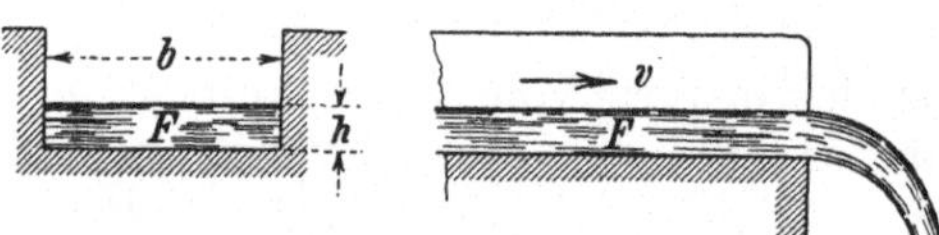

Abb. 198. Flüssigkeitsbewegung in Gerinnen.

$$V = \frac{30}{3600} = 0{,}0084 \text{ m}^3/\text{sek}.$$

Wählt man $v = 1{,}2$ m, so wird der Querschnitt

$$F = \frac{V}{v} = \frac{0{,}0084}{1{,}2} = 0{,}007 \text{ m}^2 = 70 \text{ cm}^2.$$

Bei einer Rinnenbreite von 20 cm würde die Wasserhöhe $\dfrac{70}{20} = 3{,}5$ cm werden.

Für Strecken und Querschläge kommen in der Regel Querschnitte von Rechteck- oder Trapezform in Frage. Als Wettergeschwindigkeit schreibt die Bergbehörde die Grenzgeschwindigkeit

$$v = 6 \text{ m/sek}$$

vor, welche nicht überschritten werden soll. Bei einem bekannten Querschnitt F berechnet sich dann die größte Wettermenge nach der Gleichung $V = F \cdot v$ m³/sek.

Beispiel: Ein Querschlag habe die in Abb. 199 angegebenen Abmessungen, welche größte Wettermenge kann erzielt werden?

Das Querschnittstrapez hat die Grundlinien $a = 2,20$ m und $b = 1,80$ m, die Höhe ist $h = 2,00$ m, also ist der Querschnitt

$$F = \frac{a+b}{2} \cdot h = \frac{2,20 + 1,80}{2} \cdot 2 = 4 \text{ m}^2 .$$

Größte Wettermenge

$$Q = F \cdot v = 4 \cdot 6 = 24 \text{ m}^3/\text{sek} = 2040 \text{ m}^3/\text{min}.$$

Beispiel: Der einziehende Schacht einer Zeche habe 6 m Durchmesser, wie groß ist die Wettergeschwindigkeit im Schacht, wenn der Ventilator minutlich 6000 m³ schafft und durch Einstriche und Einbauten 20% des Schachtquerschnittes für den Durchzug fortfallen?

Theoretischer Querschnitt

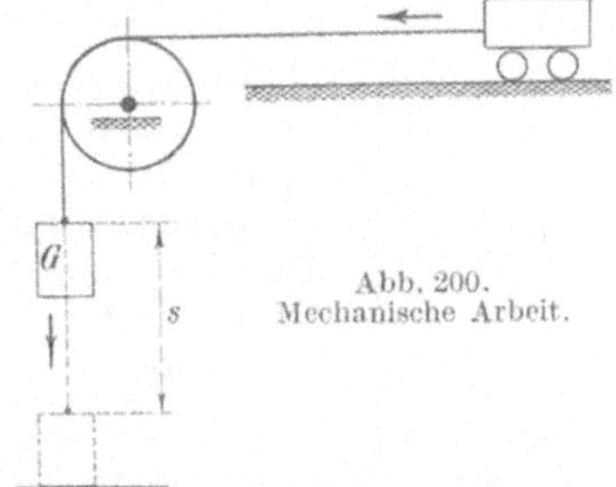

Abb. 199. Die Wetterbewegung in Strecken

$$F = \frac{\pi}{4} \cdot 6^2 = 28,27 \text{ m}^2 ,$$

Durchzug-Querschnitt $= 0,80 \cdot F = 0,80 \cdot 28,27 = 22,6 \text{ m}^2,$

Wettermenge $= \frac{6000}{60} = 100 \text{ m}^3/\text{sek} = V,$

Wettergeschwindigkeit $v = \frac{V}{0,80 \cdot F} = \frac{100}{22,6} = 4,42 \text{ m/sek}.$

3. Das Gesetz der mechanischen Arbeit.

Ein niedergehendes Gewicht G (Abb. 200) kann Arbeit leisten, z. B. einen Wagen fortbewegen. Erfahrungsgemäß kann das doppelte Gewicht auch die doppelte Wagenzahl ziehen, und wenn das Gewicht doppelt so tief sinkt, sind auch die Wagen doppelt so weit gelaufen. Durch beide Maßnahmen ist in jedem Fall die Arbeit verdoppelt worden.

Da das niedergehende Gewicht eine Kraft ist, so kann man sagen, daß bei der Verschiebung einer Kraft Arbeit geleistet wird, und diese ist

1. proportional der Kraft G,
2. proportional dem Kraftweg s.

Bezeichnet man mit A die geleistete Arbeit, so ist

$$A = G \cdot s.$$

Abb. 200.
Mechanische Arbeit.

Da G in kg und s in m gemessen wird, so wird die Einheit für die Arbeitsgröße das mkg (Meterkilogramm) sein. Allgemein heißt das Gesetz der mechanischen Arbeit:

Arbeit = Kraft × Kraftweg.

In Abb. 201 geht ein Arbeiter mit der Last G eine Treppe herauf. Obwohl er den Weg s zurücklegt, leistet er nur die Arbeit

$$A = G \cdot h,$$

denn das Gewicht ist nur um h Meter gehoben worden. Als Kraftweg oder Lastweg kommt also nur die in der Richtung der Kraft oder Last zurückgelegte Wegeslänge in Betracht.

Eine ständig horizontal ziehende Kraft K (Abb. 202) bewege auf einer zwangläufigen krummen Bahn eine Kugel von A nach B, dann ist die Strecke $BC = s$, welche durch das vom Ausgangspunkt A auf die Kraftrichtung gefällte Lot auf der Richtungslinie der Kraft abge-

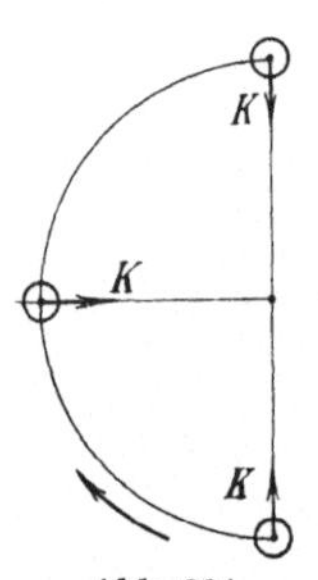

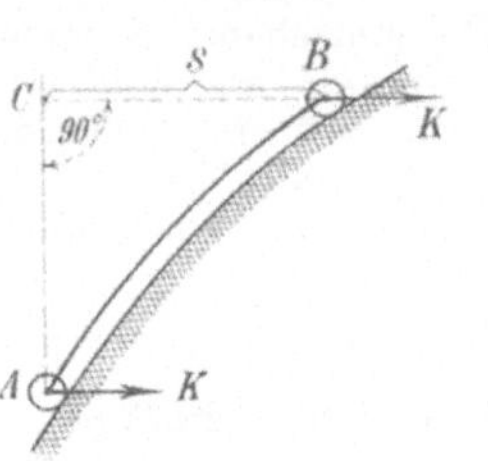

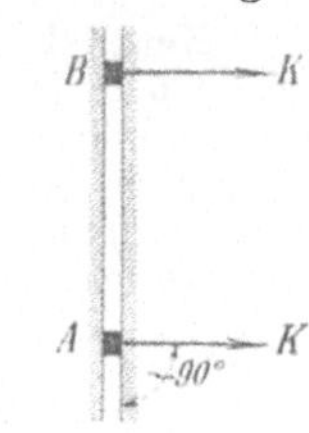

Abb. 201. Wirklicher Weg und Arbeitsweg.

Abb. 202. Kraft- und Bahnrichtung sind verschieden.

Abb. 203. Die Kraftrichtung ist rechtwinkelig zur Bahnrichtung.

schnitten wird, in diesem Fall der Kraftweg, und es ist die geleistete Arbeit

$$A = K \cdot s.$$

Würde die Richtung der Kraft K rechtwinkelig zur Bahnrichtung stehen, wie in Abb. 203, so würde bei der Bewegung der Kugel von A nach B die Kraft K gar keine mechanische Arbeit leisten, denn sie legt in ihrer Kraftrichtung den Weg Null zurück.

Auch bei der Kreisbewegung (Abb. 204) ist die sogenannte Zentripetalkraft K immer rechtwinkelig zur Bahnrichtung gerichtet. Die Zentripetalkraft leistet daher bei der Kreisbewegung keinerlei mechanische Arbeit. So kommen wir zu dem Gesetz:

Die Kraft verrichtet gar keine mechanische Arbeit, wenn ihre Richtung fortwährend einen rechten Winkel mit der Bewegungsrichtung einschließt.

Beispiel: Ein Kolben von 50 cm Durchmesser und 0,50 m Hub werde durch Druckluft von 4 atü vorwärts getrieben. Berechne die Arbeit für einen Kolbenhub.

Lösung:

$$A = P \cdot s,$$

$$P = \frac{\pi}{4} \cdot 50^2 \cdot 4 = 1960 \cdot 4 = 7840 \text{ kg},$$

$$s = 0,50 \text{ m},$$

$$A = 7840 \cdot 0,50 = 3920 \text{ mkg}.$$

Abb. 204. Die kreisförmige Bewegung.

Beispiel: Ein Förderwagen von 1100 kg Gesamtgewicht werde von einem Schlepper auf söhliger Strecke 300 m fortgedrückt, welche Arbeit leistet der Schlepper, wenn der Fahrwiderstand 2% des Wagengewichtes beträgt?

Lösung: Fahrwiderstand $= W = 0{,}02 \cdot G = 0{,}02 \cdot 1100 = 22$ kg,

$$A = W \cdot s = 22 \cdot 300 = 6600 \text{ mkg}.$$

Beispiel: Wie groß ist die Schlepperarbeit, wenn dieser Weg ein Gefälle 1:100 hat?

Lösung: Im Gefälle treibt der Wagen (Abb. 205) mit der Kraft

$$P = G \cdot \sin \alpha = 1100 \cdot \frac{1}{100} = 11 \text{ kg}$$

abwärts. Der Fahrwiderstand ist also nur

$$W' = W - P = 22 - 11 = 11 \text{ kg},$$

also ist die mechanische Arbeit auf dem Wege $s = 300$ m

$$A = W' \cdot s = 300 \cdot 11 = 3300 \text{ mkg.}$$

Würde der Schlepper in entgegengesetzter Richtung den Wagen bewegen, also die Steigung überwinden müssen, so wäre

$$W'' = W + P = 22 + 11 = 33 \text{ kg}$$

und seine Arbeit wäre

$$A = W'' \cdot s = 33 \cdot 300 = 9900 \text{ mkg.}$$

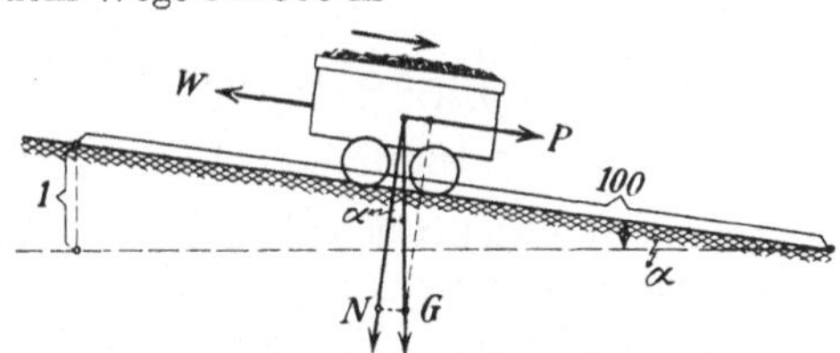

Abb. 205. Die Schlepperarbeit im Gefälle.

Die Leistung einer Kraft.

Die mechanische Arbeit ist kein Vergleichsmaß, um zwei Arbeitsleistungen miteinander zu vergleichen. Es kann z. B. ein Bauarbeiter 300 Steine 20 m hoch tragen, während ein Bauaufzug dieselbe Arbeit verrichtet, aber in viel kürzerer Zeit. In beiden Fällen ist zahlenmäßig die mechanische Arbeit die gleiche, der Unterschied liegt nur in der für die Arbeit benötigten Zeit. Deshalb muß man außer Kraft und Weg noch einen dritten Faktor, die Zeit, berücksichtigen. Man bezieht die Arbeitsleistung auf die Sekunde und versteht dann unter der Leistung einer Kraft die in einer Sekunde geleistete Arbeit.

Die Einheit für die Leistungsmessung ist das Sekundenmeterkilogramm (mkg/sek).

Zum Vergleich von Maschinenleistungen hat man eine größere Einheit geschaffen, die Pferdestärke = PS und versteht darunter eine sekundliche Arbeit von 75 mkg.

Wird also 1 kg in 1 Sekunde 75 m hoch gehoben, oder werden 75 kg in 1 Sekunde 1 m hoch gehoben, so ist diese Arbeitsleistung eine Pferdestärke.

Wenn eine Maschine, welche 1 PS leistet, eine Stunde lang mit dieser Leistung läuft, so hat sie 1 Pferdestunde (PSh) geleistet. Eine Maschine, welche 100 PS leistet und 3 Stunden läuft, hat demnach

$$100 \cdot 3 = 300 \text{ PSh}$$

geleistet.

Der **Arbeitswert einer PSh** ist

$$75 \cdot 3600 = \mathbf{270\,000\ mkg}.$$

Maschinenleistungen werden nach Pferdestunden bezahlt. Der Erzeuger kann z. B. die Pferdestunde für 2 Pf. herstellen, verkauft er sie für 10 Pf., so hat er 8 Pf. verdient und den Erzeugerpreis um 300 % überschritten.

Die Leistung elektrischer Maschinen wird nach der Stromstärke (Ampere) und Spannung (Volt) bestimmt. Die Leistungseinheit ist

$$1 \text{ Volt-Ampere} \times \text{sek} = 1 \text{ Wattsekunde.}$$

Um die elektrische Leistungseinheit in mkg umzusetzen, muß der Vergleichswert bekannt sein. Dieser ist gedächtnismäßig leicht zu behalten, denn es ist

$$1 \text{ mkg/sek} = 9{,}81 \text{ Wattsekunden } (9{,}81 = g),$$

$$1 \text{ PS} = 75 \text{ mkg/sek} = 75 \cdot 9{,}81 = 736 \text{ Wattsekunden} = 0{,}736 \text{ Kilowatt (kW)},$$

$$1 \text{ kW} = \frac{1}{0{,}736} \text{ PS} = 1{,}36 \text{ PS} = 1{,}36 \cdot 75 = 102 \text{ mkg/sek},$$

$$1 \text{ Kilowattstunde} = 1 \text{ kWh} = 3600 \cdot 102 = 367\,000 \text{ mkg}.$$

Leistet eine elektrische Maschine gerade 1 kW und läuft sie mit dieser Belastung 1 Stunde lang, so hat sie 1 kWh geleistet. Die elektrische Leistung wird nach kWh bezahlt. Der Erzeuger kann z. B. die Kilowattstunde für 4 Pf. herstellen. Wenn der Verbraucher 40 Pf. für die kWh bezahlen muß, so ist der Gewinn des Erzeugers 36 Pf. je kWh.

Der Schlepper.

Als Dauerleistung eines Arbeiters in Form von Zug oder Druck kann man 20 bis 25 kg rechnen. Wiegt ein beladener Förderwagen 1100 kg bei 800 kg Nutzlast, so ist der Fahrwiderstand in Abbaustrecken erfahrungsgemäß etwa 2% des Wagengewichtes, hier also

$$W = 0{,}02 \cdot 1100 = 22 \text{ kg}.$$

Nimmt man an, daß der Schlepper 3 Stunden volle Wagen, 2 Stunden leere Wagen schleppt und 2 Stunden Pause macht, so ist damit die 7 stündige Schicht abgetan. Wenn er die vollen Wagen mit

$$c = 0{,}50 \text{ m/sek}$$

bewegt, so fährt die Nutzlast von 800 kg = 0,8 t, den Weg $3 \cdot 3600 \cdot 0{,}5$ = 5,4 km, es werden also

$$5{,}4 \cdot 0{,}8 = 4{,}32 \text{ Nutztonnenkilometer/Schicht}$$

geleistet. Bei 7,50 $\mathscr{M}$ Schichtlohn kostet demnach

$$1 \text{ Nutztonnenkilometer} = \frac{7{,}50}{4{,}32} = 1{,}73 \ \mathscr{M}$$

durch Schlepper geleistet.

Das Grubenpferd.

Die normale Leistung eines Grubenpferdes ist kleiner als die Maschinenpferdestärke, sie beträgt nicht 75 mkg/sek, sondern vielleicht 70 mkg/sek. Die Gangart des Pferdes bringt eine mittlere Geschwindigkeit von

$$c = 0{,}6 \text{ m/sek}.$$

Dieser Geschwindigkeit entspricht eine Zugkraft von

$$P = \frac{70}{0{,}6} = 116 \text{ kg}.$$

Bei 2% Fahrwiderstand erfordert der 1100 kg schwere Wagen bei 800 kg Nutzlast

$$W = 22 \text{ kg}$$

Zugkraft. Das Pferd zieht also

$$n = \frac{P}{W} = \frac{116}{22} = 5,3 \text{ volle Wagen,}$$

und bewegt damit eine Nutzlast von

$$5,3 \cdot 0,8 = 4,24 \text{ t.}$$

In 4 Stunden fährt diese Nutzlast

$$4 \cdot 3600 \cdot 0,6 = 8,65 \text{ km.}$$

Es werden also

$$4,24 \cdot 8,65 = 36,7 \text{ Nutztonnenkm/Schicht}$$

geleistet. Bei 15 $\mathcal{M}$ Schichtohn für Pferd und Pferdejungen kostet demnach

$$1 \text{ Nutztonnenkm} = \frac{15}{36,7} = 0,41 \; \mathcal{M}$$

durch Grubenpferde geleistet.

Als bester Leistungswert ist bekannt

45 Nutztonnenkilometer je Pferd und Schicht,

im Durchschnitt ist die Leistung erheblich geringer, man rechnet im Ruhrkohlenrevier etwa mit 35 Nutztonnenkilometer. In Abbaustrecken mit Ponnyförderung geht die Leistung auf 6 Nutztonnenkilometer zurück.

Das Schachtpferd.

Die Förderung im Schacht erfordert eine große Arbeitsleistung, da der Vertikaltransport erheblich mehr Arbeit kostet als der Horizontaltransport. Die Schachtleistung der Fördermaschine bestimmt man aus der reinen Nutzleistung.

$$\text{Anzahl der Schacht-PSh} = \frac{\text{Nutzlast} \times \text{Teufe} \times \text{stdl. Zugzahl}}{270\,000},$$

$$\text{z. B. Nutzlast von 12 Wagen} = 9000 \text{ kg}$$
$$\text{Teufe} \ldots \ldots \ldots = 600 \text{ m}$$
$$\text{stündliche Zugzahl} \; . \; . = 30$$
$$\text{Schacht-PSh} = \frac{9000 \cdot 600 \cdot 30}{270\,000} = 600.$$

Die Schachtpferdeleistung entspricht natürlich nicht der wirklichen Maschinenleistung. Wird die Nutzlast $N = 9000$ kg mit $v = 20$ m/sek hochgezogen, so leistet die Maschine

$$L = \frac{N \cdot v}{75} = \frac{9000 \cdot 20}{75} = 2400 \text{ PS.}$$

Beim Anfahren ist sogar ein Vielfaches dieser Leistung erforderlich, da die Massen zu beschleunigen sind. Beträgt z. B. die Anfahrleistung das 1,5fache der normalen Leistung, so würde die Maschine

$$1,5 \cdot 2400 = 3600 \text{ PS}$$

leisten müssen.

4. Umsetzung von Wärme in mechanische Arbeit.

Energie nennt man in der Physik alles, was einer Arbeit gleichwertig ist. Ein Gewicht G, das z. B. h Meter über dem Erdboden steht,

steht, besitzt eine Energie der Lage von der Größe $G \cdot h$. Energie kann nicht erzeugt und nicht zerstört, sondern nur umgewandelt werden. Und so vollzieht sich in unseren Wärmekraftmaschinen auch nur eine Umwandlung von Wärmeenergie in mechanische Energie.

In Abb. 206 ist ein wärmedichtes Gefäß in Zylinderform dargestellt. In dem Zylinder bewegt sich luftdicht ein Kolben. Erwärmt man die Luftmenge unter dem Kolben, so dehnt sich die Luft aus und hebt das Kolbengewicht. Die Wärme setzt sich in mechanische Arbeit um. Die Arbeitsleistung ist
$$A = G \cdot h.$$

Nun könnte man die verbrauchte Gasmenge durch einen Gasmesser messen und bei bekanntem Heizwert des Gases die verbrauchte Wärmemenge errechnen. Exakte Versuche haben ergeben, daß

1 Kilogrammkalorie (kcal) = 427 mkg

Arbeit leistet, hierbei ist 1 kcal die Wärmemenge, durch die 1 kg Wasser von $14\frac{1}{2}^0$ auf $15\frac{1}{2}^0$ erwärmt wird.

Die Zahl
$$\frac{1}{427} = A \text{ (in der Bedeutung 1 mgk} = \frac{1}{427} \text{ kcal)}$$

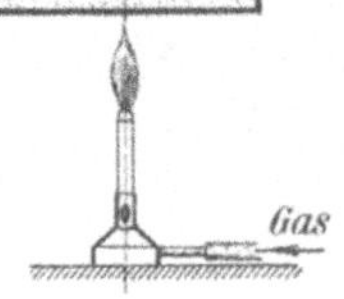

Abb. 206. Umsetzung von Wärme in Arbeit.

wird das mechanische Wärmeäquivalent genannt. Wärme und Arbeit sind also gleichwertig oder äquivalent. Der Wärmewert einer Pferdestärke ist demnach

$$1 \text{ PSh} = 270000 \text{ mkg} = 270000 \cdot \frac{1}{427} = 632 \text{ kcal}$$

und der Wärmewert einer Kilowattstunde

$$1 \text{ kWh} = 367000 \text{ mkg} = 367000 \cdot \frac{1}{427} = 861 \text{ kcal}.$$

Praktisch ist der Wärmeverbrauch viel größer. Das Verhältnis

$$\frac{\text{theoretischer Wärmeverbrauch}}{\text{wirklicher Wärmeverbrauch}} = \text{thermischer Wirkungsgrad} = \eta_{th}$$

kennzeichnet die Güte der Wärmekraftanlage.

In Überlandzentralen ist z. B. der Kohlenverbrauch etwa

0,65 kg für 1 kWh

bei einem Heizwert der Kohle von 7000 kcal. Der wirkliche Wärmeverbrauch ist demnach

$0,65 \cdot 7000 = 4550$ kcal für 1 kWh

und der thermische Wirkungsgrad der Wärmekraftanlage

$$\eta_{th} = \frac{861}{4550} = 0,19,$$

d. h. nur 19% der Wärmeenergie der Kohle werden in mechanische Arbeit umgesetzt und 81% werden durch Verluste aufgezehrt.

5. Der Wirkungsgrad der Maschinen.

In jeder Maschine treten Kraftverluste auf. Sie entstehen durch Reibung der aufeinander gleitenden Flächen. Diese Reibungswiderstände verzehren einen Teil der verfügbaren Kraft, so daß die wirkliche Nutzarbeit immer kleiner ist.

Ist z. B. bei einem Förderhaspel

$$N_i = \text{Zylinderarbeit},$$
$$N_0 = \text{Reibungsarbeit},$$

so ist die wirkliche Nutzarbeit nur

$$N = N_i - N_0.$$

Man nennt das Verhältnis

$$\frac{\text{Nutzarbeit}}{\text{theor. Arbeit}} = \text{mechanischer Wirkungsgrad},$$

$$\frac{N}{N_i} = \eta.$$

Der Wirkungsgrad heißt der mechanische Wirkungsgrad, weil er die mechanischen Verluste in der Maschine kennzeichnet.

Bei einer Zylinderleistung N_i ist als Nutzleistung nur zu erwarten

$$N = \eta \cdot N_i.$$

Der Wirkungsgrad ist immer kleiner als 1, ist z. B.

$$\eta = 0{,}70,$$

so heißt das: 70% der verfügbaren Arbeit werden in Nutzarbeit umgesetzt, während 30% durch mechanische Reibungsarbeit verloren gehen.

Beispiel: Welche Zylinderleistung muß ein Förderhaspel haben, wenn er $Q = 1100$ kg Nutzlast mit einer Seilgeschwindigkeit $v = 3$ m haben soll, und wenn 36% Verluste in der Maschine entstehen?

Lösung: Bei 36% Verlusten ist der mechanische Wirkungsgrad

$$100 - 36 = 64\% = 0{,}64.$$

Die Zylinderleistung muß sein

$$N_i = \frac{N}{\eta}.$$

Die Nutzleistung ist

$$N = \frac{Q \cdot v}{75} = \frac{1100 \cdot 3}{75} = 44 \text{ PS}.$$

Die Zylinderleistung

$$N_i = \frac{44}{0{,}64} = 69 \text{ PS}.$$

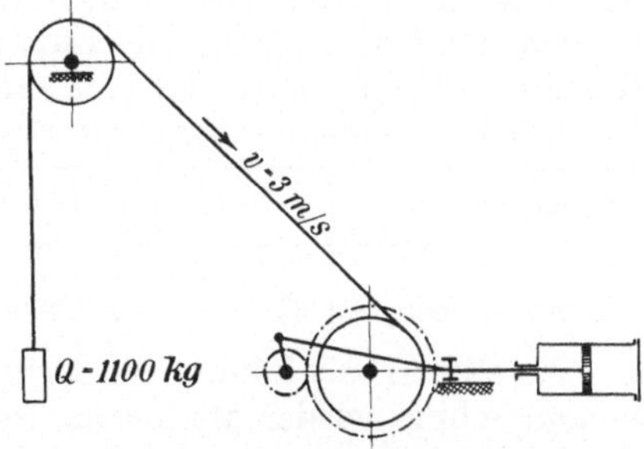

Abb. 207. Das Triebwerk eines Förderhaspels.

Gesamtwirkungsgrad und Teilwirkungsgrade.

Bei einem Förderhaspel (Abb. 207) wird die Zylinderleistung durch ein Kurbelgetriebe auf die Zahnradwelle übertragen. Das Kurbeltriebwerk habe den mechanischen Wirkungsgrad η_1, dann ist die an die Kurbelwelle übertragene Leistung

$$N_1 = \eta_1 \cdot N_i.$$

Der Wirkungsgrad des Zwischengetriebes bis zur Trommel sei η_2, dann wird die Trommelleistung

$$N_2 = \eta_2 \cdot N_1 = \eta_2 \cdot \eta_1 \cdot N_i.$$

Der Wirkungsgrad des Seiltriebes (Seilsteifigkeit) sei η_3. Hiermit wird die Nutzleistung am Seil

$$N = \eta_3 \cdot N_2 = \eta_3 \cdot \eta_2 \cdot \eta_1 \cdot N_i.$$

Demnach ist der Gesamtwirkungsgrad

$$\eta = \eta_1 \cdot \eta_2 \cdot \eta_3,$$

d. h. der Gesamtwirkungsgrad ist gleich dem Produkt aller Teilwirkungsgrade.

Beispiel: Ein Förderhaspel soll die Nutzlast $Q = 1100$ kg mit $v = 3$ m Seilgeschwindigkeit heben, wieviel PS müssen die Zylinder leisten, wenn durch Seilsteifigkeit 5%, durch das Zwischengetriebe 10% und durch den Kurbeltrieb 25% verloren gehen?

1. Kurbeltrieb $\eta_1 = 0{,}75$,
2. Zwischengetriebe $\eta_2 = 0{,}90$,
3. Seilsteifigkeit $\eta_3 = 0{,}95$.

Demnach ist der Gesamtwirkungsgrad

$$\eta = \eta_1 \cdot \eta_2 \cdot \eta_3 = 0{,}75 \cdot 0{,}90 \cdot 0{,}95 = 0{,}64,$$

$$\text{Nutzleistung} \qquad N = \frac{Q \cdot v}{75} = \frac{1100 \cdot 3}{75} = 44 \text{ PS}.$$

$$\text{Zylinderleistung } N_i = \frac{N}{\eta} = \frac{44}{0{,}64} = 69 \text{ PS}.$$

6. Der isothermische Wirkungsgrad bei Druckluftantrieben.

Dem Förderhaspel wird Druckluft als Energieträger zugefügt. Das Arbeitsvermögen der Druckluft hängt von der Spannung der Druckluft ab. Um 1 m³ atmosphärische Luft mit dem geringsten Arbeitsaufwand (isothermische Kompression) zu verdichten, sind bei den verschiedenen Enddrücken folgende Arbeitswerte erforderlich:

Enddruck =	1 atü	2 atü	3 atü	4 atü	5 atü
isoth. Kompr.-Arbeit =	6930 mkg	11000 mkg	13860 mkg	16090 mkg	17920 mkg

Dieselbe Arbeit könnte die Druckluft bei der Expansion in der Arbeitsmaschine wieder als mechanische Arbeitsleistung abgeben. Kennt man also den Luftverbrauch der Maschine, so kann man das theoretische Arbeitsvermögen der zugeführten Luftmenge bestimmen. Das Verhältnis

$$\frac{\text{Nutzarbeit}}{\text{Arbeitsvermögen der Luft}} = \text{isothermischer Wirkungsgrad}$$

kennzeichnet dann die Güte der Maschine.

Man pflegt den Luftverbrauch der Druckluftmaschinen in m³ Saugluft anzugeben und bezieht bei Maschinen, deren Arbeitsleistung in PS angegeben werden kann, den Luftverbrauch auf die effektive Pferdestunde (PS_eh). Beim normalen Kolbenhaspel ist der Luftverbrauch z. B. bei 4 atü

$$80 \ m^3 \ je \ PS_e h.$$

Wie groß ist dann der isothermische Wirkungsgrad des Haspels?

Arbeitswert einer Pferdestunde $= 270000$ mkg/PSh $= A$.

Da 1 m³ Saugluft bei 4 atü 16090 mkg leisten kann, ist bei 80 m³ Saugluftverbrauch je Pferdestunde das Arbeitsvermögen dieser Luftmenge

$$80 \cdot 16090 = 1\,287\,200 \ \mathrm{mkg} = A_0,$$

$$\eta_{is} = \frac{A}{A_0} = \frac{270\,000}{1\,287\,200} = 0{,}21,$$

d. h. 21 % der verfügbaren Energie würden in Nutzarbeit umgesetzt, während 79 % verloren gehen.

Ist $\eta = 0{,}64$ der mechanische Wirkungsgrad des Haspels, so verbraucht der Haspel für die indizierte Pferdestunde

$$80 \cdot \eta = 80 \cdot 0{,}64 = 51{,}2 \ \mathrm{m^3/PS_i h},$$

d. h. der isothermische Wirkungsgrad der Zylinderarbeit ist

$$\mathrm{Zyl.}\text{-}\eta_{is} = \frac{270\,000}{51{,}2 \cdot 16\,090} = 0{,}327.$$

Ferner ist

$$\frac{\mathrm{Nutz}\text{-}\eta_{is}}{\mathrm{Zyl.}\text{-}\eta_{is}} = \frac{0{,}21}{0{,}327} = 0{,}64 = \eta = \text{mechanischer Wirkungsgrad}$$

oder

$$\mathrm{Zyl.}\text{-}\eta_{is} = \frac{\mathrm{Nutz}\text{-}\eta_{is}}{\eta}.$$

Beispiel: Die Nutzarbeit oder Schlagleistung eines Hammers sei mit 0,69 PS angegeben. Der Hammer verbrauche bei 4 atü in der Stunde 60 m³ Saugluft, wie groß ist der isothermische Wirkungsgrad des Hammers?

Lösung: Nutzarbeit $= 0{,}69 \cdot 270\,000 = 186\,000$ mkg/h $= A$,

Arbeitsvermögen der Luft $= 60 \cdot 16\,090 = 965\,400$ mkg/h $= A_0$,

$$\eta_{is} = \frac{A}{A_0} = \frac{186\,000}{965\,400} = 0{,}193.$$

Bei Ventilatoren läßt sich, wie später nachgewiesen wird, die mechanische Arbeit oder die Luftleistung errechnen, wenn die sekundlich gelieferte Luftmenge V in m³ und der Gegendruck h in mm Wassersäule bekannt ist; es wird dann die Arbeit geleistet

$$L = V \cdot h \ \mathrm{mkg/sek.}$$

Bei Luttenventilatoren mit Druckluftantrieb wird als Wirtschaftlichkeitsmaßstab die spezifische Wettermenge q gemessen, das ist diejenige Wettermenge, welche mit 1 m³ Saugluft gefördert wird. Wenn 1 m³ Saugluft den Arbeitswert A_0 hat, ist der isothermische Wirkungsgrad des Ventilators

$$\eta_{is} = \frac{q \cdot h}{A_0}.$$

Beispiel: Wie groß ist der isothermische Wirkungsgrad eines Luttenventilators, der bei 4 atü mit 1 m³ Saugluft $q = 60$ m³ Wetter gegen $h = 25$ mm W.S. liefert?

Lösung:
$$A = 60 \cdot 25 = 1500 \text{ mkg},$$
$$A_0 = 1 \cdot 16090 = 16090 \text{ mkg},$$
$$\eta_{is} = \frac{A}{A_0} = \frac{1500}{16090} = 0,093,$$

d. h. nur 9,3% der Luftenergie werden in Nutzarbeit umgesetzt.

Solche Luttenventilatoren sind in der Regel Schraubenradventilatoren, welche einen schlechten **mechanischen** Wirkungsgrad haben. Dieser beträgt meistens kaum 30%, so daß
$$\eta = 0,30$$
ist. Erfolgt der Antrieb durch eine Luftturbine, so ist der isothermische Wirkungsgrad der Turbine
$$\text{Turb.-}\eta_{is} = \frac{\text{Ventil.-}\eta_{is}}{\eta} = \frac{0,093}{0,30} = 0,31.$$

Würde man die Luftturbine auf einen Schleuderventilator arbeiten lassen, dessen mechanischer Wirkungsgrad erheblich höher ist und z. B. 65% beträgt, so würde die Luftenergie erheblich besser ausgenutzt. Man erhielte dann z. B. mit den eben angegebenen Zahlen einen isothermischen Wirkungsgrad
$$\text{Ventil-}\eta_{is} = \text{Turb.-}\eta_{is} \cdot \eta = 0,31 \cdot 0,65 = 0,20,$$

d. h. es würden 20% der Luftenergie in Wetterleistung umgesetzt, während der Schraubenventilator mit derselben Antriebsturbine nur 9,3% in Wetterleistung umsetzte.

7. Leistungsmessung durch Abbremsen.

Die Wellenleistung einer Maschine läßt sich mit einem Bremszaum messen (Abb. 208). Die Bremsbacken werden durch Anziehen der Schrauben gegen die Bremsscheibe gepreßt. Dadurch wird am Umfang der Scheibe ein Reibungswiderstand W erzeugt, so daß die ganze Maschinenleistung in Reibungsarbeit umgesetzt wird. Die Reibungsarbeit ist

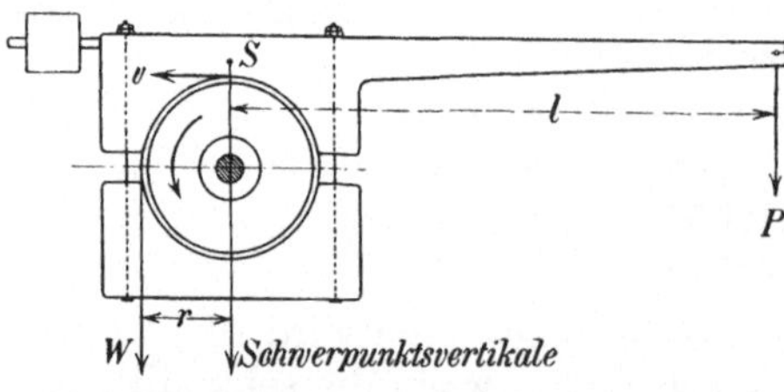

Abb. 208. Der Bremszaum mit angehängtem Gewicht.

$$A = W \cdot v \text{ mkg/sek.}$$

Auf den Bremszaum wirkt der Reibungswiderstand W linksdrehend, er wirkt wie ein an der linken Seite in der Entfernung r vom Drehpunkt aufgehängtes Gewicht W. Dieses Gewicht kann dadurch gemessen werden, daß man auf der rechten Seite am Hebelarm l so viel Gewicht P anhängt, bis der Balken horizontal einspielt. Die Gleichgewichtsbedingung lautet dann:
$$+P \cdot l - W \cdot r = 0 \quad \text{oder} \quad W = P \cdot \frac{l}{r}.$$

Damit lautet unsere Arbeitsgleichung
$$A = P \cdot \frac{l}{r} \cdot v.$$

Nun ist

$$\frac{l}{r} \cdot v = V = \text{Umfangsgeschw. am Kreise vom Halbmesser } l,$$

so daß man schreiben kann

$$A = P \cdot V$$

oder, wenn man die Leistung in PS haben will,

$$N = \frac{P \cdot v}{75}.$$

Nun ist auch

$$V = \frac{2\,\pi \cdot l \cdot n}{60},$$

also

$$N = \frac{P \cdot n \cdot 2\,\pi \cdot l}{60 \cdot 75}.$$

Man kann den Wert

$$\frac{2\,\pi\,l}{60 \cdot 75} = C$$

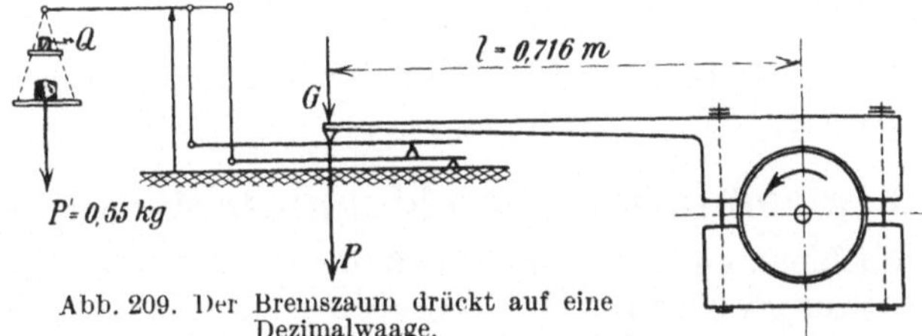

Abb. 209. Der Bremszaum drückt auf eine
Dezimalwaage.

als Bremszaumkonstante berechnen, alsdann ist die Leistung in PS

$$N = C \cdot P \cdot n.$$

Der Bremszaum muß selbstverständlich so ausbalanciert sein, daß er unbelastet horizontal einspielt. Das ist der Fall, wenn seine Schwerpunktsvertikale durch den Drehpunkt geht.

Beispiel: Bei einem Versuch wurde gemessen $l = 2{,}50$ m, $P = 50$ kg, $n = 120$; wie groß ist die Leistung in PS?

Lösung: Die Bremszaumkonstante ist

$$C = \frac{2\,\pi \cdot l}{60 \cdot 75} = \frac{2 \cdot 3{,}14 \cdot 2{,}50}{4500} = 0{,}0035,$$

$$N = C \cdot P \cdot n = 0{,}0035 \cdot 50 \cdot 120 = 21 \text{ PS}.$$

Bremsversuch an einem Zahnradmotor.

Der Pfeilradmotor mit seinen Winkelzähnen wird in neuerer Zeit durch Zahnradmotoren mit einfachen Stirnrädern ersetzt. Ein solcher Motor wurde mit der Bremszaumanordnung nach Abb. 209 untersucht. Der Bremszaumhebel drückt auf die Brücke einer Dezimalwaage. Ist er nicht ausbalanciert, so drückt er mit dem nicht ausbalancierten Gewicht G auf die Brücke. Dieser Eigengewichtsdruck G wird durch die Schalenbelastung Q ausgeglichen, so daß das beim Versuch ermittelte Gewicht P' das Maß für die Bremsleistung ist.

Mit $l = 0{,}716$ m wird die Bremszaumkonstante

$$C = \frac{2\,\pi \cdot l}{60 \cdot 75} = \frac{2 \cdot 3{,}14 \cdot 0{,}716}{4500} = 0{,}001.$$

Das bei dem Bremsversuch ermittelte Gewicht $P' = 0{,}55$ kg entspricht dem Druck

$$P = 10 \cdot P' = 10 \cdot 0{,}55 = 5{,}5 \text{ kg}.$$

Die beobachtete Drehzahl war $n = 1900/\text{min}$, mit diesen Werten ergibt sich die Bremsleistung

$$N = C \cdot P \cdot n = 0{,}001 \cdot 5{,}5 \cdot 1900 = \mathbf{10{,}5 \ PS}.$$

Gleichzeitig wurde der Luftverbrauch gemessen. Er betrug bei 4 atü Eintrittsspannung in der Minute 12,1 m³ Saugluft. Wie groß ist der **isothermische Wirkungsgrad des Motors**?

Stündlicher Luftverbrauch $= 60 \cdot 12{,}1 = 726 \text{ m}^3/\text{h}$,

Luftverbrauch für 1 PSh $= \dfrac{726}{10{,}5} = 69 \text{ m}^3$,

theoretischer Arbeitswert von 1 m³ Saugluft $= 16090$ mkg,

theoretischer Arbeitswert von 1 PSh $= 270\,000$ mkg,

isothermischer Wirkungsgrad $\eta_{\text{th}} = \dfrac{270\,000}{69 \cdot 16090} = 0{,}24$,

d. h. 24% der in der Druckluft verfügbaren Energie werden in Nutzbarkeit umgesetzt.

8. Die gleichförmig beschleunigte Bewegung.

Unter Beschleunigung versteht man die Geschwindigkeitszunahme in einer Sekunde. Unter gleichförmiger Beschleunigung versteht man daher eine Bewegung, bei welcher die Geschwindigkeitszunahme konstant bleibt.

Zur Ableitung der allgemeinen Gesetze der gleichförmigen Beschleunigung werden folgende Bezeichnungen festgelegt:

$s =$ Wegstrecke in m,
$v_0 =$ Anfangsgeschwindigkeit in m/sek,
$v =$ Endgeschwindigkeit in m/sek,
$b =$ Beschleunigung in m.

I. Der Körper bewege sich aus der Ruhelage heraus, d. h. mit der Anfangsgeschwindigkeit $v_0 = 0$.

Es ist die Endgeschwindigkeit

$$\begin{aligned}
\text{am Ende der 1. Sekunde} \quad & v_1 = b, \\
,, \quad ,, \quad ,, \quad 2. \quad ,, \quad & v_2 = v_1 + b = 2 \cdot b, \\
,, \quad ,, \quad ,, \quad 3. \quad ,, \quad & v_3 = v_2 + b = 3 \cdot b, \\
,, \quad ,, \quad ,, \quad 4. \quad ,, \quad & v_4 = v_3 + b = 4 \cdot b, \\
,, \quad ,, \quad ,, \quad t. \quad ,, \quad & v = t \cdot b.
\end{aligned}$$

Die Endgeschwindigkeit des Körpers berechnet sich daher nach der Formel

$$v = t \cdot b.$$

Welchen Weg hat der Körper zurückgelegt?

Bewegt sich ein Körper t Sekunden mit der Beschleunigung b, dann hat er die Endgeschwindigkeit $v = t \cdot b$ erreicht, wenn seine Anfangsgeschwindigkeit null war. Der Körper würde denselben Weg zurückgelegt haben, wenn er sich während der Zeit t mit der **mittleren Geschwindigkeit gleichförmig** bewegt hätte. Die mittlere Geschwindigkeit ist

$$v_m = \frac{v_0 + v}{2},$$

da $v_0 = 0$ ist, so wird $v_m = \dfrac{v}{2} = \dfrac{b \cdot t}{2}$.

Bei gleichförmiger Bewegung ist der zurückgelegte Weg

$$s = v_m \cdot t = \frac{b \cdot t}{2} \cdot t.$$

also wird

$$s = \frac{1}{2} \cdot b \cdot t^2$$

oder

$$b = \frac{2\,s}{t^2}\;{}^{*}.$$

Die gleichförmig beschleunigte Bewegung kann auch geometrisch dargestellt werden
1. im Zeit-Wege-Diagramm,
2. im Zeit-GeschwindigkeitsDiagramm.

a) Das Zeit-WegeDiagramm.

In Abb. 210 ist die gleichförmig beschleunigte Bewe

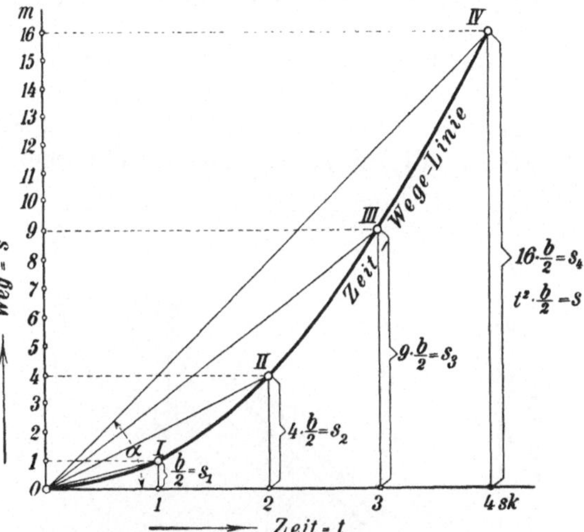

Abb. 210. Das Zeit-Wege-Diagramm.

gung für eine Beschleunigung $b = 2$ m/sek² aufgezeichnet, auf der Horizontalachse sind die Zeiten t nach einem beliebigen Sekundenmaßstab, auf der Ordinatenachse die Wegestrecken s aufgetragen.

Die Längen der Wegeordinaten berechnen sich nach der Wegeformel $s = \frac{1}{2} b \cdot t^2$.

Am Ende der 1. Sekunde ist der Weg $s_1 = \dfrac{1}{2}\, b \cdot 1^2 = \dfrac{b}{2}$,

„ „ „ 2. „ „ „ „ $s_2 = \dfrac{1}{2}\, b \cdot 2^2 = 4 \cdot \dfrac{b}{2}$,

„ „ „ 3. „ „ „ „ $s_3 = \dfrac{1}{2}\, b \cdot 3^2 = 9 \cdot \dfrac{b}{2}$,

„ „ „ 4. „ „ „ „ $s_4 = \dfrac{1}{2}\, b \cdot 4^2 = 16 \cdot \dfrac{b}{2}$.

Die Verbindungslinie der Ordinatenpunkte I, II, III und IV liefert eine **Kurve (Parabel)**.

Die Strahlen OI, OII, $OIII$ und OIV bilden mit der Horizontalachse die Neigungswinkel α, die immer größer werden, je länger die Be

---

* Da man den Weg in Meter (m), die Zeit in Sekunden (sek) angibt, so ist die Beschleunigungsbezeichnung $= \dfrac{\text{m}}{\text{sek}^2}$; es wird daher b in m/sek² angegeben.

wegung dauert. Sie sind die Zeitwegelinien für die gleichwertigen gleichförmigen Bewegungen und geben durch die Werte $\operatorname{tg}\alpha = \dfrac{s}{t} = v$ die zugehörigen mittleren Geschwindigkeiten an.

b) Das Zeit-Geschwindigkeits-Diagramm.

Im Zeit-Geschwindigkeits-Diagramm, Abb. 211, werden auf der Horizontalachse die Sekunden und als Ordinaten die Geschwindigkeiten aufgetragen. Das Diagramm ist für die Beschleunigung $b = 2\ \text{m/sek}^2$ gezeichnet.

Am Ende der 1. Sekunde ist die Geschwindigkeit von Null bis auf $v_1 = b = 2\ \text{m/sek}$ gestiegen. In der 2. Sekunde nimmt die Geschwindigkeit wieder um b Meter zu, so daß am Ende der 2. Sekunde die Endgeschwindigkeit $v_2 = 2 \cdot b_2$ ist. So wachsen die Geschwindigkeitsordinaten stetig in jeder Sekunde um b Meter. Verbindet man die Ordinatenpunkte I, II, III und IV miteinander, so erhält man eine gerade Linie, welche durch den Koordinatenanfangspunkt O geht und die Zeit-Geschwindigkeitslinie heißt.

Auch in diesem Fall stellt die unterhalb der Zeit-Geschwindigkeitslinie liegende Fläche die zurückgelegte Wegestrecke dar. Die Fläche ist eine Dreieckfläche, deren Inhalt man als das halbe Produkt aus Grundlinie mal Höhe berechnet. In der Figur ist

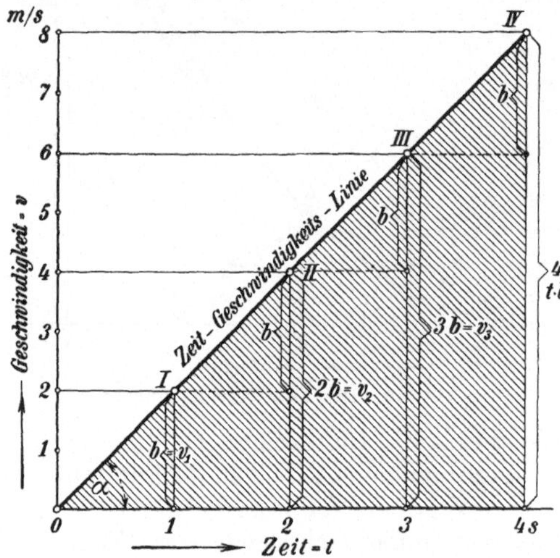

Abb. 211. Das Zeit-Geschwindigkeits-Diagramm.

$$\text{Grundlinie} \quad t = 4\ \text{sek},$$
$$\text{Höhe} \qquad v = t \cdot b = 4 \cdot 2 = 8\ \text{m},$$
$$\text{Wegestrecke}\ s = \tfrac{1}{2} \cdot t \cdot v = \tfrac{1}{2} b \cdot t^2.$$

Die früher abgeleitete Formel findet sich also in einfacher Weise auch aus der Diagrammfigur.

Der Neigungswinkel α der Zeit-Geschwindigkeitslinie hat auch eine Bedeutung. Seine Größe kennzeichnet die Größe der Beschleunigung b, dann in der Dreieckfigur ist

$$\operatorname{tg}\alpha = \frac{v}{t} = \frac{t \cdot b}{t} = b\,.$$

Im Diagramm Abb. 211 ist z. B. $v = 8\ \text{m}$ und $t = 4\ \text{sek}$, also ist

$$\operatorname{tg}\alpha = \frac{v}{t} = \frac{8}{4} = \mathbf{2\ m/sek^2 = b\,.}$$

II. Der Körper bewege sich bereits mit einer Anfangsgeschwindigkeit v_0.

In Abb. 212 ist dieser Bewegungsvorgang im Zeit-Geschwindig-keits-Diagramm bildlich dargestellt. Da der Körper mit der Anfangsgeschwindigkeit v_0 seine Bewegung beginnt, muß im Koordinatenanfangspunkt die Geschwindigkeitsordinate v_0 eingetragen werden. In der Figur ist $v_0 = 2$ m/sek. Am Ende der ersten Sekunde ist die Geschwindigkeit um die Beschleunigungsgröße b größer geworden, in der Figur $b = 1$ m, also ist die Endgeschwindigkeit

$$\text{am Ende der 1. Sekunde } v = v_0 + b,$$
$$\text{,,} \quad \text{,,} \quad \text{,,} \ 2. \quad \text{,,} \qquad v = v_0 + 2\,b,$$
$$\text{,,} \quad \text{,,} \quad \text{,,} \ 3 \quad \text{,,} \qquad v = v_0 + 3\,b,$$
$$\text{,,} \quad \text{,,} \quad \text{,,} \ t. \quad \text{,,} \qquad v = v_0 + t \cdot b.$$

Die Formel für die Endgeschwindigkeit lautet daher ganz allgemein

$$v = v_0 + t \cdot b.$$

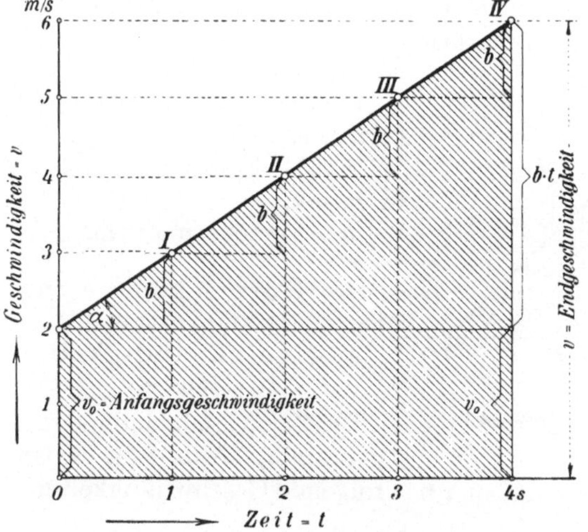

Abb. 212. Der Körper hat die Anfangsgeschwindigkeit v_0.

Wie groß ist der zurückgelegte Weg s?

Die Wegeberechnung erfolgt an Hand des Zeit-geschwindigkeits-

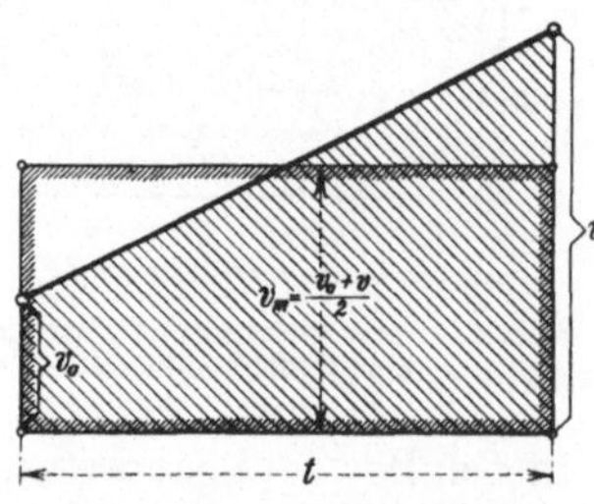

Abb. 213. Ersetzen der Trapezfigur durch eine Rechteckfigur.

Diagramms als einfache Flächenberechnung. Die von der Zeit-Geschwindigkeitslinie begrenzte Fläche setzt sich zusammen aus einer Rechteckfläche und einer Dreieckfläche, also ist $s = v_0 \cdot t + \frac{1}{2} b \cdot t^2$.

Nach Abb. 213 kann man die Trapezfigur auch durch ein inhaltsgleiches Rechteck ersetzen, dessen Höhe

$$v_m = \frac{v_0 + v}{2}$$

ist. Der Inhalt dieses Rechteckes ist dann wieder die Wegestrecke und diese wird

$$s = v_m \cdot t = \frac{v_0 + v}{2} \cdot t.$$

Bildet man aus $v = v_0 + b \cdot t$ den Wert $t = \dfrac{v - v_0}{b}$ und setzt diesen Wert von t in die Wegegleichung ein, so lautet diese

$$s = \frac{v + v_0}{2} \cdot \frac{v - v_0}{b},$$

$$s = \frac{v^2 - v_0^2}{2\,b}.$$

9. Die gleichförmig verzögerte Bewegung.

Unter Verzögerung versteht man die Geschwindigkeitsabnahme in einer Sekunde. Eine gleichförmig verzögerte Bewegung liegt dann vor, wenn die Verzögerung konstant bleibt, so daß die Geschwindigkeitsabnahme in jeder Sekunde die gleiche ist. Zur Ableitung der allgemeinen Gesetze der gleichförmigen Verzögerung werden wieder dieselben Bezeichnungen beibehalten, es bedeutet also

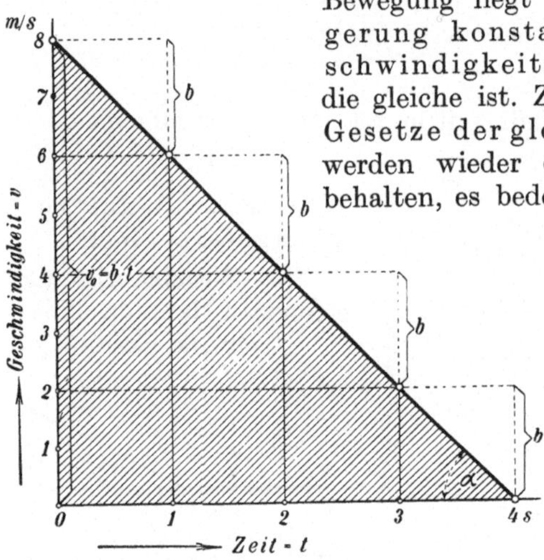

Abb. 214. Die gleichförmig verzögerte Bewegung im Zeit-Geschwindigkeits-Diagramm.

$s = $ Wegestrecke in m,
$v_0 = $ Anfangsgeschwindigkeit in m/sek,
$v = $ Endgeschwindigkeit in m/sek,
$b = $ Verzögerung in m/sek².

I. Der Körper komme aus einer bestimmten Anfangsgeschwindigkeit zur Ruhe.

Das Zeit-Geschwindigkeits-Diagramm, Abb. 214, zeigt diesen Bewegungsvorgang. Der Körper hat folgende Geschwindigkeiten:

am Anfang der 1. Sekunde die Geschwindigkeit v_0,
„ Ende „ 1. „ „ Endgeschwindigkeit $v = v_0 - b$,
„ „ „ 2. „ „ „ $v = v_0 - 2b$,
„ „ „ 3. „ „ „ $v = v_0 - 3b$,
„ „ „ t. „ „ „ $v = v_0 - t \cdot b$.

Die allgemeine Formel für die Endgeschwindigkeit lautet also

$$v = v_0 - b_0 \cdot t.$$

Für den Endzustand als Ruhezustand muß $v = 0$ sein, d. h. es wird dann

$$0 = v_0 - b \cdot t \quad \text{oder} \quad v_0 = b \cdot t.$$

Der Körper kommt demnach in folgender Zeit zur Ruhe

$$t = \frac{v_0}{b}.$$

Die Zeit-Geschwindigkeitslinie (Abb. 214) fällt von links nach rechts ab, der Neigungswinkel α kennzeichnet die Verzögerung b, denn es ist

$$\operatorname{tg} \alpha = \frac{v_0}{t} = \frac{b \cdot t}{t} = b \,.$$

Die zurückgelegte Wegestrecke s wird durch die Fläche dargestellt, welche von der schrägen Linie begrenzt wird. Der Inhalt dieser Dreiecksfläche ist

$$\tfrac{1}{2} \cdot t \cdot v_0 = \tfrac{1}{2} \cdot t \cdot b \cdot t = \tfrac{1}{2} b \cdot t^2,$$

also ist der zurückgelegte Weg

$$s = \frac{1}{2}\, b \cdot t^2 \,.$$

II. Der Körper verzögere seine Anfangsgeschwindigkeit nicht bis zum Ruhezustand.

In Abb. 215 beginnt der Körper die Bewegung mit der Anfangsgeschwindigkeit v_0 und vermindert diese von Sekunde zu Sekunde um b Meter. Nach t Sekunden ist die Endgeschwindigkeit noch

$$v = v_0 - b \cdot t \,.$$

In der Figur hat also die Endordinate die Größe v. Der während dieser Bewegung zurückgelegte Weg wird durch die Diagrammfläche dargestellt. Sie läßt sich aus der Differenz zweier Flächen bilden. Man zieht von dem großen Rechteck die obere Dreieckfläche ab und erhält

$$s = v_0 \cdot t - \tfrac{1}{2} b \cdot t \cdot t \,,$$

$$s = v_0 \cdot t - \frac{1}{2}\, b \cdot t^2 \,.$$

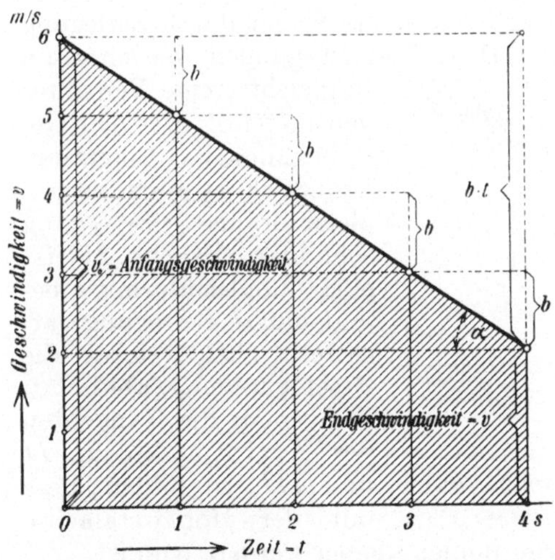

Abb. 215. Die Endgeschwindigkeit wird nicht Null.

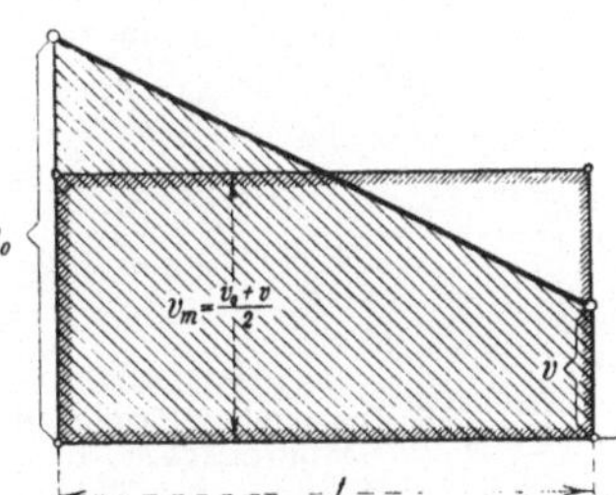

Abb. 216. Ersatz der Trapezfigur durch eine Rechteckfigur.

Nach Abb. 216 kann man die gleichförmig verzögerte Bewegung auch durch eine gleichförmige Bewegung ersetzen, welche mit der mittleren Geschwindigkeit

$$v_m = \frac{v_0 + v}{2}$$

erfolgt, denn das Rechteck mit der Höhe v_m ist inhaltsgleich der Tragfläche. Dann lautet die Wegeformel

$$s = \frac{v_0 + v}{2} \cdot t \,.$$

Bildet man aus $v = v_0 - b \cdot t$ den Wert $t = \dfrac{v_0 - v}{b}$ und setzt diesen Wert t in die Wegegleichung ein, so lautet diese

$$s = \frac{v_0 + v}{2} \cdot \frac{v_0 - v}{b},$$

$$s = \frac{v_0^2 - v^2}{2\,b}.$$

Zusammenstellung der Bewegungsformeln.

Gleichförmige Bewegung	Gleichförmig beschleunigte Bewegung		Gleichförmig verzögerte Bewegung	
	mit Anfangsgeschw. v_0	aus dem Ruhezustand $v_0 = 0$	bis Endgeschwind. v	bis zum Ruhezustand $v = 0$
$v = v_0$	$v = v_0 + b \cdot t$	$v = b \cdot t$	$v = v_0 - b \cdot t$	$v_0 = b \cdot t$
$s = v_0 \cdot t$	$s = v_0 \cdot t + \tfrac{1}{2} b \cdot t^2$	$s = \tfrac{1}{2} b \cdot t^2$	$s = v_0 \cdot t - \tfrac{1}{2} b \cdot t^2$	$s = \tfrac{1}{2} b \cdot t^2$
—	$s = \dfrac{v^2 - v_0^2}{2\,b}$	$s = \dfrac{v^2}{2\,b}$	$s = \dfrac{v_0^2 - v^2}{2\,b}$	$s = \dfrac{v_0^2}{2\,b}$

10. Die ungleichförmige Bewegung.

Die ungleichförmige Bewegung ist rechnerisch nur durch Zerlegung in Teilbewegungen zu verfolgen. Diese Teilbewegungen werden dann in gleichförmige Bewegungen aufgelöst. Das Zeit-Geschwindigkeits - Diagramm kennzeichnet auch die ungleichförmige Bewegung sehr klar. In Abb. 217 ist eine ungleichförmig beschleunigte Bewegung dargestellt, bei welcher die Beschleunigung abnimmt. Zieht man die Tangenten der Kurvenpunkte I, II und III, so bilden diese mit der Horizontalachse

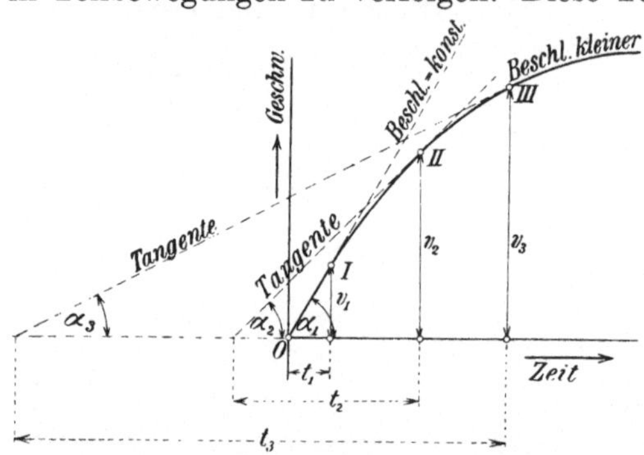

Abb. 217. Die ungleichförmige Bewegung im Zeit-Geschwindigkeits-Diagramm.

die Winkel α_1, α_2 und α_3, welche immer kleiner werden. Nun ist

$$\operatorname{tg} \alpha_1 = \frac{v_1}{t_1} = b_1 = \text{Beschleunigung im Punkte } I.$$

Würde die Bewegung mit derselben Beschleunigung, also mit konstanter Beschleunigung weitergehen, so müßte die Zeit-Geschwindigkeitslinie in der Verlängerung von OI weitergehen. Das tut sie nicht, sie fällt ab und deswegen fällt auch die Beschleunigung ab. Der Punkt II könnte auch mit der gleichförmigen Beschleunigung

$$b_2 = \operatorname{tg} \alpha_2 = \frac{v_2}{t_2}$$

erreicht werden. Dann ist aber $b_2 < b_1$, denn es ist $\alpha_2 < \alpha_1$. Ebenso könnte der Punkt *III* mit der gleichförmigen Beschleunigung

$$b_3 = \operatorname{tg}\alpha_3 = \frac{v_3}{t_3}$$

erreicht werden, diese ist aber wieder kleiner als b_2, denn es ist $\alpha_3 < \alpha_2$.

Regel: Bei abnehmendem Richtungswinkel α der Kurvenpunkte nimmt die Beschleunigung ab.

In Abb. 218 ist der entgegengesetzte Fall dargestellt, die Richtungswinkel der Kurvenpunkte *I*, *II* und *III* werden größer, demnach muß die Beschleunigung wachsen.

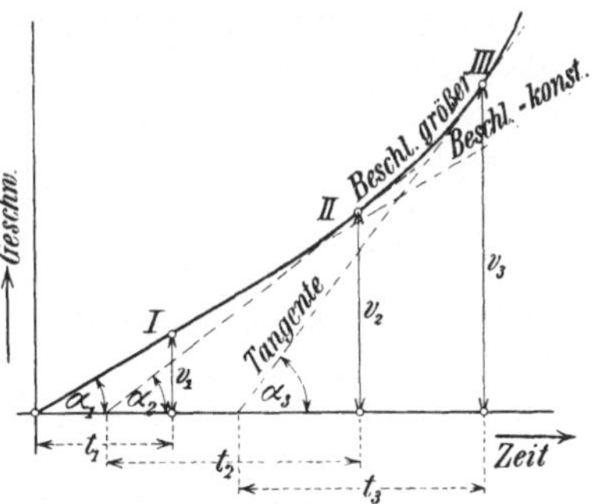

Abb. 218. Die Beschleunigung wächst.

Regel: Bei zunehmendem Richtungswinkel α der Kurvenpunkte nimmt die Beschleunigung zu.

11. Das Fahrdiagramm einer Fördermaschine.

Man kann durch ein Zentrifugalpendel-Meßinstrument den Geschwindigkeitsverlauf eines Fördermaschinenzuges aufschreiben lassen. Das ideale Fahrdiagramm einer Fördermaschine ist in Abb. 219 dar-

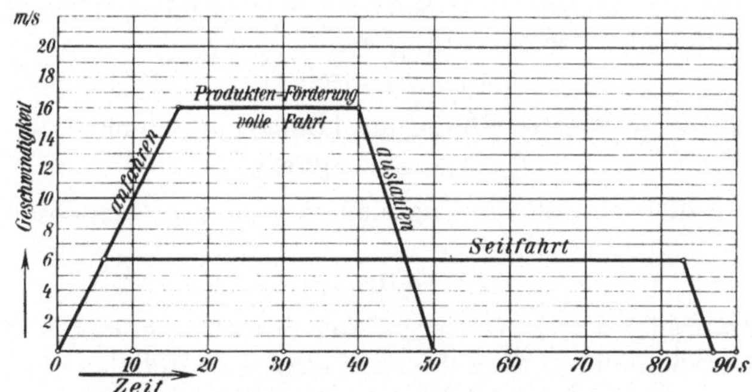

Abb. 219. Das ideale Fahrdiagramm einer Fördermaschine.

gestellt, als Horizontale sehen wir die Zeitlinie, als Vertikale die Geschwindigkeitslinie. Es entstehen zwei Fahrdiagramme:

1. das Fahrdiagramm für die Produktenförderung mit der höchsten Fahrgeschwindigkeit $v = 16$ m/sek,

2. das Fahrdiagramm für die Seilfahrt mit der höchsten Fahrgeschwindigkeit $v = 6$ m/sek.

a) Produktenförderung.

Das Anfahren geschieht gleichförmig beschleunigt, das zeigt der geradlinig ansteigende Verlauf der Geschwindigkeitslinie. Nach $t = 16$ Sekunden ist die Höchstgeschwindigkeit $v = 16$ m/sek erreicht, demnach beträgt die Anfahrbeschleunigung

$$b = \frac{v}{t} = \frac{16}{16} = 1 \ \mathrm{m/sek^2}.$$

Die Geschwindigkeitslinie verläuft dann horizontal, d. h. die Fahrgeschwindigkeit $v = 16$ m/sek bleibt konstant bis zur 40. Sekunde, dann fällt sie geradlinig ab. Der Auslauf erfolgt wegen des geradlinigen Abfallens mit gleichförmiger Verzögerung, während der Zeit $t = 10$ Sekunden wird die Fahrgeschwindigkeit $v = 16$ m/sek auf Null herabgemindert, also ist die Verzögerung

$$b = \frac{v}{t} = \frac{16}{10} = 1,6 \text{ m/sek}^2.$$

Die Wegestrecken lassen sich wie folgt berechnen:

     a) Anfahrweg $s = \frac{1}{2}b \cdot t^2 = \frac{1}{2} \cdot 1 \cdot 16^2 \;\;\; = 128$ m,
     b) Vollfahrweg $s = v \cdot t \;\; = 16 \cdot 24 \;\;\;\;\; = 384$ m,
     c) Auslaufweg $s = \frac{1}{2}b \cdot t^2 = \frac{1}{2} \cdot 1,6 \cdot 10^2 = \;\; 80$ m,

            Gesamtweg = Teufe T **= 592 m.**

Ein Förderzug dauert 50 Sekunden. Die Pause, welche zwischen zwei Zügen zum Umsetzen und Aufschieben der Förderwagen erforderlich ist, betrage im Mittel 70 Sekunden, also dauert 1 Förderzug mit Pause $50 + 70 = 120$ Sekunden. In 1 h = 3600 sek können daher

$$\frac{3600}{620} = 30 \text{ Züge}$$

gemacht werden. Als Nutzlast werden 8 Wagen mit je 650 kg Inhalt gezogen, das ist je Zug eine Nutzlast von $8 \cdot 650 = 5200$ kg $= 5,2\,t$ oder eine stündliche Förderleistung von

$$30 \cdot 5,2 = 156\,t.$$

Bei $6\frac{1}{2}$ stündiger flotter Förderung können je Schicht

$$6,5 \cdot 156 = \sim 1000 \text{ t}$$

gefördert werden, so daß die Tagesleistung in zwei Schichten 2000 t beträgt.

b) Seilfahrt.

Das Anfahren geschieht wieder mit der Beschleunigung $b = 1$ m/sek², denn nach 6 Sekunden ist die zulässige Fahrgeschwindigkeit

$$v = 6 \text{ m/sek}$$

erreicht. Die Vollfahrt beginnt mit der 6. Sekunde und hört bei der 83. Sekunde auf, sie dauert also 77 Sekunden.

Der Auslauf erfolgt mit der Verzögerung $b = 1,6$ m/sek², denn die abfallende Linie ist parallel der abfallenden Linie der Produktenförderung. Demnach dauert der Auslauf

$$t = \frac{v}{b} = \frac{6}{1,6} = 3,75 \text{ sek}.$$

Der volle Zug der Seilfahrt dauert also

$$6 + 77 + 3,75 = 86,75 \text{ sek} \sim 87 \text{ sek}.$$

Die Pause zum Personenwechsel betrage 120 Sekunden, so daß eine Seilfahrt mit Pause

$$87 + 120 = 207 \text{ sek}$$

in Anspruch nimmt.

Die zulässige Personenlast betrage 60 Personen, dann sind bei einer Kopfzahl von 660 je Schicht für die Seilfahrt

$$\frac{660}{60} = 11 \text{ Züge}$$

erforderlich, welche in

$$11 \cdot 207 = 2280 \text{ sek} = \textbf{38 Minuten}$$

gemacht werden.

12. Das unvorschriftsmäßige Fahren einer Fördermaschine.

In Abb. 220 ist das Fahrdiagramm eines Förderzuges wiedergegeben, der unvorschriftsmäßig gefahren ist. Bei starken Fördermaschinen, die durch Dampf getrieben werden, kann das Anfahren mit unzulässig hoher Beschleunigung erfolgen. Zulässig ist im allgemeinen eine Anfahrbeschleunigung von 1 bis 1,5 m, ebenso soll beim Auslauf die Verzögerung nicht größer als 1,5 bis 2 m sein.

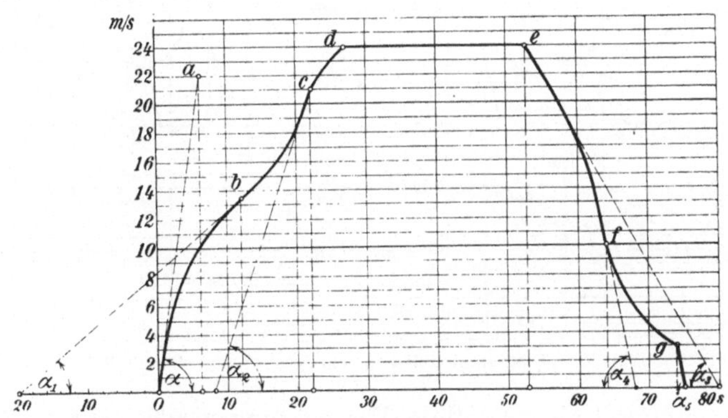

Abb. 220. Das Fahrdiagramm einer schlecht gefahrenen Maschine.

Im Diagramm erkennen wir eine sehr hohe Anfahrbeschleunigung, denn zieht man durch den Anfangspunkt O eine Tangente an die Geschwindigkeitskurve, so verläuft diese sehr steil. Zieht man durch einen beliebigen Punkt a der Tangente eine Senkrechte, so schneidet diese den Abszissenwert 6 Sekunden aus, während Punkt a den Ordinatenwert 22 m hat, folglich ist die Anfangsbeschleunigung

$$b = \text{tg}\,\alpha = \frac{v}{t} = \frac{22}{6} = 3{,}67 \text{ m/sek}^2.$$

Die Beschleunigung nimmt, wie man aus der Gestalt der Kurve sieht, ab. Die Tangente im Punkte b liefert die im Punkt b vorherrschende Beschleunigung, sie beträgt nur noch

$$b_1 = \text{tg}\,\alpha_1 = \frac{v_1}{t_1} = \frac{13{,}5}{32} = 0{,}42 \text{ m/sek}^2.$$

Und nun wächst die Beschleunigung wieder bis zum Punkte c, hier hat sie die Größe

$$b_2 = \text{tg}\,\alpha_2 = \frac{v_2}{t_2} = \frac{21}{14} = 1{,}50 \text{ m/sek}^2.$$

Dann fällt die Beschleunigung wieder und ist im Punkte d gleich
Null geworden, so daß bis zum Punkt e die volle höchste Fahrgeschwindigkeit $v = 24$ m/sek beibehalten wird.

Der Auslauf beginnt mit der Verzögerung

$$b_3 = \operatorname{tg} \alpha_3 = \frac{v_3}{t_3} = \frac{24}{27} = 0{,}89 \text{ m/sek}^2.$$

Die Verzögerung wächst dann, sie erreicht im Punkte f den Wert

$$b_4 = \operatorname{tg} \alpha_4 = \frac{v_4}{t_4} = \frac{10}{4} = 2{,}5 \text{ m/sek}^2.$$

Von f bis g nimmt die Verzögerung ab, bis im Punkte g durch Auf-
werfen der Bremse ein starker Knick entsteht. Die Geschwindigkeits-

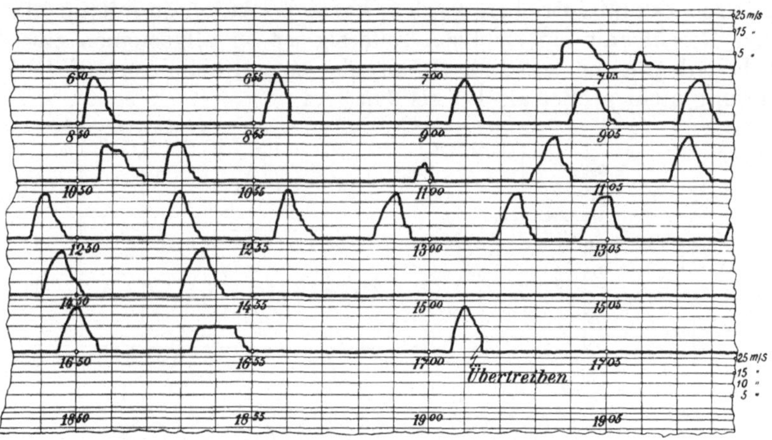

Abb. 221. Der Diagrammstreifen eines Geschwindigkeitsschreibers.

linie fällt nun steil ab, so daß die Verzögerung wieder sehr groß wird.
Sie beträgt

$$b_5 = \operatorname{tg} \alpha_5 = \frac{v_5}{t_0} = \frac{3}{1} = 3 \text{ m/sek}^2.$$

Solche großen Beschleunigungs- und Verzögerungswerte sind sehr
gefährlich, sie verursachen bei Treibscheiben den gefährlichen Seilrutsch und bringen außerdem Schwingungen in das Seil, die die Lebens-
dauer des Seiles herabsetzen.

Die Bergpolizei-Verordnung für die Seilfahrt vom 21. Juli
1927 sagt im § 12:

„Bei allen Seilfahrtanlagen, bei denen die Seilgeschwindigkeit mehr als
4 m/sek beträgt, müssen selbstschreibende Geschwindigkeitsmesser vorhanden
sein, die eine deutliche Darstellung von der Höhe der Geschwindigkeit während
des Treibens geben.

Die Geschwindigkeitsdiagramme sind täglich dem verantwortlichen Betriebs-
führer vorzulegen und von diesem 3 Monate aufzubewahren."

In Abb. 221 ist ein Ausschnitt aus einem Geschwindigkeitsdiagramm dargestellt. Man sieht als Horizontale die Zeitlinien. Der Strei-
fen legt sich um eine von einem Uhrwerk angetriebene Schreibtrommel,

der Trommelumfang wird in 2 Stunden einmal rund gedreht, nach jeder Umdrehung rückt die Trommel um eine Diagrammhöhe höher, so daß die untereinander liegenden Zeitpunkte um 2 Stunden auseinander liegen. Die senkrechten Linien haben einen Abstand von 1 Minute, sie schneiden eine Schar von Horizontallinien und geben in ihren Schnittpunkten die Geschwindigkeitshöhen 5, 10, 15, 20 und 25 m/sek an.

Jeder Förderzug wird aufgezeichnet. Der erste Förderzug des Diagrammausschnitts fand um 8^{50} statt, der zweite um 8^{55}, der dritte um 9^{00}. Es liegt also zwischen jedem Förderzug eine Pause von über 4 Minuten, d. h. die Kohlen kamen schlecht heran, und das beunruhigt den Maschinisten, denn die Kohlen müssen heraus. Man erkennt das an den Fahrdiagrammen, sie verlaufen sehr spitz, das ganze Treiben dauert nur 40 bis 50 Sekunden, also wird mit sehr großer Beschleunigung angefahren, namentlich das Diagramm 8^{55} zeigt die steile Anfahrlinie, die fast 25 m/sek erreicht, und ebenso steil ist die Auslauflinie, die zu Ende des Treibens eine sehr starke Verzögerung zeigt. Was an Pausen verloren geht, will der Maschinist durch schnelles Fahren wieder einholen.

Um 12^{50} hat sich das Anrollen der Kohlen gebessert. Jetzt folgen Pausen von nur 3, 2 und $1\frac{1}{2}$ Minuten. Der Maschinist fährt nun ruhiger, das zeigen die flacheren Auslauflinien, er fährt vorsichtiger ein.

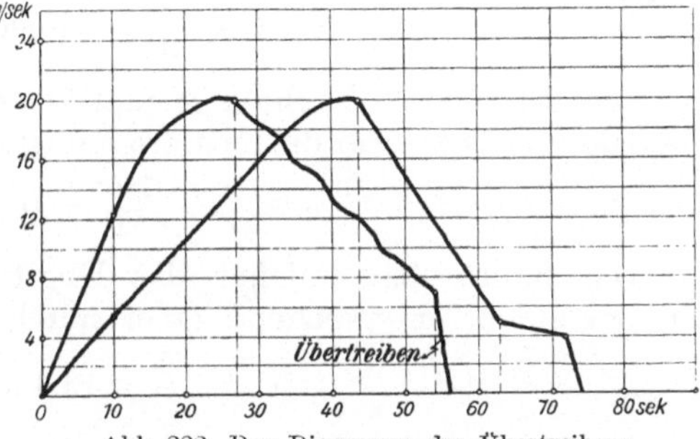

Abb. 222. Das Diagramm des Übertreibens.

Um 16^{55} findet eine Seilfahrt statt, dann kommt eine lange Pause von über 5 Minuten und nun soll die Zeitversäumnis wieder eingeholt werden. Der Maschinist fährt mit sehr großer Beschleunigung an und erreicht in kürzester Zeit seine Fahrgeschwindigkeit für die Vollfahrt, der Auslauf wird sehr unruhig, er hat kurz vor der Hängebank noch eine Geschwindigkeit von 7 m/sek, und das Übertreiben ist geschehen. Der senkrechte Absturz der Auslauflinie zeigt die plötzliche Geschwindigkeitsverminderung durch Auffallen der Bremsen.

Das Diagramm des Übertreibens ist in Abb. 222 vergrößert dargestellt und zum Vergleich hiermit das um 16^{50} geschriebene, normale Fahrdiagramm. Es zeigt eine hohe Anfahrbeschleunigung, in 10 Sekunden ist die Fahrgeschwindigkeit 12,5 m erreicht, d. h. die Anfahrbeschleunigung betrug

$$b = \frac{v}{t} = \frac{12,5}{10} = 1{,}25 \text{ m/sek}^2.$$

Die Auslauflinie zeigt einen wellenförmigen Verlauf, die Auslaufbewegung wird scheinbar durch Frischdampfstöße hochgehalten. An dem Knickpunkt der Auslauflinie setzen die Bremsen ein, es betrug hier die Geschwindigkeit noch 7 m und nun kommt der Korb in 2 Sekunden zum

Stillstand, also mit einer Verzögerung von

$$b = \frac{v}{t} = \frac{7}{2} = 3,5\ \text{m/sek}^2 .$$

Im normalen Fahrdiagramm wird in 10 Sekunden erst eine Geschwindigkeit von 5,5 m erreicht, d. h. die Anfahrbeschleunigung beträgt nur

$$b = \frac{v}{t} = \frac{5,5}{10} = 0,55\ \text{m/sek}^2 .$$

Nach 4 Sekunden Vollfahrt, welche mit 20 m Höchstgeschwindigkeit erfolgt, fällt die Auslauflinie geradlinig ab, bei Sekunde 44 ist die Geschwindigkeit 20 m, bei Sekunde 63 ist sie 5 m, demnach ist die Verzögerung

$$b = \frac{20 - 5}{63 - 44} = \frac{15}{19} = 0,79\ \text{m/sek}^2 .$$

Dann fährt er mit 4 m Geschwindigkeit beim Auffallen der Bremsen und kommt in 2 Sekunden zum Stillstand, d. h. die Bremsverzögerung betrug

$$b = \frac{4}{2} = 2\ \text{m/sek}^2 .$$

Die Teufe des Schachtes beträgt 750 m, die normale Fahrt dauerte 74 Sekunden, also war die mittlere Fahrgeschwindigkeit

$$v = \frac{s}{t} = \frac{750}{74} = 10,1\ \text{m/sek} .$$

Die Fahrt, bei welcher das Übertreiben erfolgte, dauerte nur 56 Sekunden, entsprechend einer mittleren Fahrgeschwindigkeit von

$$v = \frac{750}{56} = 13,4\ \text{m/sek} .$$

Die Bergpolizei-Verordnung für die Seilfahrt sagt im § 9:

„Fördermaschinen, bei denen die Seilfahrtgeschwindigkeit mehr als 6 m/sek beträgt, müssen mit einem amtlich zugelassenen Fahrtregler ausgerüstet sein.

Der Fahrtregler muß sowohl bei der Güterförderung wie bei der Seilfahrt eingeschaltet sein. Bei der regelmäßigen Seilfahrt muß der Fahrtregler auf Seilfahrtgeschwindigkeit eingestellt sein."

Diese Fahrtregler sollen den Gang der Maschine zwangläufig regulieren, also auch den Auslauf und das Stillsetzen der Maschine beherrschen. Sie regulieren zunächst durch Veränderung der Steuerung (Füllungsänderung) und bei nicht genügender Geschwindigkeitsabnahme durch Einsetzen einer Schleifbremse. Der Fahrtregler soll das Durchfahren der Hängebank mit mehr als 3 m/sek unmöglich machen und beim Übertreiben eine auf die Treibscheibe unmittelbar wirkende Bremse voll auslösen. Außerdem soll er die Überschreitung der vorgeschriebenen Höchstgeschwindigkeit um mehr als 2 m/sek unmöglich machen.

Auch die im Diagramm vorgeführte Fördermaschine, welche den Korb übertrieben hat, war mit einem Fahrtregler ausgerüstet, er hat also nicht richtig eingegriffen. Daher sind die Fahrtregler nicht unbedingt zuverlässig, und der beste Fahrtregler wird immer der geschulte und gewissenhafte Fördermaschinist bleiben.

Nach § 46, Absatz 3 der neuen Bergpolizei-Verordnung für die Seilfahrt sind die Fördermaschinen jährlich, die Fahrtregler der elektrischen Fördermaschinen **halbjährlich** durch einen Sachverständigen zu prüfen, und die Fahrtregler der Dampffördermaschinen durch einen **besonderen Sachverständigen** ebenfalls halbjährlich zu prüfen. Diese **Fahrtreglerprüfung** ist neu, der Erfolg der Prüfungen bleibt abzuwarten.

Beim **Übertreiben** kann der Förderkorb bis unter die Seilscheibe getrieben werden. Das zu verhüten, schreibt § 7 der Seilfahrtverordnung vor:

„**Die freie Höhe muß** bei größeren Seilfahrtanlagen wenigstens 10 m, bei kleineren Seilfahrtanlagen wenigstens 3 m betragen."

Fährt der Korb z. B. mit $v = 6$ m/sek durch die Hängebank, so ist bei $b = 2$ m/sek Bremsverzögerung der erforderliche Bremsweg schon

$$s = \frac{v^2}{2b} = \frac{6^2}{2 \cdot 2} = 9 \text{ m}$$

und bei $v = 3$ m/sek, die der Fahrtregler zuläßt, ist der Bremsweg immer noch

$$s = \frac{3^2}{2 \cdot 2} = 2,25 \text{ m.}$$

13. Der freie Fall und der senkrechte Wurf aufwärts.

Ein Körper, welcher reibungslos auf einer horizontalen Bahn gleiten kann, wird unter dem Einfluß einer **ständig drückenden Horizontalkraft** P (Abb. 223) sich mit einer gleichbleibenden Beschleunigung b auf dieser Bahn fortbewegen. Der gleiche Fall liegt vor, wenn ein Körper, seiner Unterlage beraubt, frei nach unten fällt. Sein Gewicht bildet die **ständig drückende Kraft**, welche die Abwärtsbewegung zu einer gleichförmig beschleunigten macht. Man nennt diese Beschleunigung die **Fallbeschleunigung** oder die **Erdbeschleunigung** und bezeichnet sie mit dem Formelbuchstaben g. Ihre Größe ist bekannt, sie beträgt für unsere Breitengrade

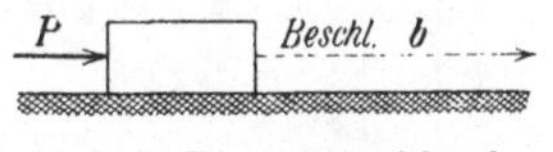

Abb. 223. Die stetig wirkende Kraft P erzeugt die Beschleunigung b.

$$g = 9,81 \text{ m/sek}^2.$$

Es ist üblich, die durchfallene Höhe mit h zu bezeichnen, und es ergeben sich dann aus den Formeln für die gleichförmig beschleunigte Bewegung die Formeln für den freien Fall.

Gleichförmig beschleunigte Bewegung		Freier Fall
Endgeschwindigkeit	$v = b \cdot t$	$v = g \cdot t$
Weg	$s = \frac{1}{2} b \cdot t^2$	$h = \frac{1}{2} g \cdot t^2$
Weg	$s = \frac{v^2}{2b}$	$h = \frac{v^2}{2g}$

Abb. 224 zeigt den Bewegungsvorgang für die ersten 3 Sekunden. Dann ist:

	nach der 1. Sek.	nach der 2. Sek.	nach der 3. Sek.
die Fallgeschwindigkeit..	$v_1 = 1 \cdot g$	$v_2 = 2 \cdot g$	$v_3 = 3 \cdot g$
die Fallhöhe.........	$h_1 = \frac{1}{2} g$	$h_2 = \frac{1}{2} g \cdot 2^2$	$h_3 = \frac{1}{2} g \cdot 3^2$

Erfolgt der freie Fall nicht aus der Ruhelage heraus, sondern bereits mit der Anfangsgeschwindigkeit v_0, so leiten sich die geltenden Formeln ebenfalls aus den Formeln für die gleichförmig beschleunigte Bewegung ab.

Gleichförmig beschleunigte Bewegung		Freier Fall
Endgeschwindigkeit	$v = v_0 + b \cdot t$	$v = v + g \cdot t$
Weg	$s = v_0 \cdot t + \frac{1}{2} b \cdot t^2$	$h = v_0 \cdot t + \frac{1}{2} g \cdot t^2$
Weg	$s = \dfrac{v^2 - v_0^2}{2\,b}$	$h = \dfrac{v^2 - v_0^2}{2\,g}$

Der senkrechte Wurf aufwärts beginnt mit einer größten Anfangsgeschwindigkeit v_0, das Gewicht wirkt der Bewegung entgegen, so daß ein konstant bleibender Widerstand entsteht, der die Bewegung gleichförmig verzögert. Die Größe der Verzögerung ist bekannt, sie ist wieder

$$g = 9{,}81 \text{ m/sek}^2.$$

Es gelten wieder die bekannten Formeln für die gleichförmig verzögerte Bewegung. Beim senkrechten Wurf kommt der Körper in der höchsten Stellung zur Ruhe, so daß die Formeln für die Bewegung bis zum Ruhezustand gelten.

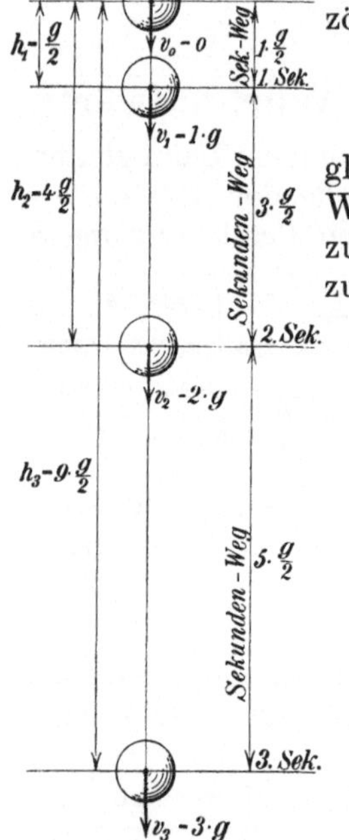

Abb. 224. Der frei herabfallende Körper.

Gleichförmig verzögerte Bewegung	
Anfangsgeschwindigkeit	$v_0 = b \cdot t$
Weg	$s = \frac{1}{2} b \cdot t^2$
Weg	$s = \dfrac{v_0^2}{2\,b}$

Senkrechter Wurf	
	$v_0 = g \cdot t$
	$h = \frac{1}{2} g \cdot t^2$
	$h = \dfrac{v_0^2}{2\,g}$

Die Bewegung kann als eine Umkehrung der in Abb. 224 dargestellten Abwärtsbewegung aufgefaßt werden. Um die einzelnen Bewegungsabschnitte zu errechnen, müssen auch die allgemeinen Formeln der gleichförmig verzögerten Bewegung bekannt sein, sie lauten:

Gleichförmig verzögerte Bewegung		Senkrechter Wurf
Endgeschwindigkeit	$v = v_0 - b \cdot t$	$v = v_0 - g \cdot t$
Weg	$s = v_0 \cdot t - \frac{1}{2} b \cdot t^2$	$h = v_0 \cdot t - \frac{1}{2} g \cdot t^2$
Weg	$s = \dfrac{v_0^2 - v^2}{2\,b}$	$h = \dfrac{v_0^2 - v^2}{2\,g}$

Wirft man z. B. eine Kugel mit der Anfangsgeschwindigkeit $v_0 = 3 \cdot g$ senkrecht hoch, so ergeben sich für die Sekundenabschnitte folgende Werte:

	nach der 1. Sek.	nach der 2. Sek.	nach der 3. Sek.
die Steiggeschwindigkeit .	$v_1 = 3\,g - 1 \cdot g$ $= 2\,g$	$v_2 = 3\,g - 2 \cdot g$ $= 1 \cdot g$	$v_3 = 3\,g - 3 \cdot g$ $= 0$
die Steighöhe	$h_1 = 3g \cdot 1 - \frac{1}{2}g \cdot 1^2$ $= \frac{g}{2} \cdot 5$	$h_2 = 3g \cdot 2 - \frac{1}{2}g \cdot 2^2$ $= \frac{g}{2} \cdot 8$	$h_3 = 3g \cdot 3 - \frac{1}{2}g \cdot 3^2$ $= \frac{g}{2} \cdot 9$

Diese Bewegungsabschnitte sind in Abb. 225 aufgetragen; man erkennt, der Bewegungsvorgang des Fallens, Abb. 224, wird in umgekehrter Richtung wiederholt. Der hochgeworfene Körper wird also auch mit derselben Geschwindigkeit unten wieder ankommen, mit der er hochgeschleudert wurde, und er wird zum Zurückfallen dieselbe Zeit wie zum Hochsteigen gebrauchen.

Ein mit der Geschwindigkeit v_0 hochgeschleuderter Körper erreicht die **Steighöhe**

$$h = \frac{v_0^2}{2\,g}$$

und benötigt die Steigzeit

$$t = \frac{v_0}{g} \, .$$

In der doppelten Zeit $\frac{2 \cdot v_0}{g}$ kehrt er zum Ausgangspunkt zurück.

Durchfällt ein Körper die Fallhöhe h, so ist seine Aufschlaggeschwindigkeit

$$v = \sqrt{2\,g\,h} \, .$$

Diese Formel wird uns in der **Hydraulik** als Ausflußformel wieder begegnen.

Um die Geschwindigkeit v zu erreichen, muß der Körper die Fallzeit

$$t = \frac{v}{g}$$

haben.

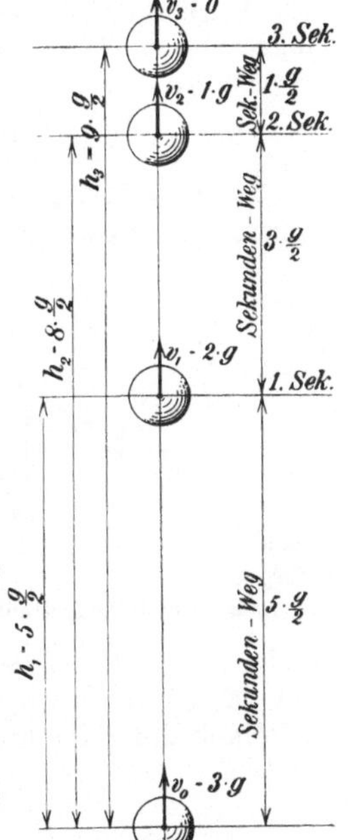

Abb. 225. Der senkrecht hochgeschleuderte Körper.

Beispiel: Bei einem mit $v = 10$ m/sek aufwärtsfahrenden Förderkorb tritt ein Seilbruch ein, wo befindet sich der Korb, wenn die Fangvorrichtung erst nach 2 Sekunden wirksam wird?

Lösung: Der Korb hat nach dem Seilbruch noch eine

$$\text{Steighöhe } h = \frac{v^2}{2\,g} = \frac{10^2}{20} = 5 \text{ m}$$

$$\text{und Steigzeit } t = \frac{v}{g} = \frac{10}{10} = 1 \text{ Sekunde.}$$

Wenn nach 2 Sekunden die Fangvorrichtung einsetzt, bleibt ihm zum Fallen noch 1 Sekunde, dann ist seine Fallgeschwindigkeit

$$v = v \cdot g = 1 \cdot 10 = 10 \text{ m}$$

und die durchfallene Höhe

$$h = \frac{v^2}{2\,g} = \frac{10^2}{20} = 5 \text{ m},$$

d. h. er steht beim Einsetzen der Fangvorrichtung wieder genau an der Stelle, an der die Lösung vom Seil erfolgte.

Beispiel: Bei einem mit $v = 10$ m/sek abwärtsfahrenden Förderkorb tritt ein Seilbruch ein, wo befindet sich der abstürzende Korb, wenn die Fangvorrichtung erst nach 2 Sekunden eingreift?

Lösung: Nach 2 Sekunden hat der Korb eine Fallgeschwindigkeit

$$v = v_0 + g \cdot t = 10 + 10 \cdot 2 = 30 \text{ m/sek}.$$

Der durchfallene Weg ist dann

$$h = \frac{v^2 - v_0^2}{2\,g} = \frac{30^2 - 10^2}{20} = 40 \text{ m}.$$

Der Korb befindet sich also 40 m unterhalb der Unfallstelle, seine Fallgeschwindigkeit ist mit 30 m/sek schon so groß, daß ein wirksames Fangen ausgeschlossen erscheint.

14. Der Fall auf schiefer Ebene.

In Abb. 226 gleitet ein Körper reibungslos auf einer schiefen Ebene herab, er unterliegt auch hier der Schwerkraft und will mit der Fallbeschleunigung g senkrecht abfallen.

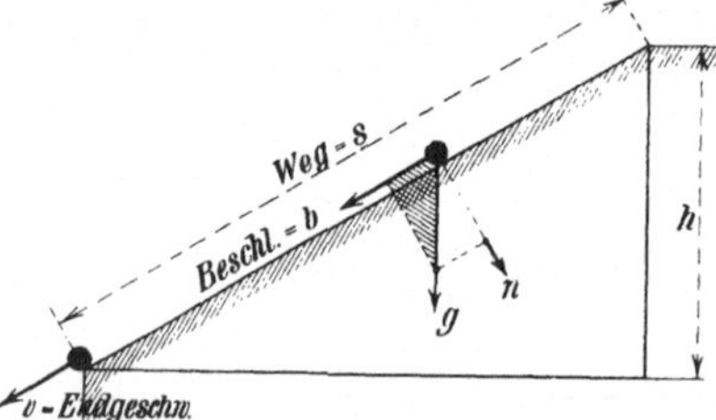

Abb. 226. Der freie Fall auf schiefer Ebene.

Das senkrechte Fallen wird zu einem schrägen Fallen, so daß die Beschleunigung g nicht ganz zur Auswirkung kommen kann. Man zerlegt die Beschleunigung g in zwei Komponenten. Eine Komponente n steht senkrecht zur schiefen Ebene, sie kommt also für die Bewegung nicht in Frage. Die andere Komponente b zieht parallel zur schiefen Ebene, sie beschleunigt den Körper auf der schiefen Bahn, deren Länge $= s$ ist.

Nach der Gleichung

$$s = \frac{v^2}{2\,b}$$

wird die Endgeschwindigkeit $v = \sqrt{2\,b\,s}$.

Das im Beschleunigungsparallelogramm liegende schraffierte Dreieck ist dem großen Dreieck der schiefen Ebene ähnlich, also ist

$$\frac{b}{g} = \frac{h}{s} \quad \text{oder} \quad b = \frac{g \cdot h}{s},$$

$$v = \sqrt{2 \cdot \frac{g \cdot h}{s} \cdot s} = \sqrt{2\,g\,h}.$$

Regel: Gleitet ein Körper reibungslos eine schiefe Ebene frei herab, so kommt er unten mit derselben Geschwindigkeit an, als ob er die senkrechte Höhe der schiefen Ebene frei durchfallen hätte.

Bisher wurde angenommen, die Fallbewegung auf der schiefen Ebene beginne mit der Anfangsgeschwindigkeit $v_0 = 0$, also aus der Ruhelage. Auch für den Fall, daß bereits eine Anfangsgeschwindigkeit v_0 vorherrscht, wie in Abb. 227, kann die Endgeschwindigkeit v leicht ermittelt werden. Für das senkrechte Fallen ist die Formel bekannt:

$$h = \frac{v^2 - v_0^2}{2\,g},$$

also ist

$$v = \sqrt{v_0^2 + 2\,g\,h}.$$

Dieselbe Endgeschwindigkeit wird auch beim Fall auf der schiefen Ebene erreicht. Man kann auch den Weg s und die Fallzeit t berechnen. Aus dem Beschleunigungsparallelogramm liest man ab

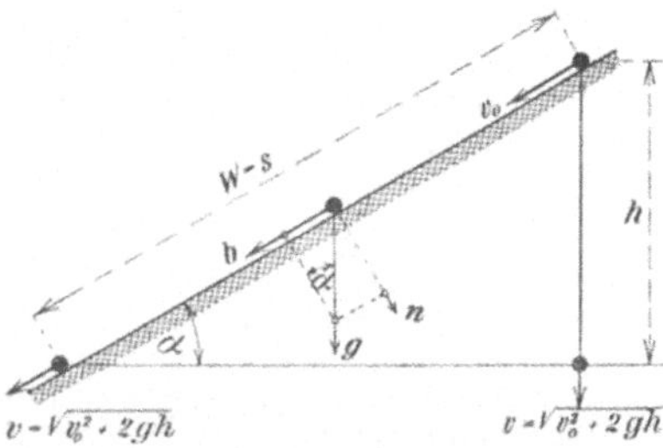

Abb. 227. Das Fallen beginnt mit der Anfangsgeschwindigkeit v_0.

$$b = g \cdot \sin \alpha,$$

also ist

$$s = v_0 \cdot t + \tfrac{1}{2} b \cdot t^2 = v_0 \cdot t + \tfrac{1}{2} \cdot g \cdot \sin \alpha \cdot t^2,$$

ferner ist

$$v = v_0 + b \cdot t = v_0 + g \cdot \sin \alpha \cdot t.$$

$$\text{Fallzeit } t = \frac{v - v_0}{g \cdot \sin \alpha} = \frac{v - v_0}{b}.$$

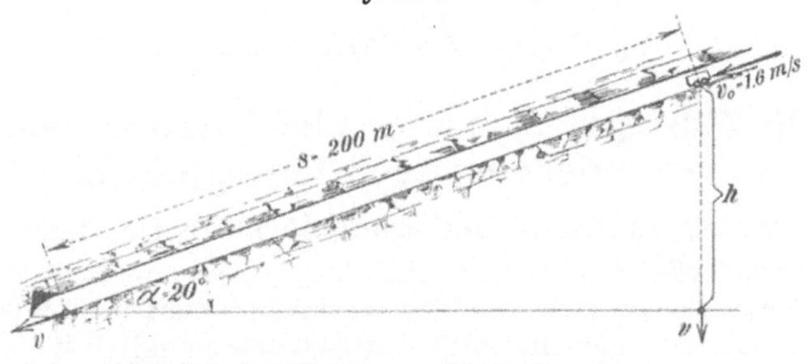

Abb. 228. Der Förderwagen fällt im Bremsberg.

Beispiel: Ein Bremsberg, Abb. 228, hat ein Einfallen von 20°, bei der Abwärtsfahrt, welche mit $v_0 = 1{,}6$ m/sek erfolgt, reißt das Seil; mit welcher Beschleunigung rollt der Wagen abwärts, und wie groß ist seine Endgeschwindigkeit am Fuß des Bremsberges, wenn er 200 m zurückrollt?

Lösung: Der abwärts rollende Wagen hat die Beschleunigung

$$b = g \cdot \sin \alpha = 9{,}81 \cdot \sin 20° = 9{,}81 \cdot 0{,}3576 = 3{,}5 \text{ m/sek}^2.$$

Er kommt mit derselben Endgeschwindigkeit an, als wenn er die dem Fahrweg $s = 200$ m entsprechende senkrechte Höhe h frei durchfallen hätte.

$$\text{Nun ist} \quad \frac{h}{s} = \sin \alpha \quad \text{oder} \quad h = s \cdot \sin \alpha$$
$$= 200 \cdot 0{,}3576 = 71{,}52 \text{ m},$$

$$v = \sqrt{v_0^2 + 2\,g\,h} = \sqrt{1{,}6^2 + 2 \cdot 9{,}81 \cdot 71{,}52} = 37{,}5 \text{ m/sek}.$$

Das Herabrollen dauert demnach

$$t = \frac{v - v_0}{b} = \frac{37{,}5 - 1{,}6}{3{,}5} = \textbf{10,25 Sekunden.}$$

Wie ändern sich die Verhältnisse, wenn der Seilbruch an derselben Stelle bei der Aufwärtsfahrt erfolgt wäre?

Da der Förderwagen mit der Geschwindigkeit $v_0 = 1,6$ m/sek aufwärts fährt, so wird beim Seilbruch erst eine Verzögerung des Wagens bis zum Stillstand eintreten. Würde ein Körper mit der Anfangsgeschwindigkeit v_0 hochgeschleudert, so erreicht er die Steighöhe

$$h_0 = \frac{v_0^2}{2\,g} = \frac{1,6^2}{2 \cdot 9,81} = 0,13 \text{ m}.$$

Der Wagen steigt um den gleichen Betrag, d. h. er legt auf der schrägen Bahn nach dem Weg

$$s_0 = \frac{h_0}{\sin \alpha} = \frac{0,13}{0,3576} = 0,364 \text{ m}$$

nach oben zurück; denselben Weg fällt er wieder zurück und erreicht nach 0,364 m Abwärtsfahrt seine Fahrgeschwindigkeit $v_0 = 1,6$ m/sek, d. h. er beginnt dann an der Bruchstelle die Abwärtsfahrt mit derselben Anfangsgeschwindigkeit wie bei der Abwärtsfahrt, er wird also mit derselben Endgeschwindigkeit $v = 37,5$ m/sek unten ankommen.

Es besteht nur ein Unterschied in der Fallzeit, indem nun die Zeit für das Hochfahren der 0,364 m langen Strecke und für das Zurückfahren dieser Strecke hinzukommt. Seine Verzögerung beim Hochfahren ist

$$b = g \cdot \sin \alpha = 3,5 \text{ m/sek}^2,$$

also ist die Steigzeit

$$t_0 = \frac{v_0}{b} = \frac{1,6}{3,5} = 0,46 \text{ Sekunden},$$

und damit die zusätzliche Zeit für das Hin- und Zurückrollen

$$2 \cdot t_0 = 2 \cdot 0,46 = 0,92 \text{ Sekunden}.$$

Seine gesamte Fallzeit beträgt damit

$$t + 2\,t_0 = 10,25 + 0,92 = \textbf{11,17 Sekunden}.$$

15. Zusammensetzung gleichartiger und verschiedenartiger Bewegungen.

a) Zwei geradlinige und gleichförmige Bewegungen.

In einem fließenden Wasser, Abb. 229, tauche eine Kugel hoch, das Wasser fließe gleichförmig mit der Geschwindigkeit $c = 4$ m/sek, während die Kugel eine gleichförmige Auftriebsgeschwindigkeit $v = 3$ m/sek habe. Die Bewegung der Kugel ist also eine zweifache, eine horizontale und eine vertikal aufsteigende. Man verfolgt sie, indem man die horizontalen und vertikalen Wegestrecken berechnet und so den Standort der Kugel am Ende einer jeden Sekunde feststellt.

	nach 1 Sek.	nach 2 Sek.	nach 3 Sek.	nach 4 Sek.
Horizontalweg $s_2 =$	$4 \cdot 1 = 4$ m	$4 \cdot 2 = 8$ m	$4 \cdot 3 = 12$ m	$4 \cdot 4 = 16$ m
Vertikalweg $s_1 =$	$3 \cdot 1 = 3$ m	$3 \cdot 2 = 6$ m	$3 \cdot 3 = 9$ m	$3 \cdot 4 = 12$ m

Trägt man diese Wege in ein rechtwinkliges Koordinatensystem ein, so erhält man in den Schnittpunkten I, II, III und IV der Horizontal- und Vertikalwegelinien den jeweiligen Standort der Kugel. Die Verbindungslinie dieser Wegepunkte liefert eine gerade Linie, d. h. die resultierende Bewegung erfolgt geradlinig, und zwar ist der resultierende Weg gleich der Diagonalen des aus den beiden Seitenwegen konstruierten Parallelogramms.

Die Kugel würde also in gerader Richtung eine resultierende Bewegung ausführen, und diese Bewegung würde sie auch ausführen, wenn sie nur eine einzige und zwar eine resultierende Geschwindigkeit hätte. Wie findet man diese? Nach t Sekunden ist der Vertikalweg $s_1 = v \cdot t$, der Horizontalweg $s_2 = c \cdot t$, also ist

$$\frac{s_1}{s_2} = \frac{v \cdot t}{c \cdot t} = \frac{v}{c},$$

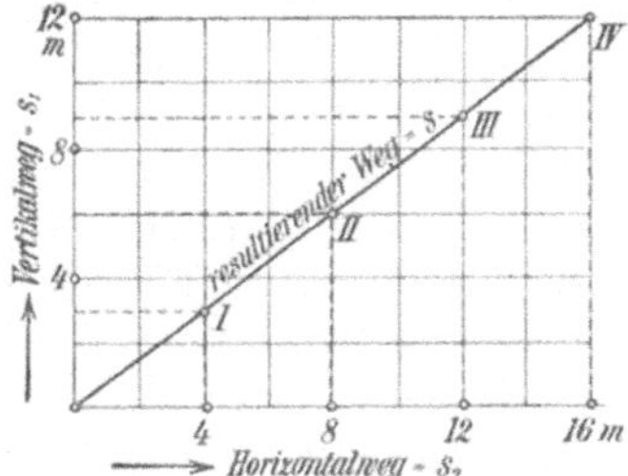

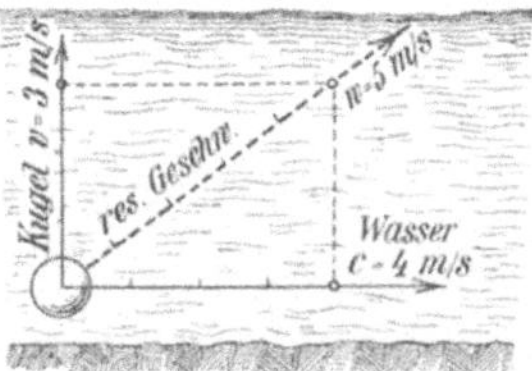

d. h. die zurückgelegten Wege verhalten sich wie die zugehörigen Geschwindigkeiten, also wird man, wenn man den resultierenden Weg durch Parallelogrammkonstruktion findet, die resultierende Geschwindigkeit so finden, daß man aus den beiden Seitengeschwindigkeiten ebenfalls ein Parallelogramm konstruiert und dessen Diagonale zeichnet.

Abb. 229. Der Körper hat zwei verschiedene Geschwindigkeiten nach verschiedenen Richtungen.

In unserm Beispiel findet man, da das Parallelogramm rechtwinklig ist, die resultierende Geschwindigkeit

$$w = \sqrt{c^2 + v^2} = \sqrt{4^2 + 3^2} = 5 \text{ m/sek}.$$

Nach 4 Sekunden befindet sich die Kugel nach Zurücklegung des resultierenden Weges $s = 5 \cdot 4 = 20$ m ebenfalls im Standort IV.

Regel: Die resultierende Geschwindigkeit wird ihrer Größe und Richtung nach durch die Diagonale des aus den beiden Seitengeschwindigkeiten konstruierten Parallelogramms dargestellt.

b) Zwei geradlinige, gleichförmig beschleunigte Bewegungen.

In einem beschleunigt fließenden Wasser tauche eine Kugel beschleunigt hoch, Abb. 230, die Beschleunigung der Kugel betrage $b_1 = 1,00$ m/sek^2, die Beschleunigung des Wassers $b_2 = 2,00$ m/sek^2. Beide Bewegungen sollen gleichzeitig aus dem Ruhezustand erfolgen. Man errechnet wieder die Seitenwege nach der bekannten Formel $s = \frac{1}{2} b \cdot t^2$ und findet folgende Wege:

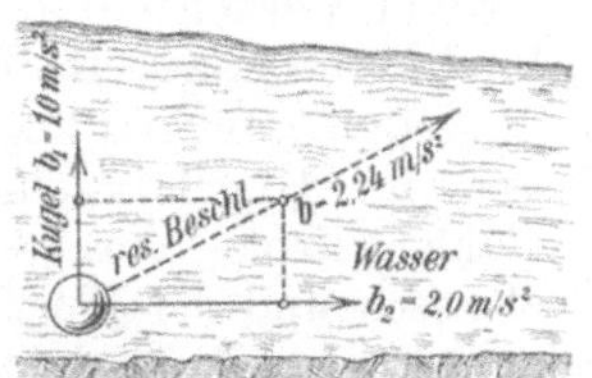

Abb. 230. Zwei gleiche Bewegungsarten nach verschiedenen Richtungen.

	nach 1 Sek.	nach 2 Sek.	nach 3 Sek.	nach 4 Sek.
Vertikalweg $s_1 =$	$\frac{1}{2} \cdot 1 \cdot 1^2 = 0,5$ m	$\frac{1}{2} \cdot 1 \cdot 2^2 = 2,0$ m	$\frac{1}{2} \cdot 1 \cdot 3^2 = 4,5$ m	$\frac{1}{2} \cdot 1 \cdot 4^2 = 8,0$ m
Horizontalweg $s_2 =$	$\frac{1}{2} \cdot 2 \cdot 1^2 = 1,0$ m	$\frac{1}{2} \cdot 2 \cdot 2^2 = 4,0$ m	$\frac{1}{2} \cdot 2 \cdot 3^2 = 9,0$ m	$\frac{1}{2} \cdot 2 \cdot 4^2 = 16,0$ m

Im rechtwinkeligen Koordinatensystem geben die Schnittpunkte I, II, III und IV der Vertikal- und Horizontalwegelinien wieder den jeweiligen Standort der schwimmenden Kugel. Die Verbindungslinie dieser Standortpunkte ist eine gerade Linie, diese stellt den resultierenden Weg dar. Er wird durch die Diagonale eines aus den beiden Seitenwegen konstruierten Parallelogramms dargestellt. Aus den beiden **geradlinigen Seitenbewegungen** ergibt sich also wieder eine **geradlinige resultierende Bewegung.**

Denselben Weg würde die Kugel auch zurücklegen, wenn sie nur **eine** Beschleunigung erführe, die **resultierende Beschleunigung.** Wie findet man diese?

Nach t Sekunden ist der Vertikalweg $s_1 = \frac{1}{2} b_1 \cdot t^2$ und der Horizontalweg $s_2 = \frac{1}{2} b_2 \cdot t^2$, also ist

$$\frac{s_1}{s_2} = \frac{\frac{1}{2} b_1 \cdot t^2}{\frac{1}{2} b_2 \cdot t^2} = \frac{b_1}{b_2},$$

d. h. die zurückgelegten Wegestrecken verhalten sich wie die zugehörigen Beschleunigungen, und deshalb wird die resultierende Beschleunigung b ebenso wie die resultierende Wegestrecke als Diagonale eines Parallelogramms gefunden, dessen Seiten in den beiden Einzelbeschleunigungen b_1 und b_2 gegeben sind.

Da in unserm Beispiel das Parallelogramm der Beschleunigungen ein Rechteck ist, findet man

$$b = \sqrt{b_1^2 + b_2^2} = \sqrt{1^2 + 2^2} = 2{,}24 \text{ m/sek}^2.$$

Nach 4 Sekunden legt die Kugel den resultierenden Weg

$$s = \frac{1}{2} b \cdot t^2 = \frac{1}{2} \cdot 2{,}24 \cdot 4^2 = 18 \text{ m}$$

zurück und befindet sich am Standort IV.

Regel: Die aus zwei geradlinig beschleunigten Bewegungen hervorgehende resultierende Bewegung ist auch wieder geradlinig.

Die resultierende Beschleunigung ist ihrer Größe und Richtung nach als Diagonale des aus den beiden Seitenbeschleunigungen konstruierten Parallelogramms zu finden.

c) Zwei verschiedenartige Bewegungen, erste Bewegung gleichförmig, zweite Bewegung gleichförmig beschleunigt.

Diese Bewegungsart liegt vor, wenn in einem gleichförmig fließenden Wasser eine Kugel beschleunigt hochsteigt, Abb. 231. Rechnen wir ein Zahlenbeispiel durch, und zwar mit der Wassergeschwindigkeit $v = 4$ m/sek und der Kugelbeschleunigung $b = 1$ m/sek². Die Vertikalwege rechnen sich nach der Formel

$$s = \tfrac{1}{2} b \cdot t^2,$$

die Horizontalwege nach der Formel

$$s = v \cdot t$$

aus. Es ergeben sich dann folgende Wegestrecken:

	nach 1 Sek.	nach 2 Sek.	nach 3 Sek.	nach 4 Sek.
Vertikalweg $s_1 =$	$\frac{1}{2} \cdot 1 \cdot 1^2 = 0{,}5$ m	$\frac{1}{2} \cdot 1 \cdot 2^2 = 2{,}0$ m	$\frac{1}{2} \cdot 1 \cdot 3^2 = 4{,}5$ m	$\frac{1}{2} \cdot 1 \cdot 4^2 = 8{,}0$ m
Horizontalweg $s_2 =$	$4 \cdot 1 = 4$ m	$4 \cdot 2 = 8$ m	$4 \cdot 3 = 12$ m	$4 \cdot 4 = 16$ m

Im rechtwinkeligen Wegenetz geben die Schnittpunkte *I, II, III* und *IV* der Vertikal- und Horizontalweglinien die augenblicklichen Standorte der schwimmenden Kugel an. Verbindet man diese Standortpunkte miteinander, so erhält man keine gerade Linie mehr, es entsteht eine gekrümmte Bahnlinie, und zwar wird die Bahnlinie nach der Beschleunigungsrichtung abgebogen. Mathematisch ist die Bahnlinie eine Parabel.

Man findet die einzelnen Bahnpunkte wieder durch Parallelogrammkonstruktion aus den beiden Seitenwegen, und zwar ist der dem Anfangspunkt der Bewegung gegenüberliegende Eckpunkt des Parallelogramms der Standort, an dem die Kugel nach der Zeit t steht. Die Diagonale stellt aber nicht mehr den durchlaufenen Weg dar. Die Form der Bewegungsbahn läßt sich also nicht mehr durch eine einzige Parallelogrammkonstruktion finden, man bedarf dazu einer Reihe von Einzelkonstruktionen.

Die resultierende Geschwindigkeit ändert sich in jedem Augenblick, man findet sie z. B. für den Standort *III*, indem man die Tangente an die Bahnkurve legt, sie gibt die augenblickliche Richtung der resultierenden Geschwindigkeit w an.

Nach 3 Sekunden (Punkt *III*) ist

$$v_x = b \cdot t = 1 \cdot 3 = 3 \text{ m/sek},$$

$$v = 4 \text{ m/sek},$$

$$w = \sqrt{v_x^2 + v^2} = \sqrt{3^2 + 4^2} = 5 \text{ m/sek}.$$

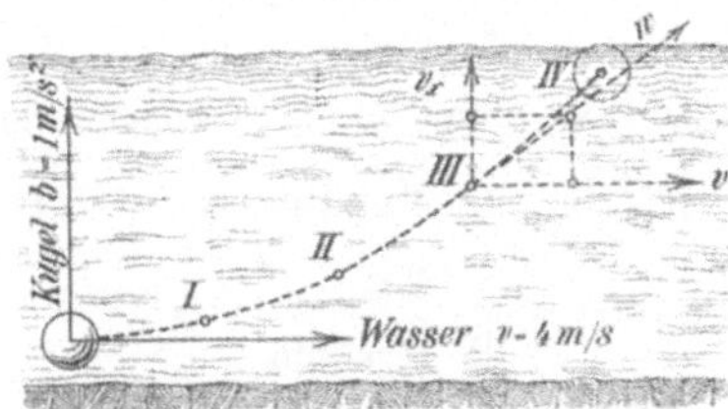

Abb. 231. Der Körper hat zwei ungleiche Bewegungsarten nach verschiedenen Richtungen.

Regel: *Die aus zwei geradlinigen Bewegungen verschiedener Art sich ergebende Bewegung ist nicht mehr geradlinig.*

Die Bahnkurve muß punktweise gewonnen werden, und zwar ist der dem Ausgangspunkt gegenüberliegende Eckpunkt des aus den Seitenwegen konstruierten Parallelogramms der jeweilige Standort des bewegten Körpers.

16. Die parabolische Bewegung.

Eine Kugel (Abb. 232), welche vertikal aufwärts mit der gleichförmigen Geschwindigkeit v hochsteigt und rechtwinkelig zu dieser Bewegungsrichtung, also in horizontaler Richtung eine Beschleunigung b erfährt, bewegt sich auf einer parabolischen Bahnlinie. Die Seitenwege sind

1. in senkrechter Richtung $y = v \cdot t$,
2. in horizontaler Richtung $x = \frac{1}{2} b \cdot t^2$.

Bildet man $t = \dfrac{y}{v}$ und setzt diesen Wert in die Gleichung für x ein, so wird

$$x = \frac{1}{2} b \cdot \frac{y^2}{v^2} \quad \text{oder} \quad y^2 = 2 \cdot \frac{v^2}{b} \cdot x .$$

Diese Gleichung erinnert an die Parabelgleichung

$$y^2 = 2 p x ,$$

in welcher der Parameter p die Form der Parabel bestimmt, und hier würde die Form bestimmt durch den Parameterwert

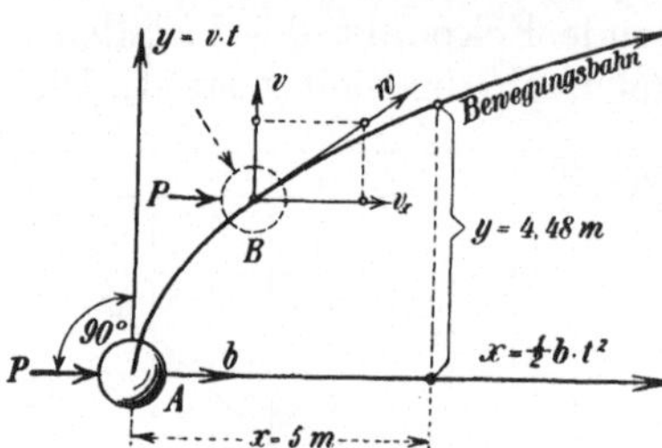

Abb. 232. Die parabolische Bewegung.

$$p = \frac{v^2}{b} ,$$

d. h. für einen bestimmten Wert von v und einen bestimmten Wert von b hat die Parabel eine ganz bestimmte Form. Man nimmt für x beliebige Werte an und berechnet daraus die y-Werte.

Beispiel: Zeichne die Parabelform für eine Bewegung, welche durch die Größen

$$v = 2 \text{ m/sek} \quad \text{und} \quad b = 2 \text{ m/sek}^2$$

sich ergeben wird.

Lösung: Man berechnet zunächst den Parameter der Parabel

$$p = \frac{v^2}{b} = \frac{2^2}{2} = 2$$

und berechnet dann für angenommene x-Werte die zugehörigen y-Werte:

$$x = 1 \text{ m} \quad \ldots \ldots \quad y = \sqrt{2\,p\cdot x} = \sqrt{2\cdot 2\cdot 1} = 2 \text{ m}$$

$$x = 2 \text{ m} \quad \ldots \ldots \quad y = \sqrt{2\cdot 2\cdot 2} = 2{,}83 \text{ m}$$

$$x = 3 \text{ m} \quad \ldots \ldots \quad y = \sqrt{2\cdot 2\cdot 3} = 3{,}47 \text{ m}$$

$$x = 4 \text{ m} \quad \ldots \ldots \quad y = \sqrt{2\cdot 2\cdot 4} = 4{,}00 \text{ m}$$

$$x = 5 \text{ m} \quad \ldots \ldots \quad y = \sqrt{2\cdot 2\cdot 5} = 4{,}48 \text{ m} .$$

So läßt sich die Bewegungsbahn punktweise als Parabel aufzeichnen.

Sieht man sich die Bewegung auf der Parabelbahn genauer an, so kommt man zu folgender Erkenntnis. Liegt im Ausgangspunkt A der Bewegung in horizontaler Richtung eine gleichförmige Beschleunigung vor, so wird diese durch eine Horizontalkraft P hervorgerufen. Sie steht bei Beginn der Bewegung senkrecht zur Bahnrichtung y, d. h. diese Kraft verursacht nur eine Richtungsänderung der Bewegung, sie drängt die Kugel von der Vertikalbahn ab, verursacht aber keine Geschwindigkeitsänderung, da sie rechtwinkelig zur Bahnrichtung steht und demnach keine Kraftkomponente in der Bahnrichtung hat.

Die Kugel stehe nun im Bahnpunkt B. In diesem Bahnpunkt ist w die augenblickliche resultierende Geschwindigkeit. Diese hat eine Horizontalkomponente v_x, und da die Kraft P ebenfalls in horizontaler Richtung weiterwirkt, wird nun eine Geschwindigkeitszunahme in horizontaler Richtung die Folge sein, d. h. die Kugel durchläuft die Parabelbahn mit Beschleunigung.

Die Bewegung würde auch in diesem Augenblick gleichförmig sein können, wenn die Kraft P nicht horizontal, sondern senkrecht zur Geschwindigkeitsrichtung w stände.

Regel: *Bei krummliniger Bewegung kann nur dann eine gleichförmige Bewegung erfolgen, wenn die Beschleunigung ständig ihre Richtung so ändert, daß sie rechtwinkelig zur Bewegungslinie steht.*

Eine rechtwinkelig zur Bewegungsrichtung stehende Beschleunigungskraft oder Beschleunigung verursacht nur eine Krümmung der Bahn. Soll diese Krümmung stärker werden, so muß die Kraft größer, soll sie schwächer werden, so muß die Kraft kleiner werden, soll sie gleich bleiben, so muß die Kraft auch gleich bleiben.

Eine krummlinige Bahn mit gleichbleibender Krümmung ist aber ein Kreis. Es kann also eine gleichförmige Kreisbewegung nur dann erfolgen, wenn die Beschleunigung konstant bleibt, und dann ihre Richtung ständig so ändert, daß sie rechtwinkelig zur Kreisbahn bleibt.

17. Die gleichförmige Kreisbewegung.

Eine Kugel (Abb. 233) werde an einem Faden von der Länge r mit der gleichförmigen Umfangsgeschwindigkeit v im Kreise rundgeschleudert. In A angekommen, reiße der Faden. Sofort wird die Kugel geradlinig in Richtung der Kreistangente mit derselben Geschwindigkeit v aus der Kreisbahn herausfliegen.

Soll nach dem Fadenbruch die Kugel auf der Kreisbahn bleiben, so muß eine konstante Beschleunigung b rechtwinkelig zur Bewegungsrichtung v sofort wirksam werden. Diese Beschleunigung b müßte ständig ihre Richtung ändern, so daß z. B. im Punkte D auch wieder die Beschleunigung b senkrecht zur Tangentenrichtung v steht.

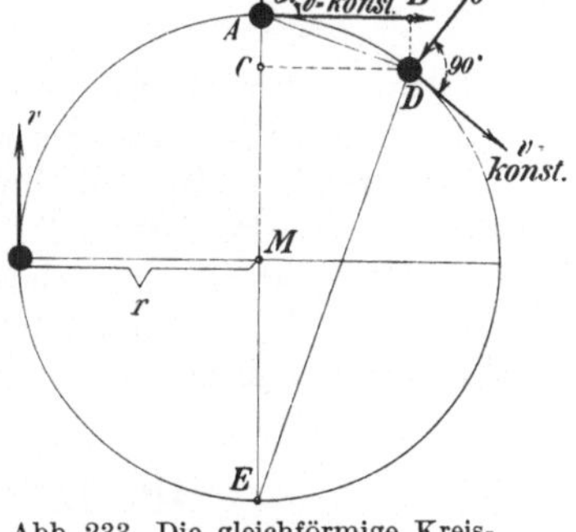

Abb. 233. Die gleichförmige Kreisbewegung.

Die Kreisbogenbahn von A nach D ist aus zwei Seitenbewegungen entstanden

1. aus der Horizontalbewegung AB, welche gleichförmig erfolgt,
2. aus der Vertikalbewegung AC, welche mit der Beschleunigung b erfolgt.

Nach t Sekunden ist der Horizontalweg $AB = v \cdot t$,

der Vertikalweg $AC = \tfrac{1}{2} b \cdot t^2$.

In Abb. 233 ist der Kugelmittelpunkt D mit den Punkten A und E verbunden worden, dadurch ist das rechtwinkelige Dreieck ADE entstanden. Im rechtwinkeligen Dreieck ist die Kathete die mittlere geometrische Proportionale zwischen der ganzen Hypotenuse und der Kathetenprojektion auf die Hypotenuse, also ist

$$AE : AD = AD : AC.$$

Nimmt man das Bogenstück AD unendlich klein, so wird

$$AD = AB$$

und die Proportion lautet

$$AE : AB = AB : AC.$$

Nun ist

$$AE = 2\,r, \qquad AB = v \cdot t, \qquad AC = \tfrac{1}{2}\,b \cdot t^2.$$

Mit diesen Werten lautet die Proportion:

$$2\,r : v \cdot t = v \cdot t : \tfrac{1}{2}\,b \cdot t^2 \quad \text{oder} \quad 2\,r \cdot \tfrac{1}{2}\,b \cdot t^2 = v^2 \cdot t^2$$

$$\boxed{b = \frac{v^2}{r}.}$$

Diesen Wert muß die Beschleunigung b haben, wenn nach dem Fadenbruch die Kugel auf der Kreisbahn vom Radius r mit der gleichförmigen Geschwindigkeit v ihre Bewegung fortsetzen soll.

Man nennt diese Beschleunigung die **Zentripetalbeschleunigung**, weil sie die Kugel nach dem Zentralpunkt des Kreises, nach dem Mittelpunkt hin, beschleunigt, und so Ursache der Kreisbewegung ist.

Die Zentripetalbeschleunigung wächst nach dem Gesetz

$$b = \frac{v^2}{r}$$

1. proportional mit dem Quadrat der Geschwindigkeit,
2. umgekehrt proportional mit dem Radius der Kreisbahn.

Wir werden also bei doppelter Umfangsgeschwindigkeit eine vierfache und bei doppeltem Radius eine $\tfrac{1}{2}$-fache Zentripetalbeschleunigung anwenden müssen. Aus diesem Grunde sind **hohe** Fahrgeschwindigkeiten und **kleine** Krümmungsradien in den Kurven unserer Schienenbahnen sehr gefährlich.

18. Der horizontale Wurf.

In dem Augenblick, wo der geworfene Körper die Hand des Werfenden verläßt, unterliegt er dem Gesetz der Schwerkraft, er bewegt sich mit der Beschleunigung $g = 9{,}81$ m abwärts. Gleichzeitig hat der Körper durch die Hand des Schleudernden eine Horizontalgeschwindigkeit v erhalten. Und nun läßt sich die Wurfbahn punktweise errechnen, wie schon früher gezeigt wurde. Die Fallhöhen errechnen sich nach der Gleichung

$$h = \tfrac{1}{2}\,g \cdot t^2,$$

die Horizontalwege nach der Gleichung

$$s = v \cdot t.$$

Da die Bahnlinie aus zwei geradlinigen Bewegungen ungleicher Art sich zusammensetzt, entsteht eine gekrümmte Bahn, die bekannte Parabel. In Abb. 234 ist der Horizontalwurf für eine horizontale Wurfgeschwindigkeit $v = 50$ m/sek^2 gezeichnet.

Nach 10 Sekunden ist z. B.

$$\text{die Wurfweite } s = v \cdot t = 50 \cdot 10 = 500 \text{ m},$$
$$\text{die Fallhöhe } h = \tfrac{1}{2} g \cdot t^2 = \tfrac{1}{2} \cdot 9{,}81 \cdot 10^2 = 490{,}5 \text{ m}.$$

Die erreichte Endgeschwindigkeit der Horizontalbewegung ist wegen der gleichförmigen Bewegung so groß wie die Anfangsgeschwindigkeit, also

$$v = 50 \text{ m/sek}.$$

Die Endgeschwindigkeit der vertikalen Bewegung ist nach $t = 10$ Sek.

$$c = g \cdot t = 9{,}81 \cdot 10 = 98{,}1 \text{ m/sek}.$$

Die wirkliche Geschwindigkeit des Körpers ist nach Abb. 234

$$w = \sqrt{v^2 + c^2} = \sqrt{50^2 + 98{,}1^2} = 110 \text{ m/sek}.$$

Der Winkel α, unter welchem der Körper einfällt, bestimmt sich aus der Gleichuug

$$\operatorname{tg} \alpha = \frac{c}{v} = \frac{98{,}1}{50} = 1{,}9620, \text{ d. i. } \alpha = 62^0.$$

Der **aufwärts gerichtete schräge Wurf** ist die Umkehrung der in Abb. 234 dargestellten Wurfbewegung. Alsdann ist B der Ausgangspunkt der Bewegung. Der Körper wird unter dem Winkel α gegen die Horizontale mit der Geschwindigkeit w hochgeschleudert und erreicht im Punkte A seine **größte Steighöhe**, und es ist BC die **halbe Wurfweite**. Diese beiden Größen können rechnerisch leicht ermittelt werden. Man zerlegt die Wurfgeschwindigkeit w in die **Vertikalkomponente** c und in die **Horizontalkomponente** v, und zwar ist

$$c = w \cdot \sin \alpha \quad \text{und} \quad v = w \cdot \cos \alpha.$$

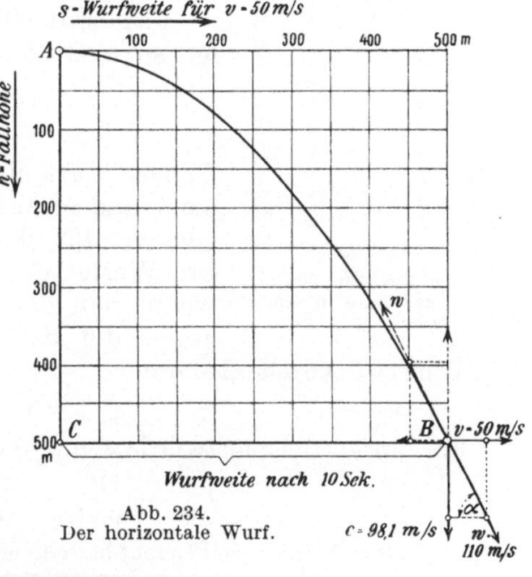

Abb. 234.
Der horizontale Wurf.

Die Vertikalbewegung wird, da nun die Erdbeschleunigung g verzögernd wirkt, eine gleichmäßig verzögerte, die Horizontalbewegung bleibt dagegen gleichförmig. Für unser Beispiel würde sein

$$c = 110 \cdot \sin 62^0 = 98{,}1 \text{ m/sek},$$
$$v = 110 \cdot \cos 62^0 = 50 \text{ m/sek}.$$

Ein Körper, der mit der Anfangsgeschwindigkeit c vertikal hochsteigt, erreicht die Steighöhe

$$h = \frac{c^2}{2g}.$$

Setzt man den Wert $c = 98{,}1$ m ein, so wird die Steighöhe

$$h = \frac{98{,}1^2}{2 \cdot 9{,}81} = 490 \text{ m}.$$

Im höchsten Punkt angekommen, ist die vertikale Endgeschwindigkeit gleich Null, also ist

$$v = c - g \cdot t = 0,$$

daraus ergibt sich die Steigzeit

$$t = \frac{c}{g} = \frac{98,1}{9,81} = 10 \text{ Sekunden.}$$

In dieser Zeit ist der zurückgelegte Horizontalweg

$$s = v \cdot t = 50 \cdot 10 = 500 \text{ m.}$$

Dieser Horizontalweg stellt nunmehr die **halbe Wurfweite** dar, da der Körper nach der **Abstiegseite** noch denselben Horizontalweg zurücklegt. Also ist die ganze Wurfweite

$$l = 2 \cdot s = 2 \cdot 500 = 1000 \text{ m.}$$

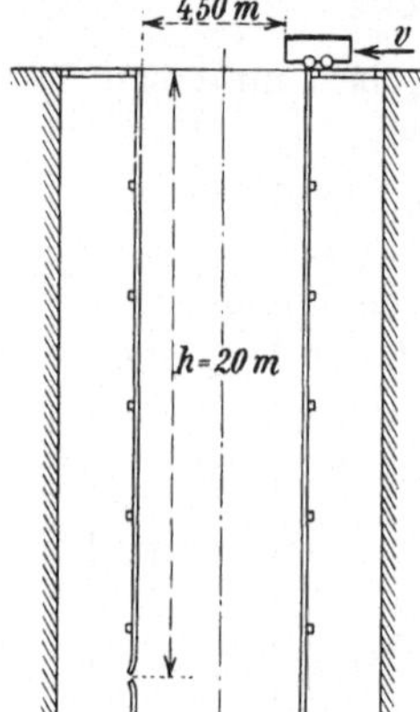

Abb. 235. Ein Förderwagen wird in den Schacht gestoßen.

Allgemein ist die Wurfweite

$$l = 2 \cdot v \cdot t = 2 \cdot v \cdot \frac{c}{g},$$

nun ist $v = w \cdot \cos\alpha$, $c = w \cdot \sin\alpha$, also wird

$$l = \frac{2 \cdot w^2 \cdot \sin\alpha \cdot \cos\alpha}{g}.$$

Da nach der Trigonometrie $2\sin\alpha \cdot \cos\alpha = \sin(2\alpha)$ ist, so wird die ganze Wurfweite

$$l = \frac{w^2}{g} \cdot \sin(2\alpha).$$

Der Wert $\sin(2\alpha)$ kann niemals größer werden als 1 und erreicht diesen größten Wert für $2\alpha = 90^0$ oder $\alpha = 45^0$, d. h. man erreicht bei einer bestimmten Wurfgeschwindigkeit w die größte Wurfweite, wenn man den Körper unter dem Winkel $\alpha = 45^0$ gegen die Horizontale abschleudert. Die **größte Wurfweite** ist alsdann

$$l_{\text{max}} = \frac{w^2}{g}.$$

Für unser Beispiel würde sein, weil $w = 110$ m/sek ist,

$$l_{\text{max}} = \frac{110^2}{9,81} = \frac{12100}{9,81} = \mathbf{1235} \text{ m.}$$

Beispiel: In einem Schacht hat ein heruntergestürzter Förderwagen (Abb. 235), die von der Absturzstelle in horizontaler Richtung um 4,5 m entfernte Spurlatte 20 m unterhalb der Absturzstelle getroffen; mit welcher Geschwindigkeit v wurde der Wagen in den Schacht gefahren?

Lösung: Die Fallzeit des Förderwagens war

$$t = \sqrt{\frac{2h}{g}} = \sqrt{\frac{2 \cdot 20}{9,81}} = 2,02 \text{ Sekunden.}$$

In dieser Zeit hat der Wagen den Horizontalweg

$$s = v \cdot t$$

zurückgelegt, also war seine Fahrgeschwindigkeit

$$v = \frac{s}{t} = \frac{4,5}{2,02} = 2,22 \text{ m/sek.}$$

Beispiel: Aus einem Sprengloch, das 1,4 m über der Sohle (Abb. 236) liegt, wird ein Stein horizontal herausgeschleudert. Wie weit fliegt der Stein, wenn die Sprengstoffgase ihm eine Fluggeschwindigkeit $v = 50$ m/sek geben?

Lösung: Der Stein hat eine Fallhöhe $h = 1,4$ m zu durchfallen, hierzu benötigt er

$$t = \sqrt{\frac{2\,h}{g}} = \sqrt{\frac{2 \cdot 1,4}{9,81}} = 0,535 \text{ Sekunden.}$$

In dieser Zeit flog er in horizontaler Richtung

$$s = v \cdot t = 50 \cdot 0,535 = 27 \text{ m},$$

d. h. der Stein flog 27 m weit.

Der Stein flog aber 60 m weit, wie groß muß nun die durch die Sprengstoffgase erteilte Geschwindigkeit gewesen sein?

Da seine Fallzeit dieselbe bleibt, ist $t = 0,535$ Sekunden, und damit ist

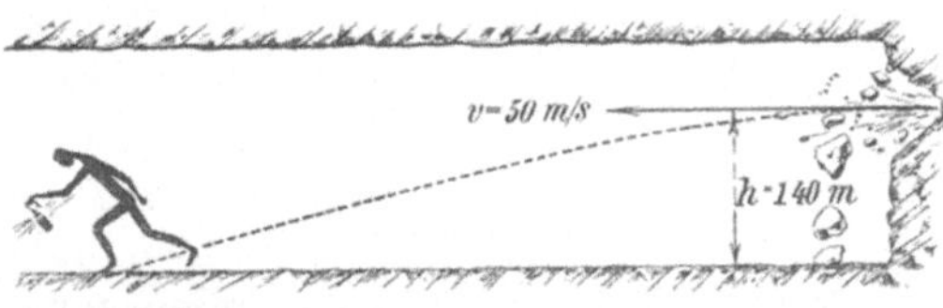

Abb. 236. Die Flugweite der Sprengstücke.

$$v = \frac{s}{t} = \frac{60}{0,535} = 112 \text{ m/sek.}$$

19. Die Relativbewegung eines Körpers.

Eine Kugel, welche in fließendem Wasser gleichförmig hoch steigt, unterliegt einer zweifachen Bewegung. Sie steigt (Abb. 237) mit der geradlinigen gleichförmigen Geschwindigkeit w hoch, und der Raum, in welchem diese Bewegung geschieht, schreitet in anderer Richtung mit der Geschwindigkeit c geradlinig fort. Die wirkliche oder absolute Geschwindigkeit v der Kugel ist bekanntlich die Resultierende dieser beiden Geschwindigkeiten, sie wird der Größe und Richtung nach als Diagonale des aus den beiden

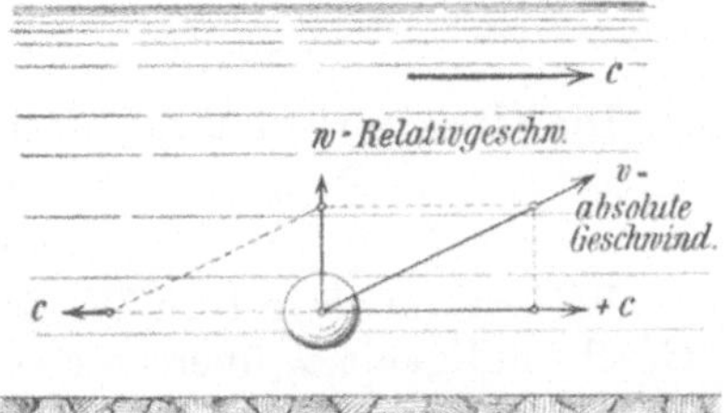

Abb. 237. Die Relativgeschwindigkeit einer Kugel.

Geschwindigkeiten konstruierten Parallelogramms gefunden.

Zum Unterschied von dieser absoluten Geschwindigkeit v wird jene Geschwindigkeit w die relative Geschwindigkeit in bezug auf den fortschreitenden Raum genannt. Man kann sie auch die scheinbare Geschwindigkeit nennen, insofern als einem mitschwimmenden Beobachter, der von seiner eigenen Bewegung nichts sieht, jene aufsteigende Geschwindigkeitskomponente als die wirkliche Geschwindigkeit der Kugel erscheinen würde.

Im Geschwindigkeitsparallelogramm erscheint die relative Geschwindigkeit w als Seite eines Parallelogramms. Man kann aber auch w als Diagonale eines Parallelogramms darstellen, wenn man die entgegengesetzt genommene Geschwindigkeit c des fortschreitenden Raumes mit der wahren Geschwindigkeit v zu einem Parallelogramm zusammensetzt. Man gewinnt hieraus folgende Anleitung für die Bestimmung der relativen Geschwindigkeit:

Man füge zu der wahren oder absoluten Geschwindigkeit noch die entgegengesetzt genommene des fortschreitenden Raumes hinzu und bestimme die Resultierende dieser beiden Geschwindigkeiten.

Ein Boot (Abb. 238) soll z. B. in gerader Richtung vom Uferpunkt A nach dem Uferpunkt B übersetzen. Dann muß der Steuermann gegen die Stromrichtung fahren. Die Geschwindigkeit w des Schiffes ist eine Relativgeschwindigkeit in bezug auf den fortschreitenden Raum, der als fließendes Wasser mit der Geschwindigkeit c sich bewegt. Will man bei der Überfahrt die wahre Geschwindigkeit v erreichen, so muß das Schiff mit der Relativgeschwindigkeit w fahren. Man findet w, indem man aus $-c$ und v das Parallelogramm konstruiert, dann ist die Diagonale die gesuchte relative Schiffsgeschwindigkeit w.

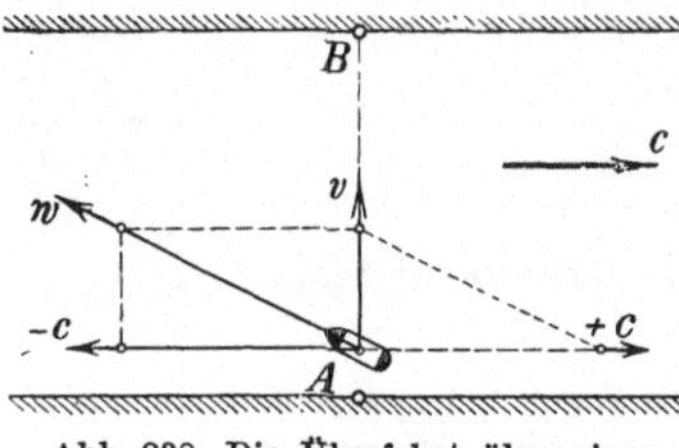

Abb. 238. Die Überfahrt über einen Strom.

Das Schiff hat nun zwei Geschwindigkeitskomponenten, die von der Maschinenkraft verliehene Geschwindigkeit w und die vom Strom verliehene Geschwindigkeit c, diese bilden zusammen die wahre oder absolute Geschwindigkeit v, welche das Schiff geradlinig vom Uferpunkt A nach B bringt. Es ist

$$w = \sqrt{v^2 + c^2} \quad \text{und} \quad v = \sqrt{w^2 - c^2}.$$

Die Überfahrt dauert bei der Strombreite b demnach

$$t = \frac{b}{v} \ \text{Sekunden.}$$

Bei stillstehendem Wasser würde das Schiff geradlinig mit der Geschwindigkeit w übersetzen, alsdann dauerte die Überfahrt nur

$$t = \frac{b}{w} \ \text{Sekunden.}$$

Bei einer Strombreite von $b = 800$ m, einer Schiffsgeschwindigkeit $w = 2{,}4$ m/sek und einer Stromgeschwindigkeit von $c = 1{,}2$ m/sek erhält man z. B.

$$v = \sqrt{2{,}4^2 - 1{,}2^2} = 2{,}08 \ \text{m/sek.}$$

Die Überfahrt dauert

$$t = \frac{800}{2{,}08} = 385 \ \text{Sekunden,}$$

dagegen würde bei stillstehendem Wasser die Überfahrt schon möglich sein in

$$t = \frac{800}{2{,}4} = 333 \ \text{Sekunden.}$$

20. Der Bewegungsvorgang in Schaufelrädern.

Man kann durch schräg gegen die Windrichtung gestellte Schaufelflächen oder Flügelflächen die Windkraft nutzbar machen. In Abb. 239

bläst der Wind mit der Geschwindigkeit c in ein Rohr, in welchem ein mit Schaufelflächen versehenes Rad zentral gelagert ist. Das Rad wird durch den Winddruck gedreht, es nimmt eine bestimmte Umfangsgeschwindigkeit v an.

Denkt man sich das Rad festgehalten, so muß der Wind schräg durch die Schaufelflächen strömen, und es wäre die Geschwindigkeit w parallel zur Schaufelfläche die wirkliche oder absolute Windgeschwindigkeit. Sobald aber das Rad sich dreht, bewegt sich auch der Schaufelraum, der Wind streicht wieder mit der Geschwindigkeit w durch die Schaufel, jedoch ist diese Geschwindigkeit nicht mehr die wirkliche Geschwindigkeit sondern die Relativgeschwindigkeit, zu der noch die Radgeschwindigkeit v hinzutritt, so daß aus der Zusammensetzung beider die wirkliche oder absolute Geschwindigkeit c sich ergibt.

Das Schaufelrad soll sich so drehen, daß jeder kleine Windpunkt geradlinig in der Richtung c, d. h. in axialer Richtung durch das Rad wandert. Dann würde jeder Windpunkt auf dem kürzesten Wege und ohne Ablenkung aus der Bewegungsrichtung durch das Radgehen, so daß die geringsten Widerstände auftreten.

Dieser Vorgang bedingt aber eine ganz bestimmte Radgeschwindigkeit v, die sich bei gegebener Schaufelrichtung w sofort finden läßt. Man kann c ganz beliebig in 2 Seitenrichtungen zerlegen, hier sind aber die beiden Seitenrichtungen gegeben, und zwar

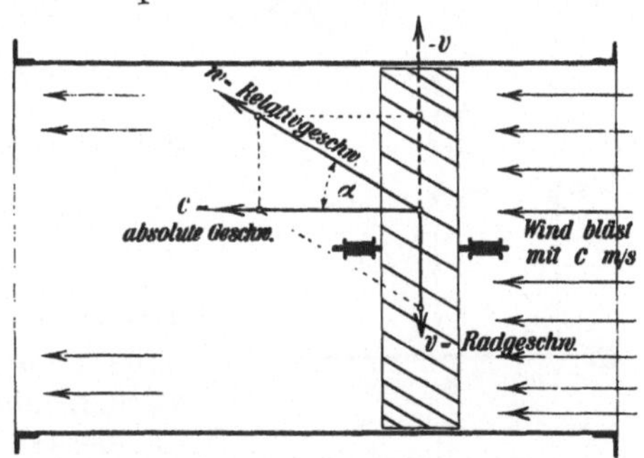

Abb. 239. Der Wind bewegt ein Schaufelrad.

1. durch die Schaufelneigung als Richtung w,
2. durch die Radbewegung als Richtung v.

Durch Parallelogrammkonstruktion findet man aus der Diagonalen c dann die Parallelogrammseiten w und v. Soll jeder Windpunkt axial durch das Rad seinen Weg fortsetzen, so muß das Schaufelrad mit der so gefundenen Umfangsgeschwindigkeit v sich drehen.

In der Technik führt man diesen Bewegungsvorgang umgekehrt aus, man läßt das Schaufelrad motorisch antreiben und bewegt dadurch die Luft in dem Rohr, ein Vorgang, wie er bei der Sonderbewetterung durch Lutten sich vollzieht.

Der Antriebsmotor hat eine bestimmte, festliegende Umdrehungszahl, damit ist die Radgeschwindigkeit v gegeben. Will man eine bestimmte Wettermenge fördern, so wird bei bekanntem Luttenquerschnitt auch die Windgeschwindigkeit c festliegen. Somit bleibt nur noch die Bestimmung der Relativgeschwindigkeit w übrig, d. h. die Schaufelneigung muß noch bestimmt werden.

Man fügt zu der absoluten Geschwindigkeit c noch die entgegengesetzt genommene $-v$ des fortschreitenden Raumes, des Schaufelrades, hinzu, dann ist die Resultierende dieser beiden Geschwindigkeiten die gesuchte Relativgeschwindigkeit w.

Die Richtung von w bestimmt nunmehr die Richtung der Schaufel. Bei dieser Schaufelrichtung und der vorgesehenen Radgeschwindigkeit v werden alle Luftteilchen in axialer Richtung mit der Geschwindigkeit c durch das Schaufelrad getrieben.

Der Winkel α, den die Schaufel mit der Achsenrichtung des Rades bildet, ist natürlich nur für eine ganz bestimmte Umfangsgeschwindigkeit v des Rades richtig. Nun laufen die Schaufelflächen als radiale Schaufelarme (Abb. 240) mit verschiedenen Umfangsgeschwindigkeiten, also muß die Schaufel nach der Nabe hin auch anders gerichtet werden, α_2 ist kleiner als α_1.

Ist z. B. die Umfangsgeschwindigkeit eines Rades $v = 36$ m/sek und die höchste Windgeschwindigkeit $c = 6$ m/sek, so würde man nach Abb. 240 den Schaufelwinkel für den Umfang gleich α_1 zu machen haben. In der Mitte des Schaufelarmes, also am Radius $\dfrac{r}{2}$, ist die Umfangsgeschwindigkeit nur $\dfrac{v}{2}$, d. h. man muß nun mit c und $-\dfrac{v}{2}$ das Parallelogramm aufzeichnen, und erhält dann den Schaufelwinkel α_2, welcher kleiner ist als α_1. Und so wird nach der Radnabe hin der Schaufelwinkel α immer kleiner werden müssen, dadurch erhält die Schaufel die Gestalt einer Schraubenfläche, weshalb man diese Ventilatoren auch Schraubenventilatoren nennt.

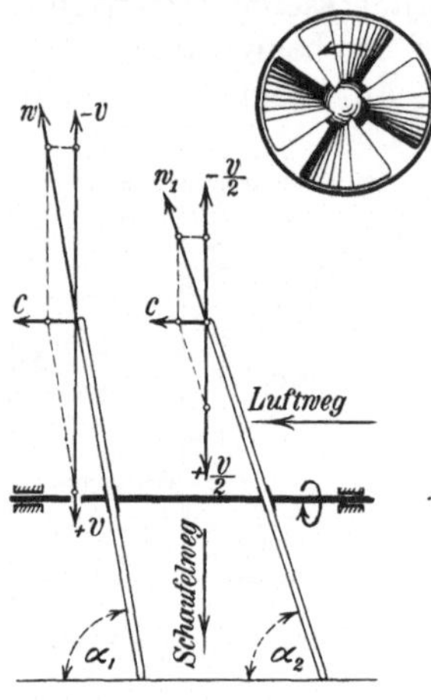

Abb. 240. Die Schrägstellung der Schaufeln.

Die Schleuderräder oder Kreiselräder arbeiten anders. Die Schaufeln liegen zwischen einem inneren und äußeren Radkranz und bilden gegeneinander Schaufelkanäle. Durch die motorische Drehbewegung des Rades werden die Luftteilchen von innen nach außen geschleudert, so daß der Lufteintritt am inneren Radkranz, der Luftaustritt am äußeren Radkranz erfolgt.

Man verlangt am inneren Radkranz einen radialen Eintritt der Luft. Soll am Radkranzpunkt A (Abb. 241) eine Schaufel beginnen, so bestimmt sich die Schaufelrichtung aus der Umfangsgeschwindigkeit v_1 des inneren Radkranzes und der verlangten radialen Eintrittsgeschwindigkeit c_1. In der Abbildung ist z. B. gewählt

$$v_1 = 30 \text{ m/sek} \quad \text{und} \quad c_1 = 20 \text{ m/sek}.$$

Man findet die relative Geschwindigkeit w_1, indem man aus der wahren oder absoluten Geschwindigkeit c_1 und der entgegengesetzt angetragenen Umfangsgeschwindigkeit $-v_1$ das Geschwindigkeitsparallelogramm bildet. Die Diagonale dieses Parallelogramms ist die gesuchte relative Geschwindigkeit w_1. Die Abbildung liefert

$$w_1 = 36 \text{ m/sek}.$$

Das Luftteilchen macht zwei Bewegungen

1. tangential zur Schaufelfläche in Richtung w_1,
2. tangential zum Kreise in Richtung v_1,

woraus sich dann die wirkliche Bewegung in Richtung c_1 ergibt.

Kreistangente und Schaufeltangente im Punkte A bilden den inneren Schaufelwinkel α. Man wird nun die Schaufel krümmen. In der Abbildung ist die Schaufel **rückwärts gekrümmt**, sie bildet am äußeren Radkranz mit ihrer Tangente und der Kreistangente den Schaufelwinkel $\beta < 90^0$.

Die Umfangsgeschwindigkeit v_2 am äußeren Radkranz liegt fest, sie ist

$$v_2 = v_1 \cdot \frac{D}{d},$$

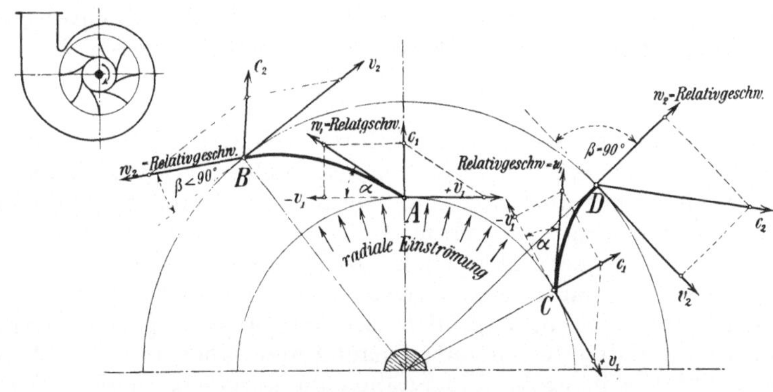

Abb. 241. Schaufelformen bei Schleuderrädern.

wenn D und d die Radkranzdurchmesser sind. Würde nun die Relativgeschwindigkeit w_2 auch bekannt sein, so würde die Austrittsbewegung des Luftteilchens festliegen. Der Konstrukteur hat es nun in der Hand, w_2 zu wählen. Gibt er durch Verringerung der **Schaufelbreite** nach außen hin dem Schaufelkanal überall gleichen Querschnitt, so wird

$$w_2 = w_1,$$

verengt er den Schaufelkanal, so wird

$$w_2 > w_1.$$

In der Praxis macht man meistens

$$w_2 = w_1 \text{ bis } 1{,}2 \cdot w_1.$$

In der Abbildung ist gemacht

$$w_2 = w_1 = 36 \text{ m/sek},$$

ferner ist in der Abbildung $d = 320$ mm, $D = 500$ mm, also ist

$$v_2 = \frac{500}{320} \cdot v_1 = \frac{500}{320} \cdot 30 = 47 \text{ m/sek}.$$

Das Luftteilchen am äußeren Radkranz macht zwei Bewegungen

1. tangential zur Schaufelfläche in Richtung w_2,
2. tangential zum Kreise in Richtung v_2,

Maercks, Bergbaumechanik.

13

woraus sich dann die resultierende Bewegung in Richtung c_2 ergibt. In unserm Beispiel ist

$$c_2 = 23 \ \text{m/sek.}$$

Die Luftteilchen treten also nicht radial, sondern in schräger Richtung aus dem Rad. Das ist auch zweckmäßig, da bei radialem Austritt die Luft senkrecht gegen die Gehäusewand stoßen würde, wodurch das Abströmen der Luft erschwert würde.

In derselben Abbildung ist eine zweite Schaufel CD gezeichnet. Sie hat am inneren Radkranz denselben Schaufelwinkel α wie die Schaufel AB, auch dieselben Geschwindigkeiten sind gewählt. Die Schaufel endigt aber radial mit dem Austrittswinkel $\beta = 90^0$. Zeichnet man nun mit

$$w_2 = 36 \ \text{m/sek} \quad \text{und} \quad v_2 = 47 \ \text{m/sek}$$

das Austrittsparallelogramm, so erhält c_2 eine andere Richtung und Größe als c_2 der ersten Schaufelkonstruktion. Man findet

$$c_2 = 59 \ \text{m/sek}$$

gegenüber 23 m der ersten Schaufelform. Das Luftteilchen wird also mit viel größerer Geschwindigkeit herausgeschleudert und kann nun größere Widerstände überwinden als vorher. Man findet daher die Ventilatoren meistens mit radialem Schaufelaustritt ausgeführt.

Der Austrittswinkel β kann noch über 90^0 hinaus vergrößert werden, dann erhält die Schaufel eine vorwärts gekrümmte Form. Solche Schaufel würde eine noch größere absolute Austrittsgeschwindigkeit liefern wie die radial auslaufende Schaufel und daher noch in höherem Maße befähigt sein, große Widerstände im Luftwege zu überwinden. Ventilatoren, welche gegen hohen Druck arbeiten oder eine hohe Depression erzeugen sollen, wird man daher zweckmäßig mit vorwärts gekrümmten Schaufeln ausrüsten.

21. Das Trägheitsgesetz.

Das Trägheitsgesetz ist ein Naturgesetz und wie alle Naturgesetze ein Erfahrungsgesetz. Es lehrt: „Es liegt in der Natur eines jeden Körpers, Richtung und Geschwindigkeit seiner einmal vorhandenen Bewegung beizubehalten, also geradlinig und gleichförmig seine Bewegung fortzusetzen."

Es würde also auch ein Körper mit der Geschwindigkeit null, d. i. ein im Ruhezustand befindlicher Körper diesen Zustand immer beibehalten.

Jede Bewegungsänderung, sei es in der Richtung oder in der Größe der Geschwindigkeit, muß eine Ursache haben. Diese Ursache nennen wir Kraft.

Das Trägheitsgesetz könnte daher auch lauten: „Jeder Körper bleibt im Zustand der Ruhe oder der gleichförmigen, geradlinigen Bewegung, so lange keine äußeren Kräfte auf ihn einwirken."

Ein einmal angestoßener Körper wird also mit der Abstoßgeschwindigkeit sich in der Stoßrichtung gleichförmig weiterbewegen. Bleibt aber die Bewegungskraft am Körper weiter tätig, so wird die Bewegung eine gleichförmig beschleunigte, eine Tatsache, welche wir bei Betrachtung des freien Falls sofort als bewiesen erkennen.

Eine nicht gleichförmige oder eine krummlinige Bewegung erfordert für deren Zustandekommen eine ständige Kraft. In dem Augenblick, in dem diese Kraft zu wirken beginnt, macht sich in dem Körper ein Widerstand gegen die Bewegungsänderung bemerkbar, diesen Widerstand nennt man Trägheitswiderstand. Man führt ihn zurück auf die Masse des Körpers, welche man daher auch die träge Masse nennt. Die Fähigkeit des Körpers, der Änderung der gleichförmig geradlinigen Bewegung einen Widerstand entgegenzusetzen, nennt man das Trägheits- oder Beharrungsvermögen.

22. Masse und Beschleunigungsgesetz.

Die uns bekannte Tatsache, daß eine nach Größe und Richtung gleichbleibende Kraft einem Körper eine geradlinige, gleichförmig beschleunigte Bewegung erteilt, läßt sich durch Versuche feststellen, und zwar wird die Beschleunigung um so größer, je größer die Kraft ist. Es läßt sich ebenso feststellen, daß ein und demselben Körper durch eine doppelt so große Kraft eine doppelt so große Beschleunigung erteilt wird. Hieraus folgert man als erstes Gesetz:

„Die Kräfte verhalten sich wie die Beschleunigungen, die sie demselben Körper oder derselben Masse erteilen."

$$\frac{P_1}{P_2} = \frac{b_1}{b_2} \quad \text{(wenn } m = \text{konst.).}$$

Zwei Körpermassen m_1 und m_2 sind gleich, wenn sie durch die gleiche Kraft gleiche Beschleunigung erhalten. Die Masse eines Körpers ist dagegen um so größer, je kleiner die Beschleunigung ist, die ihr von ein und derselben Kraft erteilt wird. Hieraus folgert man als zweites Gesetz:

„Die Massen verhalten sich umgekehrt wie die Beschleunigungen, welche gleiche Kräfte ihnen erteilen."

$$\frac{m_1}{m_2} = \frac{b_2}{b_1} \quad \text{(wenn } P = \text{konst.).}$$

Man kann ferner durch Versuche nachweisen, daß eine Masse doppelt so groß ist wie eine andere, wenn sie durch die doppelte Kraft dieselbe Beschleunigung erhält als die andere Masse. Hieraus folgt das dritte Gesetz:

„Die Massen verhalten sich wie die Kräfte, durch welche ihnen gleiche Beschleunigungen erteilt werden."

$$\frac{m_1}{m_2} = \frac{P_1}{P_2} \quad \text{(wenn } b = \text{konst.).}$$

Als Einheit der Kraft gilt der Druck, den ein Körper von 1 kg Gewicht auf seine Unterstützungsfläche ausübt, als Einheit der Masse kann man nun zwangläufig die Masse eines Körpers annehmen, dem durch eine Kraft von 1 kg die Beschleunigung 1 m/sek² erteilt wird. Man folgert dann:

Eine Kraft 1 kg erteilt der Masse 1 die Beschleunigung 1

$\quad$ „　　„　1 „　„　„　„　m „　　„　$\dfrac{1}{m}$

$\quad$ „　　„　P „　„　„　„　m „　　„　$\dfrac{P}{m}$

d. h.
$$b = \frac{P}{m}.$$

Dieses sogenannte Beschleunigungsgesetz lautet in Worten:

„Man findet die Beschleunigung, welche eine gegebene Kraft einer gegebenen Masse erteilt, indem man die Kraftzahl durch die Massenzahl dividiert“, d..h.

$$\text{Beschleunigung} = \frac{\text{Kraft}}{\text{Masse}}$$

oder
$$\boxed{\text{Kraft} = \text{Masse} \times \text{Beschleunigung}.}$$

23. Das Gesetz der Schwere.

Um die Massen der Körper zahlenmäßig zu bestimmen, benutzt man ein Naturgesetz, das Gesetz der Schwere. Es lautet:

Jeder Körper an der Erdoberfläche wird in vertikaler Richtung von der Erde mit einer Kraft angezogen, welche man das Gewicht des Körpers nennt. Diese Gewichte der Körper sind Kräfte, welche allen Körpern gleiche Beschleunigung, die Erdbeschleunigung

$$g = 9{,}81 \text{ m/sek}^2$$

erteilen. Nach dem Beschleunigungsgesetz ist z. B. für einen Körper vom Gewicht G

$$g = \frac{G}{m} \quad \text{oder} \quad m = \frac{G}{g}.$$

Die Massenzahl eines Körpers ist also gleich der Gewichtszahl, dividiert durch die Erdbeschleunigung, d. h.

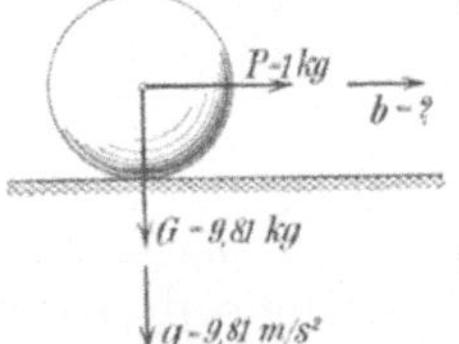

Abb. 242. Eine Kugel von der Masse 1.

$$\text{Masse} = \frac{\text{Gewicht}}{\text{Erdbeschleunigung}}.$$

Die Massenzahl nimmt den Wert 1 an, wenn das Körpergewicht $G = 9{,}81$ kg ist, alsdann ist

$$\text{Masse} = \frac{G}{g} = \frac{9{,}81}{9{,}81} = 1.$$

Eine Kugel von diesem Gewicht (Abb. 242), also von der Masse 1, werde in horizontaler Richtung durch die Kraft

$$P = 1 \text{ kg}$$

beschleunigt. Dann berechnet sich die Beschleunigung b nach dem Gesetz

$$b : g = P : G \quad \text{zu} \quad b = P \cdot \frac{g}{G} = 1 \cdot \frac{9{,}81}{9{,}81} = 1 \text{ m/sek}^2.$$

Das stimmt überein mit unserer früheren Erklärung, nach der diejenige Masse Masseneinheit sein soll, welcher durch eine Kraft von 1 kg die Beschleunigung 1 m/sek² erteilt wird.

24. Anwendungen des Beschleunigungsgesetzes.

Das Beschleunigungsgesetz vollzieht sich in der Technik unendlich oft. Das Anfahren aller Transportmittel, das Schlagen aller Schlagwerkzeuge, die Bewegung aller schwingenden Maschinenteile, alles vollzieht sich nach dem Beschleunigungsgesetz.

Beispiel: Es soll ein beladener Förderwagen von 800 kg Gewicht mit der Beschleunigung $b = 0,5$ m/sek² anfahren, welche Kraft ist aufzuwenden, wenn der Fahrwiderstand 1% der Gewichtsbelastung beträgt?

Lösung: Bewegungskraft = Fahrwiderstand + Beschleunigungskraft.

$$\text{Fahrwiderstand} = 0,01 \cdot 800 = 8 \text{ kg} = W,$$

$$\text{Beschleunigungskraft} = \text{Masse} \times \text{Beschleunigung},$$

$$P = \frac{800}{9,81} \cdot 0,50 = 40 \text{ kg}.$$

Wir sehen, die Beschleunigungskraft ist in diesem Fall 5 mal so groß wie der Fahrwiderstand des Wagens, insgesamt sind zur Bewegung erforderlich

$$K = W + P = 8 + 40 = 48 \text{ kg}.$$

In welcher Zeit wird die Fahrgeschwindigkeit $v = 2$ m/sek erreicht, und wie groß ist der Anfahrweg?

$$t = \frac{v}{b} = \frac{2,0}{0,5} = 4 \text{ Sekunden},$$

$$s = \frac{1}{2} b \cdot t^2 = \frac{1}{2} \cdot 0,50 \cdot 4^2 = 4 \text{ m}.$$

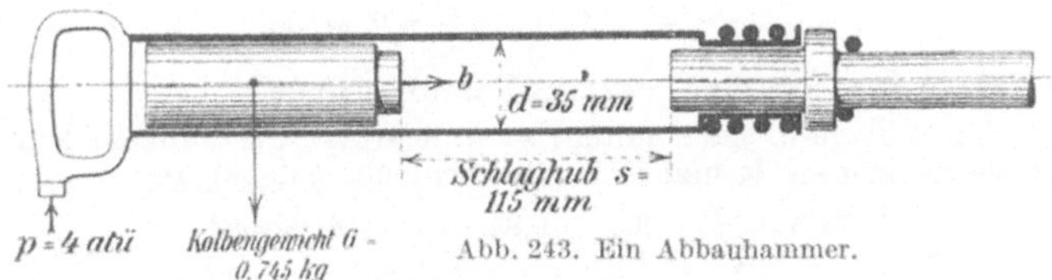

Abb. 243. Ein Abbauhammer.

Beispiel: Ein Abbauhammer (Abb. 243) zeigt folgende Verhältnisse: Kolbendurchmesser $d = 35$ mm, Schlaghub $s = 115$ mm, Kolbengewicht $G = 0,745$ kg; welche Schlagzahl ist bei $p = 4$ atü zu erwarten, und wie groß ist die Aufschlaggeschwindigkeit?

Lösung: a) Der Hammer arbeite horizontal.

Die Kolbenmasse ist

$$m = \frac{G}{g} = \frac{0,745}{9,81} = 0,076.$$

Diese wird von der Kolbenkraft bewegt, deren Größe berechnet sich zu

$$P = \frac{\pi}{4} d^2 \cdot p.$$

Wenn vor dem Hammer $p = 4$ atü zur Verfügung stehen, so ist während des ganzen Schlaghubes infolge Drosselung in den Steuerkanälen und unvollständiger Füllung eine kleinere Spannung zur Verfügung. Sie beträgt etwa 70 bis 80% des Eintrittsdruckes. Rechnet man in diesem Fall mit 73%, so ist

$$p = 0,73 \cdot 4 = 2,92 \text{ atü},$$

$$P = \frac{\pi}{4} \cdot 3,5^2 \cdot 2,92 = 28 \text{ kg}.$$

Nach dem Beschleunigungsgesetz ist die erteilte Beschleunigung

$$b = \frac{P}{m} = \frac{28}{0,076} = 368 \text{ m/sek}^2.$$

Da die Bewegung mit der Anfangsgeschwindigkeit null erfolgt, so ist der nach t_1 Sekunden zurückgelegte Weg

$$s = \frac{1}{2}\, b \cdot t_1^2 \quad \text{oder} \quad t_1 = \sqrt{\frac{2\,s}{b}}\,.$$

Für den Schlaghub $s = 0{,}115$ m berechnet sich hieraus die Schlagzeit

$$t_1 = \sqrt{\frac{2 \cdot 0{,}115}{368}} = 0{,}025 \text{ Sekunden.}$$

Der Rückweg des Kolbens erfordere wegen der längeren Steuerkanäle und Luftdrosselung 10% mehr Zeit, dann dauert der Rücklauf

$$t_2 = 1{,}10 \cdot t_1 = 1{,}10 \cdot 0{,}025 = 0{,}0275 \text{ Sekunden.}$$

Der volle Schlag (Hin- und Rückgang) dauert also

$$t = t_1 + t_2 = 0{,}0250 + 0{,}0275 = 0{,}0525 \text{ Sekunden}$$

$$\text{in } t \text{ Sekunden } = 1 \text{ Schlag}$$

$$\text{„ } 1 \text{ Sekunde } = \frac{1}{t} \text{ „}$$

$$\text{„ } 60 \text{ Sekunden} = \frac{60}{t} = n = \text{minutliche Schlagzahl.}$$

$$n = \frac{60}{0{,}0525} = \mathbf{1142/min.}$$

Die Aufschlaggeschwindigkeit ist

$$v = b \cdot t_1 = 368 \cdot 0{,}025 = \mathbf{9{,}2\ m/sek.}$$

b) Der Hammer arbeite vertikal nach unten.

Erfolgt der Schlaghub nach unten, so unterstützt die Fallbeschleunigung g die Kolbenbeschleunigung b, und es ist die Schlagbeschleunigung

$$b_1 = b + g = 368 + 9{,}81 = \sim 378 \text{ m/sek}^2.$$

Schlagzeit abwärts $t_1 = \sqrt{\dfrac{2\,s}{b_1}} = \sqrt{\dfrac{2 \cdot 0{,}115}{378}} = 0{,}0247$ Sekunden.

Beim Aufwärtsgang vermindert die Fallbeschleunigung g die Kolbenbeschleunigung b, und es ist

$$b_2 = b - g = 368 - 9{,}81 = \sim 358 \text{ m/sek}^2.$$

Schlagzeit aufwärts $t_2 = \sqrt{\dfrac{2\,s}{b_2}} = \sqrt{\dfrac{2 \cdot 0{,}115}{358}} = 0{,}0254$ Sekunden,

$$\begin{aligned}
\text{mit 10\% Zuschlag wird } t_2 &= 0{,}0279 \text{ sek}\\
\text{hinzu } t_1 &= 0{,}0247 \text{ sek}\\
\hline
\text{Schlagzeit } t &= 0{,}0526 \text{ sek}
\end{aligned}$$

$$n = \frac{60}{t} = \frac{60}{0{,}0526} = \mathbf{1141/min.}$$

Die Aufschlaggeschwindigkeit wird

$$v = b_1 \cdot t_1 = 378 \cdot 0{,}0247 = \mathbf{9{,}35\ m/sek.}$$

c) Der Hammer arbeite vertikal nach oben.

Erfolgt der Schlaghub nach oben, so ist die Beschleunigung

$$b_1 = b - g = 358 \text{ m/sek}^2$$

und die Schlagzeit

$$t_1 = 0{,}0254 \text{ sek.}$$

Die Abwärtsbeschleunigung für den Rückhub ist $b_2 = 378$ m/sek^2 und mit 10%
Zuschlag die Rücklaufzeit

$$t_2 = 1{,}10 \cdot 0{,}0247 = 0{,}0272 \text{ sek}$$
$$t_1 = 0{,}0254 \text{ sek}$$
$$\overline{\text{Schlagzeit } t = 0{,}0254 \text{ sek}}$$

$$n = \frac{60}{t} = \frac{60}{0{,}0526} = \textbf{1141 Schläge} \text{ in der Minute.}$$

Die Aufschlaggeschwindigkeit wird $v = 358 \cdot 0{,}0254 = \textbf{9,10 m/sek.}$

Resultat: Die Kolbenbeschleunigung ist im Verhältnis zur Fallbeschleunigung so groß, daß ein Unterschied in der Schlagzahl nicht
entsteht, ob der Hammer horizontal, nach unten oder nach oben arbeitet.

Wir werden später sehen, daß die Schlagleistung mit dem Quadrat
der Aufschlaggeschwindigkeit zunimmt. Zahlenmäßig würde daher sein

$$\frac{\text{Schlagleistung nach unten}}{\text{Schlagleistung nach oben}} = \frac{9{,}35^2}{9{,}10^2} = 1{,}06 ,$$

d. h. zahlenmäßig wird in unserm Beispiel der Schlag nach unten um
6% stärker wirken als nach oben.

25. Die Beschleunigung der Massen bei Seilförderungen.

a) Der dynamische Einfluß auf das Seilspannungsverhältnis.

In Abb. 244 hänge an einer Seiltrommel eine Last G_1, dann ist im
Ruhezustand der Seilzug

$$S_1 = G_1 = \frac{G_1}{g} \cdot g = M_1 \cdot g .$$

Jetzt werde die Last mit der Beschleunigung b hochgezogen, dann
wird die Gewichtsmasse beschleunigt und der Seilzug ist

$$S_1 = G_1 + \frac{G_1}{g} \cdot b = M_1 \cdot g + M_1 \cdot b = M_1(g + b).$$

In Abb. 245 hänge an einer Seiltrommel eine Last G_2, dann ist im Ruhezustand der Seilzug

$$S_2 = G_2 = \frac{G_2}{g} \cdot g = M_2 \cdot g .$$

Wird die Trommel so bewegt, daß die
Last mit der Beschleunigung b gesenkt
wird, so wird das Seil durch die Beschleunigungskraft entspannt. Der Seilzug wird kleiner, er wird

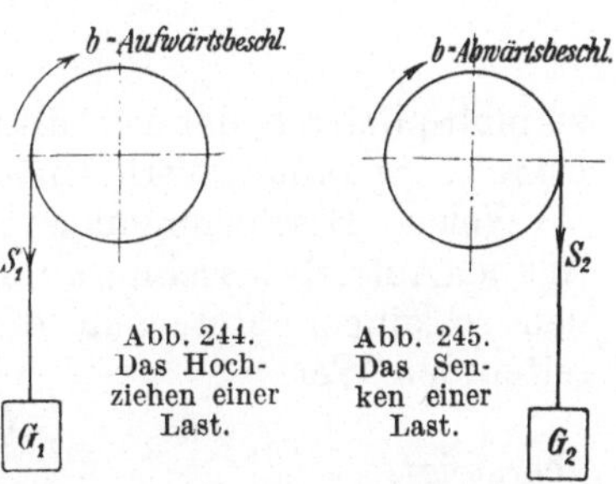

Abb. 244.
Das Hoch-
ziehen einer
Last.

Abb. 245.
Das Sen-
ken einer
Last.

$$S_2 = G_2 - \frac{G_2}{g} \cdot b = M_2 \cdot g - M_2 \cdot b = M_2 \cdot (g - b).$$

Das Seil geht selbst mit der Beschleunigung b abwärts, also zieht das
Gewicht nur mit der Beschleunigung $(g - b)$ am Seil. Läßt man die
Beschleunigung

$$b = g$$

werden, so wird
$$S_2 = M_2 \cdot (g - g) = 0,$$
d. h. das Seil wird spannungslos.

Es werden demnach beim Anfahren und Stillsetzen der Trommel die Seilspannungen verändert. Diese Veränderungen können so bedeutend werden, daß bei **Treibscheibenförderung** trotz statischer **Sicherheit Seilrutsch** eintritt.

In Abb. 246 ist eine **Treibscheibe** dargestellt, auf der linken Seite hängt die Last G_1, auf der rechten Seite die Last G_2. Im Zustand der Ruhe sind dann die Seilspannungen

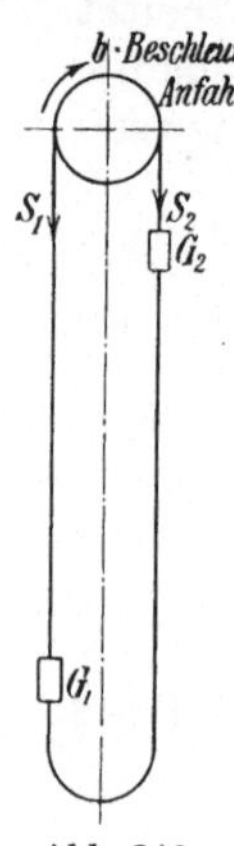

Abb. 246.
Die Treib-
scheibe.

$$S_1 = G_1 = M_1 \cdot g,$$
$$S_2 = G_2 = M_2 \cdot g.$$

Das Spannungsverhältnis im Ruhezustand ist also
$$\left(\frac{S_1}{S_2}\right)_{\text{stat.}} = \frac{M_1 \cdot g}{M_2 \cdot g} = \frac{M_1}{M_2}.$$

Wird nun die Treibscheibe mit der Beschleunigung b angefahren, so daß die Last G_1 steigt und die Last G_2 fällt, so werden die Seilspannungen
$$S_1 = M_1 \cdot (g + b),$$
$$S_2 = M_2 \cdot (g - b).$$

Das Spannungsverhältnis im Bewegungszustand ist dann
$$\left(\frac{S_1}{S_2}\right)_{\text{dyn.}} = \frac{M_1}{M_2} \cdot \frac{g + b}{g - b}$$
$$= \left(\frac{S_1}{S_2}\right)_{\text{stat.}} \cdot \frac{g + b}{g - b}.$$

Demnach besteht zwischen dem **dynamischen** und **statischen** Spannungsverhältnis eine bestimmte Beziehung. Es genügt, das **statische** Spannungsverhältnis zu ermitteln und dieses mit dem **Beschleunigungsfaktor**
$$\frac{g + b}{g - b}$$
zu multiplizieren, dann erhält man in einfachster Weise auch das **dynamische** Spannungsverhältnis.

Welche Beschleunigungswerte b vorkommen, hängt ganz von der Art der Antriebsmaschine ab. Im allgemeinen sind unsere Fördermaschinen so eingerichtet, daß die **größte Maschinenbeschleunigung** selten den Wert
$$b = 2 \text{ m/sek}^2$$
übersteigt.

Für die verschiedenen Beschleunigungswerte ergeben sich folgende Werte für den Beschleunigungsfaktor:

$b =$	1	2	3	4	5	6 m/sek²
$\dfrac{g + b}{g - b} =$	1,225	1,51	1,88	2,38	3,08	4,15

Man sieht, die Steigerung des Spannungsverhältnisses kann sehr stark werden, so daß die dynamischen Vorgänge bei der Treibscheibenförderung unbedingt zu beachten sind.

b) Die Seilrutschgefahr.

An einer Treibscheibe (Abb. 247) hänge auf beiden Seiten die gleiche Last G, außerdem werde die aufsteigende Seite noch mit der Nutzlast N

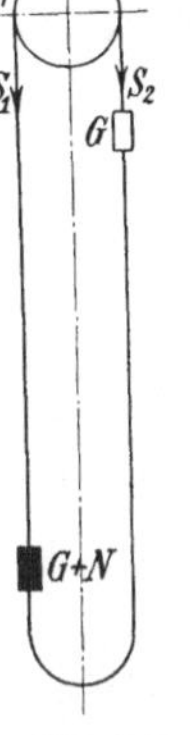

Abb. 247.
Das Ziehen
einer Last.

beschwert. Dann ist das statische Spannungsverhältnis

$$\left(\frac{S_1}{S_2}\right)_{\text{stat.}} = \frac{G + N}{N}.$$

Wird das Spannungsverhältnis

$$\frac{S_1}{S_2} = e^{\mu\alpha},$$

so tritt Seilrutsch ein. Ist z. B. $G = 10000$ kg und $N = 2500$ kg, so ist das Spannungsverhältnis

$$\left(\frac{S_1}{S_2}\right)_{\text{stat.}} = \frac{10000 + 2500}{10000} = 1{,}25.$$

Ist ferner $\alpha = 180^0$ und $\mu = 0{,}20$, so ist der Wert

$$e^{\mu\alpha} = 1{,}87.$$

Das Spannungsverhältnis bei ruhender Last ist aber nur 1,25, so daß im Ruhezustand eine

$$\frac{87}{25} = 3{,}5\text{fache Sicherheit}$$

gegen Seilrutschen vorherrscht. Man müßte also die Nutzlast auf

$$3{,}5 \cdot 2500 = 8700 \text{ kg}$$

steigern, wenn das Seil rutschen soll.

Wird die Nutzlast mit der Beschleunigung b in die Höhe gezogen, so ist das Spannungsverhältnis

$$\left(\frac{S_1}{S_2}\right)_{\text{dyn.}} = \left(\frac{S_1}{S_2}\right)_{\text{stat.}} \cdot \frac{g + b}{g - b},$$

für $b = 2$ m/sek² wird dann

$$\left(\frac{S_1}{S_2}\right)_{\text{dyn.}} = 1{,}25 \cdot 1{,}51 = 1{,}89.$$

Demnach ist das Verhältnis

$$\frac{S_1}{S_2} = e^{\mu\alpha} = 1{,}87$$

überschritten, d. h. bei der Anfahrbeschleunigung $b = 2$ m/sek² tritt bereits Seilrutschen ein. Man erkennt, daß das statische Spannungsverhältnis trotz 3,5facher Sicherheit keine Gewähr dafür bietet, daß das Seil nicht rutscht.

c) Welche größte Anfahrbeschleunigung b ist zulässig?

Für das Anfahren gilt das dynamische Spannungsverhältnis

$$\left(\frac{S_1}{S_2}\right)_{\text{dyn.}} = \frac{G + N}{N} \cdot \frac{g + b}{g - b}.$$

Erreicht dieses den Wert $e^{\mu\alpha}$, so tritt Seilrutschen ein. Die Bedingungsgleichung für Seilrutsch lautet daher

$$\frac{G+N}{N}\cdot\frac{g+b}{g-b}=e^{\mu\alpha}.$$

Nach einigen Umformungen folgt

$$b=g\cdot\frac{(e^{\mu\alpha}-1)\cdot G-N}{(e^{\mu\alpha}+1)\cdot G+N}.$$

Bei dieser Anfahrbeschleunigung b würde für die gegebenen Lasten G und N das Seilrutschen eintreten. In dem vorigen Beispiel war

$$G = 10000\ \text{kg}, \quad N = 2500\ \text{kg}, \quad e^{\mu\alpha} = 1{,}87.$$

Mit diesen Werten würde man finden:

$$b = 9{,}81\cdot\frac{0{,}87\cdot 10000-2500}{2{,}87\cdot 10000+2500} = 1{,}95\ \text{m/sek}^2.$$

Man sieht, beim Hochziehen von Lasten ist das Anfahren gefährlich, es genügt schon eine Anfahrbeschleunigung von verhältnismäßig geringer Größe, um Seilrutsch zu verursachen.

d) Das Verzögern am Ende des Hochziehens.

Wenn der Korb mit der Nutzlast oben ankommt, muß die Maschine verzögert werden. Auch hier ändert sich dann das Spannungsverhältnis der beiden Seilseiten. Nach Abb. 248 ist das statische Spannungsverhältnis

$$\left(\frac{S_2}{S_1}\right)_{\text{stat.}}=\frac{G}{G+N}=\frac{M_G\cdot g}{(M_G+M_N)\cdot g}=\frac{M_G}{M_G+M_N}.$$

Beim Verzögern wird die Seilspannung S_2 größer und die Seilspannung S_1 kleiner. Diese Veränderung der Seilspannungen kann so groß werden, daß das Verhältnis

$$\frac{S_2}{S_1}=e^{\mu\alpha}$$

überschritten wird, wodurch Seilrutsch entsteht. Bei der Verzögerung b treten folgende Seilspannungen auf:

$$S_2 = M_G\cdot g + M_G\cdot b = M_G\cdot(g+b),$$
$$S_1 = (M_G+M_N)\cdot g - (M_G+M_N)\cdot b$$
$$= (M_G+M_N)\cdot(g-b).$$

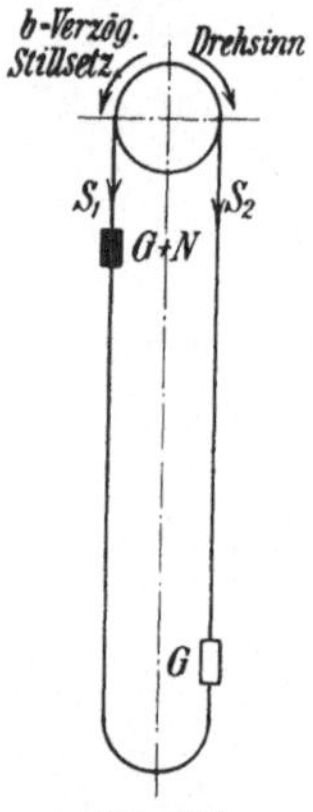

Abb. 248.
Das Stillsetzen beim Hochziehen.

Das dynamische Spannungsverhältnis ist daher

$$\left(\frac{S_2}{S_1}\right)_{\text{dyn.}}=\frac{M_G}{M_G+M_N}\cdot\frac{g+b}{g-b},$$
$$\left(\frac{S_2}{S_1}\right)_{\text{dyn.}}=\left(\frac{S_2}{S_1}\right)_{\text{stat.}}\cdot\frac{g+b}{g-b}.$$

Auch hier berechnet sich das dynamische Spannungsverhältnis in einfachster Weise aus dem statischen, indem man mit dem Verzögerungsfaktor

$$\frac{g+b}{g-b}$$

einfach multipliziert.

e) Welche größte Verzögerung b ist zulässig?

Für das Stillsetzen gilt das dynamische Spannungsverhältnis

$$\left(\frac{S_2}{S_1}\right)_{\text{dyn.}} = \frac{G}{G+N} \cdot \frac{g+b}{g-b}.$$

Erreicht dieser den Wert $e^{\mu\alpha}$, so tritt Seilrutschen ein. Die Bedingungsgleichung für Seilrutsch lautet daher

$$\frac{G}{G+N} \cdot \frac{g+b}{g-b} = e^{\mu\alpha}.$$

Nach einigen Umformungen folgt

$$b = g \cdot \frac{e^{\mu\alpha}(G+N) - G}{e^{\mu\alpha}(G+N) + G}.$$

Bei dieser Stillsetzungsverzögerung b würde für die gegebenen Lasten G und N das Seilrutschen eintreten.

Für das Beispiel

$$G = 10000 \text{ kg}, \quad N = 2500 \text{ kg}, \quad e^{\mu\alpha} = 1{,}87$$

wird

$$b = 9{,}81 \cdot \frac{1{,}87 \cdot (10000 + 2500) - 10000}{1{,}87 \cdot (10000 + 2500) + 10000} = 3{,}92 \text{ m/sek}^2.$$

Demnach ist beim Hochziehen von Lasten das Stillsetzen weniger gefährlich als das Anfahren, denn beim Anfahren genügte schon eine Beschleunigung von der Größe $b = 1{,}95$ m/sek², um das Seilrutschen einzuleiten.

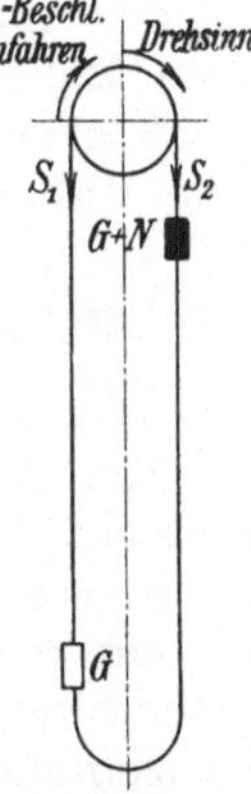

Abb. 249.
Das Fahren mit
eingehängter Last.

f) Das Fahren mit eingehängter Last (negative Nutzlast).

Der untere Korb geht leer hoch, der obere Korb beladen abwärts. Beim Anfahren, das mit der Beschleunigung b (Abb. 249) erfolgen soll, kann Seilrutschen eintreten, wenn durch zu große Anfahrbeschleunigung

$$S_1 > S_2$$

wird. Dann ist das dynamische Spannungsverhältnis

$$\left(\frac{S_1}{S_2}\right)_{\text{dyn.}} = \left(\frac{S_1}{S_2}\right)_{\text{stat.}} \cdot \frac{g+b}{g-b},$$

$$\left(\frac{S_1}{S_2}\right)_{\text{dyn.}} = \frac{G}{G+N} \cdot \frac{g+b}{g-b}.$$

Erreicht das Spannungsverhältnis den Wert $e^{\mu\alpha}$, so tritt Seilrutschen ein. Die Bedingungsgleichung für das Seilrutschen lautet demnach

$$\frac{G}{G+N} \cdot \frac{g+b}{g-b} = e^{\mu\alpha}.$$

Hieraus ergibt sich die größte zulässige Anfahrbeschleunigung

$$b = g \cdot \frac{e^{\mu\alpha} \cdot (G+N) - G}{e^{\mu\alpha} \cdot (G+N) + G}.$$

Für

$$G = 10000 \text{ kg}, \quad N = 2500 \text{ kg} \quad \text{und} \quad e^{\mu\alpha} = 1{,}87$$

erhält man den Wert

$$b = 3{,}92 \text{ m/sek}^2.$$

Beim Stillsetzen tritt ·bei starker Verzögerung b (Abb. 250) Seilrutschen ein, wenn infolge zu starker Verzögerung der Wert

$$\frac{S_2}{S_1} = e^{\mu\alpha}$$

überschritten wird. Es ist

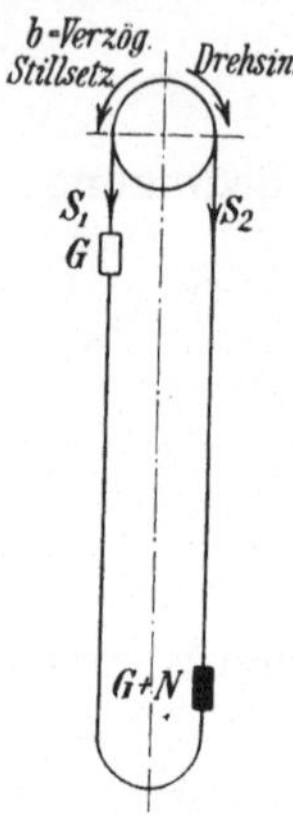

Abb. 250.
Das Stillsetzen
bei Hängefahrt.

$$\left(\frac{S_2}{S_1}\right)_{\text{dyn.}} = \left(\frac{S_2}{S_1}\right)_{\text{stat.}} \cdot \frac{g+b}{g-b} = \frac{G+N}{G} \cdot \frac{g+b}{g-b}.$$

Aus der Bedingungsgleichung für das Seilrutschen

$$\frac{G+N}{G} \cdot \frac{g+b}{g-b} = e^{\mu\alpha}$$

ergibt sich die größte zulässige Stillsetz-Verzögerung

$$b = g \cdot \frac{(e^{\mu\alpha}-1)\cdot G - N}{(e^{\mu\alpha}+1)\cdot G + N}.$$

Für

$$G = 10000 \text{ kg}, \quad N = 2500 \text{ kg} \quad \text{und} \quad e^{\mu\alpha} = 1{,}87$$

erhält man den Wert

$$b = 1{,}95 \text{ m/sek}^2.$$

Bei eingehängter Last ist demnach das Stillsetzen gefährlicher als das Anfahren, denn die geringe Verzögerung $b = 1{,}95$ m/sek² genügt zum Seilrutschen, während beim Anfahren erst eine Beschleunigung $b = 3{,}92$ m/sek² diesen Zustand hervorruft. Man hat hier also die entgegengesetzten Verhältnisse wie beim Hochziehen von Lasten.

26. Zeichnerische Lösung der Seilrutschfrage nach Weih.

Eine zeichnerische Lösung der Seilrutschfrage bei Treibscheibenförderung[1] ist von Dipl.-Ing. Weih gegeben worden. Die Methode werde in ihrer einfachsten Form in ihrer Anwendung gezeigt. In Abb. 251 ist ein rechtwinkeliges Achsenkreuz gezeichnet. Die Ordinatenachse geht durch den Mittelpunkt O der horizontalen Grundlinie. Auf der horizontalen Grundlinie werden nach rechts die Beschleunigungen in der Größe bis zu 10 m/sek² aufgetragen, in gleicher Weise und gleicher Größe nach links die Verzögerungen.

Auf der Ordinatenachse werden die Seilbelastungen aufgetragen. In der Figur ist die Belastung G und N aufgetragen. Unter G versteht man das ganze Leergewicht einer Seilseite, das wird also sein das Seilgewicht S + Förderkorbgewicht F + Wagengewicht W; dieses Gewicht ist bei Treibscheibenförderungen mit Unterseil auf beiden Seiten gleich. N ist die Nutzlast der einen Seite, welche also das Übergewicht darstellt, das die Rutschgefahr bringt.

Auf der Horizontalen wird vom Mittelpunkt O nach rechts und links die Erdbeschleunigung

$$g = 9{,}81 \text{ m/sek}^2$$

---

[1] Siehe Glückauf 1925, S. 853: Seilrutsch bei Treibscheibenförderung, von Dipl.-Ing. W. Weih, Lehrer an der Bergschule zu Bochum.

abgetragen und in beiden Endpunkten a_1 und a_2 eine Ordinate gezogen. Diese Ordinaten sollen die statischen Seilbelastungen darstellen, sie sind

$$S_1 = G + N \quad \text{und} \quad S_2 = G.$$

Durch die Ordinatenpunkte von S_1 und S_2 sind Horizontale gezogen, sie heißen die statischen Begrenzungslinien. Auf der mittleren Ordinatenachse ist c der Endpunkt der Seilkraftordinate S_2 und d der Endpunkt der Seilkraftordinate S_1. Beim Anfahren wird durch die Beschleunigung b des Anfahrens S_2 vermindert und S_1 vergrößert. Diese Verminderung und Vergrößerung kann man zeichnerisch darstellen, die Darstellung entspricht den rechnerisch abgeleiteten Gesetzen.

Man verbindet Ordinatenpunkt c mit a_1, dann geht die Verminderung der Seilkraft S_2 nach dieser Linie vor sich. Man verbindet Ordinatenpunkt d mit a_2 und verlängert über d hinaus, dann geht die Vergrößerung von S_1 nach dieser Verlängerungslinie vor sich.

Beide schrägen Linien schneiden sich im Punkte e, d. h. hier erreichen die Seilkräfte S_1 und S_2 gleiche Größen, und es ist

$$S_1 = S_2 = S.$$

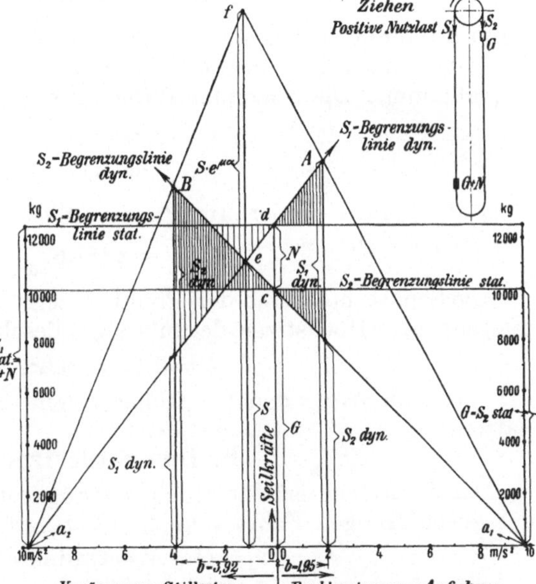

Abb. 251. Zeichnerische Lösung der Seilrutschfrage nach Weih.

Dieser Fall würde in der Figur eintreten bei der Verzögerung $b = 1{,}1$ m/sek².

Bekanntlich tritt Seilrutsch ein, wenn das Spannungsverhältnis

$$\frac{S_1}{S_2} = e^{\mu\alpha}$$

wird, d. h. es darf höchstens werden

$$S_1 = e^{\mu\alpha} \cdot S_2.$$

Dieses Spannungsverhältnis kann zeichnerisch dargestellt werden. Man verlängert die Spannungsordinate S über e hinaus bis zum Punkte f, so daß die Ordinate des Punktes f das $e^{\mu\alpha}$-fache von S ist. In der Figur ist angenommen

$$e^{\mu\alpha} = 1{,}87$$

$$G = 10000 \text{ kg}$$

$$N = 2500 \text{ kg}.$$

Die Ordinate des Punktes f ist demnach das $1{,}87$fache von S.

Verbindet man nun Punkt f mit den Fußpunkten a_1 und a_2, so entstehen die Schräglinien fa_1 und fa_2, deren Ordinate alle um das $e^{\mu\alpha}$-fache größer sind als die S-Ordinaten. Sie begrenzen also die größten Reibungskräfte, welche auftreten können. Ist die eine Seilspannung S, so darf die andere höchstens $e^{\mu\alpha}\cdot S$ werden, wenn ein Seilrutschen vermieden werden soll.

a) Das Anfahren.

Vor dem Anfahren ist die statische Seillast

$$S_1 = G + N = \text{Ordinate } 0\,d,$$
$$S_2 = G \qquad = \text{Ordinate } 0\,c.$$

Beim Anfahren wächst mit dem Wachsen der Anfahrbeschleunigung die Seillast S_1 nach der Linie dA, während die Seillast S_2 nach der Linie ca_1 abnimmt. Die Spannungsdifferenz oder das Spannungsverhältnis

$$\left(\frac{S_1}{S_2}\right)_{\text{dyn.}}$$

wird also immer größer. Im Punkte A ist der höchste Reibungswert erreicht, alsdann ist

$$S_{1\,\text{dyn.}} = e^{\mu\alpha}\cdot S_{2\,\text{dyn.}}$$

Die Senkrechte durch den Punkt A zeigt unten auf der Beschleunigungslinie den Höchstwert der zulässigen Beschleunigung an. Wir lesen ab

$$b = 1{,}95 \text{ m/sek}^2,$$

d. i. derselbe Wert, den wir früher bereits durch Rechnung gefunden hatten.

b) Das Stillsetzen.

Das Stillsetzen erfolgt durch Verzögerung der Treibscheibe. Bei der gleichförmigen Fahrt sind die statischen Seillasten

$$S_1 = G + N = \text{Ordinate } 0d,$$
$$S_2 = G \qquad = \text{Ordinate } 0c.$$

Diese ändern sich beim Verzögern, S_2 wächst nach der Linie cB, S_1 nimmt ab nach der Linie da_2. Im Punkte B ist der höchste Reibungswert erreicht, alsdann ist

$$S_{2\,\text{dyn.}} = e^{\mu\alpha}\cdot S_{1\,\text{dyn.}}.$$

Die Senkrechte durch den Punkt B zeigt unten auf der Verzögerungslinie den Höchstwert der zulässigen Verzögerung. Wir lesen ab

$$b = 3{,}92 \text{ m/sek}^2,$$

d. i. derselbe Wert, der früher auch durch Rechnung gefunden wurde.

c) Das Fahren mit eingehängter Last.

Beim Fahren mit eingehängter Last (Abb. 252) sind die statischen Seillasten

$$S_1 = G \qquad = \text{Ordinate } 0c,$$
$$S_2 = G + N = \text{Ordinate } 0d.$$

Beim Anfahren wächst die Seilbelastung S_1 nach der schrägen Linie ceA, während die Seilbelastung S_2 nach der schrägen Linie dea_1 abnimmt.

S_1 erreicht im Schnittpunkt A seinen höchsten Reibungswert und zwar ist dann

$$S_{1\,\text{dyn.}} = e^{\mu\alpha} \cdot S_{2\,\text{dyn.}} \, .$$

Die Senkrechte durch den Punkt A zeigt unten auf der Beschleunigungslinie den **Höchstwert der zulässigen Beschleunigung**

$$b = 3{,}92 \text{ m/sek}^2$$

an.

Beim Stillsetzen muß die Treibscheibe verzögert werden. Während der gleichförmigen Fahrt sind die **statischen Seillasten**

$S_1 = G \qquad = \text{Ordinate } Oc \, ,$

$S_2 = G + N = \text{Ordinate } Od \, .$

Bei eintretender Verzögerung ändern sich diese Seillasten. S_1 vermindert sich nach der schrägen Linie ca_2, S_2 vergrößert sich nach der schrägen Linie dB.

Im Schnittpunkt B ist der höchste Reibungswert erreicht, und es ist dann

$$S_{2\,\text{dyn.}} = e^{\mu\alpha} \cdot S_{1\,\text{dyn.}} \, .$$

Die Senkrechte durch den Punkt B zeigt unten auf der Verzögerungslinie die höchste zulässige Verzögerung

$$b = 1{,}95 \text{ m/sek}^2$$

an.

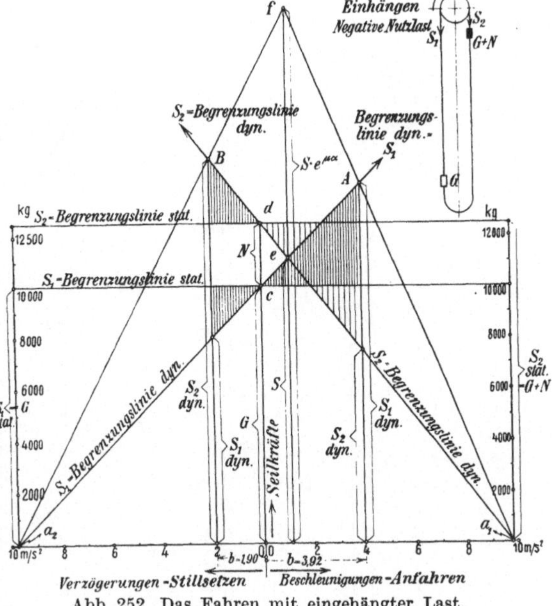

Abb. 252. Das Fahren mit eingehängter Last.

Dieselben Werte wurden auch durch Rechnung gefunden.

Die bisher betrachteten Fälle gelten für **Turmfördermaschinen ohne Gegenscheibe**.

d) Dasselbe Verfahren bei Seilscheibenmaschinen.

Bei Seilscheibenmaschinen tritt insofern eine Erschwerung ein, als noch die Massen der Seilscheiben an der Beschleunigung teilnehmen. Hier ist das zeichnerische Verfahren besonders elegant, es gestattet in einfachster Weise auch diese Beschleunigungskräfte bei der Seilrutschfrage zu berücksichtigen.

Ist G_0 das Gewicht der Seilscheibe, so ist bei der Bestimmung der Beschleunigungskraft mit dem auf Seilmitte reduziertem Scheibengewicht

$$G_{\text{Sch}} = 0{,}50 \cdot G_0$$

zu rechnen. Eine Begründung hierfür wird später (siehe Trägheitsradius S. 274) gegeben.

Die in Abb. 253 dargestellte Förderanlage soll auf Seilrutsch untersucht werden. Die Teufe ist 550 m, die Gewichte sind:

Förderkorb $F = 6000$ kg, Förderseil = Unterseil = $S = 5600$ kg, Wagengewicht (6 leere Wagen) $W = 2400$ kg, Nutzlast = 6 Wagenfüllungen Kohle je 600 kg = $N = 3600$ kg. Reduziertes Seilscheibengewicht $G_{Sch} = 2000$ kg.

Das Leergewicht beider Seilseiten ist vollkommen ausgeglichen, es beträgt

$$G = F + W + S = 6000 + 2400 + 5600$$
$$= 14000 \text{ kg.}$$

Beim Ziehen ist die hochgehende Seilseite noch mit der Nutzlast $N = 3600$ kg belastet.

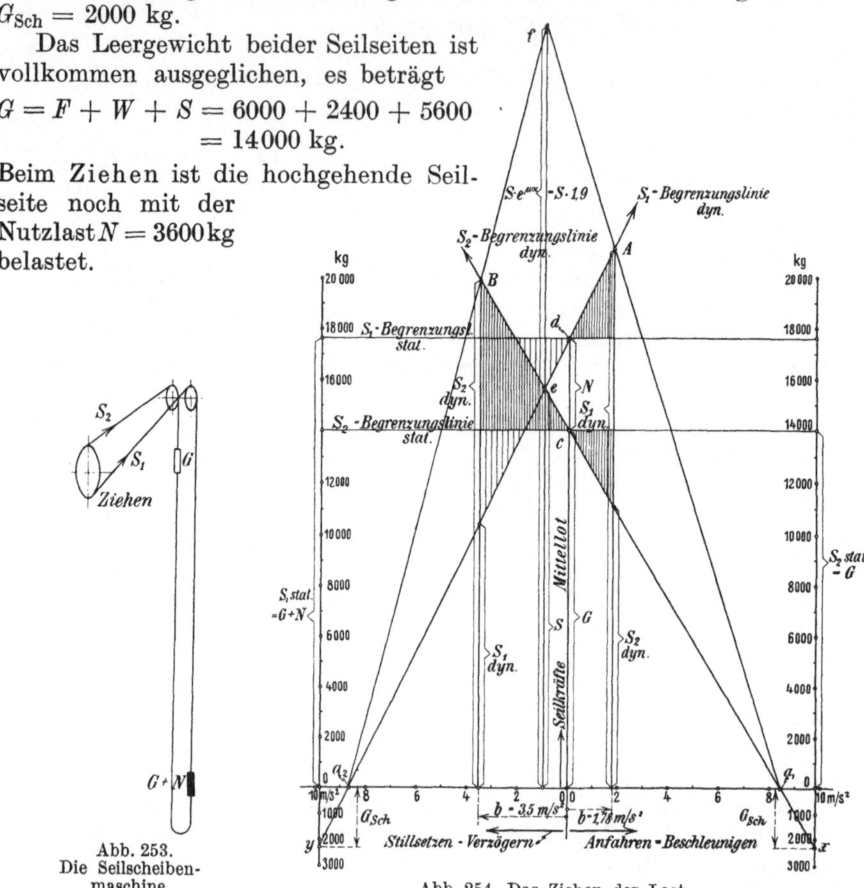

Abb. 253.
Die Seilscheibenmaschine.

Abb. 254. Das Ziehen der Last.

In Abb. 254 sind die statischen Seillasten als Ordinaten aufgetragen,

rechts die Ordinate $S_2 = G \qquad = 14000$ kg,

links die Ordinate $\quad S_1 = G + N = 17600$ kg.

Diese Ordinaten sind nach unten verlängert um die Größe

$$G_{Sch} = 2000 + 300 = 2300 \text{ kg.}$$

Sie besteht aus dem reduzierten Seilscheibengewicht 2000 kg und 300 kg Seilgewicht, d. i. das Gewicht des Förderseilstückes von der Hängebank bis zur Treibscheibe, das auch von der Treibscheibe zu beschleunigen ist. Die Ordinatenendpunkte sind x und y.

Auf dem Mittellot reicht bis Punkt c die statische Seillast $S_2 = G$ und bis Punkt d die statische Seillast $S_1 = G + N$. Durch den Punkt c geht die Begrenzungslinie für die statischen Seilkräfte S_2, durch den Punkt d die Begrenzungslinie für die statischen Seilkräfte S_1.

Zieht man xc, so hat man die Begrenzungslinie für die dynamischen Seilkräfte S_2, sie schneidet die Beschleunigungslinie im Punkte a_1. Zieht man yd, so hat man die Begrenzungslinie für die dynamischen Seilkräfte S_1, sie schneidet die Verzögerungslinie im Punkte a_2.

Beide Bewegungslinien schneiden sich im Punkte e, hier sind die dynamischen Seilkräfte S_1 und S_2 gleich groß. In der Figur ist die Ordinate des Punktes e mit S bezeichnet. S wird vergrößert auf $S \cdot e^{\mu\alpha} =$ Ordinate des Punktes f, und zwar ist in der Figur

$$e^{\mu\alpha} = 1{,}9 \qquad \text{(für } \alpha^0 = 184^0 \text{ und } \mu = 0{,}20).$$

Verbindet man f mit den Fußpunkten a_1 und a_2, so entstehen die Schräglinien fa_1 und fa_2, deren Ordinaten um das $e^{\mu\alpha}$- fache größer sind als die S-Ordinaten.

Das Anfahren: Vor dem Anfahren sind die statischen Seilkräfte

$$S_1 = G + N = \text{Ordinate } 0\,d,$$
$$S_2 = G \qquad = \text{Ordinate } 0\,c.$$

Durch die Anfahrbeschleunigung wächst S_1 nach der Linie dA, während S_2 abnimmt nach der Linie ca_1. Im Punkte A ist der höchste Reibungswert erreicht. Die Senkrechte durch den Punkt A liefert auf der Beschleunigungslinie die höchste zulässige Anfahrbeschleunigung

$$b = 1{,}78 \ \text{m/sek}^2.$$

Das Stillsetzen: Bei gleichförmiger Fahrt sind die statischen Seilkräfte

$$S_1 = G + N = \text{Ordinate } 0\,d,$$
$$S_2 = G \qquad = \text{Ordinate } 0\,c.$$

·Da das Stillsetzen durch Verzögerung erfolgt, so ändern sich die Seilkräfte. S_1 nimmt ab nach der Linie da_2, S_2 nimmt zu nach der Linie cB. Im Punkte B ist der höchste Reibungswert erreicht. Die Senkrechte durch B liefert auf der Verzögerungslinie die höchste zulässige Verzögerung

$$b = 3{,}5 \ \text{m/sek}^2.$$

Die durch die **Fahrbremse** hervorgerufene Verzögerung soll nach der Bergpolizei-Verordnung $b = 2 \ \text{m/sek}^2$ gewährleisten, mithin ist in diesem Fall bezüglich der Bremsverzögerung eine

$$\mathfrak{S} = \frac{3{,}5}{2} = 1{,}75 \, \text{fache Sicherheit}$$

gegen Seilrutsch beim Stillsetzen vorhanden. Die Bremsverzögerung könnte um 75% gesteigert werden, erst dann wäre der Seilrutsch zu erwarten.

Maercks, Bergbaumechanik.**14**

e) Berücksichtigung der Schachtreibung beim Ziehen.

Unter Schachtreibung versteht man die Reibung des Förderkorbes an den Spurlatten, den Luftwiderstand und die Zapfenreibung der Seilscheibe. Eine zahlenmäßige Festlegung dieser Werte ist natürlich sehr schwer und unsicher. Im Schrifttum rechnet man die Schachtreibung im Mittel mit

6% der Nutzlast

ein, so daß die zusätzliche Reibungsbelastung

$$R = 0{,}06 \cdot N$$

ist.

In unserm Beispiel ist $N = 3600$ kg, es wäre demnach

$$R = 0{,}06 \cdot 3600 = 216 \,\text{kg}.$$

Wegen der Unsicherheit dieser Größe werde gerechnet mit

$$R = 300 \text{ kg}.$$

Beim Ziehen der Nutzlast N vergrößert die Reibung die Seillast im ziehenden Seil, während sie im niedergehenden Seil die Seillast vermindert. Das ist zeichnerisch in Abb. 255 dargestellt.

Die statische Seillast

$$S_1 = G + N$$

= Ordinate Od

wird um den Betrag R vergrößert, d. h. die Ordinate Od wird um den

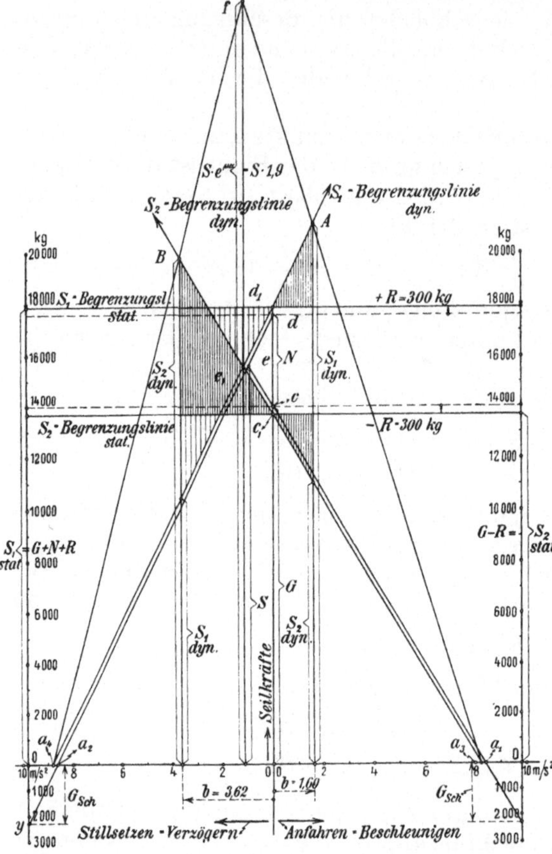

Abb. 255. Die Berücksichtigung der Schachtreibung.

Betrag $dd_1 = R = 300$ kg vergrößert. Die Horizontale durch d_1 bildet dann die Begrenzungslinie für die statische Seillast S_1.

Die statische Seillast

$$S_2 = G = \text{Ordinate } Oc$$

wird um den Betrag R vermindert, d. h. die Ordinate Oc wird um den Betrag $cc_1 = R = 300$ kg verkleinert. Die Horizontale durch c_1 bildet dann die Begrenzungslinie für die statische Seillast S_2.

Die Begrenzungslinien für die dynamischen Seilkräfte findet man wie früher, indem man die schrägen Linien dy und cx zieht, sie schneiden sich im Punkte e. Diese Linien gelten aber nur, wenn die

Schachtreibung R nicht berücksichtigt wird. Soll sie berücksichtigt werden, so müssen diese Linien durch die Punkte d_1 und c_1 gehen. Das macht man so, indem man durch d_1 eine Parallele zu dy und durch c_1 eine Parallele zu cx legt.

Diese schrägen Linien, welche sich im Punkte e_1 schneiden, sind dann die Begrenzungslinien für die dynamischen Seilkräfte S_1 und S_2. Sie liefern unten auf der Verzögerungs- bzw. Beschleunigungslinie die Fußpunkte a_4 und a_3.

Im Schnittpunkt e_1 sind die dynamischen Seilkräfte S_1 und S_2 gleich groß. In der Figur ist die Ordinate des Punktes e_1 mit S bezeichnet. S wird vergrößert auf

$$S \cdot e^{\mu\alpha} = S \cdot 1{,}9 = \text{Ordinate des Punktes } f.$$

Verbindet man f mit den Fußpunkten a_3 und a_4, so entstehen die Schräglinien fa_3 und fa_4, deren Ordinaten um das $e^{\mu\alpha}$-fache größer sind als die S-Ordinaten.

Das Anfahren: Beim Anfahren wachsen die Seilkräfte S_1 nach der Linie $d_1 A$, während die Seilkräfte S_2 nach der Linie $c_1 a_3$ abnehmen. Im Punkte A ist der höchste Reibungswert, den die Treibscheibe geben kann, erreicht. Die Senkrechte durch A liefert auf der Beschleunigungslinie die höchste zulässige Anfahrbeschleunigung

$$b = 1{,}60 \ \text{m/sek}^2,$$

Wir fanden früher ohne Berücksichtigung der Schachtreibung den Wert
$$b = 1{,}78 \ \text{m/sek}^2.$$

Man sieht, beim Anfahren verschlechtert die Schachtreibung die Sicherheit gegen Seilrutschen, sie ist also zu berücksichtigen.

Das Stillsetzen: Beim Stillsetzen werden durch die Massenverzögerungen die Seilkräfte sich folgendermaßen ändern:

S_2 wird vergrößert nach der Linie $c_1 B$, S_1 wird vermindert nach der Linie $d_1 a_4$. Im Punkte B ist der höchste Reibungswert, den die Treibscheibe gehen kann, erreicht. Die Senkrechte durch B liefert auf der Verzögerungslinie die höchste zulässige Verzögerung

$$b = 3{,}62 \ \text{m/sek}^2.$$

Ohne Berücksichtigung der Schachtreibung war gefunden worden
$$b = 3{,}50 \ \text{m/sek}^2.$$

Man sieht, beim Stillsetzen verbessert die Schachtreibung die Sicherheit gegen Seilrutschen. Würde man sie nicht berücksichtigen, so würde man nicht unsicherer gehen.

27. Turmfördermaschinen mit Gegenscheibe (Ablenkscheibe).

Elektrische Fördermaschinen werden mit Vorteil in den Förderturm gesetzt, weil sie keine schwingenden Massen haben. Alsdann läßt sich der Umschlingungsbogen des Seils auf der Treibscheibe durch eine

Gegenscheibe vergrößern, wodurch die Seilrutschgefahr vermindert wird.

In Abb. 256 ist eine neuzeitliche Anlage[1] dieser Art dargestellt. Die Gewichte sind außerordentlich groß. Die ausgeglichenen Lasten sind auf jeder Seilseite:

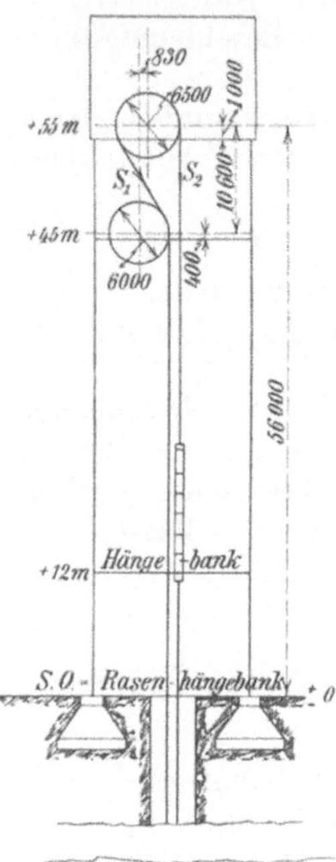

Korbgewicht . . . . = 10000 kg
Wagenleergewicht . . . = 6600 „ (12 Wagen)
Seilgewicht. . . . . = 10000 „
Gesamtgewicht $G = \mathbf{26\,600\ kg}$

Die Nutzlast je Wagen beträgt 750 kg, so daß die unausgeglichene Nutzlast

$$N = 750 \cdot 12 = 9000\ \text{kg}$$

beträgt.

Das Treibscheibengewicht ist 26400 kg, das Gewicht der Ablenkscheibe = 6100 kg.

Für die Güterförderung ist die Fahrgeschwindigkeit

$$v = 16\ \text{m/sek},$$

für die Seilfahrt (70 Personen auf einem Korb)

$$v = 10\ \text{m/sek}.$$

Der Umspannungsbogen auf der Treibscheibe ist

$$\alpha = 211^0$$

Bogenmaß $\alpha = 2\pi \cdot \dfrac{211}{360} = 3{,}682$.

Mit $\mu = 0{,}20$ wird der Wert

$$e^{\mu\alpha} = 2{,}718^{\,0{,}20 \cdot 3{,}682} = 2{,}09.$$

Rechnet man für die Schachtreibung 6% der Nutzlast, so wird die Schachtreibungsgröße

$$R = 0{,}06 \cdot N = 0{,}06 \cdot 9000 = 540\ \text{kg}.$$

In der nachfolgenden Rechnung ist gerechnet mit

$$R = 600\ \text{kg}$$

für jede Seilseite.

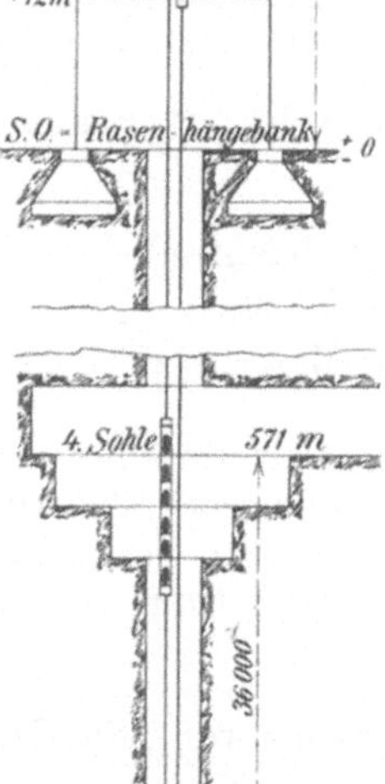

Abb. 256. Turmfördermaschine mit Gegenscheibe.

a) Das Ziehen der Nutzlast $N = 9000$ kg.

In Abb. 256 befindet sich der volle Korb auf der linken Seite unten, das Seil zieht mit der Kraft S_1 an der Treibscheibe, der Korb mit leeren Wagen befindet sich auf der rechten Seite oben, sein Seil zieht mit der Kraft S_2 an der Treibscheibe.

Die Seilrutschgefahr ist in Abb. 257 zeichnerisch untersucht. Die statische Seillast

$$S_1' = G + N = \text{Ordinate } 0d = 35\,600\ \text{kg}$$

wird beim Hochfahren des Korbes um den Betrag

$$d\,d_1 = R = 600\ \text{kg}$$

____

[1] Fördereinrichtung auf Schacht IV der Zeche Königsborn.

vergrößert. Die Horizontale durch d_1 bildet dann die Bewegungslinie für die statische Seillast $S_1 = G + N + R = 36200$ kg. Die statische Seillast

$$S_2 = G = \text{Ordinate } Oc = 26\,600 \text{ kg}$$

wird beim Heruntergehen des Korbes um den gleichen Betrag

$$R = c\,c_1 = 600 \text{ kg}$$

vermindert. Die Horizontale durch c_1 bildet die Bewegungslinie für die statische Seillast $S_2 = G - R = 26000$ kg.

Beim **Anfahren** hat das Seil S_1 die Ablenkscheibe mitzubeschleunigen. Man hat daher das reduzierte Seilscheibengewicht

$$G_{\text{Sch}} = \tfrac{1}{2} \cdot 6100 = 3050 \text{ kg}$$

in der Kräfteordinate links nach unten hin als Ordinate Oy noch zuzusetzen.

Die Begrenzungslinien für die dynamischen Seilkräfte findet man nun wie früher, indem man die schrägen Linien

$$d\,y \quad \text{und} \quad c\,x$$

zieht. Sie schneiden sich im Punkte e. Diese Linien gelten bekanntlich nur dann, wenn die Schachtreibung R unberücksichtigt bleibt.

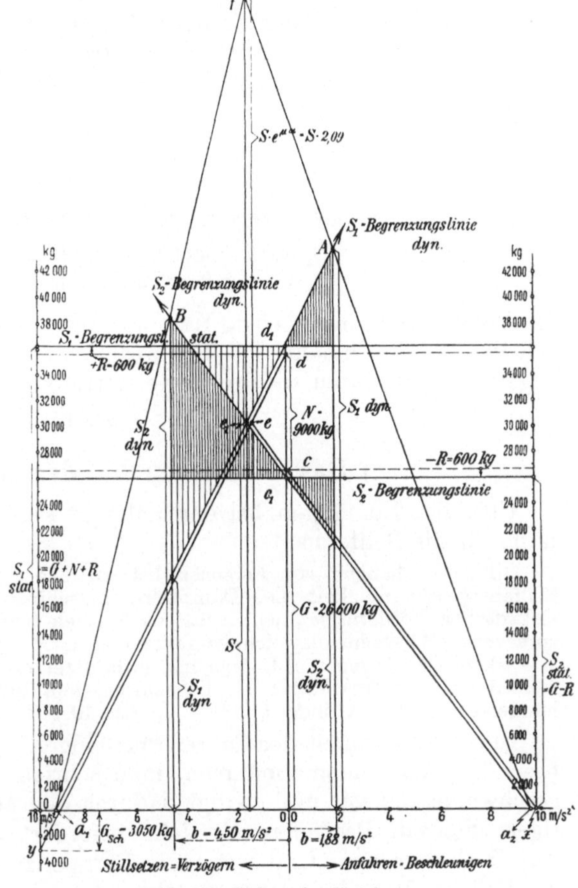

Abb. 257. Ziehen der Nutzlast.

Durch die Schachtreibung verändert sich

S_1 von der Größe Od auf die Ordinatengröße Od_1,
S_2 von der Größe Oc auf die Ordinatengröße Oc_1.

Man muß daher durch d_1 eine Parallele zu $d\,y$ und durch c_1 eine Parallele zu $c\,x$ legen.

Diese schrägen Linien schneiden sich im Punkte e_1, sie sind die Begrenzungslinien für die dynamischen Seilkräfte S_1 und S_2.

Die Ordinate des Punktes e_1 ist in der Figur mit S bezeichnet, sie wird vergrößert auf

$$S \cdot e^{\mu\alpha} = S \cdot 2{,}09 = \text{Ordinate des Punktes } f.$$

Verbindet man f mit den Fußpunkten a_1 und a_2, so entstehen die Schräglinien fa_1 und fa_2, deren Ordinaten um das $e^{\mu\alpha}$-fache größer sind als die Ordinaten der ersten Schräglinien.

Beim Anfahren wachsen die Seilkräfte S_1 nach der schrägen Linie d_1A, gleichzeitig nehmen die Seilkräfte S_2 nach der schrägen Linie c_1a_2 ab.

Im Punkte A ist der höchste Reibungswert, den das Seil auf der Treibscheibe findet, erreicht. Die Senkrechte durch A liefert unten auf der Beschleunigungslinie die höchste zulässige Anfahrbeschleunigung

$$b = 1{,}88 \text{ m/sek}^2.$$

b) Das Stillsetzen.

Durch die Massenverzögerungen verändern sich die Seilkräfte:

$$S_2 \text{ vergrößert sich nach der Linie } c_1B,$$
$$S_1 \text{ vermindert sich nach der Linie } d_1a_1.$$

Im Punkte B ist der höchste Reibungswert, den das Seil auf der Treibscheibe findet, erreicht. Die Senkrechte durch B liefert auf der Verzögerungslinie unten die höchste zulässige Bremsverzögerung

$$b = 4{,}50 \text{ m/sek}^2.$$

c) Das Einhängen bei der Seilfahrt.

Über das Einhängen bei der Seilfahrt sagt die Bergpolizei-Verordnung für die Seilfahrt:

„Beim Einhängen von Personen bei unbelastetem Gegenkorb darf die Seilfahrtgeschwindigkeit bei Dampffördermaschinen höchstens 6 m/sek, bei elektrischen Fördermaschinen höchstens 8 m/sek betragen, falls nicht ein entsprechender Gewichtsausgleich vorgenommen ist." (§ 58, Absatz 2.)

„Beim Einhängen von Leuten mit unbelastetem Gegenkorb ist der Fördermaschinist vom Anschläger zu benachrichtigen, daß die Seilfahrt mit überhängender Last stattfindet." (§ 63, Absatz 10.)

Die Gefährlichkeit des Fahrens bei eingehängter Last erfordert also besondere Vorsichtsmaßnahmen, man schreibt eine geringere Fahrgeschwindigkeit vor und zwingt dadurch den Maschinisten zu vorsichtigem Fahren. Besondere Vorsicht erfordert aber die Betätigung der Fahrbremse. Und wenn die Bergpolizei-Vorschrift besagt, daß die Fahrbremse **mindestens** eine Verzögerung von

$$b = 2 \text{ m/sek}^2$$

gewährleisten soll, so ist damit die Sicherheit bei der Seilfahrt nicht gehoben, weil dann die Fahrbremsen für größere Verzögerungen gebaut werden, die so groß sein können, daß ein Seilrutschen hervorgerufen wird.

Für vorstehende Turmfördermaschine wurde z. B. nach dem angegebenen zeichnerischen Verfahren diese Seilrutschgefahr untersucht. Hierbei wurde angenommen, daß der obere Korb mit 70 Personen besetzt wird, entsprechend einer Nutzlast von

$$N = 5250 \text{ kg}.$$

Der Gegenkorb soll unbelastet bleiben. Dann ist auf beiden Seiten das Leergewicht

1. Korbleergewicht. . . . = 10000 kg
2. Seilgewicht . . . . . . = 10000 ,,

Gesamtleergewicht = 20000 kg = G.

Die Schachtreibung wurde mit $R = 400$ kg in Rechnung gestellt. Alsdann ergab sich beim Einhängen

die höchste zulässige Anfahrbeschleunigung = 4,10 m/sek^2,
die höchste zulässige Bremsverzögerung   = 2,38 m/sek^2.

Demnach liegt hier Gefahr vor, daß bei eingehängter Seilfahrtlast, falls die Bremsverzögerung über 2 m/sek^2 steigt, ein Seilrutschen eintritt.

28. Die Fallmaschine.

Um eine einfache Scheibe sei ein Faden geschlungen (Abb. 258) und an diesem ein Gewicht G befestigt. Unter dem Einfluß der Gewichtskraft wird der Scheibe unter Herabsinken des Gewichtes eine Drehbewegung erteilt. Das Gewicht wird mit der Beschleunigung b sinken. Die Größe dieser Beschleunigung läßt sich nach dem Beschleunigungsgesetz

Masse × Beschleunigung = Beschleunigungskraft

berechnen. Die Massen, welche zu beschleunigen sind, sind

1. die Scheibe mit dem Gewicht G_S,
2. das Gewicht G.

Ist M_S die wirkliche Masse der Scheibe, so ist die auf den Umfang reduzierte Masse $= \tfrac{1}{2} M_S$. Die Masse des Gewichtes sei M.

Die Beschleunigungskraft ist das angehängte Gewicht selbst, dafür setzen wir

$$G = M \cdot g,$$

dann ist nach dem Beschleunigungsgesetz

$$(\tfrac{1}{2} M_S + M) \cdot b = M \cdot g$$

$$b = \frac{M \cdot g}{\tfrac{1}{2} M_S + M}.$$

Ist z. B. $M = 2,1$ und $M_S = 0,8$, so ist

$$b = \frac{2,1 \cdot 9,81}{\tfrac{1}{2} \cdot 0,8 + 2,1} = 8,25 \,\text{m/sek}^2.$$

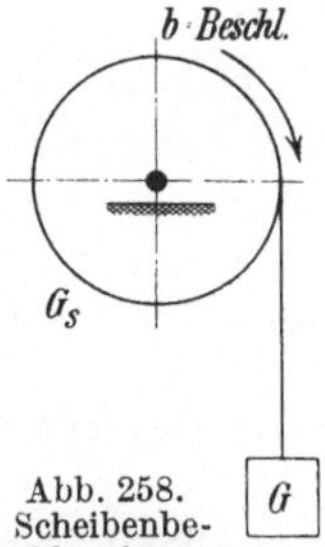

Abb. 258. Scheibenbeschleunigung bei sinkendem Gewicht.

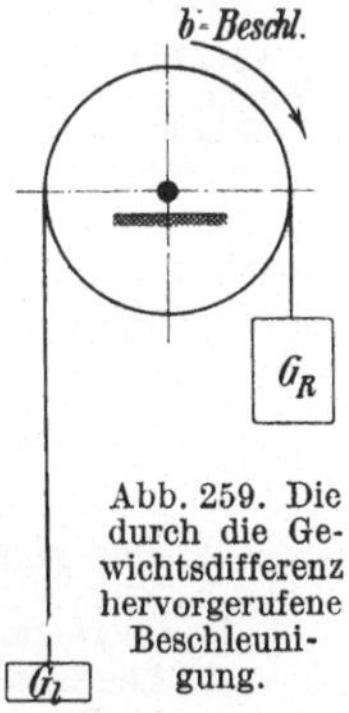

Abb. 259. Die durch die Gewichtsdifferenz hervorgerufene Beschleunigung.

Man kann nun um die Scheibe einen Faden legen und beide Seiten ungleich belasten (Abb. 259), dann wird die Scheibe durch das Übergewicht der einen Seite bewegt. Das Übergewicht sinkt mit der Beschleunigung b. Die Masse auf der linken Seite sei M_l, auf der rechten Seite M_R, dann sind die zu beschleunigenden Massen

$$M_l + \tfrac{1}{2} M_S + M_R.$$

Die Beschleunigungskraft ist die Gewichtsdifferenz

$$G_R - G_l = g \cdot M_R - g \cdot M_l = g \cdot (M_R - M_l).$$

Nach dem Beschleunigungsgesetz ist:

$$(M_l + \tfrac{1}{2} M_S + M_R) \cdot b = g \cdot (M_R - M_l),$$

$$\frac{b}{g} = \frac{M_R - M_l}{M_l + \tfrac{1}{2} M_S + M_R}.$$

Ist z. B. $M_l = 2{,}0$, so wird

$$\frac{b}{g} = \frac{2{,}1 - 2{,}0}{2{,}0 + 0{,}4 + 2{,}1} = \frac{0{,}1}{4{,}5} = \frac{1}{45},$$

$$b = \frac{1}{45} \cdot 9{,}81 = 0{,}218 \text{ m/sek}^2.$$

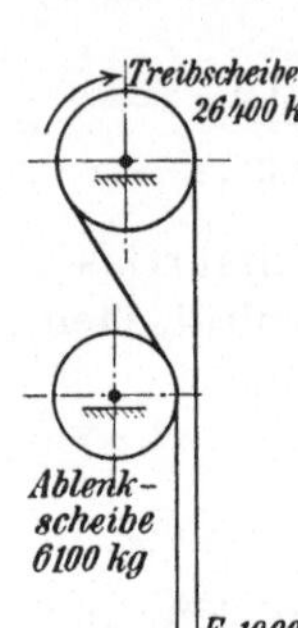

Abb. 260. Das Fahren mit eingehängter Last.

Macht man die Massendifferenz $M_R - M_l$ sehr klein im Verhältnis zur ganzen Massensumme, so wird die Beschleunigung b auch sehr klein, so daß man diese Beschleunigung durch direkte Beobachtung leicht bestimmen kann. Es kann daher durch diese Fallmaschine die Beschleunigung b experimentell bestimmt und daraus die Beschleunigung g des freien Falls berechnet werden. Die Formel lautet dann umgestellt

$$g = b \cdot \frac{M_l + \tfrac{1}{2} M_S + M_R}{M_R - M_l}.$$

Für die Massen können auch die Gewichte eingesetzt werden, dann ist

$$g = b \cdot \frac{G_l + \tfrac{1}{2} G_S + G_R}{G_R - G_l}.$$

Das gleiche Spiel wie bei der Fallmaschine vollzieht sich bei der **Fördermaschine**, wenn z. B. bei der Seilfahrt mit eingehängter Last gefahren wird und der Gegenkorb unbelastet ist. Die Turmfördermaschine in Abb. 260 habe die eingetragenen Lasten. Die zu beschleunigenden Massen sind:

1. Das reduzierte Gewicht der Ablenkscheibe $= \dfrac{6100}{2} = 3050$ kg

2. Das reduzierte Treibscheibengewicht $= \dfrac{26400}{2} = 13200$,,

3. Leerlast linke Seite $= 10000 + 10000 \ldots \ldots \ldots = 20000$,,

4. Leerlast rechte Seite $= 10000 + 10000 \ldots \ldots \ldots = 20000$,,

5. 70 Personen als eingehängte Last $N \ldots \ldots \ldots \ldots = 5250$,,

$$\overline{\text{Gesamtgewicht der Massen} = \mathbf{61\,500 \text{ kg}} = G}$$

Der Gewichtsüberschuß der eingehängten Last $N = 5250$ kg ist die Beschleunigungskraft, also ist die Beschleunigung, mit welcher der beladene Korb sinkt,

$$b = g \cdot \frac{N}{G} = 9{,}81 \cdot \frac{5250}{61\,500} = 9{,}81 \cdot \frac{1}{11{,}72}\,,$$

$$b = 0{,}836 \ \text{m/sek}^2.$$

Sobald also die Bremse losgelassen wird, setzt sich die Fördermaschine ohne Maschinenkraft mit dieser Beschleunigung in Bewegung.

Die höchste zulässige Fahrgeschwindigkeit

$$v = 8 \ \text{m/sek}$$

wird in

$$t = \frac{v}{b} = \frac{8}{0{,}836} = 9{,}6 \ \text{Sekunden}$$

bereits erreicht. In dieser Zeit ist der Anlaufweg

$$s = \tfrac{1}{2} b \cdot t^2 = \tfrac{1}{2} \cdot 0{,}836 \cdot 9{,}6^2 = 38{,}4 \ \text{m}.$$

Nach Zurücklegung dieses Weges muß der Fördermaschinist schon die Fahrbremse auflegen, um die Fahrgeschwindigkeit einzuhalten, er muß die Beschleunigung $b = 0{,}836 \ \text{m/sek}^2$ vernichten, indem er mit der Fahrbremse die gleiche Verzögerung $b = 0{,}836 \ \text{m/sek}^2$ erzeugt, so daß Beschleunigung und Verzögerung sich aufheben.

Soll unten beim Stillsetzen der Verzögerungsweg = Beschleunigungsweg = 38,4 m sein, so muß 38,4 m vor Erreichung des Füllortes die Bremse noch eine weitere Verzögerung von $b = 0{,}836 \ \text{m/sek}^2$ erzeugen, so daß für das Stillsetzen eine Bremsverzögerung von

$$b = 2 \cdot 0{,}836 = 1{,}672 \ \text{m/sek}$$

erforderlich ist.

Wenn die Fahrbremse daher eine höchste Bremsverzögerung von 2 m/sek² gewährleisten würde, so wäre diese Bremsverzögerung für die Seilfahrt durchaus ausreichend.

Bei einem Gesamtfahrweg von 593 m würde die Seilfahrt folgende Zeit in Anspruch nehmen:

1. für den Beschleunigungsweg 38,4 m . . . . $t_1 = \ \ 9{,}6$ sek
2. für den Verzögerungsweg 38,4 m . . . . $t_2 = \ \ 9{,}6$,,
3. für volle Fahrt auf dem Wege $593 - 76{,}8 = 516{,}2$ m

$$t = \frac{s}{v} = \frac{516{,}2}{8} \ \ldots \ = 64{,}7 \ \text{,,}$$

Gesamtzeit $t = 83{,}9$ sek

29. Die dynamische Seilbelastung und die Anfahrkräfte beim Förderzug.

In Abb. 261 wird die Last G mit der Beschleunigung b hochgezogen. Das Seil, welches die statische Last G zu tragen hat, wird durch die Beschleunigungskraft $\dfrac{G}{g} \cdot b$ zusätzlich belastet. Man nennt diesen Zuwachs der Belastung die dynamische Seilbelastung. Die Gesamtbelastung des Seiles ist

$$S = G + \frac{G}{g} \cdot b.$$

Welche Anfahrbeschleunigung b möglich ist, hängt von der Maschinenstärke ab. Sie wird in der Regel zwischen

$$b = 0{,}5 - 1{,}0 - 1{,}5 \ \text{m/sek}^2$$

liegen.

Läßt man in Abb. 261 die Last G sich senken und wirft die Bremse auf, so entsteht die Bremsverzögerung b, welche ebenfalls die zusätzliche dynamische Belastung $\frac{G}{g} \cdot b$ bringt und es entsteht wieder eine Gesamtbelastung

$$S = G + \frac{G}{g} \cdot b \,.$$

Wie groß die Bremsverzögerung ist, hängt von der Stärke der Bremse ab. Nach der Bergpolizei-Vorschrift soll die Fahrbremse mindestens

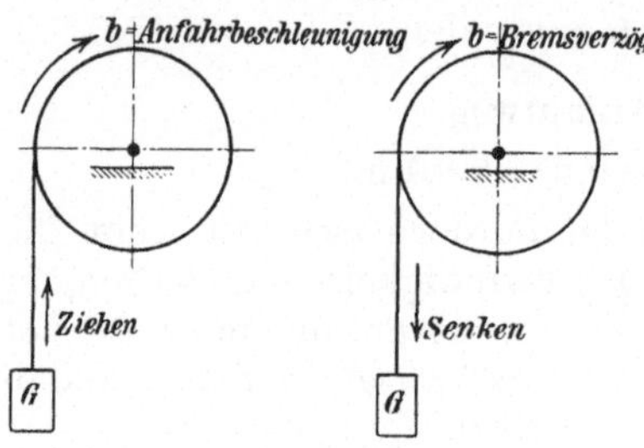

Abb. 261. Anfahrbeschleunigung und Bremsverzögerung.

eine Verzögerung von

$$b = 2 \ \text{m/sek}^2$$

gewährleisten. Der Höchstwert ist also nicht festgelegt. Bei der Untersuchung der Seilrutschgefahr haben wir aber gefunden, daß bei bestimmten Verzögerungswerten das Seil rutscht. Diese Grenzwerte bilden naturgemäß bei Treibscheibenmaschinen auch die höchsten Verzögerungswerte, so daß die Treibscheibe als das Sicherheitsventil für die Seilbelastung anzusprechen ist.

Bei der Untersuchung der Seilrutschgefahr fanden wir zum Beispiel bei eingehängter Nutzlast

$$N = 9000 \ \text{kg}$$

den höchsten Verzögerungswert zu

$$b = 2,15 \ \text{m/sek}^2,$$

wie groß wird in diesem Fall die Gesamtbelastung des Seiles?

$$\text{Statische Last } G = \begin{cases} 1. \ \text{Korbgewicht} & = 10\,000 \ \text{kg} \\ 2. \ 12 \ \text{Wagen leer} & = \ 6\,600 \ \text{,,} \\ 3. \ \text{Seilgewicht} & = 10\,000 \ \text{,,} \\ 4. \ \text{Nutzlast} & = \ 9\,000 \ \text{,,} \end{cases}$$

$$G = 35\,600 \ \text{kg}$$

$$\text{Masse} = \frac{35\,600}{9,81} = 3630\,,$$

$$\text{dynamische Belastung} = M \cdot b = 3630 \cdot 2,15 = 7800 \ \text{kg.}$$

Die Gesamtbelastung des Seiles ist demnach

$$S = G + M \cdot b = 35\,600 + 7800 = 43\,400 \ \text{kg,}$$

d. i. das $\frac{43\,400}{35\,600} = 1,22$ fache der statischen Seilbelastung.

Ebenfalls ist die Seilrutschgefahr beim Ziehen der Nutzlast $N = 9000$ kg untersucht, hierbei ist die höchste zulässige Bremsverzögerung beim Stillsetzen gefunden zu

$$b = 4,50 \ \text{m/sek}^2,$$

wie groß wird nun die Gesamtbelastung des Seiles?

Die statische Seillast auf der Leerseite ist

$$G = 26\,600 \text{ kg}$$

$$M = \frac{G}{g} = \frac{26\,600}{9,81} = 2715,$$

dynamische Seillast $= M \cdot b = 2715 \cdot 4,50 = 12\,200 \text{ kg},$

Gesamtbelastung $= G + M \cdot b = 26\,600 + 12\,200 = \mathbf{38\,800\ kg.}$

Obwohl hier die Gesamtbelastung das

$$\frac{38\,800}{26\,600} = 1,45 \text{fache}$$

der statischen Seilbelastung ist, bleibt der Wert 38800 kg hinter dem vorher errechneten Wert 43400 kg zurück, so daß eine **dynamische Überlastungsgefahr** des Seils bei **Treibscheibenförderung nicht** zu befürchten ist.

Die **Anfahrkräfte**, welche die Maschine aufzubringen hat, sind ebenfalls von den **Massen** abhängig, welche zu beschleunigen sind. In Abb. 262 hänge an jedem Seilende das gleiche Gewicht G, dann ist beim Anfahren mit der Beschleunigung b

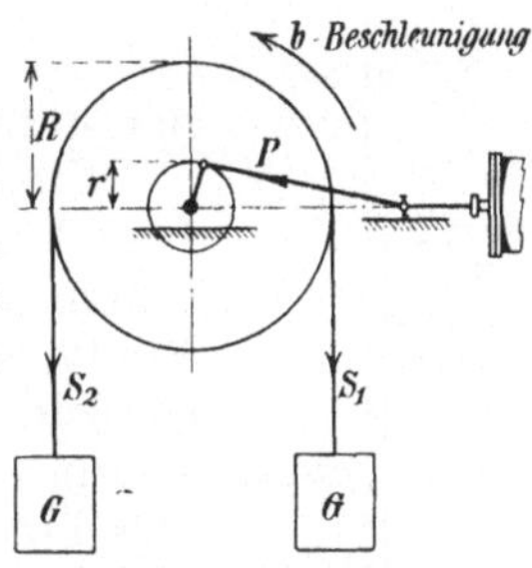

Abb. 262. Die Anfahrkräfte.

$$\text{Seilzug } S_1 = G + \frac{G}{g} \cdot b,$$

$$\text{Seilzug } S_2 = G - \frac{G}{g} \cdot b.$$

Die Seilbelastungsdifferenz

$$S_1 - S_2 = \frac{G}{g} \cdot b + \frac{G}{g} \cdot b = \frac{2 \cdot G}{g} \cdot b$$

muß von der Maschinenkraft überwunden werden. Man sieht, die Maschine hat beide Gewichte G zu beschleunigen, sowohl das niedergehende wie das hochgehende. Würde an der Scheibe eine Schubstange am Kurbelradius r angreifen, so würde die Schubstangenkraft P sich errechnen aus der Gleichgewichtsbedingung

$$P \cdot r = (S_1 - S_2) \cdot R,$$

$$P \cdot r = \frac{2\,G}{g} \cdot b \cdot R,$$

$$P = \frac{2\,G}{g} \cdot b \cdot \frac{R}{r}.$$

Beim Förderzug Abb. 263 sind z. B. folgende Gewichte zu beschleunigen:

Leergewichte der rechten Seite . . . . $= 26\,600 \text{ kg}$
Leergewichte der linken Seite . . . . $= 26\,600 \text{ ,,}$
reduziertes Treibscheibengewicht $= \frac{1}{2} \cdot 26\,400$ . . . . $= 13\,200 \text{ ,,}$
reduziertes Ablenkscheibengewicht $= \frac{1}{2} \cdot 6100$ . . . . . $= 3050 \text{ ,,}$
Nutzlast . . . . $= 9000 \text{ ,,}$

Summe aller Gewichte $= 78\,450 \text{ kg}$

$$M = \frac{78\,450}{9,81} = 8000.$$

Fährt die Maschine mit der Beschleunigung

$$b = 1{,}5 \ \text{m/sek}^2$$

an, so wird die Beschleunigungskraft am Umfang der Treibscheibe

$$P = 8000 \cdot 1{,}5 = 12\,000 \ \text{kg}.$$

Außerdem ist die Nutzlast N als Übergewicht der einen Seite zu heben, so daß die Maschinenkraft am Umfang der Treibscheibe sein muß

$$K = P + N = 12\,000 + 9000 = 21\,000 \ \text{kg}.$$

Sind die Massen auf die normale Fahrgeschwindigkeit v gebracht, so hat die Maschine nur die Kraft $N = 9000$ kg aufzubringen. Die Anfahrkraft ist also das

$$\frac{K}{N} = \frac{21\,000}{9000} = 2{,}34\,\text{fache}$$

der normalen Fahrkraft.

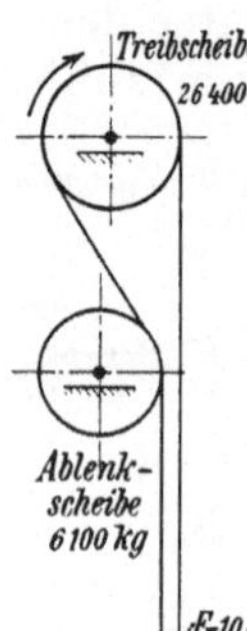

Wir sehen, trotz der verhältnismäßig kleinen Anfahrbeschleunigung von $b = 1{,}5$ m/sek² ist die **Anfahrkraft** schon um 134% größer als die **normale Fahrkraft**. Wollte man daher noch höhere Anfahrbeschleunigungen, so würden die Fördermaschinen gewaltige Spitzenleistungen aufbringen müssen. Man käme zu schweren Maschinen, die bei normaler Fahrbelastung nur schwach belastet und mit geringem Wirkungsgrad liefen.

Um die Massen zu verringern, hat man vorgeschlagen, Gefäßförderung zu bauen, d. h. ein an das Seil gehängtes Gefäß nimmt die Kohlen unmittelbar auf, so daß dann das Leergewicht der Wagen wegfällt. Außerdem könnte man das Gefäß selbst aus Leichtmetall (Duralumin) herstellen. Welcher Vorteil springt bei dieser Anordnung für das vorstehend durchgerechnete Beispiel heraus?

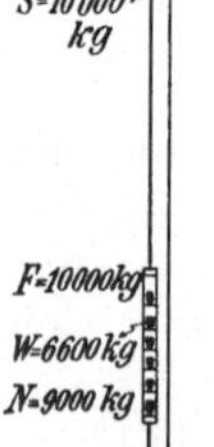

Abb. 263. Die Anfahrkräfte eines Förderzuges.

Das Leergewicht der Wagen auf beiden Seiten fällt fort, das sind

$$2 \cdot 6600 = 13\,200 \ \text{kg},$$

Gefäßgewicht $= 5000$ kg anstatt Förderkorb $= 10\,000$ kg, hierdurch tritt eine weitere Gewichtsverminderung von

$$2 \cdot 5000 = 10\,000 \ \text{kg}$$

ein, so daß die Gewichtsverminderung

$$13\,200 + 10\,000 = 23\,200 \ \text{kg}$$

beträgt. Es ist daher nur folgendes Gewicht zu beschleunigen

$$78\,450 - 23\,200 = 55\,250 \ \text{kg} = G$$

$$M = \frac{G}{g} = \frac{55\,250}{9{,}81} = 5630.$$

Beschleunigungskraft $P = M \cdot b = 5630 \cdot 1{,}5 = 8450$ kg.

Bei der Nutzlast $N = 9000$ kg muß die Maschinenkraft am Umfang der Treibscheibe sein

$$K = P + N = 8450 + 9000 = 17\,450 \text{ kg},$$

d. h. in diesem Fall ist die Anfahrkraft

$$\text{das } \frac{K}{N} = \frac{17\,450}{9000} = 1{;}94\,\text{fache}$$

der normalen Fahrkraft. Die Spitzenleistung ist damit von 134% auf 94% zurückgegangen. Das Verhältnis wird noch günstiger, wenn man die Seilgewichtsersparnis noch in Rechnung stellt, denn bei kleineren Seillasten wird entsprechend der Gewichtsverminderung auch das Seil dünner und leichter. Die Gefäßförderung bringt daher unbedingt kraftwirtschaftliche Vorteile.

30. Der Hammerrückschlag.

a) Der Hammer arbeitet horizontal.

Der Drucklufthammer macht bei jedem Schlag eine rückläufige Bewegung, welche von der Muskelkraft des Arbeiters aufgefangen werden muß. Um den Rückstoß zu untersuchen, werde der Hammer unseres

Abb. 264. Das Aufzeichnen des Rücklaufweges.

früheren Beispiels auf zwei Walzen ruhend gedacht, so daß er zwanglos ohne Gegendruck sich rückläufig bewegen kann.

In Abb. 264 ist die Hammerlagerung dargestellt. An dem Griff des Hammers sei ein Blechstreifen befestigt, dessen Spitze mit einem Schreibstift die Bewegung aufzeichnen kann. Unter dem Schreibstift liege ein Papierband, dann wird die rückläufige Bewegung des Hammers durch den Schreibstift einfach eine kurze horizontale Linie $a\,b$ aufzeichnen. Bewegt man aber das Papierband mit konstanter Geschwindigkeit, so entsteht eine schräge Linie oder eine Kurve $a\,b_1$.

Das Hammergewicht ohne Kolben und Spitzeisen betrage $G = 6{,}830$ kg, dieses Hammergewicht wird durch die Reaktionskraft der Kolbenkraft, welche $P = 28$ kg betrage, rückläufig beschleunigt. Die Hammermasse beträgt

$$\frac{G}{g} = \frac{6{,}830}{9{,}81} = 0{,}696 = m.$$

Nach dem Beschleunigungsgesetz ist

$$b = \frac{P}{m} = \frac{28}{0{,}696} = 40{,}2 \text{ m/sek}^2.$$

Mit dieser Beschleunigung bewegt sich der Hammer rückwärts, wenn
angenommen wird, daß keinerlei Gegenkraft die Bewegung hindert.
Da der Schlaghub nach der früheren Aufgabe (siehe S. 198) $t_1 = 0{,}025$ Sekunden dauert, so ist der Rücklaufweg in dieser Zeit

$$s_1 = \tfrac{1}{2} b \cdot t_1^2 = \tfrac{1}{2} \cdot 40{,}2 \cdot 0{,}025^2 = 0{,}0125 \text{ m} = 12{,}5 \text{ mm}.$$

Nach diesem Weg hat er bereits eine Rücklaufgeschwindigkeit

$$v_0 = b \cdot t_1 = 40{,}2 \cdot 0{,}025 = 1 \text{ m/sek}.$$

Wege- und Geschwindigkeitsdiagramm sind in Abb. 265 aufgezeichnet. Die Ordinaten tragen die Zahlen 10, 20, 30 usw., sie bedeuten
die Schlagzeiten in $\frac{1}{1000}$ Sekunden, die Zahl 30 bedeutet also eine
Schlagzeit von

$$\frac{30}{1000} = 0{,}030 \text{ Sekunden}.$$

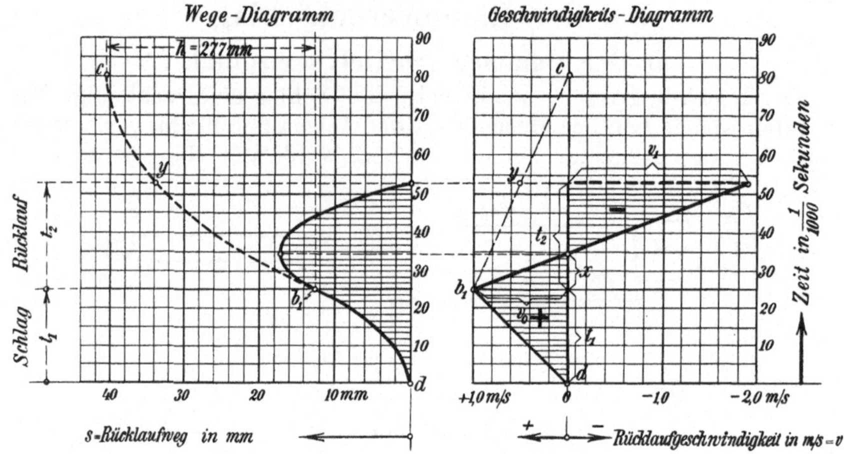

Abb. 265. Wege- und Geschwindigkeitsdiagramm.

Im Wegediagramm sind auf der Horizontalen die Rücklaufwege
in mm, im Geschwindigkeitsdiagramm die Geschwindigkeiten der Rücklaufbewegung in m/sek aufgetragen.

Der Schreibstift des Hammers hat in $\frac{25}{1000}$ Sekunden das Kurvenstück $a\,b_1$ im Wegediagramm geschrieben. In dem Augenblick, wo der
Schreibstift den Punkt b_1 schreibt, schlägt der Schlagkolben auf das
Spitzeisen, und der Kolben beginnt seinen Rücklauf. Der Kolben wird
wieder mit der Kolbenkraft

$$P = \frac{\pi}{4} d^2 \cdot p = \frac{\pi}{4} \cdot 3{,}5^2 \cdot 2{,}92 = 28 \text{ kg}$$

zurückbeschleunigt, seine Gegenkraft drückt wieder gegen den Hammer,
aber diese verteilt sich auf Hammer und Spitzeisen (Abb. 266).

Das Spitzeisen-Einsteckende hat 26 mm Durchmesser, also drückt
auf die Ringfläche des Hammers nur die Kraft

$$K = \left(\frac{\pi}{4} \cdot 3{,}5^2 - \frac{\pi}{4} \cdot 2{,}6^2 \right) \cdot 2{,}92 = 12{,}6 \text{ kg},$$

während das Spitzeisen mit der **Kraft**

$$Q = \frac{\pi}{4} \cdot 2{,}6^2 \cdot 2{,}92 = 15{,}4 \text{ kg}$$

in die Kohle gedrückt wird.

Für die **Vorwärtsbewegung** des Hammers steht also nur die Beschleunigung

$$b = \frac{K}{m} = \frac{12{,}6}{0{,}696} = 18{,}1 \text{ m/sek}^2$$

zur Verfügung.

Nach Abb. 267 wird der Hammer, der rückläufig sich mit der Geschwindigkeit $v_0 = 1$ m/sek bewegt, plötzlich in entgegengesetzter Rich-

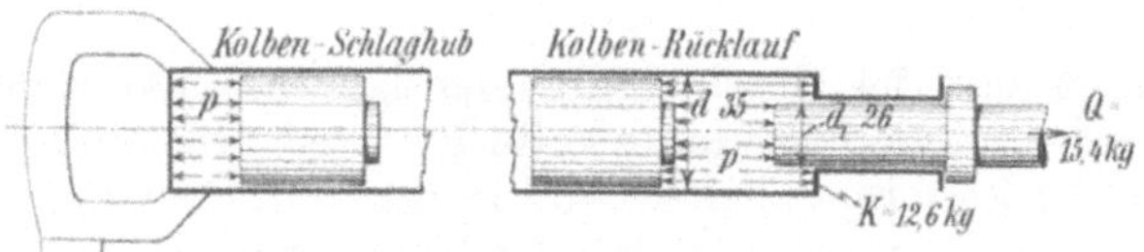

Abb. 266. Die Beschleunigungskräfte beim Schlaghub und beim Rücklauf des Kolbens.

tung mit $b = 18{,}1$ m/sek^2 beschleunigt. Seine Geschwindigkeit wird sich vermindern nach dem Gesetz

$$v = v_0 - b \cdot t$$

und schließlich null werden, dann ist

$$0 = v_0 - b \cdot t,$$

d. h. die Rücklaufbewegung dauert noch

$$t_x = \frac{v_0}{b} = \frac{1{,}00}{18{,}1} = 0{,}0552 \text{ Sekunden.}$$

In dieser Zeit ist der Rücklaufweg noch

$$h = \frac{v_0^2}{2\,b} = \frac{1{,}00^2}{2 \cdot 18{,}1} = 0{,}0277 \text{ m} = 27{,}7 \text{ mm.}$$

Im Wegediagramm (Abb. 265) würde der Schreibstift das Kurvenstück $b_1 c$ aufzeichnen. Im Geschwindigkeitsdiagramm würde die Linie $b_1 c$ durchlaufen. Der Schlagkolben hat aber im Kurvenpunkt y seinen Rücklauf schon beendigt, und nun würde von neuem ein Schlaghub ansetzen, der den Hammer wieder nach rückwärts beschleunigt.

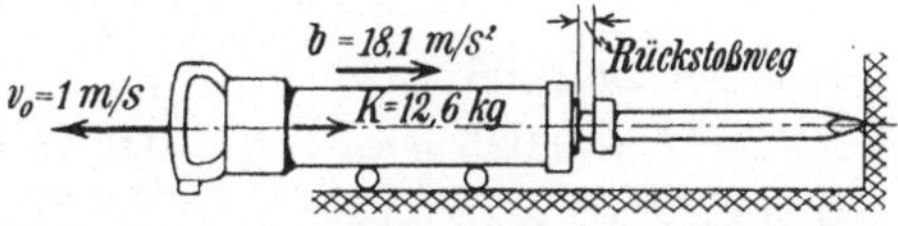

Abb. 267. Umkehr der Beschleunigungskräfte.

Der Hammer würde seine Rücklaufbewegung also gar nicht verlieren, er würde immer weiter nach hinten ausweichen und das Arbeiten unmöglich machen. Daraus folgern wir:

„Ohne **Gegendruck** weicht der **Hammer** fortlaufend nach hinten aus, so daß ein Arbeiten wegen der eintretenden **Prellschläge** auf den **Hammer** aufhört.“

Wie bringt man die während des Schlaghubes erfolgte rückläufige Bewegung zum Stillstand, und wie führt man den Hammer wieder in seine Anfangsstellung zurück?

Das könnte man durch starken Gegendruck, den man am Griff des Hammers ausüben läßt. Hier sind zwei Fälle zu unterscheiden:

1. Der Hammer wird nur während der Kolbenrücklaufzeit t_2 durch Gegendruck belastet.

2. Der Hammer wird während der Schlagzeit t_1 und der Kolbenrücklaufzeit t_2 durch Gegendruck belastet.

Der erste Fall kommt beim Anlauf und Ansetzen des Hammers vor, der zweite Fall beim ordnungsgemäßen Arbeiten.

1. Fall: Der Gegendruck wirkt nur während der Kolbenrücklaufzeit t_2.

Betrachtet man das Geschwindigkeitsdiagramm (Abb. 265), so muß man die Geschwindigkeitsordinate v_0 im Punkte b_1 vermindern auf Null, das möge in der Zeit x geschehen, und ferner muß man die gegenläufige Bewegung so schnell ausführen, daß der Hammer in die Anfangsstellung zurückgekehrt ist, wenn der Kolbenrücklauf beendigt ist. Dieser ist beendigt nach der Zeit t_2, und in diesem Augenblick stoße der Hammer mit der noch unbekannten Endgeschwindigkeit v_1 auf den Bund des Spitzeisens.

Zur Berechnung der unbekannten Größen x und v_1 lassen sich zwei Gleichungen aufstellen. Da der Vorwärtsweg gleich dem Rückwärtsweg sein muß, so muß im Geschwindigkeitsdiagramm die positive Wegefläche gleich der negativen Wegefläche sein, also ist

$$\tfrac{1}{2} \cdot v_0 \cdot (t_1 + x) = \tfrac{1}{2} v_1 \cdot (t_2 - x) \qquad \text{(Gleichung 1)}.$$

Ferner folgt aus dem Ähnlichkeitsverhältnis der Dreiecke

$$v_0 : x = v_1 : (t_2 - x) \qquad \text{(Gleichung 2)}.$$

Durch Auflösung der Gleichungen für die zwei Unbekannten ergibt sich

$$x = \frac{v_0 \cdot t_2^2}{v_0 \cdot t_1 + 2\,v_0 \cdot t_2} = \frac{t_2^2}{t_1 + 2\,t_2}.$$

Nach Gleichung 2 ist dann

$$v_1 = \frac{v_0}{x} \cdot (t_2 - x).$$

Für unser Beispiel war

$$t_1 = 0{,}025 \text{ sek}, \qquad t_2 = 0{,}0275 \text{ sek} \quad \text{und} \quad v_0 = 1 \text{ m/sek}.$$

Mit diesen Werten wird

$$x = \frac{0{,}0275^2}{0{,}025 + 2 \cdot 0{,}0275} = 0{,}0095 \text{ Sekunden},$$

$$v_1 = \frac{1{,}00}{0{,}0095} \cdot (0{,}0275 - 0{,}0095) = 1{,}90 \text{ m/sek}.$$

Im Geschwindigkeitsdiagramm sind diese Werte maßstäblich eingetragen. Mit dem Wert x läßt sich nun weiter die Beschleunigung b berechnen, mit welcher der Gegendruck zu wirken hat.

Nach $x = 0,0095$ Sekunden ist die Rücklaufgeschwindigkeit von $v_0 = 1,00$ m/sek auf Null herabgemindert, also ist

$$v_0 = x \cdot b \quad \text{oder} \quad b = \frac{v_0}{x} = \frac{1,00}{0,0095} = 104 \text{ m/sek}^2.$$

Um die Beschleunigung b zu erzeugen, ist für die Hammermasse $m = 0,696$ eine Kraft erforderlich von der Größe

$$P = m \cdot b = 0,696 \cdot 104 = 72,4 \text{ kg}.$$

Auf die Ringfläche des Hammers drückt die Preßluft, wie vorstehend gezeigt wurde, mit 12,6 kg, also ist am Griff des Hammers noch ein Gegendruck erforderlich von der Größe

$$F = 72,4 - 12,6 = \sim \textbf{60 kg}$$

Dieser Gegendruck ist außerordentlich groß, und so bestätigt die Rechnung die bekannte Erscheinung, daß der Hammer, wenn beim Anlassen nicht sofort gegengedrückt wird, einen erheblichen Kraftaufwand nach dem Anlassen erforderlich macht, um ihn in die richtige Arbeitsstellung zu bringen. Ist diese erreicht, so genügt ein geringerer Gegendruck, wie nachstehend die Betrachtung des zweiten Falles zeigt.

Im Wegediagramm ist vom Punkt b_1 ausgehend die Wegekurve maßstäblich aufgetragen, welche sich bei dem Gegendruck $F = 60$ kg ergibt. Die einzelnen Wegeordinaten sind nach der Formel

$$s = v_0 \cdot t - \tfrac{1}{2} b \cdot t^2$$

für die Werte $v_0 = 1,00$ m/sek und $b = 104$ m/sek² errechnet.

2. Fall: Der Hammer wird während der Schlagzeit t_1 und der Kolbenrücklaufzeit t_2 durch Gegendruck belastet.

Der Gegendruck betrage $F = 25$ kg.

Der Gegendruck kann, wie in Abb. 268 dargestellt, durch eine Feder hervorgerufen werden. Da der Hammer mit $P = 28$ kg zurückgestoßen wird, wirkt als Rückbeschleunigungskraft für die Hammermasse

$$K = P - F = 28 - 25 = 3 \text{ kg}.$$

Diese bringt die Beschleunigung nach rückwärts:

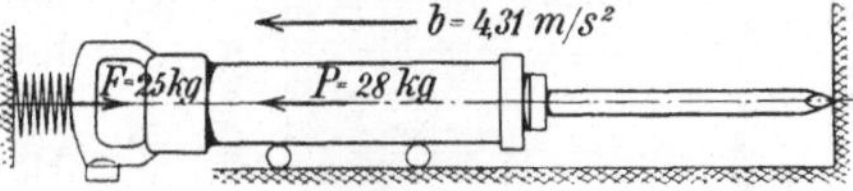

Abb. 268. Der Hammer arbeitet mit 25 kg Gegendruck.

$$b = \frac{K}{m} = \frac{3}{0,696} = 4,31 \text{ m/sek}^2 = 4310 \text{ mm/sek}^2.$$

Die Rückstoßwege werden wie folgt berechnet:

$$t = 0,005 \text{ sek} \quad \ldots \ldots \quad s = \tfrac{1}{2} b \cdot t^2 = \tfrac{1}{2} \cdot 4310 \cdot 0,005^2 = 0,054 \text{ mm}$$
$$t = 0,010 \text{ ,,} \quad \ldots \ldots \ldots \quad s = \tfrac{1}{2} \cdot 4310 \cdot 0,010^2 = 0,2155 \text{ ,,}$$
$$t = 0,015 \text{ ,,} \quad \ldots \ldots \ldots \quad s = \tfrac{1}{2} \cdot 4310 \cdot 0,015^2 = 0,4850 \text{ ,,}$$
$$t = 0,020 \text{ ,,} \quad \ldots \ldots \ldots \quad s = \tfrac{1}{2} \cdot 4310 \cdot 0,020^2 = 0,8620 \text{ ,,}$$
$$t = 0,025 \text{ ,,} \quad \ldots \ldots \ldots \quad s = \tfrac{1}{2} \cdot 4310 \cdot 0,025^2 = 1,3500 \text{ ,,}$$

Nach dieser Zeit $t_1 = 0,025$ sek stößt der Schlagkolben auf das Spitzeisen. In diesem Augenblick kehrt der Kolben um, während der Hammer

gerade die Rücklaufgeschwindigkeit
$$v = b \cdot t_1 = 4{,}31 \cdot 0{,}025 = 0{,}1075 \text{ m/sek}$$

hat. Durch die Umsteuerung der Druckluft wird nun (Abb. 269) der Hammer mit der Kraft $P = 12{,}6$ kg nach dem Spitzeisen hin beschleu-

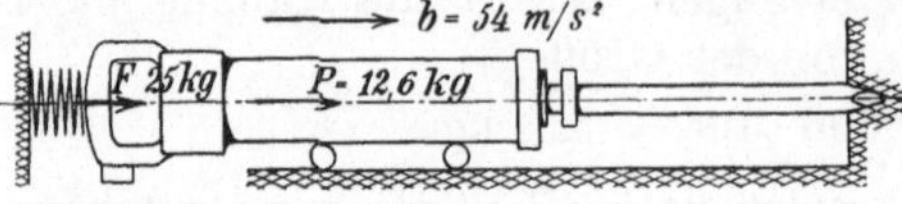

Abb. 269. Der Hammerkörper schwingt nach vorn.

nigt, unterstützt durch die Federkraft $F = 25$ kg. Die Gesamtbeschleunigungskraft ist also
$$K = P + F = 12{,}6 + 25 = 37{,}6 \text{ kg}.$$

Diese erzeugt die Beschleunigung
$$b = \frac{K}{m} = \frac{37{,}6}{0{,}696} = 54 \text{ m/sek}^2,$$

welche zuerst die Rückstoßbewegung auf Null vermindert. Das dauert
$$t_x = \frac{v}{b} = \frac{0{,}1075}{54} = 0{,}002 \text{ sek}$$

und bringt noch den Rücklaufweg
$$h = \frac{v^2}{2\,b} = \frac{0{,}1075^2}{2 \cdot 54} = 0{,}000\,107 \text{ m}$$
$$= 0{,}107 \text{ mm}.$$

Dann muß der ganze Rücklaufweg
$$s + h = 1{,}35 + 0{,}107 = 1{,}457 \text{ mm} = r$$
wieder in umgekehrter Richtung durchlaufen werden. Das erfordert
$$t_y = \sqrt{\frac{2\,r}{b}} = \sqrt{\frac{2 \cdot 1{,}457}{54\,000}} = 0{,}00735 \text{ sek}.$$

Nach der Zeit
$$T = t_x + t_y = 0{,}002 + 0{,}00735$$
$$= 0{,}00935 \text{ sek}$$

ist der Rückstoßweg bereits zurückgelaufen, so daß der Hammer wieder in seiner Anfangsstellung steht. Der ganze Bewegungsvorgang des Hammers ist in Abb. 270 nochmals dargestellt. Während der Schlagzeit $t_1 = 0{,}025$ sek ist der Hammer um den Weg s zurückgestoßen, in diesem Augenblick beginnt die Gegenbeschleunigung. Der Hammer kommt nach dem weiteren Rückstoßweg h, der t_x Sekunden dauert, zur Ruhe und tritt sofort die gegenläufige Bewegung an. Er läuft den Weg $s + h$

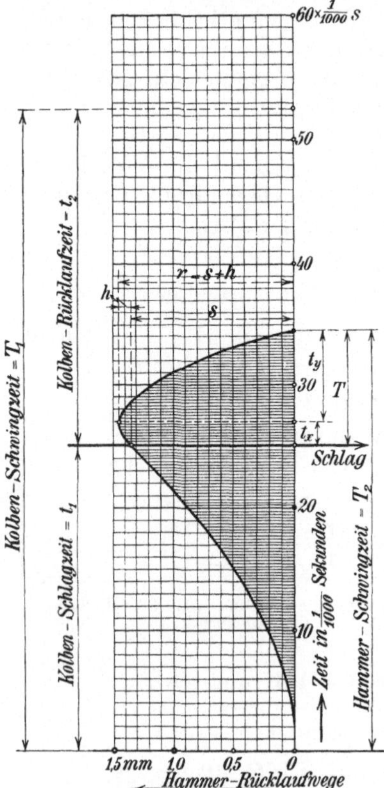

Abb. 270. Der Schwingungsvorgang des Hammerkörpers.

in der Zeit t_y zurück und hat nach der Zeit $T_2 = t_1 + t_x + t_y$ seine Anfangsstellung wieder erreicht.

In Abb. 270 ist die Hammerschwingzeit mit T_2 bezeichnet, während die Schwingzeit des Schlagkolbens mit T_1 bezeichnet ist.

Wir sehen, daß im Diagramm die Zeiten T_1 und T_2 verschieden groß sind, und zwar ist

$$T_2 < T_1,$$

d. h. der Hammer hat seine ganze Rückstoßbewegung schneller ausgeführt wie der Schlagkolben seine Schlagbewegung. Er ruht daher schon wieder auf dem Bund des Spitzeisens, ehe der zweite Schlag beginnt. Das ist wichtig, wie wir später sehen werden, denn bei geringerem Gegendruck besteht dieses Zeitverhältnis nicht mehr.

Führt man dieselbe Untersuchung für die Gegendrücke $F = 20$ kg und $F = 15$ kg durch, so erhält man ähnliche **Rücklaufkurven**. Zum Vergleich sind in Abb. 271 die Rücklaufkurven der drei Untersuchungen aufgezeichnet. Man sieht, dem **größten** Gegendruck entspricht die **kleinste** Rücklaufkurve. Bei dem Gegendruck $F = 20$ kg rücken die Kurven schon näher aneinander, es ist aber immer noch

$$T_2 < T_1,$$

d. h. der Hammer ist mit seiner ganzen Rücklaufbewegung früher fertig, als der Schlagkolben mit seinem Hin- und Rückgang.

Im dritten Diagrammstreifen ($F = 15$ kg) überschneiden sich die Kurven, d. h. in diesem Fall ist

$$T_2 > T_1.$$

Das darf nicht sein, denn der Hammer ist mit seiner Rücklaufbewegung noch nicht zu Ende, während der Kolben

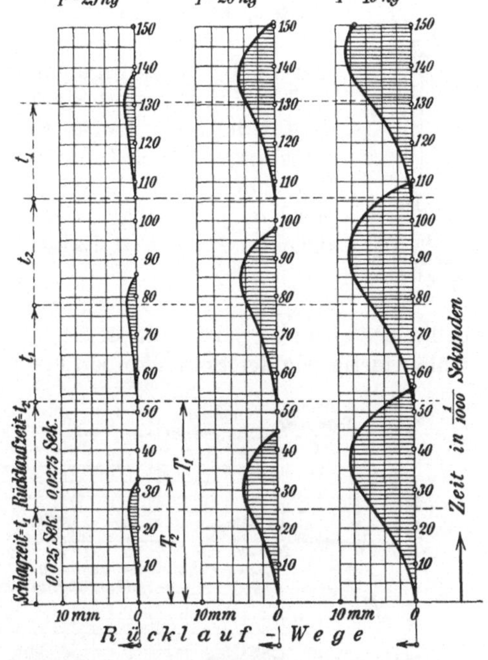

Abb. 271. Die Rücklaufkurven bei verschiedenem Gegendruck.

schon den neuen Schlag beginnt. Der Hammer arbeitet dann nicht mehr im **Gleichtakt** mit dem Kolben. Hammer und Kolben schwingen sich bei jedem Schlag weiter auseinander, das Arbeiten wird ungleichmäßig, die Leistung muß sinken.

Es wird also jeder Hammer eine **Mindestgröße des Gegendrucks** erforderlich machen, welche experimentell bestimmt werden kann. Man nahm bisher schätzungsweise an, daß ein Gegendruck von etwa 5 kg für mittlere Hämmer genügen würde. Das ist aber nicht der Fall, wie neue Untersuchungen erwiesen haben. Es sind schon Gegendrücke von 20 bis 30 kg erforderlich, um mit mittelschweren Hämmern auf beste Leistung zu kommen. Für den Arbeiter wird natürlich der Hammer am besten sein, der mit dem **geringsten** Gegendruck auf **höchste**

Leistung kommt. Es ist unbedingt anzustreben, nicht allein Leistungs-
prüfungen bei der Auswahl eines neuen Hammersystems zu machen,
sondern auch Rückschlagprüfungen.

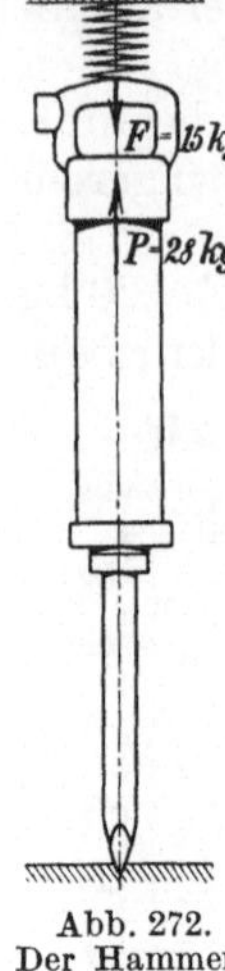

Abb. 272.
Der Hammer
arbeitet nach
unten.

b) Der Hammer arbeitet vertikal nach unten.

Man weiß aus Erfahrung, daß der Hammer am leich-
testen zu halten ist, wenn man von oben nach unten
schlägt. Das Gewicht des Hammers wirkt dann der Rückstoßbewegung entgegen. Der in senkrechter Stellung befindliche Hammer (Abb. 272) soll mit verschiedenen Gegen-
drücken, welche durch eine Federspannung F hergestellt
werden, belastet werden, und es soll festgestellt werden,
bei welchem geringsten Anpressungsdruck der Hammer noch ordnungsgemäß arbeitet.

In Abb. 273 sind für den Hammer des vorigen Beispiels
die für die Federdrücke $F = 15$ kg, $F = 13$ kg und $F = 10$ kg
errechneten Rückstoßkurven zum Vergleich aufgezeichnet.
Wir sehen, daß die Wellenberge um so höher und länger
werden, je geringer der Federdruck ist. Bei den Feder-
drücken 15 kg und 13 kg ist

$$T_2 < T_1,$$

d. h. der Hammer ist mit seiner ganzen Rückstoßschwingung
früher fertig wie der Schlagkolben mit seiner Hin- und Herschwingung,

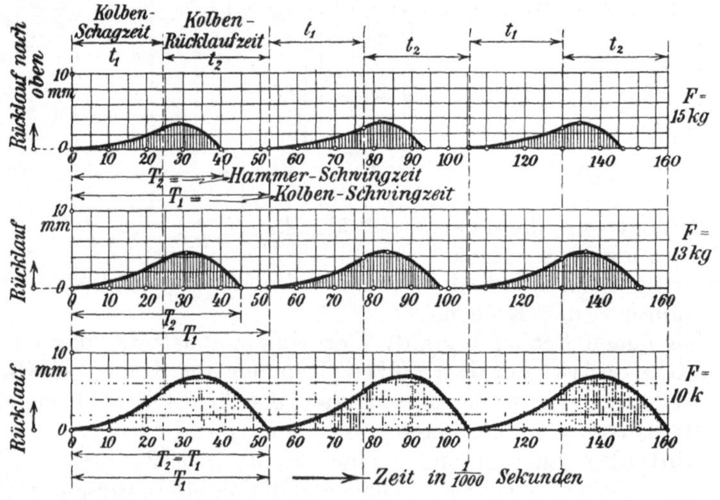

Abb. 273. Schwingungskurven des nach unten arbeitenden Hammers.

so daß Hammer und Schlagkolben im gleichen Takt arbeiten und
der Hammer auf gute Leistung kommt.

Aber bei $F = 10$ kg Gegendruck ist die Grenze des Gleichtaktes
erreicht, es sind Schwingzeit des Hammers und Schwingzeit des Kol-

bens gerade gleich. Wird der Gegendruck noch kleiner, so kommen beide aus dem Gleichtakt, das Arbeiten wird unregelmäßig.

c) Der Hammer arbeitet vertikal nach oben.

In Abb. 274 arbeitet der Hammer mit veränderlichem Gegendruck vertikal nach oben. Die Untersuchung ist für die Federspannungen $F = 26$ kg, $F = 24$ kg und $F = 22$ kg durchgeführt. Die errechneten Rückstoßkurven sind in Abb. 275 zum Vergleich aufgetragen.

Man sieht oben die Rückstoßkurve für den Gegendruck $F = 26$ kg, in der Mitte die Rückstoßkurve für $F = 24$ kg und unten für $F = 22$ kg. Schon diese geringen Änderungen des Gegendrucks bedingen eine ziemliche Verschiedenheit der Kurven, die Rücklaufwege wachsen und im unteren Diagrammstreifen überschneiden sich die Kurven, d. h. Hammer und Kolben kommen in ihren Schwingungen aus dem Gleichtakt, der Gegendruck von 22 kg reicht schon nicht mehr aus, um mit dem Hammer richtig zu arbeiten.

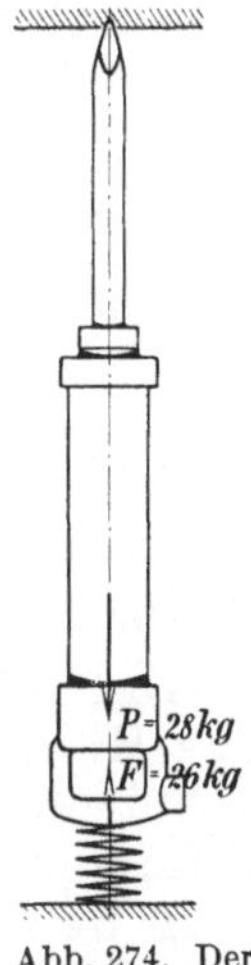

Abb. 274. Der Hammer arbeitet nach oben.

Schlußfolgerung: Die Betrachtungen führen zu einem bemerkenswerten Ergebnis. Bei horizontalem Arbeiten war ein Gegendruck von der Größe

$F = 20$ kg mit der Hammerrückbeschleunigung $b = 11{,}50$ m/sek², bei vertikalem Abwärtsarbeiten ein Gegendruck von

$F = 13$ kg mit der Hammerrückbeschleunigung $b = 11{,}80$ m/sek²

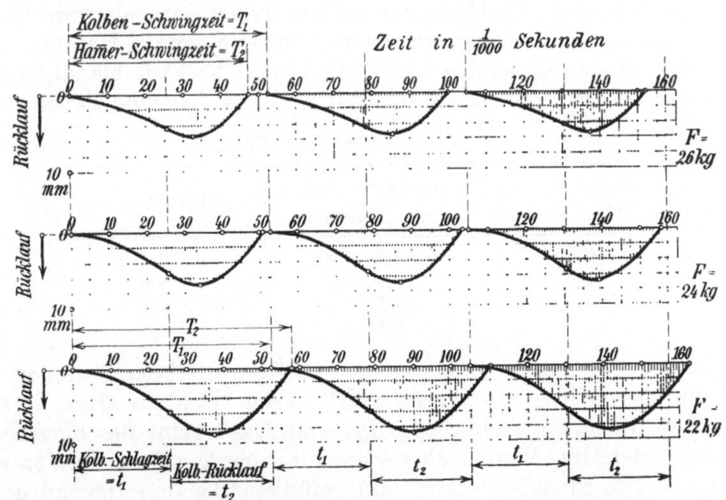

Abb. 275. Schwingungskurven des nach oben arbeitenden Hammers.

erforderlich. Bei vertikalem Aufwärtsarbeiten würde ein Gegendruck von

$F = 27$ kg die ungefähr gleich große Beschleunigung $b = 11{,}30$ m/sek² bringen und die Rückstoßkurven würden in allen drei Fällen gleichartigen Verlauf haben, d. h. der Hammer würde dann in den drei verschiedenen Lagen gleich günstig arbeiten.

Der Hammer arbeitet also in den drei verschiedenen Lagen gleichwertig, wenn er in diesen Lagen die gleiche Rückbeschleunigung hat. Diese zu erteilen, muß der Gegendruck der Hammerlage angepaßt werden. Die hierfür erforderlichen Gegendrücke waren in unserem Beispiel

1. bei vertikalem Abwärtsarbeiten $F = 13$ kg,
2. bei horizontalem Arbeiten $F = 20$ kg, Differenz $= 7$ kg,
3. bei vertikalem Aufwärtsarbeiten $F = 27$ kg, Differenz $= 7$ kg.

Hierbei ist 7 kg das Hammergewicht ohne Spitzeisen und Kolben. Daraus folgern wir:

Der Gegendruck am Hammergriff ist von der Lage des Hammers abhängig. Er ist am kleinsten beim Abwärtsarbeiten und beträgt hier ungefähr das Doppelte des Hammergewichts. Beim Arbeiten in horizontaler Lage muß der Gegendruck das dreifache Hammergewicht, beim Arbeiten vertikal aufwärts das vierfache Hammergewicht mindestens erreichen.

Die vorstehenden Berechnungen sind für einen Betriebsdruck von 4 atü angestellt, bei höheren Betriebsdrücken muß natürlich der Gegendruck noch proportional mit der Druckzunahme größer werden.

d) Die Wirkung des Rückschlags auf den Arbeiter.

Die Rückwirkung des Hammers auf den Arbeiter ist sehr verschieden, sie hängt ganz von dem Gegendruck ab, mit welchem der Hammer angepreßt wird. Dieser Gegendruck beeinflußt die Rückbeschleunigung des Hammers und die Größe des Rücklaufweges, wie folgende Tabelle zeigt.

Horizontaler Schlag.

Gegendruck F am Hammergriff	Rückbeschleunigung des Hammers	Rücklaufweg
0 kg	40,2 m/sek^2	12,5 mm
15 ,,	18,7 ,,	8,6 ,,
20 ,,	11,5 ,,	4,5 ,,
25 ,,	4,3 ,,	1,5 ,,

Je kleiner der Gegendruck ist, um so heftiger stößt der Hammer, wird der Hammer nur lose ohne Gegendruck in der Hand gehalten, so stößt er mit 40 m Beschleunigung gegen die Hand. Das ist eine Beschleunigung, bei welcher der Muskelstoß sicher schon als schädigend empfunden wird. Der Arbeiter wird daher schon rein gefühlsmäßig den Gegendruck so verstärken, bis er die Stöße nicht mehr als harte Muskelschläge empfindet. Dadurch erreicht er dann weiter, daß der Hammer nur ganz geringe Rückschlagwege macht und besser arbeitet. Diese dauernde Anspannung der Armmuskel durch scharfen Gegendruck ermüdet, er wird also Entspannungspausen einschalten müssen.

In Abb. 276 arbeitet der Hammer mit starkem Gegendruck. Es soll gezeigt werden, daß das Spitzeisen in diesem Fall bei jedem Hammertakt **zwei Schläge** erhält, da die Hammerschwingzeit T_2 kleiner ist als die Kolbenschwingzeit T_1. Im Rücklaufdiagramm ist das eingetragen, und zwar

der 1. Schlag als Kolbenschlag,
der 2. Schlag als Hammerschlag.

Der zweite Schlag kommt dadurch zustande, daß der Hammerkörper den Rückstoßweg r wieder nach vorne zurückläuft und mit seiner Stirnfläche auf den Bundring des Spitzeisens schlägt, vorausgesetzt, daß das Spitzeisen in der Kohle fest eingeklemmt bleibt. Dieses Aufprallen des Hammers auf das Spitzeisen empfindet der Arbeiter vielleicht als härteren Stoß als den eigentlichen Rückstoß des Hammerkörpers, denn das Spitzeisen ist fast unnachgiebig in harter Kohle.

Die Aufprallgeschwindigkeit des Hammerkörpers auf den Spitzeisenbund berechnet sich nach der Gleichung

$$v = b \cdot t,$$

sie wird sich mit dem Gegendruck F verändern, wie folgende Aufstellung zeigt.

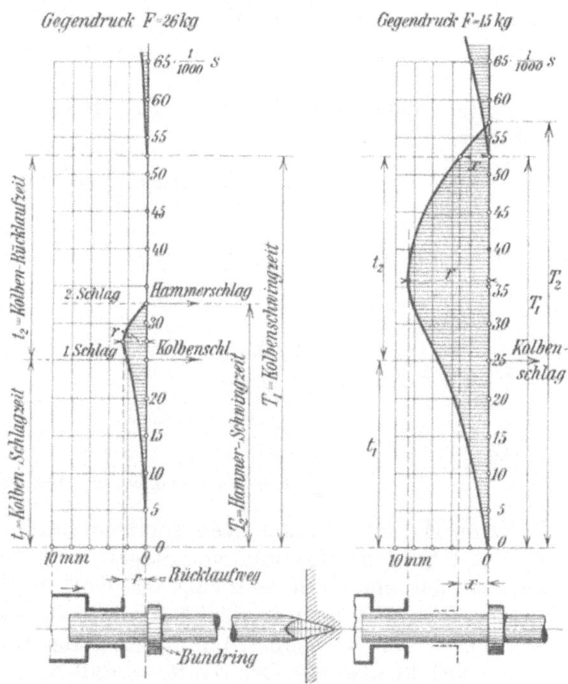

Abb. 276 u. 277. Die Entstehung eines **doppelten Rückschlages.**

Gegendruck	Gegenbeschleunigung b	Zeit t	Aufstoßgeschw. v
$F = 25$ kg	54 m/sek²	0,007 35 sek	0,40 m/sek
$F = 20$ „	46,8 „	0,013 85 „	0,64 „
$F = 15$ „	39,7 „	0,020 85 „	0,83 „

Die Aufprallgeschwindigkeit des Hammerkörpers auf den Spitzeisenbund wird also bei abnehmendem Gegendruck immer größer, so daß der Arbeiter bei schwächerem Gegendruck diesen **zweiten Schlag härter** empfinden muß.

In Abb. 277 ist gezeigt, daß der **zweite Schlag** ganz ausfällt, wenn

$$T_2 > T_1$$

wird, ein Fall, der eintritt, wenn der Gegendruck F bedeutend kleiner wird. Dann steht der Hammerkörper bei der Kolbenumkehr noch um das Maß x von seinem Auftreffpunkt entfernt. Er wird durch den Schlaghub des Kolbens nun wieder rückläufig beschleunigt, so daß er seinen Auftreffpunkt gar nicht mehr erreicht. Dann fällt der zweite Schlag, der harte Schlag, ganz aus, der Hammer wird pneumatisch gepolstert umkehren.

Dieser Vorgang wird dem Arbeiter besonders gut gefallen, da er dann einen harten Aufprall überhaupt nicht mehr empfindet. Er verursacht damit aber auf der anderen Seite wieder eine starke Hammerrückbeschleunigung während des Schlaghubes und eine verminderte Leistung seines Hammers. Er wird also eine gute Leistung bei schwimmendem Hammer nicht mehr erzielen, wenn man den Zustand der pneumatischen Umkehr des Hammers als Schwimmen bezeichnet.

31. Der Klebschlag-Hammer.

Der Hammer mit klebendem Schlag hat folgende Einrichtung:
Das Spitzeisen (Abb. 278) wird nicht mehr durch eine spiralförmige

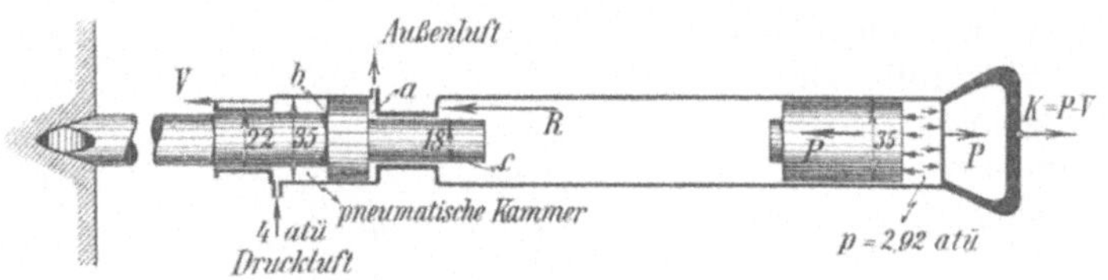

Abb. 278. Der Klebschlag-Hammer.

Feder im Hammer festgehalten, sondern durch eine pneumatische Kammer, welche dem Hammer vorgelagert ist. Der Bund des Spitzeisens bewegt sich als dicht schließender Kolben in dieser Kammer. Die Kolbenseite a steht mit der Außenluft in Verbindung, die Kolbenseite b mit dem Druckeinströmungskanal des Hammers. Auf die Kolbenseite b drückt also die Druckluft, so daß beim Anlassen des Hammers das Aufschlagende c des Spitzeisens in den Hammer hereingedrückt wird. Prellschläge des Kolbens auf die Hammerwand können nicht mehr vorkommen.

Schlägt der Kolben auf das Spitzeisen, so hat das Spitzeisen den Widerstand des pneumatischen Kissens zu überwinden, es folgt dem Kolbenschlag elastisch, Kolben und Spitzeisen kleben gewissermaßen aneinander und schlagen nun gemeinsam auf die Kohle. Dadurch prallt der Kolben nicht hart zurück, sondern kann seine Wucht in längerer Berührung mit dem Spitzeisen abgeben. Leider ist der Erfolg des praktisch ausgeführten Hammers[1] nicht groß gewesen, seine Fabrikation ist wegen technischer Schwierigkeiten an der pneumatischen Kammer wieder eingestellt worden.

---

[1] Professor Dr.-Ing. Herbst: Die maschinenmäßige Kohlengewinnung im rhein.-westf. Steinkohlenbergbau. Glückauf 1925, S. 959.

Der Hammer arbeitet mit einem erstaunlich geringen Gegendruck. Er zieht sich beim Arbeiten in Holz oder einer das Spitzeisen festklemmenden Masse ohne Gegendruck in die Masse herein, selbst beim Arbeiten nach oben. Das erklärt sich folgendermaßen.

Die Hammerbeschleunigungskräfte, welche den Hammer zurück- und wieder vorstoßen, sind hier ganz andere. Sie werden mit den in Abb. 278 eingetragenen Maßen errechnet.

1. **Rücklauf des Hammers während des Schlaghubes.**

Bei einem mittleren Druck von $p_m = 2{,}92$ atü auf den Schlagkolben ist der Rückwärtsstoß

$$P = \frac{\pi}{4} \cdot 3{,}5^2 \cdot 2{,}92 = 28 \text{ kg}.$$

Die pneumatische Kammer wird aber in entgegengesetzter Richtung vorgestoßen mit der Kraft

$$V = \left(\frac{\pi}{4} \cdot 3{,}5^2 - \frac{\pi}{4} \cdot 2{,}2^2\right) \cdot 4 = 5{,}82 \cdot 4 = 23 \text{ kg},$$

denn hier herrscht der volle Betriebsdruck 4 atü, da die Kammer keine Luft verbraucht, wenn von den Undichtheiten abgesehen wird. Der Hammer wird also zurückbeschleunigt mit der Kraft

$$K = P - V = 28 - 23 = 5 \text{ kg},$$

Beschleunigung rückwärts $b_1 = \dfrac{K}{m} = \dfrac{5}{0{,}696} = 7{,}2$ m/sek^2, wenn

$m = \dfrac{G}{g} = \dfrac{6{,}83}{9{,}81} = 0{,}696 =$ Hammermasse ist. Nach der Schlagzeit

$t_1 = 0{,}025$ sek ist die Endgeschwindigkeit der Rücklaufbewegung

$$v_1 = b_1 \cdot t_1 = 7{,}2 \cdot 0{,}025 = 0{,}18 \text{ m/sek}$$

und der Rücklaufweg

$$s = \tfrac{1}{2} b_1 \cdot t_1^2 = \tfrac{1}{2} \cdot 7200 \cdot 0{,}025^2 = 2{,}25 \text{ mm}.$$

2. **Hammerbewegung während des Kolbenrücklaufs.**

Da das Spitzeisenende mit $d = 1{,}8$ cm Durchmesser in den Hammer hineinragt, ist der Druck auf die Ringfläche des Hammers

$$R = \left(\frac{\pi}{4} \cdot 3{,}5^2 - \frac{\pi}{4} \cdot 1{,}8^2\right) \cdot 2{,}92 = 21 \text{ kg}$$

in gleicher Richtung wirkt $V = 23$,,

$$\overline{\text{Gegenbeschl.-Kraft} = 44 \text{ kg} = K.}$$

Gegenbeschleunigung $b_2 = \dfrac{K}{m} = \dfrac{44}{0{,}696} = 63{,}2$ m/sek^2.

Die Zeit bis zur Aufzehrung der Rücklaufgeschwindigkeit $v_1 = 0{,}18$ m/sek ist

$$t_x = \frac{v_1}{b_2} = \frac{0{,}18}{63{,}2} = 0{,}00285 \text{ sek},$$

zusätzlicher Rücklaufweg $h = \dfrac{v_1^2}{2\,b_2} = \dfrac{0{,}18^2}{2 \cdot 63{,}2} = 0{,}25$ mm,

ganzer Rücklaufweg $\qquad r = s + h = 2{,}25 + 0{,}26 = 2{,}51$ mm.

Die Zeit zum gegenläufigen Durchlaufen dieses Weges ist

$$t_y = \sqrt{\frac{2\,r}{b_2}} = \sqrt{\frac{2\cdot 2{,}51}{63\,200}} = 0{,}009 \text{ sek.}$$

Die ganze Schwingungszeit des Hammers dauert

$$T_2 = t_1 + t_x + t_y = 0{,}025 + 0{,}0028 + 0{,}009 = 0{,}0368 \text{ sek,}$$

während der Kolben nach unseren Aufgaben in der Zeit

$$T_1 = t_1 + t_2 = 0{,}025 + 0{,}0275 = 0{,}0525 \text{ sek}$$

eine volle Schwingung ausführt.

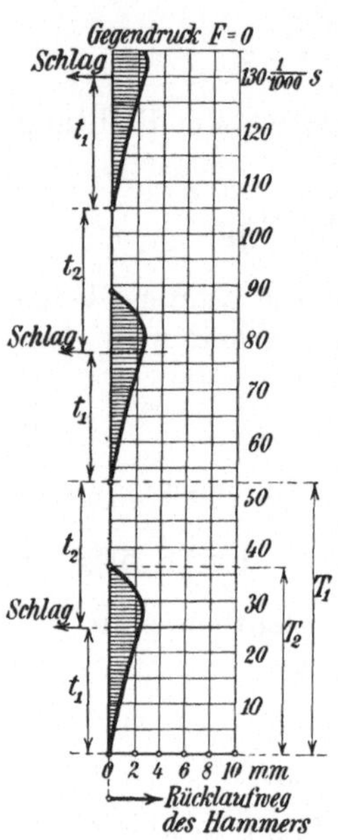

Abb. 279. Die Rückstoßkurven des Klebschlag-Hammers.

In Abb. 279 sind die Rückstoßkurven des Klebschlag-Hammers aufgetragen. Da die Schwingungszeit T_2 des Hammers kleiner ist als die Schwingungszeit T_1 des Schlagkolbens, so arbeitet der Hammer ordnungsgemäß, und dieses ordnungsgemäße Arbeiten erfolgt, ohne daß ein Druck gegen den Handgriff des Hammers ausgeübt wird. Da der Arbeiter den Hammer ohne merklichen Druck halten kann, und der Hammer nur 2 mm ausschwingt, wird er auch keinen Rückstoß empfinden, so daß der Klebschlag ein Mittel darstellt, den schädlichen Rückstoß des Hammers zu beseitigen.

Allerdings tritt das stoßfreie Arbeiten des Hammers nur dann ein, wenn das Spitzeisen in der Masse, welche gebrochen werden soll, fest haftet und sich nicht locker zurückbewegen kann. Für Kohlengewinnungsarbeiten wird das aber in vielen Fällen nicht zutreffen, so daß dieses Mittel kein Universalmittel ist.

32. Die Schüttelrutsche.

Nach dem Trägheitsgesetz will ein Körper die ihm erteilte Geschwindigkeit und Bewegung beibehalten. Bewegt man Kohle und Förderrinne vorwärts und hält die Rinne plötzlich an, um sie schnell zurückzuziehen, so rutscht die Kohle in der ersten Bewegungsrichtung weiter.

Der ganze Bewegungsvorgang besteht also aus zwei Teilen:

1. aus dem Hingang, der in der Förderrichtung erfolgt und der Kohle eine bestimmte Bewegungskraft erteilt,

2. aus dem Rückgang, bei der die Rinne plötzlich zurückgezogen wird, damit die Kohle in der Förderrichtung weitergleitet, bis sie durch die Wirkung der Reibung in der Rinne wieder zum Stillstand kommt.

Einteilung der Förderverfahren.

Man kann die Bewegungskraft auf zwei verschiedene Arten auf die Kohle übertragen:

a) durch Maschinenkraft, indem man eine Rinne beschleunigt

bewegt und durch den Reibungsschluß zwischen Kohle und Rinne diese auf die Kohle überträgt (Beschleunigungsverfahren),

b) durch die Schwerkraft, indem diese die Rinne und Kohle beim Hingang gleichmäßig beschleunigt, wobei ein Reibungsschluß zwischen Kohle und Rinne nicht erforderlich ist (Schwerkraftverfahren). Der Rückgang erfolgt durch Maschinenkraft.

Das Schwerkraftverfahren ist nur möglich, wenn ein Gefälle für den Hingang vorhanden ist. Ist kein natürliches Einfallen vorhanden, so kann das Einfallen auch künstlich erzeugt werden, z. B. bei wagerechter Förderung durch keilförmige Laufschienen.

a) Das Beschleunigungsverfahren.

Vorbedingung für die Durchführung dieses Verfahrens ist der Reibungsschluß zwischen Kohle und Rinne. Dieser Reibungsschluß darf während des Hinganges der Rinne nicht verlorengehen. Ein Kohlenstück von 1 kg Gewicht hat den Reibungswiderstand

$$R = \mu.$$

Werden Kohle und Rinne mit der Beschleunigung b_1 bewegt, so ist die Bewegungskraft für 1 kg Kohle

$$K = m \cdot b_1 = \frac{1}{g} \cdot b_1.$$

Diese Bewegungskraft darf nicht größer werden als der Reibungswiderstand der Kohle, sonst bleibt die Kohle gleitend hinter der Rinne zurück. Es darf also höchstens werden

$$K = R \quad \text{oder} \quad \frac{1}{g} \cdot b_1 = \mu,$$

$$b_1 = \mu \cdot g,$$

d. h. die Beschleunigung des Hinganges darf höchstens das 9,81fache der Reibungsziffer sein.

Die Reibung der Ruhe zwischen Kohle und Eisen wird allgemein angenommen zu

$$\mu = 0{,}40,$$

also darf die Beschleunigung des Hinganges höchstens sein

$$b_1 \doteq 0{,}40 \cdot 9{,}81 = 3{,}924 \text{ m/sek}^2.$$

Nach eingetretenem Gleiten vermindert sich der Reibungswiderstand, denn die Reibungsziffer μ_1 der Bewegung ist erfahrungsgemäß kleiner als die Reibungsziffer μ der Ruhe. Man rechnet mit $\mu_1 = 0{,}30$. Während des Gleitens wird der Reibungswiderstand von 1 kg Kohle daher die Größe

$$R_1 = 1 \cdot \mu_1$$

haben. Dieser verzögert das Gleiten bis zum Ruhezustand, indem er der Kohle die Verzögerung b_2 gibt, und zwar ist

$$m \cdot b_2 = R_1 = \mu_1.$$

Die größte Verzögerung, die die Kohle durch den Reibungswiderstand erleidet, ist demnach

$$b_2 = \frac{\mu_1}{m} = \mu_1 \cdot g = 0{,}30 \cdot 9{,}81 = 2{,}943 \text{ m/sek}^2,$$

d. h. die Verzögerung oder Gegenbeschleunigung der Rinne während des Rückganges muß größer als 2,943 m/sek² bleiben, sonst hört das Gleiten auf.

Der Beginn des Gleitens tritt erst bei der Gegenbeschleunigung $b_2 = \mu \cdot g = 0,40 \cdot 9,81 = 3,924$ m/sek² ein, so daß die Gegenbeschleunigung der Rinne diesen Wert überschreiten muß. Man wird also die Rinne mit großer Kraft während des Rückganges zu beschleunigen haben, sonst bleibt der Erfolg der Rinnenförderung aus.

Die Kraftverhältnisse beim Beschleunigungsverfahren.

Bei söhliger Förderung (Abb. 280) kann die schwingende Bewegung der Rinne maschinell in folgender Weise bewirkt werden. Der

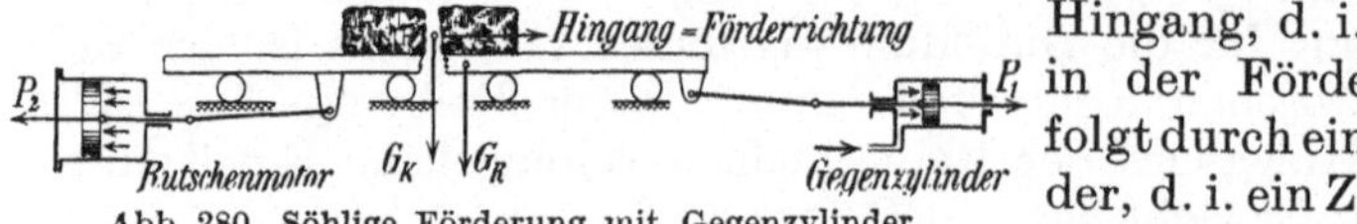

Abb. 280. Söhlige Förderung mit Gegenzylinder.

Hingang, d. i. die Bewegung in der Förderrichtung, erfolgt durch einen Gegenzylinder, d. i. ein Zylinder, dessen Kolben einseitig ständig unter Druckluft steht, er arbeitet also ohne Steuerung. Für den Rückgang ist ein Rutschenmotor erforderlich, der einfach wirkend ist, d. h. nur die der Rinne zugewandte Kolbenseite wird durch Druckluft beaufschlagt. Dieser Zylinder muß mit Steuerung versehen sein, da nach erfolgtem Rücklauf die Druckluft nicht mehr gegen den Kolben drücken darf.

1. Der Hingang.

Der Gegenzylinder muß eine Kolbenkraft P_1 aufbringen. Diese hat folgende Widerstände zu überwinden:

a) den Reibungswiderstand der rollenden Rutsche,

b) den Beschleunigungswiderstand der zu bewegenden Massen.

Es sei

$G_R =$ das Gewicht der ganzen Rutsche in kg,

$G_K =$ das Gewicht der Kohle in kg,

dann ist, wenn der Widerstand der rollenden Reibung 1,5% der Gewichtsbelastung beträgt, der Fahrwiderstand

$$W = 0,015 \cdot (G_R + G_K) .$$

Für die Gewichtsberechnung mögen folgende Zahlen als Anhalt dienen.

Eigengewicht der Rutsche bei 4 mm Blechstärke und 3 m Muldenlänge = 35 bis 50 kg/m bei Breiten von 450 bis 550 mm.

Ladegewicht = 50 bis 60 kg/m.

Soll der Hingang mit der Beschleunigung b_1 erfolgen, so ist die Beschleunigungskraft

$$K_1 = m \cdot b_1$$

erforderlich.

$$K_1 = \frac{G_R + G_K}{g} \cdot b_1 .$$

Demnach muß der Gegenzylinder folgende Kolbenkraft aufbringen:

$$P_1 = 0,015 \cdot (G_R + G_K) + \frac{G_R + G_K}{g} \cdot b_1 .$$

2. Der Rückgang.

Der Rutschenmotor hat den beschleunigten Rückgang zu vollziehen, seine Kolbenkraft sei P_2. Sie hat zu überwinden:

a) den Reibungswiderstand der rollenden Rutsche,

b) den Beschleunigungswiderstand der Rutsche ohne Kohlengewicht, denn die Kohle macht die Rücklaufbewegung nicht mit,

c) den Reibungswiderstand zwischen Kohle und Rinne,

d) den Gegenzug des Gegenzylinders.

Der Reibungswiderstand der rollenden Rutsche ist

$$W = 0{,}015 \cdot (G_R + G_K)\,.$$

Der Beschleunigungswiderstand für eine Beschleunigung b_2 ist

$$K_2 = m \cdot b_2 = \frac{G_R}{g} \cdot b_2\,.$$

Der Reibungswiderstand der gleitenden Kohle ist

$$R = \mu_1 \cdot G_K\,.$$

Der Gegenzug des Gegenzylinders ist gleich P_1. Demnach muß der Rutschenmotor folgende Kraft aufbringen

$$P_2 = W + K_2 + R + P_1\,.$$

Beispiel: Welchen Durchmesser müssen Gegenzylinder und Rutschenmotor erhalten, wenn ein Betriebsdruck von $p = 4$ atü zur Verfügung steht und eine Rutsche von 100 m Länge (550 mm breit) bewegt werden soll. Für den Hingang soll die Beschleunigung $b_1 = 1{,}50$ m/sek^2 und für den Rückgang $b_2 = 11{,}00$ m/sek^2 sein.

Lösung:

1. Berechnung des Gegenzylinders.

Bei 50 kg Eigengewicht und 60 kg Ladegewicht für je 1 m Rutschenlänge ist

$$G_R = 50 \cdot 100 = 5000 \text{ kg}$$
$$G_K = 60 \cdot 100 = 6000 \text{ ,,}$$
$$P_1 = 0{,}015 \cdot (5000 + 6000) + \frac{5000 + 6000}{9{,}81} \cdot 1{,}50 = 1845 \text{ kg,}$$

$$\text{Kolbenfläche } F_1 = \frac{P_1}{p} = \frac{1845}{4} = 462 \text{ cm}^2,$$

Kolbendurchmesser $D_1 = 25$ cm.

2. Berechnung des Rutschenmotors.

Fahrwiderstand $W = 0{,}015 \cdot (5000 + 6000) \qquad = 165$ kg

Beschleunigungswiderstand $K_2 = \dfrac{5000}{9{,}81} \cdot 11{,}00 = 5610$,,

Gleitwiderstand der Kohle $R = 0{,}30 \cdot 6000 \qquad = 1800$,,

Gegenzug des Zylinders $P_1 \qquad\qquad\qquad = 1845$,,

$$P_2 = W + K_2 + R + P_1 = 9420 \text{ kg}$$

$$\text{Kolbenfläche } F_2 = \frac{P_2}{p} = \frac{9420}{4} = 2355 \text{ cm}^2,$$

Kolbendurchmesser $D_2 = 55$ cm.

Der Hub der Rinne wird durch den Hub des Rutschenmotors bestimmt, dieser kann in verschiedenen Größen eingestellt werden.

Die Bewegungsverhältnisse beim Beschleunigungsverfahren.

Die Bewegungsverhältnisse lassen sich genau in der gleichen Weise berechnen wie die Rückstoßschwingungen eines Preßlufthammers.

Während des Hingangs erhält die Rutsche durch die gleichbleibende Kolbenkraft des Gegenzylinders die Beschleunigung b_1. Wirkt diese Kolbenkraft während des Rutschenweges s, so dauert die Beschleunigung

$$t_1 = \sqrt{\frac{2\,s}{b_1}} \text{ Sekunden.}$$

Nach dem Rutschenweg s setzt plötzlich die Gegenkraft des Rutschenmotors ein und bringt die Gegenbeschleunigung b_2. Durch diese Gegenbeschleunigung wird die Endgeschwindigkeit der Rutsche

$$v = b_1 \cdot t_1$$

aufgezehrt. Die Rutsche läuft noch ein kurzes Wegestück

$$h = \frac{v^2}{2\,b_2}$$

weiter, steht einen Augenblick still und kehrt um. Dieser Auslaufweg h dauert

$$t_x = \frac{v}{b_2} \text{ Sekunden.}$$

Den ganzen Hinweg

$$r = s + h$$

muß die Rutsche mit der Gegenbeschleunigung b_2 zurücklaufen. Dieser Rücklauf dauert

$$t_y = \sqrt{\frac{2\,r}{b_2}} \text{ Sekunden.}$$

Die ganze Gegenbeschleunigungsperiode der Rutsche dauert

$$t_2 = t_x + t_y \text{ Sekunden.}$$

Die Kohle rutscht während der Gegenbeschleunigungsperiode in der Hingangsrichtung weiter. Ihre Anfangsgeschwindigkeit beim Rutschen ist gleich der Endgeschwindigkeit v der Rutsche am Ende der Beschleunigungsperiode, und diese Geschwindigkeit wird nun durch den Reibungswiderstand zwischen Kohle und Rutschenblech verzögert. Nach Früherem ist diese Verzögerung

$$b_3 = \mu_1 \cdot g\,.$$

Diese Verzögerung b_3 verzehrt die Anfangsgeschwindigkeit v in

$$t_z = \frac{v}{b_3} \text{ Sekunden.}$$

Sollen Rutsche und Kohle zu gleicher Zeit zur Ruhe kommen, so muß die Verzögerungszeit der Kohle gleich der Gegenbeschleunigungszeit der Rutsche sein, d. h. es muß sein

$$t_z = t_x + t_y = t_2\,.$$

Ist diese Bedingung erfüllt, so treten Rutsche und Kohle gleichzeitig aus dem Ruhezustand ihre zweite Beschleunigungsperiode an, und so wiederholt sich dasselbe Spiel.

Die Kohle hat während der Zeit t_2 den Vorschubweg

$$s_v = \tfrac{1}{2}\, b_3 \cdot t_2^2$$

zurückgelegt.

Die Bewegungsvorgänge sind in Abb. 281 im Zeit-Wege-Diagramm und im Zeit-Geschwindigkeits-Diagramm bildlich dargestellt.

Das Zeit-Wege-Diagramm: Als Ordinaten sind die Zeiten, als Abszissen die Wegestrecken abgetragen. In der Beschleunigungsperiode,

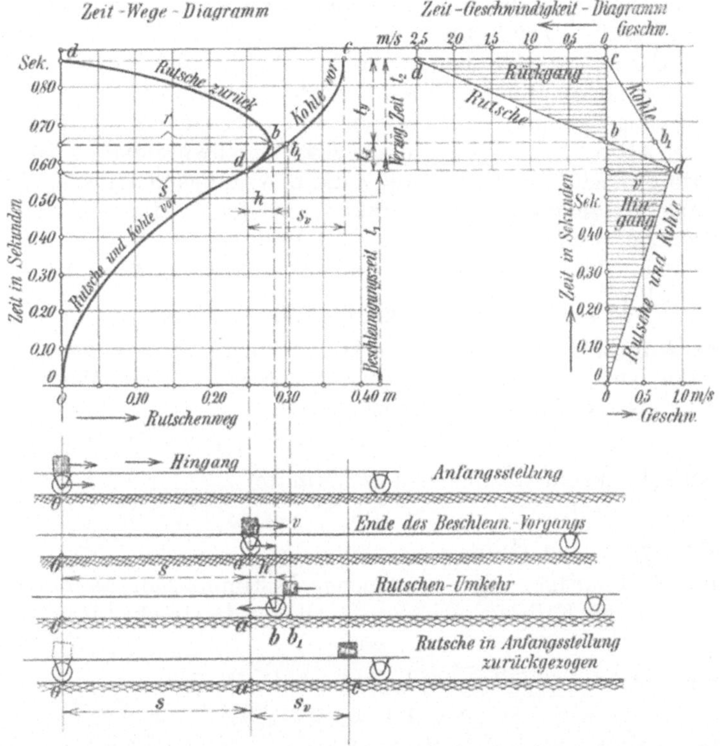

Abb. 281. Das Zeit-Wege-Diagramm und das Zeit-Geschwindigkeits-Diagramm einer Rutsche.

welche t_1 Sekunden dauert, wächst der Rutschenweg von 0 bis s, dargestellt durch das Kurvenstück $0a$. Im Punkte a setzt die Gegenbeschleunigung ein, die Rutsche läuft noch um das Wegestück h weiter (Kurve ab) und läuft dann den ganzen Weg $r = s + h$ beschleunigt zurück (Kurve bd).

Die Kohle bewegt sich während der Beschleunigungszeit t_1 gleichlaufend mit der Rutsche. Im Punkte a trennen sich Rutschenbewegung und Kohlenbewegung, die Kohle schiebt sich gleitend vorwärts (Kurve ab_1c). Im Punkte c ist die Kohle zur Ruhe gekommen, dieser Punkt fällt zeitlich mit dem Ruhepunkt d der Rutsche zusammen.

Das Zeit-Geschwindigkeits-Diagramm: Als Ordinaten sind die Zeiten, als Abszissen die Geschwindigkeiten aufgetragen. In der Beschleunigungszeit t_1 wächst die Geschwindigkeit von Rutsche und Kohle von 0 bis zum Höchstbetrag v (gerade Linie $0a$). Durch die Gegenbeschleunigung wird die Geschwindigkeit v der Rutsche rasch bis auf Null gemindert (Linie ab), und dann in entgegengesetzter Richtung wieder vergrößert bis zum Endbetrag cd (schräge Linie bd). Im Punkte d wird die Rutsche mit unendlich großer Verzögerung augenblicklich in den Ruhezustand versetzt.

Die Kohle geht vom Punkte a aus unabhängig von der Rutsche, sie vermindert während der Gegenbeschleunigungszeit t_2 ihre Geschwindigkeit v auf Null (schräge Linie ac).

Der Förderweg der Kohle ist im Rutschenbild (Abb. 281) dargestellt. Im ersten Bild beginnen Rutsche und Kohlenstück gemeinsam ihre Hingangsbewegung, im zweiten Bild haben nach dem Beschleunigungsweg s Rutsche und Kohle die höchste Geschwindigkeit v. Im dritten Bild erfolgt nach dem Auslaufweg h die Bewegungsumkehr der Rutsche, die Kohle ist schon bis zum Punkt b_1 gerutscht. Im vierten Bild ist die Rutsche wieder in die Anfangsstellung zurückgezogen, während die Kohle im Punkte c steht; ihr ganzer Förderweg für ein Rutschenspiel ist also

$$s + s_v = \text{Beschleunigungshub} + \text{Vorschub}.$$

Die Hubzahl: Die Hubzahl bestimmt sich aus der Schwingungsdauer der Rutsche. Die Beschleunigungsdauer ist t_1, die Verzögerungsdauer t_2, also ist die Schwingungsdauer

$$T = t_1 + t_2.$$

Die Rutsche macht demnach in der Minute

$$n = \frac{60}{T}$$

Schwingungen oder Hübe.

Die Fördermenge: Die Fördermenge bestimmt sich aus der Förderstrecke und dem Füllungsquerschnitt. Die Förderstrecke für ein Spiel ist

$$s + s_v.$$

Bei n minutlichen Spielen ist der stündliche Förderweg

$$S = 60 \cdot n \cdot (s + s_v).$$

Ist der Füllungsquerschnitt der Rutsche $= f$ m², so ist die stündliche Fördermenge

$$Q = f \cdot S = f \cdot 60 \cdot n \cdot (s + s_v)\ \text{m}^3.$$

Man kann rund 1 m³ Kohle = 1 t Kohle setzen, dann ist die stündliche Förderleistung in t

$$G = f \cdot 60 \cdot n \cdot (s + s_v).$$

Beispiel: Berechne die Bewegungsverhältnisse der im vorigen Abschnitt behandelten Rutsche, der die Hingangsbeschleunigung $b_1 = 1{,}5$ m/sek² und die Rückgangsbeschleunigung $b_2 = 11{,}0$ m/sek² zugrunde lag, wenn der Beschleunigungshub $s = 0{,}25$ m ist. Wie groß ist die Förderleistung, wenn der Füllungsquerschnitt der Rutsche $f = 0{,}060$ m² ist?

    Lösung:
    1. **Beschleunigungshub von Rutsche und Kohle.**
Dauer des Beschleunigungshubes

$$t_0 = \sqrt{\frac{2\,s}{b_1}} = \sqrt{\frac{2 \cdot 0{,}25}{1{,}5}} = 0{,}577 \text{ Sekunden.}$$

Endgeschwindigkeit von Rutsche und Kohle
$$v = b_1 \cdot t_1 = 1{,}5 \cdot 0{,}577 = 0{,}866 \text{ m/sek.}$$

Die einzelnen Wegestrecken berechnen sich nach der Gleichung
$$s = \tfrac{1}{2} b_1 \cdot t^2$$

nach $t = 0{,}1$ sek ist die Wegestrecke $s = \tfrac{1}{2} \cdot 1{,}5 \cdot 0{,}1^2 = 0{,}0075$ m
„ $t = 0{,}2$ „ „ „ „ $s = 0{,}75 \cdot 0{,}2^2 = 0{,}030$ „
„ $t = 0{,}3$ „ „ „ „ $s = 0{,}75 \cdot 0{,}3^2 = 0{,}0675$ „
„ $t = 0{,}4$ „ „ „ „ $s = 0{,}75 \cdot 0{,}4^2 = 0{,}120$ „
„ $t = 0{,}5$ „ „ „ „ $s = 0{,}75 \cdot 0{,}5^2 = 0{,}186$ „
„ $t = 0{,}577$ „ „ „ „ $s = 0{,}75 \cdot 0{,}577^2 = 0{,}250$ „

2. Verzögerungsperiode der Rutsche.

Die durch den Rutschenmotor bewirkte Gegenbeschleunigung $b_2 = 11{,}0$ m/sek^2 setzt die Rutsche nach der Wegestrecke
$$h = \frac{v^2}{2\,b_2} = \frac{0{,}866^2}{2 \cdot 11} = 0{,}034 \text{ m}$$

still. Der Auslaufweg dauert
$$t_x = \frac{v}{b_2} = \frac{0{,}866}{11} = 0{,}0786 \text{ Sekunden.}$$

Der ganze Hinweg der Rutsche beträgt
$$r = s + h = 0{,}25 + 0{,}034 = 0{,}284 \text{ m.}$$

Dieser muß von der Rutsche zurückgelaufen werden. Dieser Rücklauf dauert
$$t_y = \sqrt{\frac{2\,r}{b_2}} = \sqrt{\frac{2 \cdot 0{,}284}{11}} = 0{,}227 \text{ Sekunden.}$$

Die ganze Verzögerungsperiode der Rutsche dauert
$$t_2 = t_x + t_y = 0{,}0786 + 0{,}227 = 0{,}3056 \text{ Sekunden.}$$

3. Der Vorschub der Kohle während der Verzögerungsperiode.

Die Verzögerung durch den Gleitwiderstand ist im Maximum
$$b_3 = \mu_1 \cdot g = 0{,}3 \cdot 9{,}81 = 2{,}943 \text{ m/sek}^2.$$

Die Rechnung werde durchgeführt mit dem Wert
$$b_3 = 2{,}90 \text{ m/sek}^2.$$

Die Anfangsgeschwindigkeit
$$v = 0{,}866 \text{ m/sek}$$
der gleitenden Kohle wird in
$$t_z = \frac{v}{b_3} = \frac{0{,}866}{2{,}90} = 0{,}3 \text{ Sekunden}$$

verzehrt. In diesem Fall ist also
$$t_z = t_2 \,,$$

denn $t_2 = 0{,}3056$ Sekunden wurde vorher errechnet.

Der Vorschubweg der Kohle ist
$$s_v = \tfrac{1}{2} \cdot b_3 \cdot t_z^2$$
$$= \tfrac{1}{2} \cdot 2{,}90 \cdot 0{,}3^2 = 0{,}13 \text{ m.}$$

Die Förderstrecke der Kohle für ein Rutschenspiel ist
$$S = s + s_v = 0{,}25 + 0{,}13 = 0{,}38 \text{ m.}$$

Vorschubweg und Beschleunigungshub stehen im Verhältnis
$$\frac{s_v}{s} = \frac{0{,}13}{0{,}25} = 0{,}52,$$

also ist
$$s_v = 0{,}52 \cdot s.$$

Berechnung der Hubzahl: Schwingungsdauer $T = t_1 + t_2 = 0,577 + 0,305 = 0,882$ Sekunden.

$$\text{Hubzahl } n = \frac{60}{T} = \frac{60}{0,882} = 68.$$

Berechnung der Förderleistung: Die stündliche Förderleistung in t ist

$$G = f \cdot 60 \cdot n \cdot (s + s_v) = 0,060 \cdot 60 \cdot 68 \cdot (0,25 + 0,13) = 93 \text{ t/h}.$$

Der Luftverbrauch des Rutschenmotors: Der früher berechnete Rutschenmotor hat eine Kolbenfläche

$$F = 2355 \text{ cm}^2 = 0,2355 \text{ m}^2.$$

Die Füllungsstrecke beträgt bei Vollfüllung

$$s_1 = s + h = 0,25 + 0,034 = 0,284 \text{ m}.$$

Stündlicher Druckluftverbrauch:

$$\begin{aligned} L &= 60 \cdot n \cdot F \cdot s_1 \\ &= 60 \cdot 68 \cdot 0,2355 \cdot 0,284 = 273 \text{ m}^3/\text{h}. \end{aligned}$$

Da die Luft mit 5 ata eintritt, ist der Saugluftverbrauch

$$L = 273 \cdot \frac{5}{1} = 1365 \text{ m}^3/\text{h}.$$

Demnach werden für 1 t Kohle verbraucht

$$\frac{1365}{93} = 14,7 \text{ m}^3 \text{ Saugluft}.$$

Beispiel: Wie ändern sich die Bewegungs- und Kraftverhältnisse, wenn die Hingangsbeschleunigung verdoppelt, also $b_1 = 3,00$ m/sek^2 wird?

Lösung: Für die Zurücklegung desselben Beschleunigungshubes

$$s = 0,25 \text{ m}$$

sind nun erforderlich

$$t_1 = \sqrt{\frac{2\,s}{b_1}} = \sqrt{\frac{2 \cdot 0,25}{3,0}} = 0,408 \text{ Sekunden}.$$

Die Endgeschwindigkeit der Beschleunigungsperiode wird

$$v = b_1 \cdot t_1 = 3,0 \cdot 0,408 = 1,224 \text{ m/sek}.$$

Mit dieser Geschwindigkeit beginnt die Gleitbewegung der Kohle. Mit der Verzögerung

$$b_3 = 2,9 \text{ m/sek}^2$$

kommt die Kohle nach

$$t_z = \frac{v}{b_3} = \frac{1,224}{2,9} = 0,422 \text{ Sekunden}$$

zur Ruhe.

Sollen Kohle und rücklaufende Rutsche zu gleicher Zeit zur Ruhe kommen, so darf die Verzögerungsperiode der Rutsche nur

$$t_2 = t_z = 0,422 \text{ Sekunden}$$

dauern. Welche Gegenbeschleunigung hierfür erforderlich ist, läßt sich wie folgt berechnen.

Bei der Rückstoßbewegung der Preßlufthämmer wurde abgeleitet (S. 224)

$$x = \frac{t_2^2}{t_1 + 2\,t_2} = t_x = \text{Auslaufzeit}.$$

In dieser Zeit t_x ist die Endgeschwindigkeit v der Rutsche aufgezehrt und dazu ist eine Gegenbeschleunigung erforderlich von der Größe

$$b_2 = \frac{v}{t_x}.$$

Mit den Zahlenwerten

$$t_1 = 0{,}408 \text{ Sekunden}$$
$$t_2 = 0{,}422 \quad \text{,,}$$
$$v = 1{,}224 \text{ m}$$

errechnet man

$$t_x = \frac{0{,}422^2}{0{,}408 + 2 \cdot 0{,}422} = 0{,}144 \text{ Sekunden,}$$

$$b_2 = \frac{1{,}224}{0{,}144} = 8{,}51 \text{ m/sek}^2.$$

Mit dieser Gegenbeschleunigung muß die Rutsche zurückbewegt werden. Dann ist der Auslaufweg

$$h = \frac{v^2}{2\,b_2} = \frac{1{,}224^2}{17{,}02} = 0{,}0882 \text{ m}$$

und der gesamte Rückweg

$$r = s + h = 0{,}25 + 0{,}0882 = 0{,}3382 \text{ m.}$$

Dieser Rückweg erfordert

$$t_y = \sqrt{\frac{2\,r}{b_2}} = \sqrt{\frac{2 \cdot 0{,}3382}{8{,}51}} = 0{,}281 \text{ Sekunden.}$$

Die Dauer der Verzögerungsperiode ist also

$$t_2 = t_x + t_y = 0{,}144 + 0{,}281 = 0{,}425 \text{ Sekunden.}$$

Die Kohle kommt in 0,422 Sekunden zur Ruhe, d. h. praktisch fallen die Ruhepunkte von Rutsche und Kohle zusammen, denn es war $t_z = 0{,}422$ sek. Der Vorschubweg der Kohle ist

$$s_v = \tfrac{1}{2} \cdot b_3 \cdot t_3^2 = \tfrac{1}{2} \cdot 2{,}90 \cdot 0{,}422^2 = 0{,}258 \text{ m.}$$

Die Förderstrecke der Kohle für ein Rutschenspiel ist

$$S = s + s_c = 0{,}25 + 0{,}258 = 0{,}508 \text{ m.}$$

Die Schwingungsdauer der Rutsche ist

$$T = t_1 + t_2 = 0{,}408 + 0{,}425 = 0{,}838 \text{ Sekunden,}$$

$$\text{Hubzahl } n = \frac{60}{T} = \frac{60}{0{,}838} = 71{,}6.$$

Die stündliche Förderleistung in t ist

$$G = f \cdot 60 \cdot n \cdot (s + s_v) = 0{,}060 \cdot 60 \cdot 71{,}6 \cdot 0{,}508 = 131 \text{ t/h.}$$

Die Förderleistung bei der Rutschenbeschleunigung $b_1 = 1{,}5$ m/sek² war 93 t/h, sie ist also jetzt bei doppelter Beschleunigung auf das

$$\frac{131}{93} = 1{,}41 = \sqrt{2} \text{ -fache}$$

gesteigert.

Regel: Steigert man die Hinlaufbeschleunigung auf das n-fache, so wächst die Förderleistung auf das $\sqrt{n}$-fache.

Wie ändern sich die Kraftverhältnisse? Um die doppelte Hinlaufbeschleunigung zu erzielen, ist die doppelte Kraft erforderlich. Der Gegendruckzylinder muß also die doppelte Kolbenfläche erhalten.

$$b_1 = 1{,}50 \text{ m/sek}^2 \dots \dots \text{ Kolbenfläche } \quad F_1 = 462 \text{ cm}^2,$$
$$b_1 = 3{,}00 \quad \text{,,} \quad \dots \dots \quad \text{,,} \quad = 2 F_1 = 924 \quad \text{,,}$$
$$\text{Kolbendurchmesser } D_1 = 35 \text{ cm.}$$

Der Rutschenmotor hat mit den früheren Werten folgende Kolbenkraft aufzubringen:

$$\begin{aligned}
\text{Fahrwiderstand } W &= 165 \text{ kg,}\\
\text{Beschleunigungswiderstand } K_2 &= \frac{5000}{9,81} \cdot 8,51 = 4330 \text{ ,,}\\
\text{Gleitwiderstand der Kohle } R &= 1800 \text{ ,,}\\
\text{Gegenzylinderzug } P_1 = 4 \cdot 924 &= 3696 \text{ ,,}\\
\hline
P_2 &= 9991 \text{ kg.}
\end{aligned}$$

$$\text{Kolbenfläche } F_2 = \frac{9991}{4} = 2500 \text{ cm}^2,$$

$$\text{Kolbendurchmesser} = 57 \text{ cm.}$$

Der Luftverbrauch des Rutschenmotors: Die Füllungsstrecke beträgt bei Vollfüllung

$$s_2 = s + h = 0,25 + 0,0882 = 0,3382 \text{ m.}$$

Stündlicher Druckluftverbrauch

$$L = 60 \cdot n \cdot F_2 \cdot s_2 = 60 \cdot 71,6 \cdot 0,2500 \cdot 0,3382 = 364 \text{ m}^3\text{h,}$$
$$\text{Saugluftverbrauch} = 364 \cdot \tfrac{5}{1} = 1820 \text{ m}^3/\text{h.}$$

Demnach werden für 1 t Förderleistung verbraucht

$$\frac{1820}{131} = 13,9 \text{ m}^3 \text{ Saugluft.}$$

Bei der Hingangsbeschleunigung $b_1 = 1,5$ m/sek^2 war der Verbrauch 14,7 m^3 Saugluft, der Luftverbrauch ist also etwas kleiner geworden.

Das Beschleunigungsverfahren unter Anwendung von schiefen Ebenen.

Unter Beibehaltung des Gegenzylinders und des einfach wirkenden Rutschenmotors sind in Abb. 282 besondere Laufbahnen unter die Lauf-

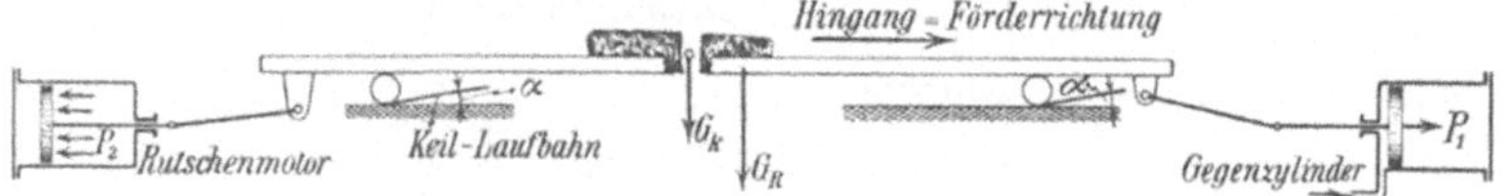

Abb. 282. Anwendung von schiefen Ebenen.

rollen gesetzt, und zwar so, daß die Rutsche während des Hinganges ansteigen muß. Die Rutsche muß also während des Hinganges **vertikal nach oben** beschleunigt und während des Rückganges **vertikal nach unten** beschleunigt werden. Das bringt zweierlei Vorteile:

1. Der Normaldruck zwischen Kohle und Rutsche wird während des Hinganges **größer**, so daß die Haftreibung zwischen Kohle und Rutsche **größer** wird. Infolgedessen kann mit **größerer** Beschleunigung gefahren werden.

2. Der Normaldruck zwischen Kohle und Rutsche wird während des Rückganges **kleiner**, so daß der Reibungswiderstand zwischen Kohle und Rutsche kleiner wird. Infolgedessen gleitet die Kohle einen **größeren Vorschubweg vorwärts**.

Ist
$$G_K = \text{Kohlengewicht in kg,}$$

so ist bei söhliger Laufbahn der Normaldruck

$$N = G_K.$$

Ist die Laufbahn eine schiefe Ebene mit dem Neigungswinkel α, so ist der Normaldruck

$$N = G_K + \text{Beschleunigungsdruck (beim Hingang)},$$
$$N = G_K - \text{Beschleunigungsdruck (beim Rückgang)}.$$

Erfährt die Rutsche parallel zur schiefen Ebene (Abb. 283) die Beschleunigung b, so zerlegt sich diese in die Horizontalkomponente b_h und in die Vertikalkomponente b_v, und zwar ist

$$b_v = b_h \cdot \text{tg}\,\alpha\,.$$

Der Beschleunigungsdruck ist gleich Masse mal Beschleunigung, also ist der Beschleunigungsdruck in vertikaler Richtung

$$\frac{G_K}{g} \cdot b_v = \frac{G_K}{g} \cdot b_h \cdot \text{tg}\,\alpha$$

und demnach der Normaldruck

$$N = G_K + \frac{G_K}{g} \cdot b_h \cdot \text{tg}\,\alpha \quad \text{(Hingang)},$$

$$N = G_K - \frac{G_K}{g} \cdot b_h \cdot \text{tg}\,\alpha \quad \text{(Rückgang)}.$$

Der Reibungswiderstand ist für den Hingang

$$R = \mu \cdot N$$
$$= \mu \cdot G_K \cdot \left(1 + \frac{b_h \cdot \text{tg}\,\alpha}{g}\right)$$
$$= \mu \cdot \frac{G_K}{g} \cdot (g + b_h \cdot \text{tg}\,\alpha)$$
$$= \mu \cdot M \cdot (g + b_h \cdot \text{tg}\,\alpha).$$

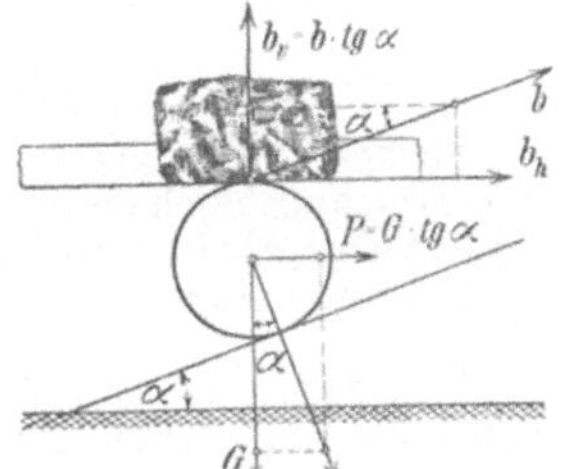

Abb. 283. Beschleunigungskräfte und Beschleunigungen.

Der Reibungswiderstand ist die Kraft, welche die Kohle beschleunigt, also darf die Beschleunigungskraft nicht größer als der Reibungswiderstand sein, d. h. es muß die Bedingung erfüllt sein

$$M \cdot b_h = R.$$

Daraus folgt die größte zulässige Beschleunigung beim Hingang

$$b_h = \frac{R}{M} = \mu \cdot (g + b_h \cdot \text{tg}\,\alpha) \quad \text{oder} \quad b_h - \mu \cdot b_h \cdot \text{tg}\,\alpha = \mu \cdot g,$$

$$b_h = \frac{\mu \cdot g}{1 - \mu \cdot \text{tg}\,\alpha}\,.$$

Mit $\mu = 0{,}40$ ergeben sich für die verschiedenen Neigungswinkel folgende Beschleunigungswerte:

$\alpha = 5^0$	10^0	15^0	20^0	25^0
$b_h = 4{,}07$	4,23	4,40	4,60	4,83 m/sek²

Die Beschleunigungswerte wachsen also mit zunehmendem Neigungswinkel. Für $\alpha = 0^0$ ist der Beschleunigungswert wieder

$$b_h = \mu \cdot g = 0{,}40 \cdot 9{,}81 = 3{,}924 \text{ m/sek}^2.$$

Beim Rückgang verzögert der Reibungswiderstand die Geschwindigkeit der gleitenden Kohle. Die größte Verzögerung, welche eintreten kann, würde durch den größten Reibungswiderstand bestimmt. Ist $\mu_1 = 0{,}30$ die Reibungsziffer der Bewegung zwischen Kohle und Eisen, so würde sich in gleicher Weise wie vorstehend ableiten lassen

$$b_h = \frac{\mu_1 \cdot g}{1 + \mu_1 \cdot \text{tg}\,\alpha}.$$

Mit $\mu_1 = 0{,}30$ ergeben sich für die verschiedenen Neigungswinkel folgende Verzögerungswerte:

$\alpha = 5^0$	10^0	15^0	20^0	25^0
$b_h = 2{,}88$	$2{,}80$	$2{,}73$	$2{,}66$	$2{,}58$ m/sek^2

Die Verzögerungswerte nehmen also mit zunehmendem Neigungswinkel ab. Für $\alpha = 0^0$ ist der Verzögerungswert

$$b_h = \mu_1 \cdot g = 0{,}30 \cdot 9{,}81 = 2{,}943 \text{ m/sek}^2.$$

Beispiel: Wie ändern sich die Bewegungs- und Kraftverhältnisse, wenn mit der Hingangsbeschleunigung $b_h = 3{,}0$ m/sek^2 (wie in der vorigen Aufgabe) gefördert wird, aber Laufbahnen mit dem Neigungswinkel $\alpha = 20^0$ angeordnet werden?

Lösung: Für die Zurücklegung des Beschleunigungshubes

$$s = 0{,}25 \text{ m}$$

bleiben, da die Hingangsbeschleunigung dieselbe geblieben ist, die früher errechneten Werte bestehen. Diese waren

$$t_1 = 0{,}408 \text{ Sekunden} \quad \text{und} \quad v = 1{,}224 \text{ m/sek.}$$

Mit dieser Geschwindigkeit beginnt die Gleitbewegung der Kohle. Nach vorstehender Tabelle ist für $\alpha = 20^0$ die Verzögerung $b_h = 2{,}66$ m/sek^2. Rechnet man mit $b_h = b_3 = 2{,}6$ m/sek^2, so kommt die Kohle nach

$$t_z = \frac{v}{b_3} = \frac{1{,}224}{2{,}6} = 0{,}471 \text{ Sekunden}$$

zur Ruhe.

Sollen Kohle und rücklaufende Rutsche zu gleicher Zeit zur Ruhe kommen, so darf die Verzögerungsperiode der Rutsche jetzt

$$t_2 = t_z = 0{,}471 \text{ Sekunden}$$

dauern. Welche Gegenbeschleunigung der Rutsche hierfür erforderlich ist, läßt sich wieder wie früher berechnen.

$$\text{Auslaufzeit} \quad t_x = \frac{t_2^2}{t_1 + 2\,t_2} = \frac{0{,}471^2}{0{,}408 + 2 \cdot 0{,}471} = 0{,}164 \text{ Sekunden.}$$

In dieser Zeit t_x muß die Endgeschwindigkeit v der Rutsche aufgezehrt sein, dazu ist erforderlich eine Gegenbeschleunigung

$$b_2 = \frac{v}{t_x} = \frac{1{,}224}{0{,}164} = 7{,}48 \text{ m/sek}^2.$$

Der Auslaufweg wird hiermit

$$h = \frac{v^2}{2\,b_2} = \frac{1{,}224^2}{2 \cdot 7{,}48} = 0{,}10 \text{ m}$$

und der gesamte Rückweg

$$r = s + h = 0{,}25 + 0{,}10 = 0{,}35 \text{ m.}$$

Dieser Rückweg dauert

$$t_y = \sqrt{\frac{2\,r}{b_2}} = \sqrt{\frac{2 \cdot 0{,}35}{7{,}48}} = 0{,}306 \text{ Sekunden.}$$

Die Dauer der Verzögerungsperiode ist also

$$t_2 = t_x + t_y = 0{,}164 + 0{,}306 = 0{,}470 \text{ Sekunden.}$$

Die Kohle kommt in 0,471 Sekunden zur Ruhe, d. h. praktisch fallen die Ruhepunkte von Rutsche und Kohle zusammen, denn es war $t_2 = 0{,}470$ sek.

Der Vorschubweg der Kohle ist

$$s_v = \tfrac{1}{2} b_3 \cdot t_2^2 = \tfrac{1}{2} \cdot 2{,}6 \cdot 0{,}471^2 = 0{,}287 \text{ m},$$

er ist also größer geworden als der Beschleunigungshub s, der nur 0,25 m ist.

Die Förderstrecke der Kohle für ein Rutschenspiel ist

$$S = s + s_v = 0{,}25 + 0{,}287 = 0{,}537 \text{ m}.$$

Die Schwingungsdauer der Rutsche ist

$$T = t_1 + t_2 = 0{,}408 + 0{,}471 = 0{,}879 \text{ Sekunden},$$

$$\text{Hubzahl } n = \frac{60}{T} = \frac{60}{0{,}879} = 68{,}2 \text{ i. d. Minute.}$$

Die stündliche Förderleistung in t ist:

$$G = f \cdot 60 \cdot n \cdot S = 0{,}060 \cdot 60 \cdot 68{,}2 \cdot 0{,}537 = 132 \text{ t/h.}$$

Die Förderleistung bei derselben Hingangsbeschleunigung $b_1 = 3$ m/sek^2 war ohne Anwendung der schrägen Laufbahnen 131 t/h. Praktisch ist also die Förderleistung dieselbe geblieben, so daß die Laufbahnen keine erhöhte Förderleistung bringen, wenn mit derselben Hingangsbeschleunigung gefahren wird.

Die Kraftverhältnisse und der Luftverbrauch.

Zur Überwindung des Fahrwiderstandes und der Hinlaufbeschleunigung $b_1 = 3$ m/sek^2 würde die Zugkraft des Gegenzylinders der vorigen Aufgabe ausreichen. Sie betrug 3696 kg. Bei Anordnung der schrägen Laufbahn muß nach Abb. 282 noch das Gewicht der Rutsche hochgehoben werden, wofür eine Kraft

$$G \cdot \operatorname{tg} \alpha = 11\,000 \cdot 0{,}365 = 4000 \text{ kg}$$

erforderlich wird. Der Gegenzylinder muß also die Zugkraft

$$P_1 = 3696 + 4000 = 7696 \text{ kg}$$

haben. Bei $p = 4$ atü ist die Kolbenfläche

$$F_1 = \frac{P_1}{4} = \frac{7696}{4} = 1925 \text{ cm}^2$$

erforderlich, so daß $D_1 = 50$ cm wird. Ohne schräge Laufbahn war nur ein Gegenzylinder von $D_1 = 35$ cm erforderlich.

Der Rutschenmotor hat während des Zurückziehens der Rutsche den Gleitwiderstand der Kohle zu überwinden. Durch die Abwärtsbewegung der Rutsche vermindert sich der Normaldruck, er ist

$$N = G_K - \frac{G_K}{g} \cdot b_2 \cdot \operatorname{tg} \alpha$$

$$= 6000 - \frac{6000}{9{,}81} \cdot 7{,}48 \cdot 0{,}364 = 6000 - 1670 = 4330 \text{ kg.}$$

Der Gleitwiderstand der rutschenden Kohle ist also nur

$$R = \mu_1 \cdot N = 0{,}30 \cdot 4330 = 1299 \sim 1300 \text{ kg.}$$

Zusammengefaßt hat der Rutschenmotor folgende Widerstände zu überwinden:

1. Fahrwiderstand wie früher W . . . . $= 165$ kg
2. Beschleunigungswiderstand $K_2 = \dfrac{5000}{9{,}81} \cdot 7{,}48 = 3820$,,
3. Gleitwiderstand der Kohle R . . . . $= 1300$,,
4. Zug des Gegenzylinders P_1 . . . . $= 7696$,,

$$\overline{ 12981 \text{ kg}}$$

Während die Rutsche beim Hingang zu heben war, fällt die Rutsche beim Rückgang, sie unterstützt mit ihrer Fallkraft, die $G \cdot \operatorname{tg} \alpha = 4000$ kg beträgt den

Rutschenmotor, so daß die Kolbenkraft des Rutschenmotors sein muß

$$P_2 = 12\,981 - 4000 = 8981 \text{ kg},$$

$$\text{Kolbenfläche } F_2 = \frac{8981}{4} = 2245 \text{ cm}^2,$$

$$\text{Kolbendurchmesser } D_2 = 54 \text{ cm}.$$

Bei der Anordnung ohne geneigte Laufbahnen wurde der Zylinderdurchmesser 57 cm, der Motor ist also kleiner geworden. Der Luftverbrauch des Rutschenmotors ist bei Vollfüllung und dem Hub

$$s_2 = s + h = 0,25 + 0,10 = 0,35 \text{ m},$$
$$L = 60 \cdot n \cdot F_2 \cdot s_2 = 60 \cdot 68,2 \cdot 0,2245 \cdot 0,35 = 323 \text{ m}^3/\text{h},$$
$$\text{Saugluftverbrauch} = 323 \cdot \tfrac{5}{1} = 1615 \text{ m}^3/\text{h}.$$

Demnach werden für 1 t Förderleistung verbraucht

$$\frac{1615}{132} = 12,2 \text{ m}^3 \text{ Saugluft}$$

gegenüber 13,9 m³ bei der Anordnung ohne geneigte Laufbahnen. Der Luftverbrauch ist also günstiger oder der Betrieb wirtschaftlicher geworden.

Zusammenstellung der Ergebnisse für das Beschleunigungsverfahren.

Das Beschleunigungsverfahren ist für söhlige Förderung ohne und mit Laufflächen besprochen worden. Rechnet man für die Hingangsbeschleunigungen von der Größe

$$b = 0,50 \text{ m/sek}^2 \quad \text{bis} \quad b = 4,60 \text{ m/sek}^2$$

die Förderleistungen, den Gesamtluftverbrauch und den spezifischen Luftverbrauch, d. i. der Luftverbrauch für 1 t Förderleistung, aus, so kommt man zu bemerkenswerten Vergleichszahlen, die für die Praxis von Bedeutung sind. Grundsätzlich sind die Vergleiche für eine 500-mm-Rutsche von 0,060 m² Füllungsquerschnitt und 100 m Länge durchgeführt. Ohne Laufbahn kann nur bis

$$b = 3,9 \text{ m/sek}^2$$

Beschleunigung, mit Laufbahn mit höherer Beschleunigung gearbeitet werden. Bei schräger Laufbahn bestimmt der Neigungswinkel α den Maximalwert der Beschleunigung, das Beispiel ist mit $\alpha = 20^0$ durchgeführt, wofür

$$b_{\max} = 4,60 \text{ m/sek}^2 \text{ ist.}$$

Hingangs-beschl. in m/sek²	Förderleistung in t/h		Saugluftverbrauch in m³/h		Spezif. Luftverbrauch in m³/t	
	ohne	mit	ohne	mit	ohne	mit
0,5	54	—	1395	—	25,9	—
1,0	76,4	—	1330	—	17,4	—
1,5	93	93	1365	1182	14,7	12,65
2,0	107	107	1500	1290	14,1	12,00
2,5	120,5	120,5	1660	1440	13,7	11,9
3,0	132	132	1820	1615	13,9	12,2
3,5	143	143	1980	1760	13,95	12,4
4,0	—	153	—	1900	—	12,55
4,5	—	162	—	2080	—	12,82

Der Luftverbrauch ist für einen Betriebsdruck von

$$p = 4\,\text{atü}$$

errechnet. Als Beschleunigungshub ist der konstante Wert

$$s = 0{,}25\,\text{m}$$

in Rechnung gestellt. Kohle und Rutsche erreichen nach jedem Spiel zu gleicher Zeit ihren Ruhezustand.

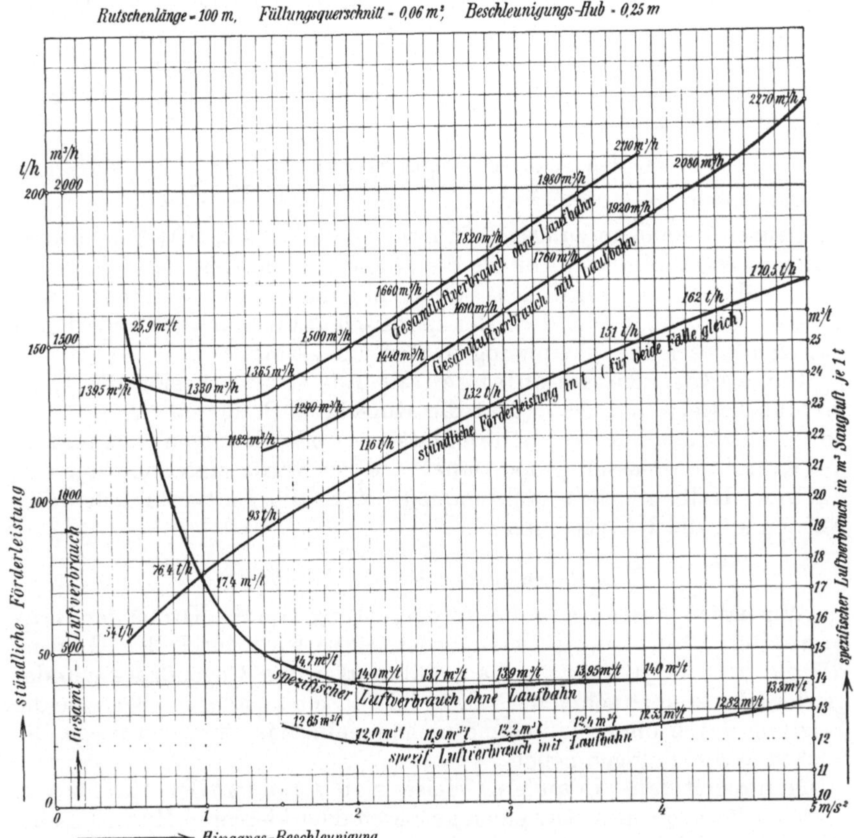

Abb. 284. Förderleistung und Luftverbrauch in Abhängigkeit von der Hingangsbeschleunigung.

Die vorstehenden Tabellenwerte sind in Abb. 284 als Kurven wiedergegeben, indem auf der Horizontalen die Beschleunigungen und als Ordinaten die Leistungs- und Luftverbrauchswerte aufgetragen sind.

Die Leistungskurve, welche die Förderleistung in t/h angibt, zeigt einen regelmäßig ansteigenden Verlauf. Sie folgt dem Gesetz:

Wächst die Beschleunigung auf das n-fache, so wächst die Förderleistung auf das $\sqrt{n}$-fache.

Ob die Rutsche mit oder ohne Neigungsbahn arbeitet, die Förderleistung bleibt die gleiche, sie ist nur von der Größe der Hingangsbeschleunigung abhängig.

Die Kurven für den Gesamtluftverbrauch sind verschieden. Die Rutsche mit schrägen Führungsbahnen hat den tieferen Verlauf, so daß sie eine nicht unbedeutende Luftersparnis bringt.

Besonders bemerkenswert ist der Verlauf der Kurven für den spezifischen Luftverbrauch. Bei niedrigen Beschleunigungswerten hat die Kurve für die Rutsche ohne Neigungsbahnen ihre größten Ordinaten, d. h. die Rutsche arbeitet in diesem Beschleunigungsgebiet höchst unwirtschaftlich. Dann erreichen beide Kurven bei dem Beschleunigungswert $b = 2,3$ m/sek² ihren tiefsten Stand, um dann langsam wieder anzusteigen. Man würde also am wirtschaftlichsten mit dem Beschleunigungswert $b = 2,3$ m/sek² arbeiten und folgende Luftverbrauchswerte haben:

$$\text{für die Rinne ohne Neigungsbahn} \quad 13,7 \ \text{m}^3/\text{t},$$
$$\text{,, \quad ,, \quad ,, \quad mit} \qquad \text{,,} \qquad 11,82 \ \text{m}^3/\text{t}.$$

Im ganzen Beschleunigungsgebiet arbeitet die Rutsche mit Neigungsbahnen wirtschaftlicher als die Rutsche ohne Neigungsbahnen.

Im allgemeinen wird des Beschleunigungsgebiet zwischen 2 und 4 m/sek² brauchbar sein, denn der spezifische Luftverbrauch ändert sich zwischen diesen Beschleunigungswerten nur gering.

Für andere Rutschenlängen als 100 m ändern sich die Luftverbrauchswerte natürlich. Hat die Rutsche z. B. nur eine Länge von 50 m, so würden nur die halben Massen zu beschleunigen sein, und da die Kräfte den Massen proportional sind, so würde man auch mit den halben Kolbenflächen auskommen, d. h. die Luftverbrauchswerte würden auf die Hälfte sinken.

Das Regeln der Förderleistung.

Wir haben gelernt, daß die Förderleistung von der Größe der Hingangsbeschleunigung abhängig ist. Diese wird durch den Gegendruckzylinder bestimmt. Man müßte also den Gegendruckzylinder größer oder kleiner nehmen. Praktisch könnte man aber im Betriebe die Leistung durch diese Maßnahme nicht regeln, das würde zu lange Betriebsunterbrechungen geben.

Man regelt daher in anderer Weise, man verändert den Hub, indem man am Rutschenmotor einen größeren oder kleineren Hub einstellt. Wie ändern sich nun Förderleistung und Luftverbrauch, wenn man den Hub verändert? Zur Klärung dieser Frage wurde dasselbe Rutschenbeispiel für die günstigste Eingangsbeschleunigung

$$b_1 = 2,30 \ \text{m/sek}^2$$

und für die Hübe $s = 0,125$ m, $0,25$ m und $0,375$ m ausgerechnet.

Zunächst ergab sich die Tatsache:

„Ist für einen bestimmten Hub der Rutschenmotor so berechnet, daß Kohle und Rutsche zur gleichen Zeit ausgeschwungen haben, so fallen auch für jeden anderen Hub diese Zeitpunkte zusammen, d. h. bei unvermindertem Rutschengewicht liefert die Rutsche für alle Hublängen jeweilig die großmöglichste Fördermenge."

Die errechneten Werte sind in Abb. 285 als Kurven aufgetragen, indem die verschiedenen Hublängen auf der Horizontalen und die Förderleistungen und Luftverbrauchswerte als Ordinaten aufgetragen sind

Die Förderleistungskurve folgt dem Gesetz: Wächst der Hub auf das n-fache, so steigt die Förderleistung auf das $\sqrt{n}$-fache.

Die Kurven des Gesamtluftverbrauchs folgt gleichfalls dem Gesetz:

Wächst der Hub auf das n-fache, so steigt der Gesamtverbrauch auf das $\sqrt{n}$-fache.

Demnach wächst der Gesamtluftverbrauch direkt proportional mit der Förderleistung, so daß das Gesetz für den spezifischen Luftverbrauch lautet:

Der spezifische Luftverbrauch, d. i. der Saugluftverbrauch für 1 t Förderleistung, bleibt für alle Hübe konstant.

Der Motor arbeitet demnach für alle Hübe mit derselben Wirtschaftlichkeit, und es ist die in der Praxis übliche Regelung der Förderleistung durch Hubveränderung eine durchaus wirtschaftliche Regelung. Man muß dann allerdings auch verlangen, daß die Änderung des Hubes in genügend vielen Abstufungen möglich ist.

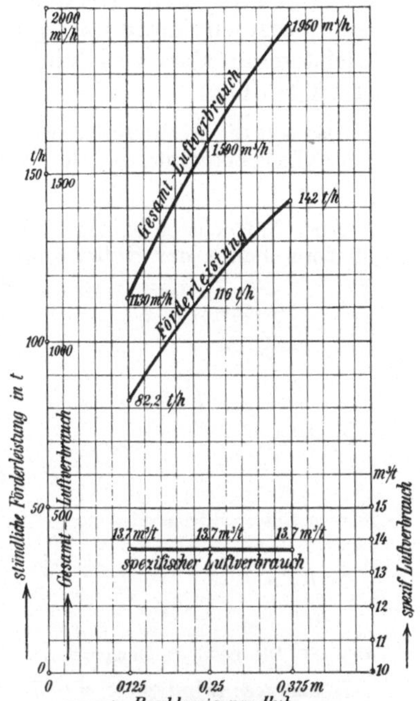

Abb. 285. Förderleistung und Luftverbrauch in Abhängigkeit vom Beschleunigungshub.

b) Das Schwerkraft-Verfahren.

Während beim Beschleunigungsverfahren Hingang und Rückgang der Rutsche durch Maschinenkraft erfolgt, wird beim Schwerkraftverfahren der Hingang, d. i. die Bewegung der Rutsche in der Förderrichtung der Kohle, durch die Schwerkraft bewirkt. Soll die Schwerkraft wirken können, so muß die Rinne fallen können. Es wird also das

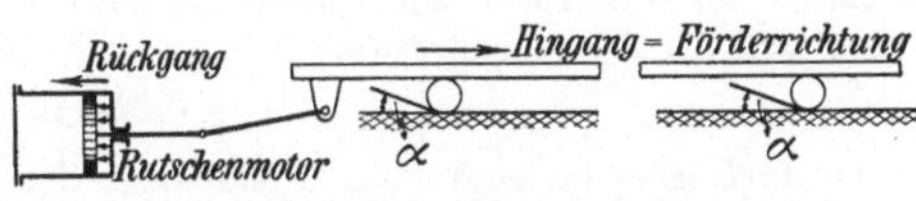

Abb. 286. Das Schwerkraft-Verfahren.

natürliche Anwendungsgebiet dieser Förderart die einfallende Förderung sein.

Aber auch bei söhliger Förderung ist dieses Förderverfahren möglich, indem man keilförmige Laufbahnen unter die Rollen setzt, wie Abb. 286 zeigt. Es stehen jetzt die Keilbahnen entgegengesetzt wie bei der früheren Arbeitsweise. Rutsche und Kohle fallen gemeinsam den Hingangweg herunter, der Rutschenmotor zieht dann die Rutsche wieder herauf, während die Kohle in der Hingangsrichtung weitergleitet.

Bei der Rückwärtsbewegung wird die Rutsche gegen die Kohle nach oben gedrückt, dadurch wird natürlich der Reibungsdruck zwischen Kohle und Rutsche vergrößert, der Reibungswiderstand erzeugt eine stärkere Verzögerung, so daß die Kohle schwerer rutscht und sich um einen geringeren Weg verschiebt. Damit wird die Zeit für die Zurückführung der Rutsche kleiner, und das bedingt wieder eine größere Gegenbeschleunigung und größere Gegenkraft, die der Rutschenmotor zu leisten hat. Man wird daher eine schlechtere Wirtschaftlichkeit voraussetzen können.

Das soll die Rechnung klarlegen. Es wurde früher gefunden, daß die Rutsche bei söhliger Förderung bei der Hingangsbeschleunigung

$$b_1 = 2{,}30 \text{ m/sek}^2$$

am wirtschaftlichsten arbeitete. Es soll nun der Keilwinkel α so gewählt werden, daß beim Fallen der Rutsche die horizontale Hingangsbeschleunigung ebenfalls wieder

$$b_1 = 2{,}30 \text{ m/sek}^2$$

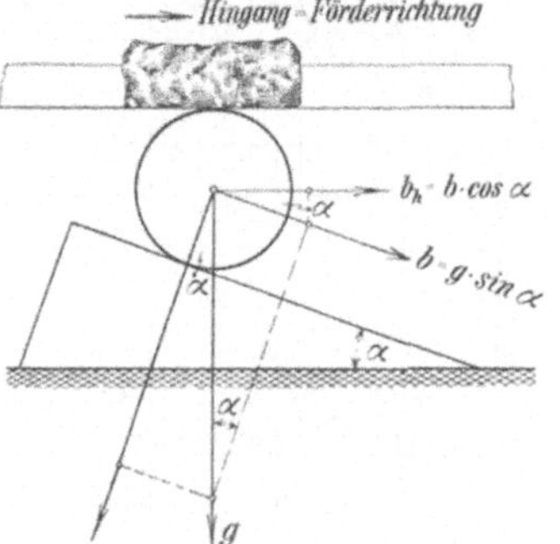

Abb. 287. Die Beschleunigungswerte.

wird. Das ist der Fall für $\alpha = 14^0$, denn nach Abb. 287 ist

$$b = g \cdot \sin \alpha = 9{,}81 \cdot \sin 14^0 = 9{,}81 \cdot 0{,}2419$$
$$= 2{,}375 \text{ m/sek}^2,$$
$$b_h = b \cdot \cos \alpha = 2{,}375 \cdot \cos 14^0 = 2{,}375 \cdot 0{,}9703$$
$$= 2{,}30 \text{ m/sek}^2.$$

Für den Beschleunigungshub $s = 0{,}25$ m ist eine Zeit erforderlich von

$$t_1 = \sqrt{\frac{2\,s}{b_h}} = \sqrt{\frac{2 \cdot 0{,}25}{2{,}3}} = 0{,}467 \text{ Sekunden.}$$

Höchstgeschwindigkeit $v = b_h \cdot t_1 = 2{,}3 \cdot 0{,}467 = 1{,}074$ m/sek.

Mit dieser Geschwindigkeit kommt die Kohle ins Rutschen, sie erleidet eine Reibungsverzögerung, welche sich nach früherem berechnet zu

$$b_3 = \frac{\mu_1 \cdot g}{1 - \mu_1 \cdot \text{tg } \alpha} = \frac{0{,}30 \cdot 9{,}81}{1 - 0{,}30 \cdot \text{tg } 14^0} = \frac{2{,}942}{0{,}925} = 3{,}18 \text{ m/sek}^2.$$

Die Kohle kommt also nach

$$t_z = \frac{v}{b_3} = \frac{1{,}074}{3{,}18} = 0{,}338 \text{ Sekunden}$$

zur Ruhe. In dieser Zeit muß auch die Rutsche ihre Bewegung eingestellt haben, so daß die Verzögerungsperiode

$$t_2 = t_z = 0{,}338 \text{ Sekunden}$$

dauern darf. Das bedingt eine Auslaufzeit der Rutsche

$$t_x = \frac{t_2^2}{t_1 + 2 \cdot t_2} = \frac{0{,}338^2}{0{,}467 + 2 \cdot 0{,}338} = 0{,}1 \text{ Sekunde.}$$

Und damit wird die Gegenbeschleunigung

$$b_2 = \frac{v}{t_x} = \frac{1{,}074}{0{,}1} = 10{,}74 \text{ m/sek}^2,$$

$$\text{Auslaufweg } h = \frac{v^2}{2 b_2} = \frac{1{,}074^2}{2 \cdot 10{,}74} = 0{,}0537 \text{ m,}$$

Rücklaufweg der Rutsche $r = s + h = 0{,}25 + 0{,}0537 = 0{,}3037$ m,

Rücklaufzeit $t_y = \sqrt{\dfrac{2r}{b_2}} = \sqrt{\dfrac{2 \cdot 0{,}3037}{10{,}74}} = 0{,}238$ Sekunden.

$$t_x + t_y = 0{,}1 + 0{,}238 = 0{,}338 \text{ Sekunden} = t_2,$$

Vorschub der Kohle $s_v = \dfrac{v^2}{2 \cdot b_3} = \dfrac{1{,}074^2}{2 \cdot 3{,}18} = 0{,}1815$ m,

Förderstrecke der Kohle $S = s + s_v = 0{,}25 + 0{,}1815 = 0{,}4315$ 'm,

Schwingungsdauer $T = t_1 + t_2 = 0{,}467 + 0{,}338 = 0{,}805$ Sekunden,

Schwingungszahl $n = \dfrac{60}{T} = \dfrac{60}{0{,}805} = 74{,}6$/Minute.

Stündliche Förderleistung
$$G = 60 \cdot f \cdot n \cdot S = 60 \cdot 0{,}060 \cdot 74{,}6 \cdot 0{,}4315 = 116 \text{ t/h}.$$

Zur Berechnung des **Luftverbrauchs** ist die Berechnung des Rutschenmotors erforderlich. Er hat beim Rückgang die **verstärkte Kohlenreibung** zu überwinden. Der Normaldruck zwischen Kohle und Rinne wird

$$N = G_K + \frac{G_K}{g} \cdot b_2 \cdot \operatorname{tg} \alpha$$

$$= 6000 + \frac{6000}{9{,}81} \cdot 10{,}74 \cdot 0{,}2493 = 6000 + 1640 = 7640 \text{ kg}.$$

Der Reibungswiderstand der Kohle ist also

$$R = \mu_1 \cdot N = 0{,}30 \cdot 7640 \ldots \ldots \ldots \ldots \ldots = 2292 \text{ kg}$$

$$\text{Fahrwiderstand} \ldots \ldots \ldots \ldots \ldots \ldots \ldots = 165 \text{ ,,}$$

$$\text{Beschleunigungswiderstand} = \frac{5000}{9{,}81} \cdot 10{,}74 \ldots = 5480 \text{ ,,}$$

$$\text{Kraft zum Heben der Rutsche} = G \cdot \operatorname{tg} \alpha = 11000 \cdot 0{,}2493 = 2745 \text{ ,,}$$

$$P_2 = \text{Kolbenkraft} = 10682 \text{ kg}$$

$$\text{Kolbenfläche } F_2 = \frac{P_2}{p} = \frac{10\,682}{4} = 2670 \text{ cm}^2.$$

Der stündliche Druckluftverbrauch wird damit
$$L = 60 \cdot n \cdot F_2 \cdot r = 60 \cdot 74{,}6 \cdot 0{,}2670 \cdot 0{,}3037 = 363 \text{ m}^3/\text{h}.$$
$$\text{Stündlicher Saugluftverbrauch} = 5 \cdot 363 = 1815 \text{ m}^3/\text{h}.$$
$$\text{Spezifischer Saugluftverbrauch} = \frac{1815}{116} = 15{,}65 \text{ m}^3/\text{t}.$$

Zum Vergleich seien die früher errechneten Zahlen mitgeteilt.

Beschl. Hub $= 0{,}25$ m, Füllungsquerschnitt $= 0{,}060$ m^2, Rutschenlänge 100 m, Hingangsbeschl. $= 2{,}3$ m/sek^3.

Söhlige Förderung

Förderart	Leistung t/h	Stündl. Saugluftverbrauch m³/h	Spezifischer Luftverbrauch m³/t
Beschl. Verfahren mit Lauffl. . . .	161	1380	11,9
Beschl. Verfahren ohne Lauffl. . .	161	1590	13,7
Schwerkraft-Verfahren	161	1815	15,65

Während die Förderleistung in allen drei Fällen dieselbe ist, ist der Luftverbrauch ein sehr verschiedener. Er ist am schlechtesten beim

Schwerkraftverfahren, und deshalb sollte bei söhliger Förderung oder schwachem Einfallen dieses Verfahren nicht angewendet werden.

Einfallende Förderung.

Bei einfallender Förderung liegen die Verhältnisse für das Schwerkraftverfahren günstiger. Bei dem Einfallwinkel α erhält die Rutsche nach Abb. 288 eine Schwerkraftbeschleunigung

$$b_1 = g \cdot \sin \alpha.$$

Die Normalkomponente der Schwerkraftbeschleunigung zur Rutschenfläche ist

$$b_n = g \cdot \cos \alpha.$$

Diese erzeugt den Normaldruck und beim Rutschen der Kohle wirkt die Komponente

$$\mu_1 \cdot g \cdot \cos \alpha$$

verzögernd und bringt die Kohle wieder zur Ruhe. Aber die Beschleunigungskomponente $g \cdot \sin \alpha$ wirkt der Verzögerung entgegen, so daß sich

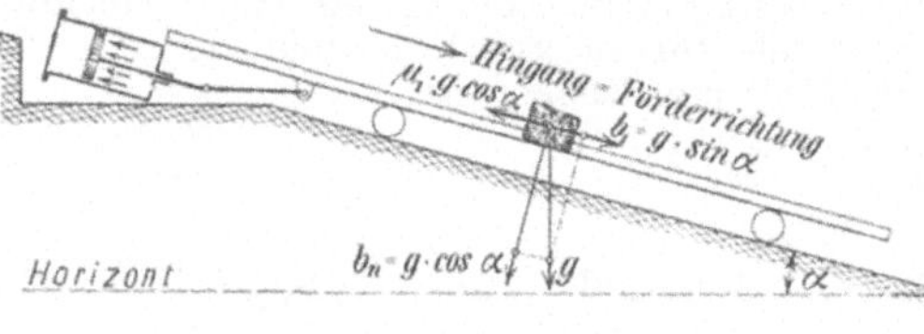

Abb. 288. Förderung im Einfallen.

eine resultierende Verzögerung einstellt von der Größe

$$b_3 = \mu_1 \cdot g \cdot \cos \alpha - g \cdot \sin \alpha.$$

Die resultierende Verzögerung wird Null, d. h. die Kohle rutscht unter dem Einfluß der Schwerkraft von selbst, wenn

$$\mu_1 \cdot g \cdot \cos \alpha = g \cdot \sin \alpha \quad \text{oder} \quad \frac{\sin \alpha}{\cos \alpha} = \mu_1$$

wird. Ist z. B. $\mu_1 = 0{,}30$, so rutscht die Kohle von selbst weiter, wenn

$$\frac{\sin \alpha}{\cos \alpha} = \operatorname{tg} \alpha = 0{,}30$$

wird. Das ist der Fall für den Einfallwinkel

$$\alpha = 16^0\ 42^{\prime}.$$

Darüber hinaus wäre also die Anwendung einer Schüttelrutsche nicht mehr nötig.

Der Einfallwinkel α bestimmt die Größe der Hingangsbeschleunigung. Rechnet man nach der Gleichung

$$b_1 = g \cdot \sin \alpha$$

die für die verschiedenen Hingangsbeschleunigungen erforderlichen Einfallwinkel aus, so ergeben sich folgende Werte:

$b_1 = 0{,}50$ m/sek²	$1{,}00$ m/sek²	$1{,}50$ m/sek²	$2{,}00$ m/sek²	$2{,}50$ m/sek²
$\alpha \simeq 3^0$	6^0	9^0	12^0	15^0

Je 3^0 Winkelzunahme bringen also eine Zunahme der Hingangsbeschleunigung von $0{,}5$ m/sek². Für eine 100 m lange Rutsche von $f = 0{,}060$ m² Füllungsquerschnitt sollen wieder wie früher Förderleistung und Luftverbrauch unter Annahme eines Beschleunigungshubes $s = 0{,}25$ m ausgerechnet werden. Die Rutsche soll wieder so arbeiten, daß nach jedem Spiel Kohle und Rutsche zu gleicher Zeit ihren Ruhezustand erreichen.

1. Berechnung für $b_1 = 1{,}00$ m/sek².

Mit den früheren Bezeichnungen wird

$$\sin \alpha = \frac{b_1}{g} = \frac{1{,}00}{9{,}81} = 0{,}1021 \, ,$$

$$\alpha = 5^0 52' \ (\text{also ungefähr } 6^0)$$

$$\cos \alpha = \cos 5^0 52' = 0{,}995$$

Beschleunigungszeit $t_1 = \sqrt{\dfrac{2s}{b_1}} = \sqrt{\dfrac{2 \cdot 0{,}25}{1{,}0}} = 0{,}707$ Sekunden,

Endgeschwindigkeit $v = b_1 \cdot t_1 = 1{,}00 \cdot 0{,}707 = 0{,}707$ m/sek.

$$t_z = \frac{v}{b_3} = \text{Rutschdauer der Kohle} \, ,$$

$$b_3 = \mu_1 \cdot g \cdot \cos \alpha - g \cdot \sin \alpha$$
$$= 0{,}30 \cdot 9{,}81 \cdot 0{,}995 - 1{,}00 = 1{,}93 \ \text{m/sek}^2 \, ,$$

also ist

$$t_z = \frac{0{,}707}{1{,}93} = 0{,}3665 \ \text{Sekunden}$$

$$= t_2 = \text{Dauer der Verzögerungsperiode.}$$

Gegenbeschleunigung der Rutsche $b_2 = \dfrac{v}{t_x}$,

Auslaufzeit $t_x = \dfrac{t_2^2}{t_1 + 2 \cdot t_2} = \dfrac{0{,}3665^2}{0{,}707 + 2 \cdot 0{,}3665} = 0{,}0934$ Sekunden,

$$b_2 = \frac{0{,}707}{0{,}0934} = 7{,}58 \ \text{m/sek}^2 \, ,$$

Auslaufweg der Rutsche $h = \dfrac{v^2}{2 b_2} = \dfrac{0{,}707}{2 \cdot 7{,}58} = 0{,}033$ m,

Rücklaufweg der Rutsche $r = s + h = 0{,}25 + 0{,}033 = 0{,}283$ m,

Rücklaufzeit $t_y = \sqrt{\dfrac{2r}{b_2}} = \sqrt{\dfrac{2 \cdot 0{,}283}{7{,}58}} = 0{,}273$ Sekunden,

Verzögerungszeit der Rutsche $t_2 = t_x + t_y = 0{,}367$ Sekunden,

Schwingungszeit der Rutsche $T = t_1 + t_2 = 0{,}707 + 0{,}367 = 1{,}074$ Sekunden,

Schwingungszahl $n = \dfrac{60}{T} = \dfrac{60}{1{,}074} = 55{,}8/\text{Minute}$,

Vorschubweg der Kohle $s_v = \dfrac{v^2}{2 b_3} = \dfrac{0{,}707^2}{2 \cdot 1{,}93} = 0{,}1295$ m,

Förderstrecke der Kohle $S = s + s_v = 0{,}25 + 0{,}1295 = 0{,}3795$ m.

Stündliche Förderleistung

$$G = 60 \cdot f \cdot n \cdot S = 60 \cdot 0{,}060 \cdot 55{,}8 \cdot 0{,}3795 = 76{,}4 \ \text{t/h.}$$

Zur Bestimmung des Luftverbrauchs muß die Größe des Rutschenmotors berechnet werden. Er hat zu überwinden

1. Reibung der Kohle $= R = \mu_1 \cdot G_K \cdot \cos \alpha = 0{,}30 \cdot 6000 \cdot 0{,}995 = 1800$ kg

2. Beschl. Widerstand der Rutsche $= \dfrac{5000}{9{,}81} \cdot 7{,}58 \ \ldots \ldots \ldots = 3860$,,

3. Fall-Widerstand der Rutsche $= G \cdot \sin \alpha = 11\,000 \cdot 0{,}1021 \ . = 1120$,,

4. Fahrwiderstand (wie früher) $\ldots \ldots \ldots \ldots \ldots \ldots = 165$,,

$$\text{Kolbenkraft } P = 6945 \ \text{kg.}$$

$$F = \text{Kolbenfläche} = \frac{P}{p} = \frac{6945}{4} = 1736 \text{ cm}^2 = 0{,}1736 \text{ m}^2,$$

Stündlicher Druckluftverbrauch $= 60 \cdot n \cdot F \cdot r$
$$= 60 \cdot 55{,}8 \cdot 0{,}1736 \cdot 0{,}283 = 164{,}5 \text{ m}^3/\text{h}.$$

Stündlicher Saugluftverbrauch $= 5 \cdot 164{,}5 = 822{,}5 \text{ m}^3/\text{h}.$

Spezifischer Luftverbrauch $= \dfrac{822{,}5}{76{,}4} = 10{,}78 \text{ m}^3/\text{t}.$

Es ergeben sich also ganz günstige Verhältnisse.

2. Berechnung für $b_1 = 2{,}00$ m/sek^2.

Die in gleicher Weise auszuführende Berechnung liefert folgende Werte:

$t_1 = 0{,}50$ sek	$t_2 = 1{,}136$ sek
$n = 36{,}7/\text{min}$	$b_2 = 2{,}145$ m/sek
Auslaufweg der Rutsche	$h = 0{,}233$ m
Rücklaufweg der Rutsche	$r = s + h = 0{,}483$ m
Vorschubweg der Kohle	$s_v = 0{,}568$ m
Förderstrecke der Kohle	$S = s + s_v = 0{,}818$ m
Förderleistung	$G = 108$ t/h
Kolbenfläche	$F = 1318$ cm^2
Saugluftverbrauch	$= 700$ m^3/h
Spezifischer Luftverbrauch	$= 6{,}48$ m^3/t

Der Luftverbrauch ist also erheblich geringer geworden. Aber der Auslaufweg der Rutsche ist recht groß geworden. Soll das Förderverfahren in dieser günstigen Weise durchgeführt werden, so muß man den Rutschenmotor diesen langen Auslaufweg möglich machen, siehe Abb. 289.

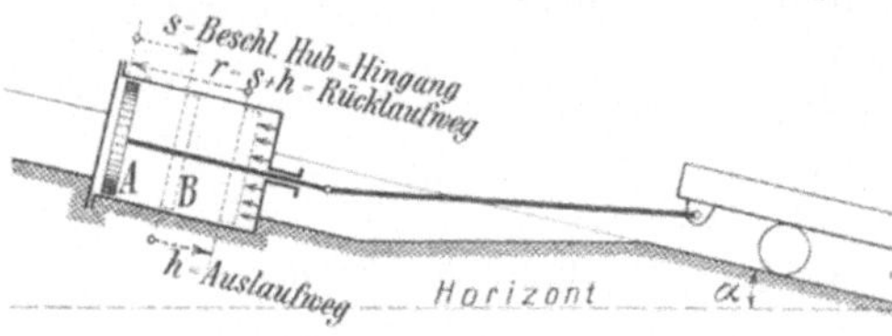

Abb. 289. Die Wegeverhältnisse.

Durch das Eigengewicht der Rutsche wird der Kolben während des beschleunigten Hinganges aus der Stellung A in die Stellung B gezogen. In dieser Stellung stößt die Druckluft gegen die rechte Kolbenfläche und erzeugt die Gegenbeschleunigung. Der Kolben läuft noch um den Auslaufweg h weiter und muß dann den ganzen Weg

$$r = s + h$$

wieder bis in die Anfangsstellung zurücklaufen.

Zusammenstellung für Schwerkraftförderung im Einfallen.
Rutschenlänge $= 100$ m, Füllungsquerschnitt $= 0{,}060$ m^2. Beschl. Hub $= 0{,}25$ m.

Einfallwinkel α^0 ungefähr	Hingangs-beschl. in m/sek^2	Förder-leistung in t/h	Saugluft-verbrauch in m^3/h	Spezif. Luft-verbrauch in m^3/t
3^0	0,50	54,0	1070	19,8
6^0	1,00	76,4	822	10,8
9^0	1,50	93,0	737	7,9
12^0	2,00	108,0	700	6,5
15^0	2,50	120,5	685	5,7

Die in der Tabelle mitgeteilten Werte sind in Abb. 290 graphisch dargestellt. Auffallend ist das starke Anwachsen des spezifischen Luft-

verbrauches bei geringer Hingangsbeschleunigung, also bei geringem Einfallen. Man kommt wieder zu dem früheren Ergebnis, daß bei geringem Einfallen eine Anwendung des Schwerkraftverfahrens unwirtschaftlich ist.

Verbesserung des Schwerkraftverfahrens.

Die Unwirtschaftlichkeit des Schwerkraftverfahrens bei geringem Einfallen läßt sich durch Versteilung des Einfallens vermindern, indem man keilförmige Laufflächen anordnet. Das zeigt Abb. 291. Das Einfallen unter dem Winkel β wird durch den Keilwinkel α vergrößert. Dadurch wird die Fallhöhe größer, und man kommt auf eine größere Hingangsbeschleunigung, welche die Förderleistung steigert. Für die Rutschbewegung der Kohle tritt aber insofern eine Verschlechterung ein, als die Rinne während der Rutschbewegung beim Rücklauf angehoben werden muß, wodurch sich der Druck zwischen Rinne und Kohle steigert, so daß die verzögernde Wirkung der Kohlenreibung größer wird. Man wird also voraussichtlich eine größere Antriebskraft nötig haben wie bei dem natürlichen Einfallen gleicher Fallhöhe. Am besten klären sich die Verhältnisse, wenn ein Beispiel durchgerechnet wird.

Beispiel: Das natürliche Einfallen betrage $\beta = 3^0$, es werde durch den Keilwinkel $\alpha = 6^0$ versteilt; welche Förderleistung hat eine 100 m lange Rutsche von $f = 0,060$ m² Füllungsquerschnitt bei einem Beschleunigungshub $s = 0,25$ m?

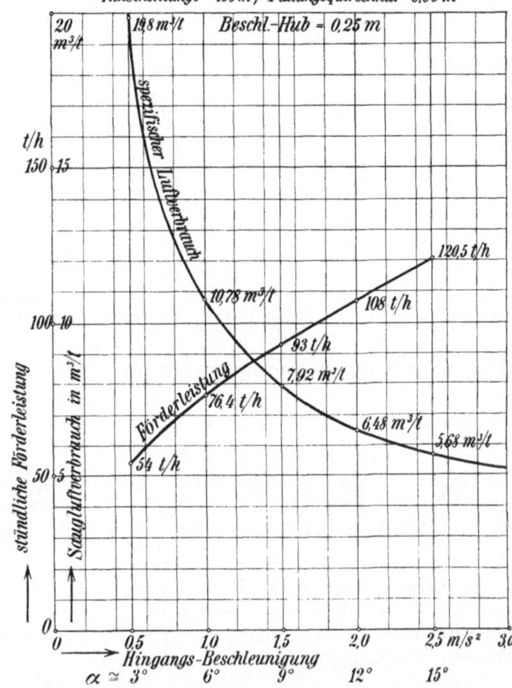

Abb. 290. Förderleistung und Luftverbrauch in Abhängigkeit von der Hingangsbeschleunigung.

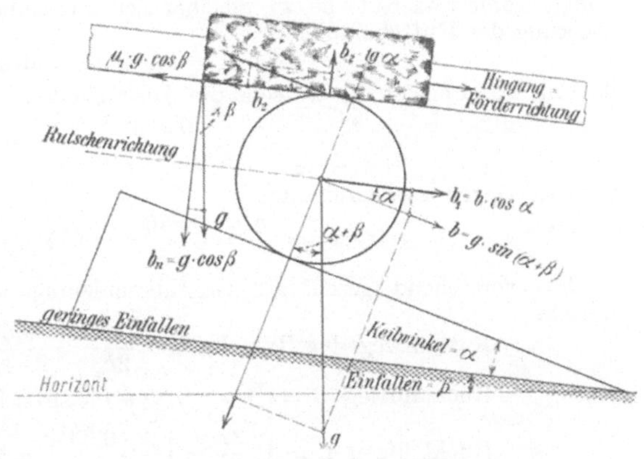

Abb. 291. Versteilung des Einfallens durch Keilflächen.

Lösung: Nach Abb. 291 läuft die Rutschenrolle abwärts mit der Beschleunigung

$$b = g \cdot \sin(\alpha + \beta) = 9{,}81 \cdot \sin(6^0 + 3^0) = 9{,}81 \cdot 0{,}1564 = 1{,}532 \text{ m/sek}^2.$$

Da die Bewegung der Rutsche aber parallel zum Einfallen erfolgt, so ist die Hingangsbeschleunigung in der Bewegungsrichtung der Rutsche nur

$$b_1 = b \cdot \cos \alpha = 1{,}532 \cdot \cos 6^0 = 1{,}532 \cdot 0{,}9945 = 1{,}525 \text{ m/sek}^2.$$

Beschleunigungszeit für den Hingang:

$$t_1 = \sqrt{\frac{2s}{b_1}} = \sqrt{\frac{2 \cdot 0{,}25}{1{,}525}} = 0{,}573 \text{ Sekunden.}$$

höchste Rutschengeschwindigkeit:

$$v = b_1 \cdot t_1 = 1{,}525 \cdot 0{,}753 = 0{,}875 \text{ m/sek.}$$

Die Verzögerung der Kohle errechnet sich nach Abb. 291. Durch das natürliche Einfallen unter dem $\sphericalangle \beta$ entsteht die Verzögerung $\mu_1 \cdot g \cdot \cos \beta$, hierzu kommt die Reibungsvermehrung durch die Aufwärtsbewegung der Rutsche. Wird die Rutsche in der Rutschenrichtung mit der Gegenbeschleunigung b_2 hochgezogen, so entsteht normal zur Rutschenfläche die Aufwärtsbeschleunigung

$$b_2 \cdot \text{tg } \alpha.$$

Diese erzeugt die Reibungsverzögerung

$$\mu_1 \cdot b_2 \cdot \text{tg } \alpha.$$

Die Gesamtverzögerung ist also

$$\mu_1 \cdot g \cdot \cos \alpha + \mu_1 \cdot b_2 \cdot \text{tg } \alpha = \mu_1 \cdot (g \cdot \cos \alpha + b_2 \cdot \text{tg } \alpha).$$

Die Kohle rutscht aber bereits mit der Hingangsbeschleunigung b_1 abwärts, diese natürliche Beschleunigung vermindert die Verzögerung der Kohle, so daß sich eine resultierende Verzögerung einstellt von der Größe

$$b_3 = \mu_1 \cdot (g \cdot \cos \alpha + b_2 \cdot \text{tg } \alpha) - b_1.$$

Zur Berechnung dieser Verzögerung b_3 ist auf der rechten Seite der Gleichung der Wert b_2 der Gegenbeschleunigung nötig. Dieser ist noch unbekannt. Er würde sich errechnen lassen, aber er werde der Einfachheit halber auf Grund unserer früheren Rechnungen geschätzt zu

$$b_2 = 4{,}6 \text{ m/sek}^2.$$

Dann ist

$$b_3 = 0{,}30 \cdot (9{,}81 \cdot \cos 3^0 + 4{,}6 \cdot \text{tg } 6^0) - 1{,}525 = 1{,}555 \text{ m/sek}^2.$$

Rutschdauer der Kohle:

$$t_z = \frac{v}{b_3} = \frac{0{,}875}{1{,}555} = 0{,}563 \text{ Sekunden.}$$

Sollen Kohle und Rutsche zu gleicher Zeit zur Ruhe kommen, so muß die Verzögerung der Rutsche auch

$$t_2 = t_z = 0{,}563 \text{ Sekunden}$$

dauern. Dann erhält die Rutsche die Auslaufzeit:

$$t_x = \frac{t_2^2}{t_1 + 2 \cdot t_2} = \frac{0{,}563^2}{0{,}573 + 2 \cdot 0{,}563} = 0{,}187 \text{ Sekunden}$$

und die Gegenbeschleunigung:

$$b_2 = \frac{v}{t_x} = \frac{0{,}875}{0{,}187} = 4{,}675 \text{ m/sek}^2.$$

Die vorstehend geschätzte Gegenbeschleunigung $b_2 = 4{,}6$ m/sek^2 wird also erreicht.

$$\text{Auslaufweg der Rutsche } h = \frac{v^2}{2b_2} = \frac{0{,}875^2}{2 \cdot 4{,}675} = 0{,}0818 \text{ m,}$$

$$\text{Rücklaufweg } r = s + h = 0{,}25 + 0{,}0818 = 0{,}3318 \text{ m,}$$

$$\text{Rücklaufzeit } t_y = \sqrt{\frac{2r}{b_2}} = \sqrt{\frac{2 \cdot 0{,}3318}{4{,}675}} = 0{,}376 \text{ Sekunden.}$$

Die ganze Verzögerung der Rutsche dauert also

$$t_2 = t_x + t_y = 0{,}187 + 0{,}376 = 0{,}563 \text{ Sekunden,}$$

also genau so lange, wie die Verzögerung der Kohle.

Schwingungsdauer $T = t_1 + t_2 = 0{,}573 + 0{,}563 = 1{,}136$ Sekunden,

Schwingungszahl $n = \dfrac{60}{T} = \dfrac{60}{1{,}136} = 52{,}8$/Minute,

Vorschubweg der Kohle $s_v = \dfrac{v^2}{2 \cdot b_3} = \dfrac{0{,}875^2}{2 \cdot 1{,}555} = 0{,}247$ m,

Förderstrecke der Kohle $S = s + s_v = 0{,}25 + 0{,}247 = 0{,}497$ m,

Förderleistung $G = 60 \cdot f \cdot n \cdot S = 60 \cdot 0{,}060 \cdot 52{,}8 \cdot 0{,}497 = 94{,}5$ t/h.

Zur Berechnung des Luftverbrauchs muß der Rutschenmotor berechnet werden.

Die Kohlenreibung während des Rückganges beträgt

$$R = \mu_1 \cdot N = \mu_1 \cdot G_K \cdot (\cos \beta + b_2 \cdot \operatorname{tg} \alpha)$$
$$= 0{,}30 \cdot 6000 \cdot (0{,}9986 + 4{,}6 \cdot 0{,}1051) = \mathbf{2680\ kg.}$$

Das Fallgewicht der Rutsche beträgt in Richtung der Keilfläche

$$G \cdot \sin (\alpha + \beta) = 11000 \cdot 0{,}1564 = 1722\ \text{kg} = G_1.$$

In Richtung des Einfallens ist das Fallgewicht

$$G_2 = \frac{G_1}{\cos \alpha} = \frac{1722}{0{,}9945} = \mathbf{1740\ kg.}$$

Die Rückbeschleunigung der Rutsche erfordert die Kraft

$$B = \frac{5000}{9{,}81} \cdot 4{,}675 = \mathbf{2380\ kg.}$$

Der Motor hat folgende Kräfte summarisch aufzubringen:

1. Kohlenreibung $\quad R = 2680$ kg
2. Fallgewicht $\quad\quad G_2 = 1740$,,
3. Beschl. Kraft $\quad\ B = 2380$,,
4. Fahrwiderstand $W = \ \ 165$,,
$$\overline{\quad\quad\quad\quad\quad\quad\quad P_2 = 6965\ \text{kg}}$$

Kolbenfläche $F_2 = \dfrac{P_2}{p} = \dfrac{6965}{4} = 1741$ cm² $= 0{,}1741$ m².

Stündlicher Druckluftverbrauch:

$$L = 60 \cdot n \cdot F_2 \cdot r = 60 \cdot 52{,}8 \cdot 0{,}1741 \cdot 0{,}3318 = 183\ \text{m}^3/\text{h}.$$

Stündlicher Saugluftverbrauch

$$L = 5 \cdot 183 = 915\ \text{m}^3/\text{h}.$$

Spezifischer Luftverbrauch

$$l = \frac{915}{94{,}5} = 9{,}68\ \text{m}^3/\text{t}.$$

Vergleichen wir diese Zahlen mit den Zahlenwerten für gleiches natürliches Einfallen und für gleiches Einfallen ohne Keilwinkel, so ergibt sich folgende bemerkenswerte Vergleichstabelle.

Einfall-winkel β	Keil-winkel α	Hingangs-beschl. m/sek²	Förder-leistung in t/h	Saugluft-verbrauch m³/h	Spezifischer Luft-verbrauch m³/t
		1. Natürliches Einfallen			
3°	0°	0,50	54,0	1070	19,8
		2. Natürliches Einfallen mit Keilwinkel			
3°	6°	1,525	94,5	915	9,68
		3. Natürliches Einfallen			
9°	0°	1,50	93,0	737	7,9

Daraus folgern wir:

1. **Versteilt man bei geringem Einfallen durch Keilflächen**, so steigert sich die Förderleistung ungefähr auf die Leistung des gleichgroßen natürlichen Einfallens, der spezifische Luftverbrauch aber wird größer, in unserm Beispiel wächst er auf das $\frac{9{,}68}{7{,}90} = 1{,}22$ fache oder um 22%.

2. **Versteilt man nicht** (siehe erste Zahlenreihe), so ist die Förderleistung gering und der Luftverbrauch außerordentlich hoch.

Die Versteilung bei geringem Einfallen bringt also für das **Schwerkraftverfahren** zweierlei Vorteile:

1. eine bedeutende Steigerung der Förderleistung,
2. eine ganz bedeutende Luftersparnis.

33. Die Zentrifugalkraft.

Eine gleichförmige Kreisbewegung kommt dadurch zustande, daß rechtwinkelig zur Umfangsgeschwindigkeit v eine Beschleunigung b hinzutritt. Diese Beschleunigung b kann nur durch eine konstante Kraft erteilt werden, deren Größe nach dem Beschleunigungsgesetz

$$\text{Kraft} = \text{Masse} \times \text{Beschleunigung}$$

bestimmt wird. Ist G das Gewicht der in Abb. 292 rotierenden Kugel, so ist die Beschleunigungskraft

$$K = \frac{G}{g} \cdot b.$$

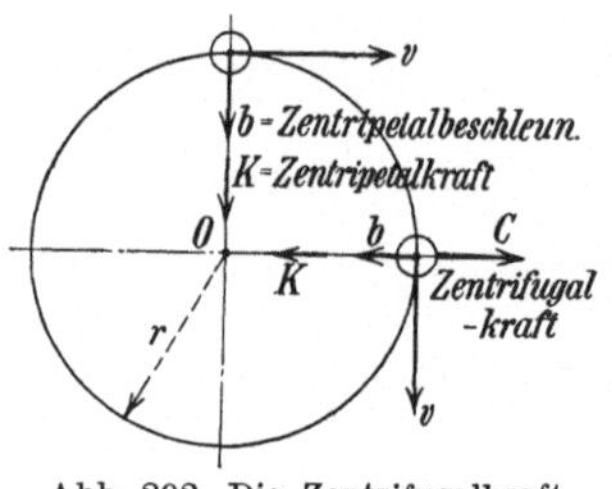

Abb. 292. Die Zentrifugalkraft einer rotierenden Kugel.

Die Beschleunigung, welche als Zentripetalbeschleunigung uns schon bekannt ist, hat die Größe

$$b = \frac{v^2}{r}, \quad \text{also wird} \quad K = \frac{G}{g} \cdot \frac{v^2}{r}.$$

Man nennt diese Kraft die **Zentripetalkraft**, weil sie in allen Stellungen der Kugel rechtwinkelig zur Kreislinie, also nach dem Mittelpunkt O des Kreises hin gerichtet ist. Sie hat die Eigenschaft, die Bahngeschwindigkeit v unverändert zu lassen, da sie rechtwinkelig zur Richtung der Geschwindigkeit v bleibt. Verändert sich ihre Größe nicht, so bleibt auch der Krümmungsradius r der Bahn konstant.

Zwangläufig kann man einen Körper auf einer **Schienenbahn** im Kreise bewegen. Es muß dann die Schiene ständig mit der Zentripetalkraft

$$K = m \cdot \frac{v^2}{r}$$

den Körper nach innen drücken. Man kann aber auch den Körper an einem Faden rundschleudern. Erteilt man ihm die Umfangsgeschwindigkeit v rechtwinkelig zur Fadenrichtung, so wird er in gleichförmiger Bewegung eine Kreislinie beschreiben.

Die Kugel wird bei der Bewegung den Faden spannen. Nach dem Gesetz der Wechselwirkung ist die von der Kugel auf den Faden ausgeübte Gegenkraft genau so groß wie die Zentripetalkraft, und da sie in der Richtung des Fadens nach außen wirkt, wird sie **Zentrifugalkraft** genannt und mit C bezeichnet. Die Zentrifugalkraft hat also auch wieder die Größe

$$C = m \cdot \frac{v^2}{r} = \frac{G}{g} \cdot \frac{v^2}{r}.$$

Bei der Kreisbewegung (Abb. 293) ist die **Umfangsgeschwindigkeit** bekanntlich die Bogenlänge, welche der Endpunkt des Halbmessers r in der Sekunde durchläuft.

Die Bogenlänge, welche am Radius 1 in der Sekunde durchlaufen wird, nennt man **Winkelgeschwindigkeit** und bezeichnet sie mit ω.

Man kann also die Winkelgeschwindigkeit auch als die **Umfangsgeschwindigkeit am Radius 1** bezeichnen, und es ist

$$\omega = \frac{v}{r}.$$

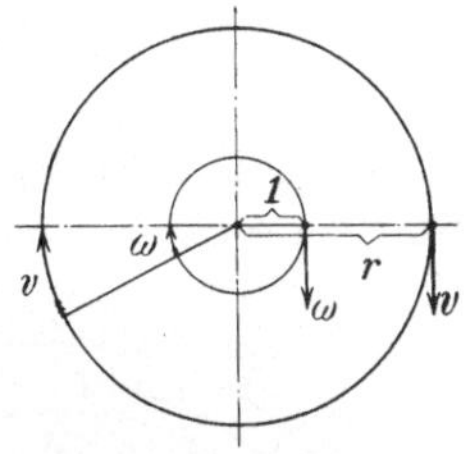

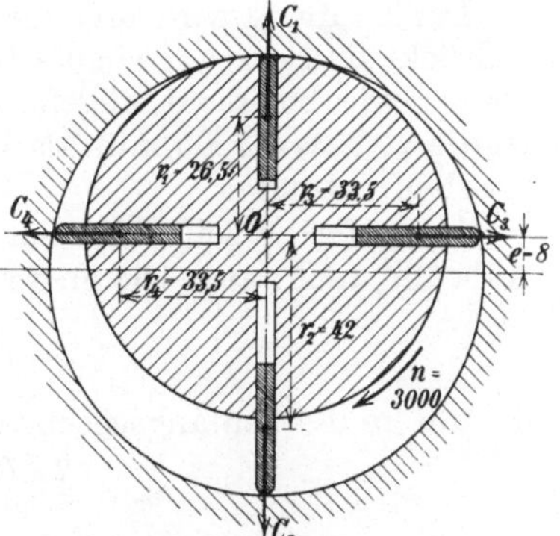

Abb. 293. Die Winkelgeschwindigkeit.

Ist ω gegeben, so ist die Umfangsgeschwindigkeit am Radius r

$$v = r \cdot \omega.$$

Setzt man diesen Wert in die Gleichung

$$C = m \cdot \frac{v^2}{r}$$

ein, so wird

$$C = m \cdot \frac{r^2 \cdot \omega^2}{r} = m \cdot r \cdot \omega^2.$$

Die Zentrifugalkraft im Drehkolbenmotor.

Der Drehkolbenmotor (Abb. 294) hat in radialen Einschnitten einer Walze frei fliegende Lamellen. Bei der Drehbewegung der Walze werden die Lamellen nach außen geschleudert, so daß die Zentrifugalkräfte die Lamellen gegen das feststehende Gehäuse drücken. Denkt man sich die Zentrifugalkräfte in den Schwerpunkten der Lamellenflächen angreifend, so haben diese Schwerpunkte folgende Umfangsgeschwindigkeiten:

$$v_1 = \frac{2\pi \cdot r_1 \cdot n}{60} = \frac{2\pi \cdot 0{,}0265 \cdot 3000}{60}$$

$$= 8{,}32 \text{ m/sek},$$

$$v_2 = \frac{2\pi \cdot r_2 \cdot n}{60} = \frac{2\pi \cdot 0{,}042 \cdot 3000}{60}$$

$$= 13{,}2 \text{ m/sek},$$

$$v_3 = v_4 = \frac{2\pi \cdot r_3 \cdot n}{60} = \frac{2\pi \cdot 0{,}0335 \cdot 3000}{60} = 10{,}5 \text{ m/sek}.$$

Abb. 294. Die Zentrifugalkraft der Drehkolbenlamellen.

Die Zentrifugalkräfte der Lamellen haben folgende Größen (Lamellengewicht = 100 g):

$$C_1 = \frac{G}{g} \cdot \frac{v_1^2}{r_1} = \frac{0{,}100}{9{,}81} \cdot \frac{8{,}32^2}{0{,}0265} = 26{,}1 \text{ kg},$$

$$C_2 = \frac{G}{g} \cdot \frac{v_2^2}{r_2} = \frac{0{,}100}{9{,}81} \cdot \frac{13{,}2^2}{0{,}042} = 41{,}4 \,\text{,,}$$

$$C_3 = \frac{G}{g} \cdot \frac{v_3^2}{r_3} = \frac{0{,}100}{9{,}81} \cdot \frac{10{,}5^2}{0{,}0335} = 32{,}9 \,\text{,,}$$

$$C_4 = C_3 \qquad\qquad\quad = 32{,}9 \,\text{,,}$$

Gesamtzentrifugalkraft $C = 133{,}3$ kg.

Diese Kraft C bremst an der Gehäusewand, so daß bei einer bestimmten Tourenzahl die ganze Energie der Maschine durch innere Bremsarbeit aufgezehrt wird. Bei einem Versuch wurde z. B. $n = 4000$/min als höchste erreichbare Umdrehungszahl bei Leerlauf gefunden.

Daher war man bestrebt, die Lamellen abzufangen, indem man zwei Laufringe um die Lamellen legte, die in Kugellagern gegen das feste Gehäuse abgestützt waren. Aber auch diese Maßnahme ist nicht vollkommen. Bei dem Motor Abb. 295 bleibt ein Druck der Laufringe nach unten hin, denn nach unten zieht die größte Zentrifugalkraft C_2. Die Druckdifferenz ist

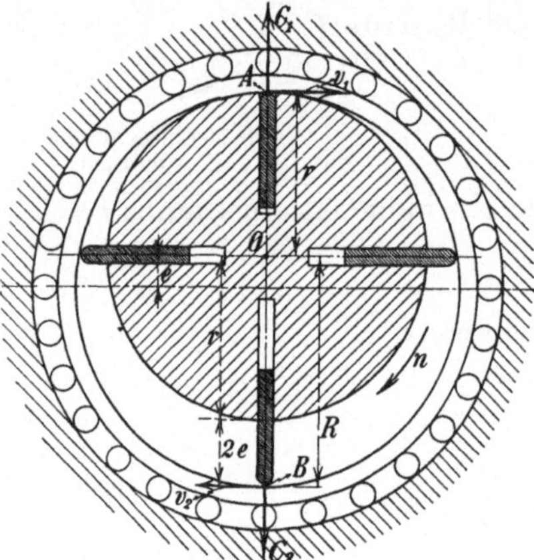

Abb. 295. Aufnahme der Zentrifugalkräfte durch Ringe, auf Kugeln laufend.

$$C_2 - C_1 = 41{,}4 \text{ kg} - 26{,}1 \text{ kg} = 15{,}3 \text{ kg}.$$

Der Laufring wird mit dieser Kraft nach unten gegen das Gehäuse gedrückt und erzeugt ebenfalls Reibungsarbeit, die natürlich erheblich kleiner wie bei nicht abgefangenen Lamellen ist. Bei einem Versuch wurde z. B. $n = 7500$/min als höchste erreichbare Umdrehungszahl bei Leerlauf gefunden.

Auch die Schleifarbeit der Lamellen hört bei der Ringanordnung, Abb. 295, nicht auf. Die obere Lamelle hat die Umfangsgeschwindigkeit

$$v_1 = \frac{2\pi r \cdot n}{60},$$

die untere die Umfangsgeschwindigkeit

$$v_2 = \frac{2\pi R \cdot n}{60} = \frac{2\pi (r + 2e) \cdot n}{60}.$$

Demnach ergibt sich eine Geschwindigkeitsdifferenz

$$v_2 - v_1 = \frac{2\pi r \cdot n + 2\pi \cdot 2en - 2\pi r \cdot n}{60},$$

$$v_2 - v_1 = \frac{4\pi \cdot e \cdot n}{60}.$$

Da die untere Lamelle schärfer gegen den Ring drückt als die obere, wird der Laufring die größere Geschwindigkeit v_2 annehmen, so daß der Ring über die Lamellen klettert, er schleift, indem er eine Relativbewegung gegenüber der langsamer laufenden oberen Lamelle macht. Diese Schleifbewegung wächst proportional mit der Exzentrizität e. Daher wird man bestrebt sein müssen, den Wert e, d. h. den Sichelraum möglichst klein zu halten und die erforderliche Druckfläche der Lamellen durch eine entsprechende Breitenausdehnung der Lamellen zu erzielen.

Für $e = 8$ mm und $n = 3000$ wird z. B.

$$v_2 - v_1 = \frac{4\pi \cdot 0{,}008 \cdot 3000}{60} = 5 \text{ m/sek}.$$

Das ist schon ein Betrag, der recht bedeutend ist.

Die Bahnkurve einer Schienenbahn.

Beim Durchfahren einer Kurve macht sich der Einfluß der Zentrifugalkraft geltend. Man muß die Schwellen gegen die Horizontale geneigt verlegen, wenn die Radflanschen des Wagens keinen Seitendruck gegen die Schienen ausüben sollen. Aus Abb. 296 ersieht man, daß im Schwerpunkt des beladenen Wagens zwei Kräfte angreifen

1. das Wagengewicht $G = m \cdot g$,

2. die Zentrifugalkraft $C = m \cdot \dfrac{v^2}{r}$.

Aus dem Kräftedreieck folgt

$$\operatorname{tg}\alpha = \frac{C}{G} = \frac{m \cdot v^2}{r \cdot m \cdot g} = \frac{v^2}{r \cdot g}.$$

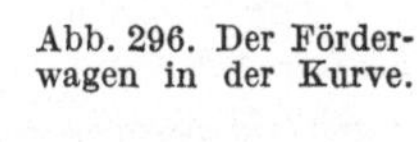

Abb. 296. Der Förderwagen in der Kurve.

Die Schwellen müssen um diesen Winkel α gegen die Horizontale geneigt werden, wenn die Resultierende R die beiden Kräfte senkrecht zur Schwellenlage verlaufen soll. Aus Abb. 297 ergibt sich die Größe h, um welche die außenliegende Schiene gegen die innen liegende überhöht werden muß:

$$\frac{h}{b} = \sin\alpha \quad \text{oder} \quad h = b \cdot \sin\alpha.$$

Beispiel: Bestimme die Schienenüberhöhung einer Grubenbahn, welche eine Kurve von $r = 4\,m$ Radius mit $v = 2$ m/sek durchfahren soll.

Lösung:

$$\operatorname{tg}\alpha = \frac{v^2}{r \cdot g} = \frac{2^2}{4 \cdot 9{,}81} = 0{,}1020,$$

$$\alpha = 5^0\,48',$$

Schienenweite $b = 800$ mm,

$$h = b \cdot \sin\alpha = 800 \cdot 0{,}1011 = {\sim}\,80 \text{ mm}.$$

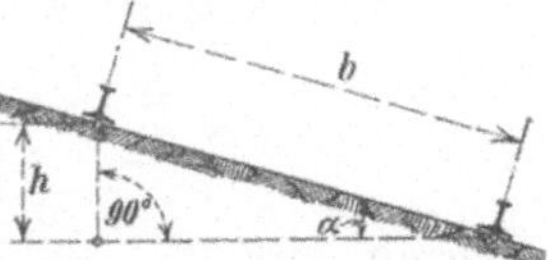

Abb. 297. Bahnneigung in der Kurve.

Der Schwungkugelregulator (Abb. 298).

An einer senkrechten Welle sind zwei Kugeln an Pendelstangen aufgehängt. Bei einer Drehung der Welle tritt zu der Gewichtskraft G der Kugel noch die Zentrifugalkraft der sich drehenden Kugel hinzu. Die Kugel schwingt nach außen. Zentrifugalkraft C und Kugelgewicht G

bilden zusammen eine Resultierende R, und es herrscht erst dann wieder Gleichgewicht, wenn, die Resultierende durch den festen Aufhängepunkt A des Pendels geht. Das ist der Fall, wenn die Richtung der Resultierenden in die Richtung der Pendelstange fällt, alsdann ist

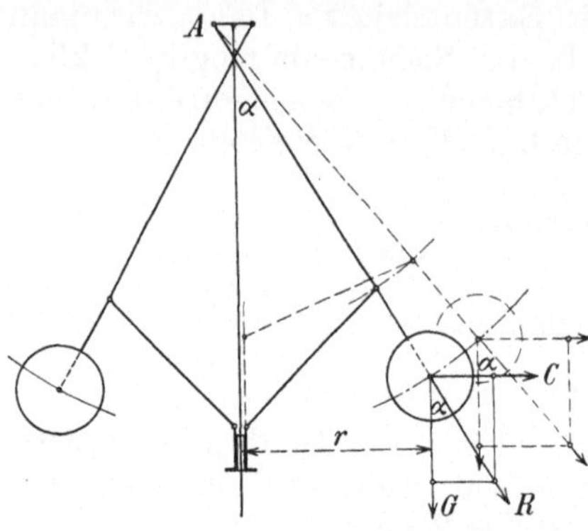

Abb. 298. Der Schwungkugelregulator.

$$\operatorname{tg} \alpha = \frac{C}{G} = \frac{v^2}{r \cdot g}.$$

Wird die Geschwindigkeit v größer, so muß auch tg α bzw. der Winkel α größer werden, d. h. die Kugel schwingt höher und nimmt die angehängte Hülse mit, diese verstellt die Steuerung der Maschine, so daß ein Durchgehen der Maschine bei Abnahme der Belastung verhindert wird. Nach demselben Prinzip arbeiten auch die Tachometer (Geschwindigkeitsmesser), die Hülse geht hoch und schreibt mit einem Schreibstift die Geschwindigkeit als Ordinatengröße auf.

34. Das Prinzip der lebendigen Kraft (Wucht).

Ein in Bewegung befindlicher Körper kann beim Auftreffen auf einen Widerstand Arbeit leisten, so schlägt der niederfallende Hammer zum Beispiel einen Nagel ein und ein Geschoß durchschlägt eine Wand. Die Wirkung ist um so besser, je größer die Aufschlaggeschwindigkeit ist.

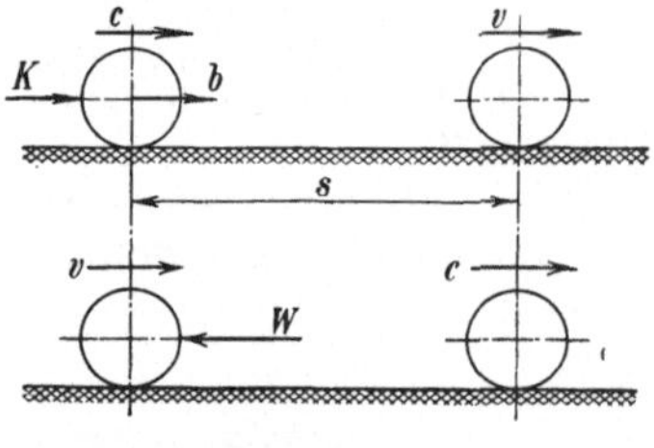

Eine Kugel, Abb. 299, werde durch eine konstante Kraft K vorwärts getrieben, dann wird sie die Beschleunigung b annehmen. Nach dem Weg s ist ihre Geschwindigkeit von c auf v gestiegen und nach unserer früheren Bewegungsformel

Abb. 299. Beschleunigung und Verzögerung einer Kugel.

$$s = \frac{v^2 - c^2}{2b} = \frac{v^2 - c^2}{2} \cdot \frac{1}{b}.$$

Nach dem Beschleunigungsgesetz ist, wenn $m = \dfrac{G}{g}$ die Masse der Kugel bedeutet,

$$b = \frac{K}{m} \quad \text{oder} \quad \frac{1}{b} = \frac{m}{K}.$$

Hiermit wird

$$s = \frac{v^2 - c^2}{2} \cdot \frac{m}{K},$$

$$K \cdot s = \frac{m \cdot v^2}{2} - \frac{m \cdot c^2}{2}.$$

Man nennt den Ausdruck $\dfrac{m \cdot v^2}{2}$ und $\dfrac{m \cdot c^2}{2}$ die lebendige Kraft, Wucht oder kinetische Energie des Körpers in dem jeweiligen Bewegungszustand. Das Produkt $K \cdot s$ ist die von der Kraft K verrichtete mechanische Arbeit. Die Gleichung lautet daher als Lehrsatz:

Die mechanische Arbeit, welche eine auf einen Körper wirkende Kraft verrichtet, ist eben so groß wie die Zunahme der lebendigen Kraft des Körpers.

Die Gleichung zeigt, daß zwischen der mechanischen Arbeit und der lebendigen Kraft eine gewisse Gleichwertigkeit besteht, daß die eine gleichsam in die andere umgewandelt wird.

In gleicher Weise kann ein Körper, Abb. 299, der mit der Anfangsgeschwindigkeit v sich bewegt, durch eine konstante Widerstandskraft W verzögert werden, so daß nach dem Weg s die Geschwindigkeit sich auf den Betrag c vermindert hat. In diesem Fall ist

$$W \cdot s = \frac{m \cdot v^2}{2} - \frac{m \cdot c^2}{2}$$

und man kann sagen:

Widerstand $\times$ Weg $=$ verbrauchte lebendige Kraft.

Das Prinzip der lebendigen Kraft verwendet die Technik bei vielen Arbeitsvorgängen, hierfür einige Beispiele.

Der Vorschub der Kohle in der Schüttelrutsche.

Die Rutsche wird nach Erreichung der Höchstgeschwindigkeit v plötzlich angehalten und zurückgezogen. Das Kohlenstück (Abb. 300) rutscht aber in der Bewegungsrichtung vermöge seiner lebendigen Kraft um den Weg s weiter.

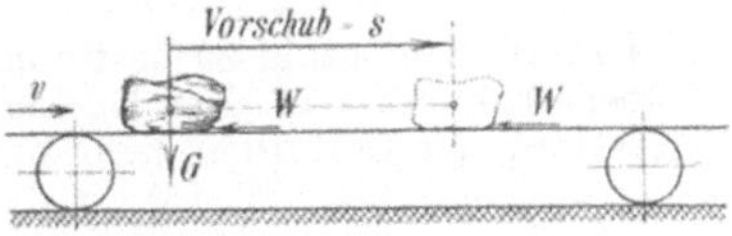

$$\frac{m \cdot v^2}{2} = W \cdot s,$$

Abb. 300. Der Vorschub der Kohle.

wo $W = \mu \cdot G =$ Reibungswiderstand der Kohle,

$$\frac{G}{g} \cdot \frac{v^2}{2} = \mu \cdot G \cdot s,$$

$$s = \frac{v^2}{2 \cdot g \cdot \mu},$$

z. B. $v = 1{,}20$ m/sek, $\mu = 0{,}30$,

$$s = \frac{1{,}20^2}{2 \cdot 9{,}81 \cdot 0{,}30} = 0{,}245 \text{ m}.$$

Die Schlagarbeit der Drucklufthämmer.

Beim Drucklufthammer wird der Schlagkolben mit großer Geschwindigkeit gegen das Werkzeug gestoßen, hierbei wird die lebendige Kraft des Kolbens in mechanische Schlagarbeit umgesetzt.

Besitzt der Kolben, dessen Masse m ist, im Augenblick des Aufschlagens die Geschwindigkeit v, so ist seine lebendige Kraft oder sein Arbeitsvermögen

$$A = \frac{m \cdot v^2}{2} \text{ mkg.}$$

Dieses Arbeitsvermögen ist die Schlagarbeit des Einzelschlages. Macht der Hammer n Schläge je min, so ist seine sekundliche Arbeitsleistung

$$L = \frac{A \cdot n}{60} \text{ mkg/sek}$$

oder seine Leistung in PS

$$N = \frac{A \cdot n}{60 \cdot 75}.$$

Beispiel: Wie groß ist die Schlagleistung eines Abbauhammers, der folgende Verhältnisse hat:

Kolbendurchmesser $d = 35$ mm, Schlaghub $s = 115$ mm,

Kolbengewicht $G = 0,745$ kg,

wenn bei 4 atü Eintrittsspannung die mittlere Druckluftspannung 2,92 atü ist?

Lösung:

$$\text{Kolbenkraft} \quad P = \frac{\pi}{4} \cdot 3,5^2 \cdot 2,92 = 28 \text{ kg},$$

$$\text{Kolbenmasse} \quad m = \frac{G}{g} = \frac{0,745}{9,81} = 0,076,$$

$$\text{Kolbenbeschleunigung} \quad b = \frac{P}{m} = \frac{28}{0,076} = 368 \text{ m/sek}^2.$$

$$\text{Der Schlaghub dauert } t_1 = \sqrt{\frac{2s}{b}} = \sqrt{\frac{2 \cdot 0,115}{368}} = 0,025 \text{ Sekunden.}$$

Die Aufschlaggeschwindigkeit ist $v = b \cdot t_1 = 368 \cdot 0,025 = 9,2$ m/sek.

Die Einzelschlagleistung ist also

$$A = \frac{m \cdot v^2}{2} = \frac{0,076 \cdot 9,2^2}{2} = 2,71 \text{ mkg}.$$

Um die Schlagzahl zu bestimmen, muß auch die Zeit t_2 für den Rücklauf des Kolbens bekannt sein. Der Rücklauf erfordert erfahrungsgemäß wegen stärkerer Drosselung der Luft 10% mehr Zeit, also ist

$$t_2 = 1,10 \cdot 0,025 = 0,0275 \text{ sek.}$$

Der volle Schlag dauert also

$$t = t_1 + t_2 = 0,025 + 0,0275 = 0,0525 \text{ sek.}$$

$$\text{Schlagzahl} = n = \frac{60}{t} = \frac{60}{0,0525} = 1142/\text{min.}$$

Die Schlagleistung in PS ist daher

$$N = \frac{A \cdot n}{60 \cdot 75} = \frac{2,71 \cdot 1142}{4500} = 0,69 \text{ PS.}$$

Wie ändert sich die Hammerleistung, wenn der Kolbendurchmesser vergrößert wird?

Läßt man die Kolbenlänge konstant, dann verhalten sich die Kolbengewichte wie die Quadrate der Kolbendurchmesser. Macht man

$$d_2 = 2 \cdot d_1,$$

dann ist

$$G_2 = G_1 \cdot \left(\frac{d_2}{d_1}\right)^2 = G_1 \cdot \frac{(2d_1)^2}{d_1^2} = 4 \cdot G_1.$$

Die Kolbenkräfte wachsen in gleichem Maße. Es ist

$$P_2 = P_1 \cdot \left(\frac{d_2}{d_1}\right)^2 = 4 \cdot P_1.$$

Die Kolbenbeschleunigungen sind

$$b_1 = \frac{P_1 \cdot g}{G_1} \quad \text{und} \quad b_2 = \frac{P_2 \cdot g}{G_2} = \frac{4 \cdot P_1 \cdot g}{4 \cdot G_1} = b_1.$$

Die Kolbenbeschleunigungen bleiben also gleich. Sind die Beschleunigungen die gleichen, so sind auch bei demselben Kolbenweg die Schlagzahlen und Schlaggeschwindigkeiten die gleichen. Also ist

$$n_2 = n_1 \quad \text{und} \quad v_2 = v_1.$$

Die Arbeitswerte für den Einzelschlag sind:

$$A_1 = \frac{m_1 \cdot v_1^2}{2} \quad \text{und} \quad A_2 = \frac{m_2 \cdot v_2^2}{2},$$

$$m_2 = 4\,m_1, \quad v_2 = v_1,$$

$$A_2 = \frac{4 \cdot m_1 \cdot v_1^2}{2} = 4 \cdot A_1 = 2^2 \cdot A_1.$$

Die PS-Leistungen sind:

$$N_1 = \frac{n_1 \cdot A_1}{60 \cdot 75} \quad \text{und} \quad N_2 = \frac{n_2 \cdot A_2}{60 \cdot 75} = \frac{n_1 \cdot 2^2 \cdot A_1}{60 \cdot 75} = 2^2 \cdot N_1.$$

Berechnet man dieselben Werte für eine Durchmesservergrößerung auf das 3- und 4-fache, so erhält man zusammengefaßt die nachstehenden Zahlenwerte:

Leistungsänderungen durch Durchmesservergrößerung..

Kolbendurchmesser	d_1	$d_2 = 2 \cdot d_1$	$d_3 = 3 \cdot d_1$	$d_4 = 4 \cdot d_1$
Schlagzahl	n_1	$n_2 = n_1$	$n_3 = n_1$	$n_4 = n_1$
Einzelschlagarbeit	A_1	$A_2 = 2^2 \cdot A_1$	$A_3 = 3^2 \cdot A_1$	$A_4 = 4^2 \cdot A_1$
PS-Leistung	N_1	$N_2 = 2^2 \cdot N_1$	$N_3 = 3^2 \cdot N_1$	$N_4 = 4^2 \cdot N_1$

Ergebnis: Vergrößert man bei gleichbleibender Kolbenlänge und gleichbleibendem Schlaghub das Kolbengewicht durch n-fache Vergrößerung des Kolbendurchmessers, so bleiben die Schlagzahlen konstant, dagegen wachsen Einzelschlagleistung und PS-Leistung auf das n^2-fache.

Die Durchmesservergrößerung ist daher ein sehr wirksames Hilfsmittel, um die Leistung des Hammers bedeutend zu steigern. Sie läßt sich aber bei Abbauhämmern nur in engen Grenzen ausnutzen, weil mit ihr der Rückstoß des Hammers in gleichem Maße wächst.

Wie ändert sich die Hammerleistung, wenn der Schlaghub vergrößert wird?

Es sollen zwei gleiche Hämmer mit dem Hub s_1 und $s_2 = 2\,s_1$ untersucht werden. Da die Durchmesser gleich sind, so sind bei gleichen Kolbengewichten auch die Kolbenbeschleunigungen gleich. Folglich sind die Kolbenwege

$$s_1 = \tfrac{1}{2}b \cdot t_1^2 \quad \text{und} \quad s_2 = \tfrac{1}{2}b \cdot t_2^2 \quad \text{oder} \quad b = \frac{2\,s_1}{t_1^2} \quad \text{und} \quad b = \frac{2\,s_2}{t_2^2},$$

damit ist

$$\frac{2\,s_1}{t_1^2} = \frac{2\,s_2}{t_2^2} = \frac{2 \cdot 2\,s_1}{t_2^2} \quad \text{oder} \quad t_2^2 = \frac{4\,s_1}{2\,s_1} \cdot t_1^2 = 2 \cdot t_1^2,$$

$$t_2 = t_1 \cdot \sqrt{2}.$$

Die Schlagzahlen sind

$$n_1 = \frac{60}{t_1} \quad \text{und} \quad n_2 = \frac{60}{t_2} = \frac{60}{t_1 \cdot \sqrt{2}} = \frac{n_1}{\sqrt{2}}.$$

Die Schlaggeschwindigkeiten sind

$$v_1 = b \cdot t_1 \quad \text{und} \quad v_2 = b \cdot t_2 = b \cdot t_1 \cdot \sqrt{2} = v_1 \cdot \sqrt{2},$$

hiermit werden die Einzelschlagleistungen

$$A_1 = \frac{m \cdot v_1^2}{2} \quad \text{und} \quad A_2 = \frac{m \cdot v_2^2}{2} = \frac{m \cdot v_1^2 \cdot 2}{2} = 2 \cdot A_1$$

und die PS-Leistungen

$$N_1 = \frac{A_1 \cdot n_1}{60 \cdot 75} \quad \text{und} \quad N_2 = \frac{A_2 \cdot n_2}{60 \cdot 75} = \frac{2 A_1 \cdot n_1}{60 \cdot 75 \cdot \sqrt{2}} = \frac{2}{\sqrt{2}} \cdot N_1$$

$$\text{oder} \quad N_2 = \sqrt{2} \cdot N_1.$$

Rechnet man dasselbe für eine 3- und 4-fache Hubvergrößerung durch, so ergeben sich die Werte der nachstehenden Tabelle.

Leistungsänderungen durch Hubvergrößerung.

Schlaghub	s_1	$s_2 = 2 s_1$	$s_3 = 3 s_1$	$s_4 = 4 s_1$
Schlagzahl	n_1	$n_2 = \dfrac{n_1}{\sqrt{2}}$	$n_3 = \dfrac{n_1}{\sqrt{3}}$	$n_4 = \dfrac{n_1}{\sqrt{4}}$
Einzelschlagleistung	A_1	$A_2 = 2 A_1$	$A_3 = 3 \cdot A_1$	$A_4 = 4 \cdot A_1$
PS-Leistung . . .	N_1	$N_2 = \sqrt{2} \cdot N_1$	$N_3 = \sqrt{3} \cdot N_1$	$N_4 = \sqrt{4} \cdot N_1$

Ergebnis: Vergrößert man den Schlaghub auf das n-fache, so nimmt die Schlagzahl ab, sie sinkt auf den $\dfrac{1}{\sqrt{n}}$-fachen Betrag. Dagegen steigt die Schlagstärke (Einzelschlagleistung) auf das n-fache, die PS-Leistung aber nur auf das $\sqrt{n}$-fache.

Am größten ist also die Steigerung der Schlagstärke. Daher ist die Hubvergrößerung ein wirksames Mittel, um einen besonders schlagkräftigen Hammer zu bauen. Solche Hämmer werden bekanntlich für die Arbeit in harter Kohle verlangt. Eine Vergrößerung des Rückstoßes findet nicht statt, er wird im Gegenteil kleiner werden, weil durch die längere Bauart des Hammers sein Gewicht und damit seine Masse größer wird[1].

Die Verlängerung einer belasteten Schraubenfeder.

1. Bei langsamer Belastung. In Abb. 301 wird eine Schraubenfeder durch ein Gewicht langsam belastet, derart, daß in jedem Augenblick die Zunahme der Belastung proportional mit der Verlängerung der Feder zunimmt. Ist die ganze Belastung G angehängt, dann möge sich die Feder um λ cm verlängert haben. Der λ-Wert läßt sich berechnen, wenn die Kraft H für die Verlängerung der Feder um 1 cm bekannt ist. Dann ist

für H kg Belastung die Verlängerung $= 1$ cm,

„ G „   „   „   „ $\lambda = \dfrac{1 \cdot G}{H}$ cm oder $G = \lambda \cdot H$.

---

[1] Siehe Glückauf 1927, S. 12: „Die Mechanik der Abbauhämmer“.

Die aufgewendete mechanische Arbeit ist, da die mittlere Belastungskraft $\frac{1}{2} G$ ist,

$$A = \tfrac{1}{2} G \cdot \lambda$$

da $G = \lambda \cdot H$ ist, wird $A = \frac{1}{2} \lambda^2 \cdot H$.

2. Bei plötzlicher Belastung. Wird das Gewicht G plötzlich losgelassen, so ist der Gleichgewichtszustand gestört, da die Spannung der ungestreckten Feder gleich Null ist. Das Gewicht G wird also herabfallen und hierbei die Feder strecken. Die Federkraft wächst, es treten zunehmende nach oben gerichtete Kräfte auf, welche das Gewicht in der Bewegung verzögern und bei der größten Längung der Feder zur Ruhe bringen.

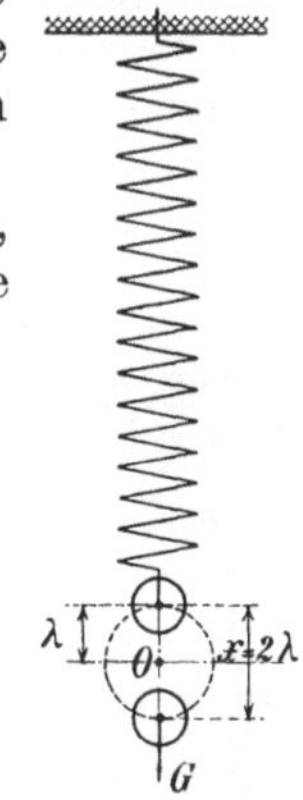

Das Gewicht leistet beim Fallen mechanische Arbeit, nach dem Fallweg x ist seine Arbeitsleistung $G \cdot x$; die kinetische Energie des fallenden Gewichtes ist

$$\frac{G}{g} \cdot \frac{v^2}{2}.$$

Die zum Spannen der Feder aufgewendete Arbeit ist

$$A = \tfrac{1}{2} x^2 \cdot H.$$

Demnach besteht die Beziehung

$$G \cdot x + \frac{G}{g} \cdot \frac{v^2}{2} = \frac{1}{2} x^2 \cdot H.$$

Für die größte Dehnung der Feder ist $v = 0$ und es wird

$$G \cdot x = \frac{1}{2} x^2 \cdot H \quad \text{oder} \quad x = \frac{2 \cdot G}{H}.$$

Bei langsamer Belastung fanden wir $\lambda = \dfrac{1 \cdot G}{H}$, also ist

Abb. 301. Die Federlängung bei ruhender Belastung und bei plötzlich auffallender Belastung.

bei plötzlicher Belastung die maximale Dehnung doppelt so groß und damit die Beanspruchung der Feder auch doppelt so groß. Das Gewicht wird um den Punkt O Schwingungen ausführen und nach dem Ausklingen der Schwingungen im Punkte O zur Ruhe kommen. Wir finden hier, daß plötzliche auffallende Belastungen gefährliche Schwingungen erzeugen, welche das Zugorgan stärker belasten. Da Förderseile genau so wie eine Feder als elastisches Aufhängemittel anzusprechen sind, werden wir auch bei Förderseilen durch plötzliches Auffallen der Belastung Schwingungen im Seil erzeugen und dadurch die Seilbelastung auf das Doppelte der aufgesetzten Last heraufsetzen. Deswegen werden die neuerdings eingeführten Stoßdämpfer[1] eine Schonung für das Förderseil bedeuten.

Die Fangvorrichtungen.

Die Körbe der für Seilfahrt zugelassenen Fördereinrichtungen sind mit Vorrichtungen ausgerüstet, die im Falle eines Seilbruchs den Korb an den Führungsschienen festbremsen sollen, um den Absturz zu verhindern. Hierbei muß die lebendige Kraft der niedergehenden Gewichte durch Bremsarbeit vernichtet werden. Mit welcher größten Verzögerung diese Bremskörper arbeiten dürfen, bestimmt die Bergpolizei-Verordnung. Sie schrieb früher eine größte Bremsver-

---

[1] Hort, Dr.: Stoßdämpfeinrichtung für Förderseile. Glückauf 1928, Nr. 12.

zögerung von $b = 40$ m/sek^2 vor und ist heute auf $b = 30$ m/sek^2 zurückgegangen.

Welche größte Verzögerung der menschliche Körper ohne schwere Schädigung aushalten kann, hat man aus folgender Überlegung gewonnen. Der letzte Weltrekord im Stabhochsprung betrug 4,20 m. Man kann also annehmen, daß der Körper einen Sprung in eine Tiefe von 4 m ertragen kann. Beim Auftreffen auf den Boden nimmt er den Anprall elastisch auf, indem er in die Kniebeuge geht. Der vertikale Kniebeugeweg ist dann sein Bremsweg, er betrage z. B. $s = 1,00$ m. Nach Abb. 302 hat der Körper nach Durchfallen der Höhe h die Endgeschwindigkeit v, und es ist

$$v^2 = 2\,g\,h.$$

Diese Geschwindigkeit v ist die Anfangsgeschwindigkeit für den Bremsweg s, sie verzögert sich mit der Bremsverzögerung b bis auf Null, also ist auch

$$v^2 = 2\,b\,s.$$

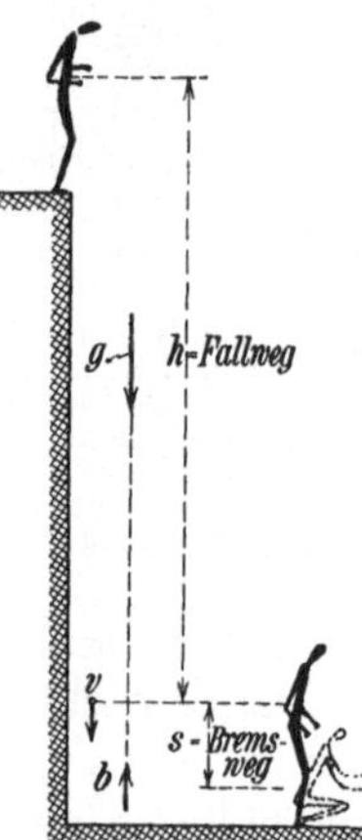

Abb. 302. Die Bremsverzögerung beim Sprung.

Durch Gleichsetzung beider Werte erhalten wir

$$2\,b\,s = 2\,g\,h,$$

$$b = \frac{g \cdot h}{s} = \frac{9,81 \cdot 4}{1,00} = 39,2 \text{ m/sek}^2.$$

Das Aufnehmen dieser großen Verzögerung geschieht beim Sprung bewußt, beim Abstürzen eines Förderkorbes wird diese Überlegung aber fehlen, und wohl mit Rücksicht hierauf hat man die zusätzliche Verzögerung auf $b = 30$ m/sek^2 heruntergesetzt.

Es sei im folgenden

$G = $ Gewicht der abstürzenden Massen in kg,

$v = $ Fallgeschwindigkeit im Augenblick des Eingreifens der Fangbremsvorrichtung in m/sek,

$s = $ Bremsweg in m,

$W = $ Bremswiderstand der gesamten Bremskörper in kg,

dann muß die lebendige Kraft der fallenden Massen und die von dem fallenden Gewicht der Massen auf dem Bremsweg geleistete Arbeit durch den Widerstand W an den Spurlatten aufgezehrt werden. Also ist

$$\frac{G \cdot v^2}{g \cdot 2} + G \cdot s = W \cdot s.$$

Aus dieser Gleichung berechnet sich der Widerstand W.

Für die in Abb. 303 angegebenen Massen soll die Rechnung durchgeführt werden, und zwar für den gefährlichsten Fall, daß der niedergehende Korb, welcher mit $c = 8$ m/sek fährt, abreißt. Die Gewichte der Massen sind

1. Förderkorb   = 10 000 kg
2. 70 Personen = 5 250 ,,
3. Seilgewicht   = 10 000 ,,
Gesamtgewicht $G = $ **25 250 kg.**

Das Auflösen der Fangvorrichtung erfordert Zeit. Nimmt man an, daß die Sturzzeit bis zum Eingreifen der Fänger

$$t = 1 \text{ sek}$$

dauert, so hat der Korb in diesem Augenblick die Fallgeschwindigkeit

$$\dot{v} = c + g \cdot t = 8 + 9{,}81 \cdot 1 = \sim 18 \text{ m/sek}.$$

Der freie Fallweg des Korbes beträgt dann schon

$$s = c \cdot t + \tfrac{1}{2} g \cdot t^2 = 8 \cdot 1 + \tfrac{1}{2} \cdot 9{,}81 \cdot 1^2 = \sim 13 \text{ m}.$$

Sollen die Massen mit

$$b = 30 \text{ m/sek}^2$$

verzögert werden, so ist erforderlich ein Bremsweg von der Größe

$$s = \frac{v^2}{2b} = \frac{18^2}{2 \cdot 30} = 5{,}4 \text{ m}.$$

Mit diesen Werten erhält man

$$\frac{25\,250 \cdot 18^2}{9{,}81 \cdot 2} + 25\,250 \cdot 5{,}4 = W \cdot 5{,}4,$$

$$W = 102\,500 \text{ kg}.$$

Bei 2 Spurlatten und doppelten Fängen an jeder Spurlatte hat ein Fänger den Widerstand

$$\frac{W}{4} = \frac{102\,500}{4} = 25\,600 \text{ kg}$$

aufzubringen.

Das sind außerordentlich große Kräfte, die den ganzen Schachteinbau zerstören können. Sind die Widerstandskräfte kleiner, so wächst proportional der Bremsweg. Das wäre an sich nicht schlimm, denn je länger der Bremsweg ist, um so sanfter wird der Korb stillgesetzt, und um so weniger werden Verletzungen von Personen vorkommen.

Das gleiche Ergebnis läßt sich einfacher durch folgende Überlegung gewinnen. Wenn der Korb mit der Fallbeschleunigung g fällt, und die Fangfinger mit der Gegenbeschleunigung b_1 arbeiten, wird der Korb mit der Verzögerung

$$b_1 - g = b$$

zur Ruhe kommen. Soll $b = 30$ m/sek² sein, so ist

$$b_1 = b + g = 30 + 9{,}81 = 39{,}81 \text{ m/sek}^2,$$

$$\text{Widerstandskraft} = \text{Masse} \times \text{Verzögerung}$$

$$W = \frac{G}{g} \cdot b_1$$

$$= \frac{25\,250}{9{,}81} \cdot 39{,}81 = 102\,500 \text{ kg},$$

also

$$\frac{W}{4} = \frac{102\,500}{4} = 25\,600 \text{ kg}.$$

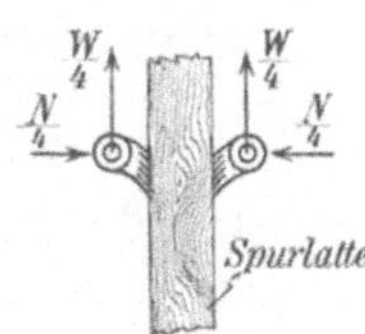

Abb. 303. Der Absturz eines Förderkorbes.

Das ist der gleiche Wert, der vorstehend auch gefunden wurde. Jede Spurlatte hätte also die Kraft

$$2 \cdot \frac{W}{4} = 2 \cdot 25600 = 51200 \text{ kg}$$

aufzunehmen.

35. Die lebendige Kraft umlaufender Scheiben — Trägheitsmoment — reduzierte Masse — Trägheitshalbmesser.

Bei umlaufenden Scheiben hat die Masse verschiedene Geschwindigkeiten. Die Massenpunkte, welche auf dem Umfangskreise liegen, haben die größte Geschwindigkeit. Mit Abnahme des Halbmessers nimmt proportional die Geschwindigkeit ab.

Ein Massenpunkt am Radius r_1 (Abb. 304) hat die lebendige Kraft

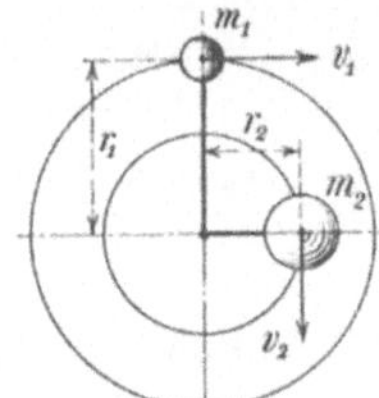

$$L_1 = \frac{m_1 \cdot v_1^2}{2},$$

ein Massenpunkt am Radius r_2

$$L_2 = \frac{m_2 \cdot v_2^2}{2}.$$

Der Ausdruck für die lebendige Kraft der ganzen Scheibe muß daher die Form haben

$$L = \sum\left(\frac{m \cdot v^2}{2}\right).$$

Abb. 304. Rotierende Massen.

Das Summationszeichen Σ deutet an, daß die für alle Massenpunkte gebildeten $\dfrac{m \cdot v^2}{2}$-Werte zu einer Summe vereinigt werden sollen.

Ist ω die Winkelgeschwindigkeit der Scheibe, so ist

$$v_1 = r_1 \cdot \omega \quad \text{und} \quad v_2 = r_2 \cdot \omega,$$

folglich sind die lebendigen Kräfte

$$L_1 = \frac{m_1 \cdot r_1^2 \cdot \omega^2}{2} \quad \text{und} \quad L_2 = \frac{m_2 \cdot r_2^2 \cdot \omega}{2}.$$

Die lebendige Kraft der ganzen Scheibe ist also

$$L = \sum\left(\frac{m \cdot r^2 \cdot \omega^2}{2}\right).$$

Die Größe $\dfrac{\omega^2}{2}$ ist eine konstante Größe aller unter dem Summationszeichen vereinigten Glieder, daher kann man sie vor das Summationszeichen setzen und schreiben

$$L = \frac{\omega^2}{2} \cdot \sum (m \cdot r^2).$$

Der Ausdruck $\sum (m \cdot r^2)$ stellt die Summe der Produkte aller Massen und der Quadrate ihrer Abstände von der Drehachse dar und wird das Trägheitsmoment des Körpers in bezug auf diese Drehachse genannt.

Das Trägheitsmoment wird mit dem Buchstaben J bezeichnet, also ist

$$\sum (m \cdot r^2) = J.$$

Hiermit ist die lebendige Kraft der umlaufenden Scheibe

$$L = \frac{\omega^2}{2} \cdot J.$$

Die Trägheitsmomente der am häufigsten vorkommenden regelmäßigen Figuren sind bekannt, so
ist z. B. das Trägheitsmoment einer Kreisfläche in
bezug auf den Mittelpunkt des Kreises

$$J = \frac{\pi}{32}\, d^4.$$

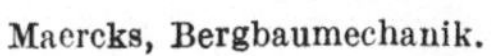

Abb. 305. Die gleich-
wertige Masse eines
rotierenden Ringes.

Zur Berechnung der lebendigen Kraft bei der
Drehbewegung eines Körpers muß man also vorher das
Trägheitsmoment des Körpers in bezug auf die Drehachse feststellen.

Wenn in Abb. 305 die Massenteile des Körpers gleich weit von der
Drehachse O entfernt liegen, so kann in der Gleichung

$$J = \sum (m \cdot r^2)$$

Größe die r^2 als gemeinschaftlicher Faktor ausgeklammert werden,
dann ist

$$J = r^2 \cdot \sum (m).$$

Die Summe aller Massenteilchen $\sum (m)$ ist gleich
der Gesamtmasse des Körpers M, also ist auch

$$J = r^2 \cdot M,$$

d. h. der ringförmige Körper wird sich in der Auswirkung seiner lebendigen Kraft genau so verhalten wie
die Masse M, welche im Punkte A konzentriert gedacht werden kann. Den Abstand dieses Punktes A
von der Drehachse nennt man den Trägheitshalbmesser des Körpers und die im Punkte A konzen-
trierte Masse die reduzierte Masse.

Man bezeichnet den Trägheitshalbmesser mit k
und schreibt dann

$$J = k^2 \cdot M.$$

Allgemein versteht man unter dem Trägheitshalbmesser denjenigen Halbmesser, für
welchen die reduzierte Masse gleiche Größe
mit der wirklichen Masse des Körpers hat.

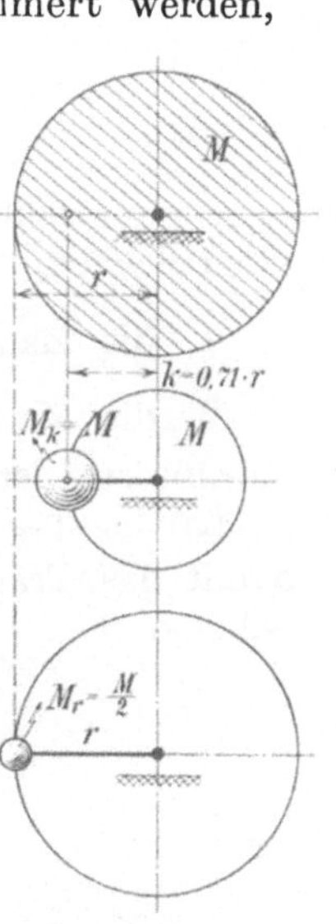

Abb. 306. Die rotie-
rende Scheibe.

Hierfür ein Beispiel: In Abb. 306 sehen wir eine
Scheibe, sie habe die Masse M und den Halbmesser r, es soll

1. die auf den Halbmesser r reduzierte Masse der Scheibe und

2. der Trägheitshalbmesser der Scheibe

bestimmt werden. Als bekannt wird vorausgesetzt das Trägheitsmoment
der Kreisfläche in bezug auf ihren Mittelpunkt, d. i. die Größe

$$J = \frac{\pi}{32}\, d^4 = \frac{\pi}{32} \cdot (2r)^4 = \frac{\pi \cdot r^4}{2} = \frac{r^2 \cdot \pi \cdot r^2}{2},$$

nun ist $r^2 \cdot \pi = M = $ Flächenmasse der Scheibe

$$J = \frac{r^2 \cdot \pi \cdot r^2}{2} = \frac{M \cdot r^2}{2}.$$

Die auf den Halbmesser r reduzierte Masse der Scheibe findet man durch Gleichsetzung der beiden Ausdrücke

$$J = M_r \cdot r^2 = \frac{M \cdot r^2}{2},$$

$$M_r = \frac{M}{2},$$

d. h. **die auf den Umfang der Scheibe reduzierte Masse der Scheibe ist halb so groß wie die wirkliche Masse der Scheibe.**

Will man die Masse auf den Trägheitshalbmesser k reduzieren, so muß sein

$$J = M_k \cdot k^2 = \frac{M \cdot r^2}{2}.$$

Gemäß der früheren Erklärung des Trägheitshalbmessers ist in diesem Fall

$$M_k = M,$$

also wird

$$k^2 = \frac{r^2}{2},$$

$$k = \frac{r}{\sqrt{2}} = 0,71 \cdot r.$$

Daraus schließen wir, daß in der Auswirkung der lebendigen Kraft einer Scheibe von der Masse M

1. die Masse $M_r = \dfrac{M}{2}$ am äußeren Radius r,

2. die Masse $M_k = M$ am Trägheitshalbmesser $k = 0,71 \cdot r$

gleichwertig ist.

Ist der Trägheitshalbmesser eines Körpers bekannt, so kann man damit das Trägheitsmoment des Körpers errechnen, z. B. ist für die Scheibe

$$J = M_k \cdot k^2,$$

$$M_k = \text{Masse der Kreisfläche} = r^2 \cdot \pi,$$

$$k = \frac{r}{\sqrt{2}},$$

$$J = r^2 \cdot \pi \cdot \left(\frac{r}{\sqrt{2}}\right)^2 = \frac{\pi \cdot r^4}{2} = \frac{\pi}{32} \cdot d^4.$$

Umrechnung von Gewichten auf Seilmitte.

Bei umlaufenden Scheiben ist eine Beschleunigung der Drehbewegung durch eine Kraft aufzubringen, welche in ihrer Größe von der Masse der Scheibe abhängig ist. Die Masse der Scheibe denkt man sich am Trägheitshalbmesser k der Scheibe angreifend. Die Beschleunigungskraft kann an dieser Stelle aber nicht angreifen, sie wird in der Regel durch ein um die Scheibe geschlungenes Seil auf die Scheibe übertragen. In diesem Fall muß man diejenige Masse M_u oder dasjenige Gewicht G_u

berechnen, welches am Umfangsradius dasselbe Arbeitsvermögen besitzt wie die wirkliche Masse M am Trägheitsradius. Mithin gilt die Bedingungsgleichung

$$M \cdot k^2 = \tfrac{1}{2} M_u \cdot r^2 \quad \text{oder} \quad \frac{G}{g} \cdot k^2 = \frac{G_u}{g} \cdot r^2,$$

$$G \cdot k^2 = G_u \cdot r^2, \qquad G_u = \left(\frac{k}{r}\right)^2 \cdot G.$$

Tafel der Trägheitshalbmesser (nach Weih).

Art der Scheibe	Trägh.-Halbm. k	$\dfrac{k}{r}$
Gleichdicke Scheiben (z. B. Schleifsteine)	$0{,}70 \cdot r$	$0{,}70$
Schwungringe mit sehr leichten Armen	$0{,}7 \cdot \sqrt{R^2 - r^2}$	—
Illgner-Schwungscheiben (elektr. Förderung) . . .	$0{,}77 \cdot r$	$0{,}77$
Dampfmaschinen-Schwungräder (schwere Arme) . .	$0{,}75 \cdot r$	$0{,}75$
Seilscheiben	$0{,}71 \cdot r$	$0{,}71$
Zylindrische Fördertrommeln oder Treibscheiben . .	$0{,}66 \cdot r$	$0{,}66$
Spiraltrommeln	$0{,}80 \cdot r$	$0{,}80$

Beispiel: Welche Seilkraft ist nötig, um eine Seilscheibe von 6000 kg Gewicht mit der Beschleunigung $b = 2$ m/sek^2 in Bewegung zu setzen?

Lösung: Das auf den Umfang der Scheibe reduzierte Gewicht der Scheibe ist

$$G_u = \left(\frac{k}{r}\right)^2 \cdot G.$$

Nach Tabelle ist für Seilscheiben $\dfrac{k}{r} = 0{,}71$, also ist

$$G_u = 0{,}71^2 \cdot G = 0{,}50 \cdot G = 0{,}50 \cdot 6000 = 3000 \text{ kg.}$$

Demnach ist die Masse, welche am Seil zu beschleunigen ist,

$$M = \frac{G_u}{g} = \frac{3000}{9{,}81} = \sim 300.$$

Die erforderliche Seilkraft ist

$$K = M \cdot b = 300 \cdot 2 = 600 \text{ kg.}$$

36. Die Wirkung der Schwungräder.

Schwungräder sind Kraftspeicher. Sie werden auf Arbeitswellen gesetzt, um die ungleiche Arbeitsabnahme auszugleichen. Überwiegt an der Arbeitswelle der Kraftstoß der Antriebsmaschine, dann wird die Bewegung aller Massen eine Beschleunigung erfahren, auch das Schwungrad. Es kommt auf eine höhere Umfangsgeschwindigkeit und erhält dadurch eine größere kinetische Energie. Wird dagegen die abgenommene Energie größer, dann tritt eine Verzögerung der Massen ein. Das Schwungrad vermindert seine Umfangsgeschwindigkeit, seine kinetische Energie wird kleiner. Die Differenz dieser kinetischen Energie wird von der Arbeitswelle in Form von mechanischer Arbeit verbraucht.

In Abb. 307 hat die Schwungscheibe den äußeren Halbmesser r, ihr Trägheitshalbmesser ist k, d. h. die Wirkung der Scheibe in bezug auf ihr kinetisches Arbeitsvermögen ist genau so groß wie die gleichgroße Masse, welche im Abstande k von der Drehachse rotiert.

18*

Nach unseren früheren Betrachtungen ist die kinetische Energie der Schwungscheibe

$$L = \frac{\omega^2}{2} \cdot J.$$

Vermindert die Scheibe ihre Umdrehungszahl von n_1 auf n_2, so ändert sich die Winkelgeschwindigkeit ω, sie sinkt von ω_1 auf ω_2. Hierbei wird die Differenz der lebendigen Kräfte in mechanische Arbeit umgesetzt. Das Arbeitsvermögen der Scheibe ist also

$$A = L_1 - L_2 = \frac{\omega_1^2 - \omega_2^2}{2} \cdot J.$$

Das Trägheitsmoment J der Scheibe ist bekanntlich

$$J = M \cdot k^2.$$

Hiermit wird

$$A = \frac{\omega_1^2 - \omega_2^2}{2} \cdot M \cdot k^2.$$

Die Winkelgeschwindigkeiten lassen sich durch die Umfangsgeschwindigkeiten des Massenpunktes am Radius k ersetzen. Es ist

$$\omega_1 = \frac{v_1}{k} \quad \text{und} \quad \omega_2 = \frac{v_2}{k},$$

$$A = \frac{1}{2} \cdot \left(\frac{v_1^2}{k^2} - \frac{v_2^2}{k^2} \right) \cdot M \cdot k^2$$

$$= \frac{1}{2} \cdot \frac{v_1^2 - v_2^2}{k^2} \cdot M \cdot k^2$$

$$= \frac{1}{2} M \cdot (v_1^2 - v_2^2).$$

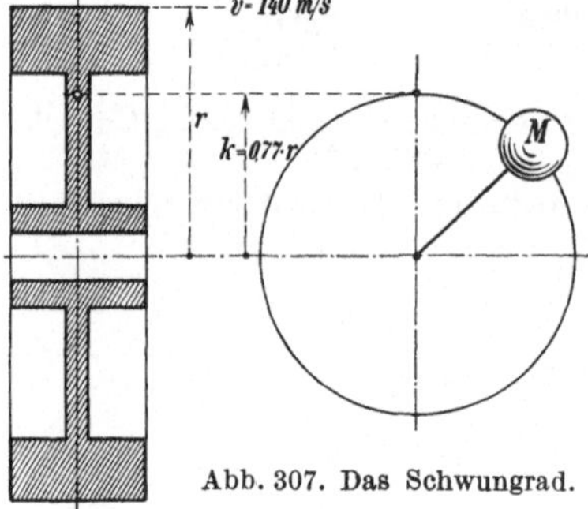

Abb. 307. Das Schwungrad.

Das Arbeitsvermögen einer Schwungscheibe ist demnach gleich der Differenz der lebendigen Kräfte seiner Masse, welche am Trägheitsradius k mit den Umfangsgeschwindigkeiten v_1 und v_2 rotiert.

Das Schwungmoment: Der Trägheitshalbmesser k ist bekanntlich die Länge des Halbmessers, in dessen Endpunkt die Masse eines Körpers vom Gewicht G konzentriert gedacht werden muß, um das gleiche Trägheitsmoment J zu geben, das der Körper besitzt. Setzt man $D_i = 2k$, so ist

$$J = \frac{G}{g} \cdot k^2 = \frac{G}{g} \cdot \frac{D_i^2}{4}.$$

Man nennt

$$G \cdot D_i^2 = 4 g \cdot J$$

das Schwungmoment. Das Schwungmoment $G \cdot D_i^2$ wird beim Antrieb elektrischer Maschinen in einer bestimmten Größe vom Elektriker vorgeschrieben.

Wie groß muß das Schwungmoment eines Schwungrades sein, wenn es beim Fallen der Drehzahl von n_1 auf n_2 eine Arbeit von A mkg leisten soll?

Bei der Drehzahl n_1 ist die Winkelgeschw. $\omega_1 = \dfrac{\pi \cdot n_1}{30}$,

,,   ,,   ,, n_2 ,,   ,,   ,, $\omega_2 = \dfrac{\pi \cdot n_2}{30}.$

Die kinetische Energie des Schwungrades ist

$$\text{vor Abgabe der Arbeit} = L_1 = \frac{\omega_1^2}{2}\cdot J = J\cdot\frac{\pi^2\cdot n_1^2}{1800},$$

$$\text{nach } \qquad \qquad = L_2 = \frac{\omega_2^2}{2}\cdot J = J\cdot\frac{\pi^2\cdot n_2^2}{1800}.$$

Also ist

$$A = L_1 - L_2 = J\cdot\frac{\pi^2}{1800}\cdot(n_1^2 - n_2^2),$$

$$J = \frac{G\cdot D_i^2}{g\cdot 4},$$

$$A = \frac{G\cdot D_i^2}{g\cdot 4}\cdot\frac{\pi^2}{1800}\cdot(n_1^2 - n_2^2),$$

$$\text{Schwungmoment} = G\cdot D_i^2 = \frac{7200\cdot A}{n_1^2 - n_2^2}.$$

Beispiel: Das Schwungrad einer elektrischen Fördermaschinenanlage hat 4,40 m Durchmesser und wiegt 20 t. Es läuft mit einer Umfangsgeschwindigkeit von 140 m/sek. Beim Anfahren geht die Umdrehungszahl in 20 Sekunden um 15 % zurück. Welche Arbeit schießt das Schwungrad dem Fördermotor zu?

Lösung: Zur Berechnung des Trägheitsmomentes muß der Trägheitshalbmesser k bekannt sein. Nach unserer Tabelle (Weih) ist

$$k = 0{,}77\cdot r = 0{,}77\cdot 2{,}2 = 1{,}69 \text{ m}.$$

Das Trägheitsmoment der Schwungscheibe ist daher

$$J = M\cdot k^2 = \frac{20\,000}{9{,}81}\cdot 1{,}69^2 = \sim 2000\cdot 2{,}86 = 5720.$$

Wenn das Schwungrad mit einer Umfangsgeschwindigkeit

$$v = 140 \text{ m/sek}$$

läuft, so ist die zugehörige Drehzahl

$$n_1 = \frac{60\cdot v}{\pi\cdot D} = \frac{60\cdot 140}{3{,}14\cdot 4{,}40} = 608.$$

Die zugehörige Winkelgeschwindigkeit ist

$$\omega_1 = \frac{\pi\cdot n_1}{30} = \frac{\pi\cdot 608}{30} = 63{,}6 \text{ m/sek}.$$

Vermindert sich die Drehzahl um 15 %, so vermindert sich die Winkelgeschwindigkeit ebenfalls um diesen Betrag, und es ist dann

$$\omega_2 = 0{,}85\cdot \omega_1 = 0{,}85\cdot 63{,}6 = 54 \text{ m/sek}.$$

Das Arbeitsvermögen des Schwungrades ist hiermit

$$A = \frac{\omega_1^2 - \omega_2^2}{2}\cdot J = \frac{63{,}6^2 - 54^2}{2}\cdot 5720 = 3\,230\,000 \text{ mkg}.$$

Diese Arbeit wird in 20 Sekunden abgegeben, also ist die Arbeitsleistung in 1 Sekunde

$$A_s = \frac{3\,230\,000}{20} = 161\,500 \text{ mkg/sek}$$

oder die PS-Leistung

$$N = \frac{161\,500}{75} = 2155 \text{ PS}.$$

Demnach ersetzt die Schwungscheibe während des Anfahrens einen Zusatzmotor von rund 2000 PS. Während der Fördermotor gegen Ende des Förderzuges keine Kraft verbraucht, wird die Schwungscheibe wieder durch den Fördermotor aufgeladen, indem sie auf die normale Umfangsgeschwindigkeit $v = 140$ m/sek beschleunigt wird.

Die Schwungradarbeit kann ebensogut nach der Formel

$$A = \tfrac{1}{2} M \cdot (v_1^2 - v_2^2)$$

ausgerechnet werden. Die Geschwindigkeiten sind dann im Trägheitskreise zu messen, d. h. am Halbmesser

$$k = 0,77 \cdot r = 1,69 \text{ m}.$$

Wenn die Winkelgeschwindigkeit $\omega_1 = 63,6$ m/sek ist, so wird die Geschwindigkeit am Radius k

$$v_1 = k \cdot \omega = 1,69 \cdot 63,6 = 107,5 \text{ m/sek},$$
$$v_2 = 0,85 \cdot v_1 = 0,85 \cdot 107,5 = 91,4 \text{ m/sek},$$
$$A = \tfrac{1}{2} \cdot 2000 \cdot (107,5^2 - 91,4^2) = 3\,230\,000 \text{ mkg}.$$

Beispiel: Wieviel Förderzüge können mit dem Schwungrad allein gemacht werden, wenn die Nutzlast 4000 kg, die Teufe 600 m und der mechanische Wirkungsgrad der Fördereinrichtung 0,60 ist?

Lösung:

Theoretische Arbeit für 1 Förderzug $= 4000 \cdot 600 = 2\,400\,000$ mkg,

$$\text{Wirkliche Arbeit für 1 Förderzug} = \frac{2\,400\,000}{0,60} = 4\,000\,000 \text{ mkg}.$$

$$\text{Ganze lebendige Kraft des Schwungrades} = \tfrac{1}{2} M \cdot v^2$$
$$= \tfrac{1}{2} \cdot 2000 \cdot 107,5^2 = 11\,560\,000 \text{ mkg}$$

$$\text{Förderzüge} = \frac{11\,560\,000}{4\,000\,000} = 2,9.$$

Beispiel: Welche Auslaufzeit hat der Maschinensatz im Leerlauf, wenn dieser 100 PS verzehrt?

Lösung: Die ganze lebendige Kraft des Schwungrades ist

$$L = \tfrac{1}{2} M \cdot v^2 = 11\,560\,000 \text{ mkg}.$$

100 PS verbrauchen in der Sekunde $100 \cdot 75 = 7500$ mkg,

$$\text{Auslaufzeit} = \frac{11\,560\,000}{75\,000} = 1540 \text{ Sekunden} = 25,7 \text{ Min}.$$

Beispiel: Die 120 t schwere Schwungscheibe der Stromerzeugermaschine einer elektrischen Fördermaschine soll aus dem Ruhezustand auf 100 m Umfangsgeschwindigkeit gebracht werden. Wie lange dauert das Anlaufen, wenn zur Beschleunigung 1000 PS zur Verfügung stehen?

Lösung: Bei der Schwungscheibe wirkt die Masse so, als wenn sie in einem Abstande

$$k = 0,77 \cdot r$$

vom Drehpunkt angebracht wäre.

Bei 100 m Umfangsgeschwindigkeit hat dieser Punkt die Umfangsgeschwindigkeit

$$v = 0,77 \cdot 100 = 77 \text{ m/sek}.$$

Bei dieser Geschwindigkeit ist das Arbeitsvermögen

$$A = \frac{1}{2} M \cdot v^2 = \frac{1}{2} \cdot \frac{120\,000}{10} \cdot 77^2 = 35\,520\,000 \text{ mkg}.$$

$$1 \text{ PS} = 75 \text{ mkg/sek}$$
$$1000 \text{ PS} = 1000 \cdot 75 = 75\,000 \text{ mkg/sek}$$
$$75\,000 \text{ mkg} = 1 \text{ Sekunde}$$
$$35\,520\,000 \text{ mkg} = \frac{1 \cdot 35\,520\,000}{75\,000} = 473 \text{ Sekunden}.$$

Wie groß ist die Anlaufbeschleunigung?

$$b = \frac{v}{t} = \frac{77}{473} = 0,16 \ \text{m/sek}^2.$$

Sollte das Schwungrad z. B. mit der zehnfachen Beschleunigung, also mit 1,6 m/sek² anlaufen, so wäre der 10fache Kraftbedarf nötig, das wären $10 \cdot 1000 = 10000$ PS.

37. Der Satz vom Antrieb.

Eine Kraft P erteile einer Kugel (Abb. 308) die Beschleunigung b, dann wächst ihre Geschwindigkeit c in der Zeit t auf v, und es ist

$$v = c + b \cdot t, \quad v - c = b \cdot t.$$

Ist m die Masse der Kugel, so lautet die Gleichung nach Multiplikation mit m

$$m \cdot v - m \cdot c = m \cdot b \cdot t$$
$$m \cdot b = P$$
$$m \cdot v - m \cdot c = P \cdot t$$

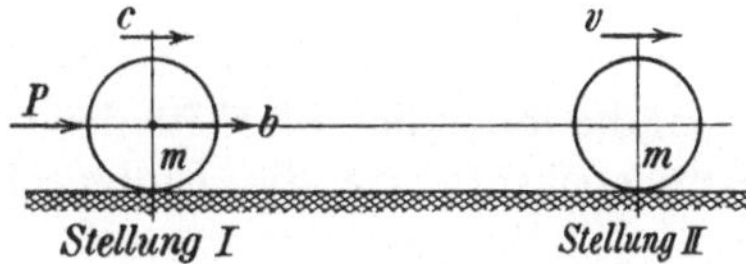

Abb. 308. Die Kugel bewegt sich beschleunigt.

Man nennt das Produkt Masse × Geschwindigkeit die Bewegungsgröße des Körpers und das Produkt Kraft × Wirkungsdauer den Antrieb.

Satz: *Die Zunahme der Bewegungsgröße eines Körpers ist gleich dem Antrieb der treibenden Kraft.*

Ist die Anfangsgeschwindigkeit $c = 0$, so wird

$$m \cdot v = P \cdot t.$$

In Abb. 309 bewegen sich zwei Kugeln aus dem Ruhesuztand heraus, die eine hat die Masse m_1 und wird in der Zeit t_1 auf die Geschwindigkeit v_1 gebracht, die andere hat die Masse m_2 und wird in der Zeit t_2 auf die Geschwindigkeit v_2 gebracht. Für beide Bewegungen gelten die Gleichungen

$$m_1 \cdot v_1 = P_1 \cdot t_1,$$
$$m_2 \cdot v_2 = P_2 \cdot t_2,$$

für $t_1 = t_2$ wird

$$\frac{m_1 \cdot v_1}{m_2 \cdot v_2} = \frac{P_1}{P_2},$$

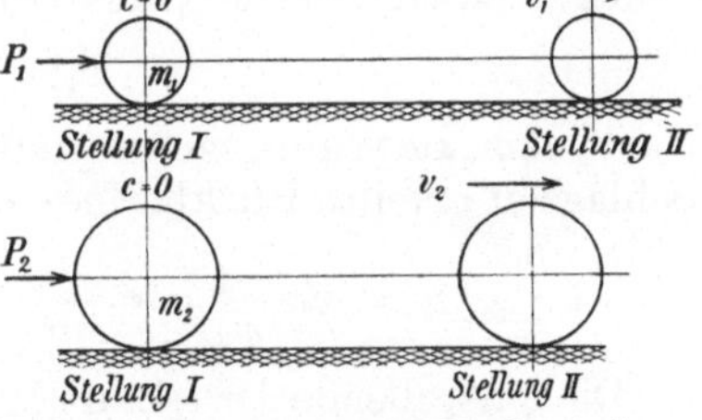

Abb. 309. Bewegung zweier Kugeln aus dem Ruhestand heraus.

d. h. bei gleichen Zeiten verhalten sich die Bewegungsgrößen wie die treibenden Kräfte.

Ist außerdem $P_1 = P_2$, so wird

$$\frac{m_1 \cdot v_1}{m_2 \cdot v_2} = 1,$$

$$m_1 \cdot v_1 = m_2 \cdot v_2 \quad \text{oder} \quad \frac{v_1}{v_2} = \frac{m_2}{m_1},$$

d. h. bei gleichen Zeiten und gleichen Kräften verhalten sich die den Massen erteilten Geschwindigkeiten umgekehrt wie die Massen.

In dem Augenblick, wo die Massen die Geschwindigkeiten v_1 und v_2 haben, sind ihre lebendigen Kräfte

$$L_1 = \tfrac{1}{2} \cdot m_1 \cdot v_1^2,$$

$$L_2 = \tfrac{1}{2} \cdot m_2 \cdot v_2^2.$$

Das Verhältnis beider ist

$$\frac{L_1}{L_2} = \frac{m_1 \cdot v_1^2}{m_2 \cdot v_2^2},$$

nun ist $\dfrac{m_1}{m_2} = \dfrac{v_2}{v_1}$, also wird

$$\frac{L_1}{L_2} = \frac{v_2 \cdot v_1^2}{v_1 \cdot v_2^2} = \frac{v_1}{v_2},$$

d. h. die lebendigen Kräfte der beiden Körper verhalten sich bei gleicher Antriebskraft wie die Endgeschwindigkeiten.

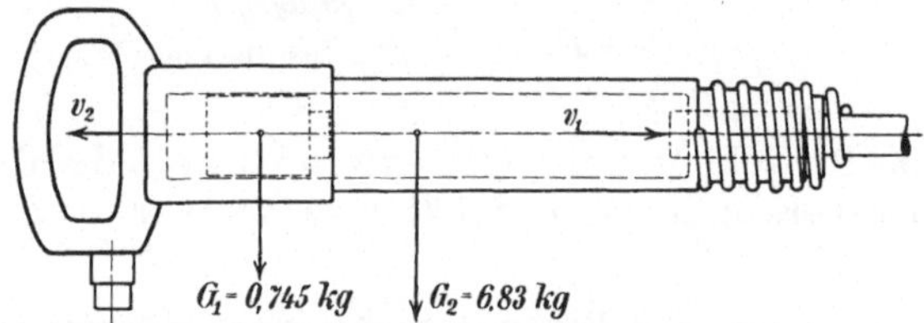

Abb. 310. Die Rücklaufbewegung des Hammerkörpers.

Der in Abb. 310 dargestellte Preßlufthammer unterliegt diesen Bewegungsgesetzen. Der Hammer hat einen Schlagkolben vom Gewicht $G_1 = 0{,}745$ kg, während der Hammerkörper selbst $G_2 = 6{,}83$ kg Gewicht hat. Die einstoßende Druckluft beschleunigt den Kolben nach vorne, den Hammerkörper nach hinten. Wir hatten früher die Aufschlaggeschwindigkeit v_1 des Schlagkolbens errechnet, sie betrug

$$v_1 = 9{,}20 \ \text{m/sek.}$$

Nach dem Bewegungsgesetz läßt sich die dem Hammerkörper in der Schlagzeit erteilte Rücklaufgeschwindigkeit v_2 errechnen. Sie ist

$$v_2 = v_1 \cdot \frac{m_1}{m_2} = v_1 \cdot \frac{G_1}{G_2} = 9{,}20 \cdot \frac{0{,}745}{6{,}83} = 1{,}00 \ \text{m/sek.}$$

Die einstoßende Druckluft leistet demnach eine zweifache Arbeit, sie schlägt den Kolben vorwärts und stößt den Hammerkörper zurück. Die erste Arbeit ist eine Nutzarbeit, die zweite eine schädliche Arbeit, denn sie schädigt den Arbeiter durch den Rückstoß. Das Verhältnis beider Arbeiten ist nach dem Bewegungsgesetz

$$\frac{L_1}{L_2} = \frac{v_1}{v_2} = \frac{9{,}20}{1{,}00}.$$

Die Gesamtarbeit ist $L_1 + L_2$, die Nutzarbeit L_1, demnach ist

$$\frac{L_1}{L_1 + L_2} = \frac{9{,}20}{9{,}20 + 1{,}00} = 0{,}90,$$

d. h. 90% der Druckluftarbeit wird in Schlagarbeit umgesetzt, während 10% als Rückstoßarbeit in den Hammerkörper gehen.

Bei der früheren Hammeruntersuchung wurde gefunden, daß man die Rücklaufbewegung durch Gegendruck hemmen kann. Ein Gegendruck von z. B. 25 kg hatte den Erfolg, daß der Hammerkörper nur noch die Endgeschwindigkeit

$$v_2 = 0{,}107 \text{ m/sek}$$

hatte. Alsdann verhält sich

$$\frac{L_1}{L_2} = \frac{v_1}{v_2} = \frac{9{,}20}{0{,}107} = \frac{86}{1}$$

und es ist

$$\frac{L_1}{L_1 + L_2} = \frac{86}{86 + 1} = 0{,}99,$$

d. h. durch diese Maßnahme wird erreicht, daß die Schlagleistung von 90% auf 99% erhöht wird und nur ein Verlust von 1% durch die Rückstoßbewegung entsteht.

38. Theorie des Stoßes.

a) Der gerade und zentrale Stoß.

Eine Kugel von der Masse m bewege sich in horizontaler Richtung mit der Geschwindigkeit c, ihr folge in derselben Richtung eine Kugel von der größeren Masse M mit der größeren Geschwindigkeit C, dann wird nach einer bestimmten Zeit ein Aufeinanderstoßen erfolgen. Dieses Aufeinanderstoßen ist in Abb. 311 dargestellt.

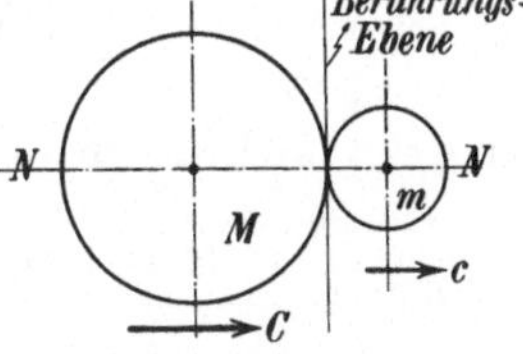

Abb. 311. Das Aufeinanderprallen zweier Kugeln.

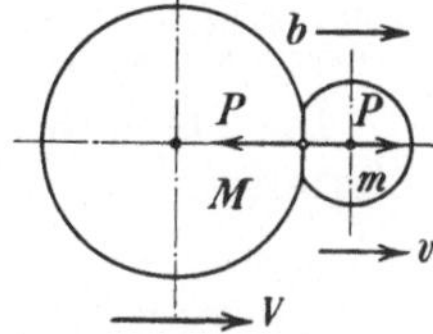

Abb. 312. Die Kugeln drücken sich zusammen.

Der Stoß heißt zentral, wenn die auf der Berührungsebene errichtete Stütznormale NN mit der Verbindungslinie der beiden Schwerpunkte zusammenfällt. Er heißt außerdem gerade, wenn die Bewegungsrichtungen beider Körper mit der Stütznormalen zusammenfallen.

Durch den Stoß entsteht an der Berührungsstelle (Abb. 312) eine Zusammenplattung, welche durch den Stoßdruck hervorgerufen wird. Dieser wirkt auf den kleinen Körper beschleunigend, auf den großen verzögernd. Das Maß der Beschleunigung ist

$$b = \frac{P}{m}$$

und das Maß der Verzögerung

$$B = \frac{P}{M}.$$

Daraus folgt

$$\frac{b}{B} = \frac{M}{m},$$

d. h. beim Stoß verhalten sich die Geschwindigkeitsänderungen umgekehrt wie die Massen.

Während der Stoßdauer erfahre der kleine Körper die Geschwindig-keitszunahme

$$v - c,$$

der große Körper die Geschwindigkeitsabnahme

$$C - V,$$

dann werden sich diese Geschwindigkeitsänderungen auch umgekehrt wie die Massen verhalten, also ist

$$\frac{v - c}{C - V} = \frac{M}{m},$$

$$m \cdot v - m \cdot c = M \cdot C - M \cdot V$$

$$m \cdot v + M \cdot V = m \cdot c + M \cdot C,$$

d. h. bei der Bewegung von Massen bleibt die Summe der Bewegungsgrößen vor und nach dem Aufeinanderstoßen konstant.

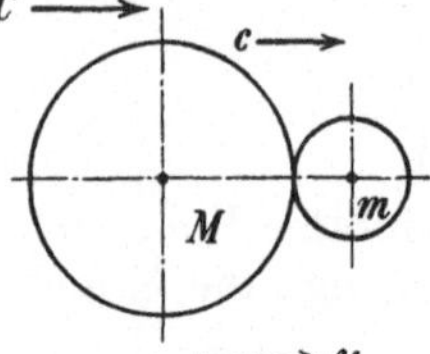

Abb. 313. Beide Kugeln bewegen sich weiter.

Wenn während des Zusammenstoßes beide Körper (Abb. 313) zusammenbleiben und mit der gemeinschaftlichen Geschwindigkeit u sich weiter bewegen, so muß nach dem vorstehenden Satz wieder sein:

$$(M + m) \cdot u = M \cdot C + m \cdot c,$$

$$u = \frac{M \cdot C + m \cdot c}{M + m}.$$

Die Geschwindigkeitsabnahme des großen Körpers ist hiermit:

$$C - u = C - \frac{M \cdot C + m \cdot c}{M + m}$$

$$= \frac{C (M + m) - (M \cdot C + m \cdot c)}{M + m}$$

$$= \frac{C \cdot M + C \cdot m - C \cdot M - m \cdot c}{M + m}$$

$$= \frac{C - c}{\dfrac{M}{m} + 1}$$

oder

$$\boxed{C - u = \frac{C - c}{1 + \dfrac{M}{m}}} \tag{I}$$

In gleicher Weise errechnet man die Geschwindigkeitszunahme des kleinen Körpers und erhält

$$\boxed{u - c = \frac{C - c}{1 + \dfrac{m}{M}}} \tag{II}$$

Die Körper werden aber, sofern sie elastisch sind, nicht zusammenbleiben, sondern wieder auseinanderfedern. Der ganze Stoßvorgang ist dann in zwei Perioden zu zerlegen, die in Abb. 314, auseinandergezogen, dargestellt sind.

1. Periode: Beim Zusammentreffen haben die Körper die Geschwindigkeiten C und c, sie drücken sich zusammen und erreichen dann die gemeinsame Geschwindigkeit u.

2. Periode: Nach dem Zusammendrücken federn die Körper wieder auseinander, die gemeinsame Geschwindigkeit u löst sich auf in die Einzelgeschwindigkeiten V und v.

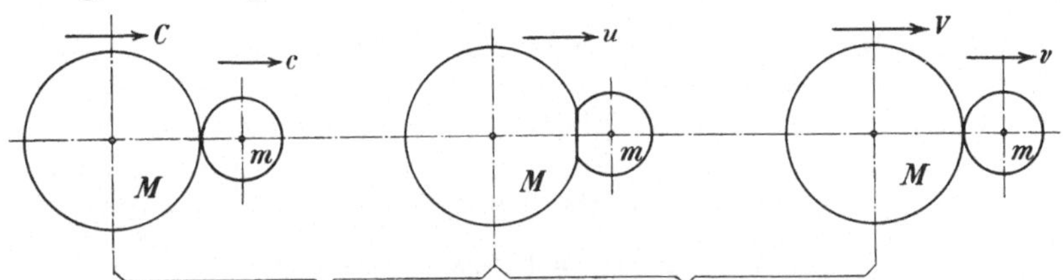

Abb. 314. Die zwei Perioden des Stoßvorganges.

Die in der 2. Periode erfolgenden Geschwindigkeitsänderungen sind mathematisch nicht genau bestimmbar. Sie hängen ab von der physikalischen Beschaffenheit der Körper, hier spielt der Grad der Elastizität eine Hauptrolle, ob das Zusammendrücken ganz wieder zurückfedert oder nur teilweise. Faßt man die Geschwindigkeitsänderung tabellarisch zusammen, so erhält man folgende Werte:

Stoßgeschwindigkeiten,

| Masse | Einzelgeschwindigkeiten | | | Geschwindigkeitsänderungen | | | |
	vor dem Stoß	bei dem Stoß	nach dem Stoß	1. Zus.-Drücken Abnahme	Zunahme	2. Ausein.-Federn Abnahme	Zunahme
M	C	u	V	$C-u$	—	$u-V$	—
m	c	u	v	—	$u-c$	—	$v-u$

Die Geschwindigkeitsänderungen verhalten sich umgekehrt wie die Massen, also ist

1. beim Zusammendrücken
$$\frac{C-u}{u-c} = \frac{m}{M},\qquad\text{(a)}$$

2. beim Auseinanderfedern
$$\frac{u-V}{v-u} = \frac{m}{M}\qquad\text{(b)}$$

$$\frac{u-V}{v-u} = \frac{C-u}{u-c}$$

oder
$$\frac{u-V}{C-u} = \frac{v-u}{u-c} = \varepsilon.$$

Ist der Körper vollkommen elastisch, so ist die Geschwindigkeitsänderung $(u-V)$ beim Auseinanderfedern gleich der Geschwindigkeitsänderung $(C-u)$ beim Zusammendrücken, und ebenso ist für den kleinen Körper

$$v-u = u-c,$$

d. h. in diesem Fall hat der Koeffiizent ε den Wert 1. Man nennt ε den Koeffizienten der Stoßelastizität. Er kann durch Versuche bestimmt werden.

Bestimmung des Koeffizienten ε der Stoßeleastizität.

Läßt man eine Glaskugel von der Masse M auf eine Glasplatte fallen, so wird sie bei einer Fallhöhe von H m mit der Endgeschwindigkeit

$$v = \sqrt{2\,g\,H}$$

aufschlagen. Nun springt sie zurück. Sie wird mit derselben Geschwindigkeit v wieder hochspringen, wenn Glas vollkommen elastisch wäre und würde dann dieselbe Steighöhe H wieder erreichen. Erreicht die Kugel aber nur die kleinere Steighöhe h, so ist auch die Zurückprallgeschwindigkeit kleiner, sie ist dann nur

$$\varepsilon \cdot v = \sqrt{2\,g\,h}\,.$$

Das Verhältnis der Geschwindigkeiten ist dann

$$\frac{\varepsilon \cdot v}{v} = \varepsilon = \sqrt{\frac{h}{H}}\,.$$

Für vollkommen elastische Körper ist:

$$h = H, \quad \text{also} \quad \varepsilon = 1,$$

für vollkommen unelastische Körper ist:

$$h = 0, \quad \text{also} \quad \varepsilon = 0,$$

für unvollkommen elastische Körper ist ε kleiner als 1, aber größer als Null. Man hat gefunden

$$\text{für Glas} \quad \varepsilon = \frac{15}{16}, \qquad \text{für Stahl} \quad \varepsilon = \frac{5}{9},$$

$$\text{für Elfenbein} \quad \varepsilon = \frac{8}{9}, \qquad \text{für Holz} \quad \varepsilon = \frac{1}{2}\,.$$

Allgemein bestimmt sich also ε als Quadratwurzel aus dem Verhältnis der Rückprallhöhe zur Fallhöhe.

Einführung des Elastizitätskoeffizienten ε in die Bewewegungsformeln.

Für den ersten Teil des Stoßvorganges (Zusammendrückperiode) fanden wir, daß die Geschwindigkeitsänderung der stoßenden Masse M sich berechnen ließ nach der Gleichung I

$$C - u = \frac{C - c}{1 + \dfrac{M}{m}}\,. \tag{I}$$

Für den zweiten Teil des Stoßvorganges (Auseinanderfederung) fanden wir das Verhältnis

$$\frac{u - V}{C - u} = \varepsilon \quad \text{oder} \quad u - V = \varepsilon \cdot (C - u)\,. \tag{III}$$

Addiert man Gleichung I und III, so erhält man die durch den Stoß hervorgebrachte gesamte Geschwindigkeitsänderung der stoßenden Masse.

$$C - u = \frac{C - c}{1 + \dfrac{M}{m}} \tag{I}$$

$$u - V = \varepsilon \cdot (C - u) \tag{III}$$

$$C - u + u - V = \frac{C - c}{1 + \dfrac{M}{m}} + \varepsilon \cdot (C - u)$$

$$C - V = \frac{C - c}{1 + \dfrac{M}{m}} + \frac{\varepsilon \cdot (C - u) \cdot \left(1 + \dfrac{M}{m}\right)}{1 + \dfrac{M}{m}}$$

$$= \frac{C - c + \varepsilon \cdot (C - u) \cdot \left(1 + \dfrac{M}{m}\right)}{1 + \dfrac{M}{m}}.$$

Nach Gleichung (a) ist:

$$\frac{m}{M} = \frac{C - u}{u - c} \quad \text{oder} \quad \frac{M}{m} = \frac{u - c}{C - u}.$$

Setzt man diesen Wert von $\dfrac{M}{m}$ in den Zähler der Hauptgleichung ein, so wird

$$C - V = \frac{C - c + \varepsilon \cdot (C - u) \cdot \left(1 + \dfrac{u - c}{C - u}\right)}{1 + \dfrac{M}{m}}$$

$$= \frac{C - c + \varepsilon \left[(C - u) + \dfrac{(u - c) \cdot (C - u)}{C - u}\right]}{1 + \dfrac{M}{m}}$$

$$= \frac{C - c + \varepsilon [C - u + u - c]}{1 + \dfrac{M}{m}} = \frac{C - c + \varepsilon \cdot (C - c)}{1 + \dfrac{M}{m}}$$

$$C - V = \frac{(C - c) \cdot (1 + \varepsilon)}{1 + \dfrac{M}{m}}. \tag{IV}$$

Diese Geschwindigkeitsänderung erleidet der stoßende Körper mit seiner Masse M.

In gleicher Weise läßt sich für die Geschwindigkeitsänderung der gestoßenen Masse m ableiten

$$v - c = \frac{(C - c)(1 + \varepsilon)}{1 + \dfrac{m}{M}}. \tag{V}$$

Die Gleichungen IV und V dienen zur Berechnung der nach dem Stoß erzielten Endgeschwindigkeiten, sobald der Stoßkoeffizient ε bekannt ist.

b) Der vollkommen unelastische Stoß.

Beim vollkommen unelastischen Stoß ist bekanntlich

$$\varepsilon = 0.$$

Hiermit lauten die Gleichungen IV und V

$$C - V = \frac{C - c}{1 + \dfrac{M}{m}}, \qquad\qquad \text{(VI)}$$

$$v - c = \frac{C - c}{1 + \dfrac{m}{M}}. \qquad\qquad \text{(VII)}$$

Der unelastische Stoß kommt z. B. vor beim Eintreiben von Nägeln in Holz. Ein ähnlicher Vorgang spielt sich auch beim Abbauhammer ab Der Schlagkolben treibt das Spitzeisen in die Kohle. Ein solcher Fall werde untersucht, und zwar zunächst unter der Annahme, daß auch hier ein vollkommen unelastischer Stoß vorliege.

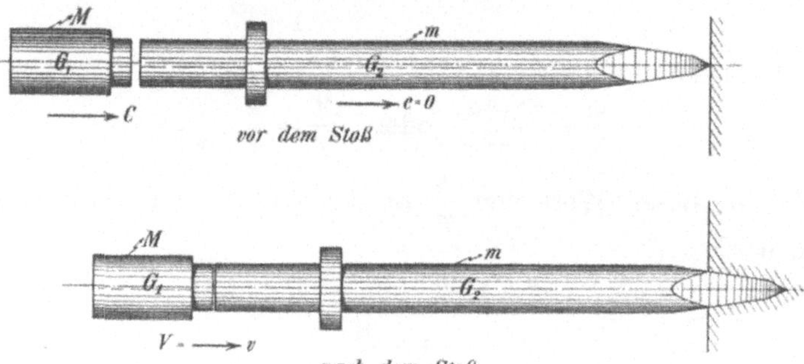

Abb. 315. Schlagkolben und Spitzeisen.

In Abb. 315 sehen wir, daß die Schlagkolbenmasse M mit der Aufschlaggeschwindigkeit C ankommt und auf die Spitzeisenmasse m schlägt. Das Spitzeisen war im Ruhezustand, hatte also die Geschwindigkeit $c = 0$. Nach dem Aufeinandertreffen bewegen sich beide mit der gemeinsamen Geschwindigkeit

$$V = v$$

in die Kohle. Mit $c = 0$ lautet Gleichung VII

$$v - 0 = \frac{C - 0}{1 + \dfrac{m}{M}}, \qquad\qquad v = \frac{C}{1 + \dfrac{m}{M}} = \frac{C \cdot M}{M + m}.$$

Durch den Stoß wird nun ein Verlust an lebendiger Kraft eintreten. Vor dem Stoß war die lebendige Kraft des Schlagkolbens

$$L_0 = \tfrac{1}{2} M \cdot C^2.$$

Ist G_1 das Gewicht des Schlagkolbens, so ist $M = \dfrac{G_1}{g}$ und es wird

$$L_0 = \frac{1}{2} \cdot \frac{G_1}{g} \cdot C^2.$$

Setzt man $\dfrac{C^2}{2\,g} = H =$ Fallhöhe, so wird

$$\boxed{L_0 = G_1 \cdot H} = \text{theoretisches Arbeitsvermögen.}$$

Nach dem Stoß ist die lebendige Kraft beider Massen noch

$$L = \tfrac{1}{2} \cdot (M + m) \cdot v^2,$$

$$v = \frac{C \cdot M}{M + m},$$

$$L = \frac{1}{2} \cdot (M + m) \cdot \frac{C^2 \cdot M^2}{(M + m)^2},$$

$$L = \frac{1}{2}\, M \cdot C^2 \cdot \frac{M}{M + m}.$$

Drückt man die Massen durch die Gewichte aus, so ist

$$L = \frac{1}{2} \cdot \frac{G_1}{g} \cdot C^2 \cdot \frac{G_1}{G_1 + G_2},$$

$$L = G_1 \cdot H \cdot \frac{G_1}{G_1 + G_2}.$$

Diese Leistung ist die mögliche **Nutzleistung.** Sie wird in die Kohle gesetzt.

Der Wirkungsgrad der Schlagarbeit ist

$$\eta = \frac{L}{L_0} = \frac{G_1}{G_1 + G_2}.$$

Er hängt also in der Hauptsache von dem Gewichtsverhältnis zwischen Schlagkolben und Spitzeisen ab, G_1 ist das Schlagkolbengewicht und G_2 das Spitzeisengewicht. G_1 muß möglichst groß und G_2 möglichst klein werden, damit der η-Wert groß wird.

Praktisch ist das leider nicht der Fall, in der Praxis ist der Schlagkolben G_1 leicht und das Spitzeisen G_2 schwer. Das wirkt sich natürlich außerordentlich ungünstig aus. Ein Zahlenbeispiel möge das belegen.

Beispiel: Wie groß ist die Nutzleistung der Schlagarbeit, wenn der Schlagkolben mit der Geschwindigkeit $C = 9{,}20$ m/sek aufschlägt, das Schlagkolbengewicht $G_1 = 0{,}745$ kg und das Spitzeisengewicht bei 350 mm Länge $G_2 = 1{,}37$ kg ist?

Lösung: Das theoretische Arbeitsvermögen des Schlagkolbens ist

$$L_0 = G_1 \cdot H = G_1 \cdot \frac{C^2}{2\,g} = 0{,}745 \cdot \frac{9{,}20^2}{2 \cdot 9{,}81} = \textbf{3,21 mkg.}$$

Der Stoßwirkungsgrad ist

$$\eta = \frac{G_1}{G_1 + G_2} = \frac{0{,}745}{0{,}745 + 1{,}370} = \textbf{0,35,}$$

d. h. nur 35% der Schlagenergie gehen in die Kohle, während 65% durch den Stoß verlorengehen. Die Nutzleistung der Schlagarbeit ist also nur

$$L = \eta \cdot L_0 = 0{,}35 \cdot 3{,}21 = \textbf{1,12 mkg.}$$

Beispiel: Wie würde sich die Nutzleistung der Schlagarbeit ändern, wenn das Spitzeisengewicht auf $^1/_3$ herabgemindert würde?

Lösung:

$$G_2 = \frac{1{,}37}{3} = 0{,}45 \text{ kg,}$$

$$\eta = \frac{G_1}{G_1 + G_2} = \frac{0{,}745}{0{,}745 + 0{,}450} = 0{,}624,$$

d. h. der Wirkungsgrad steigt von 35% auf 62,4%. Die Nutzleistung wird dann

$$L = \eta \cdot L_0 = 0,624 \cdot 3,21 = 2,00 \text{ mkg}.$$

Nach dem Stoß fliegen Schlagkolben und Spitzeisen mit der gemeinsamen Geschwindigkeit

$$v = \frac{C \cdot M}{M + m} = \frac{C \cdot G_1}{G_1 + G_2} = \frac{9,20 \cdot 0,745}{0,745 + 1,370} = 3,24 \text{ m/sek}$$

weiter. Mit dieser Endgeschwindigkeit läßt sich die Stoßarbeit nachprüfen. Die lebendige Kraft der Körper nach dem Stoß ist bei Verwendung des langen Spitzeisens:

$$L = \frac{1}{2} \cdot \frac{G_1 + G_2}{g} \cdot v^2 = \frac{1}{2} \cdot \frac{0,745 + 1,370}{9,81} \cdot 3,24^2 = 1,12 \text{ mkg}.$$

$$\text{theor. Arbeitsvermögen} = 3,21 \quad \text{,,}$$

$$\overline{\text{Stoßverlust} = \mathbf{2,09 \; mkg}.}$$

Bei Verwendung des kleinen Spitzeisens ist

$$v = \frac{9,20 \cdot 0,745}{0,745 + 0,450} = 5,72 \text{ m/sek}$$

und die lebendige Kraft nach dem Stoß

$$L = \frac{1}{2} \cdot \frac{0,745 + 0,450}{9,81} \cdot 5,72^2 = 2,00 \text{ mkg},$$

$$\text{theor. Arbeitsvermögen} = 3,21 \quad \text{,,}$$

$$\overline{\text{Stoßverlust} = \mathbf{1,21 \; mkg}.}$$

Wir finden eine Bestätigung der früher gefundenen Werte.

Der unvollkommen elastische Stoß.

Auch bei diesem Stoßvorgang wird ein Verlust an lebendiger Kraft auftreten.

Lebendige Kraft vor dem Stoß $\quad L_0 = \frac{1}{2} M \cdot C^2 + \frac{1}{2} m \cdot c^2$,

Lebendige Kraft nach dem Stoß $L = \frac{1}{2} M \cdot V^2 + \frac{1}{2} m \cdot v^2$,

Stoßverlust $L_v = L_0 - L = (\frac{1}{2} M \cdot C^2 + \frac{1}{2} m \cdot c^2) - (\frac{1}{2} M \cdot V^2 + \frac{1}{2} m \cdot v^2)$.

Unter Einsetzen der aus den Gleichungen IV und V zu findenden Werte für V und v läßt sich folgende Schlußgleichung für den Stoßverlust entwickeln:

$$L_v = \frac{(1 - \varepsilon^2) \cdot m \cdot M \cdot (C - c)^2}{2 \cdot (M + m)}.$$

Ist der gestoßene Körper wie beim Spitzeisen des Abbauhammers in Ruhe, so wird mit $c = 0$ der Stoßverlust

$$L_v = \frac{(1 - \varepsilon^2) \cdot m \cdot M \cdot C^2}{2 \cdot (M + m)}.$$

Setzt man für die Massenwerte M und m die Gewichte G_1 und G_2 ein, so wird

$$L_v = (1 - \varepsilon^2) \cdot \frac{G_2}{G_1 + G_2} \cdot \frac{G_1}{g} \cdot \frac{C^2}{2}, \qquad \frac{C^2}{2g} = H,$$

$$L_v = (1 - \varepsilon^2) \cdot \frac{G_2}{G_1 + G_2} \cdot G_1 \cdot H.$$

Das theoretische Arbeitsvermögen des Schlagkolbens ist

$$L_0 = \frac{1}{2} \cdot M \cdot C^2 = \frac{1}{2} \cdot \frac{G_1}{g} \cdot C^2 = G_1 \cdot H\,,$$

$$\frac{L_v}{L_0} = \frac{\text{Stoßverlust}}{\text{Arbeitsvermögen}} = (1 - \varepsilon^2) \cdot \frac{G_2}{G_1 + G_2}\,.$$

Demnach wird der Stoßverlust um so kleiner

1. je größer ε wird, d. h. je vollkommener der Körper elastisch ist,
2. je kleiner das gestoßene Körpergewicht G_2 ist.

Beispiel: Wie groß ist der Stoßverlust des vorigen Abbauhammers, wenn $\varepsilon = 0,50$ angenommen wird?

Lösung: Das theoretische Arbeitsvermögen des Schlagkolbens ist

$$L_0 = \frac{1}{2} M \cdot C^2 = \frac{1}{2} \cdot \frac{0,745}{9,81} \cdot 9,20^2 = 3,21 \text{ mkg},$$

$$\frac{\text{Stoßverlust}}{\text{Arbeitsvermögen}} = \frac{L_v}{L_0} = (1 - \varepsilon^2) \cdot \frac{G_2}{G_1 + G_2} = \frac{(1 - 0,5^2) \cdot 1,370}{0,745 + 1,370} = 0,49,$$

d. h. 49% des Arbeitsvermögens gehen durch den Stoß verloren, während 51% als Nutzarbeit in die Kohle gesetzt werden.

$$\text{Stoßverlust} \quad L_v = 0,49 \cdot L_0 = 0,49 \cdot 3,21 = 1,57 \text{ mkg},$$

$$\text{Nutzarbeit} \quad L = 0,51 \cdot L_0 = 0,51 \cdot 3,21 = 1,64 \text{ mkg}.$$

Wir sehen, auch in diesem Fall ist das hohe Gewicht des Spitzeisens sehr nachteilig, wenn auch gegenüber dem unelastischen Stoß eine Verbesserung der Nutzarbeit durch **Materialvergütung (Härten)** von 35% auf 51% zu verzeichnen ist.

Beispiel: Wie ändern sich die Verhältnisse, wenn das Gewicht des Spitzeisens auf ⅓ herabgemindert wird?

Lösung:

$$G_2 = \frac{1,370}{3} = 0,45 \text{ kg},$$

$$\frac{\text{Stoßverlust}}{\text{Arbeitsvermögen}} = (1 - \varepsilon^2) \cdot \frac{G_2}{G_1 + G_2} = (1 - 0,5^2) \cdot \frac{0,45}{0,745 + 0,45} = 0,28,$$

d. h. der Stoßverlust beträgt 28%, so daß für die Nutzarbeit 72% verfügbar sind.

$$\text{Stoßverlust} = 0,28 \cdot 3,21 = 0,90 \text{ mkg},$$

$$\text{Nutzarbeit} = 0,72 \cdot 3,21 = 2,31 \text{ mkg}.$$

Vergleichs-Tabelle.

	Vollkommen unelast. Stoß $\varepsilon = 0$	Unvollkommen elast. Stoß $\varepsilon = 0,5$
1. Spitzeisengewicht $= G_2$		
Stoßverlust =	65 %	49 %
Nutzarbeit =	35 %	51 %
2. Spitzeisengewicht $= \frac{1}{3} \cdot G_2$		
Stoßverlust =	37,6 %	28 %
Nutzarbeit =	62,4 %	72 %

Die Verminderung des Spitzeisengewichtes bringt also in beiden Fällen eine bedeutende Steigerung der Nutzleistung. Wie groß werden die Geschwindigkeiten beim Auseinanderprallen der beiden Körper?

Nach Gleichung IV ist:

$$C - V = \frac{(C - c) \cdot (1 + \varepsilon)}{1 + \dfrac{M}{m}} \quad \text{oder} \quad V = C - \frac{(C - c) \cdot (1 + \varepsilon)}{1 + \dfrac{M}{m}}.$$

Mit den Zahlengrößen der Hammeraufgabe wird die Geschwindigkeit des Schlagkolbens nach dem Stoß für das Spitzeisengewicht $G_2 = 1{,}370$ kg die Größe annehmen

$$V = 9{,}20 - \frac{(9{,}20 - 0) \cdot (1 + 0{,}5)}{1 + \dfrac{0{,}745}{1{,}370}} = 0{,}30 \text{ m/sek}$$

und für das Spitzeisengewicht $G_2 = 0{,}45$ kg

$$V = 9{,}20 - \frac{(9{,}20 - 0) \cdot (1 + 0{,}5)}{1 + \dfrac{0{,}745}{0{,}45}} = 3{,}98 \text{ m/sek.}$$

Nach Gleichung V ist

$$v - c = \frac{(C - c) \cdot (1 + \varepsilon)}{1 + \dfrac{m}{M}} \quad \text{oder} \quad v = c + \frac{(C - c) \cdot (1 + \varepsilon)}{1 + \dfrac{m}{M}}.$$

Für das Spitzeisengewicht $G_2 = 1{,}370$ kg wird die Geschwindigkeit des Spitzeisens nach dem Stoß

$$v = 0 + \frac{(9{,}20 - 0) \cdot (1 + 0{,}5)}{1 + \dfrac{1{,}370}{0{,}745}} = 4{,}85 \text{ m/sek}$$

und für das Spitzeisengewicht $G_2 = 0{,}45$ kg

$$v = 0 + \frac{(9{,}20 - 0) \cdot (1 + 0{,}5)}{1 + \dfrac{0{,}45}{0{,}745}} = 8{,}60 \text{ m/sek.}$$

Mit den Endgeschwindigkeiten V und v lassen sich die Arbeitswerte nachprüfen.

Die lebendige Kraft der Körper nach dem Stoß ist für $G_2 = 1{,}370$ kg

$$\text{für den Schlagkolben} \quad \tfrac{1}{2} M \cdot V^2 = \tfrac{1}{2} \cdot \frac{0{,}745}{9{,}81} \cdot 0{,}30^2 = 0{,}004 \text{ mkg}$$

$$\text{für das Spitzeisen} \quad \tfrac{1}{2} m \cdot v^2 = \tfrac{1}{2} \cdot \frac{1{,}370}{9{,}81} \cdot 4{,}85^2 = 1{,}636 \quad \text{,,}$$

$$\text{Nutzarbeit} = \text{Summe} = 1{,}640 \text{ mkg}$$
$$\text{theoretisches Arbeitsvermögen} = 3{,}210 \quad \text{,,}$$
$$\text{Stoßverlust} = \mathbf{1{,}570 \text{ mkg.}}$$

Für das Spitzeisengewicht $G_2 = 0{,}45$ kg sind die lebendigen Kräfte

$$\frac{1}{2} M \cdot V^2 = \frac{1}{2} \cdot \frac{0{,}745}{9{,}81} \cdot 3{,}98^2 = 0{,}61 \text{ mkg}$$

$$\frac{1}{2} m \cdot v^2 = \frac{1}{2} \cdot \frac{0{,}45}{9{,}81} \cdot 8{,}60^2 = 1{,}70 \text{ „}$$

$$\text{Nutzarbeit} = 2{,}31 \text{ mkg}$$
$$\text{theoretisches Arbeitsvermögen} = 3{,}21 \text{ „}$$
$$\text{Stoßverlust} = \mathbf{0{,}90 \text{ mkg.}}$$

Das sind dieselben Werte, die wir früher auch fanden.

c) Der vollkommen elastische Stoß.

Beim Aufeinanderprallen haben die Massen M und m (Abb. 316) die als bekannt vorausgesetzten Geschwindigkeiten C und c, beim Auseinanderprallen haben sie die Geschwindigkeiten V und v, die errechnet werden müssen. Sie werden nach folgenden Gleichungen errechnet:

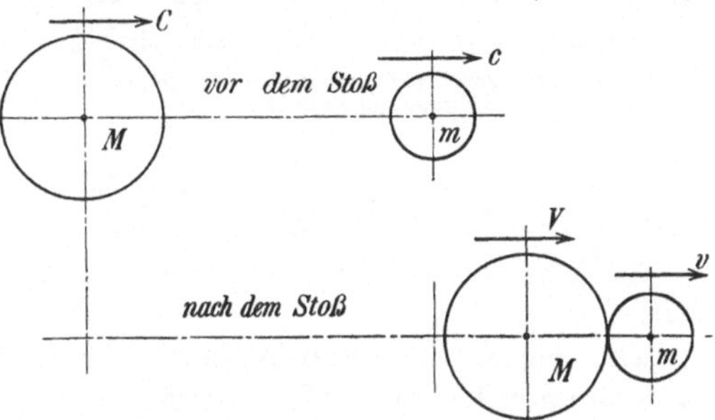

Abb. 316. Das Aufeinanderprallen zweier elastischer Kugeln.

$$C - V = \frac{(C - c) \cdot (1 + \varepsilon)}{1 + \dfrac{M}{m}} \qquad \text{(IV)},$$

$$v - c = \frac{(C - c) \cdot (1 + \varepsilon)}{1 + \dfrac{m}{M}} \qquad \text{(V)}.$$

Beim vollkommen elastischen Stoß ist $\varepsilon = 1$, also vereinfachen sich die Gleichungen:

$$C - V = \frac{2 \cdot (C - c)}{1 + \dfrac{M}{m}}, \qquad V = C - \frac{2 \cdot (C - c)}{1 + \dfrac{M}{m}} \qquad \text{(VI)},$$

$$v - c = \frac{2 \cdot (C - c)}{1 + \dfrac{m}{M}}, \qquad v = c + \frac{2 \cdot (C - c)}{1 + \dfrac{m}{M}} \qquad \text{(VII)}.$$

Demnach wird die Anfangsgeschwindigkeit C des stoßenden Körpers verkleinert und die des gestoßenen Körpers c vergrößert.

1. Fall: Die Massen seien gleich und die Bewegungen gleichgerichtet (Abb. 317).

Für $M = m$ lauten die Gleichungen VI und VII

$$V = C - (C - c) = c,$$
$$v = c + (C - c) = C,$$

d. h. die Körper tauschen ihre Geschwindigkeiten gegeneinander aus, so daß der eine die Bewegung des anderen fortsetzt.

2. Fall: Die Massen seien gleich und die Bewegungen entgegengesetzt gerichtet (Abb. 318).

Man setzt den Wert c der letzten Gleichungen negativ, dann wird

$$V = C - [C - (-c)] = -c,$$
$$v = -c + [C - (-c)] = C,$$

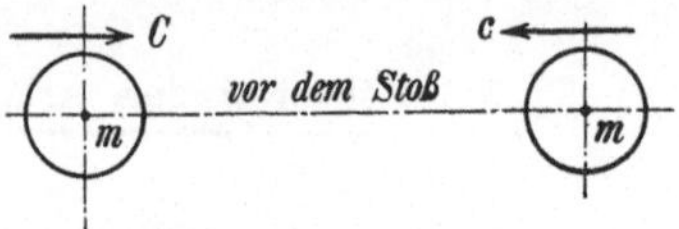

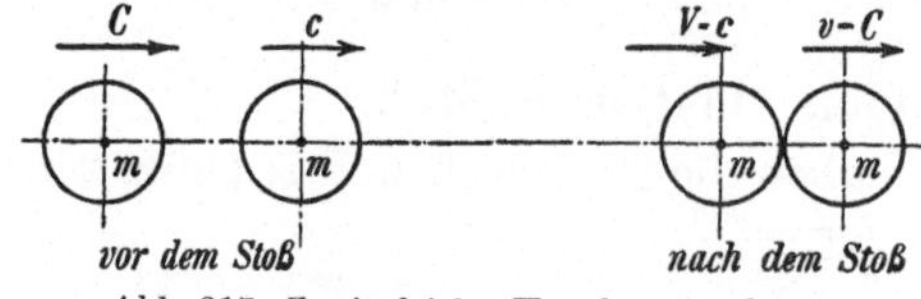

Abb. 317. Zwei gleiche Kugeln mit gleicher Bewegungsrichtung.

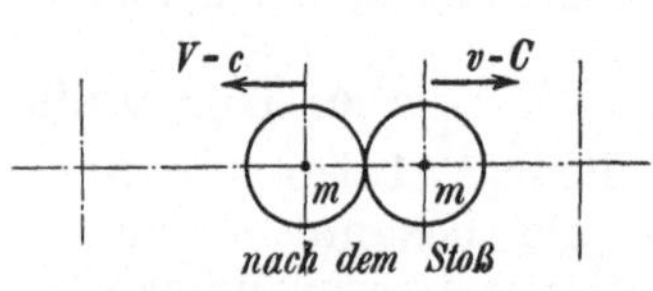

Abb. 318. Zwei gleiche Kugeln mit entgegengesetzter Bewegungsrichtung.

d. h. die Körper kehren von der Stelle des Zusammenstoßes mit ausgetauschten Geschwindigkeiten wieder zurück.

3. Fall: Die Massen seien ungleich und der gestoßene Körper stehe still.

Die Geschwindigkeiten beim Auseinanderprallen sind nach den Gleichungen VI und VII, in denen $c = 0$ wird,

1. für den stoßenden Körper $\quad V = C - \dfrac{2 \cdot C}{1 + \dfrac{M}{m}},$

2. für den gestoßenen Körper $\quad v = c + \dfrac{2 \cdot C}{1 + \dfrac{m}{M}}.$

Beispiel: Berechne für Schlagkolben und Spitzeisen die Geschwindigkeiten beim Auseinanderprallen, wenn der Abbauhammer wieder die bekannten Verhältnisse hat.

$$\text{Schlagkolbengewicht} \quad G_1 = 0{,}745 \text{ kg } (M),$$
$$\text{Spitzeisengewicht} \quad G_2 = 1{,}370 \text{ kg } (m),$$
$$\text{Aufprallgeschwindigkeit } C = 9{,}20 \text{ m/sek},$$
$$\text{Spitzengeschwindigkeit} \quad c = 0.$$

Lösung: Der Schlagkolben prallt ab mit der Geschwindigkeit

$$V = 9{,}20 - \frac{2 \cdot 9{,}20}{1 + \dfrac{0{,}745}{1{,}370}} = 9{,}20 - 11{,}92 = -2{,}72 \text{ m/sek},$$

d. h. der Kolben prallt mit dieser Geschwindigkeit zurück. Durch das Aufprallen des Schlagkolbens erhält das Spitzeisen die Geschwindigkeit

$$v = 0 + \frac{2 \cdot 9{,}20}{1 + \dfrac{1{,}370}{0{,}745}} = 6{,}48 \text{ m/sek}.$$

Mit dieser Geschwindigkeit setzt sich das Spitzeisen in die Kohle. Die Geschwindigkeitsdifferenz beider Körper ist:

$$\text{vor dem Stoß} = 9{,}20 - 0 = 9{,}20 \text{ m/sek},$$
$$\text{nach } \quad \text{,,} = 6{,}48 - (-2{,}72) = 9{,}20 \quad \text{,,}$$

Die Geschwindigkeitsdifferenz hat sich also durch den Stoß nicht geändert, eine Eigentümlichkeit des vollkommen elastischen Stoßes, die bedingt, daß beim Stoß keinerlei Verlust an lebendiger Kraft eintritt. Der Stoßverlust beim vollkommen elastischen Stoß ist also gleich Null.

Daß beim unelastischen Stoß und beim unvollkommen elastischen Stoß dagegen immer ein Stoßverlust auftreten wird, ist bereits bekannt.

Setzt man in der Stoßverlustgleichung

$$L_v = \frac{(1 - \varepsilon^2) \cdot m \cdot M \cdot (C - c)^2}{2 \cdot (M + m)}$$

den Stoßkoeffizienten $\varepsilon = 1$ (vollkommen elastischer Stoß), so wird auch hiernach der Stoßverlust

$$L_v = 0.$$

Vermindert man das Spitzeisengewicht (Abb. 319) von 1,370 kg auf $G_2 = 0,45$ kg, so ergeben sich folgende Geschwindigkeiten

$$\text{Schlagkolben} \quad V = C - \frac{2 \cdot C}{1 + \dfrac{G_1}{G_2}} = 9,20 - \frac{2 \cdot 9,20}{1 + \dfrac{0,745}{0,45}} = 2,28 \text{ m/sek,}$$

$$\text{Spitzeisen} \quad v = \frac{2 \cdot C}{1 + \dfrac{G_2}{G_1}} = \frac{2 \cdot 9,20}{1 + \dfrac{0,45}{0,745}} = 11,48 \text{ m/sek.}$$

Der Schlagkolben prallt also nicht zurück, sondern fliegt nach dem Stoß in der Schlagrichtung mit der Geschwindigkeit $V = 2,28$ m/sek weiter, während das Spitzeisen durch den Stoß eine Geschwindigkeit von 11,48 m/sek erhält, mit der es sich in die Kohle setzt.

Bildet man die Differenz der Endgeschwindigkeiten

$$v - V = 11,48 - 2,28$$
$$= 9,20 \text{ m/sek,}$$

so erkennt man, daß die Geschwindigkeitsdifferenz wieder gleich 9,20 m/sek ist. Das ist die gleiche Geschwindigkeitsdifferenz wie vor dem Stoß

$$C - c = 9,20 - 0$$
$$= 9,20 \text{ m/sek,}$$

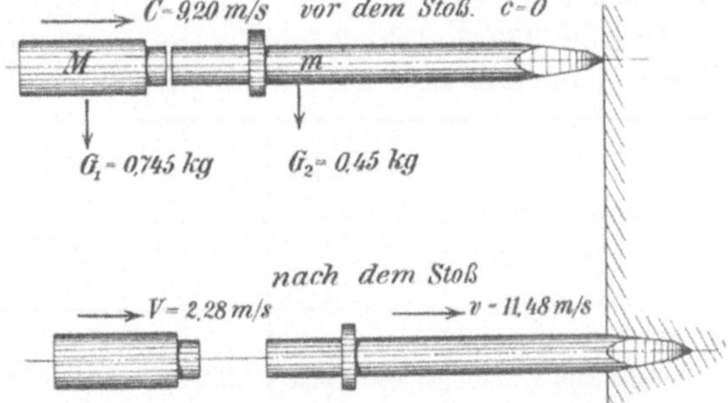

Abb. 319. Das Spitzeisengewicht ist vermindert.

d. h. die lebendige Kraft nach dem Stoß ist dieselbe geblieben, so daß keinerlei Stoßverluste aufgetreten sind. Demnach scheint beim vollkommen elastischen Stoß die Verkürzung des Spitzeisens belanglos zu sein.

Mit den Endgeschwindigkeiten V und v lassen sich die Arbeitswerte nachprüfen.
Die lebendige Kraft der Körper nach dem Stoß ist für $G_2 = 1,370$ kg:

$$\text{für den Schlagkolben} \quad \frac{1}{2} M \cdot V^2 = \frac{1}{2} \cdot \frac{0,745}{9,81} \cdot (-2,72)^2 = 0,28 \text{ mkg}$$

$$\text{für das Spitzeisen} \quad \frac{1}{2} m \cdot v^2 = \frac{1}{2} \cdot \frac{1,370}{9,81} \cdot 6,48^2 = 2,93 \text{ ,,}$$

$$\text{Nutzarbeit} = 3,21 \text{ mkg}$$
$$\text{theoret. Arbeitsvermögen} = 3,21 \text{ ,,}$$
$$\text{Stoßverlust} = \mathbf{0,00}$$

Bei jedem Stoß werden allerdings nur 2,93 mkg durch das Spitzeisen in die Kohle gesetzt, das sind

$$\frac{2,93}{3,21} = 0,92 \quad \text{oder} \quad 92\%$$

des theoretischen Arbeitsvermögens, während 8% zum Zurückwerfen des Schlagkolbens aufgewendet werden. Diese Energie ist aber keineswegs ein Verlust, sie wird die Schlagzahl des Hammers erhöhen, so daß in der Gesamtleistung kein Stoßverlust zu verzeichnen ist.

Für das Spitzeisengewicht $G_2 = 0,45$ kg sind die lebendigen Kräfte:

$$\text{Schlagkolben} \quad \frac{1}{2} M \cdot V^2 = \frac{1}{2} \cdot \frac{0,745}{9,81} \cdot 2,28^2 = 0,19 \text{ mkg}$$

$$\text{Spitzeisen} \quad \frac{1}{2} m \cdot v^2 = \frac{1}{2} \cdot \frac{0,45}{9,81} \cdot 11,48^2 = 3,02 \quad \text{,,}$$

$$\text{Nutzarbeit} = 3,21 \text{ mkg}$$
$$\text{theoret. Arbeitsvermögen} = 3,21 \quad \text{,,}$$
$$\text{Stoßverlust} = \mathbf{0,00}$$

Bei jedem Stoß werden nun 3,02 mkg durch das Spitzeisen in die Kohle gesetzt, das sind

$$\frac{3,02}{3,21} = 0,94 \quad \text{oder} \quad 94\%$$

des theoretischen Arbeitsvermögens, während 6% als Energie im Schlagkolben bleiben. Der Schlagkolben prallt aber mit dieser Energie nicht zurück, sondern fliegt in der Schlagrichtung weiter. Man kann annehmen, daß er auch diese Energie noch an das Spitzeisen abgibt, da das Spitzeisen ja nicht frei weiterfliegt, sondern durch den Widerstand in der Kohle nur eine geringe Vorwärtsbewegung macht. In diesem Fall würden auch diese 6% noch nutzbar gemacht, so daß tatsächlich kein Stoßverlust eintreten wird.

In Abb. 320 sind die Zahlenwerte für die drei Stoßarten eingetragen. Zusammengefaßt ergeben sich die Werte der nachstehenden Tabelle.

Schlagarten	Schlagkolben Aufprall-geschw. $C =$	Endgeschwindigkeiten		Schlagkolben-	
		Schlagkolben $V =$	Spitzeisen $v =$	Arbeitsvermögen L_0	Nutzarbeit L
1. unelastisch $\varepsilon = 0$					
langes Spitzeisen	9,20 m/sek	3,24 m/sek	3,24 m/sek	3,21 mkg	1,12 mkg
kurzes Spitzeisen	9,20 ,,	5,72 ,,	5,72 ,,	3,21 ,,	2,00 ,,
2. unvollkommen elastisch $\varepsilon = 0,5$					
langes Spitzeisen	9,20 ,,	0,30 ,,	4,85 ,,	3,21 ,,	1,64 ,,
kurzes Spitzeisen	9,20 ,,	3,98 ,,	8,60 ,,	3,21 ,,	2,31 ,,
3. vollkommen elastisch $\varepsilon = 1,0$					
langes Spitzeisen	9,20 ,,	−2,70 ,,	6,50 ,,	3,21 ,,	3,21 ,,
kurzes Spitzeisen	9,20 ,,	+2,28 ,,	11,48 ,,	3,21 ,,	3,21 ,,

Welche Schlußfolgerungen zieht man aus der Tabelle?

Wir sehen, daß beim **unelastischen** Stoß die Nutzleistung des Spitzeisens 1,12 mkg, beim **unvollkommen elastischen** 1,64 mkg und beim vollkommen elastischen Stoß 3,21 mkg je Schlag ist, während der Schlagkolben in allen drei Fällen das gleiche Arbeitsvermögen 3,21 mkg hat. Mithin ist die Materialbeschaffenheit, d. h. die Härte des Kolbens und des Aufschlagkopfes am Spitzeisen von außerordentlichem Einfluß auf die Nutzleistung. Und es wird von drei gleich großen Hämmern derjenige die beste Nutzleistung haben, dessen Schlagkolben und Aufschlagkopf am Spitzeisen die größte Härte hat, denn je größer die Härte ist, um so mehr nähern wir uns dem vollkommen elastischen Stoß.

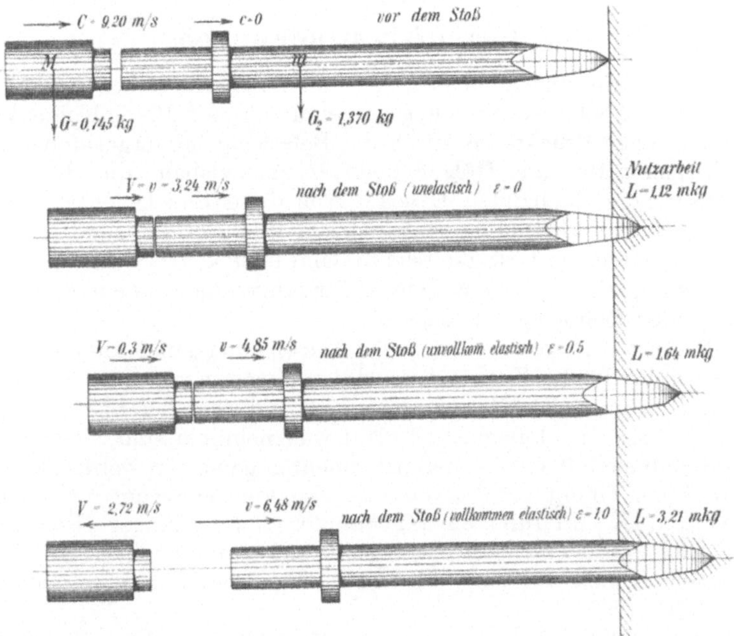

Abb. 320. Die Gegenüberstellung der drei Stoßarten.

Wir haben bei der Rückstoßbewegung der Hämmer den Klebschlaghammer (siehe Abb. 278) kennengelernt. Bei diesem Hammer liegt das Spitzeisen auf einem federnden Luftpolster. Das läßt die Vermutung aufkommen, daß wir hier einen vollkommen elastischen Stoß haben, der die ganze Schlagenergie des Schlagkolbens in das Spitzeisen setzt, so daß dieses außerordentlich stark beansprucht wird. Das wird auch durch die Erfahrungen der Praxis bestätigt, denn die Hämmer schlugen so stark, daß die Spitzeisen zerbrachen. Hätte man in diesem Fall Schlagkolben und Spitzeisenkopf weniger stark gehärtet, wäre vielleicht die Haltbarkeit der Spitzeisen gewährleistet gewesen.

Dritter Abschnitt.

Festigkeitslehre.

1. Begriffsbestimmungen.

Die Baustoffe unserer Maschinen und Bauwerke haben Kräfte aufzunehmen, die Schubstange einer Kolbenmaschine z. B. die Kolbenkraft, die Stäbe einer Brücke die durch die Belastung hervorgerufenen Zug- oder Druckkräfte, die Hölzer beim Grubenausbau, die durch den Gebirgsdruck entstehenden Drücke. Alle diese Bauelemente brechen, wenn die Kräfte übermäßig groß werden. Wie groß die Kräfte werden dürfen, lehrt uns die Festigkeitslehre. Und umgekehrt, wenn die Kräfte gegeben sind, lehrt sie uns, welche Abmessungen die verwendeten Stäbe, Platten oder Rohre haben müssen.

Jeder feste Körper ändert unter Einwirkung einer äußeren Kraft seine Form, wirkt eine Zugkraft, so wird er länger, wirkt eine Druckkraft, so wird er kürzer. Die Formänderungen sind aber bei Eisenstäben so gering, daß sie mit bloßem Auge nicht wahrnehmbar sind, sie sind aber so groß, daß sie mit feinen Meßinstrumenten gemessen werden können.

An einem Gummiband kann man die Formänderung unmittelbar beobachten. Es wird durch ein angehängtes Gewicht länger. Nimmt man das Gewicht ab, so zieht es sich wieder auf seine ursprüngliche Länge zusammen. Einen Körper, der diese Eigenschaft hat, nennt man elastisch.

Denselben Versuch kann man mit einem Eisenband machen. Hängt man an ein Eisenband ein Gewicht, so wird es auch länger. Entfernt man das Gewicht, so nimmt es ebenfalls seine ursprüngliche Länge wieder an. Man spricht daher auch bei unseren festen Baustoffen von einer Elastizität und versteht darunter die Eigenschaft des Körpers, nach Aufhören einer Belastung seine ursprüngliche Form wieder anzunehmen.

Die Festigkeitslehre lehrt uns die Gesetze, nach denen wir die elastischen Formänderungen fester Körper zahlenmäßig feststellen können, sie heißt daher auch Elastizitätslehre. Das Gesetz, auf dem die ganze Festigkeitslehre beruht, ist ein Erfahrungsgesetz, das von dem Engländer Hooke auf Grund von Versuchen mit Stahlfedern (1660) aufgestellt wurde. Es lautet:

Die Formänderungen sind den Kräften direkt proportional, so daß z. B. eine doppelte Zugkraft eine doppelte Verlängerung hervorbringt. Werden zwei Stäbe von gleichem Material, gleicher Länge und gleichem Querschnitt (Abb. 321) durch die Kräfte P_1 und P_2

auf Zug beansprucht und sind Δl_1 und Δl_2 die zugehörigen Verlängerungen, so ist nach dem Hookeschen Gesetz

$$\Delta l_1 : \Delta l_2 = P_1 : P_2 .$$

Das Gesetz läßt sich auch bildlich darstellen. Man trägt auf der Horizontalachse die Verlängerungen und als Ordinaten die Kräfte ab. Verbindet man die Ordinatenendpunkte I und II miteinander, so erhält man eine schräge Linie, welche durch den Achsenschnittpunkt geht. Es entstehen zwei ähnliche Dreiecke, und es sind die Verhältnisse gleichliegender Seiten einander gleich:

$$\frac{\Delta l_1}{P_1} = \frac{\Delta l_2}{P_2} \quad \text{oder} \quad \Delta l_1 : \Delta l_2 = P_1 : P_2 .$$

Spannung und Dehnung.

Bei der Belastungsangabe ist die Angabe des Stabquerschnittes erforderlich, wenn man die Größe der Materialbeanspruchung erkennen will. Es sei

$P =$ Stabbelastung in kg,

$F =$ Querschnitt des Stabes in cm^2,

dann ist

$$\frac{P}{F} = \text{Belastung von 1 cm}^2$$

$$= \sigma = \text{Spannung in kg/cm}^2 .$$

Die Spannung ist die Belastung von 1 cm² Stabquerschnitt.

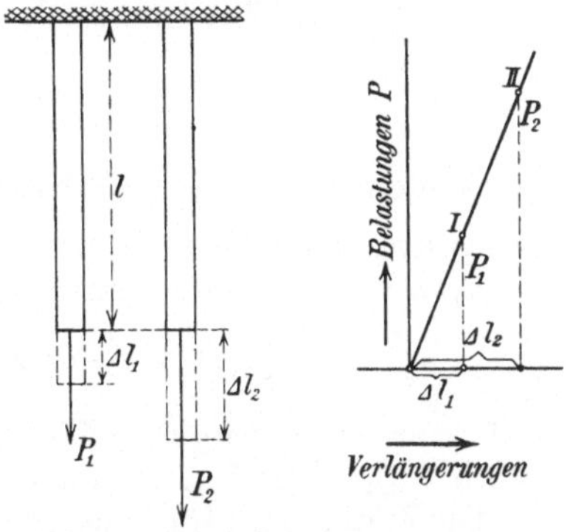

Beispiel: Ein Stab von 4 cm² Querschnitt werde durch ein angehängtes Gewicht mit 3200 kg belastet, wie groß ist die Spannung?

Lösung: Es ist

Abb. 321. Die Stabverlängerung durch Zugkräfte.

$$P = 3200 \text{ kg} \quad \text{und} \quad F = 4 \text{ cm}^2 ,$$

also ist

$$\sigma = \frac{P}{F} = \frac{3200}{4} = 800 \text{ kg/cm}^2 .$$

Die Verlängerung Δl des Stabes wird um so größer ausfallen, je größer die ursprüngliche Länge l des Stabes ist, denn die Verlängerung verteilt sich gleichmäßig über die ganze Länge der Stange. Will man die Streckung des Materials beurteilen, so muß man die Verlängerung von je 1 cm Stablänge angeben. Man bildet dann das Verhältnis

$$\frac{\Delta l}{l} = \varepsilon = \text{Dehnung} = \text{Verlängerung je 1 cm} .$$

Man nennt die Verlängerung von 1 cm Stablänge die spezifische Verlängerung oder Dehnung.

Beispiel: Die im vorigen Beispiel erwähnte Stange soll bei 2 m Länge sich um 0,5 mm verlängert haben, wie groß ist die Dehnung?

Lösung:

$$\varepsilon = \frac{\Delta l}{l} = \frac{0,05}{200} = 0,00025 \text{ cm} .$$

Dehnungskoeffizient und Elastizitätszahl.

Das Hookesche Gesetz lautet

$$\Delta l_1 : \Delta l_2 = P_1 : P_2.$$

Dividiert man Zähler und Nenner auf der linken Seite durch l, auf der rechten Seite durch F, so heißt die Gleichung

$$\frac{\Delta l_1}{l} : \frac{\Delta l_2}{l} = \frac{P_1}{F} : \frac{P_2}{F}.$$

Nun ist

$$\frac{\Delta l_1}{l} = \varepsilon_1 \quad \text{und} \quad \frac{P_1}{F} = \sigma_1,$$

$$\frac{\Delta l_2}{l} = \varepsilon_2 \qquad \frac{P_2}{F} = \sigma_2,$$

also ist

$$\varepsilon_1 : \varepsilon_2 = \sigma_1 : \sigma_2,$$

d. h. **die Dehnungen sind proportional den Spannungen.**

Das Gesetz läßt sich auch schreiben

$$\frac{\varepsilon_1}{\sigma_1} = \frac{\varepsilon_2}{\sigma_2} = \text{konst.} = \alpha.$$

Diesem konstanten Verhältnis $\dfrac{\varepsilon}{\sigma} = \alpha$ legte Bach die Bezeichnung Dehnungskoeffizient bei.

Setzt man $\sigma = 1 \ \text{kg/cm}^2$, so wird

$$\frac{\varepsilon}{1} = \alpha \quad \text{oder} \quad \varepsilon = \alpha,$$

d. h. **der Dehnungskoeffizient gibt an, um wieviel sich 1 cm Stablänge bei 1 kg Spannung verlängert.**

Die Zahl α wird für jedes Material durch Versuche bestimmt, sie wird um so größer, je nachgiebiger das Material ist, so daß die α-Zahlen die elastischen Eigenschaften der verschiedenen Baustoffe charakterisieren.

Man hat z. B. gefunden

$$\text{für Schmiedeeisen } \alpha = \frac{1}{2\,000\,000}, \quad \text{für Kupfer } \alpha = \frac{1}{1\,000\,000},$$

d. h. eine Stange Schmiedeeisen verlängert sich bei 1 kg Spannung für je 1 cm um $\dfrac{1}{2\,000\,000}$ cm, eine Stange aus Kupfer um $\dfrac{1}{1\,000\,000}$ cm. Kupfer ist also doppelt so nachgiebig wie Schmiedeeisen.

Der reziproke Wert der Zahl α führt die Bezeichnung **Elastizitätsmodul** oder **Elastizitätszahl** und wird mit dem Buchstaben E bezeichnet. Es ist also

$$E = \frac{1}{\alpha},$$

z. B. ist für Schmiedeeisen $E = 2\,000\,000$,

für Kupfer $\qquad\qquad E = 1\,000\,000.$

Setzt man in der bekannten Gleichung

$$\frac{\varepsilon}{\sigma} = \alpha$$

den Wert $E = \dfrac{1}{\alpha}$ oder $\alpha = \dfrac{1}{E}$, so wird

$$\frac{\varepsilon}{\sigma} = \frac{1}{E} \quad \text{oder} \quad \frac{E}{\sigma} = \frac{1}{\varepsilon},$$

d. h. die Spannung σ erzeugt die Dehnung ε,
die Spannung E erzeugt die Dehnung 1.

Die Dehnung wird aber gleich 1, wenn das Verhältnis

$$\frac{\varDelta l}{l} = 1$$

oder wenn $\varDelta l = l$ wird, wenn also der Stab um das Maß seiner ursprünglichen Länge sich gestreckt hat.

Demnach kann man die Elastizitätszahl E auch als eine Kraft deuten. E würde diejenige Kraft, in kg gemessen, sein, welche einen Stab von 1 cm² Querschnitt um das Maß seiner eigenen Länge strecken würde. Für die meisten Baustoffe würde dieser Versuch aber nicht durchführbar sein, da der Stab, bevor er diese Streckung erhielte, schon reißen würde.

Proportionalitätsgrenze, Elastizitätsgrenze, Fließgrenze, Zugfestigkeit (Bruch).

Es werde ein Stab aus Stahl nach und nach immer stärker durch eine Zugkraft belastet und beobachtet, wie groß die jeweiligen Verlängerungen sind. Das Belastungsbild werde schaubildlich aufgetragen (Abb. 322). Das Bild zeigt auf der Horizontalachse die gemessenen Verlängerungen $\varDelta l$ in mm und als Ordinaten die errechneten Spannungen in kg/cm² abgetragen.

Verbindet man die Endpunkte der aufgezeichneten Ordinaten miteinander, so entsteht die Belastungs-Formänderungskurve b, deren Anfang mit 10facher Vergrößerung als Kurve a nochmals erscheint.

Bis zur Spannung $\sigma_P = 2050$ kg/cm² zeigt die Kurve einen geradlinigen Verlauf, d. h. bis zu dieser Spannung gilt das Hooke-Gesetz: Die Verlängerungen wachsen proportional mit den Spannungen.

Die Grenzspannung, bis zu welcher die Proportionalität zwischen Dehnung und Spannung gewahrt bleibt, nennt man die Proportionalitätsgrenze des Materials, man bezeichnet sie mit σ_P.

Von dieser Spannung ab wachsen bei weiterer Steigerung der Spannung die Verlängerungen stärker wie die Spannungen, die Belastungslinie biegt nach rechts ab. Und nun prüft man, ob bleibende Verlängerungen des Stabes eintreten, indem man in gewissen Zeiträumen die Belastung wieder auf Null herabsetzt. Sobald der Stab dann zum erstenmal eine bleibende Verlängerung zeigt, ist die Elastizitätsgrenze überschritten.

Die Grenzspannung σ_E, bis zu welcher die Belastung eines Stabes gesteigert werden kann, ohne daß eine bleibende Verlängerung[1] eintritt,

---

[1] Bei den heutigen feinen Meßmethoden durch Spiegelapparate, welche Formänderungen von $\dfrac{1}{10\,000}$ mm messen, zeigen die Meßinstrumente schon früher eine bleibende Verlängerung. Die Elastizitätsgrenze gilt als überschritten, wenn nach der Entlastung die bleibende Verlängerung größer ist als 0,03% der Meßlänge.

nennt man die **Elektrizitätsgrenze** des Materials. Sie ist in dem Schaubild bei $\sigma_E = 2160 \text{ kg/cm}^2$ erreicht. Also ist, bei $l = 35$ cm Meßlänge und $\varDelta l = 0{,}034$ cm,

$$E = \frac{\sigma}{\varepsilon} = \frac{\sigma \cdot l}{\varDelta l} = \frac{2160 \cdot 35}{0{,}034} = 2\,200\,000 \text{ kg/cm}^2.$$

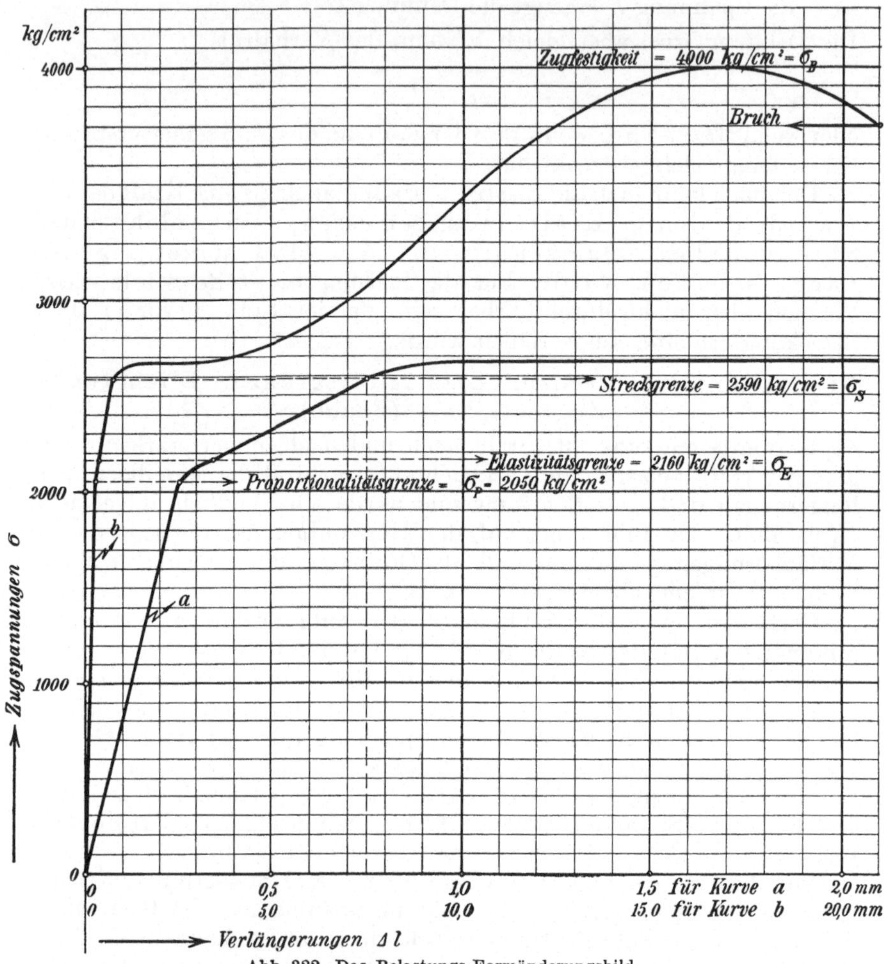

Abb. 322. Das Belastungs-Formänderungsbild.

Nach Überschreitung der Elastizitätsgrenze wachsen die Verlängerungen ganz bedeutend, ohne daß die Spannung viel gesteigert wird. Man kann die Veränderungen des Stabes mit bloßem Auge verfolgen, das Material fließt.

Die Grenzspannung, bei welcher das Fließen des Materials eintritt, nennt man **Streck-** oder **Fließgrenze**. Sie hat in dem Schaubild die Größe $\sigma_s = 2590 \text{ kg/cm}^2$.

Der Stab hält trotzdem nach Aufhören des Fließens noch eine weitere Steigerung der Spannung aus. Im Schaubild erreicht er die höchste

Spannung $\sigma_B = 4000$ kg/cm² (Bruchgrenze), und dann reißt er bei abnehmender Spannung.

Diese höchste Spannung, welche der Stab beim Zugversuch getragen hat, nennt man die Zugfestigkeit des Materials.

Die zulässige Spannung.

Die Festigkeit der Baustoffe ist durch zahlreiche Versuche festgelegt worden. Für den Konstrukteur ist die Kenntnis dieser Festigkeitszahlen eine Notwendigkeit, denn er muß seine Konstruktionen in solchen Abmessungen ausführen, daß in keinem Teil seiner Konstruktion der Baustoff bis zur Festigkeitsgrenze beansprucht wird, da sonst ein Bruch unvermeidlich ist.

Man legt daher bei allen Berechnungen die Festigkeitszahlen zugrunde, indem man mit einem Sicherheitsgrad gegen das Überschreiten der Festigkeitsgrenzen rechnet.

Festigkeitszahlen.

Baustoff	Elastizitätsgrenze σ_E kg/cm²	Zugfestigkeit σ_B kg/cm²	Druckfestigkeit σ_{-B} kg/cm²	Schubfestigkeit τ_B kg/cm²	Zulässige Spannung $\sigma_{zul.}$ kg/cm²	Sicherheitsgrad ungefähr
Schweißeisen	1600	3600	—	—	800	4,5
Flußeisen .	2400	4000–4400	—	—	1000	4,5
Nadelholz .	150–200	800	250	400	80	10
Eichenholz .	150–500	1000	350	800	100	10
Stein . . .	—	—	bis 2500	—	bis 50	10—20 und mehr

Der Konstrukteur legt demnach für Eisen etwa 5fache und für Holz und Stein etwa 10- bis 20fache Sicherheit zugrunde.

Neuerdings versucht man, die zulässigen Spannungen auf Grund der Elastizitätszahlen der Baustoffe festzulegen, indem man verlangt, daß alle Teile der Konstruktion unter dem Einfluß ihrer Belastung vollkommen elastisch bleiben, d. h. daß keine bleibenden Formänderungen zurückbleiben dürfen. Die Erfahrungen haben eine Beanspruchung, welche die Hälfte der Elastizitätszahlen nicht überschreitet, als für zulässig befunden. Der Sicherheitsgrad gegen Überschreiten der Elastizitätsgrenzen ist demnach als ein zweifacher anzusetzen.

Bei dem im Schaubild dargestellten eisernen Probestab war die Elastizitätsgrenze $\sigma_E = 2160$ kg/cm², die Festigkeitsgrenze $\sigma_B = 4000$ kg/cm², damit ergeben sich folgende Zahlen:

$$\text{zulässige Spannung} = \frac{\text{Festigkeitsgrenze}}{\text{Sicherheit}} = \frac{4000}{4,5} = 890 \text{ kg/cm}^2$$

$$\text{oder zulässige Spannung} = \frac{\text{Elastizitätsgrenze}}{\text{Sicherheit}} = \frac{2160}{2} = 1080 \quad \text{,,}$$

Die neue Methode bringt in diesem Fall eine größere zulässige Spannung, so daß die Abmessungen der Konstruktionen kleiner und die Konstruktionen selbst billiger werden.

Bei der Festsetzung der zulässigen Spannung ist noch die Art der Belastung zu beachten, ob die Belastung unveränderlich, keinem Wechsel oder einem Wechsel unterworfen ist. Nach vielen Dauerversuchen ist erwiesen, daß ein Spannungswechsel (Zug in Druck und umgekehrt) einen wiederholt belasteten Eisenstab eher zum Bruch bringt, als eine reine Zug- oder Druckbelastung. Ferner ist erwiesen, daß der Spannungswechsel um so gefährlicher ist, je größer der Spannungsunterschied ist. Wird z. B. der 1. Stab zwischen $+10000$ kg und -20000 kg, der 2. Stab zwischen $+20000$ kg und -20000 kg belastet, so ist, trotzdem in beiden Fällen die höchste Spannung dieselbe ist, der 2. Stab gefährlicher belastet. Ein Eisenstab, der keinen Spannungswechsel erleidet, bricht dagegen nach vielen Millionen Spannungsänderungen nicht, wenn der Belastungsgrenzwert unter der Elastizitätsgrenze bleibt. Die im Anhang wiedergegebenen zulässigen Spannungszahlen berücksichtigen drei Belastungsarten:

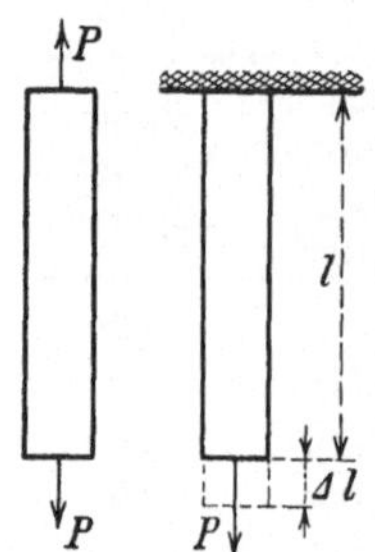

Belastung   *I*: die Belastung ist eine ruhende.

Belastung *II*: Die Belastung wächst beliebig oft von Null bis zu einem Grenzwert.

Belastung *III*: Die Belastung schwankt beliebig oft zwischen einem positiven und negativen Grenzwert.

2. Die Zugfestigkeit.

Wird ein Stab (Abb. 323) durch zwei gleichgroße entgegengesetzt gerichtete Kräfte P in seiner Achsenrichtung angegriffen, so wird er auf Zug beansprucht, wenn die Kräfte nach außen ziehen. Man kann die obere Kraft in der Abbildung auch durch Einspannen des Stabes ersetzen. Hat der Stab F cm² Querschnitt, so stellt sich folgende Zugspannung ein

$$\sigma = \frac{P}{F} \ \text{kg/cm}^2.$$

Abb. 323. Der zugbelastete Stab.

Wie groß ist die Verlängerung, wenn die ursprüngliche Stablänge l cm ist?

Für 1 cm Stablänge und 1 kg Spannung ist $\Delta l = \alpha$
  ,, l ,,   ,,   ,, 1 kg   ,,   ,, $\Delta l = \alpha \cdot l$
  ,, l ,,   ,,   ,, σ kg   ,,   ,, $\Delta l = \alpha \cdot l \cdot \sigma$.

Setzt man ein:

$$\alpha = \frac{1}{E} \quad \text{und} \quad \sigma = \frac{P}{F},$$

so wird

$$\Delta l = \frac{1}{E} \cdot l \cdot \frac{P}{F} = \frac{P \cdot l}{F \cdot E} \ \text{cm}.$$

Die Verlängerung wächst demnach

1. proportional mit der Belastung P,
2. proportional mit der Länge l,
3. umgekehrt proportional mit dem Querschnitt F,
4. umgekehrt proportional mit der Elastizitätszahl E.

Beispiel: Welchen Durchmesser erhält eine schmeideeiserne Rundstange, welche 5000 kg Zugkraft bei einer zulässigen Spannung $\sigma_{\text{zul.}} = 700$ kg/cm² aufnehmen soll, und um wieviel verlängert sich die 3 m lange Stange?

Lösung: Der Stangenquerschnitt muß werden

$$F = \frac{P}{\sigma_{\text{zul.}}} = \frac{5000}{700} = 7,14 \text{ cm}^2 = \frac{\pi}{4} d^2,$$

$$d = \sqrt{\frac{4 \cdot 7,14}{\pi}} = \sim 3 \text{ cm.}$$

Die Verlängerung ist

$$\Delta l = \frac{P \cdot l}{F \cdot E} = \frac{5000 \cdot 300}{7,14 \cdot 2\,000\,000} = 0,105 \text{ cm} = 1,05 \text{ mm.}$$

Beispiel: Ein Stahlstab ($E = 2\,200\,000$ kg/cm²) von 3 m Länge soll 1200 kg Zug aufnehmen, dabei aber höchstens um 0,50 mm verlängert werden. Wie groß darf die Belastungsspannung werden und welchen Durchmesser erhält die Stange?

Lösung: Bei vorgeschriebener Verlängerung ist die Dehnung ε zu berechnen

$$\varepsilon = \frac{\Delta l}{l} = \frac{0,05}{300} = 0,000\,17 \text{ cm,}$$

$$\frac{\varepsilon}{\sigma} = \alpha = \frac{1}{E} \quad \text{oder} \quad \sigma = \varepsilon \cdot E = 0,000\,17 \cdot 2\,200\,000,$$

$$\sigma = 374 \text{ kg/cm}^2,$$

$$F = \frac{P}{\sigma} = \frac{1200}{374} = 3,2 \text{ cm}^2 = \frac{\pi}{4} d^2,$$

$$d = 2,02 \text{ cm} = 22 \text{ mm.}$$

Die Belastung werde nur durch Eigengewicht hervorgerufen.

Der in Abb. 324 eingespannte Stab werde nur durch sein eigenes Gewicht belastet. Das Balkenstück vom Querschnitt F und der Länge x hat das Gewicht

$$P_x = F \cdot x \cdot \gamma,$$

wenn γ das Gewicht von 1 cm³ des Materials ist. Die Zugspannung des Querschnitts im Abstande x vom freien Ende ist

$$\sigma_x = \frac{P_x}{F} = \frac{F \cdot x \cdot \gamma}{F} = x \cdot \gamma.$$

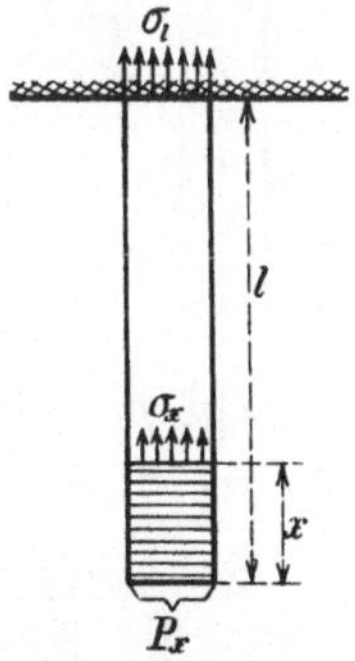

Die größte Zugspannung tritt ein, wenn x seinen größten Wert erreicht. Der größte Wert ist

$$x = l,$$

d. h. für den Einspannungsquerschnitt ist

$$\sigma = l \cdot \gamma.$$

Abb. 324. Eigengewichtsbelastung.

Der Stab reißt, wenn im Einspannungsquerschnitt die Bruchspannung erreicht wird. Bei der Länge l_B soll die Bruchspannung σ_B erreicht sein. Dann ist

$$\sigma_B = l_B \cdot \gamma,$$

d. h. der Stab reißt ab bei der Länge

$$l_B = \frac{\sigma_B}{\gamma}.$$

Wie groß ist die durch das Eigengewicht hervorgerufene Verlängerung des Stabes?

Man denke sich (Abb. 325) das Gesamtgewicht des Stabes im Schwerpunkt S des Stabes angreifend, dann erhält man einen Stab von der Länge $\dfrac{l}{2}$, welcher am freien Ende durch das Gewicht des Stabes

$$P = \gamma \cdot F \cdot l$$

belastet wird. Dann ist

$$\Delta l = \frac{P \cdot \dfrac{l}{2}}{F \cdot E} = \frac{\gamma \cdot F \cdot l \cdot l}{F \cdot E \cdot 2} = \frac{1}{2} \cdot \frac{\gamma \cdot l^2}{E} .$$

Beispiel: Bei welcher Länge reißt ein Bleidraht ab, wenn Blei die Zugfestigkeit $\sigma_B = 220 \text{ kg/cm}^2$ und das spezifische Gewicht 11,4 hat?

Lösung: Wenn das spezifische Gewicht des Bleies 11,4 ist, so wiegen

$$1000 \text{ cm}^3 \text{ Blei} = 1\,l = 11,4 \text{ kg},$$
$$1 \quad „ \quad „ \quad = 0,0114 \text{ kg} = \gamma ,$$
$$\text{Bruchlänge } l_B = \frac{\sigma_B}{\gamma} = \frac{220}{0,0114} = 19\,300 \text{ cm},$$
$$l_B = 193 \text{ m}.$$

Beispiel: Wie lang darf ein aufgehängter Stahldraht sein, dessen Elastizitätsgrenze bei $\sigma_E = 9000 \text{ kg/cm}^2$ liegt, wenn sein spezifisches Gewicht 7,85 ist und zweifache Sicherheit gegen Überschreiten der Elastizitätsgrenze verlangt wird?

Lösung: Bei zweifacher Sicherheit darf die zulässige Zugspannung sein

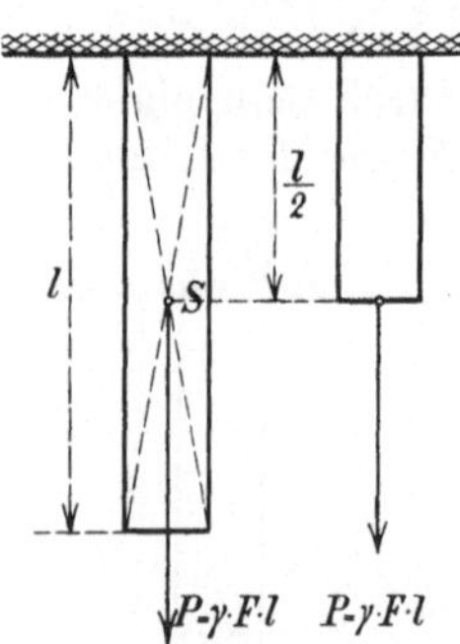

$$\sigma_{\text{zul.}} = \frac{9000}{2} = 4500 \text{ kg/cm}^2 ,$$
$$\gamma = \frac{7,85}{1000} = 0,007\,85 \text{ kg/cm}^3 ,$$

zulässige Länge

$$l = \frac{k_z}{\gamma} = \frac{4500}{0,00785} = 573\,000 \text{ cm},$$
$$l = 5730 \text{ m}.$$

Wie groß ist dann die Verlängerung des Drahtes?

$$\Delta l = \frac{1}{2} \cdot \frac{\gamma \cdot l^2}{E} = \frac{1}{2} \cdot \frac{0,007\,85 \cdot 573\,000^2}{2\,200\,000},$$
$$\Delta l = 583 \text{ cm} = 5,83 \text{ m}.$$

Abb. 325. Eigengewichtsbelastung.

Welche Belastungsspannung kann der Draht bei $l = 1000$ m Länge noch tragen, wenn die Eigengewichtsspannung und Belastungsspannung zusammen eine Spannung ergeben sollen, die noch eine doppelte Sicherheit gegen Überschreiten der Elastizitätsgrenze bietet?

$$\text{Eigengewichtsspannung } \sigma_1 = l \cdot \gamma$$
$$l = 1000 \text{ m} = 100\,000 \text{ cm},$$
$$\gamma = 0,00785 \text{ kg/cm}^3,$$
$$\sigma_1 = 100\,000 \cdot 0,00785 = 785 \text{ kg/cm}^2,$$
$$\text{zulässige Zugspannung } \sigma_{\text{zul.}} = 4500 \text{ kg/cm}^2,$$
$$\text{Belastungsspannung } \sigma_2 = \sigma_{\text{zul.}} - \sigma_1 = 4500 - 785 = 3715 \text{ kg/cm}^2.$$

Würde man also aus diesem Stahldraht ein Seil von 1 cm² Querschnitt flechten, so könnte das Seil bei 1000 m Länge noch eine Last von 3715 kg tragen.

3. Förderseile.

Als Drahtmaterial verwendet man heute SM-Stahl von 150 bis 180 kg/mm² Zerreißfestigkeit. Das Walzwerk liefert den Draht in Rollen mit einer Drahtstärke von 5 bis 6 mm. In diesem Zustand hat der Draht nur eine Festigkeit von 70 kg/mm². Die Drahtwerke müssen den Draht verfeinern. Das geschieht maschinell durch **Kaltreckung** auf den Ziehbänken. Der Draht wird durch ein Zieheisen (Abb. 326) gezogen, wodurch der Durchmesser vermindert und das Material geknetet wird.

Durch die Kaltreckung wird der Werkstoff härter, seine Formänderungsfähigkeit nimmt dabei stark ab. Nach dem Ziehen muß daher jedesmal eine besondere Wärmebehandlung einsetzen, um den Draht wieder

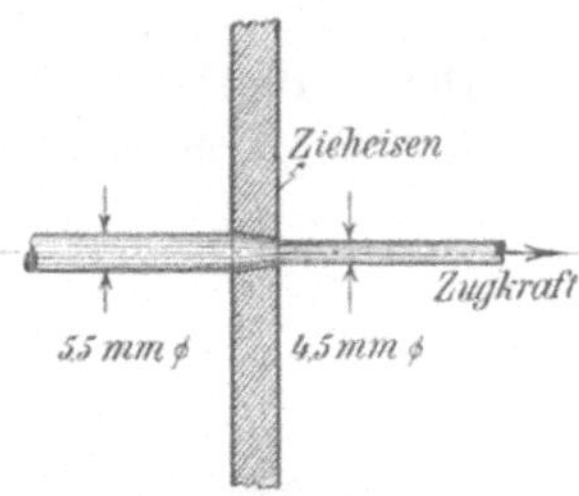

Abb. 326. Der Stahldraht im Zieheisen.

formänderungsfähig zu machen. Diese Wärmebehandlungen sind das **Zementieren** und das **Patentieren**.

1. Das Zementieren.

Der ganze Drahtring wird im Wärmeofen auf eine bestimmte Temperatur gebracht und dann wieder abgekühlt. Dann erfolgt die zweite Behandlung auf der Ziehbank. Hiernach erfolgt die zweite Wärmebehandlung.

2. Das Patentieren.

Der langgezogene Draht wird in einem Durchlaufofen (Abb. 327) erhitzt und im Bleibad abgeschreckt. Alsdann erfolgt ein nochmaliges Kaltrecken auf der Ziehbank, und dann ist der Draht fertig für die Seilfabrikation.

Im Schaubild (Abb. 328) zeigt die ansteigende Sägezahnkurve, wie durch die Kaltreckung die Zugfestigkeit des Drahtmaterials von 70 kg/mm² auf 180 kg/mm² zunimmt, und wie die Wärmebehandlung jedesmal die Zugfestigkeit etwas herabsetzt.

Das Drahtmaterial wird auf Zerreißmaschinen auf Zugfestigkeit untersucht. Nebenher

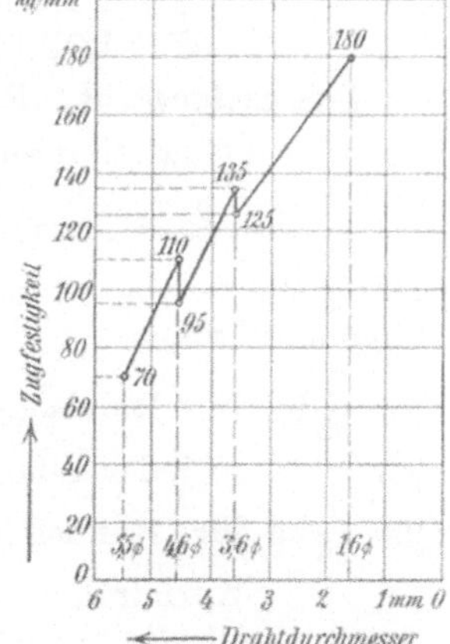

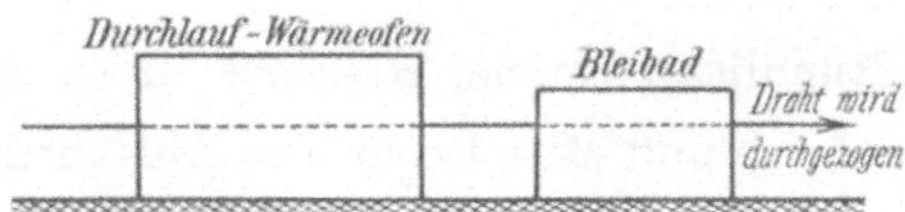

Abb. 327. Das Patentieren des Stahldrahts.   Abb. 328. Das Vergütungsbild.

wird eine Zähigkeitsuntersuchung durchgeführt, um die Brüchigkeit des Materials beim Biegen festzustellen.

Die Zähigkeitsprobe, welche durch Hin- und Herbiegungen vorgenommen wird, verlangt (Abb. 329)

für Drähte bis 2 mm $\varnothing$ . . . . . 8 Biegungen um 180⁰
  ,,   ,,   von 2—2,2 $\varnothing$ . . . 7   ,,   ,, 180⁰
  ,,   ,,   ,, 2,2—2,5 $\varnothing$ . . 6   ,,   ,, 180⁰
  ,,   ,,   ,, 2,5—2,8 $\varnothing$ . . 5   ,,   ,, 180⁰
  ,,   ,,   ,, 2,8 $\varnothing$ 4   ,,   ,, 180⁰

Die im Betrieb auftretende Seilbelastung setzt sich aus der ruhenden
(statischen) Belastung und aus der Bewegungsbelastung (dynamische
Belastung) zusammen. Die dynamische Be-
lastung wird beim Beschleunigen und Verzögern einsetzen, sie kann außerdem durch
Seilschwingungen noch vergrößert werden.
Im allgemeinen ist es schwierig, diese dynamischen Belastungen rechnerisch genau festzulegen, daher verzichtet man auf diese Berechnung ganz und legt der Rechnung nur die
ruhende Belastung zugrunde. Dafür wählt
man folgende **hohen** Sicherheitsgrade.

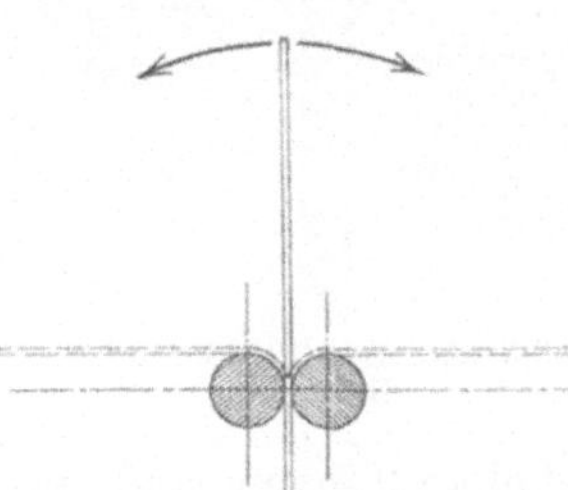
Abb. 329. Die Zähigkeitsprobe.

$\mathfrak{S}$ = Betriebssicherheit beim Auflegen des Seils,

$\mathfrak{S}_{OB}$ = vorgeschriebene oberbergamtliche Sicherheit.

$\mathfrak{S}_{OB}\begin{cases}\text{Massenfahrt} = 6\,\text{fach}\\ \text{Seilfahrt} \quad= 8\,\text{fach}\end{cases}\begin{smallmatrix}\text{alle}\\ \text{3 Monate}\\ \text{nachgeprüft}\end{smallmatrix} \begin{array}{l}= 7\,\text{fach beim Auflegen,}\\ = 9,5\,\text{fach (2 Jahre Betriebsdauer)}\end{array}$

$\underbrace{\hphantom{\text{Massenfahrt} = 6\,\text{fach}}}_{\text{Trommelförderung}} \qquad \underbrace{\hphantom{= 9,5\,\text{fach (2 Jahre Betriebsdauer)}}}_{\text{Koepe-Förderung}}$

Man macht nun zu dem $\mathfrak{S}_{OB}$ einen Zuschlag, da während des Betriebes
Verschleiß und Drahtbrüche auftreten, und zwar bei Trommelförderung
einen Zuschlag von 20 bis 25%, bei Koepe-Förderung einen Zuschlag
von 7 bis 10%; man wählt also

$$\mathfrak{S} = 1,20 \text{ bis } 1,25 \ \mathfrak{S}_{OB} \text{ bei Trommelförderung,}$$
$$\mathfrak{S} = 1,07 \text{ bis } 1,10 \ \mathfrak{S}_{OB} \text{ bei Koepe-Förderung.}$$

Das Seilgewicht. Es sei

g = Gewicht von 1 m Seil in kg,

$$\gamma = \frac{g}{F} = \text{Gewicht von 1 m Seil für 1 mm}^2 \text{ Tragfläche.}$$

Die γ-Werte sind durch langjährige Erfahrung festgelegt, sie haben
folgende Größen:

$\gamma = \dfrac{1}{85}$ kg für Rundseile mit Rundlitzen, Hanfseele und Kerndrähte
    in jeder Litze und Mittelseele,

$\gamma = \dfrac{1}{95}$ kg für Rundseile mit Rundlitzen, ohne Hanfseele aber mit
    Kerndrähten in jeder Litze und Mittelseele. Die Ausführung
    ist die normale.

$\gamma = \dfrac{1}{105}$ kg für dreikantlitzige Seile mit Hanfmittelseele.

$\gamma = \dfrac{1}{115}$ kg für patentverschlossene Seile.

Die Seilberechnungsformel. 1. Die Bruchlänge. Unter Bruchlänge versteht man diejenige Seillänge l_B, bei welcher das Seil durch die Eigengewichtsbelastung reißt.

$$\text{Gewicht der Bruchlänge} = G = l_B \cdot \gamma \cdot F \text{ in kg.}$$

Das Drahtmaterial hat die Bruchfestigkeit σ_B, also ist die Bruchlast bei F mm² Querschnitt

$$G = \sigma_B \cdot F.$$

Setzt man beide Werte einander gleich, so wird

$$l_B \cdot \gamma \cdot F = \sigma_B \cdot F,$$

$$l_B = \frac{\sigma_B}{\gamma}.$$

$$\text{Bruchlänge } l_B = \frac{\sigma_B}{\frac{1}{100}} = 100 \cdot \sigma_B.$$

Bei der Sicherheit $\mathfrak{S}$ ist demnach die sichere Traglänge

$$l = \frac{\sigma_B}{\mathfrak{S}}.$$

2. Die Schachtteufe T. Das Seil hat eine bestimmte sichere Traglänge l, diese wird aber nicht ausgenutzt, sondern das Seil wird nur mit der Teufenlänge T durch Eigengewicht belastet, mithin kann noch eine bestimmte Nutzlast P getragen werden.

$$\begin{aligned}
\text{Sicheres Seilgewicht} &= l \cdot F \cdot \gamma \text{ kg}\\
\text{Teufengewicht} &= T \cdot F \cdot \gamma \text{ „}
\end{aligned}$$

$$\text{Nutzlast-Differenz} = (l - T) \cdot F \cdot \gamma = P$$

$$\text{für } \gamma = \frac{1}{100} \text{ wird } \frac{(l - T) \cdot F}{100} = P.$$

$$F = \frac{100 \cdot P}{l - T}.$$

Setzt man

$$l = \frac{l_B}{\mathfrak{S}} = \frac{100 \cdot \sigma_B}{\mathfrak{S}},$$

so wird

$$F = \frac{100 \cdot P}{\dfrac{100 \cdot \sigma_B}{\mathfrak{S}} - T} \text{ in mm².}$$

Beispiel: Man berechne für $T = 900$ m Teufe ein Förderseil für Koepe-Förderung, wenn folgende Lasten zu tragen sind:

1. Förderkorb mit Zwischengeschirr	=	6000 kg
2. 8 Wagen mit 750 kg Ladung	=	6000 „
3. Leerwagengewicht = 55% der Nutzlast	=	3300 „
		15300 kg

Lösung: 1. Als normales Rundseil:
$$\mathfrak{S} = 1,10 \cdot \mathfrak{S}_{OB} = 1,10 \cdot 7,0 = 7,7,$$
$$\sigma_B = 170 \text{ kg/mm}^2,$$
$$\gamma = \frac{1}{100} \text{ kg für 1 m Länge und 1 mm}^2,$$
$$F = \frac{100 \cdot 15\,300}{\dfrac{100 \cdot 170}{7,7} - 900} = 1180 \text{ mm}^2,$$

1 laufendes Meter Seil wiegt $g = \gamma \cdot F = \dfrac{1}{100} \cdot 1180 = 11,8 \text{ kg/m}$,

Teufengewicht des Seils $G = g \cdot T = 11,8 \cdot 900 = 10\,620$ kg.

Empirisch ist die Seildicke bei Rundseilen
$$d = 1,75 \cdot \sqrt{F} = 1,75 \cdot \sqrt{1180} = 60 \text{ mm}.$$

2. Als Dreikantlitzenseil:
$$\gamma = \frac{1}{105} \text{ kg/mm}^2;$$

es werde eine höhere Zugfestigkeit angenommen, und zwar
$$\sigma_B = 190 \text{ kg/mm}^2.$$

$$F = \frac{105 \cdot P}{\dfrac{105 \cdot \sigma_B}{\mathfrak{S}} - T} = \frac{105 \cdot 15\,300}{\dfrac{105 \cdot 190}{7,7} - 900} = 950 \text{ mm}^2.$$

Metergewicht des Seiles $g = \gamma \cdot F = \dfrac{1}{105} \cdot 950 = 9,05$ kg/m.

Teufengewicht des Seiles $= 9,05 \cdot 900 = 8145$ kg.

Empirisch ist die Seildicke für Dreikantlitzenseile
$$d = 1,50 \cdot \sqrt{F} = 1,50 \cdot \sqrt{950} = 46 \text{ mm}.$$

Bei Trommelmaschinen bestimmt die Seildicke die Breite der Trommel. Wie groß wird die Trommelbreite, wenn der Trommeldurchmesser $D = 7,00$ m ist?
$$\text{Umfang} = \pi \cdot D = 3,14 \cdot 7,00 = 22,00 \text{ m}.$$

$$\text{Anzahl der Seilwindungen} = \frac{T}{\pi \cdot D} = \frac{900}{22} = 41 \text{ Windungen}.$$

Nimmt man noch 3 Reservewindungen, so erhält man
$$Z = 41 + 3 = 44 \text{ Windungen}$$

Legt man die Trommelwindungen mit 2 mm Spielraum, so erhalten wir folgende Trommelbreiten:

1. bei Rundseil $\qquad (60 + 2) \cdot 44 = 2730$ mm,
2. bei Dreikantlitzenseil $(46 + 2) \cdot 44 = 2110$ mm.

Die gesamte Trommelbreite würde sein:

für Rundseil $\qquad = 2 \cdot 2730 = 5460$ mm,
für Dreikantlitzenseil $= 2 \cdot 2110 = 4220$ mm.

Der große Vorteil der Koepe-Förderung ist die geringe Breite der Treibscheibe, so daß die Fördermaschinenwelle erheblich leichter und billiger wird.

4. Die Druckfestigkeit.

Es gelten dieselben Formeln wie bei der Zugfestigkeit, nur bedeutet Δl die Verkürzung des Stabes in cm und $\sigma_{d\,\text{zul.}}$ die zulässige Druckspannung in kg/cm² (Abb. 330).

$$P = \sigma_{d\,\text{zul.}} \cdot F,$$

$$\Delta l = \frac{P \cdot l}{F \cdot E}.$$

Beispiel: Bei welcher Höhe würde eine Steinsäule (Abb. 331) durch ihr Eigengewicht zerdrückt, wenn das Steinmaterial eine Druckfestigkeit $\sigma_{-B} = 200$ kg/cm² hat und das Steingewicht 2400 kg/m³ ist?

Lösung:

$$P = \sigma_{-B} \cdot F = F \cdot h \cdot \gamma,$$

$$h = \frac{\sigma_{-B} \cdot F}{F \cdot \gamma} = \frac{\sigma_{-B}}{\gamma},$$

1 m³ Steinmaterial $= 2400$ kg,

1 cm³   „ $= 0{,}0024$ kg,

$$h = \frac{200}{0{,}0024} = 83\,400 \text{ cm} = 834 \text{ m}.$$

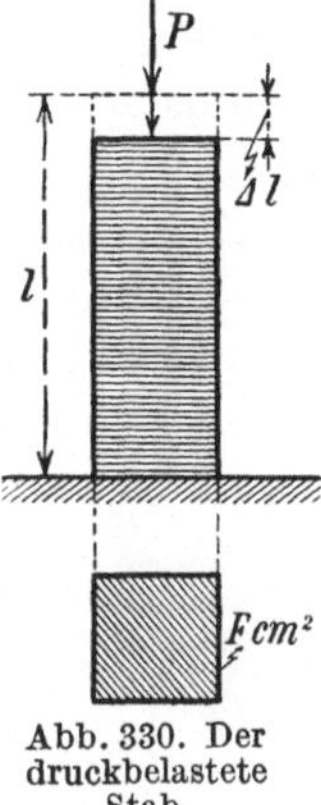

Abb. 330. Der druckbelastete Stab.

Beispiel: Welche Last kann ein 2 Stein starker Mauerpfeiler von quadratischem Querschnitt tragen, wenn die zulässige Druckspannung für Ziegel $\sigma_{d\,\text{zul.}} = 7$ kg/cm² beträgt?

Lösung: Nach Abb. 332 ist die Druckfläche des Mauerpfeilers

$$F = 25 \cdot 25 = 625 \text{ cm}^2,$$

$$P = \sigma_{d\,\text{zul.}} \cdot F = 7 \cdot 625 = 4375 \text{ kg},$$

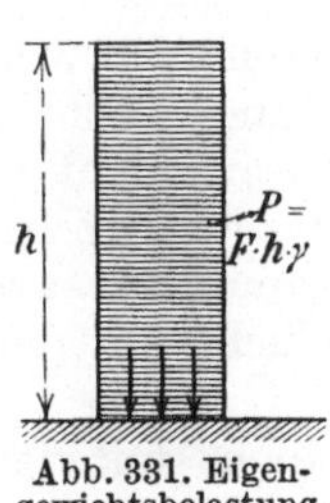

Abb. 331. Eigengewichtsbelastung.

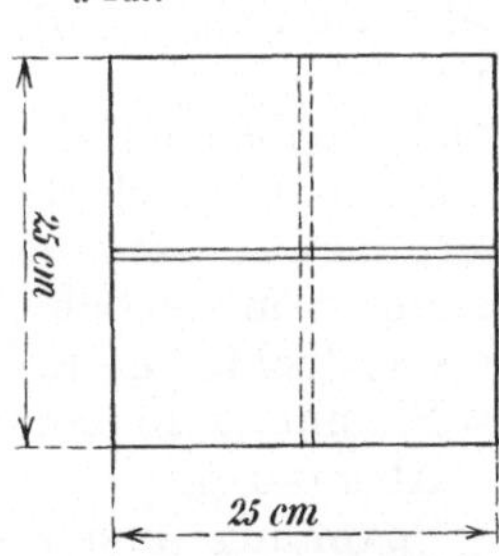

Abb. 332. Mauerpfeiler.

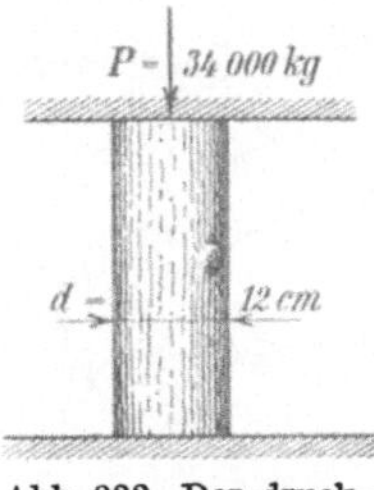

Abb. 333. Der druckbelastete Holzstempel.

Beispiel: Ein kurzer Holzstempel (Abb. 333) von 12 cm Durchmesser wurde bei 34000 kg Belastung zerdrückt, wie groß war die Druckfestigkeit σ_{-B} des Holzes?

Lösung:

$$P = \sigma_{-B} \cdot F,$$

$$\sigma_{-B} = \frac{P}{F} = \frac{34\,000}{\dfrac{\pi}{4} \cdot 12^2} = 300 \text{ kg/cm}^2.$$

Bei Stäben, die eine größere Länge haben, sind die Druckformeln nicht mehr anwendbar. Solche Stäbe werden nicht zerdrückt, sondern zerknickt, so daß hier eine Berechnung auf Zerknicken einsetzen muß. Das Zerknicken erfolgt in der Hauptsache durch Durchbiegung des Stabes. Es muß daher zunächst die Biegungsfestigkeit behandelt werden.

5. Die Biegungsfestigkeit.

Der einfachste Biegungsfall ist in Abb. 334 dargestellt. Ein horizontal eingespannter Balken von l cm Länge ist am freien Ende durch eine Kraft P belastet. Der Balken biegt sich durch. Ist die gebogene Form eine Kreisform, so hat der Kreisbogen der oberen Faser einen größeren Radius R als der der unteren Faser, d. h. die obere Faser ist länger wie

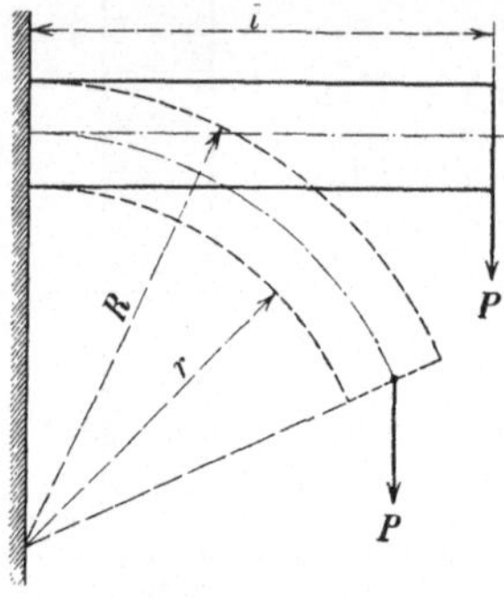

Abb. 334. Der eingespannte Balken.

die untere geworden. Vor der Biegung waren alle Fasern gleich lang. Durch die Biegung ist daher die obere Faser länger, die untere kürzer geworden, d. h. die obere Faser ist gezogen, die untere gedrückt worden. Derselbe Querschnitt wird also im oberen Teil auf Zug, im unteren Teil auf Druck beansprucht.

In Abb. 335 ist der Balken als Kreisbogenstück in übertriebener Durchbiegung dargestellt. Der Endquerschnitt des Balkens ist nun nicht mehr parallel dem Einspannungsquerschnitt. Zieht man durch den Mittelpunkt des Endquerschnitts die Parallele zum Einspannungsquerschnitt, so schneidet diese auf der oberen Faser die größte Verlängerung $\varDelta l_2$ und auf der unteren Faser die größte Verkürzung $\varDelta l_2$ aus. Die mittlere Faser hat demnach keine Verlängerung und keine Verkürzung erfahren, sie heißt daher die neutrale Faser.

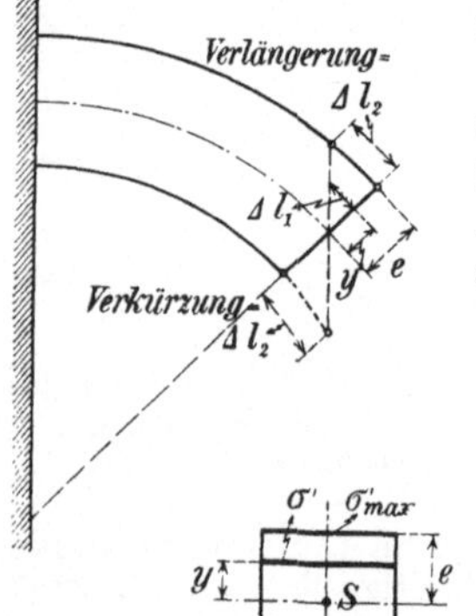

Abb. 335 und 336. Die Formänderung der Balkenfasern.

Sie fällt zusammen mit der Schwerpunktsfaser.

Man betrachte zwei Faserschichten (Abb. 336), die äußerste Faserschicht im Abstande e von der Schwerpunktsachse und eine Faserschicht im Abstande y von der Schwerpunktsachse. In beiden Faserschichten herrschen Spannungen, es sei

$\sigma' =$ Spannung in der Faserschicht mit dem Abstand y,

$\sigma'_{\mathrm{max}} =$ Spannung in der Faserschicht mit dem Abstand e.

Nach Abb. 335 ist

$$\varDelta l_1 : \varDelta l_2 = y : e,$$

d. h. die Verlängerungen oder Verkürzungen der Faserschichten verhalten sich wie ihre Abstände von der neutralen Faser.

Nach dem Proportionalitätsgesetz verhalten sich die Spannungen wie die Dehnungen bzw. die Verlängerungen, und es ist

$$\sigma' : \sigma'_{\mathrm{max}} = \varDelta l_1 : \varDelta l_2$$

$$\varDelta l_1 : \varDelta l_2 = y : e$$

$$\sigma' : \sigma'_{\mathrm{max}} = y : e, \quad \text{also} \quad \sigma' = \sigma'_{\mathrm{max}} \cdot \frac{y}{e},$$

d. h. die Spannungen der Faserschichten verhalten sich ebenfalls wie ihre Abstände von der neutralen Faser.

Das Aufstellen der Gleichgewichtsbedingung für den Biegungsbalken gelingt durch folgende Überlegung:

Man denkt sich in Abb. 337 die Einspannungsstelle beseitigt und stellt den Gleichgewichtszustand durch Anbringung von Kräften her. Dann wirken in der oberen Hälfte Zugkräfte, in der unteren Hälfte Druckkräfte.

Der Punkt D ist der Drehpunkt. Die äußere Kraft P wirkt rechtsdrehend. Sie hat das Moment

$$M = + P \cdot x.$$

Die Faserkräfte an der Einspannungsstelle wirken linksdrehend. Sie haben folgende Größe.

In einer Faserschicht vom Querschnitt f ist bei der Spannung σ' die Faserkraft $f \cdot \sigma'$. Der Abstand der Faserschicht f vom Drehpunkt D ist y, also ist das Moment der Faserkraft, da sie linksdrehend ist

$$M = - f \cdot \sigma' \cdot y,$$

nun ist

$$\sigma' = \sigma'_{max} \cdot \frac{y}{e}.$$

also wird

$$M = - f \cdot \sigma'_{max} \cdot \frac{y^2}{e} = - \frac{\sigma'_{max}}{e} \cdot f \cdot y^2.$$

Diese Betrachtung für den schmalen Flächenstreifen f wird ausgedehnt auf den ganzen Balkenquerschnitt. Man muß dann die Summe aller Flächenteilchen nehmen und schreibt dafür (Zeichen $\Sigma = $ Summe aller)

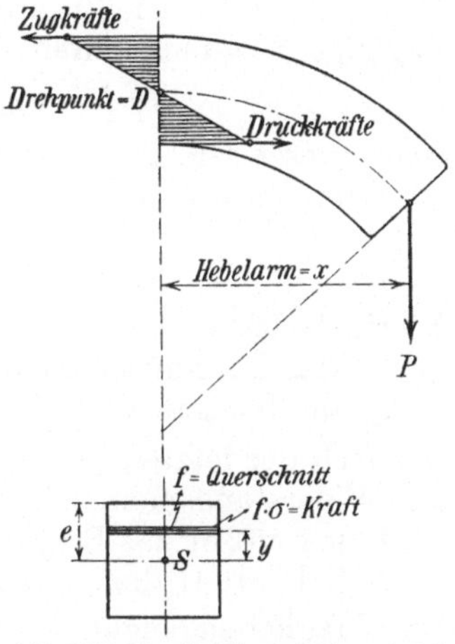

$$\Sigma f.$$

Abb. 337. Der Gleichgewichtszustand.

Damit heißt die Momentengleichung

$$M = - \frac{\sigma'_{max}}{e} \cdot \Sigma f \cdot y^2.$$

Für die Flächengröße $\Sigma f \cdot y^2$ setzt man den Buchstaben J und nennt diesen Wert das Trägheitsmoment des Querschnitts. Damit lautet die Formel einfacher

$$M = - \frac{\sigma'_{max}}{e} \cdot J.$$

Dieses linksdrehende Moment der inneren Spannungskräfte hält das Gleichgewicht dem rechtsdrehenden Moment der äußeren Kraft. Die Gleichgewichtsbedingung lautet also

$$+ P \cdot x - \frac{\sigma'_{max}}{e} \cdot J = 0.$$

Für den Einspannungsquerschnitt wird $x = l$ und für diesen Querschnitt lautet dann die Gleichgewichtsbedingung

$$+ P \cdot l - \frac{\sigma'_{max}}{e} \cdot J = 0 \quad \text{oder} \quad P \cdot l = \frac{\sigma'_{max}}{e} \cdot J.$$

In dieser Gleichung ist e als Abstand der äußersten Faser von der Schwerpunktsachse ein Längenmaß des Querschnittes. J ist auch eine Querschnittszahl, d. h. eine Zahl, welche von der Größe des Querschnitts abhängig ist. Deshalb bringt man diese beiden Zahlen zusammen und setzt für den Verhältniswert

$$\frac{J}{e} \quad \text{den Buchstaben } W.$$

Man nennt diese Verhältniszahl das **Widerstandsmoment des Querschnitts.** Die Biegungsgleichung heißt dann einfacher, wenn die zulässige Biegungsspannung mit $\sigma'_{zul.}$ bezeichnet wird,

$$P \cdot l = \sigma'_{zul.} \cdot W \quad \text{oder} \quad M = \sigma'_{zul.} \cdot W.$$

Nach dieser Gleichung wird das Widerstandsmoment W des Balkenquerschnitts berechnet

$$\boxed{W = \frac{M}{\sigma'_{zul.}}.}$$

Hierin bedeutet

M das Biegungsmoment der äußeren Kraft,

$\sigma'_{zul.}$ die höchste zulässige Biegungsspannung in der äußersten Faser.

Nach der letzten Formel wird demnach der Balkenquerschnitt oder das Widerstandsmoment des Querschnitts um so größer sein müssen

1. je größer das Biegungsmoment der äußeren Kräfte ist,
2. je kleiner die zulässige Biegungsbeanspruchung ist.

Das Trägheitsmoment J ist ein Zahlenwert, welcher die J-Einheit in cm^4 angibt, denn es ist

$$J = f \cdot y^2 = \text{cm}^2 \cdot \text{cm}^2 = \text{cm}^4.$$

Das Widerstandsmoment W ist ein Zahlenwert, welcher die W-Einheit in cm^3 angibt, denn es ist

$$W = \frac{J}{e} = \frac{\text{cm}^4}{\text{cm}} = \text{cm}^3.$$

Der Schwerpunkt von Querschnittsflächen.

Man kann sich jede Fläche als aus sehr vielen kleinen Flächenteilchen bestehend vorstellen. Jedes Flächenteilchen hat ein Gewicht, sämtliche Gewichte der Flächenteilchen bilden ein System von parallelen Kräften, das man wieder durch eine Resultierende ersetzen kann. Die Resultierende hat einen bestimmten Angriffspunkt, den man als den Punkt betrachten kann, in dem das Gewicht der Fläche angreift. Dieser Punkt heißt der **Schwerpunkt der Fläche.**

Für die Bestimmung der Lage des Schwerpunktes gelten folgende Sätze:

1. Für parallele Kräfte ist das statische Moment der Mittelkraft in bezug auf eine beliebige Parallelachse gleich der Summe der statischen Momente der Parallelkräfte.

Nach Abb. 338 ist demnach

$$G \cdot s = G_1 \cdot s_1 + G_2 \cdot s_2 + G_3 \cdot s_3 + G_4 \cdot s_4.$$

Geht die Parallelachse durch den Schwerpunkt, so ist das statische Moment der Mittelkraft gleich Null, also ist auch die Summe der statischen Momente der Einzelkräfte in diesem Fall gleich Null. Die Umkehrung dieser Erkenntnis liefert den zweiten Satz:

2. Ist die Summe der statischen Momente der Gewichtskräfte in bezug auf eine Parallelachse gleich Null, so geht die Parallelachse durch den Schwerpunkt.

Man wird also mit Hilfe des Momentensatzes die Schwerpunktslage einer Querschnittsfläche bestimmen können.

In Abb. 339 ist die Querschnittsfläche eines ungleichschenkligen Winkeleisens gegeben, es soll die Schwerpunktslage bestimmt werden. Die Fläche läßt sich in zwei Rechteckflächen F_1 und F_2 zerlegen, deren Mittelpunkte (Schwerpunkte) S_1 und S_2 als Schnittpunkte

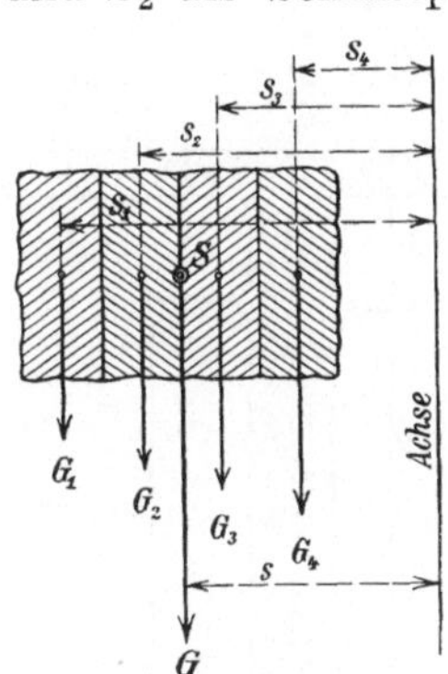

Abb. 338. Die Schwerpunktsbestimmung.

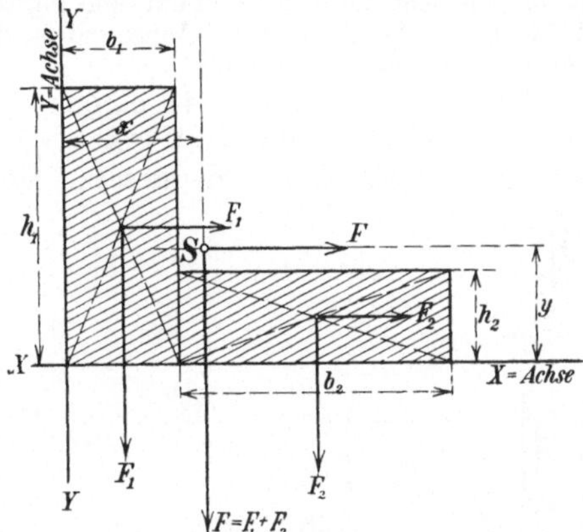

Abb. 339. Schwerpunktsbestimmung eines Winkeleisens.

der Diagonalen bekannt sind. In S_1 greift an das Flächengewicht F_1, in S_2 das Flächengewicht F_2.

Als Parallelachse wählt man die Achse $Y-Y$, dann ist mit den Bezeichnungen der Figur

$$F \cdot x = F_1 \cdot \frac{b_1}{2} + F_2 \cdot \left(b_1 + \frac{b_2}{2}\right),$$

$$x = \frac{F_1 \cdot \dfrac{b_1}{2} + F_2 \cdot \left(b_1 + \dfrac{b_2}{2}\right)}{F}$$

Hiermit ist der Abstand x des Schwerpunktes von der $Y-Y$-Achse bekannt.

Dieselbe Untersuchung macht man für eine zweite Kraftrichtung, indem man die Flächenkräfte horizontal ziehen läßt und als Parallelachse die Achse $X-X$ wählt.

$$F \cdot y = F_1 \cdot \frac{h_1}{2} + F_2 \cdot \frac{h_2}{2}, \qquad y = \frac{F_1 \cdot \dfrac{h_1}{2} + F_2 \cdot \dfrac{h_2}{2}}{F}.$$

Hiermit ist der Abstand y des Schwerpunktes von der $X-X$-Achse bekannt. Zieht man zur $X-X$-Achse im Abstande y die Parallele und zur $Y-Y$-Achse im Abstande x die Parallele, so ist der Schnittpunkt S dieser beiden Parallelen, der gesuchte Schwerpunkt.

Beispiel: Es ist die Schwerpunktslage des ungleichschenkligen Winkeleisens Nr. 10/15 (Abb. 340) zu bestimmen.

Lösung: Es ist $F_1 = 10 \cdot 1{,}2 = 12$ cm² und $F_2 = 13{,}8 \cdot 1{,}2 = 16{,}6$ cm²

$$F = F_1 + F_2 = 12 + 16{,}6 = 28{,}6 \text{ cm}^2$$

1. senkrechte Kräfte

$$x = \frac{F_1 \cdot 0{,}6 + F_2 \cdot 8{,}1}{F} = \frac{12 \cdot 0{,}6 + 16{,}6 \cdot 8{,}1}{28{,}6} = 4{,}89 \text{ cm},$$

2. horizontale Kräfte

$$y = \frac{F_1 \cdot 5{,}0 + F_2 \cdot 0{,}6}{F} = \frac{12 \cdot 5{,}0 + 16{,}6 \cdot 0{,}6}{28{,}6} = 2{,}43 \text{ cm}.$$

Zieht man im Abstande $x = 4{,}89$ cm eine Parallele zur Y-Achse und im Abstande $y = 2{,}43$ cm eine Parallele zur X-Achse, so ist der Schnittpunkt S der beiden Parallelen der gesuchte Schwerpunkt.

Bildet man nach Abb. 341 einen aus zwei ungleichschenkligen Winkeleisen dieser Größe zusammengesetz-

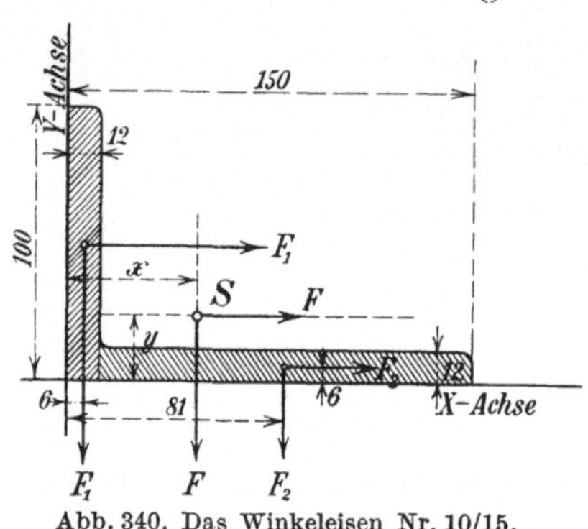

Abb. 340. Das Winkeleisen Nr. 10/15.

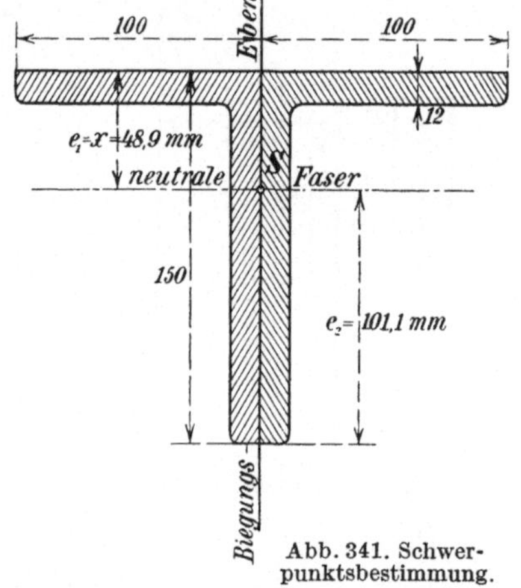

Abb. 341. Schwerpunktsbestimmung.

ten Trägerquerschnitt, so liegt der Schwerpunkt S in der senkrechten Mittellinie. Ist diese Mittellinie auch die Biegungsebene, so hat die neutrale Faser die Abstände

$$e_1 = x = 48{,}9 \text{ mm},$$
$$e_2 = 150 - 48{,}9 = 101{,}1 \text{ mm}$$

von den äußersten Fasern.

a) Trägheitsmomente und Widerstandsmomente von Querschnittsflächen.

Die Berechnung der Trägheitsmomente der gewöhnlichen Querschnittsformen Rechteck, Dreieck, Kreis läßt sich in einfacher Weise nur mit höherer Mathematik durchführen. Die elementare Berechnung ist umständlich, daher werde sie nicht durchgeführt, sondern es werden nur die fertigen Werte der Trägheitsmomente mitgeteilt.

Hat ein Flächenstreifen vom Querschnitt f (Abb. 342) den Abstand x von der Biegungsachse, so ist sein Trägheitsmoment bezogen auf diese Achse

$$J = f \cdot x^2 .$$

Da das Trägheitsmoment auf eine bestimmte Achse bezogen und ausgerechnet wird, nennt man diese Trägheitsmomente allgemein axiale Trägheitsmomente.

1. Rechteck-Querschnitt (Abb. 343):

$$h = \text{Höhe in cm,} \quad b = \text{Breite in cm.}$$

Das Trägheitsmoment, bezogen auf die horizontale Schwerpunktsachse, ist

$$J = \frac{1}{12} b \cdot h^3 .$$

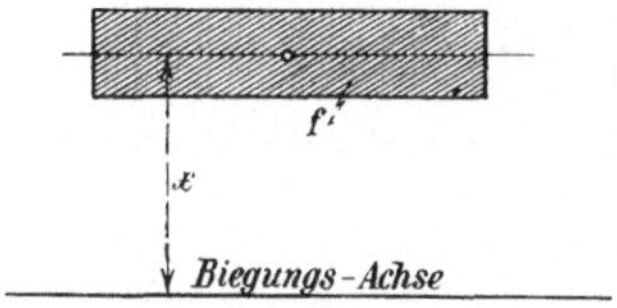

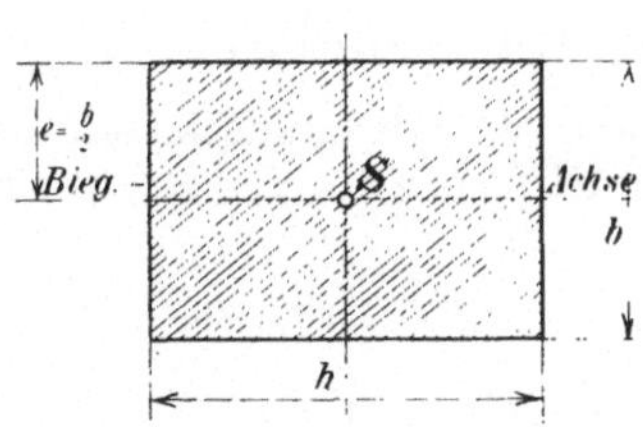

Abb. 342. Das Trägheitsmoment eines Flächenstreifens.

Der Abstand der äußersten Faser von der Biegungsachse ist

$$e = \frac{h}{2} ,$$

also ist das Widerstandsmoment

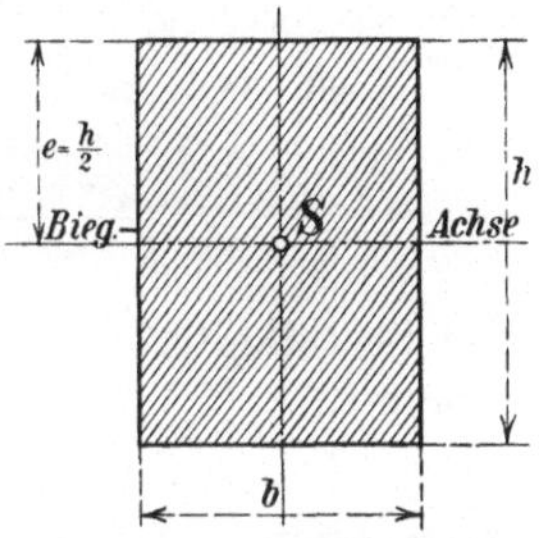

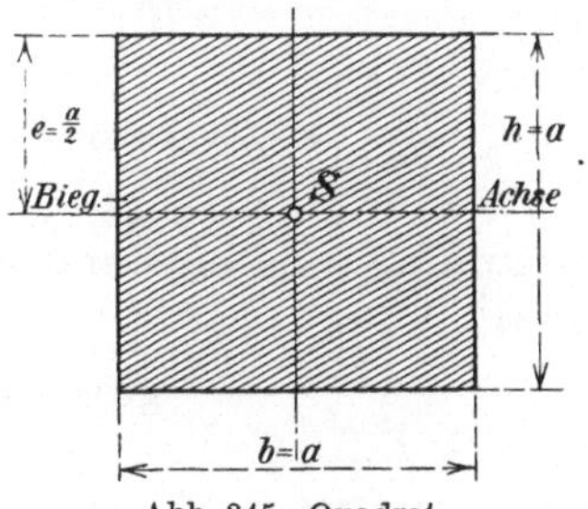

Abb. 343. Hochstehendes Rechteck.

$$W = \frac{J}{e} = \frac{1 \cdot b \cdot h^3 \cdot 2}{12 \cdot h} = \frac{1}{6} b \cdot h^2 .$$

Liegt das Rechteck mit seiner kleinen Seite b rechtwinkelig zur Biegungsachse (Abb. 344), so wird

$$J = \frac{1}{12} h \cdot b^3 \quad \text{und} \quad W = \frac{1}{6} h \cdot b^2 .$$

Abb. 344. Liegendes Rechteck.

Abb. 345. Quadrat.

Werden die Rechteckseiten gleich (Abb. 345), so entsteht ein Quadrat und es wird

$$h = b = a .$$

$$J = \frac{1}{12} \cdot a \cdot a^3 = \frac{1}{12} a^4 . \qquad W = \frac{1}{6} \cdot a \cdot a^2 = \frac{1}{6} a^3 .$$

2. Dreieck-Querschnitt (Abb. 346):

Die horizontale Schwerpunktsachse sei die Biegungsachse, dann ist das Trägheitsmoment, bezogen auf diese Achse,

$$J = \frac{1}{36} b \cdot h^3 .$$

Die obere, äußerste Faser hat den Abstand $e_1 = \frac{2}{3} h$, die untere äußerste Faser den Abstand $e_2 = \frac{1}{3} h$ von der Biegungsachse, mithin hat der Dreieckquerschnitt zwei Widerstandsmomente

$$W_1 = \frac{J}{e_1} = \frac{1 \cdot b \cdot h^3 \cdot 3}{36 \cdot 2 \cdot h} = \frac{1}{24} b \cdot h^2 ,$$

$$W_2 = \frac{J}{e_2} = \frac{1 \cdot b \cdot h^3 \cdot 3}{36 \cdot 1 \cdot h} = \frac{1}{12} b \cdot h^2 .$$

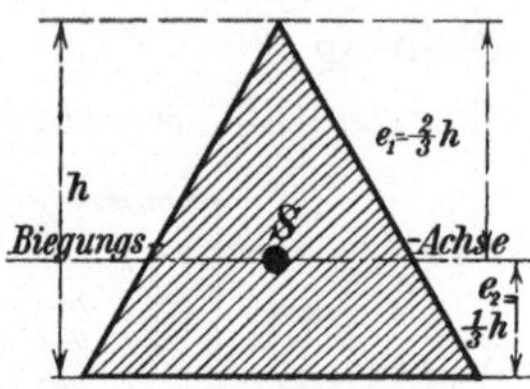

Abb. 346. Dreieckquerschnitt.

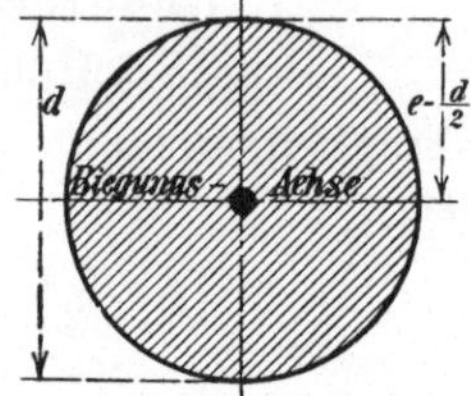

Abb. 347. Kreisquerschnitt.

Bei Festigkeitsrechnungen ist immer mit dem kleinsten Widerstandsmoment

$$W = \frac{1}{24} b \cdot h^2$$

zu rechnen.

3. Kreis-Querschnitt (Abb. 347):

Für die horizontale Schwerpunktsachse als Biegungsachse ist

$$J = \frac{\pi}{64} d^4 , \qquad e = \frac{d}{2} ,$$

$$W = \frac{J}{e} = \frac{\pi \cdot d^4 \cdot 2}{64 \cdot d} = \frac{\pi}{32} d^3 .$$

4. Zusammengesetzte Querschnitte:

a) **Kasten-Querschnitt** (Abb. 348). Der Kastenquerschnitt läßt sich auffassen als entstanden aus der Differenz zweier Rechteckquerschnitte:

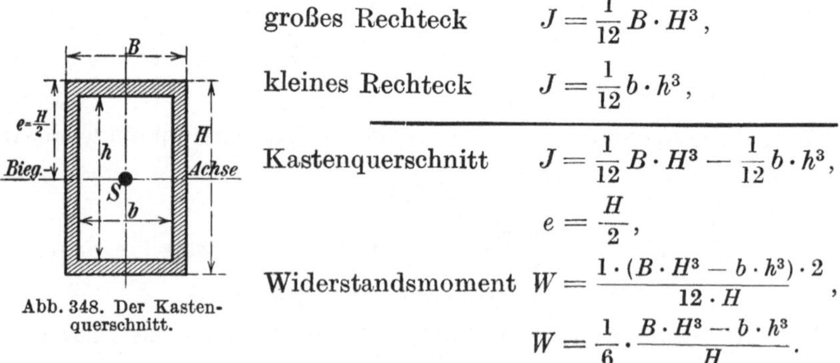

Abb. 348. Der Kastenquerschnitt.

großes Rechteck $\quad J = \frac{1}{12} B \cdot H^3 ,$

kleines Rechteck $\quad J = \frac{1}{12} b \cdot h^3 ,$

Kastenquerschnitt $\quad J = \frac{1}{12} B \cdot H^3 - \frac{1}{12} b \cdot h^3 ,$

$$e = \frac{H}{2} ,$$

Widerstandsmoment $\quad W = \frac{1 \cdot (B \cdot H^3 - b \cdot h^3) \cdot 2}{12 \cdot H} ,$

$$W = \frac{1}{6} \cdot \frac{B \cdot H^3 - b \cdot h^3}{H} .$$

b) **Kreuzquerschnitt** (Abb. 349). Beim Kreuzquerschnitt ist das Trägheitsmoment aus der Summe der Trägheitsmomente der beiden

Rechtecke zu errechnen:

1. Rechteck
$$J = \frac{1}{12} b_1 \cdot h_1^3,$$

2. Rechteck
$$J = \frac{1}{12} b_2 \cdot h_2^3,$$

Kreuzquerschnitt
$$J = \frac{1}{12} \cdot (b_1 \cdot h_1^3 + b_2 \cdot h_2^3).$$

$$e = \frac{h_1}{2},$$

Widerstandsmoment
$$W = \frac{J}{e} = \frac{1 \cdot (b_1 \cdot h_1^3 + b_2 \cdot h_2^3) \cdot 2}{12 \cdot h_1},$$
$$W = \frac{1}{6} \cdot \frac{b_1 \cdot h_1^3 + b_2 \cdot h_2^3}{h_1}.$$

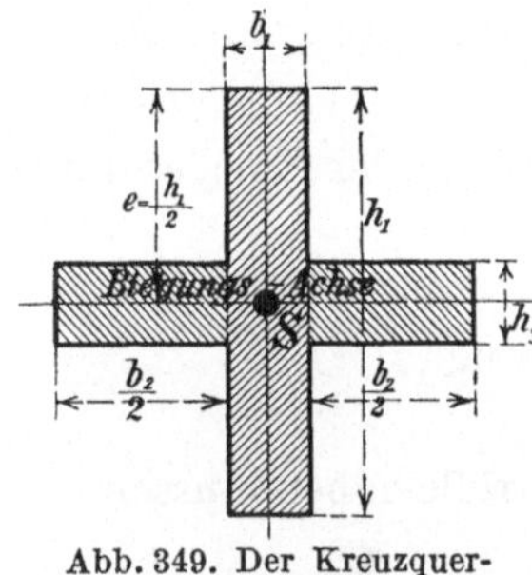

Abb. 349. Der Kreuzquer-
schnitt.

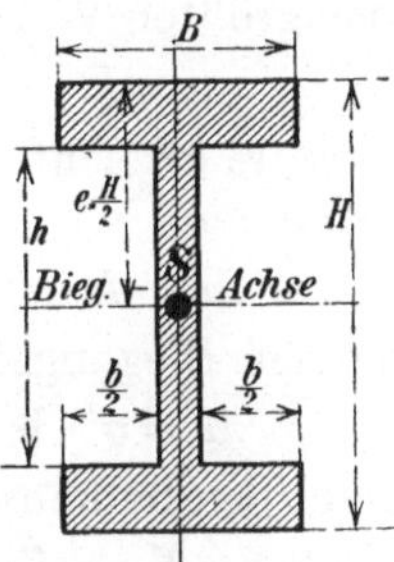

Abb. 350. Der I-Träger.

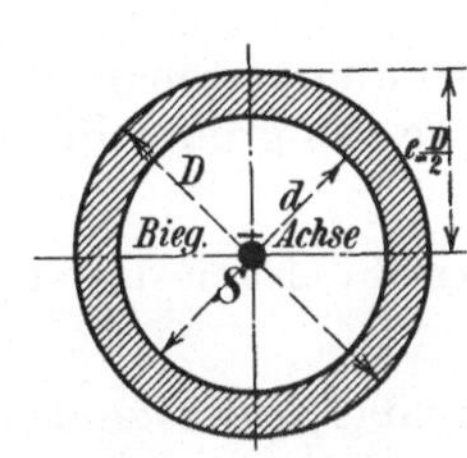

Abb. 351. Der Kreis-
ringquerschnitt.

c) Profileisen (Abb. 350): Für das ⊥-Eisenprofil läßt sich dieselbe Berechnung wie beim Kastenquerschnitt durchführen:

$$J = \frac{1}{12} \cdot (B \cdot H^3 - b \cdot h^3),$$
$$W = \frac{1}{6} \cdot \frac{B \cdot H^3 - b \cdot h^3}{H}.$$

Beispiel: Es soll das Trägheits- und Widerstandsmoment für das Profil Nr. 30, bezogen auf die horizontale Schwerpunktsachse, errechnet werden, wenn für die Rechtecke folgende Breiten- und Höhenmaße vorliegen:

großes Rechteck $B = 12,5$ cm   und $H = 30,0$ cm,
kleines Rechteck $b = 11,42$ cm und $h = 26,76$ cm.

$$J = \frac{1}{12} \cdot (B \cdot H^3 - b \cdot h^3) = \frac{1}{12} \cdot (12,5 \cdot 30^3 - 11,42 \cdot 26,76^3),$$
$$J = 9940 \ \text{cm}^3,$$
$$W = \frac{1}{6} \cdot \frac{B \cdot H^3 - b \cdot h^3}{H} = \frac{J}{e} = \frac{9940}{15} = 662 \ \text{cm}^3.$$

d) Kreisring-Querschnitt (Abb. 351). Der Kreisring entsteht aus der Differenz zweier Kreisflächen, also ist das Trägheitsmoment gleich der Differenz der Trägheitsmomente der beiden Kreisflächen

$$J = \frac{\pi}{64} D^4 - \frac{\pi}{64} d^4 = \frac{\pi}{64} \cdot (D^4 - d^4),$$
$$e = \frac{D}{2}, \qquad W = \frac{J}{e} = \frac{\pi}{32} \cdot \frac{D^4 - d^4}{D}.$$

b) Die einfachen Biegungsfälle.

1. Der an einem Ende eingespannte Balken (Abb. 352).

Der Balken sei am freien Ende durch die Einzellast P belastet. Für einen Querschnitt im Abstande x vom freien Ende findet man das Biegungsmoment, indem man sich den Balken an dieser Stelle eingespannt denkt und diesen Einspannungspunkt D als Drehpunkt wählt. In bezug auf D als Drehpunkt ist das Biegungsmoment

$$M_x = P \cdot x.$$

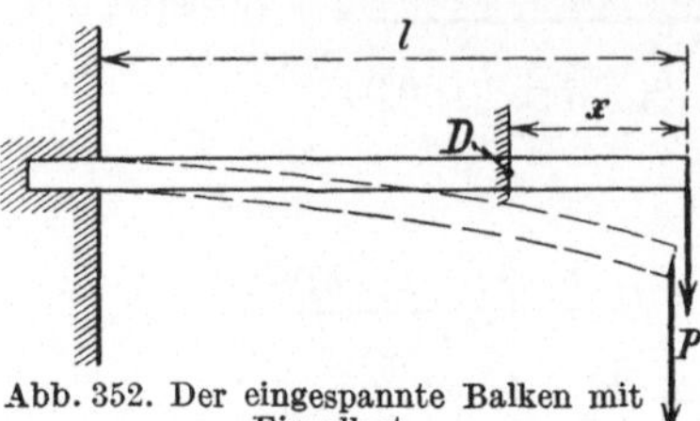
Abb. 352. Der eingespannte Balken mit Einzellast.

Das Biegungsmoment erhält seinen größten Wert, wenn x seinen größten Wert erreicht. Der größte Wert

$$x = l$$

wird an der Einspannungsstelle erreicht, so daß an der Einspannungsstelle das größte Biegungsmoment

$$M = P \cdot l$$

herrscht. Nach der allgemeinen Biegungsgleichung

$$M = \sigma' \cdot W$$

wird das Widerstandsmoment des Balkens die Größe haben müssen

$$W = \frac{M}{\sigma'} = \frac{P \cdot l}{\sigma'}.$$

2. Derselbe Balken sei durch Streckenlast belastet (Abb. 353).

Unter Streckenlast versteht man eine gleichmäßig über die ganze Länge des Balkens verteilte Belastung. Man könnte sich diese Belastung durch eine Sandschüttung von konstanter Höhe erzeugt denken. Die Belastung sei p kg/cm, dann ist bei l cm Länge die Belastung

$$P = p \cdot l.$$

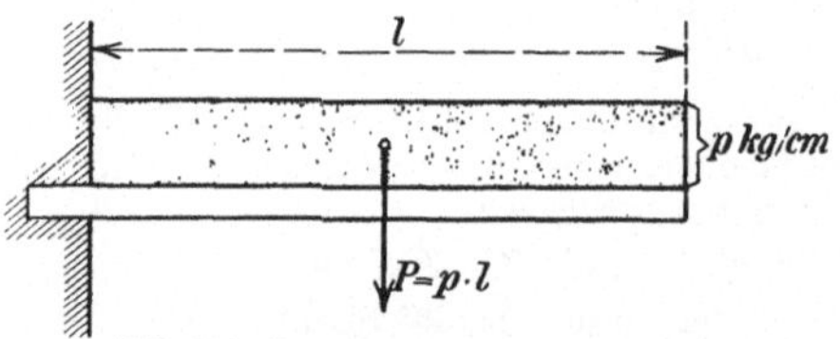
Abb. 353. Der eingespannte Balken mit Streckenlast.

Man stellt sich nun vor, die gleichmäßig verteilte Streckenlast wirke als Einzellast im Schwerpunkt der Belastungsfläche, dann ist das größte Biegungsmoment an der Einspannungsstelle

$$M = P \cdot \frac{l}{2} = p \cdot l \cdot \frac{l}{2} = p \cdot \frac{l^2}{2},$$

Vergleicht man die Größe des Biegungsmoments mit dem 1. Fall der Einzellast, so erkennt man, da in jenem Fall $M = P \cdot l$ war, daß nun das Biegungsmoment nur halb so groß ist. Also könnte derselbe Balken bei Streckenbelastung die doppelte Belastung tragen.

Resultat: Der einseitig eingespannte Balken trägt als Streckenlast doppelt so viel als am freien Ende.

Für die Streckenlast ist folgendes Widerstandsmoment erforderlich

$$W = \frac{M}{\sigma'} = \frac{p \cdot l^2}{2 \cdot \sigma'},$$

$$p \cdot l = P,$$

$$W = \frac{P \cdot l}{2 \cdot \sigma'}.$$

Das Widerstandsmoment wird also nur halb so groß wie bei der Belastung am freien Ende.

3. Derselbe Balken trage beide Belastungen gleichzeitig (Abb. 354).

Für den Querschnitt N im Abstande x vom freien Ende ist

$$M_x = P \cdot x + \tfrac{1}{2} p \cdot x^2,$$

für den Einspannungsquerschnitt $(x = l)$ wird das Biegungsmoment am größten

$$M = P \cdot l + \tfrac{1}{2} p \cdot l^2,$$

$$W = \frac{M}{\sigma'}.$$

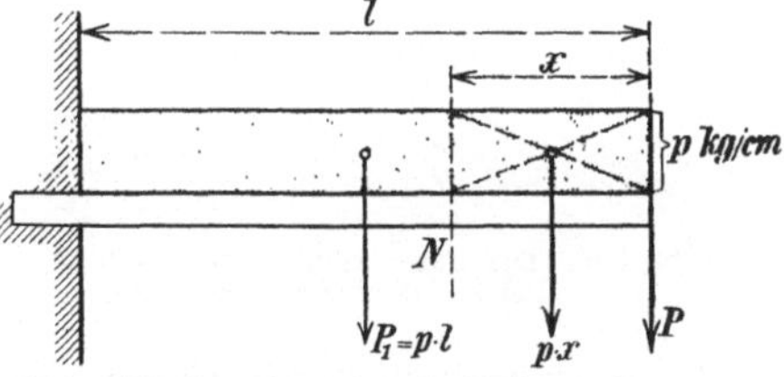

Abb. 354. Der eingespannte Balken mit Strecken- und Einzellast.

4. Die Form vom gleichen Widerstand.

Der eingespannte Stab hat an der Einspannungsstelle seinen gefährlichen Querschnitt, d. h. an dieser Stelle ist infolge höchster Beanspruchung der Bruch zu erwarten. Soll der Stab die Last mit Sicherheit tragen, so muß sein Querschnitt für diese gefährliche Stelle berechnet und dimensioniert werden. Die Beanspruchung der einzelnen Querschnitte nimmt nach dem freien Ende hin aber ab, so daß wir hier einen Überschuß an Material haben.

Man könnte nun den Überschuß an Material wegnehmen und den Stab nach dem freien Ende hin derart verjüngen, daß jeder Querschnitt die gleiche Beanspruchung erfährt. Der Stab erhält dann eine Begrenzungsform, die man die Form vom gleichen Widerstand nennt.

Die Gleichung der Form vom gleichen Widerstand muß lauten

$$\text{Spannung } \sigma' = \text{konst.} \quad \text{oder} \quad \frac{M}{W} = \frac{M_x}{W_x} = \text{konst.},$$

wenn M und W Biegungs- und Widerstandsmoment für die Einspannstelle und M_x und W_x dasselbe für einen Querschnitt im Abstand x vom freien Ende bedeuten. Der Stab habe an der Einspannungsstelle einen Rechteckquerschnitt von der Breite b und der Höhe h, an einer beliebigen Schnittstelle im Abstande x vom freien Ende die Breite z und die Höhe y, dann sind

die Biegungsmomente

$$M = P \cdot l \quad \text{und} \quad M_x = P \cdot x,$$

die Widerstandsmomente

$$W = \tfrac{1}{6} b \cdot h^2 \quad \text{und} \quad W_x = \tfrac{1}{6} z \cdot y^2.$$

Hiermit wird
$$\sigma' = \frac{M}{W} = \frac{M_x}{W_x} = \text{konst.},$$

$$\frac{P \cdot l}{\frac{1}{6} b \cdot h^2} = \frac{P \cdot x}{\frac{1}{6} z \cdot y^2},$$

$$\frac{y^2}{h^2} = \frac{b \cdot x}{z \cdot l}.$$

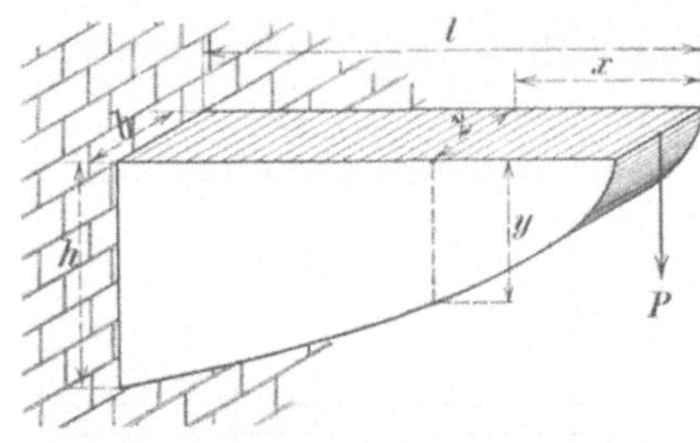

Abb. 355. Die Form vom gleichen Widerstand bei konstanter Balkenbreite.

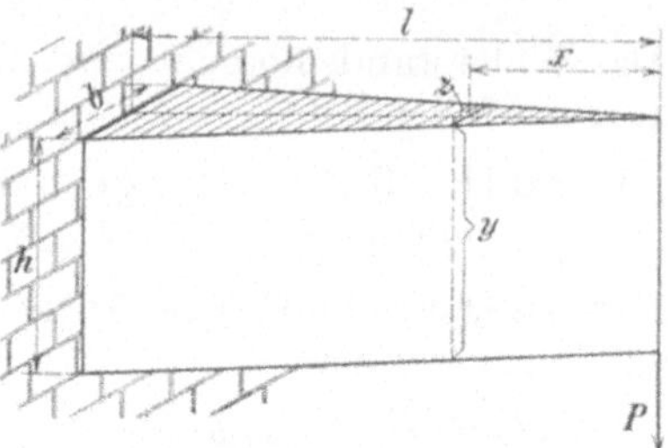

Abb. 356. Die Form vom gleichen Widerstand bei konstanter Balkenhöhe.

Soll der Balken konstante Breite und nur eine veränderliche Höhe erhalten, so ist

$$b = z \quad \text{und} \quad \frac{y^2}{h^2} = \frac{x}{l} \quad \text{oder} \quad y^2 = \frac{h^2}{l} \cdot x.$$

Die Form der Begrenzungslinie ist demnach eine Parabel, die in Abb. 355 als Halbparabel ausgebildet werden kann.

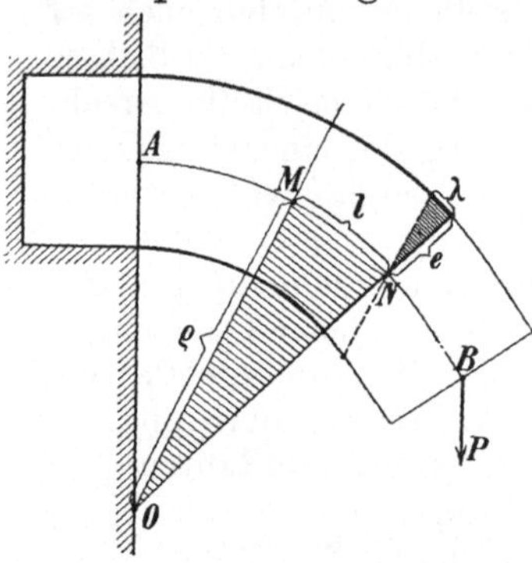

Abb. 357. Der durchgebogene Balken.

Man kann dem Balken auch eine konstante Höhe und veränderliche Breite geben, dann wird

$$y = h \quad \text{und} \quad b \cdot x = z \cdot l \quad \text{oder} \quad z = \frac{b}{l} \cdot x.$$

Die Form der Begrenzungslinie für die veränderliche Breite wird dann eine Gerade (Abb. 356).

5. Die elastische Linie.

Der Balken Abb. 357 hat durch die Belastung eine durchgebogene Form angenommen. Die gekrümmte Linie AB, die die Biegung der neutralen Faser darstellt, nennt man die „elastische Linie" des Balkens.

Das unendlich kleine Bogenstück $MN = l$ dieser Linie kann als Kreisbogenlinie angesehen werden. Der Kreis hat den Mittelpunkt O und den Radius $\varrho = OM$. Aus der Ähnlichkeit der schraffierten Dreiecke folgt

$$\varrho : l = e : \varDelta l, \quad \text{(in der Abbildung ist } \varDelta l = \lambda)$$

$$\varrho = e \cdot \frac{l}{\varDelta l} = \frac{e}{\varepsilon} \quad \text{oder,} \quad \text{da} \quad \varepsilon = \frac{\sigma'}{E},$$

$$\varrho = \frac{e}{\sigma'} \cdot E.$$

Die Gleichung kann benutzt werden, um die größte Spannung in einem Stabe zu berechnen, der durch Anwendung von Gewalt über eine Kreisform (Abb. 358) von bestimmtem Radius ϱ gekrümmt wird. In der Umstellung lautet die Gleichung

$$\sigma' = \frac{e}{\varrho} \cdot E,$$

d. h. die Biegungsspannung σ' wird um so größer

1. je dicker der Draht ist, denn $e =$ halbe Drahtstärke,

2. je höher die Elastizitätszahl E, also je härter der Draht ist,

3. je kleiner der Krümmungsradius ϱ wird.

Aus diesem Grunde werden die Trommeldurchmesser und Seilscheibendurchmesser für Drahtseile möglichst groß gewählt, damit die Biegungsspannungen klein bleiben.

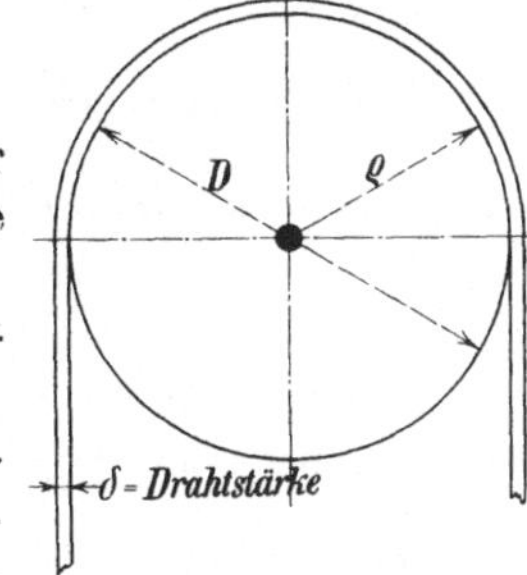

Abb. 358. Die zusätzliche Biegungsbeanspruchung.

Beispiel: Ein Förderseil von 56 mm Durchmesser besteht aus Einzeldrähten von $\delta = 2,8$ mm Durchmesser. Wie groß wird die Biegungsbeanspruchung, wenn Trommel und Seilscheiben 6 m Durchmesser haben? $E = 2\,150\,000$ kg/cm².

Lösung: Die Biegungsspannung wird, da $e = \dfrac{0,28}{2}$ ist,

$$\sigma' = \frac{e}{\varrho} \cdot E = \frac{0,28}{2 \cdot 300} \cdot 2\,150\,000 = 1000 \text{ kg/cm}^2 = 10 \text{ kg/mm}^2.$$

Wenn das Drahtmaterial eine Festigkeit von $\sigma_B = 180$ kg/mm² hat, bleiben also $180 - 10 = 170$ kg/mm² für die Belastung übrig, so daß bei 9facher Sicherheit eine Spannung von

$$\frac{170}{9} = 19 \text{ kg/mm}^2$$

für die Belastung frei bleiben.

Das Seil hat einen Querschnitt von $f = 1108$ mm², es kann also an Eigengewicht und Belastung tragen

$$19 \cdot 1108 = 21\,000 \text{ kg}.$$

Bei großen Scheibendurchmessern wird also die Biegungsspannung durch die gewaltsame Krümmung auf den Seilscheiben nicht besonders groß. Daher sollte man nicht so ängstlich sein, dickere Einzeldrähte zu verwenden. Bei dünnen Drähten ist erfahrungsgemäß die Schwächung durch Anrosten viel größer als bei dicken Drähten, denn bei demselben Seilquerschnitt ist die Drahtoberfläche bei dünnen Drähten viel größer als bei dicken. Die Seilprüfungsstelle der Bergschule Bochum empfiehlt daher die Verwendung dicker Drähte.

Bei Kranseilen und Haspelseilen kann man natürlich nicht so große Scheibendurchmesser verwenden. Erfahrungsgemäß macht man für diese Seile den Scheibendurchmesser

$$D \geqq 500 \cdot \delta$$

und erhält kleine Scheibendurchmesser, wenn man die Drahtdicke δ klein nimmt.

Beispiel: Welche Belastung kann ein Haspelseil tragen, wenn das 20 mm starke Seil aus 144 Einzeldrähten von $\delta = 1,1$ mm Stärke besteht, der Trommeldurchmesser 550 mm ist und mit 6facher Sicherheit gerechnet wird?

Festigkeit $\sigma_D = 180$ kg/mm², $E = 2\,150\,000$ kg/cm².

Lösung: Durch die gewaltsame Krümmung über die Trommel entsteht die Biegungsspannung

$$\sigma' = \frac{e}{\varrho} \cdot E = \frac{0,11 \cdot 2\,150\,000}{2 \cdot 27,5} = 4300 \text{ kg/cm}^2,$$

$$\sigma' = 43 \text{ kg/mm}^2.$$

Für die Belastung verbleibt daher der Betrag

$$180 - 43 = 137 \text{ kg/mm}^2$$

oder bei 6facher Sicherheit

$$\frac{137}{6} = 23 \text{ kg/mm}^2.$$

Gesamtquerschnitt der Drähte $= 144 \cdot \frac{\pi}{4} \cdot 1,1^2 = 136 \text{ mm}^2$. Das Seil kann daher an Belastung tragen $P = 136 \cdot 23 = 3100 \text{ kg}.$

Die Form der elastischen Linie. Es war abgeleitet worden

$$\varrho = \frac{e}{\sigma'} \cdot E,$$

nun ist nach der allgemeinen Biegungsgleichung

$$M = \sigma' \cdot \frac{J}{e} \quad \text{oder} \quad \frac{e}{\sigma'} = \frac{J}{M},$$

also wird der Krümmungsradius der elastischen Linie

$$\varrho = \frac{J}{M} \cdot E.$$

Diese Gleichung ist die Gleichung der elastischen Linie. Sie sagt aus, daß der Krümmungsradius um so kleiner, d. h. die Krümmung des Balkens um so größer wird,

1. je kleiner das Trägheitsmoment des Querschnitts ist,
2. je kleiner die Elastizitätszahl des Materials ist,
3. je größer das biegende Moment der äußeren Kräfte ist.

Bei Balken mit konstantem Querschnitt ist auch der Wert J konstant, dagegen nimmt M nach der Einspannungsstelle zu. Mit zunehmendem M wird in der Gleichung

$$\varrho = \frac{J}{M} \cdot E$$

der Wert ϱ immer kleiner, d. h. die Krümmung wird nach der Einspannungsstelle hin immer stärker, die elastische Linie ist eine Kurve, deren Krümmungsradius nach der Einspannstelle hin ständig kleiner wird.

Bei Balken, welche nach der Form vom gleichen Widerstand begrenzt werden, ist der Querschnitt nicht konstant, folglich auch das Trägheitsmoment J nicht konstant. In demselben Maße wie M abnimmt, nimmt auch J nach dem freien Ende hin ab, d. h. nunmehr bleibt das Verhältnis

$$\frac{J}{M} = \text{konst.}$$

Da auch der Wert $E = \text{konst.}$ ist, so ist auch

$$\varrho = \frac{J}{M} \cdot E = \text{konst.},$$

d. h. bei der Form vom gleichen Widerstand ist der Krümmungsradius ϱ der elastischen Linie an allen Stellen gleich groß, so daß die elastische Linie ein durchgehender Kreisbogen wird.

6. Der Balken auf zwei Stützen.

Die Balkenbelastung in Abb. 359 werde durch eine Einzellast P erzeugt. Diese erzeugt die Stützendrücke A und B, und zwar ist, wenn der Auflagerpunkt B als Drehpunkt genommen wird, die Summe der statischen Momente

$$+ A \cdot l - P \cdot l_2 = 0 \quad \text{oder} \quad A = \frac{P \cdot l_2}{l}.$$

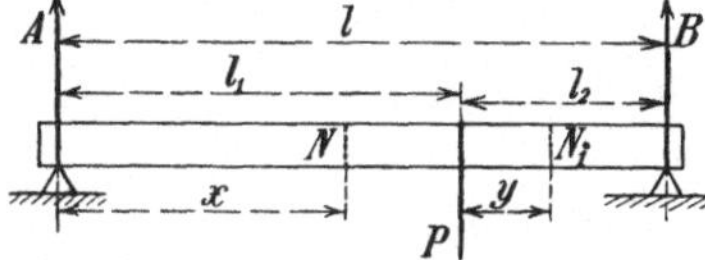

Für den Balkenquerschnitt N im Abstande x vom Auflager A ist das Biegungsmoment

$$M_x = A \cdot x.$$

Abb. 359. Der Balken auf zwei Stützen mit Einzellast.

Das Moment erreicht seinen größten Wert an der Angriffsstelle der Kraft P, für welche $x = l_1$ ist:

$$M = A \cdot l_1 = \frac{P \cdot l_2 \cdot l_1}{l}.$$

Für Querschnitte, welche darüber hinaus liegen, ist nach Abb. 359

$$M_y = A \cdot (l_1 + y) - P \cdot y.$$

Das negative Glied bewirkt, da P größer ist als A, eine Abnahme des Momentenwertes, so daß

$$M_y < M_x$$

wird und der Querschnitt im Angriffspunkt der Last P tatsächlich der gefährliche Querschnitt bleibt.

Liegt der Angriffspunkt der Last P genau in der Mitte des Balkens, ist also

$$l_1 = \frac{l}{2} = l_2,$$

so wird das Maximalmoment

$$M = A \cdot l_1 = \frac{P \cdot l_2 \cdot l_1}{l} = \frac{P \cdot l \cdot l}{l \cdot 2 \cdot 2}$$
$$= \frac{P \cdot l}{4}.$$

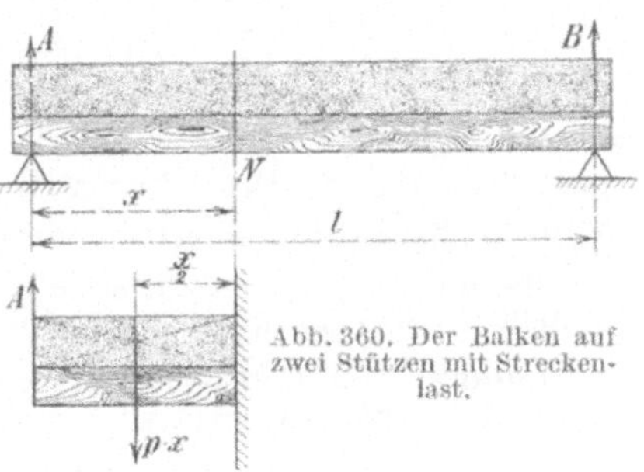

Abb. 360. Der Balken auf zwei Stützen mit Streckenlast.

Das Widerstandsmoment des Balkenquerschnitts wird

$$W = \frac{M}{\sigma'_{\text{zul.}}},$$

wenn $\sigma'_{\text{zul.}} = $ höchste zulässige Biegungsspannung ist.

In Abb. 360 ist derselbe Balken mit Streckenlast dargestellt, der Balken trage die Belastung p kg/cm.

Die Belastung erzeugt in A und B gleiche Stützendrücke von der Größe der halben Gesamtbelastung

$$A = B = \frac{p \cdot l}{2}.$$

Für den Balkenquerschnitt N im Abstande x von Auflagerpunkt A ist

$$M_x = A \cdot x - p \cdot x \cdot \frac{x}{2} = \frac{p \cdot l}{2} \cdot x - \frac{p \cdot x^2}{2}.$$

Für den Querschnitt in der Mitte wird mit $x = \frac{l}{2}$

$$M = \frac{p \cdot l}{2} \cdot l - \frac{p \cdot l^2}{2 \cdot 4} = \frac{1}{8} p \cdot l^2.$$

Für die Streckenlast kann man setzen

$$p \cdot l = P,$$

hiermit wird

$$M = \frac{P \cdot l}{8}.$$

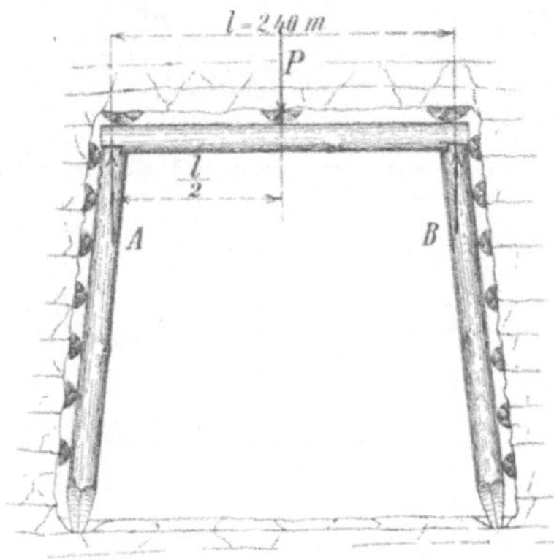

Abb. 361. Einzellast drückt auf die Kappe.

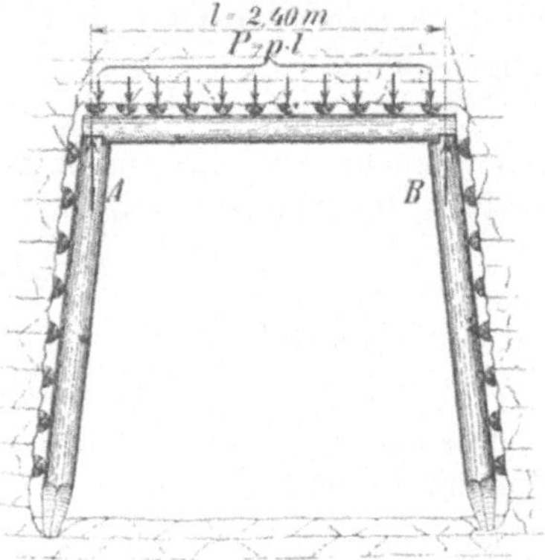

Abb. 362. Streckenlast drückt auf die Kappe.

Wir fanden vorher $M = \frac{P \cdot l}{4}$, wenn die Einzellast P in der Mitte angreift, demnach ist bei Streckenlast die Biegungsbeanspruchung nur halb so groß, d. h. der Balken kann doppelt soviel Streckenlast tragen wie Einzellast.

Beispiel: Bei welcher Mittellast P bricht das Kappenholz des in Abb. 361 dargestellten Türstocks, wenn die Biegungsfestigkeit des Holzes $\sigma_B' = 420$ kg/cm² ist?

Lösung: Das Kappenholz sei ein Rundholz von $d = 18$ cm Durchmesser, dessen Widerstandsmoment ist

$$W = \frac{\pi}{32} d^3 = \frac{1}{10} \cdot 18^3 = 583 \text{ cm}^3.$$

Das größte Biegungsmoment darf sein

$$M = \sigma_B' \cdot W = 420 \cdot 583 = 245\,000 \text{ cmkg.}$$

Das Biegungsmoment für den Querschnitt in der Balkenmitte ist

$$M = \frac{P \cdot l}{4},$$

also

$$P = \frac{4 \cdot M}{l} = \frac{4 \cdot 245\,000}{240} = \sim 4000 \text{ kg.}$$

Beispiel: Welche Streckenlast kann der in Abb. 362 dargestellte Türstock tragen?

Lösung: Mit $\sigma_B' = 420$ kg/cm und $d = 18$ cm Kappenholzdurchmesser finden wir

$$M = \sigma_B' \cdot \frac{\pi}{32}\, d^3 = 245\,000 \text{ cmkg}.$$

Setzt man die Streckenlast $p \cdot l = P$, so wird das größte Biegungsmoment in der Mitte des Balkens

$$M = \frac{P \cdot l}{8} \quad \text{oder} \quad P = \frac{8 \cdot M}{l} = \frac{8 \cdot 245\,000}{240},$$

$$P = \sim 8000 \text{ kg}.$$

Als Streckenlast trägt die Kappe also die **doppelte Last.** Bei 0,80 m Türstockabstand und 2,40 m Spannweite trägt jede Kappe eine Deckenfläche von

$$F = 0,8 \cdot 2,40 = 1,92 \text{ m}^2.$$

Das Hangende bestehe aus Tonschiefer ($\gamma = 2000$ kg/m³), welche Gebirgshöhe kann der Türstock tragen?

$$F \cdot h \cdot \gamma = P,$$

$$h = \frac{P}{F \cdot \gamma} = \frac{8000}{1,92 \cdot 2000} = 2,10 \text{ m}.$$

Wenn also das gebrochene Hangende in einer Stärke von 2,10 m auf die Kappe drückt, ist die Bruchgefahr bereits eingeleitet.

Beispiel: Es soll das Kappenholz durch ein Schienenprofil, alte preußische Schiene Nr. 8, Schienenhöhe 138 mm, ersetzt werden. Welche Streckenlast kann nun die Kappe bis zum Bruch bei 2,40 m Spannweite tragen?

Lösung:

1. Die Schiene liegt hochkantig (Abb. 363).

Für die wagerechte Schwerpunktsachse ist nach den Schienentabellen das Widerstandsmoment

$$W = 193 \text{ cm}^3.$$

Die Biegungsfestigkeit des Schienenmaterials (Stahl) ist

$$\sigma_B' = 5500 \text{ kg/cm}^3.$$

Das Schienenprofil geht also bei folgendem Biegungsmoment zu Bruch

$$M = \sigma_B' \cdot W = 5500 \cdot 193 = 1\,062\,000 \text{ cmkg}.$$

Setzt man die Streckenlast $p \cdot l = P$, so wird das größte Biegungsmoment

$$M = \frac{P \cdot l}{8} \quad \text{oder} \quad P = \frac{8 \cdot M}{l},$$

$$P = \frac{8 \cdot 1\,062\,000}{240} = 35\,400 \text{ kg}.$$

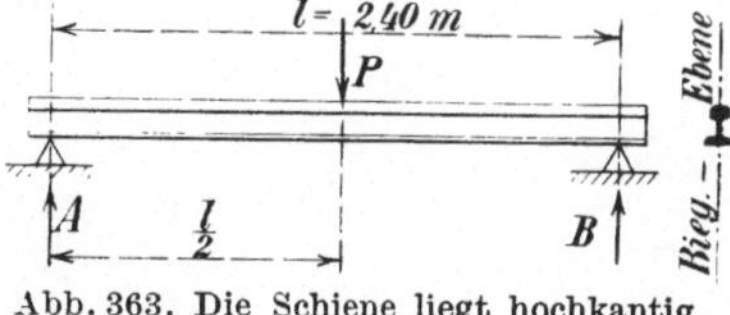

Abb. 363. Die Schiene liegt hochkantig.

Diese Streckenlast würde den Bruch herbeiführen, der bei dem 18-cm-Rundholz schon bei 8000 kg eintrat.

Die Gebirgshöhe, welche bei 0,80 m Türstockabstand den Bruch verursacht, würde sein

$$h = \frac{P}{F \cdot \gamma} = \frac{35\,400}{1,92 \cdot 2000} = 9,20 \text{ m}.$$

2. Die Schiene liegt mit der Breitseite auf (Abb. 364).

Nach den Schienentabellen ist für die wagerechte Biegungsachse das Widerstandsmoment jetzt nur noch

$$W = 41,5 \text{ cm}^3,$$

$$M = \sigma_B' \cdot W = 5500 \cdot 41,5 = 228\,000 \text{ cmkg},$$

$$P = \frac{8 \cdot M}{l} = \frac{8 \cdot 228\,000}{240} = 7600 \text{ kg}.$$

Diese Streckenlast würde schon den Bruch herbeiführen, der bei 18-cm-Rundholz erst bei 8000 kg eintrat. Es würde also die breitgelegte Schiene noch unsicherer sein als das Rundholz.

Ein auf Biegung beanspruchter Querschnitt ist also immer so zu legen, daß die größte Höhe des Querschnitts in der Biegungsebene liegt.

Welche Belastungsunterschiede sich dadurch ergeben, soll folgendes Beispiel zeigen.

In Abb. 365 ist ein Holzbalken mit dem Seitenverhältnis $\frac{h}{b} = \frac{4}{1}$ in der Mitte durch die Einzellast P belastet.

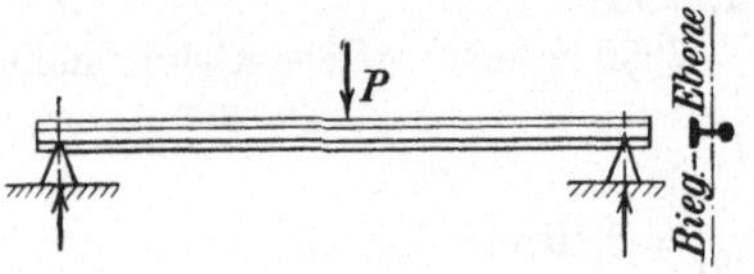

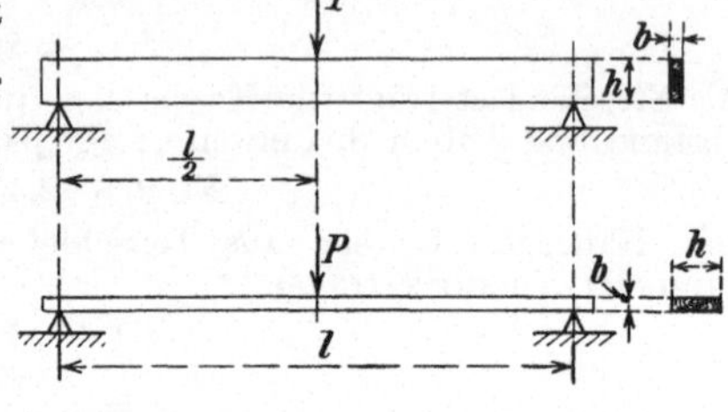

Abb. 364. Die Schiene liegt breit auf.

Abb. 365. Der hochkantig und der breit gelegte Balken.

1. Der Balken werde hochkantig gestellt.

Widerstandsmoment $\quad W = \frac{1}{6}\, b \cdot h^2,$

$$b = \frac{h}{4},$$

$$W = \frac{1}{6} \cdot \frac{h}{4} \cdot h^2 = \frac{1}{24} \cdot h^3,$$

$$M_1 = \sigma'_B \cdot W = \sigma'_B \cdot \frac{1}{24} \cdot h^3.$$

2. Der Balken werde mit der Breitseite aufgelegt.

Widerstandsmoment $\quad W = \frac{1}{6}\, h \cdot b^2,$

$$b = \frac{h}{4},$$

$$W = \frac{1}{6} \cdot h \cdot \frac{h^2}{16} = \frac{1}{96} \cdot h^3,$$

$$M_2 = \sigma'_B \cdot W = \sigma'_B \cdot \frac{1}{96} \cdot h^3,$$

$$\frac{M_1}{M_2} = \frac{\frac{1}{24} \cdot \sigma'_B \cdot h^3}{\frac{1}{96} \cdot \sigma'_B \cdot h_3} = \frac{96}{24} = 4,$$

$$M_1 = 4 \cdot M_2,$$

d. h. der hochkantig gestellte Balken hält viermal so viel aus wie der breitkantig gestellte, wenn das Seitenverhältnis $\frac{h}{b} = 4$ ist.

7. Das Pfänden.

Beim Vorpfänden wird ein Holz (Abb. 366) in den Punkten A und B gegen feste Wände gestützt und am freien Ende durch die Last P nach unten gedrückt. Man erkennt sofort, daß der Balken ein zweiarmiger Hebel ist, der in A seinen Drehpunkt hat. Auf der rechten Hebelseite drückt der Stützendruck B nach unten.

Der gefährliche Querschnitt liegt über dem Drehpunkt A. Das größte Biegungsmoment ist

$$M = P \cdot a.$$

Für ein bestimmtes Holz ist das Widerstandsmoment W bekannt, und es ist

$$M = \sigma'_B \cdot W \quad \text{oder} \quad P \cdot a = \sigma'_B \cdot W,$$

$$P = \frac{\sigma'_B \cdot W}{a}.$$

Diese Last P würde das Holz brechen, wenn $\sigma'_B = $ Bruchfestigkeit des Holzes ist.

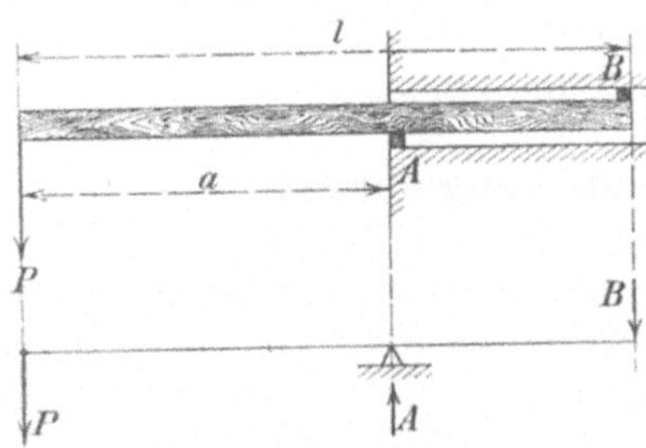

Abb. 366. Der Vorpfändebalken.

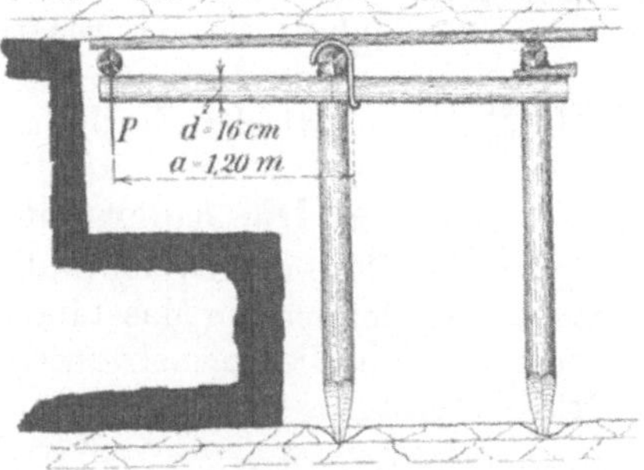

Abb. 367. Das Vorpfänden.

Beispiel: Bei welcher Last bricht der in Abb. 367 dargestellte Vorpfändungsbalken ($d = 16$ cm), wenn $\sigma'_B = 420$ kg/cm² ist?

Lösung: Das Widerstandsmoment des Holzes ist

$$W = \frac{\pi}{32} d^3 = \frac{1}{10} d^3 = \frac{1}{10} \cdot 16^3 = 402 \text{ cm}^3,$$

$$P = \frac{\sigma'_B \cdot W}{a} = \frac{420 \cdot 402}{120} = 1410 \text{ kg}.$$

Bei dieser Last wird das Holz brechen.

6. Die Knickfestigkeit.

Ein gerader dünner Stab wird, wenn er an den beiden Enden durch eine gleich große Kraft K in Richtung der Stabachse gedrückt wird, sich durchbiegen (Abb. 368). Der Stab erfährt demnach eine zweifache Beanspruchung

1. auf Druck,
2. auf Biegung.

Die Druckbeanspruchung im Querschnitt F ist

$$\sigma_D = \frac{K}{F} \text{ kg/cm}^2.$$

Die größte Biegungsbeanspruchung tritt an der Stelle der größten Durchbiegung auf; ist diese z. B. in der Mitte a cm, so ist das größte Biegungsmoment

$$M = K \cdot a \text{ cmkg.}$$

Nach der allgemeinen Biegungsgleichung $M = \sigma' \cdot W$ kann die Biegungsbeanspruchung ausgerechnet werden.

$$\sigma' = \frac{M}{W} = \frac{K \cdot a}{W}.$$

Auf derselben Druckseite des Stabes ist also die größte Knickspannung

$$\sigma_K = \sigma_D + \sigma'.$$

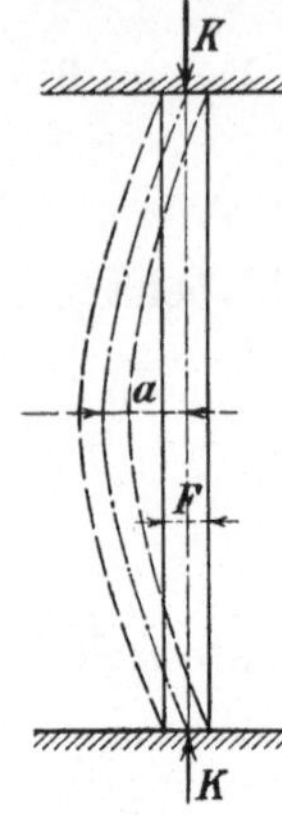

Abb. 368.
Knickbeanspruchung.

Da man aber die Größe der Durchbiegung a nicht kennt, kann diese Rechnung nicht zum Ziele führen. Man erkennt aber, daß die Elastizität des Materials eine Rolle spielen wird, denn die Größe der Durchbiegung wird von dem elastischen Verhalten des Materials abhängen.

a) Die Eulersche Zerknickungsformel.

Um den Stab auf Druck und Biegung, d. h. auf Knicken zu berechnen, verwendet man im Maschinenbau und beim Bau von Eisenkonstruktionen meistens die Formel von Euler, welche die Knicklast in folgender Größe angibt:

$$K = \pi^2 \cdot \frac{E \cdot J}{l^2}.$$

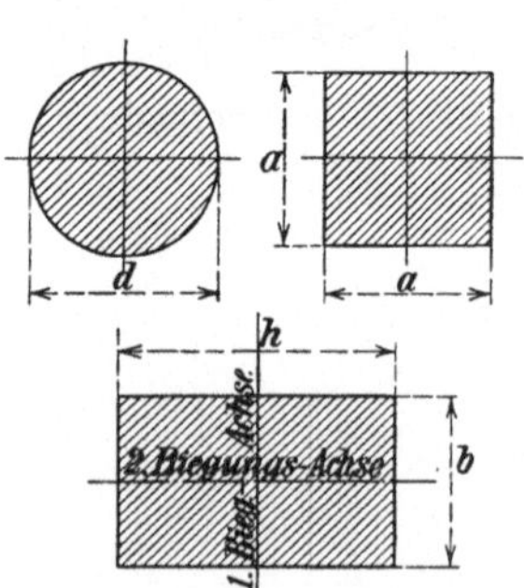

Abb. 369. Balkenquerschnitte.

In der Gleichung bedeutet

$E =$ die Elastizitätszahl des Materials in kg/cm²,

$J =$ das kleinste Trägheitsmoment des Querschnitts in cm⁴,

$l =$ Stablänge in cm.

Die am häufigsten vorkommenden Querschnitte sind in Abb. 369 dargestellt:

1. Kreisquerschnitt $J = \frac{\pi}{64} d^4$,

2. quadratischer Querschnitt $J = \frac{1}{12} a^4$,

3. rechteckiger Querschnitt

für die 1. Biegungsachse $J = \frac{1}{12} b \cdot h^3$,

für die 2. Biegungsachse $J = \frac{1}{12} b^3 \cdot h$.

Da der Balken sich senkrecht zur 2. Biegungsachse durchbiegen wird, ist stets dieses kleinere Trägheitsmoment in Rechnung zu stellen.

Die von der Formel gelieferte Kraft K bedeutet schon die Bruchkraft für den Stab. In Wirklichkeit darf der Stab nur $^1/_n$ dieser Bruchkraft tragen, wenn er die Last mit Sicherheit tragen soll. Der Stab ist daher mit n-facher Sicherheit zu berechnen. Die für die Berechnung verwertbare Formel würde also lauten

$$n \cdot K = \pi^2 \cdot \frac{E \cdot J}{l^2} \quad \text{oder} \quad J = n \cdot \frac{K \cdot l^2}{\pi^2 \cdot E}.$$

In dieser Formel bedeutet nun K die mit n-facher Sicherheit getragene Last in kg.

Das Trägheitsmoment wächst demnach

1. proportional mit der Last K,
2. proportional mit dem Quadrat der Stablänge,
3. umgekehrt proportional mit dem Elastizitätsmodul des Materials.

Man rechnet mit

$$n = 8 \text{ bei Gußeisen}, \qquad\qquad n = 4 \text{ bei Stahl},$$
$$n = 6 \ \text{ ,, Schmiedeeisen}, \qquad n = 10 \ \text{ ,, Holz}.$$

Bei Maschinenteilen, die einer wechselnden Belastung unterworfen sind, geht man mit der Sicherheit noch höher, z. B. bei der Berechnung von **Kolbenstangen.**

Man nimmt

$n = \ 8$ bis 11, wenn die Belastung zwischen P und Null schwankt,
$n = 15 \ \text{ ,, } 22, \ \text{ ,, } \quad \text{ ,, } \quad \text{ ,, } \qquad \text{ ,, } \ + P \text{ und } \ - P$ wechselt.

Beispiel: Es ist der Durchmesser der Kolbenstange einer Dampfmaschine zu berechnen, die eine Zylinderbohrung von 300 mm hat und mit Dampf von 8 atü arbeitet. Die Kolbenstange bestehe aus Schmiedeeisen ($E = 2000000$ kg/cm²) und habe eine Länge von 1200 mm.

Lösung:

$$K = \frac{\pi}{4} \cdot 30^2 \cdot 8 = 5650 \text{ kg},$$

$$J = n \cdot \frac{K l^2}{\pi^2 \cdot E} = 15 \cdot \frac{5650 \cdot 120^2}{\pi^2 \cdot 2000000} = 61 \text{ cm}^4,$$

$$\frac{\pi}{64} d^4 = 61, \quad d = 5,8 \text{ cm}.$$

b) Die Grenze zwischen Zerdrücken und Zerknicken.

Man kann für einen Stab diejenige Grenzlänge berechnen, für welche die Gefahr des Zerdrückens ebenso groß ist wie die Gefahr des Zerknickens, indem man setzt

$$K = \sigma_D \cdot F = \pi^2 \cdot \frac{E \cdot J}{l^2}, \qquad l = \pi \cdot \sqrt{\frac{E}{\sigma_D} \cdot \frac{J}{F}}.$$

Für **kreisförmige Stäbe** ist

bei Schmiedeeisen $= 4000$ kg/cm², $E = 2000000$ kg/cm²,

$$l = \pi \cdot \sqrt{\frac{E}{\sigma_D} \cdot \frac{\pi \cdot d^4 \cdot 4}{64 \cdot \pi \cdot d^2}},$$

$$\frac{l}{d} = \pi \cdot \sqrt{\frac{1}{16} \cdot \frac{E}{\sigma_D}} = \frac{\pi}{4} \cdot \sqrt{\frac{2000000}{4000}} = \sim 17,$$

für Holz ist $\sigma_D = 290$ kg/cm², $E = 100000$ kg/cm²

$$\frac{l}{d} = \frac{\pi}{4} \sqrt{\frac{E}{\sigma_D}} = \frac{\pi}{4} \sqrt{\frac{100000}{290}} = \sim 15.$$

Bei einem Holzstempel von $d = 10$ cm Durchmesser würde demnach die Grenzlänge $l = 15 \cdot 10 = 150$ cm sein, d. h. erst von der Stempellänge 150 cm ab würde der Stempel auf Zerknicken zu berechnen sein, während kürzere Stempel auf Druck zu berechnen wären.

c) Versuchswerte und Berechnungswerte.

Man hat Fichtenstempel von $l = 150$ cm Länge und $d = 9$ bis 15 cm Durchmesser in einer Druckpresse zerknickt und die in der nachstehenden Tabelle angegebenen Bruchlasten erhalten. Die Tabelle enthält ferner die Grenzlängen, für welche die Eulersche Gleichung nach unten nicht mehr anwendbar ist. Für die unterhalb der Grenzlängen liegenden Längen müßte die Druckformel Anwendung finden. Trotzdem sind für alle Stempel die Rechnungswerte angeführt, um die außerordentlichen Abweichungen von den wahren Werten zu zeigen.

Fichtenstempel 150 cm lang.

d	Rechnerische Grenzlänge $l = 15 \cdot d$	Knicklast K		
		nach Versuch	nach Euler	nach Druckformel
cm	cm	kg	kg	kg
9	135	12800	14600	18400
10	150	15800	21600	22800
11	165	19000	31600	27500
12	180	22600	44800	32800
13	195	26600	61800	38400
14	210	30800	83000	44600
15	225	35400	109000	51200

Die Eulersche Formel liefert hiernach bei Unterschreitung der Grenzlänge (stark umränderter Teil) ganz falsche Werte und ist nicht mehr anwendbar, aber auch die Druckformel liefert viel zu hohe Werte. Das rührt wohl daher, daß das Holz nicht gerade genug gewachsen ist und schwächende Aststellen hat. Man wird also mit dieser Berechnung nicht weiter kommen.

d) Die Tetmajersche Knickformel.

Auf Grund von Versuchen gibt Tetmajer folgende Formel an

$$\sigma_k = 293 - 1{,}94 \cdot x.$$

Hierin bedeutet

$\sigma_k = $ Knickspannung in kg/cm²,
$293 = $ Druckfestigkeit des Holzes in kg/cm².

Da zu der Druckbeanspruchung noch eine Biegungsbeanspruchung infolge Durchbiegens tritt, wird das Produkt $1{,}94 \cdot x$ abgezogen. Der Wert x berücksichtigt die Knicklänge und den Querschnitt, er hat die Größe

$$x = \frac{l}{k}.$$

Es bedeutet

$l = $ Länge des Stabes in cm,
$k = $ Trägheitshalbmesser des Querschnittes in cm.

Der Trägheitshalbmesser berechnet sich aus der Gleichung

$$J = F \cdot k^2$$

und es ist

$J =$ axiales Trägheitsmoment des Querschnitts in cm^4,
$F =$ Querschnittsgröße in cm^2.

Grubenhölzer haben kreisförmigen Querschnitt, für diesen ist

$$k^2 = \frac{J}{F} = \frac{\pi \cdot d^4 \cdot 4}{64 \cdot \pi \cdot d^2} = \frac{d^2}{16},$$

$$k = \frac{d}{4}.$$

demnach ist

$$x = \frac{l}{k} = \frac{4 \cdot l}{d}.$$

Für Grubenholz heißt also die Tetmajersche Formel

$$\sigma_k = 293 - 1{,}94 \cdot \frac{4l}{d} \quad \text{oder} \quad \sigma_k = 293 - 7{,}76 \cdot \frac{l}{d}.$$

Beispiel: Bei welcher Last zerknickt ein Grubenholz von $d = 15$ cm Durchmesser und $l = 150$ cm Länge?

Lösung: Nach Tetmajer ist die Knickspannung

$$\sigma_k = 293 - 7{,}76 \cdot \frac{150}{15} = 216 \text{ kg/cm}^2,$$

$$\text{Stempelquerschnitt } F = \frac{\pi}{4} \cdot 15^2 = 177 \text{ cm}^2,$$

$$\text{Knicklast } K = \sigma_k \cdot F = 216 \cdot 177 = \mathbf{38\,200 \text{ kg.}}$$

In der Tabelle sind die durch Versuche ermittelten Bruchlasten mit den durch Berechnung nach Tetmajer ermittelten Knicklasten zum Vergleich zusammengestellt.

Fichtenstempel 150 cm lang.

d in cm	Knicklast K		$\dfrac{\text{Tetmajer}}{\text{Versuch}}$
	Versuch kg	Tetmajer kg	
9	12 800	10 400	$\dfrac{10\,400}{12\,800} = 0{,}81$
10	15 800	13 900	0,88
11	19 000	17 750	0,94
12	22 600	22 200	0,98
13	26 600	27 000	1,01
14	30 800	32 300	1,05
15	35 400	38 200	1,08

Die Rechnungswerte nach Tetmajer stimmen überraschend gut mit den Versuchswerten überein, so daß die Tetmajersche Formel zur Berechnung von Grubenhölzern empfohlen werden kann.

e) Geteiltes Grubenholz.

Der Mangel an Grubenholz hat zu einer versuchsweisen Verwendung von geteilten Rundhölzern geführt, und zwar wird meistens der viergeteilte Stempel verwendet.

Der viergeteilte Stempel (Abb. 370) liefert 4 Einzelhölzer von gleicher Güte. Bei dreigeteilten Stempeln kann nur die erste Form verwendet werden, da die zweite Form ein Mittelstück herausschneidet, dessen Widerstandsfähigkeit geringer ist, denn man hat gefunden, daß das Stempelholz im Kern weicher ist als nach der Rinde zu.

Versuche an der Bergschule[1] ergaben, daß der viergeteilte Stempel praktisch dieselbe Bruchlast trägt wie der querschnittsgleiche runde Stempel. Jedoch machen hier Aststellen eine Beeinflussung aus, die die Tragfähigkeit stärker einschränken als beim ganzen Holz. Man wird daher im allgemeinen lieber das ganze Rundholz verwenden und nur, wenn die Marktlage es erfordert, zum geteilten Holz übergehen.

Der viergeteilte Stempel: Es besteht folgende Querschnittsgleichung

$$\frac{\pi}{4} d^2 = \frac{1}{4} \cdot \frac{\pi}{4} D^2$$

oder $d = \frac{1}{2} D =$ gleichwertiger Rundholzdurchmesser.

Beispiel: Ein Rundholz von $D = 30$ cm ist gevierteilt. Welcher Druck bricht das geschnittene Holz bei $l = 2{,}00$ m Länge?

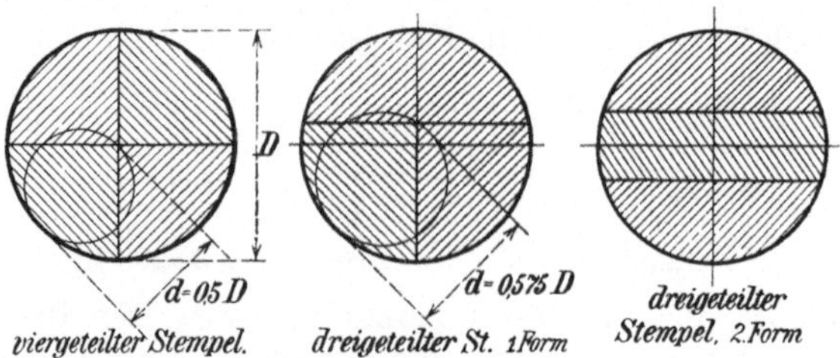

Abb. 370. Geteiltes Grubenholz.

Lösung: Der gleichwertige Rundholzdurchmesser ist für das Viertelholz

$$d = \tfrac{1}{2} D = \tfrac{1}{2} \cdot 30 = 15 \text{ cm},$$
$$l = 200 \text{ cm},$$

Knickspannung $\sigma_k = 293 - 7{,}76 \cdot \dfrac{l}{d} = 293 - 7{,}76 \cdot \dfrac{200}{15} = 190$ kg/cm²,

Rundholzquerschnitt $F = \dfrac{\pi}{4} \cdot 15^2 = 177$ cm²,

Knicklast $K = \sigma_k \cdot F = 190 \cdot 177 = \mathbf{33\,600\ kg.}$

Das viergeteilte Holz würde bei einem Druck von 33,6 t zerknickt werden.

Der dreigeteilte Stempel: Die Querschnittsgleichung lautet

$$\frac{\pi}{4} d^2 = \frac{1}{3} \cdot \frac{\pi}{4} D^2 \quad \text{oder} \quad d = \sqrt{\frac{1}{3} \cdot D} = 0{,}575 \cdot D$$

unter der Bedingung, daß die Widerstandsfähigkeit des Teilstückes ungefähr gleich dem Widerstand des querschnittsgleichen Rundholzes ist. Nach den Versuchen der Bergschule kann man diese Widerstandsgleichheit für den größten Teil der untersuchten Hölzer annehmen.

Beispiel: Das Rundholz von $D = 30$ cm und $l = 200$ cm Länge wird gedrittelt. Wie groß ist nun die Bruchlast?

---

[1] Herbst, Dipl.-Ing. H.: Knickversuche mit Kiefernholz-Grubenstempeln von naturrunden und von geteilten Querschnitten. Glückauf 1926, S. 1409.

Lösung: Der gleichwertige Rundholzdurchmesser ist
$$d = 0{,}575 \cdot D = 0{,}575 \cdot 30 = 17{,}25 \text{ cm},$$

Knickspannung $\sigma_k = 293 - 7{,}76 \cdot \dfrac{l}{d} = 293 - 7{,}76 \cdot \dfrac{200}{17{,}25} = 200 \text{ kg/cm}^2,$

Knicklast $K = \sigma_k \cdot F = 200 \cdot 177 = \mathbf{35400\ kg.}$

f) Der nachgiebige Eisenstempel[1].

Nimmt man den Druck aus dem Hangenden nachgiebig auf, so sind die aufzunehmenden Drücke wesentlich kleiner als bei starrer Unterstützung. Während die Knicklasten beim Holzstempel 20 bis 35 t werden, wird der Widerstand eines Eisenstempels mit 3 bis 8 t vollkommen ausreichend. Versuche mit Eisenstempeln in der Druckpresse der Bergschule haben dieses Ergebnis gebracht, denn bei allen untersuchten nachgiebigen Stempeln war die Nachgiebigkeit erschöpft, d. h. waren die Teile vollkommen ineinander geschoben, wenn der Stempeldruck 5 bis 8 t war.

Man stelle sich beim Eisenstempel die Senkung des Hangenden ruckweise vor. Nach jeder Senkung bildet sich eine neue Gleichgewichtslage im Hangenden, so daß der Druck dann während einer gewissen Zeit konstant bleibt oder auch kleiner wird. Der Stempel wird also ruckweise einsinken, und zwar jedesmal dann, wenn der Druck aus dem Hangenden wieder größer geworden ist als der jeweilige Widerstand des Stempels bei der betreffenden Einsinktiefe war.

Eine schwere Bauart der Eisenstempel, wie sie Erfinder auf den Markt bringen, ist also gar nicht nötig. Wenn Eisenstempel zerdrückt werden, so liegt das daran, daß der Stempel die Grenze seiner Einsinktiefe überschreitet und starr wird. Im Augenblick des Starrwerdens setzt natürlich der hohe Gebirgsdruck ein und zerdrückt ihn nach kurzer Zeit. Das muß beim Arbeiten mit nachgiebigen Stempeln beachtet werden.

7. Die Scherfestigkeit.

Beim Schneiden mit einer Schere wird der zerschnittene Körper auf Abscheren beansprucht. Ein Scherenmesser (Abb. 371) drückt mit der Kraft P auf das Blech. Die Kraft, welche den Blechquerschnitt beansprucht, läuft parallel mit dem Querschnitt. Zwei Querschnitte werden gegeneinander abgeschoben, man spricht daher von einer Schub- oder Scherbeanspruchung und bezeichnet die zulässige Schubspannung mit $\tau_{\text{zul.}}$, während die Schubfestigkeit mit τ_B bezeichnet wird.

τ_B ist also die Schubspannung in kg/cm², bei der sich zwei gegeneinander verschobene Querschnittsebenen eines Stabes trennen.

Die zulässige Schubspannung setzt Bach
$$\tau_{\text{zul.}} = 0{,}75 \text{ bis } 0{,}80 \cdot \sigma_{\text{zul.}},$$

wo $\sigma_{\text{zul.}}$ die zulässige Zugbeanspruchung bedeutet.

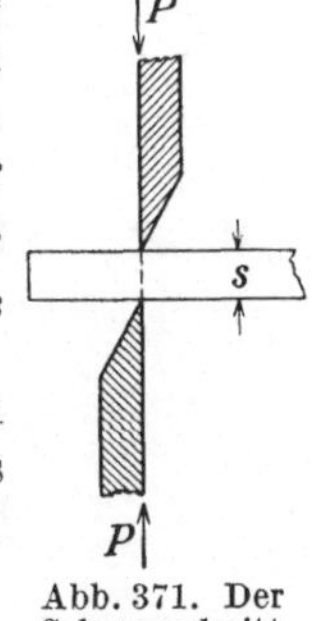

Abb. 371. Der Scherenschnitt.

[1] **Maercks:** Die Mechanik eiserner Grubenstempel. Glückauf 1925, S. 1617

Beispiel: Ein Blechband von $b = 10$ cm Breite und $s = 10$ mm Dicke soll unter einer Schere abgeschnitten werden, wie groß muß der Scherendruck sein, wenn $\tau_B = 4000$ kg/cm² ist?

Lösung: Blechquerschnitt $F = b \cdot s = 10 \cdot 1 = 10$ cm²,

$$P = F \cdot \tau_B = 10 \cdot 4000 = 40000 \text{ kg.}$$

Beispiel: In ein Flußeisenblech von $s = 15$ mm Stärke soll ein Loch von 15 mm Durchmesser eingestanzt werden, wie groß ist der erforderliche Stanzdruck?

Lösung: Die abzuscherende Fläche ist

$$F = \pi \cdot d \cdot s = \pi \cdot 1,5 \cdot 1,5 = 7,06 \text{ cm²,}$$
$$P = F \cdot \tau_B = 7,06 \cdot 4000 = 28300 \text{ kg.}$$

Blechverbindungen, die durch Vernietung hergestellt werden, bringen für die Nietschäfte Scherbeanspruchungen. In Abb. 372 ist eine

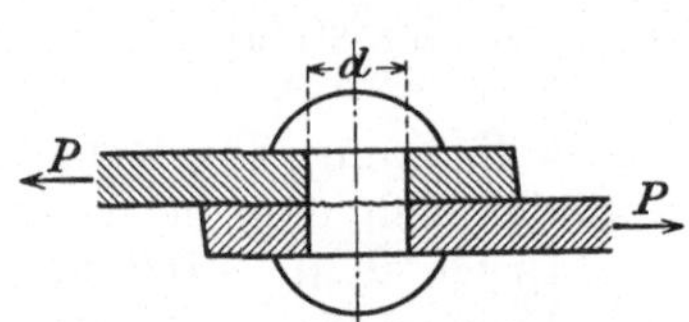

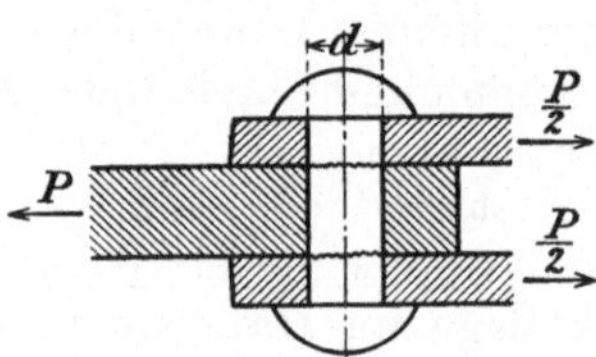

Abb. 372. Die einschnittige Niete. Abb. 373. Die zweischnittige Niete.

einschnittige Nietverbindung dargestellt. Die Verbindung heißt einschnittig, weil die Scherwirkung nur in einer Schnittfläche erfolgt. Es würde sein

$$\frac{\pi}{4} d^2 \cdot \tau_{\text{zul.}} = P,$$

z. B. $P = 1000$ kg, $\tau_{\text{zul.}} = 400$ kg/cm²,

$$\frac{\pi}{4} d^2 = \frac{P}{k_s} = \frac{1000}{400} = 2,5 \text{ cm².}$$

Nietdurchmesser $d = 1,8$ cm $= 18$ mm.

Bei der **zweischnittigen** Nietverbindung erfolgt die Scherwirkung in zwei Schnittflächen (Abb. 373). In diesem Fall ist

$$2 \cdot \frac{\pi}{4} d^2 \cdot \tau_{\text{zul.}} = P,$$

$$\frac{\pi}{4} d^2 = \frac{P}{2 \cdot \tau_{\text{zul.}}},$$

z. B. $P = 1000$ kg, $\tau_{\text{zul.}} = 400$ kg/cm²,

$$\frac{\pi}{4} d^2 = \frac{1000}{2 \cdot 400} = 1,25 \text{ cm².}$$

Nietdurchmesser $d = 1,25$ cm $= 12,5$ mm.

8. Die Verdrehungsfestigkeit.

In Abb. 374 ist ein runder Stab an dem einen Ende fest eingespannt und am freien Ende durch ein Kräftepaar beansprucht. Der Stab wird verdreht, die Längsfaser AB nimmt die Lage $A'B$ an, eine Lage, die dadurch zustande kommt, daß die Stabquerschnitte sich gegeneinander verdrehen und zwar um so mehr, je weiter sie von der Einspannstelle entfernt liegen.

Betrachten wir einen Kreisquerschnitt, Abb. 374. Die äußere Faser im Abstande e von der Kreismitte erfahre die Torsionsspannung τ', die Faser im Abstande y von der Kreismitte die Torsionsspannung τ'_y. Da die Verschiebung der Fasermittelpunkte nach der Figur proportional zunimmt mit ihrem Abstand vom Mittelpunkt des Querschnittes, so müssen auch die Spannungen, welche diese Verschiebungen hervorrufen, in derselben Weise proportional mit dem Abstande y wachsen, d. h. es ist

$$\frac{\tau'_y}{\tau'} = \frac{y}{e} \quad \text{oder} \quad \tau'_y = \tau' \cdot \frac{y}{e} \,.$$

Für das Flächenteilchen f ist demnach die Torsionskraft

$$\tau'_y \cdot f$$

und für den gesamten Querschnitt

$$\sum \tau'_y \cdot f \,.$$

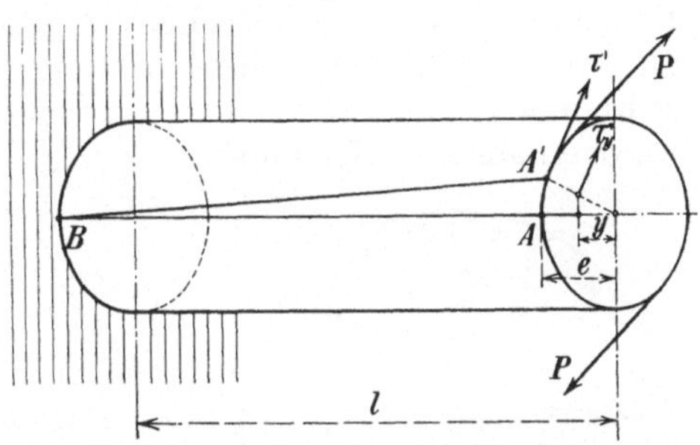
Abb. 374. Das Verdrehen eines Rundstabes.

Für den Gleichgewichtszustand muß die Summe der Drehmomente aller inneren Kräfte in bezug auf den Mittelpunkt des Kreises als Drehpunkt gleich dem Drehmoment M der äußeren Kräfte sein, also ist

$$\sum \tau'_y \cdot f \cdot y = M \,,$$

$$\tau'_y = \tau' \cdot \frac{y}{e} \,,$$

$$\sum \tau' \cdot \frac{y}{e} \cdot f \cdot y = M \,,$$

$$\frac{\tau'}{e} \cdot \sum f \cdot y^2 = M \,.$$

Der Wert $\sum f \cdot y^2$ wird wie früher als Trägheitsmoment bezeichnet. Da der Abstand y der Flächenteilchen f aber nun von einem festen Punkt, dem Mittelpunkt des Kreises, gemessen wird, nennt man diesen Punkt den Pol, und das Trägheitsmoment das polare Trägheitsmoment. Das polare Trägheitsmoment wird mit J_p bezeichnet, man schreibt daher abgekürzt

$$\sum f \cdot y^2 = J_p$$

und die vorige Gleichung lautet

$$\frac{\tau'}{e} \cdot J_p = M \,.$$

Diese Gleichung $M = \frac{\tau'}{e} \cdot J_p$ entspricht der schon bekannten allgemeinen Biegungsgleichung

$$M = \frac{\sigma}{e} \cdot J = \sigma \cdot \frac{J}{e} \,.$$

Entsprechend kann man die allgemeine Torsionsgleichung schreiben

$$M = \tau'_{\text{zul.}} \cdot \frac{J_p}{e}.$$

Setzt man den Quotienten $\dfrac{J_p}{e} = W_p$ (polares Widerstandsmoment),
so lautet die Torsionsgleichung

$$M = \tau'_{\text{zul.}} \cdot W_p.$$

Diese Gleichung ist die Grundgleichung, nach der alle auf Verdrehung beanspruchten Stäbe berechnet werden, denn bei bekanntem M der äußeren Kräfte kann unter Zulassung einer höchsten Verdrehungsspannung $\tau'_{\text{zul.}}$ das Widerstandsmoment des Stabquerschnittes ermittelt werden nach der Gleichung

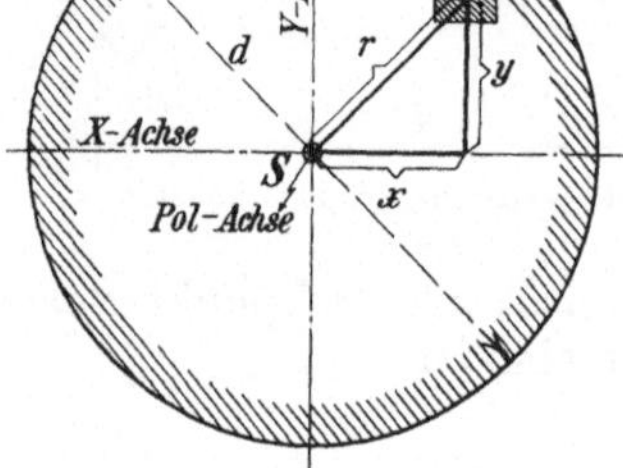

Abb. 375. Das polare Trägheitsmoment einer Kreisfläche.

$$W_p = \frac{M}{\tau'_{\text{zul.}}}.$$

Mit dem Widerstandsmoment liegen die Abmessungen des gesuchten Stabquerschnittes fest.

Auf Verdrehung beanspruchte Stäbe kommen im Maschinenbau sehr zahlreich vor. Diese Stäbe haben immer Kreisquerschnitt und werden Wellen genannt.

a) Das polare Trägheitsmoment der Kreisfläche.

Für ein beliebiges Flächenteilchen f des Kreisquerschnittes (Abb. 375) ist das polare Trägheitsmoment in bezug auf den Pol S

$$J_p = f \cdot r^2.$$

Für die Summe aller Flächenteilchen (gesamte Kreisfläche) ist

$$J_p = \sum f \cdot r^2,$$

$$r^2 = x^2 + y^2,$$

$$J_p = \sum f \cdot (x^2 + y^2) = \sum f \cdot x^2 + \sum f \cdot y^2.$$

Der Wert $\sum f \cdot x^2$ bedeutet das axiale Trägheitsmoment der Kreisfläche, bezogen auf die Y-Achse, und der Wert $\sum f \cdot y^2$ das axiale Trägheitsmoment der Kreisfläche, bezogen auf die X-Achse, das von unseren früheren Rechnungen uns schon bekannt ist durch die Gleichung $J = \dfrac{\pi}{64} d^4$, mithin setzt man

$$\sum f \cdot x^2 = \sum f \cdot y^2 = J = \frac{\pi}{64} d^4$$

und findet

$$J_p = \frac{\pi}{64} d^4 + \frac{\pi}{64} d^4 = \frac{\pi}{32} d^4$$

als polares Trägheitsmoment der Kreisfläche. Hieraus berechnet sich das polare Widerstandsmoment der Kreisfläche

$$W_p = \frac{J_p}{e},$$

mit

$$J_p = \frac{\pi}{32} d^4 \quad \text{und} \quad e = \frac{d}{2}$$

wird

$$W_p = \frac{\pi \cdot d^4 \cdot 2}{32 \cdot d} = \frac{\pi}{16} d^3.$$

b) Die Berechnung der Wellendurchmesser.

Auf Grund der allgemeinen Torsionsgleichung können wir schreiben

$$W_p = \frac{M}{\tau'_{\text{zul.}}},$$

$$\frac{\pi}{16} d^3 = \frac{M}{\tau'_{\text{zul.}}} \quad \text{oder} \quad d = \sqrt[3]{\frac{16}{\pi} \cdot \frac{M}{\tau'_{\text{zul.}}}}.$$

Nach dieser Gleichung ist der Durchmesser der Wellen zu berechnen. Man ersetzt aber meistens das Drehmoment M der äußeren Kräfte durch das Maß der Pferdestärken N und der Drehzahlen n.

$$1 \text{ PS} = 75 \text{ mkg/sek.}$$

Die Arbeit der Welle in der Minute ist $= 75 \cdot 60 \cdot N$ mkg. Im Abstande 1 m von der Wellenmitte greife die Drehkraft M an, dann ist deren Arbeit in der Minute $= M \cdot 2\pi \cdot 1 \cdot n$ mkg. Beide Arbeiten gleichgesetzt, gibt

$$M \cdot 2\pi \cdot 1 \cdot n = 75 \cdot 60 \cdot N,$$

$$M = 716 \cdot \frac{N}{n} \text{ mkg} = 71\,600 \cdot \frac{N}{n} \text{ cmkg.}$$

Setzt man diesen Wert in die Gleichung

$$d = \sqrt[3]{\frac{16}{\pi} \cdot \frac{M}{\tau'_{\text{zul.}}}}$$

ein, so wird

$$d = \sqrt[3]{\frac{16}{\pi} \cdot \frac{71\,600 \cdot N}{\tau'_{\text{zul.}} \cdot n}} = \sqrt[3]{\frac{360\,000}{\tau'_{\text{zul.}}} \cdot \frac{N}{n}}.$$

Um die bei Triebwerkswellen gleichzeitig auftretenden Biegungsbeanspruchungen in einfacher Weise zu berücksichtigen, wählt man die zulässige Drehbeanspruchung $\tau'_{\text{zul.}}$ sehr gering. Auf Grund von Erfahrungen setzt man

$$\tau'_{\text{zul.}} = 120 \text{ kg/cm}^2$$

und erhält hiermit

$$d = \sqrt[3]{\frac{360\,000}{120} \cdot \frac{N}{n}} = \sqrt[3]{3000 \cdot \frac{N}{n}}.$$

Mit dieser Gleichung berechnet man die Durchmesser der Triebwerkswellen.

Beispiel: Eine Triebwerkswelle soll bei $n = 120$ Umdr./min $N = 50$ PS übertragen, wie groß wird der Wellendurchmesser?

Lösung:

$$d = \sqrt[3]{3000 \cdot \frac{N}{n}} = \sqrt[3]{3000 \cdot \frac{50}{120}} = 10{,}8 \text{ cm}.$$

Wir sehen, die Drehzahl der Welle spielt eine große Rolle; je größer die Drehzahl, um so kleiner ist bei einer bestimmten Leistung die treibende Kraft und um so kleiner wird das Drehmoment.

Wie groß würde der Wellendurchmesser, wenn die Welle dieselbe Leistung bei $n = 180$ übertragen soll?

$$d = \sqrt[3]{3000 \cdot \frac{50}{180}} = 9{,}4 \text{ cm}.$$

Strömungslehre.

1. Gleichgewicht im ruhenden Wasser.

In einem ruhenden Gefäß (Abb. 376) stellt sich der Wasserspiegel horizontal ein. Das Wasser unterliegt dann nur dem Einfluß der Schwerkraft, und da alle Teilchen der Oberfläche in gleicher Höhe liegen, kann keine Bewegung mehr eintreten, der Gleichgewichtszustand ist ein vollkommener.

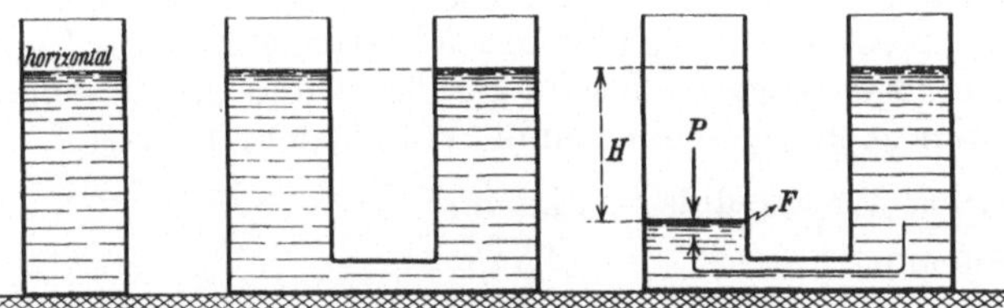

Abb. 376. Gleichgewicht im ruhenden Wasser.

Verbindet man zwei Gefäße durch ein Rohr, so stellt sich der Wasserspiegel in gleicher Höhe ebenfalls horizontal ein. Man denke sich in dem einen Behälter ein Wasservolumen von der Höhe H entfernt und den tieferen Wasserspiegel durch eine dünne Kolbenscheibe begrenzt, dann muß der Kolben durch eine Kraft P heruntergedrückt werden, um den Gleichgewichtszustand zu erhalten. Die fortgenommene Wassermenge hielt vorher den Gleichgewichtszustand aufrecht, also muß die Kraft P gleich dem Gewicht dieser Wassermenge sein. Ist F die Kolbenfläche in m² und γ das Raumgewicht des Wassers in kg/m³, so ist

$$P = F \cdot H \cdot \gamma.$$

In der Tiefe H unter dem Wasserspiegel ist demnach der spezifische Druck, d. i. der Druck auf die Flächenienheit.

$$p = \frac{P}{F} = H \cdot \gamma,$$

für Wasser ist $\gamma = 1000$ kg/m³, also $p = 1000 \cdot H$ kg/m², für $H = 10$ m wird $p = 1000 \cdot 10 = 10\,000$ kg/m² $= 1$ kg/cm².

Der Druck von 1 kg/cm² wird als Atmosphäre bezeichnet, er entspricht einer Wassersäulenhöhe von 10 m. Ist die Druckhöhe durch H Meter Wassersäule gegeben, so ist der in Atmosphären umgewandelte Druck demnach

$$p = \frac{H}{10} \text{ kg/cm}^2.$$

Man kann den Atmosphärendruck auch durch eine andere Flüssigkeitssäule messen, z. B. durch eine Quecksilbersäule, deren spezifisches Gewicht $\gamma_1 = 13\,596$ kg/m³ ist. Nach der Gleichung

$$p = H_1 \cdot \gamma_1$$

wird zu schreiben sein

$$1 \text{ at} = 1 \text{ kg/cm}^2 = 10\,000 \text{ kg/m}^2 = H_1 \cdot 13\,596$$

oder

$$H_1 = \frac{10\,000}{13\,596} = 0,7355 \text{ m} = 735,5 \text{ mm}.$$

Der Druck von 1 at entspricht demnach einer Quecksilberhöhe von 735,5 mm. Man nennt diesen Druck von 1 kg/cm² die **technische Atmosphäre** im Gegensatz zu dem **mittleren Atmosphärendruck in Meereshöhe**, welcher durch eine Quecksilbersäule von 760 mm bei 0⁰ gemessen wird. Dieser mittlere Atmosphärendruck ergibt den Druck

$$p = H_1 \cdot \gamma_1 = 0,760 \cdot 13\,596 = 10\,336 \text{ kg/m}^2$$

oder

$$p = 1,0336 \text{ kg/cm}^2 = 1,0336 \text{ ata}.$$

Will man geringe Druckhöhen messen, wie es z. B. bei der Luftbewegung für die Bewetterung erforderlich ist, so ist das Wassermanometer ein äußerst fein messender Druckmesser. Man kann 1 mm Wassersäule mit bloßem Auge noch genau ablesen und mit besonderen Maßinstrumenten noch $\frac{1}{100}$ Wassersäule. Was bedeutet das?

$$10 \text{ m Wassersäule} = 1 \text{ kg/cm}^2,$$

$$1 \text{ m} = 1000 \text{ mm} \quad \text{,,} \quad = 0,1 \text{ kg/cm}^2,$$

$$1 \text{ mm} \quad \text{,,} \quad = 0,0001 \text{ kg/cm}^2 = \frac{1}{10\,000} \text{ at} = 1 \text{ kg/m}^2,$$

$$\tfrac{1}{100} \text{ ,,} \quad \text{,,} \quad = 0,000001 \text{ kg/cm}^2 = \frac{1}{1\,000\,000} \text{ at}.$$

Das bedeutet also, daß man mit einem Wassermanometer noch Druckunterschiede von einer Millionstel Atmosphäre messen kann.

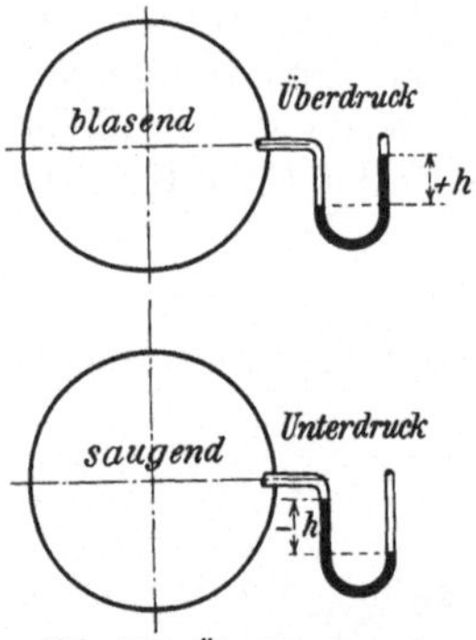

Abb. 377. Überdruck und Unterdruck im Luttenrohr.

In einem Luttenrohr (Abb. 377) kann **Überdruck** oder **Unterdruck** herrschen. Bläst der Ventilator in die Lutte herein, so ist der Druck in der Lutte größer als der Atmosphärendruck, die Wassersäule wird im äußersten Schenkel der Wasserröhre um den Betrag h mm hochgedrückt. Saugt der Ventilator die Luft aus der Lutte heraus, so wird in dem inneren Schenkel der Wasserröhre die Wassersäule um h mm hochgesaugt, der Bergmann nennt diesen Unterdruck **Depression**.

Man kann den Unterdruck auch als **Saugdruck** bezeichnen, wie groß kann dieser Saugdruck höchstens werden? Das erklärt man sich so. Man zieht ein langes Glasrohr (Abb. 378), das oben geschlossen und unten offen ist, mit Wasser gefüllt senkrecht aus dem Wasser hoch, dann läuft das Wasser nicht aus. Übersteigt aber die herausgezogene Höhe den Betrag von 10 m, so bleibt der Wasserspiegel bei dieser Höhe

stehen und über dem Wasserspiegel entsteht im Rohr ein luftleerer
Raum (Vakuum). Da die Luft nur mit 1 at auf den Wasserspiegel
drückt, kann sie auch nur eine Wassersäule von 10 m Höhe in den
luftleeren Raum drücken, d. h. der Saugdruck kann höchstens 1 at betragen. Aus diesem Grunde müssen Pumpen,
welche aus einem Brunnen Wasser ansaugen
sollen, eine Höhenlage über dem Wasserspiegel
haben, welche kleiner ist als 10 m, da sonst
die Wassersäule abreißt.

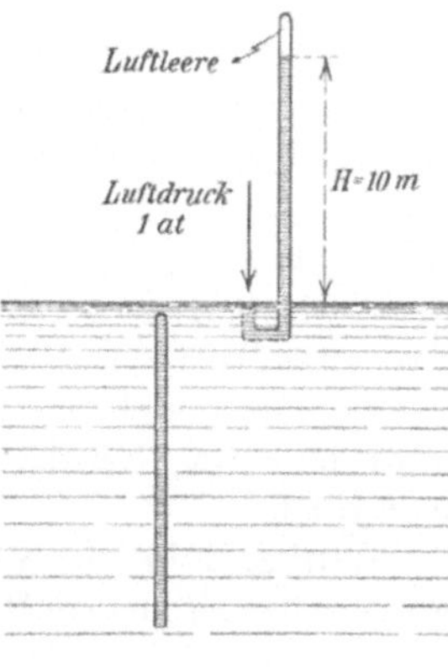

Denselben Versuch kann man mit Quecksilber machen. Das Quecksilber würde nur eine
Höhe von 735,5 mm im Glasrohr erreichen,
wenn der Luftdruck 1 kg/cm² beträgt.

Die bekannten Metallmanometer, welche
allgemein als Druckmesser gebräuchlich sind,
beginnen mit der Zeigerstellung Null. Bei dieser
Zeigerstellung zeigt das Manometer bereits
den Atmosphärendruck, die Zahlen bedeuten
also Überdruck (atü).

Abb. 378. Die Luftleere.

2. Die potentielle Energie einer Wassermenge.

Eine ihre Höhe verändernde Wassermenge kann Arbeit leisten, sie
enthält also vorrätige oder potentielle Energie. In Abb. 379 drückt

Abb. 379.
Einseitiger Druck
auf die
Kolbenfläche.

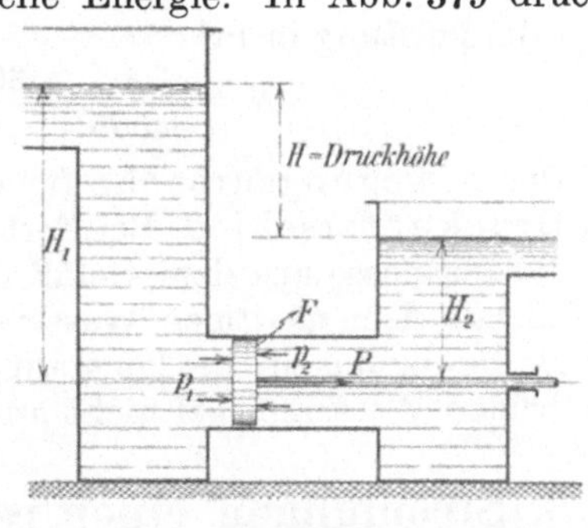

Abb. 380. Doppelseitiger Druck auf die
Kolbenfläche.

die Wassersäulenhöhe H gegen die Kolbenfläche F, der Druck auf 1 m²
ist
$$p = 1 \cdot H \cdot \gamma,$$
also ist die Kolbenkraft
$$P = p \cdot F = H \cdot \gamma \cdot F.$$

Wird der Kolben um den Weg s nach außen gedrückt, so verrichtet
der Wasserdruck die Arbeit
$$A = P \cdot s = H \cdot \gamma \cdot F \cdot s$$
$$\gamma \cdot F \cdot s = G = \text{Wassergewicht},$$
$$A = H \cdot G.$$

In Abb. 380 drückt von der anderen Seite eine Wassersäulenhöhe H_2
gegen die Kolbenfläche. Da von der einen Kolbenseite die größere Wasser-

säulenhöhe H_1 wirkt, wird der Kolben nach rechts gedrückt, und zwar ist

$$p = p_1 - p_2 = H_1 \cdot \gamma - H_2 \cdot \gamma,$$
$$P = p \cdot F = H_1 \cdot \gamma \cdot F - H_2 \cdot \gamma \cdot F,$$
$$A = P \cdot s = H_1 \cdot \gamma \cdot F \cdot s - H_2 \cdot \gamma \cdot F \cdot s,$$
$$\gamma \cdot F \cdot s = G$$
$$\overline{A = H_1 \cdot G - H_2 \cdot G = (H_1 - H_2) \cdot G = H \cdot G,}$$

für $G = 1$ kg wird

$$A = H,$$

d. h. **die auf die Gewichtseinheit bezogene potentielle Energie oder Spannungsenergie des Wassers wird durch die Ausflußdruckhöhe gemessen.**

Die verfügbare potentielle Energie der Wassermasse ist gleich dem Produkt aus dem Gefälle und dem Wassergewicht.

Wird z. B. in einem Staubecken von 50 m Wasserhöhe das Wasser auf konstanter Höhe erhalten, so ist die potentielle Energie von 1 kg Wasser

$$A = 1 \cdot 50 = 50 \text{ mkg.}$$

Wenn aus einer Ausflußöffnung am Boden des Staubeckens minutlich 6 m³ zum Abfluß kommen, so ist die minutlich verfügbare potentielle Energie

$$A = 6 \cdot 1000 \cdot 50 = 300\,000 \text{ mkg/min}$$

oder die Leistung in PS

$$N = \frac{A}{60 \cdot 75} = \frac{300\,000}{4500} = 67 \text{ PS.}$$

Die **Bewegungsursache** für eine Wassermasse ist in allen Fällen ein **Druckunterschied**. Bei Fortnahme des Kolbens in Abb. 380 wird die Wassermasse aus dem Gefäß mit dem hohen Wasserspiegel in das Gefäß mit dem niedrigen Wasserspiegel strömen, es tritt eine strömende Bewegung ein, die konstant bleibt, wenn sich die Höhendifferenz der beiden Wasserspiegel nicht ändert.

3. Strömungen einer reibungsfreien Flüssigkeit.

a) Die Stetigkeitsgleichung.

Es ist nützlich, die Strömungsvorgänge zunächst unter Ausschaltung der Reibung zu betrachten, obwohl jede Flüssigkeit

1. an der Kanalwand reibt und
2. zwischen ihren einzelnen Teilchen Reibungskräften unterliegt.

Wir betrachten zunächst die **stationäre Strömung**, eine Strömung, bei der das durch einen beliebigen Querschnitt F in der Sekunde durchfließende Flüssigkeitsvolumen V unveränderlich oder stetig bleibt.

Abb. 381 stellt einen Abschnitt einer gefüllten Leitung dar, in der eine Flüssigkeit stetig strömt. Die Leitung hat zwei verschiedene Querschnitte F_1 und F_2. Die sekundlichen Volumen sind

$$V_1 = F_1 \cdot c_1 \quad \text{und} \quad V_2 = F_2 \cdot c_2.$$

Damit die Flüssigkeitssäule nicht abreißt, muß sein

$$V_1 = V_2 \quad \text{oder} \quad F_1 \cdot c_1 = F_2 \cdot c_2 = F \cdot c = \text{konst.}$$

Die Gleichung

$$V = F \cdot c = \text{konst.}$$

nennt man die **Stetigkeitsgleichung** (Kontinuitätsgleichung), sie sagt aus, daß das Wasser sich in gleichen Zeiten um gleiche Volumen vorwärts schiebt. Teilt man die Leitung durch Querschnitte in gleich-große Volumen, so messen die Entfernungen dieser Querschnitte voneinander die Durchflußgeschwindigkeiten. Man kann die Stetigkeitsgleichung auch schreiben

$$\frac{c_1}{c_2} = \frac{F_2}{F_1}$$

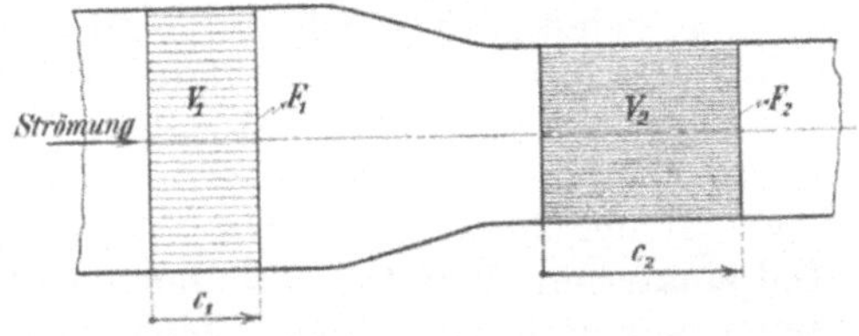

Abb. 381. Die stetige Strömung.

und sagen:

Die **Geschwindigkeiten** sind den **Querschnitten** um-gekehrt proportional.

b) Das Strombild.

Daß die Stetigkeitsgleichung von strömendem Wasser erfüllt wird, erkennt man an einem Wasserstrahl, der aus einer Bodenöffnung eines Behälters austritt, dessen Wasserspiegel durch Zufluß auf kon-stanter Höhe gehalten wird. Wir sehen in Abb. 382 das Strahlbild dar-gestellt.

Der Wasserstrahl wird nach unten immer dünner, d. h. der Quer-schnitt wird kleiner, denn beim Herabfallen wird die Geschwindig-keit der einzelnen Was-sertropfen immer größer, so daß nach dem Ge-setz

$$F \cdot c = \text{konst.}$$

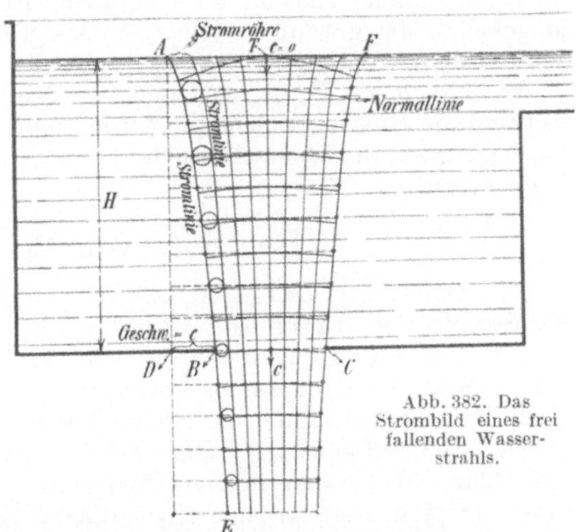

Abb. 382. Das Strombild eines frei fallenden Wasser-strahls.

bei wachsendem c-Wert der F-Wert immer kleiner werden muß.

Der Wassertropfen T, der sich im Wasserspiegel vertikal über der Mitte der Bodenöffnung befindet, fällt im Gefäß die Höhe H frei herun-ter und hat dann nach dem Gesetz des freien Falls die Geschwindigkeit

$$c = \sqrt{2gH}.$$

Die Bahn, die der Wassertropfen T beim Herunterströmen beschreibt,
wird Stromlinie genannt.

In der Figur ist die Geschwindigkeit c seitlich der Bodenöffnung als
Abszisse BD eingetragen und durch D die Ordinatenachse DA gezogen. Man kann nun für die verschiedenen Höhenschichten die Geschwindigkeiten berechnen und von der Ordinatenachse aus seitlich an-
tragen, dann werden die Geschwindigkeitslinien oberhalb der Bodenöffnung kleiner und unterhalb der Bodenöffnung größer. Es entsteht
die Linie ABE, welche den Wasserstrahl begrenzt. Im Punkte A ist
die Geschwindigkeit gleich Null. Der im Punkte A befindliche Wassertropfen beschreibt die Stromlinie ABE.

Solche Stromlinien kann man für beliebig viele Wassertropfen
zeichnen. In der Figur ist das getan, indem die Strahlbreite der verschiedenen Höhenlagen in 8 gleiche Teile geteilt wurde und die zugehörigen
Teilpunkte miteinander verbunden wurden. So entstehen 9 Stromlinien, welche immer näher aneinander rücken. Das Ganze nennt man
ein Strombild.

Das Strombild entsteht demnach, indem man die ganze Strömung
in Teilströme derart zerlegt, daß jeder Teilstrom die gleiche Wassermenge führt. Der von zwei Stromlinien begrenzte Teilstrom wird
Stromröhre genannt. Der ganze Strom besteht dann aus einzelnen
Stromröhren. In unserem Strombild wird der Querschnitt der Stromröhren nach unten zu immer kleiner, bei kleiner werdendem Querschnitt
muß aber die Geschwindigkeit größer werden. Je näher also die Stromlinien aneinander rücken, um so größer wird die Geschwindigkeit und
umgekehrt. Man gewinnt auf diese Weise ein anschauliches Bild von dem
Verlauf der Strömung.

Es sind in der Figur auch noch die Normallinien eingezeichnet,
das sind die Kurven, welche die Stromlinien stets senkrecht schneiden.
Sie zeigen, wie der Querschnitt der Stromröhren nach unten hin immer
kleiner wird.

4. Der Satz von Bernoulli.

Er lautet: „In einer reibungsfrei strömenden Flüssigkeit bleibt
die Summe der statischen Druckhöhe, der Geschwindigkeitshöhe
oder dynamischen Druckhöhe und der geodätischen Höhe an
jeder Stelle des Stromkanals konstant."

In Abb. 383 ist an den Boden eines Wasserbehälters, dessen Spiegel
durch Zufluß auf konstanter Höhe erhalten wird, ein senkrecht abfallen-
des Rohr mit veränderlichem Querschnitt angeschlossen. Für jeden
Wassertropfen, der von der Niveaufläche A bis zur Niveaufläche B
abwärts strömt, steht die durch die Ausflußdruckhöhe H gemessene potentielle Energie E zur Verfügung, d. h. jeder Wassertropfen vom Gewicht G hat das gleiche Arbeitsvermögen:

$$A = G \cdot H.$$

Im Abflußrohr sind an den Querschnitten I, II, III und IV Meßröhrchen angebracht, um die Drücke zu messen. Würde man die Aus-

flußöffnung schließen, so würde sich in allen Meßröhrchen der Wasserspiegel horizontal auf die Behälterwasserhöhe einspielen, und man würde die Druckhöhen H_1, H_2, H_3 und $H_4 = H$ messen. Bei geöffneter Ausflußmündung **fallen** die Wasserspiegel.

Im Querschnitt I herrsche die Wassergeschwindigkeit v_1. Um diese zu erzeugen, ist von der Teilhöhe H_1 die Druckhöhe

$$h_{d_1} = \frac{v_1^2}{2\,g}$$

verbraucht, man wird also in dem Meßröhrchen nur die Druckhöhe

$$h_1 = H_1 - h_{d_1}$$

messen. Man nennt die zu messende Druckhöhe h_1 die statische Druckhöhe und die zu berechnende Druckhöhe h_{d_1} die dynamische Druckhöhe. Nach der Figur ist

$$H_1 = h_1 + h_{d_1}.$$

Das Wasser kann aber vom Querschnitt I bis zur Ausflußöffnung noch die geodätische Höhe z_1 durchfallen, also ist seine ganze Energie an dieser Stelle

$$E = H = H_1 + z_1$$
$$= h_1 + h_{d_1} + z_1,$$

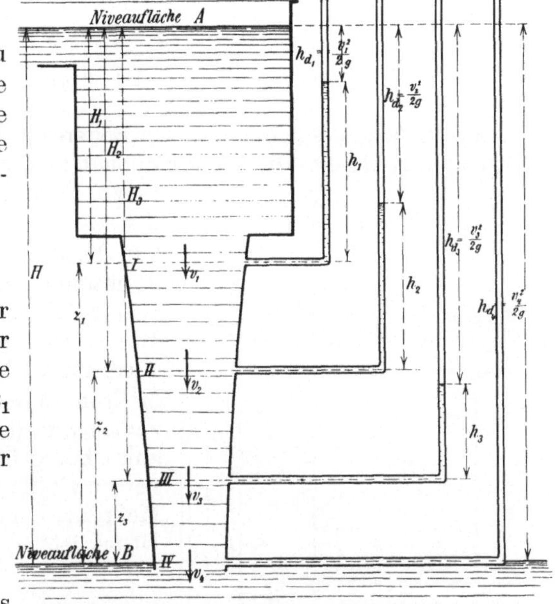

Abb. 383. Die Druckverhältnisse beim Fließen.

d. h. die ganze Energie des strömenden Wassers setzt sich an dieser Stelle des Stromkanals aus **drei Energien** oder Druckhöhen zusammen:

1. aus der Energie des Druckes $E_1 = h_1 =$ statische Druckhöhe;

2. aus der Energie der Bewegung (kinetische Energie) $E_2 = h_{d_1}$ $=$ dynamische Druckhöhe;

3. aus der Energie der Lage $E_3 = z_1 =$ geodätische Druckhöhe.

Nach dem Satz von Bernoulli gilt diese Beziehung für alle Querschnitte des Stromkanals, also ist

für Querschnitt II: $\qquad E = E_1 + E_2 + E_3,$

$$H = h_2 + h_{d_2} + z_2,$$

für Querschnitt III: $\qquad H = h_3 + h_{d_3} + z_3.$

Im Ausflußquerschnitt, der in der Niveauebene B liegt, ist die gesamte potentielle Energie in kinetische Energie umgesetzt, d. h. es ist

$$H = \frac{v_4^2}{2\,g} = h_{d_4}$$

und es ist die statische Druckhöhe $h_4 = 0$ und die geodätische Druckhöhe $z_4 = 0$, also gilt auch hier der Bernoullische Satz

$$H = h_4 + h_{d_4} + z_4,$$
$$H = 0 + h_{d_4} + 0.$$

Man kann nach der Bernoullischen Gleichung die Geschwindigkeiten
in den Querschnitten errechnen, z. B. ist für Querschnitt III

$$H = h_3 + h_{d_3} + z_3 \quad \text{oder} \quad h_{d_3} = H - h_3 - z_{d_3},$$

hat man z. B. gemessen $H = 17$ m, $h_3 = 7$ m und $z_3 = 3$ m, so ist

$$h_{d_3} = 17 - 7 - 3 = 7 \,\text{m},$$
$$\frac{v_i^2}{2\,g} = 7 \quad \text{oder} \quad v_3 = \sqrt{2 \cdot 9{,}81 \cdot 7} = 11{,}7 \,\text{m/sek.}$$

In Abb. 384 ist am Behälter ein Bodenrohr mit konstantem Querschnitt angebracht. Die Wasserteilchen können von der Niveaufläche A
bis zur Niveaufläche B abwärts strömen,
d. h. es steht die potentielle Energie H
zur Verfügung. Es werde der Mün-
dungsquerschnitt I und der Rohrquerschnitt II am Bodenanschluß nach
Bernoulli untersucht. Hält man die
Ausflußmündung zu, so spielt in beiden
Meßröhren der Wasserspiegel sich horizontal mit dem Behälterwasserspiegel
ein. Bei geöffneter Ausflußmündung
verschwindet die Wassersäulenhöhe im
Meßrohr I ganz, d. h. der statische
Druck ist

$$h_1 = 0,$$

und da bis zur Niveaufläche B keine
weitere geodätische Höhe durchfallen
wird, ist ferner die geodätische Höhe

$$z_1 = 0.$$

Nach Bernoulli ist

$$H = h_1 + h_{d_1} + z_1,$$

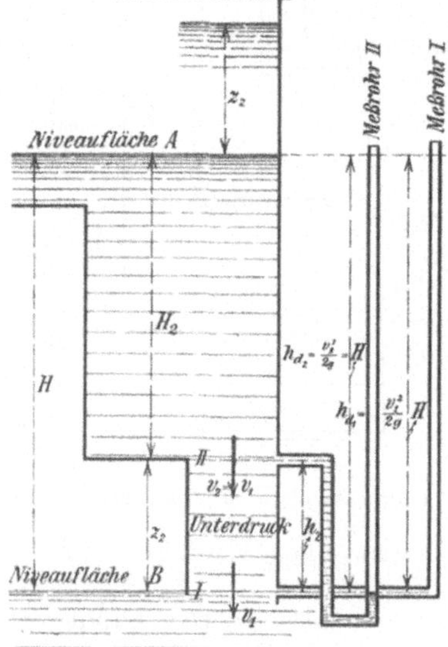

Abb. 384. Das Saugrohr.

oder, da $h_1 = 0$ und $z_1 = 0$ ist,

$$H = h_{d_1} = \frac{v_1^2}{2\,g},$$

d. h. die ganze potentielle Energie wird in kinetische Energie umgesetzt.

Im Querschnitt II muß sein

$$v_2 = v_1, \quad \text{also auch} \quad \frac{v_2^2}{2\,g} = \frac{v_1^2}{2\,g} \quad \text{oder} \quad h_{d_2} = h_{d_1} = H,$$

denn sonst würde die Wassersäule abreißen, wenn die Geschwindigkeit
v_2 kleiner als v_1 wäre.

Nach Bernoulli ist wieder

$$H = h_2 + h_{d_2} + z_2$$

oder, da $h_{d_2} = H$ ist,

$$H = h_2 + H + z_2,$$

$$h_2 = H - H - z_2 = -z_2,$$

d. h. im Querschnitt II muß sich ein **Unterdruck** von z_2 Meter Wassersäule einstellen. Das angesetzte Bodenrohr wirkt also wie ein **Saugrohr**, es stellt in der **Bodenöffnung eine erhöhte Ausflußgeschwindigkeit** her, und wirkt genau so wie eine Erhöhung des Wasserspiegels um den Betrag der Saugrohrlänge unter Fortnahme des Saugrohres. Das ist in der Figur auch angedeutet.

In der **Wetterlehre** stehen wir vor der Aufgabe, die Bewegung des Wetterstromes im ein- und ausziehenden Schacht zu verfolgen. Dieser Strömungsvorgang ist im Prinzip derselbe, wie der in Abb. 385 dargestellte. Ein **U**-Rohr verbindet zwei Wasserbehälter, so daß das Wasser von der Niveaufläche A nach der Niveaufläche B abströmen kann. Der **Satz von Bernoulli** erklärt uns diesen Strömungsvorgang, indem er aussagt, daß die **Summe der statischen, dynamischen und geodätischen Druckhöhe** an jeder Stelle des Stromkanals konstant sein muß.

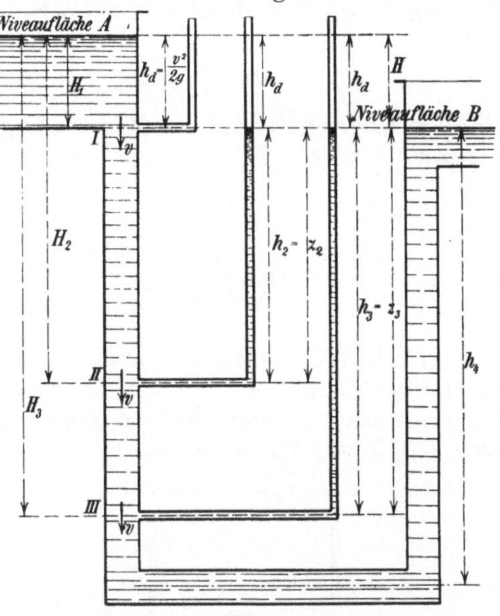

Abb. 385. Die Druckverhältnisse beim Strömen durch ein U-Rohr.

Im Abflußrohr sind in den Querschnitten I, II und III Meßröhrchen angebracht, um die **statischen Drucke** zu messen.

Im Querschnitt I herrsche die Wassergeschwindigkeit v. Um diese zu erzeugen, werde die Teilhöhe H_1 vollständig verbraucht, dann ist

$$h_d = \frac{v^2}{2g} = H_1,$$

d. h. in dem angeschlossenen Meßröhrchen wird die **statische Druckhöhe**

$$h_1 = H_1 - h_d = H_1 - H_1 = 0$$

gemessen. Nun liegt die Niveaufläche B im Abstande

$$H - H_1$$

von der oberen Niveaufläche A und demnach kann durch weiteres Durchfallen einer geodätischen Höhe keine Arbeit hinzugeleistet werden, da

von hier ab die geodätische Höhe $z_1 = 0$ ist, wenn unter geodätischer
Höhe der senkrechte Abstand des betrachteten Querschnittes von der
unteren Niveaufläche verstanden ist. Weil die gesamte Ausflußdruckhöhe H in kinetische Energie umgesetzt ist, kann auch keine
größere Geschwindigkeit mehr möglich sein, wenn das Rohr überall
denselben Querschnitt behält.

Im Querschnitt II steht das Wasser unter dem statischen Druck
$$H_2 - h_d = h_2.$$
Nach Bernoulli ist
$$H = h_2 + h_d - z_2,$$
denn um die geodätische Höhe z_2 muß das Wasser wieder gehoben werden.
Mit $h_d = H$ wird
$$H = h_2 + H - z_2 \quad \text{oder} \quad h_2 = z_2.$$

Für den Querschnitt III erhalten wir in gleicher Weise den statischen
Druck
$$H_3 - h_d = h_3$$
und nach Bernoulli
$$H = h_3 + h_d - z_3,$$
mit $h_d = H$ wird wieder
$$H = h_3 + H - z_3 \quad \text{oder} \quad h_3 = z_3.$$

Wir sehen, die statischen Drücke werden um so größer, je tiefer der
Querschnitt liegt, er wird am größten im unteren Verbindungsrohr.
Dieser Rohrquerschnitt hat an allen Stellen den gleichen statischen
Druck h_4 Meter Wassersäule.

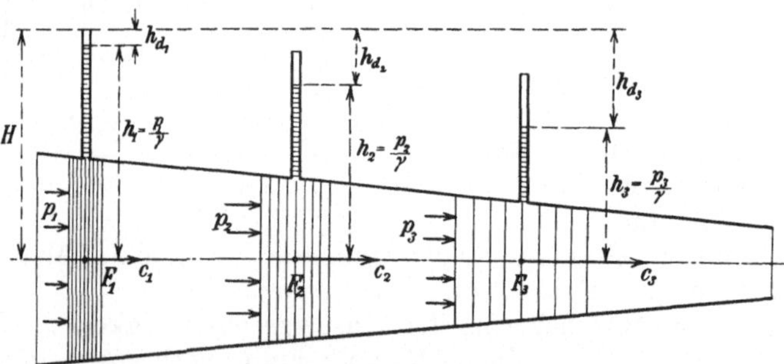

Abb. 386. Das Strömen im horizontalen Rohr bei abnehmendem Querschnitt.

Eine Strömung in einem wagerechten Kanal mit veränderlichem Querschnitt zeigt Abb. 386. Auch hier gilt der Satz von
Bernoulli, da die einzelnen Querschnitte aber in gleicher Höhe liegen,
fällt die Energie der Lage bei der Aufstellung der Gleichung fort.
Der Bernoullische Satz lautet daher für diese Strömung:

Die Summe der statischen und dynamischen Druckhöhe
ist an jeder Stelle des Stromkanals konstant.

In den Querschnitten F_1, F_2 und F_3 sind Meßröhrchen angebracht,
in diesen Querschnitten herrschen die Drücke p_1, p_2 und p_3, in kg/m² ge-

messen. Für 1 m² Druckfläche ist also

$$p \cdot 1 = 1 \cdot h \cdot \gamma,$$

wenn bedeutet

$$h = \text{Druckhöhe in m} \quad \text{und} \quad \gamma = 1000 \text{ kg/m}^2.$$

Allgemein ist dann $h = \dfrac{p}{\gamma}$, also messen wir in den Meßröhrchen

$$h_1 = \frac{p_1}{\gamma}, \quad h_2 = \frac{p_2}{\gamma} \quad \text{und} \quad h_3 = \frac{p_3}{\gamma} \text{ Meter Wassersäule.}$$

Die Geschwindigkeiten in diesen Querschnitten sind c_1, c_2 und c_3. Die Bernoullische Gleichung lautet dann

$$\frac{p_1}{\gamma} + \frac{c_1^2}{2g} = \frac{p_2}{\gamma} + \frac{c_2^2}{2g} = \frac{p_3}{\gamma} + \frac{c_3^2}{2g} = \text{konst.}$$

oder

$$h_1 + h_{d_1} = h_2 + h_{d_2} = h_3 + h_{d_3} = H.$$

Man sieht aus der Figur, daß die **statischen Druckhöhen kleiner,** dagegen die **dynamischen Druckhöhen größer** werden. Man kann daher auch schreiben

$$h_1 - h_2 = h_{d_2} - h_{d_1} \quad \text{und} \quad h_2 - h_3 = h_{d_3} - h_{d_2},$$

d. h. **die Abnahme an potentieller Energie ist gleich der Zunahme an kinetischer Energie.**

5. Anwendungen des Bernoullischen Satzes.

a) Querschnittsveränderungen.

An einen Wasserbehälter, Abb. 387, ist eine horizontale Rohrleitung mit Verengungen und Erweiterungen angeschlossen. In den Querschnitten F_1, F_2, F_3 und F_4 sind Standrohre angebracht, um die Drücke zu messen. Bei geschlossener Ausflußöffnung steht der Wasserspiegel in allen Rohren in gleicher Höhe wie im Behälter. In jedem Querschnitt herrscht derselbe Druck, der statische Druck H oder die potentielle Energie H.

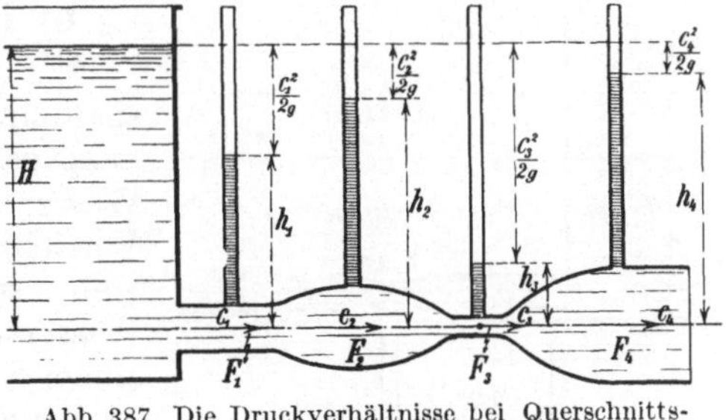

Abb. 387. Die Druckverhältnisse bei Querschnittsänderungen.

Sobald die Bewegung des Wassers in der Rohrleitung einsetzt, stellen sich die Wasserspiegel verschieden hoch ein. In jedem Röhrchen sinkt der Wasserspiegel um die dynamische Druckhöhe, und es ist nach Bernoulli

$$h_1 + \frac{c_1^2}{2g} = h_2 + \frac{c_2^2}{2g} = h_3 + \frac{c_3^2}{2g} = h_4 + \frac{c_4^2}{2g} = H = \text{konst.}$$

In dem engsten Querschnitt F_3 herrscht die größte Geschwindigkeit c_3, so daß die statische Druckhöhe h_3 am kleinsten wird. Und nun könnte man die Verengung so weit treiben, daß der statische Druck unter den

atmosphärischen Druck fällt, d. h. man könnte sogar eine Saugspannung herstellen.

Dieser Fall ist in Abb. 388 dargestellt. Durch ein horizontales, ins
Freie mündendes Rohr vom Querschnitt F fließt unter dem Druck von
H Meter Wassersäule Wasser aus. Wel-
chen Querschnitt f muß die Verengung
haben, damit an dieser Stelle ein Unter-

druck von der Größe $-\dfrac{p}{\gamma}$ entsteht?

An der Mündung ist die ganze
Druckhöhe H in die Geschwindigkeit v
umgesetzt, d. h. hier herrscht der statische Druck Null. An der engsten
Stelle f soll die Geschwindigkeit c und

der statische Druck $-\dfrac{p}{\gamma}$ sein. Nach

dem Satz von Bernoulli ist

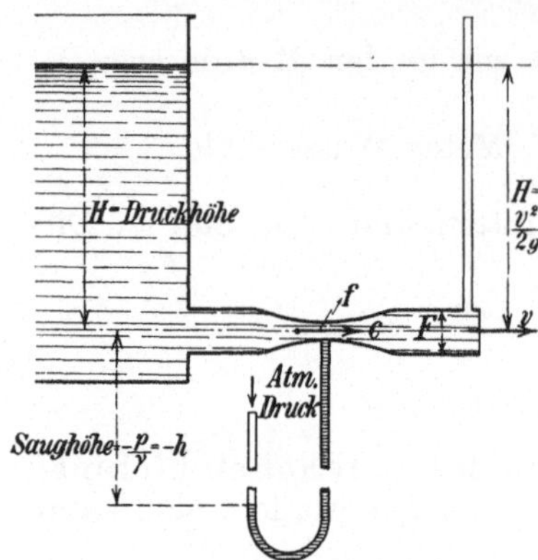

Abb. 388. Saugwirkung im engsten
Querschnitt.

$$-\frac{p}{\gamma} + \frac{c^2}{2\gamma} = 0 + \frac{v^2}{2g} = H,$$

$$\frac{c^2}{2g} = H + \frac{p}{\gamma} \quad \text{oder} \quad c = \sqrt{2g\cdot\left(H + \frac{p}{\gamma}\right)}.$$

Nach der Stetigkeitsgleichung muß sein

$$f \cdot c = F \cdot v,$$

$$f = F \cdot \frac{v}{c} = F \cdot \frac{\sqrt{2gH}}{\sqrt{2g\cdot\left(H + \dfrac{p}{\gamma}\right)}} \quad \text{oder} \quad f = F \cdot \frac{\sqrt{H}}{\sqrt{H + \dfrac{p}{\gamma}}}.$$

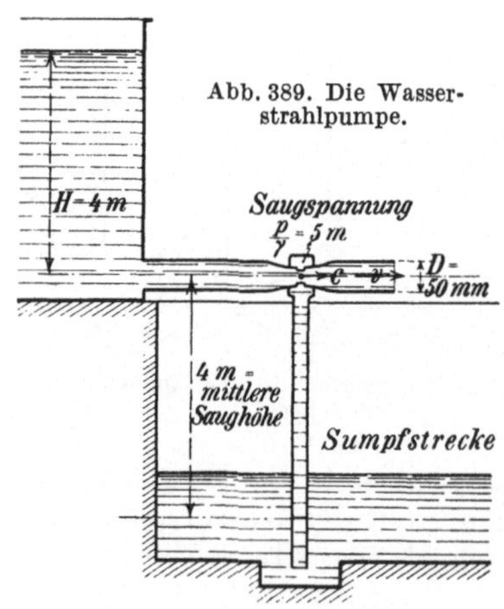

Abb. 389. Die Wasser-
strahlpumpe.

b) Die Wasserstrahlpumpe.

Wenn in der Rohrverengung Saugspannung herrscht, kann man diese
Saugspannung auch ausnützen, um
Wasser hochzusaugen. Man nennt solche
Vorrichtungen Wasserstrahlpum-
pen. In Abb. 389 soll mittels einer
Wasserstrahlpumpe das Wasser aus
einem Sumpf gehoben werden. Es stehe
im Druckbehälter eine Druckhöhe von
$H = 4$ m zur Verfügung. Die Druck-
leitung habe eine lichte. Weite von
$D = 50$ mm und die zu überwindende
Saughöhe sei $h_1 = 4$ m. Welche Einschnürung muß das Ausflußrohr erhalten?

Um eine Saughöhe von 4 m zu überwinden, muß man eine etwas
größere Saugspannung anwenden, man rechne mit

$$\frac{p}{\gamma} = h = 5\,\text{m}.$$

Die Verengung des Rohrquerschnitts muß sein

$$f = \frac{\sqrt{H}}{\sqrt{H + \dfrac{p}{\gamma}}} \cdot F = \frac{\sqrt{4}}{\sqrt{4+5}} \cdot F = \frac{2}{3} \cdot F,$$

$$f = \frac{2}{3} \cdot \frac{\pi}{4} \cdot 5^2 = 13,1 \, \text{cm}^2,$$

$$\frac{\pi}{4} d^2 = 13,1 \, \text{cm}^2 \quad \text{oder} \quad d = 4,1 \, \text{cm} = 41 \, \text{mm}.$$

6. Die Energiegleichung mit Berücksichtigung der Reibung.

Die Strömungsvorgänge erfordern eine Berücksichtigung der Reibungsvorgänge. In Abb. 390 ist eine Rohrstrecke mit zwei verschiedenen Querschnitten dargestellt. Im Querschnitt I ist die vorhandene Energie

$$E = \frac{c_1^2}{2g} + h_1.$$

Auf dem Wege vom Querschnitt F bis zur Meßstelle des Querschnitts f wird ein Teil dieser Energie zur Überwindung der Reibungswiderstände verbraucht. Dieser Energieverlust wird durch die

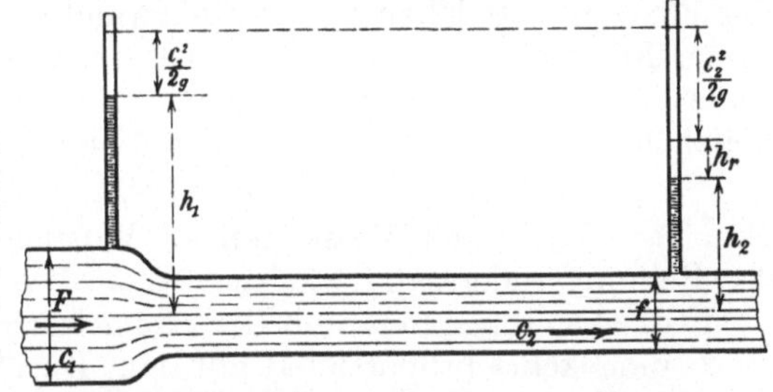

Abb. 390. Der Reibungswiderstand beim Strömen.

Reibungswiderstandshöhe h_r in Rechnung gestellt, man beobachtet an der zweiten Meßstelle die statische Druckhöhe h_2, dann muß nach der Bernoullischen Energiegleichung sein

$$\frac{c_2^2}{2g} + h_r + h_2 = \frac{c_1^2}{2g} + h_1$$

und es ist die **Widerstandshöhe**

$$h_r = h_1 - h_2 - \frac{c_2^2 - c_1^2}{2g}.$$

Unter c_1 und c_2 sind die mittleren Geschwindigkeiten verstanden, die sich aus den Gleichungen

$$c_1 = \frac{V}{F} \quad \text{und} \quad c_2 = \frac{V}{f}$$

errechnen lassen. Bei **turbulenter** Strömung (Wirbelströmung) ist die Geschwindigkeit aber in dem ganzen Querschnitt nicht konstant, so daß die Geschwindigkeitshöhen

$$\frac{c_1^2}{2g} \quad \text{und} \quad \frac{c_2^2}{2g}$$

streng genommen nicht richtig sind. Die neueren Strömungsforscher berichtigen diesen Fehler, indem sie einen Beiwert α einführen und schreiben

$$\alpha \cdot \frac{c_2^2}{2g} + h_2 + h_r = \alpha \cdot \frac{c_1^2}{2g} + h_1.$$

Für α werden folgende Werte empfohlen:

1. für rechteckige Querschnitte

bei glatter Wand $\alpha = 1{,}038$,

„ rauher „ $\alpha = 1{,}122$;

2. für kreisförmige Querschnitte

$$\alpha = 1{,}045.$$

7. Die Rohrreibung.
a) Die Reibungsgleichung für Rohre.

Strömt Wasser aus einem Behälter in eine Rohrleitung über, so ist zur Erzeugung der Strömungsgeschwindigkeit v die Druckhöhe

$$h = \frac{v^2}{2\,g} \text{ Meter Wassersäule}$$

erforderlich. Zur Überwindung des Rohrwiderstandes, der aus Reibung der Flüssigkeitsteilchen an der Rohrwand und aus Wirbelwiderständen in der Flüssigkeit selbst besteht, ist eine zusätzliche Druckhöhe h_r erforderlich, welche ein Bruchteil oder ein Vielfaches der Geschwindigkeitshöhe h ist. Hat dieser Bruchteil den Wert λ, so würde sein

$$h_r = \lambda \cdot h.$$

Nun hat man durch Messungen an Versuchsanlagen festgestellt, daß der Reibungswiderstand wächst

1. direkt proportional mit der Länge l der Rohrleitung,

2. umgekehrt proportional mit dem Durchmesser d.

Demnach muß die zusätzliche Druckhöhe unter Einsetzung dieser Größen nach dem Gesetz

$$h_r = \lambda \cdot \frac{l}{d} \cdot h = \lambda \cdot \frac{l}{d} \cdot \frac{v^2}{2\,g} \text{ Meter Wassersäule}$$

errechnet werden. Ist z. B. $l = 1000$ m, $d = 0{,}10$ m, $v = 0{,}50$ m/sek und $\lambda = 0{,}022$, so ist die zusätzliche Druckhöhe

$$h_r = 0{,}022 \cdot \frac{1000}{0{,}10} \cdot \frac{0{,}5^2}{2 \cdot 9{,}81} = 2{,}8 \text{ m W.S.} \quad \text{oder} \quad p = \frac{2{,}8}{10} = 0{,}28 \text{ at.}$$

Die Durchführung solcher Rechnung ist nur möglich, wenn für alle Betriebszustände die Reibungsbeiwerte λ bekannt sind. Die Strömungsforschung erbrachte ein überraschendes Ergebnis. Sie fand, daß der Reibungsbeiwert λ bei der Strömung durch Rohre ein und denselben Wert hat, ob Wasser, Öl, Luft oder Gas strömt, wenn nur die Strömungsvorgänge dynamisch ähnlich sind. Diese dynamische Ähnlichkeit hängt von drei Faktoren ab:

1. von der Strömungsgeschwindigkeit,

2. von dem Rohrdurchmesser,

3. von der inneren Reibung der strömenden Flüssigkeit.

Diese drei Faktoren schließen sich zu einem Zahlenwert zusammen, den man die Reynoldssche Zahl nennt. Der Reibungsbeiwert λ wird eine Abhängige von der Reynoldsschen Zahl. Kennt man dieses Abhängigkeitsverhältnis, so hat man für alle strömenden Stoffe und für alle Betriebszustände den richtigen Reibungsbeiwert.

b) Die Ableitung der Reynoldsschen Zahl.

1. Die Zähigkeit der Flüssigkeiten.

Bei Strömungsvorgängen spielt das Aneinanderhaften der Stoffteilchen — die innere Reibung — eine große Rolle. Man spricht von einer Zähigkeit der Flüssigkeiten und versteht darunter den Widerstand, den das Verschieben eines Stoffteilchens gegen den anderen hervorruft. Dieser Verschiebungswiderstand wird bei dickflüssigen Massen größer sein als bei dünnflüssigen. Zieht man z. B. ein Messer durch eine flüssige Honigmasse, so wird man einen größeren Widerstand als beim Ziehen durch eine Wassermasse empfinden, d. h. der Honig ist zäher als Wasser.

In Abb. 391 sind zwei Platten durch eine zähe l cm dicke Flüssigkeitsschicht voneinander getrennt. Die untere Platte liege fest, während die obere parallel zur festen verschoben werden kann. Die Verschiebungsgeschwindigkeit sei v cm/sek. Die Flüssigkeit haftet oder klebt an den Platten. Vor der Verschiebung liegen die beiden Flüssigkeitsteilchen P_1 und P_2 vertikal übereinander, nach der Verschiebung ist P_1 nach P_1' gerückt, während P_2 stehengeblieben ist. Die Verschiebung der einzelnen Niveauschichten wird

Abb. 391. Der Verschiebungswiderstand einer Platte.

durch die schräge Linie $P_1'P_2$ gekennzeichnet, d. h. die Schichtverschiebung wird um so geringer, je größer der Abstand der Schichten von der beweglichen Platte wird.

Die Verschiebung erfordert zur Überwindung der Flüssigkeitszähigkeit eine Kraft. Diese Verschiebungskraft habe für 1 cm² Verschiebungsfläche die Größe τ. Poiseulle stellte für die Größe der Verschiebungskraft auf Grund von Versuchen folgendes Gesetz auf:

$$\tau = \mu \cdot \frac{v}{l}.$$

Der Beiwert μ ist eine Naturkonstante der Flüssigkeit, man nennt ihn die Zähigkeit und versteht darunter diejenige Verschiebungskraft, welche für 1 cm² Verschiebungsfläche bei $v = 1$ cm Geschwindigkeit und $l = 1$ cm Abstand aufzuwenden ist.

Nach Poiseulle wächst demnach der Zähigkeits- oder Reibungswiderstand

1. direkt proportional mit der Zähigkeit der Flüssigkeit,
2. direkt proportional mit der Verschiebungsgeschwindigkeit,
3. umgekehrt proportional mit dem Abstand von der festen Wand.

Die Zähigkeitskonstante eines Stoffes ist demnach nach Poiseulle:

$$\mu = \frac{\tau \cdot l}{v}.$$

Man rechnet aber in der Strömungslehre nicht mit den Zähigkeitswerten μ, sondern mit der kinematischen Zähigkeit der Strömungsflüssigkeiten. Darunter versteht man die Verhältniszahl

$$\frac{\text{Zähigkeit}}{\text{Dichte}} = \frac{\mu}{\varrho}.$$

ϱ hat folgende Bedeutung, ist γ das Gewicht der Volumeneinheit, so nennt man die **Masse der Volumeneinheit**, also die Größe

$$\frac{\gamma}{g} = \text{spezifische Masse} = \text{Dichte} = \varrho.$$

Die **kinematische Zähigkeit**, welche mit ν bezeichnet wird, ist demnach

$$\nu = \frac{\mu}{\varrho} = \frac{\mu \cdot g}{\gamma}.$$

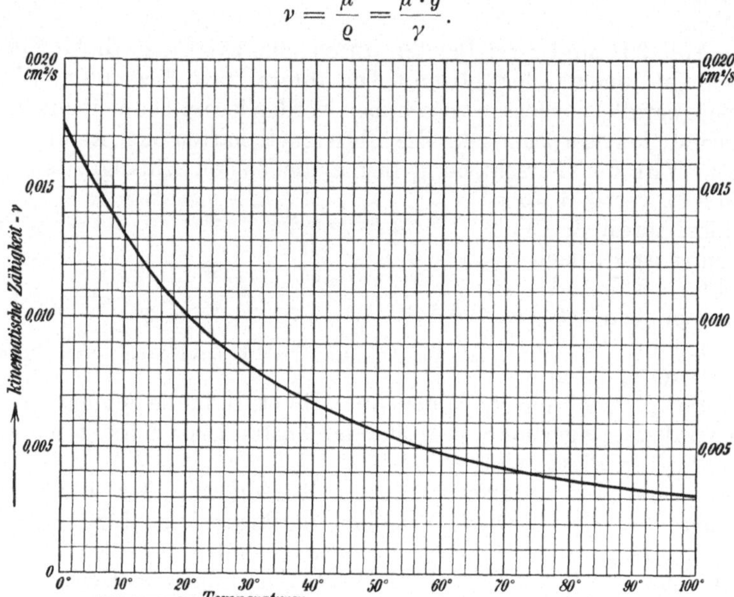

Abb. 392. Die kinematische Zähigkeit des Wassers bei verschiedenen Temperaturen.

Kinematik heißt Bewegung, man könnte also auch sagen **Bewegungszähigkeit**. Die Ableitung erinnert an die bekannte Mechanikformel

$$\frac{\text{Kraft}}{\text{Masse}} = \text{Beschleunigung}, \quad \frac{\mu}{\varrho} = \nu.$$

ν ist also eine Beschleunigungszahl, denn μ ist eine Kraftzahl und ϱ eine Massenzahl

Welche **Dimension** hat die kinematische Zähigkeit? Setzt man in der Gleichung

$$\nu = \frac{\mu \cdot g}{\gamma} = \frac{\tau \cdot l \cdot g}{v}$$

für die einzelnen Formelgrößen die Maßeinheiten ein, so ist

$$\nu = \frac{\text{kg/cm}^2 \cdot \text{cm} \cdot \text{cm/sek}^2}{\text{cm/sek} \cdot \text{kg/cm}^3} = \frac{\text{kg} \cdot \text{sek} \cdot \text{cm} \cdot \text{cm} \cdot \text{cm}^3}{\text{cm}^2 \cdot \text{cm} \cdot \text{kg} \cdot \text{sek}^2} = \frac{\text{cm}^2}{\text{sek}}.$$

Man wird daher nachstehend die Zahlenwerte ν mit der Einheitsbezeichnung cm²/sek benannt finden.

Zähigkeit und kinematische Zähigkeit sind Zahlenwerte, welche als Naturkonstanten der Flüssigkeit für jede Flüssigkeit andere Größe haben. Sie sind in hohem Maße von der Temperatur der Flüssigkeit abhängig, bei gasförmigen Stoffen besteht auch eine Abhängigkeit vom Druck. Die Werte sind von Physikern experimentell bestimmt.

In Abb. 392 ist für Wasser die kinematische Zähigkeit ν in cm²/sek als Funktion der Temperaturen aufgetragen. Man liest z. B. bei 20° den Wert

$$\nu = 0{,}0101 \text{ cm}^2/\text{sek.}$$

Die kinematische Zähigkeit einiger anderer Flüssigkeiten ist bei 15° C z. B.

Glyzerin $\nu = 11{,}600$ cm²/sek,   Alkohol $\nu = 0{,}0167$ cm²/sek,

Benzol $\nu = 0{,}079$,,   Äther $\nu = 0{,}00268$,,

2. Die dynamische Ähnlichkeit zweier Strömungsvorgänge.

Der englische Physiker Reynolds stellte 1881 die Bedingungen für den dynamisch ähnlichen Verlauf zweier Strömungsvorgänge auf. Die erste Bedingung ist die geometrische Ähnlichkeit der Strömungskanäle, d. h. erfolgt der erste Strömungsvorgang in einem Rohr, so kann der geometrisch ähnliche Strömungsvorgang auch wieder nur in einem Rohr erfolgen. Die geometrische Ähnlichkeit der Rohre ist vorhanden, wenn die Rauheit des zweiten Rohres geometrisch ähnlich der Rauheit des ersten Rohres ist. Ist die Rohrwand des einen Rohres vollkommen glatt, so kann auch nur dann eine geometrische Ähnlichkeit bestehen, wenn das andere Rohr auch vollkommen glatt ist.

Die zweite Bedingung für die dynamische Ähnlichkeit der Strömungsvorgänge ist die Ähnlichkeit der Kräfte. Was für Kräfte kommen vor? Die strömende Flüssigkeit kann vermöge ihrer kinetischen Energie oder ihrer lebendigen Kraft Widerstände überwinden. Der Strömungsvorgang bringt aber infolge innerer Flüssigkeitsreibung und Wandreibung eine Widerstandskraft. Wir haben also zwei Kräfte

1. eine lebendige Kraft L,
2. eine Widerstandskraft W.

Ist das Verhältnis dieser beiden Kräfte für zwei Strömungsvorgänge gleich, so verlaufen sie dynamisch ähnlich.

Wenn z. B. für die erste Strömung die Werte L_1 und W_1 und für die zweite die Werte L_2 und W_2 vorherrschen, so heißt die Ähnlichkeitsbedingung

$$\frac{L_1}{W_1} = \frac{L_2}{W_2} = \text{konst.}$$

Man muß nun für die Werte L und W allgemein gültige Gesetze finden. Die lebendige Kraft L der mit der Geschwindigkeit v strömenden Masse m ist

$$L = \tfrac{1}{2} m \cdot v^2.$$

Für die spezifische Masse, d. i. die Masse der Volumeneinheit

$$m = \frac{\gamma}{g} = \varrho$$

ist

$$L = \tfrac{1}{2}\varrho \cdot v^2.$$

Der Verschiebungswiderstand für die Flächeneinheit ist nach dem Poiseulleschen Gesetz

$$W = \tau = \frac{\mu \cdot v}{l}.$$

Das Verhältnis beider Werte ist

$$\frac{L}{W} = \frac{\tfrac{1}{2} \cdot \varrho \cdot v^2}{\dfrac{\mu \cdot v}{l}} = \frac{\varrho \cdot v^2 \cdot l}{2 \cdot \mu \cdot v} = \frac{\varrho \cdot v \cdot l}{2 \cdot \mu}.$$

Nun ist

$$\frac{\mu}{\varrho} = \nu \quad \text{oder} \quad \frac{\varrho}{\mu} = \frac{1}{\nu},$$

also wird allgemein

$$\frac{L}{W} = \frac{v \cdot l}{2 \cdot \nu}.$$

Für die beiden Strömungsvorgänge ist demnach

$$\frac{L_1}{W_1} = \frac{v_1 \cdot l_1}{2 \cdot \nu_1} \quad \text{und} \quad \frac{L_2}{W_2} = \frac{v_2 \cdot l_2}{2 \cdot \nu_2},$$

und da

$$\frac{L_1}{W_1} = \frac{L_2}{W_2}$$

sein muß, so lautet die Bedingungsgleichung allgemein

$$\frac{v_1 \cdot l_1}{2 \cdot \nu_1} = \frac{v_2 \cdot l_2}{2 \cdot \nu_2} \quad \text{oder} \quad \frac{v_1 \cdot l_1}{\nu_1} = \frac{v_2 \cdot l_2}{\nu_2} = \text{konst.}$$

Man nennt das Zahlenverhältnis

$$\frac{v \cdot l}{\nu} = \boldsymbol{R} \text{ die Reynoldssche Zahl.}$$

Bei Strömungsvorgängen in Rohren ist der Größenfaktor

$$l = \frac{d}{2},$$

d. h. für Rohre lautet die Ähnlichkeitsbedingung

$$\frac{v_1 \cdot d_1}{\nu_1 \cdot 2} = \frac{v_2 \cdot d_2}{\nu_2 \cdot 2} \quad \text{oder} \quad \frac{v_1 \cdot d_1}{\nu_1} = \frac{v_2 \cdot d_2}{\nu_2}.$$

Demnach heißt die Reynoldssche Zahl für Strömungsvorgänge in Rohren allgemein

$$R = \frac{v \cdot d}{\nu}.$$

Strömt dieselbe Flüssigkeit in Rohren von verschiedenem Durchmesser, so lautet die Bedingung für dynamische Ähnlichkeit beider Strömungsvorgänge, da $\nu_1 = \nu_2$ ist,

$$v_1 \cdot d_1 = v_2 \cdot d_2 \quad \text{oder} \quad \frac{v_1}{v_2} = \frac{d_2}{d_1},$$

d. h. die Strömungsgeschwindigkeiten müssen sich umgekehrt wie die Rohrdurchmesser verhalten.

Beispiel: In einem Rohr von $d_1 = 30$ cm Durchmesser ströme Wasser mit $v_1 = 0,80$ m/sek, dann ist der Strömungsvorgang in einem Rohr von $d_2 = 60$ cm Durchmesser dem ersten dynamisch ähnlich, wenn

$$v_2 = v_1 \cdot \frac{d_1}{d_2} = 0,80 \cdot \frac{30}{60} = 0,40 \text{ m/sek}$$

ist, d. h. bei diesen beiden Geschwindigkeiten hat die Reynoldssche Zahl für beide Strömungsvorgänge dieselbe Größe, und damit ist der Reibungsbeiwert λ für beide Strömungsvorgänge derselbe.

Beim Strömen verschiedener Flüssigkeiten ist auch der ν-Wert verschieden, also ist dann die Gleichung

$$\frac{v_1 \cdot d_1}{\nu_1} = \frac{v_2 \cdot d_2}{\nu_2}$$

zu erfüllen und es muß die zweite Strömungsgeschwindigkeit

$$v_2 = v_1 \cdot \frac{d_1}{d_2} \cdot \frac{\nu_2}{\nu_1}$$

sein.

Beispiel: In einem Rohr von $d_1 = 3$ cm Durchmesser ströme Wasser mit $v_1 = 0,80$ m/sek; wann ist in einer Rohrleitung von $d_2 = 6$ cm Durchmesser der Strömungsvorgang dynamisch ähnlich, wenn in der Leitung Benzol strömt?

Lösung: Nach Abb. 392 ist für Wasser bei 15^0

$$\nu_1 = 0,0115 \text{ cm}^2/\text{sek},$$

für Benzol ist bei 15^0

$$\nu_2 = 0,079 \text{ cm}^2/\text{sek},$$

also ist

$$v_2 = v_1 \cdot \frac{d_1}{d_2} \cdot \frac{\nu_2}{\nu_1} = 0,80 \cdot \frac{3}{6} \cdot \frac{0,079}{0,0115} = 2,74 \text{ m/sek}.$$

In der Benzolleitung muß 2,74 m/sek Geschwindigkeit herrschen, damit der Strömungsvorgang dynamisch ähnlich verläuft. Bei diesen beiden Geschwindigkeiten haben die Rohre denselben Reibungsbeiwert λ, da sie dieselbe Reynoldssche Zahl haben.

Man kann also sagen, daß der Reibungsbeiwert oder die Widerstandszahl λ nur eine Abhängige oder Funktion der Reynoldsschen Zahl ist. Hiernach braucht man den λ-Wert nur für einen Rohrdurchmesser bei allen vorkommenden Geschwindigkeiten zu bestimmen und hat dann für alle anderen Rohrdurchmesser im entsprechenden Geschwindigkeitsbereich ohne weiteres die λ-Werte.

Die Bestimmung durch den Versuch geschieht durch die nach λ umgestellte Rohrwiderstandsgleichung

$$\lambda = \frac{h}{l/d \cdot v^2/2g}.$$

Man beobachtet z. B.

beim 1. Versuch: die Geschwindigkeit v_1 und den Druckhöhenverlust h_1,

beim 2. Versuch: „ „ v_2 „ „ „ h_2.

Dann berechnet man

$$\lambda_1 = \frac{h_1}{l/d \cdot v_1^2/2g} \quad \text{und} \quad \frac{v_1 \cdot d}{\nu} = R_1 = \text{Reynoldssche Zahl,}$$

$$\lambda_2 = \frac{h_2}{l/d \cdot v_2^2/2g} \quad \text{und} \quad \frac{v_2 \cdot d}{\nu} = R_2 = \text{Reynoldssche Zahl.}$$

Wird nach Abb. 393 der λ-Wert als Ordinate über der Reynoldsschen
Zahl als Abszisse jedesmal aufgetragen, so liefert die Verbindungslinie
der Ordinatenendpunkte eine Kurve, welche man die Kennlinie der
Widerstandszahlen nennt.

Diese Kennlinie gilt ganz allgemein für geometrisch ähnliche Rohr-
oberflächen und für jede Art von Flüssigkeit, ob sie tropfbar flüssig
oder gasförmig ist.

Man berechnet für den Strömungsvorgang die Reynoldssche Zahl, sucht diese Zahl auf der Abszissenachse auf und
findet die Widerstandsziffer λ als
Ordinate dieser Abszissenzahl.

Diese Erkenntnis bringt eine außerordentliche Erleichterung in der Berechnung der Strömungswiderstände in Rohrleitungen. Die Gültigkeit des Reynoldsschen Gesetzes ist durch eine große Zahl
von Versuchen[1] bestätigt. Alle glatten
Rohre haben hiernach dasselbe Gesetz
der Widerstandszahlen, sie fügen sich dem
Ähnlichkeitsgesetz, das lautet:

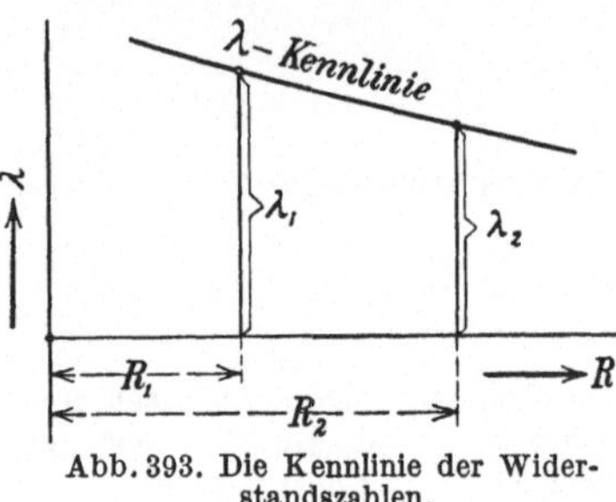

Abb. 393. Die Kennlinie der Widerstandszahlen.

„λ ist eine Funktion der Reynoldsschen Zahl“.

Welche Dimension hat die Reynoldssche Zahl? Die
Reynoldssche Zahl lautet

$$R = \frac{v \cdot l}{v}.$$

Es werde gemessen z. B. v in cm/sek, l in cm und die Zähigkeit v in cm²/sek.
Damit wird

$$R = \frac{\text{cm/sek} \cdot \text{cm}}{\text{cm}^2/\text{sek}} = \frac{\text{cm} \cdot \text{cm} \cdot \text{sek}}{\text{sek} \cdot \text{cm}^2} = \text{dimensionslos}.$$

Die Zahl R ist also eine dimensionslose Größe, die nicht vom Maßsystem
abhängig ist. Ob man also nach Zentimeter, Meter oder nach englischem
Fuß die Abmessungen einsetzt, ist gleichgültig, man erhält dieselbe
Reynoldssche Zahl.

Bei der Berechnung der Reynoldsschen Zahl ist aber folgendes zu
beachten: Wenn man die kinematische Zähigkeit v aus Abb. 392 in
cm²/sek abliest, so muß man auch die Geschwindigkeit v in cm/sek und
den Durchmesser d der Rohre in cm einsetzen. Will man mit Meter als
Maßeinheit rechnen, so muß man die abgelesenen v-Werte der Kurve
mit $\frac{1}{10000}$ multiplizieren.

In Abb. 394 und 395 ist die Kennlinie der Widerstandszahl λ wiedergegeben

$$\text{für } R = 3000 - 110000 \text{ in Abb. 394,}$$
$$\text{für } R = 110000 - 220000 \text{ in Abb. 395.}$$

Aus diesem Kurvenbild gewinnt man alle Widerstandszahlen für
glatte Rohre.

---

[1] Blasius, H.: Das Ähnlichkeitsgesetz bei Reibungsvorgängen in Flüssigkeiten.
Mitt. Forschungsarb. H. 131.

Beispiel: In einer Wasserleitung von $l = 1000$ m Länge und $d = 100$ mm Durchmesser fließt Wasser von 15^0 mit $v = 0{,}50$ m/sek Geschwindigkeit; wie groß ist der Druckverlust dieser Leitung?

Lösung: Der Druckverlust in Meter Wassersäule beträgt

$$h = \lambda \cdot \frac{l}{d} \cdot \frac{v^2}{2g}.$$

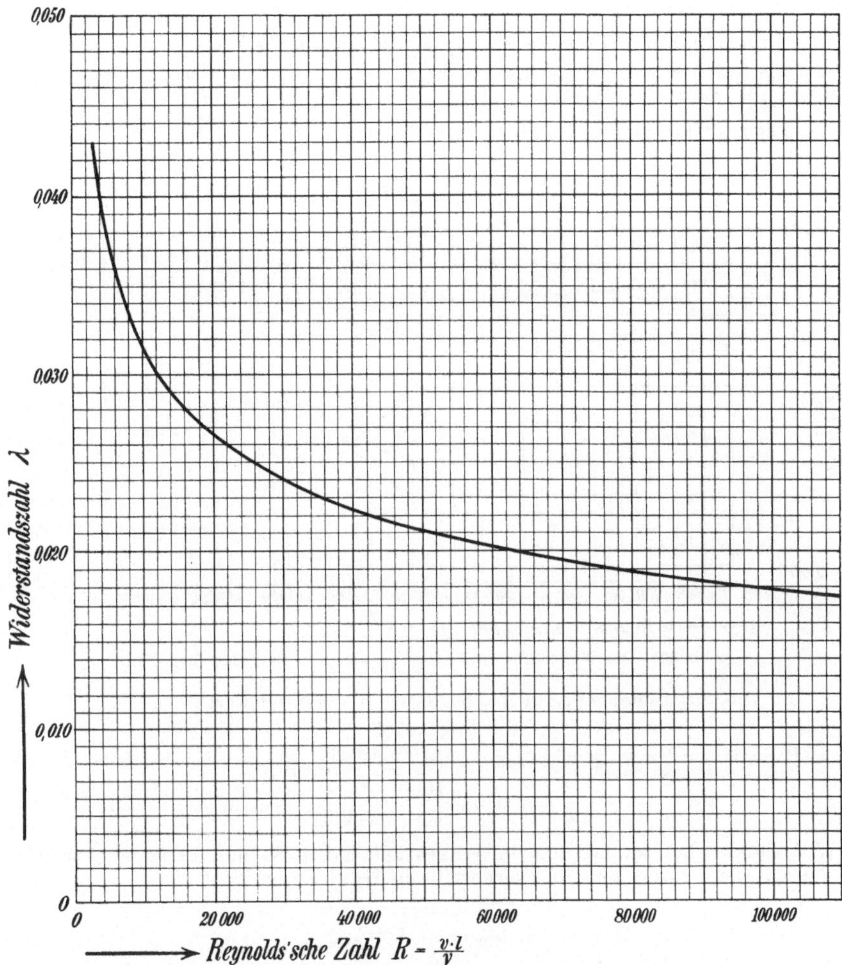

Abb. 394. Die Widerstandszahl als Abhängige der Reynoldsschen Zahl.

Der λ-Wert ist zunächst zu bestimmen, er ist eine Funktion der Reynoldsschen Zahl. Für den vorliegenden Strömungsvorgang — Wasser von 15^0 — entnehmen wir die kinematische Zähigkeit des Wassers aus Abb. 392 und finden für 15^0 Temperatur

$$v = 0{,}0115 \text{ cm}^2/\text{sek}.$$

Da wir diesen Wert nach der Maßeinheit cm gemessen haben, müssen wir auch die anderen Werte in cm einsetzen und schreiben

$$v = 0{,}5 \text{ m/sek} = 50 \text{ cm/sek}, \qquad d = 100 \text{ mm} = 10 \text{ cm},$$

$$R = \frac{v \cdot d}{v} = \frac{50 \cdot 10}{0{,}0115} = 43\,500.$$

In Abb. 394 finden wir für $R = 43500$ den Widerstandswert
$$\lambda = 0,022.$$
Hiermit wird
$$h = \lambda \cdot \frac{l}{d} \cdot \frac{v^2}{2g} = 0,022 \cdot \frac{1000}{0,10} \cdot \frac{0,5^2}{2 \cdot 9,81} = 2,8 \text{ m W.S.}$$

$$= \frac{2,8}{10} = 0,28 \text{ at.}$$

Der Druckabfall in der Wasserleitung beträgt also 0,28 at[1].

Beispiel: Wie groß ist der Druckabfall, wenn Benzol durch diese Rohrleitung fließt?

Lösung: Für Benzol ist die Zähigkeit $v = 0,079$
$$R = \frac{v \cdot d}{v} = \frac{50 \cdot 10}{0,079} = 6320.$$

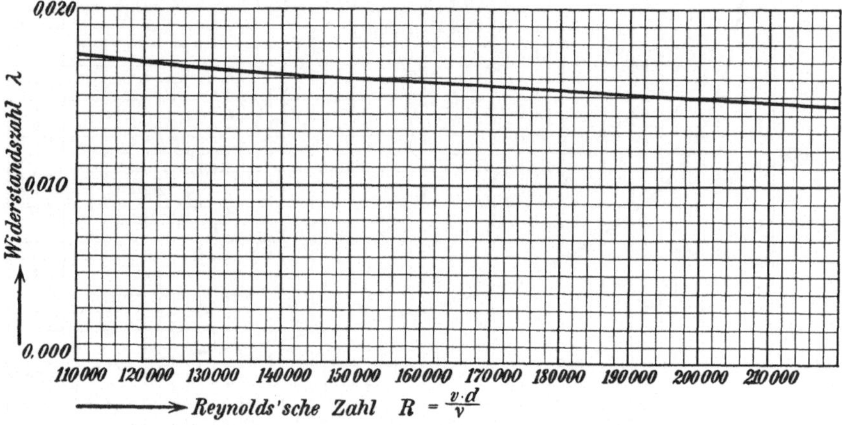

Abb. 395. Die Widerstandszahl als Abhängige der Reynoldsschen Zahl.

In Abb. 394 findet man für $R = 6320$ den Widerstandswert
$$\lambda = 0,0355.$$
Hiermit wird der Druckhöhenverlust
$$h_B = \lambda \cdot \frac{l}{d} \cdot \frac{v^2}{2g} = 0,0355 \cdot \frac{1000}{0,10} \cdot \frac{0,5^2}{2 \cdot 9,81} = 4,5 \text{ m Benzolsäule.}$$

Will man den Druckabfall in Meter Wassersäule haben, so muß man das spezifische Gewicht des Benzols kennen. Das spezifische Gewicht des Benzols ist
$$\gamma_B = 880 \text{ kg/m}^3,$$
$$\gamma = 1000 \text{ kg/m}^3 \text{ Wasser.}$$

Die Wassersäule muß genau so schwer wie die Benzolsäule sein, also ist
$$h \cdot \gamma = h_B \cdot \gamma_B,$$

$$h = \frac{\gamma_B}{\gamma} \cdot h_B = \frac{880}{1000} \cdot 4,5 = 4 \text{ m Wassersäule,}$$

$$= \frac{4}{10} = 0,4 \text{ at.}$$

---

[1] Dieser Druckabfall, der für glatte, gezogene Rohre gilt, ist praktisch größer, d. B. ist für asphaltiertes Eisenblech $\lambda_w = 1,20$ bis $1,50 \cdot \lambda$, d. h. in Wirklichkeit kann der Druckabfall 20 bis 50 % größer werden.

Der Druckverlust in der Benzolleitung beträgt also 0,4 at, d. h. der Reibungswiderstand von Benzol ist

$$\frac{0,4}{0,28} = 1,43 \,\text{mal so groß}$$

als von Wasser.

Beispiel: Wie groß ist der Druckabfall, wenn Alkohol durch diese Rohrleitung fließt?

Lösung: Für Alkohol kennen wir die Zähigkeitszahl

$$\nu = 0,0167,$$

$$R = \frac{v \cdot d}{\nu} = \frac{50 \cdot 10}{0,0167} = 30\,000.$$

In Abb. 394 finden wir für $R = 30\,000$ die Widerstandszahl

$$\lambda = 0,024.$$

Der Druckverlust wird dann

$$h_A = \lambda \cdot \frac{l}{d} \cdot \frac{v^2}{2\,g} = 0,024 \cdot \frac{1000}{0,10} \cdot \frac{0,5^2}{2 \cdot 9,81} = 3,06 \,\text{m Alkoholsäule,}$$

$\gamma_A = 793 \,\text{kg/m}^3$ für Alkohol,

$\gamma = 1000 \,\text{kg/m}^3$ für Wasser,

$$h = \frac{\gamma_A}{\gamma} \cdot h_A = \frac{793}{1000} \cdot 3,06 = 2,42 \,\text{m W.S.}$$

$$= \frac{2,42}{10} = 0,242 \,\text{at,}$$

d. h. der Reibungswiderstand von Alkohol ist nur das $\dfrac{0,242}{0,28} = 0,865$ fache vom Reibungswiderstand des Wassers.

8. Laminare und turbulente Strömung.

In Abb. 396 ist eine **Bandströmung** oder **laminare Strömung** gezeigt. Die einzelnen Stromfäden laufen vollkommen parallel zu den Wandungen des Rohres, ohne daß eine Wirbelung aufkommt. Es ist nachgewiesen, daß bei dieser Strömungsart die Geschwindigkeit von

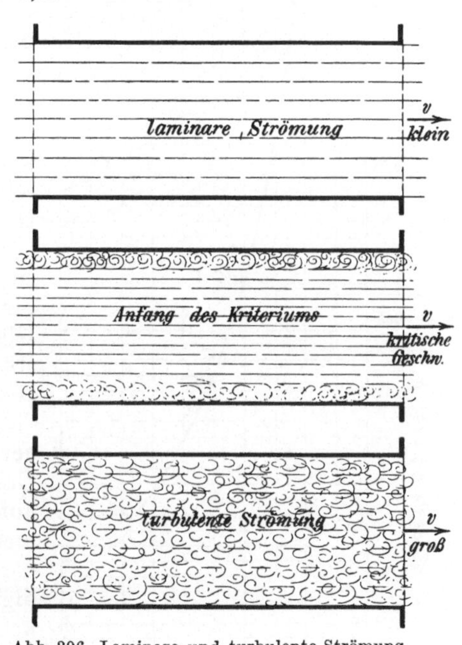

Abb. 396. Laminare und turbulente Strömung.

$$v = 0 \text{ an der Wandung}$$

$$\text{bis } v = v_{\max} \text{ in der Rohrachse (Abb. 397)}$$

nach einer **Parabel** wächst. Verwandelt man den kubischen Parabelkörper in einen Zylinder, so gibt die Zylinderlänge

$$v = v_m$$

die mittlere Geschwindigkeit im Rohrquerschnitt an, mit der die Wassermenge

$$Q = F \cdot v_m$$

errechnet wird. In diesem Fall ist

$$v_m = \tfrac{1}{2} v_{\max} \quad \text{oder} \quad v_{\max} = 2 \cdot v_m.$$

Würde man genau in der Rohrachse die Geschwindigkeit messen, und mit dem gemessenen Wert die Wassermenge berechnen, so würde

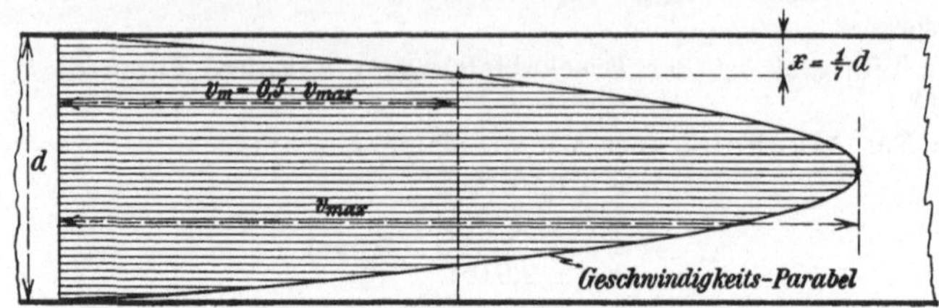

Abb. 397. Die Geschwindigkeitsparabel bei laminarer Strömung.

man die doppelte der wirklichen Wassermenge messen. Man müßte, um die wirkliche Wassermenge zu messen, in einem Abstande

$$x = \tfrac{1}{7} \cdot d$$

von der Rohrwand messen, also erkennt man, wie schwer solche Messungen sind.

Bei technischen Strömungen kommt die laminare Strömung nur selten vor, wie wir später sehen werden. Nur bei kleinen Geschwindigkeiten und kleinen Querschnitten ist dieser Strömungszustand vorhanden. Reynolds hat an Versuchen mit Glasröhren diese Bedingungen bestätigt, indem er Farbstoff in die Rohrachse einführte. Nur bei kleinen Geschwindigkeiten blieb der Farbstoff geradlinig, während er bei größeren Geschwindigkeiten sich wirbelförmig auflöste und sich über die ganze strömende Menge verteilte.

Von einer bestimmten Geschwindigkeit an tritt bei Wasserströmung kein paralleler Stromfadenverlauf mehr auf. Es beginnt eine Wirbelung und damit ein Umschlag des Betriebszustandes. Der Beginn dieses Kriteriums ist im mittleren Bild der Abb. 396 dargestellt, an den Wandungen sehen wir den Anfang der Wirbelbildung, und steigt die Geschwindigkeit noch weiter, so setzt eine Wirbelbildung im ganzen Rohr-

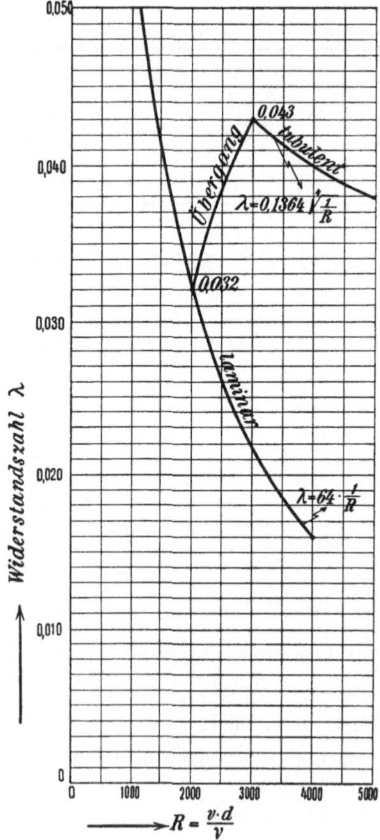

Abb. 398. Der Übergang von laminarer Strömung in turbulente Strömung.

querschnitt ein, wie sie das untere Bild zeigt. Diesen Strömungszustand, der in unseren Rohrleitungen fast ausschließlich eintritt, nennt man turbulent und die Strömung eine Flechtströmung

In Abb. 398 ist die Kennlinie der Widerstandszahl λ für den Umschlag des Betriebszustandes aufgezeichnet. Bei laminarer Strömung fällt der λ-Wert nach einer steilen Kurve ab, bis die Reynoldssche Zahl den Wert

$$R = 2000$$

erreicht. Dann beginnt das Kriterium des Umschlagens des Betriebszustandes. Der λ-Wert steigt an

$$\text{von } \lambda = 0{,}032 \text{ auf } \lambda = 0{,}043.$$

Dieser Wert ist erreicht bei

$$R = 3000$$

und nun ist die Strömung vollkommen turbulent, die λ-Werte nehmen weiterhin mit wachsendem R nach einer bestimmten Kurve gesetzmäßig ab.

Man kann mit dem Wert

$$R = \frac{v \cdot d}{\nu} = 3000$$

die kritische Geschwindigkeit v, bei der die Strömung turbulent verlaufen wird, errechnen. Für Wasser von 15^0 ist z. B. $\nu = 0{,}0115$ cm²/sek, mit diesem Wert wird

$$v = \frac{R \cdot \nu}{d} = \frac{3000 \cdot 0{,}0115}{d} = \frac{34{,}5}{d},$$

z. B.

$$
\begin{aligned}
d &= 2 \text{ cm} \ldots\ldots\ldots v = 17{,}25 \text{ cm/sek} \\
&= 4 \text{ ,,} \ldots\ldots\ldots v = 8{,}60 \text{ ,,} \\
&= 6 \text{ ,,} \ldots\ldots\ldots v = 5{,}75 \text{ ,,} \\
&= 8 \text{ ,,} \ldots\ldots\ldots v = 4{,}30 \text{ ,,} \\
&= 10 \text{ ,,} \ldots\ldots\ldots v = 3{,}45 \text{ ,,}
\end{aligned}
$$

Wir sehen daraus, daß die Grenzgeschwindigkeiten außerordentlich niedrig sind, so daß wir technisch wohl immer mit turbulenter Strömung rechnen müssen.

Die Turbulenz verändert den Geschwindigkeitsverlauf im Rohrquerschnitt (Abb. 399) vollständig. Die Geschwindigkeit ist viel gleichmäßiger verteilt, sie ist noch in der Nähe der Wand sehr hoch und fällt

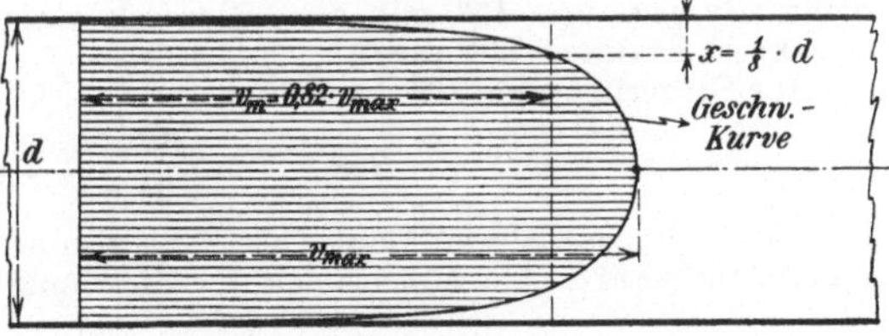

Abb. 399. Die Geschwindigkeitskurve bei turbulenter Strömung.

dann in einer dünnen Grenzschicht plötzlich auf Null ab. Bezeichnen wir die Geschwindigkeit in der Rohrachse mit v_{max}, so ist die mittlere Geschwindigkeit

$$v_m = 0{,}82 \text{ bis } 0{,}86 \cdot v_{max}.$$

Würde man jetzt die Geschwindigkeit in der Rohrachse messen und mit v_{max} die Wassermenge nach der Gleichung

$$Q = F \cdot v$$

berechnen, so würde der Fehler nicht so groß werden. Wir messen

$$Q = F \cdot v_{max} = F \cdot \frac{v_m}{0{,}82} = F \cdot 1{,}22 \cdot v_m,$$

d. h. wir messen 22% zu viel. Man würde **richtig** messen, wenn man die Geschwindigkeit im Abstande

$$x = \tfrac{1}{8} \cdot d$$

von der Rohrwand und nicht in der Rohrachse feststellen würde. Diese Erkenntnis ist überaus wertvoll und erklärt so manche Fehlmessung.

Das Kurvengesetz der laminaren und turbulenten Strömung.

Das Ähnlichkeitsgesetz von Reynolds beantwortet die Frage, welcher Form die Kennliniekurve für die Widerstandszahl λ folgt, nicht. Für glatte Rohre sind aber die Gesetze der beiden Kennlinienkurven aus den Versuchswerten bestimmt worden. Die Kennlinienkurve für laminare Strömung befolgt das Gesetz

$$\lambda = 64 \cdot \frac{v}{v \cdot d} = 64 \cdot \frac{1}{R}$$

die Kennlinienkurve für **turbulente** Strömung das Gesetz

$$\lambda = 0{,}3164 \cdot \sqrt[4]{\frac{v}{v \cdot d}} = 0{,}3164 \cdot \sqrt[4]{\frac{1}{R}},$$

so daß der λ-Wert auch ohne Kenntnis der Kennlinienkurve berechnet werden kann, wenn die Reynoldssche Zahl

$$R = \frac{v \cdot d}{v}$$

des Strömungsvorganges bekannt ist.

Die λ-Werte gelten für **glatte** Rohre, also für den Grenzfall **„Rauhigkeit null“**, ein geringerer Widerstand ist nicht möglich. **Rauhe** Rohre müssen diese Werte **mindestens** haben.

Beispiel für laminare Strömung.

In einer Rohrleitung von $l = 1000$ m Länge und $d = 100$ mm Durchmesser fließt Glyzerin von 15^0 mit $v = 0{,}50$ m/sek Geschwindigkeit; wie groß ist der Druckverlust dieser Leitung?

Für Glyzerin ist bei 15^0 die Zähigkeit $v = 11{,}60$, hiermit wird

$$R = \frac{v \cdot d}{v} = \frac{50 \cdot 10}{11{,}60} = 43.$$

Die Reynoldssche Zahl ist kleiner als 2000, also ist die Strömung laminar und die Widerstandszahl zu berechnen nach der Gleichung

$$\lambda = 64 \cdot \frac{1}{R} = 64 \cdot \frac{1}{43} = 1{,}49.$$

Hiermit wird der Druckhöhenverlust

$$h_G = \lambda \cdot \frac{l}{d} \cdot \frac{v^2}{2g} = 1{,}49 \cdot \frac{1000}{0{,}10} \cdot \frac{0{,}5^2}{2 \cdot 9{,}81} = 190 \text{ m Glyzerinsäule.}$$

Will man den Druckverlust in Meter Wassersäule haben, so muß man das spezifische Gewicht des Glyzerins berücksichtigen.

$$\gamma_G = 1260 \text{ kg/m}^3,$$

$$\gamma = 1000 \text{ kg/m}^3 \text{ Wasser,}$$

$$\text{Wassersäulenhöhe } h = h_G \cdot \frac{\gamma_G}{\gamma} = 190 \cdot \frac{1260}{1000} = 240 \text{ m,}$$

$$\text{Druckabfall } p = \frac{h}{10} = \frac{240}{10} = 24 \text{ at.}$$

Unter den gleichen Verhältnissen berechneten wir früher den Druckabfall für Wasser zu 0,28 at, d. h. der Reibungswiderstand von Glyzerin ist

$$\frac{24}{0,28} = 86 \text{ mal so groß}$$

als von Wasser.

Beispiel: Wie groß ist der Druckverlust, wenn Rüböl von 15° durch die Rohrleitung fließt (spezifisches Gewicht $\gamma_R = 920$ kg/m³)?

Lösung: Mit $v = 2,8$ wird

$$R = \frac{v \cdot d}{\nu} = \frac{50 \cdot 10}{2,8} = 179,$$

$$\lambda = 64 \cdot \frac{1}{R} = 64 \cdot \frac{1}{179} = 0,358,$$

$$h_R = \lambda \cdot \frac{l}{d} \cdot \frac{v^2}{2\,g} = 0,358 \cdot \frac{1000}{0,10} \cdot \frac{0,5^2}{2 \cdot 9,81} = 45,5 \text{ m Rübölsäule.}$$

Wassersäule $h = h_R \cdot \dfrac{\gamma_R}{\gamma}$

$$= 45,5 \cdot \frac{920}{1000} = 42 \text{ m,}$$

Druckabfall $p = \dfrac{h}{10}$

$$= \frac{42}{10} = 4,2 \text{ at,}$$

d. h. der Reibungswiderstand von Rüböl ist

$$\frac{4,2}{0,28} = 15 \text{ mal so groß als von Wasser.}$$

In Abb. 400 ist die kinematische Zähigkeit ν von Rüböl als Funktion der Temperatur aufgetragen. Man sieht, daß beim Strömen von Öl die Temperatur eine ganz bedeutende Rolle spielt, denn es ist für

$$t = 0° \quad \ldots \ldots \quad \nu = 26,0$$
$$= 2,5° \ldots \ldots \quad = 10,5$$
$$= 5° \quad \ldots \ldots \quad = 7,0$$

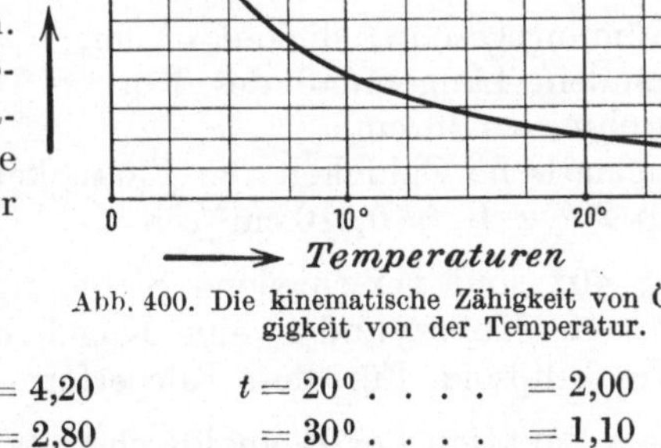

Abb. 400. Die kinematische Zähigkeit von Öl in Abhängigkeit von der Temperatur.

$$t = 10° \ldots \ldots \nu = 4,20 \qquad t = 20° \ldots \ldots = 2,00$$
$$= 15° \ldots \ldots = 2,80 \qquad = 30° \ldots \ldots = 1,10$$

9. Widerstand bewegter Körper in Flüssigkeiten.

In einer Flüssigkeit soll ein fester Körper vom Querschnitt F mit der Geschwindigkeit v (Abb. 401) vorwärts gezogen werden. Hierzu ist die Zugkraft K erforderlich, welche den Flüssigkeitswiderstand zu überwinden hat. Nach Erfahrungswerten hat man festgelegt, daß der Widerstand in außerordentlichem Maße von der Geschwindigkeit abhängig ist. Er ist proportional dem Quadrat der Geschwindigkeit oder der Geschwindigkeitshöhe $\dfrac{v^2}{2g} = h$.

Ist p der Druck auf die Flächeneinheit des Körpers, so ist

$$h = \frac{p}{\gamma} \quad \text{oder} \quad p = h \cdot \gamma,$$

$$K = p \cdot F = h \cdot \gamma \cdot F = \frac{v^2}{2g} \cdot \gamma \cdot F.$$

Aber es spielt noch die **Form des Körpers** eine Rolle, und diese wird berücksichtigt durch einen Beiwert C, so daß man die Formel zu schreiben hat

$$K = C \cdot \gamma \cdot F \cdot \frac{v^2}{2g}.$$

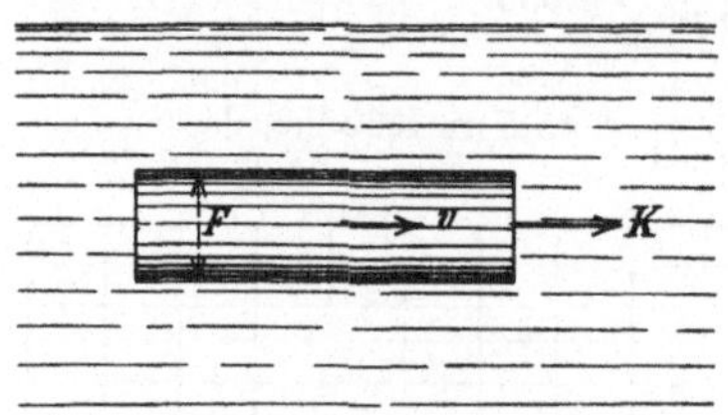

Abb. 401. Der Bewegungswiderstand in einer Flüssigkeit.

Die Zahlenwerte der Beiwerte C sind im allgemeinen unsicher. Man rechnet z. B. mit folgenden Werten:

Zylinder oder Prisma, Länge = 4- bis 6facher Durchmesser, in Richtung der Längsachse bewegt $C = 4$,

Zylinder, rechtwinkelig zur Achsenrichtung bewegt $C = 2$,

Kugel $C = 0{,}5$,

hohle Halbkugel (konkave Fläche als Vorderfläche-Fallschirm) $C = 2{,}5$.

Man nahm an, daß der Beiwert C nur von der **Form des Körpers**, nicht aber von der Geschwindigkeit abhängig ist. Nach den neueren Forschungen ist diese Anschauung nicht mehr haltbar. Der Beiwert C ist vielmehr eine Funktion der Reynoldsschen Zahl

$$C = f\left(\frac{v \cdot d}{\nu}\right),$$

hierin bedeutet

$v =$ Strömungsgeschwindigkeit in cm,

$d =$ irgendein Längenmaß des Körpers, bei der Kugel z. B. der Durchmesser in cm,

$\nu =$ kinematische Zähigkeit der Flüssigkeit in cm²/sek, für Wasser von 20° z. B. $= 0{,}010$ cm²/sek.

In Abb. 402 sind verschiedene Strömungskörper dargestellt, eine Kreisplatte, ein Kreiszylinder, eine Kugel, ein abgeplattetes und ein verlängertes Ellipsoid. Für diese Körperformen sind die Beiwerte C in Abb. 403 als Funktion der Reynoldsschen Zahl $\dfrac{v \cdot d}{\nu}$ dargestellt.

Wir erkennen bei allen Kurven im Bereich von

$$\frac{v \cdot d}{\nu} = 100000 \text{ bis } 500000$$

ein starkes Abfallen der Beiwertgröße C. Das erklärt man so:

In der Nähe der festen Körperwand findet sich eine Übergangsschicht oder **Grenzschicht**, in der die Strömungsgeschwindigkeit v durch die Reibung an der Wand vermindert wird. Diese Grenzschicht kann laminar oder turbulent strömen. Im ersten Fall sind die Stromlinien parallel, im letzten Fall sind heftige Querbewegungen oder Wirbel vorhanden. Je höher die Reynoldssche Zahl wird, um so kleinere Störungen genügen, um die Strömung turbulent zu machen. Die Turbulenz bewirkt eine Ablösung der Flüssigkeitsschicht von der festen Körperwand, so daß der Widerstand wesentlich kleiner wird. Dort, wo die C-Kurven plötzlich abfallen, ist also der Umschlag von laminarer Strömung in turbulente Strömung. Praktisch wird man also anzustreben haben, die Bewegung turbulent sich vollziehen zu lassen, dann wird der Bewegungswiderstand erheblich kleiner.

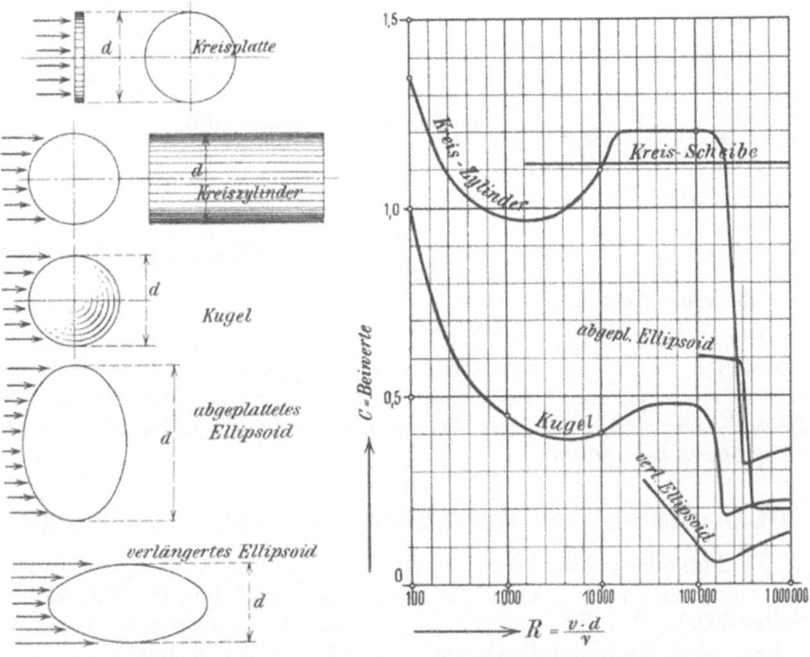

Abb. 402. Verschiedene Formen der Strömungskörper.

Abb. 403. Die Beiwerte für Strömungskörper als Abhängige der Reynoldsschen Zahl.

Die Reynoldssche Zahl, bei welcher die untere Grenze der turbulenten Strömung liegt, heißt die **kritische Reynoldssche Zahl**, sie ist z. B. nach Abb. 403 für die Kugel

$$R = 300\,000.$$

Die Geschwindigkeit, welche dieser Reynoldsschen Zahl bei gegebenem d und bekanntem ν-Wert entspricht, heißt die **kritische Geschwindigkeit**.

Beispiel: Eine Kugel von $d = 4$ cm Durchmesser sinke mit $v = 0,10$ m/sek im Wasser unter. Wie groß ist der Flüssigkeitswiderstand W?

Lösung: Es ist

$$W = C \cdot \gamma \cdot F \cdot \frac{v^2}{2g}.$$

Der Beiwert C ist eine Funktion der Reynoldsschen Zahl

$$R = \frac{v \cdot d}{v} = \frac{10 \cdot 4}{0{,}010} = 4000\,.$$

Nach Abb. 403 ist für $R = 4000$ der Wert $C = 0{,}4$; ferner ist $\gamma = 1000\ \text{kg/m}^3$, $F = \frac{\pi}{4} \cdot 0{,}04^2 = 0{,}001\,256\ \text{m}^2$ und $v = 0{,}10\ \text{m/sek}$, also ist

$$W = 0{,}4 \cdot 1000 \cdot 0{,}001\,256 \cdot 0{,}10^2 \cdot \frac{1}{2 \cdot 9{,}81} = 0{,}000\,256\ \text{kg} \quad \text{oder} \quad W = 0{,}256\ \text{g}.$$

Nach Abb. 403 erkennt man sofort, daß die Kugel sich im **laminaren** Strömungszustand befindet.

Beispiel: Mit welcher Geschwindigkeit v muß eine Kugel von $d = 40$ cm sich bewegen, wenn der Reibungsbeiwert $C = 0{,}4$, also derselbe sein soll, wie in der vorigen Aufgabe?

Lösung: Es soll der Reibungsbeiwert derselbe sein, das ist der Fall, wenn die Reynoldssche Zahl für diesen Bewegungsvorgang dieselbe Größe behält, also muß sein

$$R = \frac{v \cdot d}{v} = 4000 \quad \text{oder} \quad v = \frac{4000 \cdot v}{d} = \frac{4000 \cdot 0{,}010}{40} = \mathbf{1\ cm/sek}.$$

Der Flüssigkeitswiderstand ist dann für $F = \frac{\pi}{4} \cdot 0{,}4^2 = 0{,}1256\ \text{m}^2$

$$W = C \cdot \gamma \cdot F \cdot \frac{v^2}{2g} = 0{,}4 \cdot 1000 \cdot 0{,}1256 \cdot \frac{0{,}01^2}{2 \cdot 9{,}81} = 0{,}00256\ \text{kg} \quad \text{oder} \quad \boldsymbol{W = 2{,}560\ g},$$

d. h. der Flüssigkeitswiderstand ist in diesem Fall auf das zehnfache gestiegen.

Ergebnis: Bewegen sich zwei geometrisch ähnliche Körper mit verschiedenen Geschwindigkeiten in einer Flüssigkeit, so ist der Reibungsbeiwert derselbe, wenn für beide Bewegungsvorgänge die Reynoldssche Zahl dieselbe Größe hat, der Bewegungswiderstand wächst aber mit dem Vergrößerungsverhältnis.

10. Auftrieb und spezifisches Gewicht der Körper.

In Abb. 404 schwimmt ein zylindrischer Stab vom Querschnitt F und der Länge l im Wasser. Er hat die Eintauchtiefe H. Während die Seitendrücke des Wassers gegen die Wandfläche sich gegenseitig aufheben, wird der Bodendruck nicht aufgehoben. Er beträgt

$$P = F \cdot H \cdot \gamma,$$

wenn γ das Gewicht der Volumeneinheit Wasser ist. Setzt man

$$F \cdot H = V,$$

so ist der Bodendruck, welcher als **Auftrieb** nach oben wirkt,

$$P = V \cdot \gamma.$$

Der eingetauchte Stab habe das Volumen V_1 und das Gewicht seiner Volumeneinheit sei γ_1, dann ist sein Gewicht

$$G = V_1 \cdot \gamma_1.$$

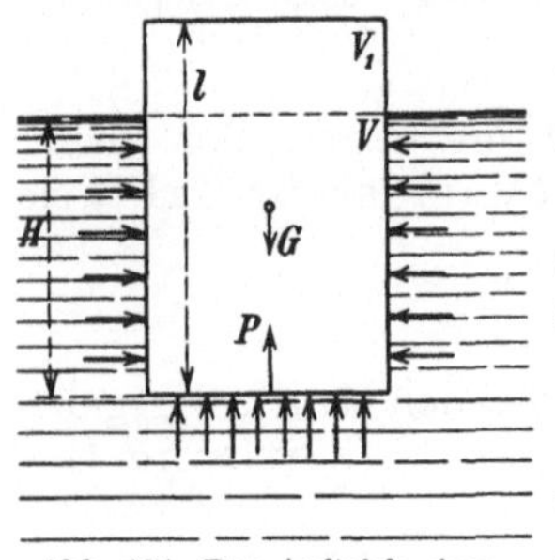

Abb. 404. Der Auftrieb eines eingetauchten Körpers.

Ist der Körper **leichter** als Wasser, so taucht er noch ein Stück aus dem Wasser heraus. Der Gleichgewichtszustand ist hergestellt,

wenn die Bedingung erfüllt wird
$$G = P, \qquad V_1 \cdot \gamma_1 = V \cdot \gamma,$$
$$\gamma_1 = \frac{V}{V_1} \cdot \gamma \quad \text{oder} \quad \gamma_1 = \frac{H}{l} \cdot \gamma.$$

Man kann auf diese Weise experimentell das Gewicht der Volumeneinheit des Körpers oder sein spezifisches Gewicht bestimmen.

Satz: Der auf den eingetauchten Körper vertikal aufwärts wirkende Auftrieb ist gleich dem Gewicht der aus dem eingetauchten Raum verdrängten Flüssigkeit.

Ist der Körper schwerer wie Wasser, so sinkt er unter. Um ihn schwimmend zu erhalten, muß man ihn an einem Faden aufhängen und den Faden mit der Kraft (Abb. 405)
$$Z = G - P$$
nach oben ziehen. In diesem Fall ist das Volumen der verdrängten Wassermasse gleich dem Volumen des Körpers, und es ist

$$G = V \cdot \gamma_1 \quad \text{und} \quad P = V \cdot \gamma$$
oder
$$V = \frac{G}{\gamma_1} \quad \text{und} \quad V = \frac{P}{\gamma}.$$

Daraus folgt
$$\frac{G}{\gamma_1} = \frac{P}{\gamma} \quad \text{oder} \quad \gamma_1 = \frac{G}{P} \cdot \gamma = \frac{G}{G - Z} \cdot \gamma.$$

Setzt man das spezifische Gewicht des Wassers $\gamma = 1$, so wird
$$\gamma_1 = \frac{G}{G - Z}.$$

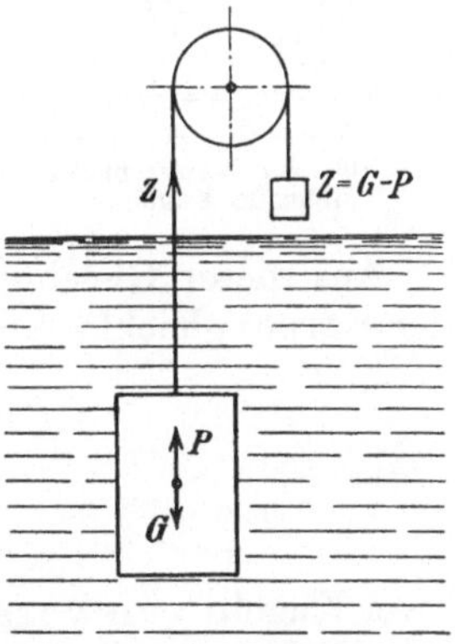

Den Überschuß des wirklichen Körpergewichtes G über den Auftrieb P, also die Größe
$$G - P = Z,$$
nennt man das „relative Gewicht" des Körpers.

Abb. 405. Das relative Gewicht eines Körpers.

Wenn man also einmal das absolute Gewicht, das andere Mal das relative Gewicht des in Wasser eingetauchten Körpers bestimmt, so errechnet man das spezifische Gewicht des Körpers, indem man das absolute Gewicht durch den Überschuß des absoluten Gewichts über das relative Gewicht dividiert.

Das spezifische Gewicht des Wassers $\gamma = 1$ gesetzt, liefert für die spezifischen Gewichte anderer Körper folgende Zahlenwerte:

Gußeisen	. .	6,6 bis 7,9		Sandstein	.	1,9 bis 2,7
Schmiedeisen		7,4 „ 7,9		Ziegelstein		1,4 „ 2,3
Stahl	. . . .	7,8 „ 8,1		Kalkmörtel	.	1,6 „ 1,8
Kupfer	. . .	8,6 „ 9,0		Sand	. . . .	1,2 „ 1,9
Zink	. . . .	6,9 „ 7,8		Erde	. . . .	1,4 „ 2,4
Zinn	. . . .	7,1 „ 7,6		Lehm	. . .	1,5 „ 2,8
Blei	. . . .	11,2 „ 11,5		Steinkohle	.	1,2 „ 1,8
Aluminium	.	2,3 „ 2,5		Eichenholz	.	0,62 „ 1,17
Quecksilber	.	13,6		Tannenholz	.	0,5 „ 0,9
				Öl	. . . . .	0,91 „ 0,94

atmosphärische Luft 0,001293
Wasserstoffgas . . . 0,0000894

11. Im Wasser niedersinkende Körper.

Auf einen Körper (Abb. 406), welcher im Wasser niedersinkt, wirken drei Kräfte:

1. das Gewicht G des Körpers,
2. der Auftrieb P der verdrängten Flüssigkeit,
3. der Flüssigkeitswiderstand W.

Die Kräfte P und W wirken der Bewegung entgegengesetzt. Sie werden die Fallbeschleunigung verringern. In dem Augenblick, wo die Kraft

$$G - P = W$$

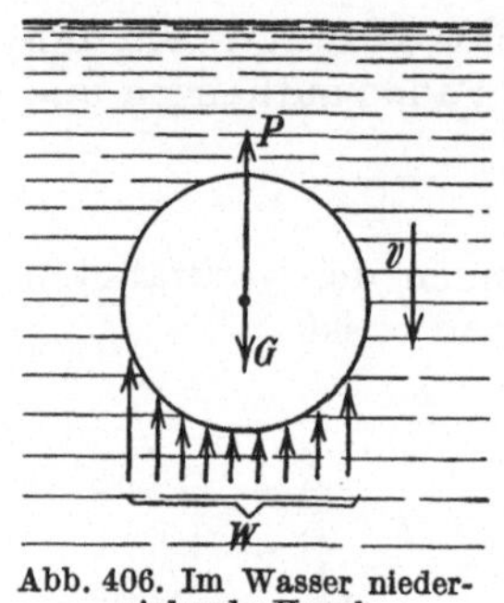

Abb. 406. Im Wasser niedersinkende Kugel.

ist, wird die Beschleunigung der Fallbewegung aufhören und der Körper mit gleichbleibender Geschwindigkeit weitersinken. Setzt man

$$G = V \cdot \gamma_1 \quad \text{und} \quad P = V \cdot \gamma,$$

ferner

$$W = C \cdot \gamma \cdot F \cdot \frac{v^2}{2g},$$

so lautet die Gleichung

$$V \cdot \gamma_1 - V \cdot \gamma = C \cdot \gamma \cdot F \cdot \frac{v^2}{2g}.$$

Aus dieser Gleichung läßt sich die Endgeschwindigkeit v, mit der der Körper gleichförmig weiter sinken wird, errechnen

$$v^2 = \frac{V \cdot (\gamma_1 - \gamma) \cdot 2g}{C \cdot \gamma \cdot F},$$

$$v = \sqrt{\left(\frac{\gamma_1}{\gamma} - 1\right) \cdot \frac{2g}{C} \cdot \frac{V}{F}}.$$

Zwei Kugeln von verschiedenem Durchmesser d_1 und d_2, welche ein gleiches spezifisches Gewicht γ_1 haben, sollen gleichzeitig im Wasser herabfallen, wie verhalten sich die Endgeschwindigkeiten zueinander?

1. Kugel vom Durchmesser d_1.

$$v_1 = \sqrt{\left(\frac{\gamma_1}{\gamma} - 1\right) \cdot \frac{2g}{C} \cdot \frac{V_1}{F_1}}.$$

Für die Kugel ist

$$V_1 = \frac{\pi}{6} \cdot d_1^3 \quad \text{und} \quad F_1 = \frac{\pi}{4} d_1^2,$$

$$\frac{V_1}{F_1} = \frac{\frac{\pi}{6} \cdot d_1^3}{\frac{\pi}{4} \cdot d_1^2} = \frac{2}{3} \cdot d_1.$$

Hiermit wird

$$v_1 = \sqrt{\left(\frac{\gamma_1}{\gamma} - 1\right) \cdot \frac{2g}{C} \cdot \frac{2}{3} \cdot d_1} = K \cdot \sqrt{d_1},$$

wenn

$$K = \sqrt{\left(\frac{\gamma_1}{\gamma} - 1\right) \cdot \frac{2g}{C} \cdot \frac{2}{3}}$$

ist.

2. Kugel vom Durchmesser d_2.

In gleicher Weise wird

$$v_2 = \sqrt{\left(\frac{\gamma_1}{\gamma} - 1\right) \cdot \frac{2g}{C} \cdot \frac{2}{3} \cdot d_2} = K \cdot \sqrt{d_2}.$$

Mithin ist das Verhältnis der Geschwindigkeiten

$$\frac{v_2}{v_1} = \frac{K \cdot \sqrt{d_2}}{K \cdot \sqrt{d_1}} = \sqrt{\frac{d_2}{d_1}}.$$

Ist z. B. die zweite Kugel doppelt so groß wie die erste, so ist

$$\frac{d_2}{d_1} = 2 \quad \text{und} \quad v_2 = v_1 \cdot \sqrt{2} = 1{,}41 \cdot v_1,$$

d. h. die doppelt so große Kugel sinkt im Wasser mit $\sqrt{2} = 1{,}41$facher Geschwindigkeit, so daß man allgemein sagt, daß die größere Kugel im Wasser schneller vorankommt als die kleinere.

Zwei Kugeln vom gleichen Durchmesser d, aber verschiedenem spezifischen Gewicht γ_1 und γ_2 sollen gleichzeitig im Wasser herabsinken, wie verhalten sich die Endgeschwindigkeiten?

Die erste Kugel hat die Endgeschwindigkeit

$$v_1 = \sqrt{\left(\frac{\gamma_1}{\gamma} - 1\right) \cdot \frac{2g}{C} \cdot \frac{V}{F}} = K \cdot \sqrt{\frac{\gamma_1}{\gamma} - 1}.$$

Die zweite Kugel hat die Endgeschwindigkeit

$$v_2 = \sqrt{\left(\frac{\gamma_2}{\gamma} - 1\right) \cdot \frac{2g}{C} \cdot \frac{V}{F}} = K \cdot \sqrt{\frac{\gamma_2}{\gamma} - 1}.$$

Das Verhältnis der Endgeschwindigkeiten ist also

$$\frac{v_2}{v_1} = \frac{K \cdot \sqrt{\dfrac{\gamma_2}{\gamma} - 1}}{K \cdot \sqrt{\dfrac{\gamma_1}{\gamma} - 1}} = \frac{\sqrt{\dfrac{\gamma_2}{\gamma} - 1}}{\sqrt{\dfrac{\gamma_1}{\gamma} - 1}}.$$

Ist z. B. die eine Kugel aus Kohle ($\gamma_1 = 1{,}2$), die andere aus Bergschiefer ($\gamma_2 = 1{,}8$), so wird

$$\frac{v_2}{v_1} = \frac{\sqrt{\dfrac{1{,}8}{1} - 1}}{\sqrt{\dfrac{1{,}2}{1} - 1}} = \frac{\sqrt{0{,}8}}{\sqrt{0{,}2}} = 2,$$

$$v_2 = 2 \cdot v_1,$$

d. h. die Bergekugel fällt doppelt so schnell als die Kohlenkugel. Allgemein kann man daher sagen, daß die spezifisch schwerere Kugel im Wasser schneller vorankommt als die leichtere.

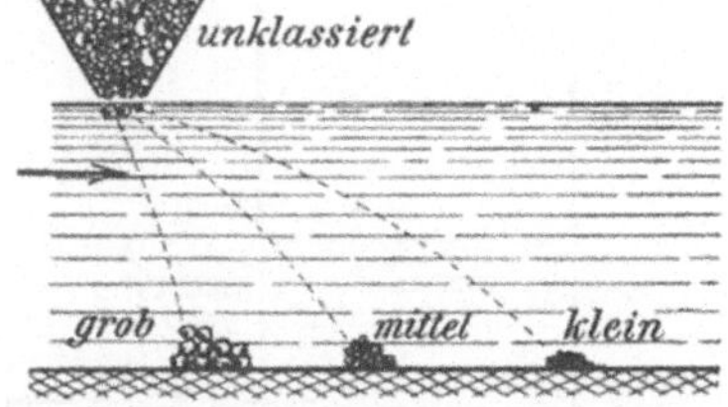

Abb. 407. Klassieren im Strömungsbett.

Diese Tatsachen verwertet man praktisch. Man kann im Strömungsbett gleiche Stoffe verschiedener Körnung sortieren (Abb. 407). Die groben Stücke fallen zuerst nieder und in weiterer Entfernung die mittleren und feinen. Die Körnung wird also um so feiner, je weiter man den

Stoff von der Einwurfstelle entfernt auffängt. Beim Schlämmen werden Körper gleichen spezifischen Gewichts, aber verschiedener Stückgröße in einen mit Wasser gefüllten Behälter geworfen. Hierbei erreichen die größten Stücke zuerst den Boden, sammeln sich also als unterste Schicht, während nach oben die Stückgröße immer mehr abnimmt und die feinsten Stücke die obere Schicht bilden.

Beim Aufbereiten der Erze werden Stücke von möglichst gleichem Korn hergestellt und alle zusammen ins Wasser geworfen, dann werden die spezifisch schwersten Stücke am Boden abgelagert, die leichteren liegen darüber.

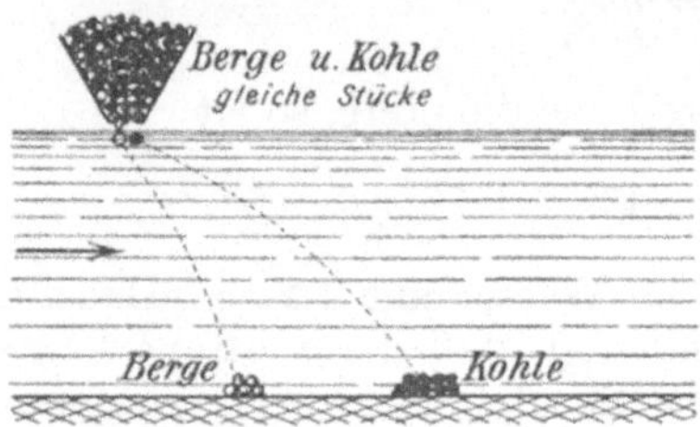

Abb. 408. Aufbereiten im Strömungsbett.

Man kann auch Kohle im Strömungsbett (Abb. 408) aufbereiten. Nach voraufgegangener Klassierung werden die gleichgroßen Stücke in ein Strombett geworfen, die Berge sinken zuerst nieder, während die Kohlen weitergetragen werden.

Das Verfahren in der Setzmaschine beruht auch auf der größeren Sinkgeschwindigkeit der Berge. Wird das Wasser in auf- und niedergehende Bewegung gebracht, so werden bei der Aufwärtsbewegung die Kohlen schneller steigen als die Berge, während bei der Abwärtsbewegung die Berge schneller fallen als die Kohlen. Beide Vorgänge bewirken aber, daß die Bergeschicht sich nach unten setzt. Man erhält also eine vollkommene Trennung von Kohle und Berge. Die Trennung wird um so schärfer, je größer die Unterschiede der spezifischen Gewichte sind. Verwachsene Stücke werden daher schwerer ausgeschieden.

12. Die Bewegung von Luft.

Um Luft in Bewegung zu setzen, ist ein Kraftaufwand erforderlich. Der Vorgang ist derselbe wie bei Wasser, das aus einem großen Behälter

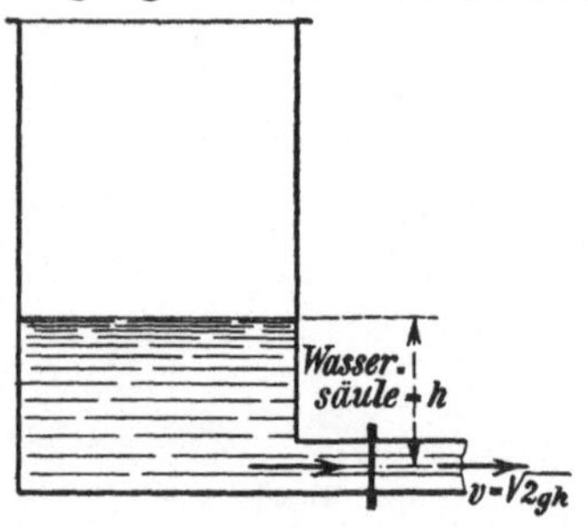

Abb. 409. Die Ausflußgeschwindigkeit
von Wasser.

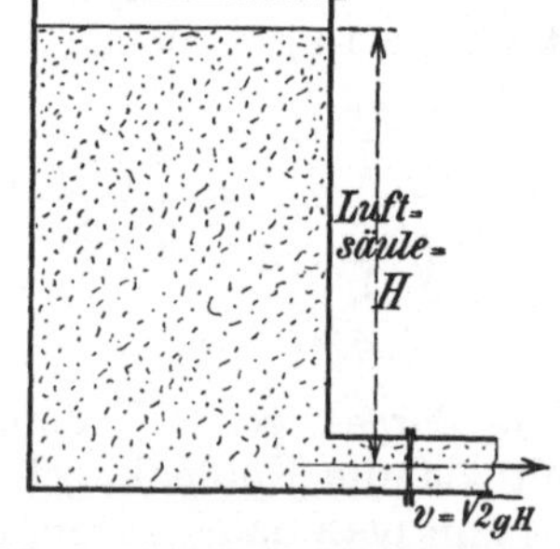

Abb. 410. Die Ausflußgeschwindigkeit
von Luft.

in eine Rohrleitung eintreten soll. Damit das Wasser mit der Geschwindigkeit v in die Rohrleitung (Abb. 409) eintritt, so ist der Druck einer Wassersäule von der Höhe h erforderlich, sie erzeugt die Geschwindigkeit

$$v = \sqrt{2gh}.$$

In Abb. 410 soll aus dem Behälter Luft in die Rohrleitung überströmen. Auch hier ist zur Erzeugung der Geschwindigkeit v der Druck einer Luftsäule erforderlich, deren Höhe sich nach der gleichen Formel berechnet

$$v = \sqrt{2gH}\,.$$

Nun ist es üblich, das Luftsäulengewicht durch ein gleichwertiges Wassersäulengewicht zu ersetzen. Bezeichnet γ das spezifische Gewicht der Luft, γ_w das spezifische Gewicht des Wassers, so sind die Säulengewichte, welche dieselbe Grundfläche haben, einander gleich, wenn die Bedingung erfüllt ist

$$H \cdot \gamma = h \cdot \gamma_w,$$

$$H = h \cdot \frac{\gamma_w}{\gamma} = \frac{h \cdot 1000}{\gamma} \ \text{m W.S.} = \frac{h}{\gamma} \ \text{mm W.S.}$$

Hiermit wird

$$v = \sqrt{2gH} = \sqrt{2g \cdot \frac{h}{\gamma}} \quad \text{oder} \quad h = \frac{v^2}{2g} \cdot \gamma \ \text{mm W.S.}$$

Diese Druckhöhe wird lediglich verbraucht, um die Luft aus dem Zustand der Ruhe in den Bewegungszustand zu versetzen, man nennt sie daher die **dynamische Druckhöhe** und bezeichnet sie mit h_d, so daß wir setzen

$$h_d = \frac{v^2}{2g} \cdot \gamma \ \text{mm W.S.}$$

Beispiel: Wie groß ist die dynamische Druckhöhe, wenn der Luft bei einem spezifischen Gewicht $\gamma = 1{,}20 \ \text{kg/m}^3$ die Geschwindigkeit $v = 10 \ \text{m/sek}$ erteilt werden soll?

Lösung: Es ist eine dynamische Druckhöhe erforderlich von der Größe

$$h_d = \frac{v^2}{2g} \cdot \gamma = \frac{10^2}{2 \cdot 9{,}81} \cdot 1{,}20 = 6{,}13 \ \text{mm W.S.}$$

Dynamische Druckhöhen für Luft von $\gamma = 1{,}20 \ \text{kg/m}^3$.

v in m/sek	h_d in mm W.S.	v in m/sek	h_d in mm W.S.
2,0	0,25	6,5	2,60
2,5	0,39	7,0	3,02
3,0	0,55	7,5	3,46
3,5	0,75	8,0	3,90
4,0	0,98	8,5	4,40
4,5	1,23	9,0	5,00
5,0	1,53	9,5	5,50
5,5	1,88	10,0	6,13
6,0	2,20	10,5	6,75

Die Luft soll nach Abb. 411 durch eine Rohrleitung von der Länge l und dem Durchmesser d mit der Geschwindigkeit v bewegt werden. Bei dieser Bewegung ist der **Reibungswiderstand** der Luft zu überwinden. Dieser Reibungswiderstand wächst, wie wir früher bei der Berechnung von Rohrleitungen für Flüssigkeiten schon gelernt haben,

1. proportional mit der Länge der Rohrleitung,
2. proportional mit dem Quadrat der Geschwindigkeit,
3. umgekehrt proportional mit dem Durchmesser der Leitung.

Die zur Überwindung dieses Widerstandes erforderliche Kraft wird durch eine **Luftsäulenhöhe** gemessen. Sie hat die Größe

$$H = \lambda \cdot \frac{l}{d} \cdot \frac{v^2}{2g} \text{ m Luftsäule.}$$

Der Wert λ ist die sogenannte **Widerstandszahl** oder der **Reibungsbeiwert**, welcher durch Versuche bestimmt werden muß.

Man kann die Luftsäulenshöhe H durch eine gleichwertige **Wassersäule** ersetzen, und zwar ist

$$H = \frac{h}{\gamma} \text{ mm W.S.}$$

wenn γ das spezifische Gewicht der Luft ist. Setzt man

$$\frac{h}{\gamma} = \lambda \cdot \frac{l}{d} \cdot \frac{v^2}{2g},$$

so wird

$$h = \lambda \cdot \frac{l}{d} \cdot \frac{v^2}{2g} \cdot \gamma \text{ mm W.S.}$$

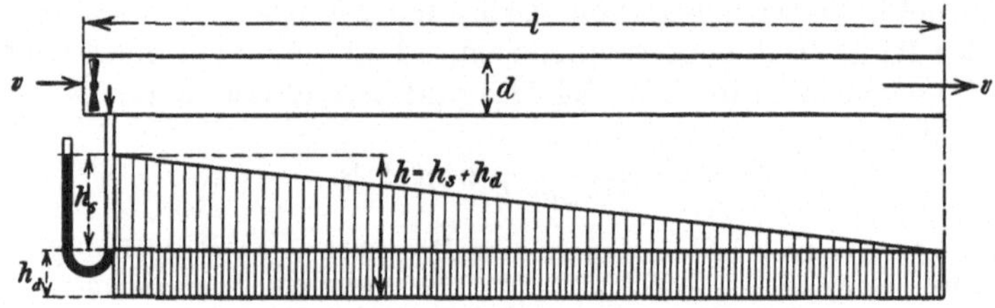

Abb. 411. Die Bewegungswiderstände in gerader Rohrstrecke.

Man nennt diese Wassersäulenhöhe die **statische Druckhöhe**, weil sie dem Reibungswiderstand das Gleichgewicht halten muß, und bezeichnet sie allgemein mit dem Buchstaben h_s. Wir setzen also bei der weiteren Betrachtung immer

$$h_s = \lambda \cdot \frac{l}{d} \cdot \frac{v^2}{2g} \cdot \gamma \text{ mm W.S.}$$

Zur Fortbewegung der Luft sind also **zwei** Kräfte erforderlich, deren Größen durch die **dynamische** und durch die **statische** Druckhöhe gemessen werden. Die Gesamtkraft wird durch die Summe der beiden Druckhöhen gemessen, sie hat die Größe

$$h = h_d + h_s \text{ mm W.S. oder } \text{kg/m}^2 \text{ Rohrfläche.}$$

Der Ventilator muß nach Abb. 411 am Eingang der Lutte für die Luftbewegung diesen Überdruck h erzeugen, von dem die **statische** Druckhöhe hinter dem Ventilator als Wassersäulenhöhe h_s gemessen wird. Diese Größe h_s nimmt nach dem Ausgang hin geradlinig ab bis auf Null, während h_d unverändert in dem Luftstrom als kinetische Energie erhalten bleibt, solange die Geschwindigkeit v ihren Wert nicht ändert.

Die Bedeutung der Wassersäulenhöhe h zeigt Abb. 412. In einem Zylinder ist ein Kolben von der Fläche $F \text{ m}^2$ mit einer Wassersäule von

h mm Höhe belastet. Der Kolben würde unter dem Druck des Wassergewichts nach unten gehen, wenn nicht in entgegengesetzter Richtung eine Kolbenkraft P wirken würde. Diese muß die Größe haben

$$P = F \cdot \frac{h}{1000} \cdot \gamma_w = F \cdot \frac{h}{1000} \cdot 1000 = F \cdot h \text{ kg}.$$

Der Druck auf 1 m² Kolbenfläche ist daher

$$p = \frac{F}{F} = \frac{F \cdot h}{F} = h \text{ kg/m}^2,$$

d. h. beträgt die Wassersäulenhöhe $h = 1$ mm, so bedeutet das eine Kolbenbelastung von 1 kg/m².

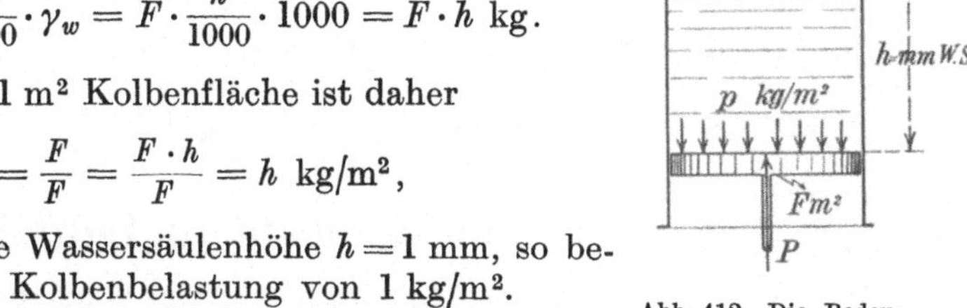

Abb. 412. Die Bedeutung der Wassersäulenhöhe.

Die Fortbewegung der Luft in einer Luttenleitung von l m Länge kann man sich durch einen Kolben, der sich mit der Luftgeschwindigkeit v vorwärts schiebt, hervorgerufen denken. Das zeigt Abb. 413.

Der Druck der Luftsäule auf die Kolbenfläche F ist

$$P = F \cdot p.$$

Bei der Kolbengeschwindigkeit v ist die Arbeitsleistung

$$L = P \cdot v \text{ mkg/sek} = \frac{P \cdot v}{75} \text{ PS}.$$

Setzt man $P = p \cdot F$ ein, so wird

$$L = \frac{p \cdot F \cdot v}{75} \text{ PS}.$$

Nun ist

$$F \cdot v = V = \text{Wettermenge in m}^3/\text{sek}$$

und

$$p = h,$$

also ist

$$L = \frac{V \cdot h}{75} \text{ PS}.$$

Beispiel: Eine Luttenleitung von 400 mm Durchmesser und 100 m Länge liefere bei einer statischen Druckhöhe von $h_s = 19$ mm W.S. eine minutliche Wettermenge von $Q = 60$ m³; wie groß ist der theoretische Kraftbedarf?

Lösung: Die Luftbewegung erfordert die Überwindung zweier Druckhöhen:

1. der dynamischen Druckhöhe h_d

$$= \frac{v^2}{2g} \cdot \gamma,$$

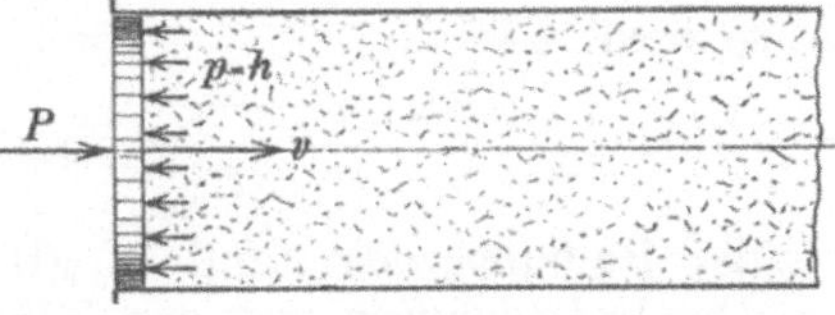

Abb. 413. Der Kolben schiebt die Luftsäule vorwärts.

2. der statischen Druckhöhe h_s.

Um die dynamische Druckhöhe zu errechnen, muß die Wettergeschwindigkeit v bekannt sein.

$$\text{Sekundliche Wettermenge } V = \frac{Q}{60} = \frac{60}{60} = 1 \text{ m}^3/\text{sek},$$

$$\text{Wettergeschwindigkeit } v = \frac{V}{F} = \frac{1}{\dfrac{\pi}{4} \cdot 0{,}4^2} = 8 \text{ m/sek}.$$

Mit $\gamma = 1{,}20$ kg/m³ wird

$$h_d = \frac{8^2}{2 \cdot 9{,}81} \cdot 1{,}20 = 3{,}9 \sim 4 \text{ mm W.S.}$$

Die Gesamtdruckhöhe ist

$$h = h_s + h_d = 19 + 4 = 23 \text{ mm W.S.}$$

Der theoretische Kraftbedarf ist also

$$L = \frac{V \cdot h}{75} = \frac{1 \cdot 23}{75} = \sim \frac{1}{3} \text{ PS.}$$

13. Der Reibungswiderstand in Luftleitungen.

Der Reibungswiderstand gasförmiger Körper bei der Fortleitung durch Rohre ist im allgemeinen sehr klein. Er wird daher in Millimeter Wassersäule angegeben. Strömt eine Luftmenge mit der Geschwindigkeit v durch ein Rohr vom Durchmesser d und der Länge l, so ist der Reibungswiderstand

$$h = \lambda \cdot \frac{l}{d} \cdot \frac{v^2}{2g} \cdot \gamma \text{ mm W.S.},$$

wo γ das spezifische Gewicht der Luft ist.

Wie bei der Strömung von Wasser schon bekannt geworden ist, verändert der Reibungsbeiwert λ seine Größe in ein und demselben Rohr mit der Wassergeschwindigkeit. So wird auch bei der Reibung von Luft in ein und demselben Rohr der Wert λ eine veränderliche Größe sein. Er ist eine Funktion der Reynoldsschen Zahl R. Das Abhängigkeitsverhältnis für glatte Rohre ist durch Versuche im Strömungslaboratorium der Universität Göttingen untersucht worden. Die Versuche ergaben die in Abb. 394 und 395 dargestellte Kurve. Das Gesetz dieser Kurve ist nach Blasius

$$\lambda = 0{,}3164 \cdot \sqrt[4]{\frac{v}{v \cdot d}} = 0{,}3164 \cdot \left(\frac{v}{v \cdot d}\right)^{0{,}25}.$$

Setzt man diesen Wert von λ in die Gleichung

$$h = \lambda \cdot \frac{l}{d} \cdot \frac{v^2}{2g} \cdot \gamma$$

ein, so wird

$$h = 0{,}3164 \cdot \left(\frac{v}{v \cdot d}\right)^{0{,}25} \cdot \frac{l}{d} \cdot \frac{v^2}{2g} \cdot \gamma \quad \text{oder} \quad h = 0{,}3164 \cdot v^{0{,}25} \cdot \frac{l}{d^{1{,}25}} \cdot \frac{v^{1{,}75}}{2g} \cdot \gamma,$$

d. h. der Reibungswiderstand in glatten Rohren wächst nicht mit dem Quadrat, sondern mit der 1,75ten Potenz der Geschwindigkeit. Praktisch rechnet man allgemein noch mit einem konstanten λ-Wert und mit dem quadratischen Abhängigkeitsverhältnis von v. Der Unterschied beider Rechnungen soll im folgenden durch Rechnung festgestellt werden.

Zunächst muß man, um die Reynoldssche Zahl R berechnen zu können, die kinematische Zähigkeit v der atmosphärischen Luft kennen. Diese Zahlenwerte können aus Abb. 414 entnommen werden. Man sieht auf der Horizontalen die Temperaturen der Luft von 0 bis 100°

und auf der Senkrechten die v-Werte abgetragen. Die Werte gelten für atmosphärische Luft von 735 mm Barometerdruck. Steht die Luft unter einem stark abweichenden Druck, z. B. wie bei Druckluft unter einem Druck von 5 ata, so ist der v-Wert der Druckluft $\frac{1}{5}$ des Kurvenwertes. Demnach ist, wenn man abliest

für Luft von 20⁰ und 1 ata . . . . . $v = 0{,}16$ cm²/sek,

dann ist

für Luft von 20⁰ und 5 ata . . . . . $v = \dfrac{0{,}16}{5} = 0{,}032$ cm²/sek.

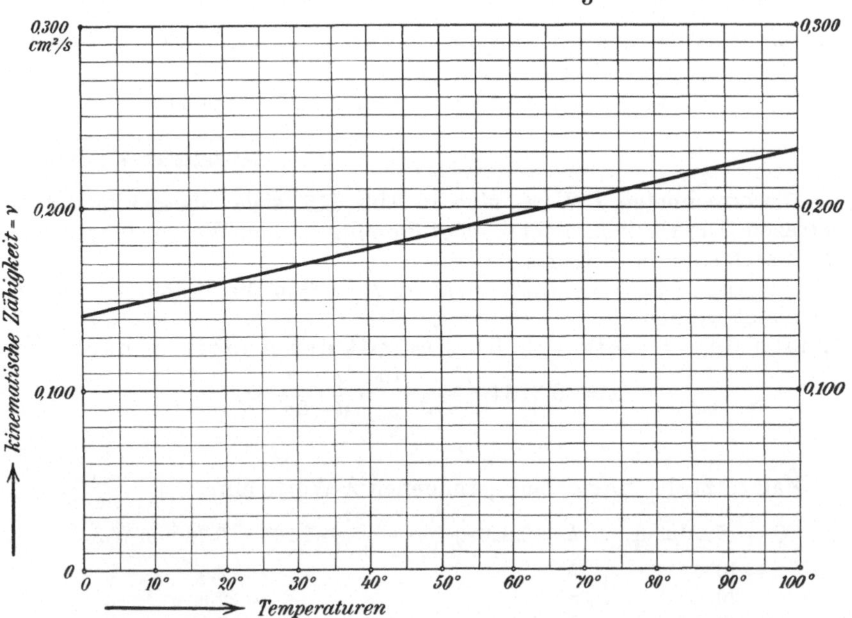

Abb. 414. Die kinematische Zähigkeit der atmosphärischen Luft als Abhängige der Temperatur.

Es soll nun an einer Lutte von 300 mm der Reibungswiderstand errechnet werden

1. nach dem Gesetz von Blasius (Änderung mit $v^{1{,}75}$),
2. mit konstantem λ-Wert mit der Änderung nach v^2.

Zunächst werden die Strömungsgeschwindigkeiten für die zu fördernden minutlichen Wettermengen errechnet.

$$Q = 5 \text{ m}^3/\text{min} \ldots v = \frac{Q}{60 \cdot F} = 1{,}18 \text{ m/sek,}$$

$$
\begin{aligned}
Q &= 10 \quad ,, & v &= 2{,}36 \quad ,, \\
Q &= 20 \quad ,, & &= 4{,}72 \quad ,, \\
Q &= 30 \quad ,, & &= 7{,}08 \quad ,, \\
Q &= 34 \quad ,, & &= 8{,}00 \quad ,,
\end{aligned}
$$

Größere Wettergeschwindigkeiten als 8 m verwendet man im allgemeinen in Lutten nicht, damit ist also die größte Wettermenge der 300 mm Lutte festgelegt.

Aus den Abb. 394 und 395 findet man für die nachfolgenden Reynoldsschen Zahlen folgende λ-Werte.

$$Q = 5 \text{ m}^3/\text{min} \ldots v = 1{,}18 \text{ m/sek} \ldots R = \frac{v \cdot d}{v} = \frac{118 \cdot 30}{0{,}16} = 22100 \ldots \lambda = 0{,}0260,$$

$$= 10 \quad ,, \qquad = 2{,}36 \quad ,, \qquad = \frac{236 \cdot 30}{0{,}16} = 44200 \ldots \lambda = 0{,}0220,$$

$$= 20 \quad ,, \qquad = 4{,}72 \quad ,, \qquad = \frac{472 \cdot 30}{0{,}16} = 88400 \ldots \lambda = 0{,}0182,$$

$$= 30 \quad ,, \qquad = 7{,}08 \quad ,, \qquad = \frac{708 \cdot 30}{0{,}16} = 133000 \ldots \lambda = 0{,}0166,$$

$$= 34 \quad ,, \qquad = 8{,}00 \quad ,, \qquad = \frac{800 \cdot 30}{0{,}16} = 150000 \ldots \lambda = 0{,}0161,$$

$$\text{Mittelwert } \lambda_m = 0{,}0198.$$

Die errechneten λ-Werte sind in Abb. 415 (siehe obere Figur) aufgetragen. Die Horizontalachse zeigt die minutlichen Wettermengen, die Ordinaten sind die λ-Werte.

Nun sollen für eine **Luttenlänge** $l = 100$ m die Reibungshöhen h errechnet werden

1. nach dem Gesetz von Blasius mit der Änderung nach $v^{1{,}75}$

$$h = \underbrace{0{,}3164 \cdot \left(\frac{v}{v \cdot d}\right)^{0{,}25}}_{\lambda} \cdot \frac{l}{d} \cdot \frac{v^2}{2g} \cdot \gamma.$$

Man setzt die vorstehend gefundenen λ-Werte ein

$$Q = 5 \text{ m}^3/\text{min} \ldots h = 0{,}026 \cdot \frac{100}{0{,}30} \cdot \frac{1{,}18^2}{2 \cdot 9{,}81} \cdot 1{,}20 = 0{,}74 \text{ mm W.S.,}$$

$$= 10 \quad ,, \quad \ldots h \qquad\qquad\qquad = 2{,}5 \quad ,, \quad ,,$$
$$= 20 \quad ,, \quad \ldots h \qquad\qquad\qquad = 7{,}9 \quad ,, \quad ,,$$
$$= 30 \quad ,, \quad \ldots h \qquad\qquad\qquad = 17{,}0 \quad ,, \quad ,,$$
$$= 34 \quad ,, \quad \ldots h \qquad\qquad\qquad = 21{,}0 \quad ,, \quad ,,$$

2. mit konstantem λ-Wert mit der Änderung nach v^2.

Man wählt als konstanten λ-Wert den Mittelwert

$$\lambda_m = 0{,}0198$$

und findet nach der Gleichung $h = \lambda_m \cdot \dfrac{l}{d} \cdot \dfrac{v^2}{2g} \cdot \gamma$

$$Q = 5 \text{ m}^3/\text{min} \ldots h = 0{,}0198 \cdot \frac{100}{0{,}30} \cdot \frac{1{,}18^2}{2 \cdot 9{,}81} \cdot 1{,}20 = 0{,}56 \text{ mm W.S.,}$$

$$= 10 \quad ,, \quad \ldots h \qquad\qquad\qquad = 2{,}26 \quad ,, \quad ,,$$
$$= 20 \quad ,, \quad \ldots h \qquad\qquad\qquad = 9{,}00 \quad ,, \quad ,,$$
$$= 30 \quad ,, \quad \ldots h \qquad\qquad\qquad = 20{,}2 \quad ,, \quad ,,$$
$$= 34 \quad ,, \quad \ldots h \qquad\qquad\qquad = 25{,}9 \quad ,, \quad ,,$$

Die errechneten Werte sind in der unteren Figur der Abb. 415 graphisch aufgetragen. Man sieht auf der Horizontalen die minutlichen Wettermengen und als Ordinaten die errechneten h-Werte. Die strichpunktierte Kurve zeigt die Widerstandshöhe für das $v^{1{,}75}$-Gesetz bei veränderlichem λ-Wert, die ausgezogene Kurve die Widerstandshöhen für das v^2-Gesetz bei konstantem λ-Wert, letztere verläuft bei höheren Geschwindigkeiten bedeutend steiler, bei der größten Wettermenge ist ihre Widerstandshöhe um 5 mm größer.

Resultat: Errechnet man die Reibungswiderstände mit konstantem λ-Wert nach dem v^2-Gesetz, so rechnet man sehr sicher, denn die errechneten Werte werden größer als die nach der neuen Strömungslehre sich ergebenden Werte.

Dieselbe Rechnung für Lutten von 400, 500 und 600 mm Durchmesser durchgeführt, liefert für die Reibungsbeiwerte folgende Mittelwerte:

$$\text{für } 400 \text{ mm} \ldots \lambda_m = 0{,}0170\,,$$
$$\text{,, } 500 \text{ ,,} \qquad = 0{,}0157\,,$$
$$\text{,, } 600 \text{ ,,} \qquad = 0{,}0149\,.$$

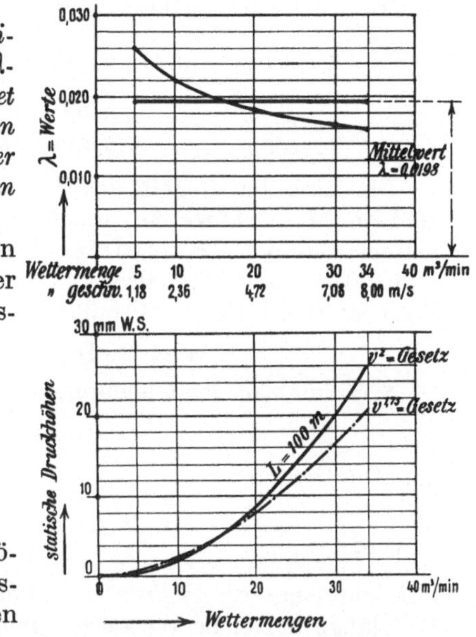

Vergleich mit den bisherigen Rechnungswerten.

Die auf Grund der neueren Strömungsforschung gefundenen Reibungsbeiwerte sollen mit den bisherigen Rechnungswerten verglichen werden. In der Bergbaukunde (Heise-Herbst) rechnet man die Widerstandshöhe h aus nach dem Gesetz

$$h = k \cdot \frac{L \cdot U \cdot v^2}{F}\,.$$

Abb. 415. Oben: Die Veränderlichkeit des λ-Wertes. Unten: Die Widerstandshöhen für das v^2-Gesetz und $v^{1,75}$-Gesetz.

Hierin bedeutet

$$L = \text{Rohrlänge in m} = l\,,$$
$$U = \text{Rohrumfang } \pi \cdot d \text{ in m}\,,$$
$$F = \text{Rohrquerschnitt } \frac{\pi}{4}\, d^2 \text{ in m}^2\,.$$

Setzt man

$$\frac{U}{F} = \frac{\pi \cdot d}{\frac{\pi}{4} \cdot d^2} = \frac{4}{d}\,,$$

so lautet die Gleichung

$$h = k \cdot \frac{4}{d} \cdot l \cdot v^2 = 4\,k \cdot \frac{l}{d} \cdot v^2\,.$$

Die Strömungslehre rechnet mit der Gleichung

$$h = \lambda \cdot \frac{l}{d} \cdot \frac{v^2}{2g} \cdot \gamma\,.$$

Setzt man die beiden h-Werte gleich, so wird

$$4\,k \cdot \frac{l}{d} \cdot v^2 = \frac{\lambda}{2g} \cdot \gamma \cdot \frac{l}{d} \cdot v^2$$

oder

$$4\,k = \frac{\lambda}{2g} \cdot \gamma \quad \text{und} \quad k = \frac{\lambda}{8g} \cdot \gamma\,.$$

Für Grubenluft sei $\gamma = 1{,}27$ kg/m³, dann wird

$$\frac{\gamma}{8 \cdot g} = \frac{1{,}27}{8 \cdot 9{,}81} = 0{,}0162 \quad \text{und} \quad k = 0{,}0162 \cdot \lambda,$$

	Strömungslehre	Heise-Herbst
für 300 $\oslash$ wird $k = 0{,}0162 \cdot 0{,}0198 = 0{,}000321$		0,0004
„ 400 $\oslash$ „ $= 0{,}0162 \cdot 0{,}0170 = 0{,}000275$		0,0003
„ 500 $\oslash$ „ $= 0{,}0162 \cdot 0{,}0157 = 0{,}000254$		0,00025
„ 600 $\oslash$ „ $= 0{,}0162 \cdot 0{,}0149 = 0{,}000242$		0,0002

Die nach den Regeln der Strömungslehre gefundenen Werte für k sind die Mindestwerte, welche bei glatten Rohren überhaupt vorkommen können. Die in Heise-Herbst angegebenen Werte für 300 $\oslash$ und 400 $\oslash$ sind größer, also praktisch tragbar. Der für 600 $\oslash$ angegebene Wert ist aber kleiner und müßte auf den Mindestbetrag erhöht werden.

Was bedeuten die k-Werte?

Setzt man in der Gleichung

$$h = k \cdot \frac{L \cdot U}{F} \cdot v^2$$

den Quotienten

$$\frac{L \cdot U}{F} = 1 \quad \text{und} \quad v = 1,$$

so wird

$$h = k.$$

k bedeutet also die Widerstandshöhe h in mm W.S. für eine bestimmte Rohrlänge bei einer Wettergeschwindigkeit von 1 m/sek. Diese Rohrlängen sind x

$$\text{für 300 } \oslash \text{ ist } \frac{L \cdot U}{F} = \frac{x \cdot \pi \cdot 0{,}3}{\frac{\pi}{4} \cdot 0{,}3^2} = 1 \quad \text{oder} \quad x = 0{,}075 \text{ m Rohrlänge,}$$

$$\text{„ 400 } \oslash \qquad = \frac{x \cdot \pi \cdot 0{,}4}{\frac{\pi}{4} \cdot 0{,}4^2} = 1 \quad \text{„} \quad x = 0{,}10 \text{ „} \qquad \text{„}$$

$$\text{„ 500 } \oslash \qquad = \frac{x \cdot \pi \cdot 0{,}5}{\frac{\pi}{4} \cdot 0{,}5^2} = 1 \quad \text{„} \quad x = 0{,}125 \text{ „} \qquad \text{„}$$

$$\text{„ 600 } \oslash \qquad = \frac{x \cdot \pi \cdot 0{,}6}{\frac{\pi}{4} \cdot 0{,}6^2} = 1 \quad \text{„} \quad x = 0{,}15 \text{ „} \qquad \text{„}$$

14. Druckluftleitungen.

Der Reibungswiderstand in Druckluftleitungen läßt sich ebenfalls mit Hilfe der Reynoldsschen Zahl berechnen. Man verwendet zur Bestimmung der Zähigkeitswerte v der Druckluft die Werte für Luft, welche in Abb. 414 gegeben sind, indem man beachtet, daß die Druckluft-v-Werte sich umgekehrt proportional dem Druck ändern.

Nach Abb. 415 ist bei 1 ata und 20° der Wert $v = 0{,}16$, dann ist für Druckluft von 5 ata und 20° der Wert

$$v = \frac{0{,}16}{5} = 0{,}032 \text{ cm}^2/\text{sek}.$$

Beispiel: Ein 30 PS-Druckluftmotor, der 60 m³ Saugluft für die PS-Stunde bei 5 ata verbraucht, sei durch eine 120 m lange Leitung von 65 mm Durchmesser an das Drucklufthauptnetz angeschlossen. Wie groß ist der Druckabfall in der Leitung?

Lösung: Der Motor verbraucht in der Stunde

$$30 \cdot 60 = 1800 \text{ m}^3 \text{ Luft von 1 ata}$$

$$= \frac{1800}{5} = 360 \text{ m}^3 \text{ Druckluft von 5 ata.}$$

Die sekundliche Druckluftmenge ist

$$V = \frac{360}{3600} = 0,1 \text{ m}^3/\text{sek.}$$

Das bedingt eine Luftgeschwindigkeit von

$$v = \frac{V}{F} = \frac{0,1}{\frac{\pi}{4} \cdot 0,065^2} = \frac{0,1}{0,00332} = 30 \text{ m/sek} = 3000 \text{ cm/sek.}$$

Die Reynoldssche Zahl ist für diesen Strömungsvorgang

$$R = \frac{v \cdot d}{\nu} = \frac{3000 \cdot 6,5}{0,032} = 610000.$$

Nach dem Strömungsgesetz von Blasius ist der Reibungsbeiwert λ eine Funktion der Reynoldsschen Zahl

$$\lambda = 0,3164 \cdot \sqrt[4]{\frac{\nu}{v \cdot d}} = 0,3164 \cdot \sqrt[4]{\frac{1}{R}}.$$

$$\lambda = 0,3164 \cdot \sqrt[4]{\frac{1}{610000}} = 0,01135.$$

Hiermit wird der Druckverlust

$$h = \lambda \cdot \frac{l}{d} \cdot \frac{v^2}{2g} \cdot \gamma.$$

Hat die Luft bei 1 ata und 20° das spezifische Gewicht 1,20, so ist das spezifische Gewicht der Druckluft bei 5 ata

$$\gamma = 5 \cdot 1,20 = 6 \text{ kg/m}^3.$$

Unter Einsetzung der übrigen Zahlenwerte erhält man

$$h = 0,01135 \cdot \frac{120}{0,065} \cdot \frac{30^2}{2 \cdot 9,81} \cdot 6 = 5800 \text{ mm W.S.}$$

oder $$h = 5,8 \text{ m W.S.} = \mathbf{0,58 \text{ at.}}$$

Dieser Wert gilt für **glatte** Rohrleitungen als Mindestwert[1].

15. Gasleitungen.

Die kinematische Zähigkeit ν eines Gases wird sich aus der kinematischen Zähigkeit der Luft errechnen lassen. Bei Druckluft war der ν-Wert für den höheren Druck umgekehrt proportional der Druckänderung, und da das spezifische Gewicht mit dem Druck proportional wächst, so kann man auch sagen, daß der ν-Wert sich **umgekehrt proportional mit der Änderung des spezifischen Gewichtes ändert.**

---

[1] Für rauhe Wände ist die Widerstandshöhe um 20 bis 50% größer. Im Lehrbuch der Bergwerksmaschinen rechnet Dr. Hoffmann für dasselbe Beispiel (S. 81) $h = 0,91$ at aus, das würde rund 50% mehr sein.

Das spezifische Gewicht von Leuchtgas ist

$$\gamma_g = 0{,}67 \text{ bis } 0{,}45 \text{ kg/m}^3,$$
$$= 0{,}56 \text{ kg/m}^3 \text{ im Mittel.}$$

Das spezifische Gewicht der Luft bei 20° ist $\gamma = 1{,}20$ kg/m³. Also ist das Verhältnis

$$\frac{\gamma_g}{\gamma} = \frac{0{,}56}{1{,}20} = 0{,}47,$$

und wenn die kinematische Zähigkeit für Luft $\nu = 0{,}16$ war, so ist sie für Gas

$$\nu = \frac{0{,}16}{0{,}47} = 0{,}341.$$

Beispiel: Wie groß ist der Reibungswiderstand in einer Gasleitung von 400 mm Durchmesser und 100 m Länge, wenn die Gasgeschwindigkeit 8 m/sek beträgt?

Lösung: Man rechnet wieder nach der Formel

$$h = \lambda \cdot \frac{l}{d} \cdot \frac{v^2}{2g} \cdot \gamma_g.$$

Der λ-Wert bestimmt sich als Funktion der Reynoldsschen Zahl:

$$R = \frac{v \cdot d}{\nu} = \frac{800 \cdot 40}{0{,}341} = 94000.$$

Nach Abb. 394 ist

$$\text{für } R = 94000 \text{ der Wert } \lambda = 0{,}0180,$$

$$h = 0{,}0180 \cdot \frac{100}{0{,}4} \cdot \frac{8^2}{2 \cdot 9{,}81} \cdot 0{,}56 = 8{,}25 \text{ mm W.S.}$$

Für dieselbe Rohrleitung erhält man bei Luftströmung mit derselben Geschwindigkeit den Wert
$$h = 15{,}2 \text{ mm W.S.,}$$

d. h. die Fortleitung von Gas erfordert einen erheblich geringeren Kraftaufwand als die Fortleitung von Luft.

Beispiel: Eine Gasfernleitung von 50 km Länge und 800 mm Durchmesser soll 300 Millionen Kubikmeter im Jahre liefern. Wie groß ist der Kraftaufwand für die Fortleitung?

Lösung:

$$300\,000\,000 \text{ m}^3/\text{Jahr} = \frac{300\,000\,000}{365 \cdot 24} = 34300 \text{ m}^3/\text{h}$$

$$= \frac{34300}{3600} = 9{,}54 \text{ m}^3/\text{sek} = V,$$

$$\text{Gasgeschwindigkeit } v = \frac{V}{F} = \frac{9{,}54}{\frac{\pi}{4} \cdot 0{,}8^2} = 19 \text{ m/sek.}$$

Schätzt man den Fortleitungsdruck auf 2 atü, so hat das Gas einen mittleren Druck von 1 atü oder 2 ata, sein spezifisches Gewicht ist dann

$$\gamma_g = 0{,}56 \cdot \frac{2}{1} = 1{,}12 \text{ kg/m}^3,$$

$$\text{Luft } \gamma = 1{,}20 \text{ kg/m}^3 \ldots \nu = 0{,}16,$$

$$\text{Gas } \nu = \frac{0{,}16}{\dfrac{\gamma_g}{\gamma}} = \frac{0{,}16}{\dfrac{1{,}12}{1{,}20}} = 0{,}172,$$

$$R = \frac{v \cdot d}{v} = \frac{1900 \cdot 80}{0,172} = 880\,000,$$

$$\lambda = 0,3164 \cdot \sqrt[4]{\frac{1}{R}} = 0,3164 \cdot \sqrt[4]{\frac{1}{880\,000}} = 0,0104,$$

$$h = \lambda \cdot \frac{l}{d} \cdot \frac{v^2}{2g} \cdot \gamma_{\varrho} = 0,0104 \cdot \frac{50\,000}{0,80} \cdot \frac{19^2}{2 \cdot 9,81} \cdot 1,12$$

$$= 13\,400 \text{ mm W.S.} = 13,4 \text{ m W.S.},$$

$$p = \frac{h}{10} = 1,34 \text{ atü.}$$

Der Fortleitungsdruck war auf 2 atü geschätzt, dieser Betrag wird auch praktisch erreicht werden, denn die Rechnung gilt für **glatte Rohre in gerader Linie** verlegt, ohne Rücksicht auf Widerstände durch Schieber. Macht man für alles einen Zuschlag von 50%, so würde der erforderliche Druck werden

$$1,50 \cdot 1,30 = 2 \text{ atü.}$$

Der Kraftbedarf für die Fortleitung ist theoretisch

$$L = \frac{V \cdot h}{75} \text{ PS.}$$

$$V = 9,54 \text{ m}^3/\text{sek,}$$
$$h = 2 \cdot 10 = 20 \text{ m} = 20\,000 \text{ mm,}$$
$$L = \frac{9,54 \cdot 20\,000}{75} = 2550 \text{ PS.}$$

Rechnet man für den Kompressor einen Wirkungsgrad von 70%, so wird die erforderliche Nutzleistung

$$N = \frac{2550}{0,70} = 3650 \text{ PS.}$$

Der Wert der Pferdestunde werde zu 4 Pfennig angenommen, dann sind die stündlichen Betriebskosten
$$3650 \cdot 4 = 14\,600 \text{ Pfennig.}$$

Die stündliche Gaslieferung ist 34\,300 m³, also kommt auf 1 m³ ein Kostenbetrag für die Fortleitung von

$$\frac{14\,600}{34\,300} = 0,43 \text{ Pf./m}^3.$$

Dazu käme noch der Kapitaldienst für die Rohrleitung.

16. Die Wettermengen der Lutten.

Die Wettermenge einer Lutte bestimmt sich aus Querschnitt und Strömungsgeschwindigkeit. Die sekundliche Wettermenge ist

$$V = F \cdot v \text{ m}^3/\text{sek.}$$

Welche Geschwindigkeit sich in der Lutte einstellt, hängt von der **Druckhöhe** ab, welche der Ventilator in der Lutte erzeugen kann, denn mit dieser Druckhöhe muß er den Reibungswiderstand

$$h = k \cdot \frac{L \cdot U}{F} \cdot v^2 \text{ mm W.S.}$$

überwinden.

Es soll der Rechnungsgang an einer **400-mm-Lutte** gezeigt werden. Man wählt eine bestimmte **Luttenlänge** und rechnet hierfür die Reibungswiderstandshöhe h aus, z. B.

$$Q = 30 \text{ m}^3/\text{min}, \quad \text{entsprechend } V = \frac{30}{60} = 0,5 \text{ m}^3/\text{sek}$$

und

$$v = \frac{V}{F} = \frac{0,50}{\frac{\pi}{4} \cdot 0,4^2} = 3,99 \text{ m/sek}.$$

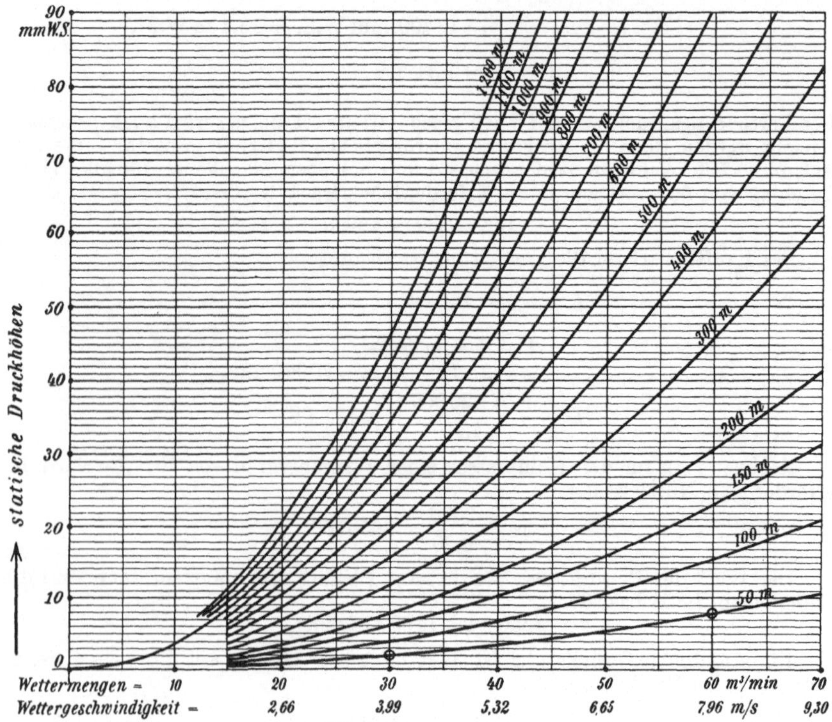

Abb. 416. Die Wettermengen der 400-mm-Lutten bei verschiedenen Druckhöhen.

Die Luttenlänge werde gewählt zu $L = 50$ m. Für die Reibungsbeiziffer errechneten wir mit $\gamma = 1,27$ kg/m³ Luftgewicht den Wert $k = 0,000275$. Die Luft habe nur das Raumgewicht

$$\gamma = 1,20 \text{ kg/m}^3,$$

dann ist

$$k = 0,000275 \cdot \frac{1,20}{1,27} = 0,000260.$$

Mit diesem Wert wird die Wassersäulenhöhe h errechnet.

$$h = k \cdot \frac{L \cdot U}{F} \cdot v^2$$

$$= 0,000260 \cdot \frac{50 \cdot \pi \cdot 0,40}{\frac{\pi}{4} \cdot 0,40^2} \cdot 3,99^2 = 2 \text{ mm W.S.}$$

In Abb. 416 ist ein Diagramm gezeichnet, welches auf der Horizontalachse die minutlichen Wettermengen und auf der Vertikalachse die statischen Druckhöhen h zeigt. Der errechnete Wert liefert einen Punkt der Diagrammkurve 50 m. Für $Q = 30$ m³/h ist die Druckhöhe $h = 2$ mm W.S. aufgetragen.

In der Formel

$$h = k \cdot \frac{L \cdot U}{F} \cdot v^2$$

bleiben für ein und dieselbe Luttenleitung die Werte k, L, U und F konstant, es ändert sich h nur mit der Strömungsgeschwindigkeit v. Man kann daher schreiben

$$k \cdot \frac{L \cdot U}{F} = C \quad \text{und} \quad h = C \cdot v^2,$$

d. h. die Druckhöhe h ändert sich proportional mit dem Quadrat der Strömungsgeschwindigkeit.

Für die doppelte Wettermenge ist die Strömungsgeschwindigkeit doppelt so groß, demnach muß für $Q = 60$ m³/min der Wert

$$h = 2^2 \cdot 2 = 8 \text{ mm W.S.}$$

sein. Damit entsteht der zweite Punkt der 50-m-Kurve. Und so kann die Kurve punktweise errechnet werden.

Nach der Strömungsgleichung

$$h = k \cdot \frac{L \cdot U}{F} \cdot v^2$$

wächst die Druckhöhe h proportional mit der Länge L der Lutte. Man kann daher aus den Kurvenpunkten der 50-m-Kurve sofort die Kurvenpunkte der 100-m-, 200-m-Kurve usw. ableiten. In Abb. 416 ist z. B.

$$\begin{aligned}
\text{bei } Q = 30 \text{ m}^3/\text{min für } L &= 50 \text{ m} \ldots h = 2 \text{ mm} \\
\text{„ } L &= 100 \text{ „} \ldots h = 2 \cdot 2 = 4 \text{ mm} \\
\text{„ } L &= 150 \text{ „} \ldots h = 3 \cdot 2 = 6 \text{ „} \\
\text{„ } L &= 200 \text{ „} \ldots h = 4 \cdot 2 = 8 \text{ „} \\
\text{„ } L &= 300 \text{ „} \ldots h = 6 \cdot 2 = 12 \text{ „}
\end{aligned}$$

Man kann also aus der einen errechneten Kurve alle anderen durch Ordinatenvergrößerung einzeichnen. Dann erhält man das Kurvenbild der Abb. 416.

Auf diese Weise erhält man für jede Luttenlänge eine besondere Widerstandskurve, welche die Form einer Parabel hat. Man nennt diese Widerstandsparabel die Kennlinie der Lutte, weil sie uns mit der Wettermenge bekannt macht, die bei einer bestimmten Druckhöhe h geliefert wird. Aus Abb. 416 lassen sich nun die Höchstwerte ablesen, welche in dichten Lutten bei der jeweiligen Druckhöhe h praktisch erreicht werden können. Als höchste Strömungsgeschwindigkeit nehme man etwa $v = 8$ m/sek; das liefert dann die maximale Wettermenge der Lutte. Über 8 m hinaus zu gehen empfiehlt sich nicht, weil sonst Reibungswiderstände und damit die Betriebskosten zu groß werden. Die aus Abb. 416 abzulesenden Wettermengen sind in nachstehender Tabelle zusammengestellt.

Die Wettermengen der 400-∅-Lutten.

Luttenlängen	Minutliche Wettermengen in m³							
	für $h=10$	20	30	40	50	60	70	80 mm
50 m	69	—	—	—	—	—	—	—
100 m	48,5	69	—	—	—	—	—	—
150 m	39	56	69	—	—	—	—	—
200 m	34	48,7	59	69	—	—	—	—
300 m	27,5	39,4	48,7	56	63	68,6	—	—
400 m	24	34	42	48,7	55	59,5	64,3	—
500 m	21,6	30,4	37,4	43,3	48,7	53,3	57,7	68,7
600 m	20	28	34	39,4	44,2	48,7	52,6	61,3
700 m	18,6	26	31,7	36,4	41	45	48,6	56
800 m	17,3	24	29,6	34,2	38	42	45,3	52
900 m	16,3	23	28	32,4	35,8	39,4	42,8	48,7
1000 m	15,6	22	26,6	30,6	34,2	37,4	40,3	46
1100 m	14,6	20,6	25,3	29,2	32,5	35,5	38,4	41,3
1200 m	14	19,6	24	27,7	31,4	34	36,7	39,4

17. Das Temperament der Wetterwege.

Man weiß, daß der Widerstand bei der Bewegung der Wetter durch einen Wetterweg ein Reibungswiderstand ist, der sich nach dem bekannten Gesetz

$$h = k \cdot \frac{L \cdot U}{F} \cdot v^2$$

errechnen läßt. Ist dieser Wetterweg z. B. eine Lutte von L Meter Länge und d Meter Durchmesser, so ändern sich die Werte

$$L, \quad U = \pi \cdot d \quad \text{und} \quad F = \frac{\pi}{4} d^2$$

nicht. Ebenso kann der Reibungsbeiwert k als konstant angenommen werden, so daß der Ausdruck

$$k \cdot \frac{L \cdot U}{F} = C = \text{konst.}$$

gesetzt werden kann. Damit lautet das Reibungsgesetz in seiner einfachsten Form

$$h = C \cdot v^2,$$

d. h. der Reibungswiderstand ist nur noch eine Abhängige von dem Quadrat der Geschwindigkeit. Schreibt man die Gleichung in der Form

$$\frac{v^2}{h} = \frac{1}{C},$$

so ist

$$\frac{v_1^2}{h_1} = \frac{v_2^2}{h_2} = \frac{v_3^2}{h_3} = \text{konst.}$$

Da die Wettermengen V_1, V_2 und V_3 proportional den Wettergeschwindigkeiten v_1, v_2 und v_3 sind, so kann man auch schreiben

$$\frac{V_1^2}{h_1} = \frac{V_2^2}{h_2} = \frac{V_3^2}{h_3} = \text{konst.} \qquad \text{oder} \qquad \frac{V_1}{\sqrt{h_1}} = \frac{V_2}{\sqrt{h_2}} = \frac{V_3}{\sqrt{h_3}} = \text{konst.}$$

Diese Verhältniszahl

$$\frac{\text{sekundliche Wettermenge in m}^3}{\text{Quadratwurzel aus Reibungshöhe in mm W.S.}} = \frac{V}{\sqrt{h}}.$$

nennt man das **Temperament des Wetterweges** und bezeichnet es mit dem Buchstaben T. Man schreibt also

$$\frac{V}{\sqrt{h}} = T.$$

Ist das Temperament eines Wetterweges bekannt, so lassen sich durch einfache Druckmessungen die Wettermengen errechnen, denn es ist

$$V = T \cdot \sqrt{h}.$$

d. h. die Wettermengen wachsen

1. mit dem Temperament des Wetterweges,
2. mit der Quadratwurzel aus der Druckhöhe.

Ein Wetterweg ist demnach um so leistungsfähiger, je größer sein Temperamentwert ist.

Aus Abb. 416 läßt sich z. B. das Temperament einer 100 m langen Luttenleitung von 400 mm Durchmesser errechnen. Man liest ab

$$Q = 70 \text{ m}^3/\text{min} \quad \text{und} \quad h = 21 \text{ mm W.S.}$$

Damit ist

$$V = \frac{Q}{60} = \frac{70}{60} = 1{,}166 \text{ m}^3/\text{sek} \quad \text{und} \quad \frac{V}{\sqrt{h}} = \frac{1{,}166}{\sqrt{21}} = 0{,}255 = T.$$

In gleicher Weise würde man für eine 100 m lange Luttenleitung von 300, 500 und 600 mm Durchmesser die Temperamentwerte gewinnen.

Temperaturwerte einer 100 m langen Luttenleitung.

Luttendurchmesser =	300 mm	400 mm	500 mm	600 mm
$T =$	0,167	0,255	0,422	0,727

Man sieht, die Temperamentwerte wachsen mit Zunahme des Luttendurchmessers ganz bedeutend, und hiermit wachsen auch die Wettermengen, z. B. ist bei derselben Druckhöhe h die Wettermenge der 600-Lutte

$$\frac{0{,}727}{0{,}167} = 4{,}35$$

mal so groß wie in einer 300-Lutte.

18. Das Längentemperament der Lutten.

Eine Lutte von l_1 m Länge möge bei einem Druck von h_1 mm W.S. die sekundliche Wettermenge V liefern, dann ist ihr Temperament

$$T_1 = \frac{V}{\sqrt{h_1}} \quad \text{oder} \quad V = T_1 \cdot \sqrt{h_1}.$$

Dieselbe Lutte werde auf das Doppelte verlängert, so daß

$$l_2 = 2 \cdot l_1$$

wird, dann ist zur Förderung derselben Wettermenge V auch die doppelte Druckhöhe

$$h_2 = 2 \cdot h_1$$

erforderlich, d. h. es besteht das Verhältnis

$$\frac{h_2}{h_1} = \frac{l_2}{l_1}.$$

Das Temperament der verdoppelten Lutte ist

$$T_2 = \frac{V}{\sqrt{h_2}} \quad \text{oder} \quad V = T_2 \cdot \sqrt{h_2}.$$

Setzt man die beiden V-Werte einander gleich, so ist

$$T_1 \cdot \sqrt{h_1} = T_2 \cdot \sqrt{h_2}.$$

$$\frac{T_1}{T_2} = \sqrt{\frac{h_2}{h_1}} = \sqrt{\frac{l_2}{l_1}} = \frac{\sqrt{l_2}}{\sqrt{l_1}} \quad \text{oder} \quad T_1 \cdot \sqrt{l_1} = T_2 \cdot \sqrt{l_2}.$$

Verlängert man die Lutte auf l_3, so würde ebenfalls sein

$$T_1 \cdot \sqrt{l_1} = T_3 \cdot \sqrt{l_3},$$

d. h. es wird allgemein

$$T_1 \cdot \sqrt{l_1} = T_2 \cdot \sqrt{l_2} = T_3 \cdot \sqrt{l_3} = \text{konst.}$$

Diesen konstanten Wert nenne ich das **Längentemperament des Wetterweges.**

Hat man also für eine bestimmte Luttenlänge den Temperamentwert durch einen Versuch bestimmt, so lassen sich für alle anderen Luttenlängen die Temperamentwerte errechnen. Es ist dann

$$T_2 = \frac{T_1 \cdot \sqrt{l_1}}{\sqrt{l_2}}, \qquad T_3 = \frac{T_1 \cdot \sqrt{l_1}}{\sqrt{l_3}}.$$

Aus den Temperamentwerten der 100 m langen Lutten finden wir folgende **Längentemperamente**:

300 mm Durchmesser . . . . . $T \cdot \sqrt{l} = 0,167 \cdot \sqrt{100} = 1,670,$

400 mm Durchmesser . . . . . $\phantom{T \cdot \sqrt{l}} = 0,255 \cdot \sqrt{100} = 2,550,$

500 mm Durchmesser . . . . . $\phantom{T \cdot \sqrt{l}} = 0,422 \cdot \sqrt{100} = 4,220,$

600 mm Durchmesser . . . . . $\phantom{T \cdot \sqrt{l}} = 0,727 \cdot \sqrt{100} = 7,270.$

Beispiel: Wie groß ist das Temperament einer 1200 m langen Lutte von 600 mm Durchmesser?

Lösung: Das Längentemperament der 600-mm-Lutte ist

$$T \cdot \sqrt{l} = 7,270,$$

also ist das Temperament der 1200 m langen Lutte

$$T = \frac{T \cdot \sqrt{l}}{\sqrt{1200}} = \frac{7,270}{34,7} = 0,210.$$

Beispiel: Wieviel m³ liefert die dichte Lutte, wenn der Ventilator eine Druckhöhe $h = 40$ mm erzeugt?

Lösung: Da das Temperament

$$\frac{V}{\sqrt{h}} = T = 0,210$$

bekannt ist, wird die Wettermenge

$$V = T \cdot \sqrt{h} = 0,210 \cdot \sqrt{40} = 1,33 \text{ m}^3/\text{sek},$$
$$Q = 60 \cdot V = 60 \cdot 1,33 = 80 \text{ m}^3/\text{min}.$$

19. Die Temperamentwerte als Maßstab der Bewetterungsfähigkeit.

Sobald das Temperament eines Wetterweges bekannt ist, ist seine Wetterlieferung für alle vorkommenden Druckhöhen auch bekannt. Es ist daher die Bewetterungsfähigkeit eines Wetterweges ausschließlich eine Funktion seines Temperamentes. Daher liegt es nahe, allgemein gültige Tafeln für die Temperamentgrößen herzustellen. Eine solche

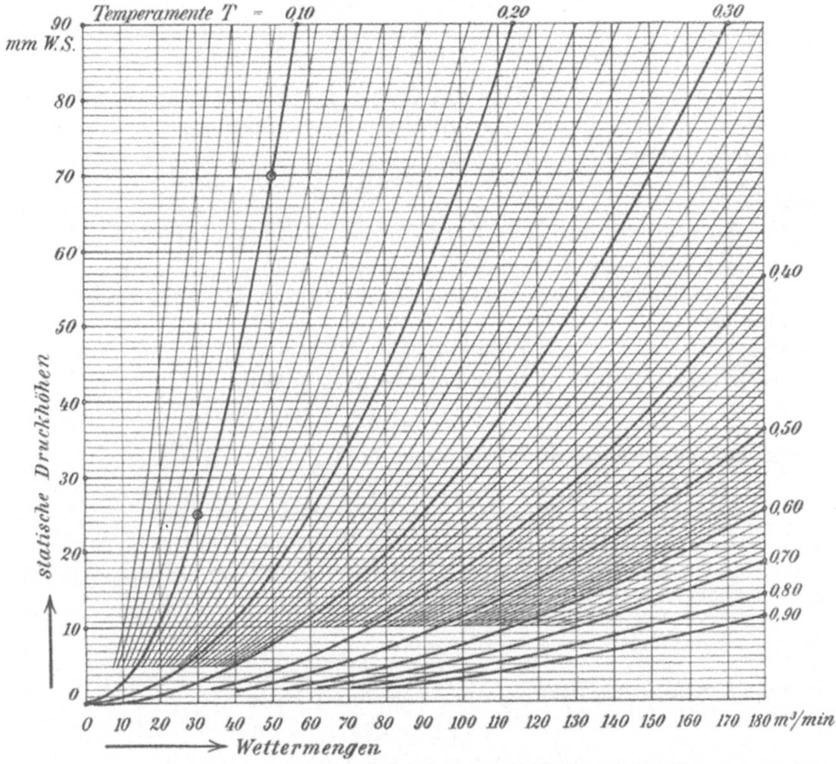

Abb. 417. Die Temperamente der Luttenwege.

Temperamenttafel zeigt Abb. 417. Sie ist in folgender Weise gewonnen. Man rechne aus

$$\frac{V}{\sqrt{h}} = T$$

die Druckhöhe

$$h = \frac{V^2}{T^2},$$

indem man für T einen bestimmten Wert annimmt, z. B.

$$T = 0,10,$$

dann ist

$$\frac{1}{T^2} = \frac{1}{0,10^2} = 100 \quad \text{und} \quad h = 100 \cdot V^2.$$

In der Regel geht man von den minutlichen Wettermengen Q weiter aus, für $Q = 30$ m³/min ist $V = \dfrac{30}{60} = 0,5$ m³/sek. Für diesen Wert ist

$$h = 100 \cdot V^2 = 100 \cdot 0,5^2 = 25 \text{ mm}.$$

In Abb. 417 ist dieser Wert aufgetragen, als Abszisse liest man $Q = 30$ m³/min und als Ordinate $h = 25$ mm.

Für $Q = 50$ m³/min ist

$$V = \frac{50}{60} = 0,832 \text{ m³/sek},$$

also ist

$$h = 100 \cdot V^2 = 100 \cdot 0,832^2 = 70 \text{ mm}.$$

Auch dieser Punkt ist in Abb. 417 eingezeichnet. So kann man beliebig viele Punkte ausrechnen, die, miteinander verbunden, die Parabel als Temperamentkurve

$$T = 0,10$$

liefern.

Die Anwendung der Tafel werde an einem Beispiel gezeigt.

Beispiel: Eine 625 m lange Luttenleitung soll 80 m³/min liefern, wie groß sind die erforderlichen Druckhöhen für verschiedene Luttendurchmesser?

Lösung:

1. Durchmesser 600 mm:

Das Längentemperament dieser Lutte ist nach S. 388

$$T \cdot \sqrt{l} = 7,27,$$

also ist das Temperament der 625 m langen Lutte

$$T = \frac{T \cdot \sqrt{l}}{\sqrt{625}} = \frac{7,27}{25} = 0,29.$$

Nach Abb. 417 schneidet die Temperaturkurve $T = 0,29$ auf der 80-m³-Ordinate die Druckhöhe

$$h = 21 \text{ mm}$$

ab.

2. Durchmesser 500 mm:

Nach S. 388 ist das Längentemperament dieser Lutte

$$T \cdot \sqrt{l} = 4,22,$$

also ist das Temperament der 625 m langen Lutte

$$T = \frac{4,22}{\sqrt{625}} = \frac{4,22}{25} = 0,17.$$

Nach Abb. 417 schneidet die Temperamentkurve $T = 0,17$ auf der 80-m³-Ordinaten die Druckhöhe

$$h = 61,5 \text{ mm}$$

ab.

3. Durchmesser 400 mm:

Nach S. 388 ist das Längentemperament

$$T \cdot \sqrt{l} = 2,55,$$

also ist das Temperament der 625 m langen Lutte

$$T = \frac{2,55}{\sqrt{625}} = \frac{2,55}{25} = 0,10.$$

Nach Abb. 417 schneidet die Temperamentkurve $T = 0{,}10$ die 80-m³-Ordinate überhaupt nicht mehr, d. h. die 400-Lutte wäre für diese Wetterlieferung unbrauchbar.

20. Die gleichwertige (äquivalente) Grubenöffnung oder Grubenweite.

Der Grubenventilator ist durch einen Saugkanal an das Grubengebäude angeschlossen. Auf dem ganzen Wege durch das Grubengebäude stößt die Wettermenge auf Widerstände, die durch die Saugwirkung des Ventilators überwunden werden müssen. Der Ventilator muß einen bestimmten Unterdruck oder eine Depression oben im Saugkanal erzeugen. Es besteht also zwischen Ventilator und Grubengebäude eine bestimmte Wechselwirkung. Um diese Wechselwirkung zu erkennen und rechnerisch zu erfassen, hat man eine Hilfsgröße eingeführt, die Grubenweite oder äquivalente Grubenöffnung.

Man trennt den Saugkanal vom Grubengebäude ab und schließt den abgeschnittenen Kanal durch eine Platte ab, in der sich eine ausgeschnittene Öffnung befindet. Diese Öffnung ändert man so lange, bis der Ventilator dieselbe Depression wie beim Anschluß an das Grubengebäude liefert. Diese Öffnung, in m² gemessen, nennt man die Grubenweite. Ein Grubengebäude mit großen Widerständen wird eine kleine Grubenweite haben, je geringer der Grubenwiderstand wird, um so größer wird die Grubenweite. Man kann also die Bewetterungsfähigkeit einer Grube nach seiner Grubenweite beurteilen.

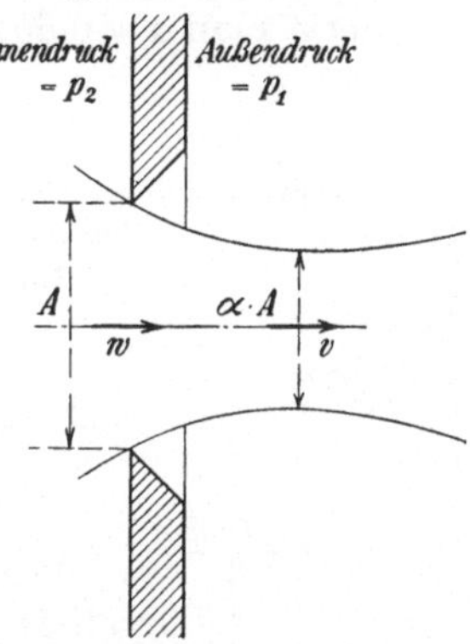

Abb. 418. Die gleichwertige Grubenöffnung als Öffnung mit scharfen Rändern.

Strömt durch eine Öffnung mit scharfen Rändern (Abb. 418) Luft aus einem Raum mit höherem Druck p_2 in einen Raum mit niedrigerem Druck p_1, so errechnet sich die sekundlich ausströmende Luftmenge aus der Gleichung

$$V = A \cdot w,$$

wenn A die Ausflußöffnung und w die Ausflußgeschwindigkeit ist. Der Ausflußstrahl wird aber an den scharfen Kanten eine Kontraktion erfahren, so daß der Strahlquerschnitt nur die Größe

$$\alpha \cdot A$$

hat, wenn α der Kontraktionskoeffizient ist. Da im engsten Querschnitt die Geschwindigkeit v herrscht, ist die ausströmende Luftmenge

$$V = \alpha \cdot A \cdot v.$$

Steht im Behälter eine Druckhöhe von H m Luftsäule zur Verfügung, so ist bekanntlich

$$H = \frac{v^2}{2\,g} \text{ m Luftsäule.}$$

Man ersetzt die Höhe der Luftsäule durch eine gleichwertige Wassersäulenhöhe und schreibt dann

$$h = \frac{v^2}{2\,g} \cdot \gamma \text{ mm Wassersäule,}$$

worin $\gamma = 1{,}20$ kg/m³ das spezifische Gewicht der Luft bedeutet. Demnach ist bei der Druckhöhe h die Ausflußgeschwindigkeit

$$v = \sqrt{\frac{2\,g\,h}{\gamma}}\,.$$

Hiermit wird

$$V = \alpha \cdot A \cdot \sqrt{\frac{2\,g\,h}{\gamma}}$$

und die Ausflußöffnung

$$A = \frac{V}{\alpha \cdot \sqrt{\dfrac{2\,g\,h}{\gamma}}} = \frac{1}{\alpha \cdot \sqrt{\dfrac{2\,g}{\gamma}}} \cdot \frac{V}{\sqrt{h}}\,.$$

Setzt man $\alpha = 0{,}65$, $\gamma = 1{,}20$ und $g = 9{,}81$, so wird

$$A = 0{,}38 \cdot \frac{V}{\sqrt{h}}\,.$$

Beispiel: Wie groß ist die Grubenweite, wenn der Ventilator $Q = 7200$ m³/min bei $h = 225$ mm Depression liefert?

Lösung: Man muß die sekundliche Wettermenge errechnen:

$$V = \frac{Q}{60} = \frac{7200}{60} = 120 \text{ m}^3/\text{sek}$$

und findet

$$A = 0{,}38 \cdot \frac{V}{\sqrt{h}} = 0{,}38 \cdot \frac{120}{\sqrt{225}} = 3{,}04 \text{ m}^2.$$

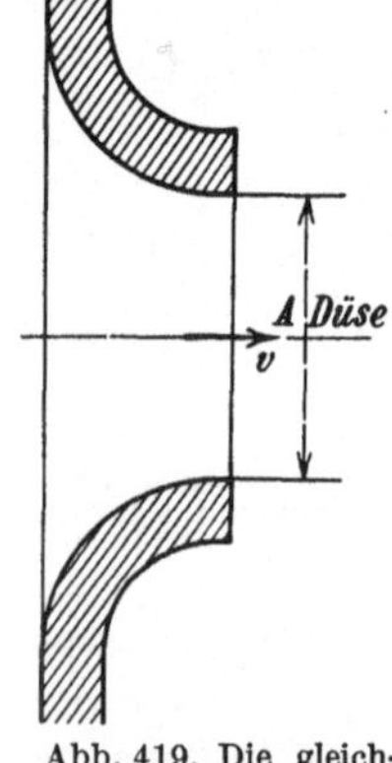

Abb. 419. Die gleichwertige Düse.

Der Ventilatorenausschuß des VDI empfiehlt in seinen „Regeln für Leistungsversuche an Ventilatoren und Kompressoren" (VDI-Verlag 1925) die Verwendung der Hilfsgröße

„gleichwertige Düse"

(Abb. 419), da bei der Öffnung in dünner Wand die Kontraktionszahl α zu berücksichtigen ist. Er rechnet dann bei der Düse mit dem α-Wert 1, obwohl das auch nur innerhalb gewisser Grenzen gilt.

Mit $\alpha = 1$, $\gamma = 1{,}20$ und $g = 9{,}81$ errechnet sich der Querschnitt der gleichwertigen Düse[1] zu

$$A_1 = 0{,}25 \cdot \frac{V}{\sqrt{h}}\,.$$

21. Zeichnerische Darstellung der äquivalenten Grubenweite.

Die Grubenweite kann in der Gleichung

$$A = 0{,}38 \cdot \frac{V}{\sqrt{h}}$$

---

[1] Im Bergbau ist die gleichwertige Düse nicht eingeführt, sie bringt auch keinerlei Vereinfachung.

bildlich dargestellt werden. Die Umstellung der Gleichung liefert

$$h = \frac{0,38^2}{A^2} \cdot V^2,$$

d. h. setzt man für A einen bestimmten Wert ein, z. B. $A = 1\,\text{m}^2$, so ist h nur eine Funktion von V

$$h = \frac{0,38^2}{1^2} \cdot V^2 = 0,144 \cdot V^2,$$

welche sich als Parabelkurve darstellen läßt.

Für $Q = 1000\,\text{m}^3/\text{min}$ ist $V = \dfrac{1000}{60} = 16,7\,\text{m}^3/\text{sek}$ und $h_1 = 0,144 \cdot 16,7^2 = 40\,\text{mm}$,

„ $Q = 2000$ „ „ $h_2 = 4 \cdot h_1 = 4 \cdot 40 = 160\,\text{mm}$,
„ $Q = 3000$ „ „ $h_3 = 9 \cdot h_1 = 9 \cdot 40 = 360$ „

Trägt man auf der Horizontalen die Q-Werte und als Ordinaten die h-Werte auf und verbindet die Ordinatenendpunkte, so erhält man eine Parabelkurve. Sie ist in Abb. 420 mit Grubenweite $A = 1\,\text{m}^2$ bezeichnet. In derselben Weise werden die Kurven für $A = 2\,\text{m}^2$, $A = 3\,\text{m}^2$, $A = 4\,\text{m}^2$ usw. gefunden.

Das Schaubild läßt sofort die **Bewetterungsfähigkeit** einer Grube erkennen. Je höher die Depression wird, um so größer wird der Kraftbedarf der Bewetterung. Man wird daher bestrebt sein, mit möglichst **geringer Depression** eine **große Wettermenge** zu schaffen, das wird um so vollkommener möglich, je größer die **Grubenweite** ist. Die höchste Depression, mit welcher zur Zeit im Ruhrrevier gearbeitet wird, beträgt 330 mm, die kleinste etwa 70 mm. Das Arbeitsgebiet liegt also etwa zwischen 100 und 300 mm. Diese Grenzwerte ergeben für die verschiedenen Grubenweiten folgende Wettermengen:

Grubenweite A	Wettermengen in m³/min		
	bei $h = 100$ mm	$h = 200$ mm	$h = 300$ mm
1 m²	1550 m³/min	2200 m³/min	2750 m³/min
2 m²	3100 „	4400 „	5500 „
3 m²	4650 „	6600	8250 „
4 m²	6200 „	8800 „	11000 „
5 m²	7750 „	11000 „	13750 „
6 m²	9300 „	13200 „	16500 „

In Abb. 420 ist eine Kurve mit den Punkten *1, 2, 3* und *4* gezeichnet. Die Kurvenpunkte sind aus den auf den Zechen gemessenen Wettermengen Q und den gemessenen Depressionen h aufgezeichnet. Es fallen die Meßpunkte auf eine bestimmte **Grubenweitenkurve**, diese zeigt dann die Grubenweite der betreffenden Zeche an. Den Kurvenpunkten entsprechen folgende Zahlenwerte.

Zeche	Minutl. Wettermenge Q in m³	Depression h in mm W. S.	Grubenweite A in m²
1 = Mont Cenis, Schacht 2 .	4000	220	1,71
2 = Holland, Schacht 5 . .	6650	280	2,52
3 = Minister Stein, Schacht 1	11230	330	3,92
4 = de Wendel	16500	310	5,96

Die entstandene Kurve kann die **Kennlinie** einer bestimmten Ventilatorengröße sein. Die Erklärung der Kennlinie ist auf S. 401 nachzulesen. Man sieht daraus, daß derselbe Ventilator ganz verschiedene Wettermengen liefern wird, je nachdem der Widerstand groß oder klein

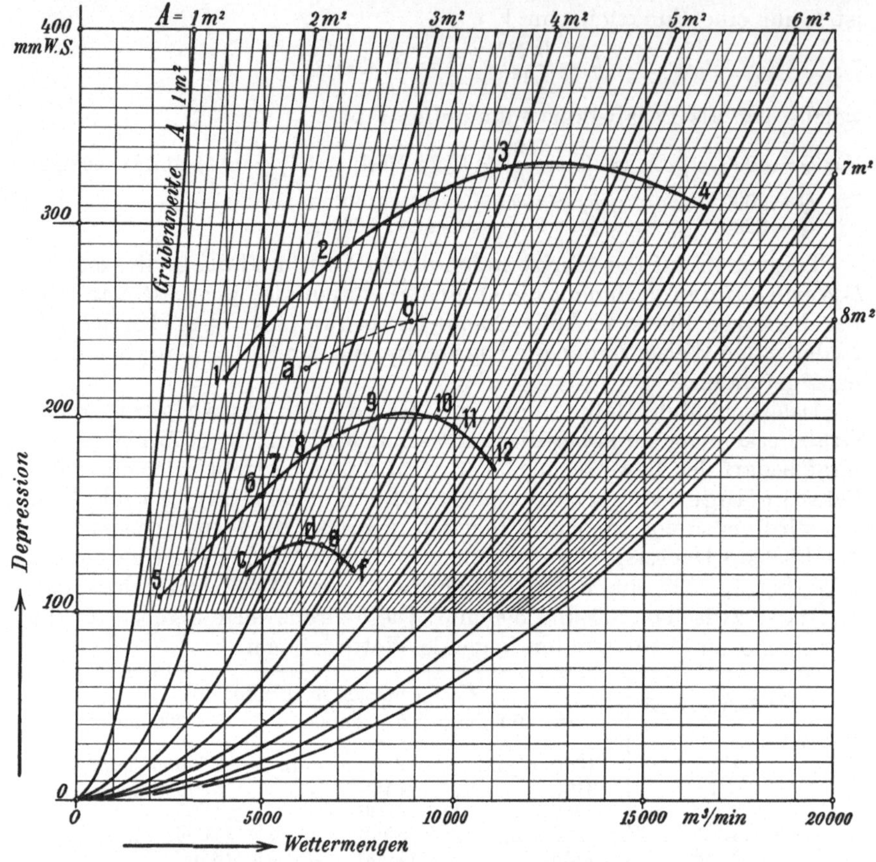

Abb. 420. Zeichnerische Darstellung der äquivalenten Grubenweiten.

1. Kurve: *1* = Zeche-Mont Cenis; *2* = Holland, Schacht 5; *3* = Minister Stein, Schacht 1; *4* = de Windel.
2. Kurve: *a* = Shamrock, Schacht 7; *b* = Ewald.
3. Kurve: *5* = Zeche Heinrich; *6* = Lothringen, Schacht 4; *7* = Consolidation, Schacht 1/6; *8* = Dahlbusch, Schacht 8; *9* = Friedr. Thyssen, Schacht 3/7; *10* = Minister Stein, Schacht 3; *11* = Holland, Schacht 1/2; *12* = Mathias Stinnes, Schacht 1/2/5.
4. Kurve: *c* = Karoline, *d* = Bismarck 1/4, *e* = Bismarck 3/5, *f* = Bismarck 2/6/9.

ist, gegen den er zu arbeiten hat. Je kleiner der Widerstand ist, desto größer wird seine Wetterlieferung.

Aus einer Reihe von Meßwerten gruppierten sich auch die Punkte *5* bis *12* zu einer regelmäßig verlaufenden Kurve zusammen. Auch diese Punkte könnten die Kurvenpunkte ein und desselben Ventilators sein, d. h. die betreffenden Zechen könnten mit derselben Ventilatorgröße arbeiten. Den Kurvenpunkten entsprechen folgende Zahlenwerte:

Zeche	Minutl. Wettermenge Q in m³	Depression h in mm W.S.	Grubenweite A in m²
5 = Zeche Heinrich	2250	108	1,37
6 = Lothringen, Schacht 4 .	4950	160	2,48
7 = Konsolidation 1/8 . . .	5400	170	2,63
8 = Dahlbusch, Schacht 8 .	6000	180	2,83
9 = Friedr. Thyssen 3/7 . .	8000	200	3,58
10 = Minister Stein, Schacht 3	9534	200	4,27
11 = Holland 1/2	10000	196	4,53
12 = Mathias Stinnes 1/2/5 .	10800	180	5,10

Außerdem lassen noch die Kurvenpunkte a und b eine Zusammengehörigkeit erkennen, und darunter die Kurvenscharpunkte c bis f ebenfalls.

Zeche	Q in m³/min	h in mm W.S.	A in m²
a = Zeche Shamrock 7 . . .	6081	225	2,57
b = Ewald	8820	250	3,54
c = Caroline	4560	120	2,64
d = Bismarck 1/4	6000	136	3,26
e = Bismarck 3/5	6500	135	3,54
f = Bismarck 2/6/9	7300	122	4,23

Kennt man die Kennlinie eines Grubenventilators, so liefert der Schnittpunkt der Ventilatorkennlinie mit der Grubenweite den **Betriebspunkt des Ventilators**, der uns sofort die Liefermenge und die Depression des Ventilators für die betreffende Grube zeigt, z. B. die Grube Mont Cenis hat die Grubenweiten-Kurve 1,7 m², die obere Kurve der Abb. 420 sei die Kennlinie des Ventilators, welcher angeschafft werden soll. Beide Kurven schneiden sich im Punkte 1, d. h. der Punkt 1 wird für Mont Cenis der **Betriebspunkt** des Ventilators. Er sagt aus, der Ventilator wird mit einer Depression von 220 mm W.S. in der Minute 4000 m³ liefern. Man sollte von den Ventilatorfirmen die Ventilatorkennlinie sich vor dem Lieferabschluß mitteilen lassen.

22. Das Grubentemperament.

Man hat zur Vorstellung der Widerstandsgröße des ganzen Wetterweges einer Grube die Hilfsgröße „äquivalente Grubenöffnung" gebildet und schreibt dafür

$$A = 0{,}38 \cdot \frac{V}{\sqrt{h}}.$$

Man erkennt aber sofort, daß der Wert

$$\frac{V}{\sqrt{h}} = \frac{A}{0{,}38} = T$$

der konstante Wert des ganzen Grubenwetterweges ist, den man allgemein als Temperament und hier als **Grubentemperament** bezeichnet. Dieser konstante Wert T ist als Rechnungsgröße einfacher, da man bei allen Rechnungen nicht mehr den Faktor 0,38 mitzuschleppen nötig hat.

Es zeigt sich daher das Bestreben, die Widerstände der Wetterwege, ob sie Lutten, Strecken oder ganze Grubengebäude sind, einheitlich durch ihre Temperamentwerte zu vergleichen.

Da die Bezeichnung „Temperament" nicht besonders glücklich gewählt ist, sucht man hierfür eine andere Benennung, v. Rosen hat die Benennung

$$\text{„Durchlaßvermögen"}$$

vorgeschlagen. Ist das Temperament einer Grube z. B. $T = 12$, so wird für $h = 1$ mm Depression das Durchlaßvermögen

$$V = \sqrt{h} \cdot T = \sqrt{1} \cdot T = T = 12 \text{ m}^3/\text{sek},$$

d. h. man versteht unter Durchlaßvermögen diejenige **Wettermenge**, welche bei 1 mm Depression durch das Grubengebäude gesaugt wird.

Die Aufstellung der Grubentemperamente macht keine Schwierigkeiten. Nach der Formel

$$\frac{V}{\sqrt{h}} = T \quad \text{ist} \quad h = \frac{1}{T^2} \cdot V^2,$$

d. h. man kann für einen bestimmten Wert von T, z. B. für $T = 3{,}0$, die Depression h als Funktion der sekundlichen Wettermenge V darstellen:

$$h = \frac{1}{3^2} \cdot V^2 = \frac{1}{9} \cdot V^2,$$

z. B. für $Q = 1000$ m³/min wird $V = \dfrac{1000}{60} = 16{,}67$ m³/sek und $h = \dfrac{1}{9} \cdot 16{,}67^2$

$$= 31 \text{ mm},$$

„	$Q = 2000$ „	wird $h =$	$4 \cdot 31 = 124$ mm,
„	$Q = 3000$ „	„ $h =$	$9 \cdot 31 = 279$ „
„	$Q = 4000$ „	„ $h =$	$16 \cdot 31 = 496$ „

In Abb. 421 sind die Werte bildlich dargestellt. Auf der Horizontalen werden die minutlichen Wettermengen Q und als Ordinaten die h-Werte aufgetragen. Verbindet man die Endpunkte der Ordinaten miteinander, so erhält man die als Grubentemperament $= 3{,}00$ bezeichnete parabelförmige Kurve, die bekannte Temperamentkurve. In gleicher Weise sind die Temperamentkurven

$$T = 4 \text{ bis } 22$$

gefunden. Man sieht, es entsteht wieder ein Strahlenbüschel von Kurven, das dem Strahlenbüschel der Abb. 420, welches die Grubenweiten-Kurven darstellt, durchaus ähnlich sieht.

Die Kennlinie des Ventilators kann in derselben Weise benutzt werden wie in Abb. 420. Es ist nur die Ventilatorkurve mit den Punkten *1*, *2*, *3* und *4* eingezeichnet. Man erhält aus den gemessenen Betriebspunkten *1*, *2*, *3* und *4* sofort die Grubentemperamentwerte.

Zeche	Q in m³/min	h in mm W. S.	Grubentemperament T
1 = Mont Cenis . . .	4000	220	4,50
2 = Holland 5	6650	280	6,63
3 = Minister Stein 1 .	11230	330	10,30
4 = de Wendel . . .	16500	310	15,70

Wir sehen, daß z. B. der Punkt *1* auf der Temperamentkurve 4,50 liegt, mithin ist das Grubentemperament dieser Zeche gleich 4,50, und so entspricht jedem $Q-h$-Punkt eine ganz bestimmte Temperamentkurve. Der Schnittpunkt der Ventilatorkennlinie mit der Temperamentkurve der betreffenden Grube liefert wieder den Betriebspunkt des Ventilators. Will z. B. die Zeche Minister Stein für ihr Gruben-

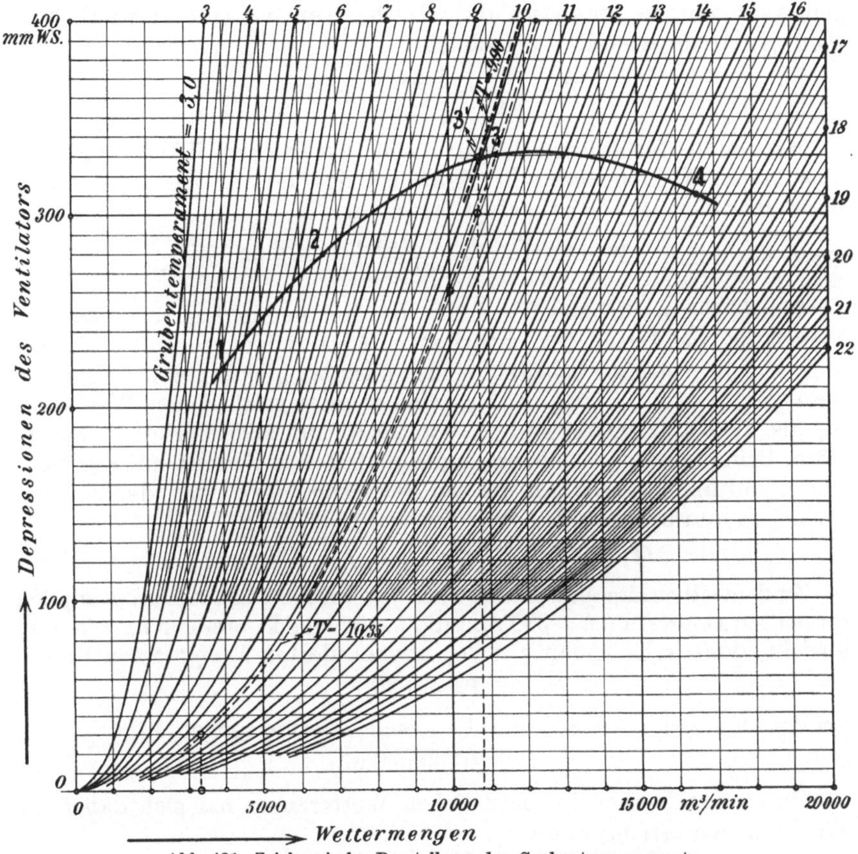

Abb. 421. Zeichnerische Darstellung der Grubentemperamente.

temperament 10,3 einen neuen Ventilator bestellen, so sucht sie in Abb. 421 die Temperaturkurve 10,3 auf und bringt diese zum Schnitt mit der Kennlinie des neuen Ventilators. Schnittpunkt ist Punkt *3*, d. h. Punkt *3* wird Betriebspunkt des Ventilators. Der Ventilator wird dann bei 330 mm Depression in der Minute $Q = 11\,230$ m³ liefern, so daß bei bekannter Ventilatorkennlinie die Liefermenge im voraus genau bestimmt werden kann.

Die Grubentemperamente werden verschieden groß, je nachdem ob man mit den reinen Ventilatordepressionen h oder bei Vorhandensein eines natürlichen Wetterzuges h_n mit der Gesamtdepression

$$h_g = h + h_n$$

rechnet. Der Einfluß des natürlichen Wetterzuges werde an einem Beispiel gezeigt.

Auf einer Grube ist der Ventilatorbetriebspunkt *3* mit $h = 330$ mm Ventilatordepression und

$$Q = 11300 \ \text{m}^3/\text{min} \quad \text{oder} \quad V = \frac{11300}{60} = 188,5 \ \text{m}^3/\text{sek}$$

gemessen worden, dann ist das Grubentemperament nach der Ventilatordepression errechnet

$$T = \frac{V}{\sqrt{h}} = \frac{188,5}{\sqrt{330}} = 10,35.$$

Hat man für diese Grube einen natürlichen Wetterzug von $h_n = 30$ mm W.S. festgestellt, dann ist das Grubentemperament nach der Gesamtdepression errechnet

$$T = \frac{V}{\sqrt{h + h_n}} = \frac{188,5}{\sqrt{330 + 30}} = 9,90.$$

Würde der natürliche Wetterzug im Sommer fehlen, so müßte der Ventilator die Arbeit des natürlichen Wetterzuges mit übernehmen, d. h. er würde stärker belastet werden oder bei gleicher Arbeitsleistung weniger Wetter bringen. Er arbeitet ohne natürlichen Wetterzug so, als ob das Temperament von 10,35 auf 9,90 verschlechtert wäre. Bringt man die Temperamentlinie 9,9 zum Schnitt mit der Ventilatorkennlinie, so erhalten wir den Betriebspunkt *3'*, d. h. der Ventilator liefert nun bei unveränderter Drehzahl nur noch

$$Q = 10700 \ \text{m}^3/\text{min} \quad \text{bei} \quad h = 228 \ \text{mm}.$$

Zu demselben Ergebnis kommt man, wenn man von der ursprünglich erreichten Depression $h = 330$ mm die natürliche Depression $h_n = 30$ mm abzieht, dann erhält man auf der unveränderten Temperamentlinie

$$T = 10,35$$

bei der Depression $h = 300$ mm die gleiche Wettermenge

$$Q = 10700 \ \text{m}^3/\text{min}.$$

Durch das Fehlen des natürlichen Wetterzuges hat sich daher die Wettermenge verringert um

$$11300 - 10700 = 600 \ \text{m}^3/\text{min}.$$

Mit natürlichem Wetterzug war die Wettermenge das

$$\frac{11300}{10700} = 1,055 \ \text{fache},$$

d. h. die Wettermenge war um **5,5 % größer**. Man sieht, der Ausfall ist so gering, daß er praktisch kaum fühlbar ist. Man sollte daher wegen der geringen Bedeutung des natürlichen Wetterzuges die Grubentemperamente grundsätzlich nur mit der Ventilatordepression errechnen, da die Bestimmung des natürlichen Wetterzuges ohnedies in den meisten Fällen nur recht unsicher möglich ist.

Setzt man den Ventilator still, dann hat der natürliche Wetterzug eine ganz andere Bedeutung. Das zeigt uns Abb. 421. Dann zeigt uns

die Temperamentlinie
$$T = 10{,}35 \quad \text{für} \quad h_n = 30 \text{ mm}$$
eine Wetterlieferung von
$$Q = 3200 \text{ m}^3/\text{min.}$$
Das ist auch ganz erklärlich, bei dieser geringen Wettergeschwindigkeit sind die Reibungswiderstände bedeutend geringer, so daß wir nun mit $h = 30$ mm W.S. eine ganz andere Wettermenge liefern, als wenn wir bei $h = 300$ mm die Depression auf $h = 330$ mm erhöhen.

Selbst bei sehr hohen Werten des natürlichen Wetterzuges ist der Ausfall nicht so bedeutend. Würde z. B
$$h_n = 70 \text{ mm W.S.,}$$
so würde der Ventilator, der bei diesem natürlichen Wetterzug mit der Ventilatordepression $h = 330$ mm W.S. (Punkt 3 der Abb. 421) arbeitet und $Q = 11300$ m³/min bringt, auf der $T = 10{,}3$ Temperamentlinie bei $h = 260$ mm W.S. nur noch $Q = 10000$ m³/min zeigen, das Lieferverhältnis ist dann
$$\frac{11300}{10000} = 1{,}13,$$

d. h. es werden 13 % weniger Wetter geliefert, trotzdem bei Stillstand des Ventilators ein natürlicher Wetterzug von 70 mm W.S.
$$Q = 5200 \text{ m}^3/\text{min}$$
liefern würde, denn die Temperamentkurve $T = 10{,}3$ zeigt diesen Wert bei $h = 70$ mm.

23. Das Streckentemperament.

Die Strecken sind Wetterwege, welche je nach Länge, Querschnitt und Ausbau dem durchgehenden Wetterstrom verschieden großen Widerstand entgegensetzen. Soll die Luft vom Querschnitt A nach dem

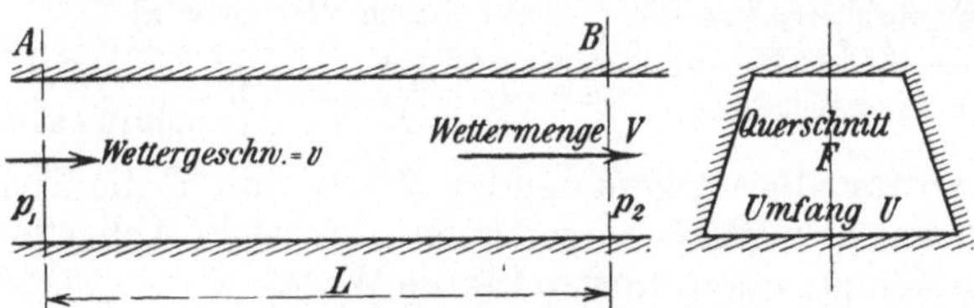

Abb. 422. Eine söhlige Strecke.

Querschnitt B (Abb. 422) strömen, so muß ein Druckgefälle vorhanden sein und zwar im gleichen Maße wie bei der Strömung des Wassers ein Höhengefälle vorhanden sein muß.

Setzt man den Druckunterschied
$$(p_1 - p_2) \text{ kg/m}^2 = h \text{ mm W.S.,}$$
so ist
$$h = k \cdot \frac{L \cdot U}{F} \cdot v^2.$$

Setzt man $v = \dfrac{V}{F}$, so ist

$$h = k \cdot \frac{L \cdot U}{F} \cdot \frac{V^2}{F^2} = k \cdot \frac{L \cdot U}{F^3} \cdot V^2 \quad \text{oder} \quad \frac{V}{\sqrt{h}} = \sqrt{\frac{F^3}{k \cdot L \cdot U}} = T.$$

Bei einem Wetterweg mit gleichbleibendem Querschnitt ist dieser Wert
eine konstante Größe, die — wie uns bereits bekannt ist — als Temperament bezeichnet wird. Kennt man die Reibungsziffer k, so kann
man nach der Gleichung

$$T = \sqrt{\frac{F^3}{k \cdot L \cdot U}}$$

das Temperament einer Strecke berechnen und darnach ihre Bewetterungsfähigkeit beurteilen. Es bedeuten

$F =$ Querschnitt der Strecke in m²,
$L =$ Länge der Strecke in m,
$U =$ Umfang des Streckenquerschnitts in m,
$k =$ Reibungsziffer.

Leider liegen neuere Versuchswerte über den Widerstand der Strecken
noch wenig vor, so daß man immer noch mit den von Murgue angegebenen Werten rechnet. Murgue gibt an

$k = 0,0016$ für Strecken in Türstockzimmerung,
$k = 0,0009$,,   ,,   im rohen Gestein,
$k = 0,0003$,,   ,,   mit glatter Ausmauerung.

Beispiel: Wie groß ist das Temperament der in Abb. 423 dargestellten Strecke
in Türstockzimmerung, wenn die Strecke 970 m lang ist?

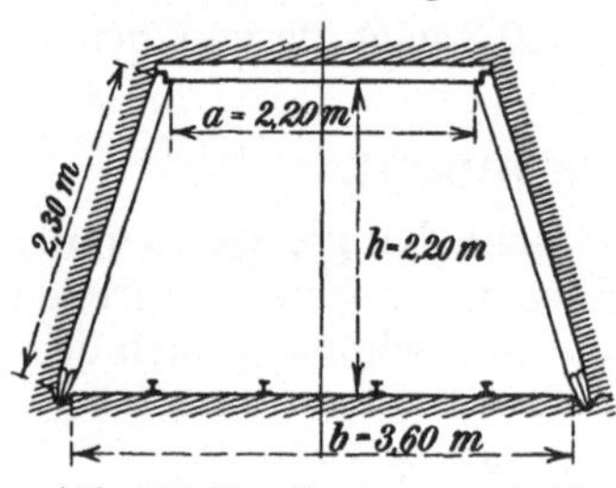

Abb. 423. Der Streckenquerschnitt.

Lösung: Der Querschnitt der Strecke ist

$$F = \frac{3,6 + 2,2}{2} \cdot 2,2 = 6,38 \text{ m}^2.$$

Der Umfang des Streckenquerschnittes ist

$$U = 2,2 + 3,6 + 2 \cdot 2,3 = 10,4 \text{ m},$$

ferner ist

$$L = 970 \text{ m} \quad \text{und} \quad k = 0,0016.$$

Mit diesen Werten wird

$$T = \sqrt{\frac{F^3}{k \cdot L \cdot U}} = \sqrt{\frac{6,38^3}{0,0016 \cdot 970 \cdot 10,4}} = 4,0.$$

Man kann für alle vorkommenden Werte von T die Temperamentkurven in bekannter Weise aufzeichnen. Das ist in Abb. 424 geschehen.
Sie zeigt die Temperamentkurven für die Werte

$$T = 0,7 \text{ bis } 6,2.$$

Man verfolge nun die Temperamentkurve $T = 4,0$ für die im vorstehenden Beispiel berechnete Strecke. Soll die Strecke

$$Q = 1000 \text{ m}^3/\text{min}$$

durchlassen, so zeigt die Temperamentkurve einen Druckhöhenverlust

$$h = 17,5 \text{ mm},$$

und soll die Wettermenge auf $Q = 2000$ m³/min gesteigert werden, so
steigt der Druckhöhenverlust auf

$$h = 60 \text{ mm}.$$

Beispiel: Wie groß ist das Streckentemperament, wenn die Strecke nur ein-
spurig ausgeführt wird?

Lösung:

$$\text{Streckenquerschnitt } F = \frac{6{,}38}{2} = 3{,}19 \text{ m}^2,$$

$$\text{Streckenumfang } U = \frac{10{,}4}{2} = 5{,}2 \text{ m}^2,$$

$$T = \sqrt{\frac{F^3}{k \cdot L \cdot U}} = \sqrt{\frac{3{,}19^3}{0{,}0016 \cdot 970 \cdot 5{,}2}} = 2{,}0.$$

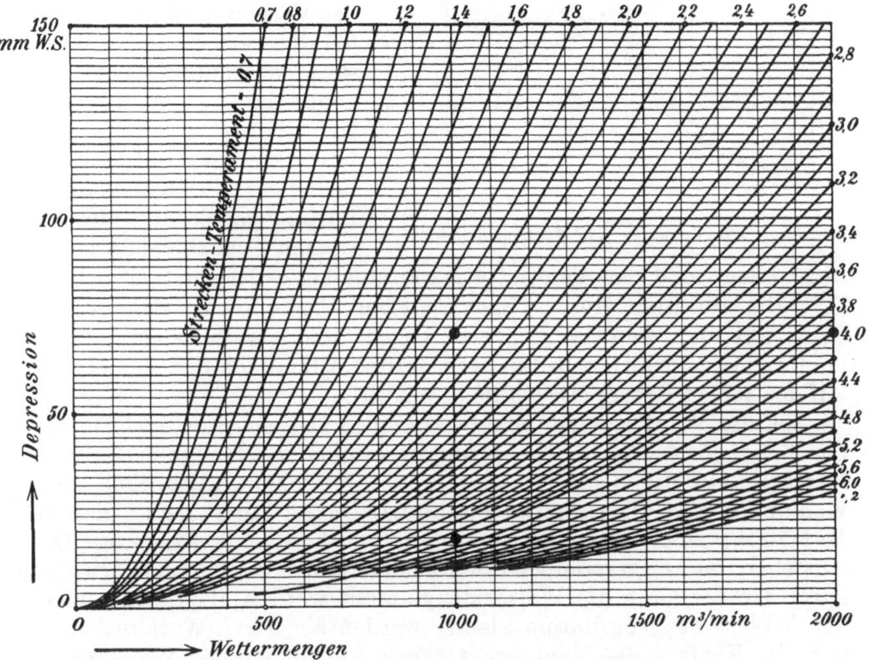

Abb. 424. Zeichnerische Darstellung der Streckentemperamente.

Aus dem Temperamentbild Abb. **424** lesen wir an Hand der Temperamentkurve $T = 2{,}0$ nun ab, daß für die Wettermenge $Q = 1000$ m³/min ein Druckhöhenverlust von $h = 70$ mm eintritt. Bei einem Streckenquerschnitt $F = 3{,}19$ m² ist für diese Wettermenge die Wettergeschwindigkeit bereits

$$v = \frac{Q}{60} : F = \frac{1000}{60} : 3{,}19 = 5{,}25 \text{ m/sek,}$$

woraus sich sofort der große Reibungsverlust von 70 mm Wassersäule erklärt.

In der Grube wird man das Temperament der einzelnen Strecken leicht durch Messung von V und h bestimmen können, indem man

$$T = \frac{V}{\sqrt{h}}$$

errechnet.

24. Das Ventilatorkennbild.

Wenn der Bergingenieur auch keine Ventilatoren zu bauen hat, so wird er sich doch mit den Betriebseigenschaften der Ventilatoren vertraut machen müssen. Er muß wissen, daß der Ventilator seine Liefer-

menge stets nach dem Widerstand einstellt, den er zu überwinden
hat. Würde man die Liefermengen auf der Horizontalen und die zugehörigen Druckhöhen, die der Ventilator überwindet, als Ordinaten
auftragen, so würde man nach Abb. 425 durch die Verbindung der
Ordinatenendpunkte eine
Kurve erhalten, welche uns
das Verhalten des Ventilators
bei den verschiedenen Widerständen kennzeichnet. Man
nennt daher diese Kurve die
Kennlinie des Ventila-
tors. Sie wird auf dem Ver-
suchsstand durch Messung der
Luftmengen Q und der statischen Druckhöhen h gewon-

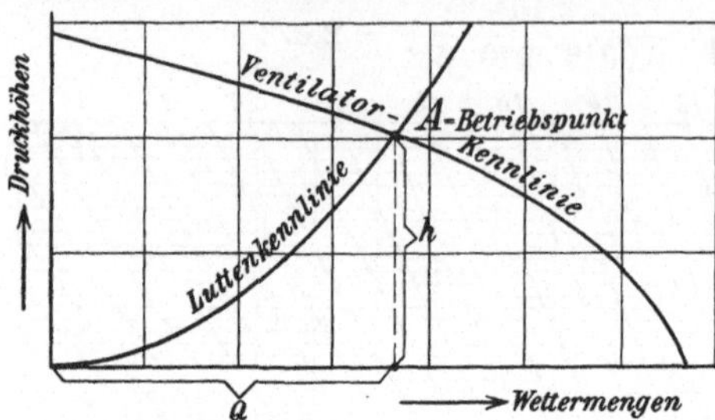

Abb. 425. Ventilator- und Luttenkennlinie.

nen, indem man den Ventilator gegen eine kurze Rohrleitung arbeiten
läßt, die am Ende durch einen Schieber abgeschlossen werden kann.
Man läßt den Ventilator zuerst gegen den geschlossenen Schieber
(Luftmenge = Null) arbeiten und öffnet allmählich den Schieber bis
auf den vollen Betrag (Druckhöhe = Null).

Soll der Ventilator auf eine bestimmte Lutte arbeiten, so lernt man
den Betriebszustand des Ventilators kennen, indem man in das Venti-
latorkennbild die Kennlinie der Lutte einzeichnet (Abb. 425). Beide
Kennlinien schneiden sich im Punkte A. Diesen Punkt nennt man den
Betriebspunkt, denn der Ventilator wird seine Wettermenge Q so
einstellen, daß er gerade noch den Widerstand h der Lutte überwinden
kann. Größer kann die Wettermenge nicht werden, denn sonst würde
der h-Wert des Ventilators kleiner werden als der h-Wert der Lutte,
d. h. die Kraft h des Ventilators würde kleiner als der Widerstand h
der Lutte werden. Das ist betrieblich nicht möglich, es muß der Gleichgewichtszustand

$$\text{Kraft} = \text{Widerstand}$$

vorherrschen, d. h. der Punkt A ist der einzige Punkt der Ventilatorkennlinie, der diese Gleichgewichtsforderung erfüllt.

In Abb. 426 ist dieser Vorgang an einem praktischen Beispiel gezeigt.
Wir sehen die Kennlinie eines Luftturbinenventilators von 500 mm
Raddurchmesser, der bei 4 atü mit einer Düse von 6 mm $\varnothing$ arbeitet.
Der Ventilator liefert bei geschlossenem Schieber die Wettermenge
$Q=0$ und die Druckhöhe $h=81{,}5$ mm, bei ganz geöffnetem Schieber
die Wettermenge $Q=140$ m³/min und die Druckhöhe $h=0$. Der Ventilator werde in eine Lutte von 500 mm $\varnothing$ und $L=500$ m Länge eingesetzt. Die Luttenkennlinie für $L=500$ m ist eingezeichnet. Sie schneidet die Ventilatorkennlinie im Punkte A, d. h. der Ventilator stellt sich
auf den Betriebspunkt A ein.

Der Betriebspunkt A sagt aus, daß der Ventilator in der Lutte die
Druckhöhe $h=44$ mm erzeugt und hierbei die Wettermenge

$$Q = 79 \text{ m}^3/\text{min}$$

liefert. Das gilt natürlich nur für eine absolute dichte Luttenleitung.

Erfahrungsgemäß sind die Lutten an den Einsteckenden undicht,
so daß bei 500 m Luttenlänge und 2 m Einzelrohrlänge im ganzen

$$\frac{500}{2} = 250 \text{ undichte Stellen}$$

entstehen. Was geschieht nun? Die undichten Stellen verursachen einen
Druckabfall, der praktisch gemessen werden kann. Man mißt z. B.
hinter dem Ventilator nur eine wirkliche Druckhöhe

$$h_w = 19{,}5 \text{ mm.}$$

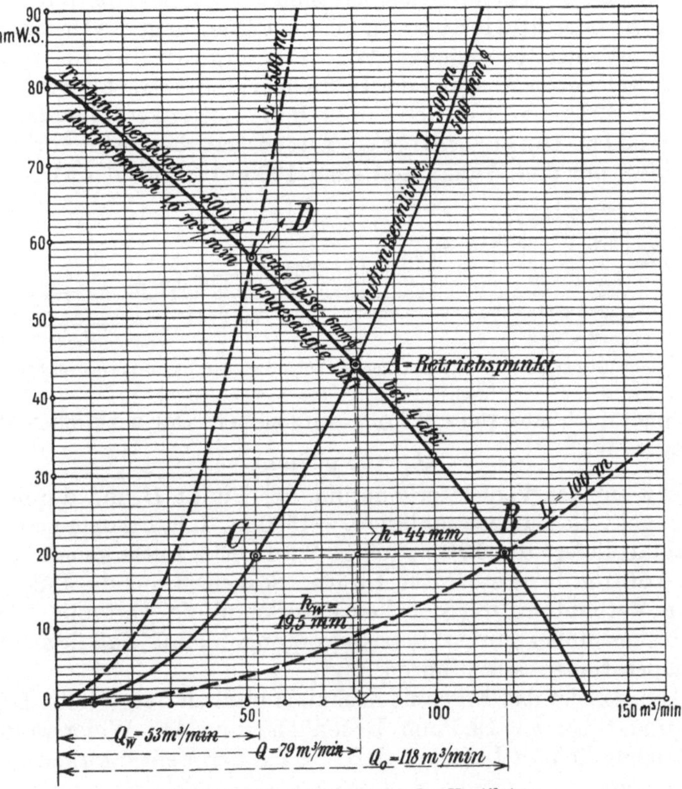

Abb. 426. Der Betriebspunkt des Ventilators.

Und nun stellt sich der Ventilator von selbst auf einen neuen Betriebspunkt ein. Dieser Betriebspunkt ist der Punkt B, der die Ordinate
$h_w = 19{,}5$ mm hat, d. h. der Ventilator wird der unvollkommenen Lutte
gerecht, indem er seine eingesaugte Wettermenge auf

$$Q_0 = 118 \text{ m}^3/\text{min}$$

steigert. Wo bleibt diese Wettermenge? Sie geht wahrscheinlich zum
großen Teil durch die 250 undichten Stellen verloren. Legt man durch
den Punkt B eine Horizontale, so schneidet diese die Luttenkennlinie
im Punkte C. Der Punkt C zeigt uns die Wettermenge

$$Q_w = 53 \text{ m}^3/\text{min,}$$

d. h. in der 500 m langen Lutte können bei dem Druck $h = 19{,}5$ mm höchstens 53 m³/min geliefert werden. Man kann also mit Sicherheit sagen, daß die ausströmende Wettermenge höchstens diesen Wert erreichen kann. Demnach würde der Lieferungsgrad der Lutte

$$\eta = \frac{53}{118} = 0{,}45$$

sein, d. h. nur 45% der eingesaugten Wettermenge kommt vor Ort an.

Es werden also **Druckmessungen** hinter dem Ventilator wertvollen Aufschluß geben über den betrieblichen Zustand der Lutte. Ob die Lutte **dicht** oder **undicht** ist, in beiden Fällen zeigt die Druckmessung hinter dem Ventilator diejenige **Wettermenge in der Luttenkennlinie** an, welche am Ausgang der Lutte höchstens erwartet werden kann.

In Abb. 426 geht durch den Punkt B die Luttenkennlinie $L = 100$ m, d. h. die **500 m lange undichte Lutte hat bei dem vorliegenden Druckabfall nur den Widerstand einer 100 m langen dichten Lutte.**

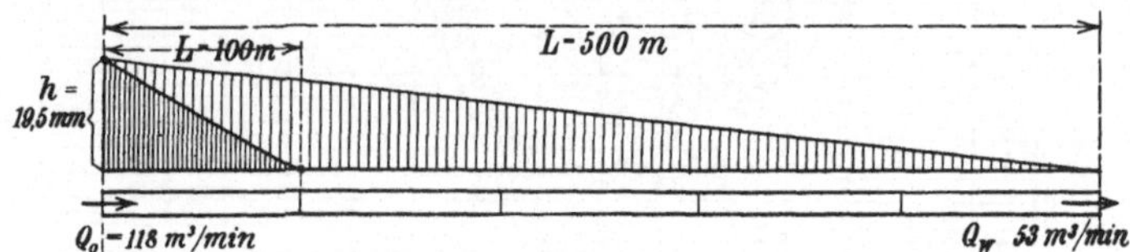

Abb. 427. Vergleich der 500 m langen, undichten Lutte mit der 100 m langen, dichten Lutte.

Wir können noch eine weitere Folgerung ziehen. Der wirklichen Wetterlieferung

$$Q_w = 53 \text{ m}^3/\text{min}$$

entspricht auf der Ventilatorkennlinie der Punkt D und durch diesen Punkt D geht die Luttenkennlinie $L = 1500$ m, d. h. bei dem gemessenen Druckabfall liefert die **500 m lange undichte Lutte** genau so wenig wie die **1500 m lange dichte Lutte.** So liefern uns die Luttenkennlinien in Verbindung mit der Ventilatorkennlinie wertvolle Einblicke in die bisher unbekannten Betriebsvorgänge, ohne daß irgendwelche Rechenoperationen auszuführen sind.

In Abb. 427 ist das Ergebnis nochmals bildlich dargestellt. Der Ventilator findet bei $h = 19{,}5$ mm Druckhöhe nur den Widerstand einer 100 m langen dichten Lutte, so daß er nach der Ventilatorkennlinie die Wettermenge

$$Q_0 = 118 \text{ m}^3/\text{min}$$

einsaugen muß. Bei dieser Druckhöhe könnte aber eine 500 m lange und dichte Lutte höchstens die Wettermenge

$$Q_w = 53 \text{ m}^3/\text{min}$$

liefern, so daß die Differenz dieser beiden Wettermengen unterwegs verloren gehen muß.

25. Physikalische Gesetze für trockene Luft.

Die Luft dehnt sich wie jedes Gas bei 1° Erwärmung um $\frac{1}{273} = \alpha$ ihres Anfangsvolumens aus. Dieser Wert ist der **Ausdehnungs-**

koeffizient der Luft, der für alle Temperaturlagen gültig ist. Ebenso wird bei Abkühlung der Luft ein Zusammenziehen erfolgen. Ist v_0 das Volumen bei 0^0, so ist z. B. das Volumen bei -1^0

$$v_1 = v_0 - \frac{1}{273} \cdot v_0.$$

Bei einer Temperatur von -273^0 würde daher sein

$$v_1 = v_0 - \frac{273}{273} \cdot v_0 = 0.$$

Wir sehen, daß bei -273^0 das Volumen Null geworden ist. Da wir Temperaturen aber nur durch Volumenänderung messen können, so haben wir bei -273^0 die tiefste Temperatur erreicht. Der absolute Nullpunkt unserer Temperaturmessung liegt daher bei -273^0.

Wird eine Luftmenge, die bei 0^0 das Volumen v_0 hat, auf t^0 erwärmt, so beträgt das neue Volumen, wenn die Spannung dieselbe geblieben ist,

$$v = v_0 + t \cdot \alpha \cdot v_0 = (1 + \alpha \cdot t) \cdot v_0.$$

Eine Luftmenge, die bei t^0 das Volumen v hat, hat bei 0^0 ein Volumen

$$v_0 = \frac{1}{1 + \alpha \cdot t} \cdot v.$$

Wird diese Luftmenge nun wieder auf $t_1{}^0$ erwärmt, so ist das neue Volumen

$$v_1 = \frac{1 + \alpha \cdot t_1}{1 + \alpha \cdot t} \cdot v = \frac{273 + t_1}{273 + t} \cdot v = \frac{T_1}{T} \cdot v \quad \text{oder} \quad v_1 : v = T_1 : T.$$

T_1 und T nennt man die absoluten Temperaturen, sie sind um 273^0 größer als die auf den gewöhnlichen Nullpunkt bezogenen Temperaturen.

Die abgeleitete Gleichung stellt das Gay-Lussacsche Gesetz dar, das aussagt:

„Bei gleichbleibender Spannung verhalten sich die Volumina wie ihre absoluten Temperaturen.“

Läßt man die Temperatur konstant und verändert die Spannung durch Volumenverminderung (Verdichtung), so wird

$$v_1 : v = p : p_1,$$

wenn p und p_1 die zugehörigen Drücke bedeuten. Dieses Gesetz ist das Mariottesche Gesetz, es sagt aus:

„Bei gleicher Temperatur verhalten sich die Volumina umgekehrt wie die Spannungen.“

Das Luftgewicht von 1 kg habe im Anfangszustand das Volumen v, die Spannung p und die absolute Temperatur T. Es soll eine Zustandsänderung bei konstanter Temperatur vor sich gehen, dann ist das neue Volumen

$$v_x = \frac{v \cdot p}{p_1}.$$

Von diesem Zustand an soll die Spannung p_1 konstant bleiben und die Temperatur auf T_1 steigen, dann ist das Endvolumen

$$v_1 = v_x \cdot \frac{T_1}{T}$$

oder, wenn für v_x der vorige Wert eingesetzt wird,

$$v_1 = \frac{v \cdot p}{p_1} \cdot \frac{T_1}{T},$$

$$\frac{v_1 \cdot p_1}{T_1} = \frac{v \cdot p}{T} = \text{konst.} = R \quad \text{oder} \quad v \cdot p = R \cdot T,$$

d. i. eine Gleichung, welche man als die allgemeine Zustandsgleichung der Gase bezeichnet. Kennt man die sogenannte Gaskonstante R, so kann man bei gleichzeitiger Änderung von Druck und Temperatur die Volumenänderung für jeden neuen Endzustand berechnen. Wir bestimmen die Gaskonstante für Luft.

1 m³ Luft wiegt bei 0⁰ und 1 kg/cm² = 735,5 mm Q.S. = 10000 kg/m² 1,25139 kg, also ist das Volumen von 1 kg Luft in diesem Zustand

$$v = \frac{1}{1,25139} = 0,79911 \text{ m}^3.$$

Mit diesen Werten wird

$$R = \frac{v \cdot p}{T} = \frac{0,79911 \cdot 10000}{273} = 29,272.$$

Und nun kann man nach der allgemeinen Zustandsgleichung für jeden anderen Luftzustand das Gewicht von 1 m³ Luft berechnen.

Beispiel: Wieviel wiegt 1 m³ Luft bei 630 mm Q.S.-Druck und 28⁰ C?

Lösung: Es sind, wenn 13,6 das spezifische Gewicht des Quecksilbers ist, 630 mm Q.S. = 630 · 13,6 = 8570 mm W.S. = 8570 kg/m². Wenn 1 kg Luft das Volumen v m³ hat, dann hat 1 m³ Luft das Gewicht

$$\gamma = \frac{1}{v} = \frac{p}{R \cdot T} = \frac{8570}{29,272 \cdot (273 + 28)},$$

$$\gamma = 0,972 \text{ kg/m}^3.$$

26. Feuchte Luft.

Bei allen Luftbewegungen handelt es sich immer um feuchte Luft. Feuchte Luft ist eine Mischung von trockener Luft und Wasserdampf, hierbei verhalten sich Luft und Wasserdampf so, als ob jeder Stoff allein den Raum ausfüllte. Jeder Raum kann bei einer bestimmten Temperatur nicht mehr als eine bestimmte Menge Wasserdampf aufnehmen. Ist diese Menge erreicht, so nennt man den Raum gesättigt und der ihn ausfüllende Wasserdampf heißt ebenfalls gesättigt. Ein Raum, welcher Luft enthält, vermag ebensoviel Wasserdampf aufzunehmen als ein gleich großer luftleerer Raum von derselben Temperatur, nur geschieht der Übergang im lufterfüllten Raum viel langsamer.

Wasser verwandelt sich schon bei gewöhnlicher Temperatur an der Wasseroberfläche in Dampf, der unsichtbar ist und in die umgebende Luft diffundiert. Der Übergang des flüssigen Wassers in Dampfform von der Oberfläche her heißt Verdunstung. Dieses Verdunsten geschieht um so rascher, je höher die Temperatur der Umgebung ist.

Für gewöhnliche Temperaturen sind die Spannkräfte der gesättigten Dämpfe kleiner als der Atmosphärendruck. Die Dämpfe können daher nicht aus dem Innern des Wassers entweichen, weil sie die Flüssigkeit und den darauf lastenden Atmosphärendruck zu überwinden haben und sich im Entstehen sofort wieder verdichten.

Steigert man aber die Temperatur z. B. auf 100⁰, so ist die Spannkraft der gesättigten Dämpfe so groß wie der äußere Druck geworden, und nun beginnt die Dampfbildung von innen heraus, das Wasser verdampft. Man nennt diesen Druck den Sättigungsdruck des

Wasserdampfes, er beträgt demnach bei 100⁰, in Quecksilber gemessen, 760 mm. Und nun folgern wir hieraus, daß dieser Zustand viel früher erreicht wird, wenn wir die Oberfläche vom Druck entlasten.

Das ist in Abb. 428 gezeigt. Auf der Wasseroberfläche ruht ein Kolben. Zieht man den Kolben hoch, so entsteht durch Verdunstung ein mit Wasserdampf erfüllter Raum,

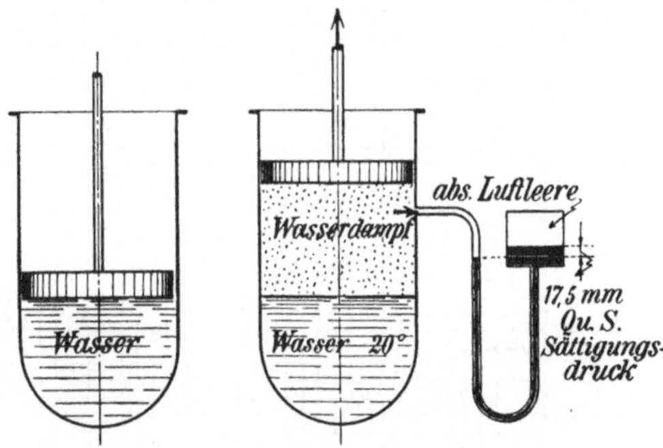

Abb. 428. Verdampfung im luftverdünnten Raum.

und bei einer bestimmten Kolbenstellung bemerkt man, daß das Wasser zu kochen beginnt, d. h. verdampft. In diesem Augenblick ist der äußere Druck des freigelegten Raumes gleich der Spannkraft des gesättigten Wasserdampfes geworden. Zieht man den Kolben weiter hoch, so bleibt dieser Druck konstant erhalten, das Wasser füllt entsprechend der Volumenvergrößerung den Raum durch Wasserdampf sofort aus.

Hat das Wasser z. B. eine Temperatur von 20⁰, so würde man an einem Quecksilbermanometer den Druck 17,5 mm messen. Dieser Druck ist der Sättigungsdruck des Wassers bei 20⁰. So entspricht jeder Temperatur ein bestimmter Sättigungsdruck, wie nachstehende Zahlenreihe zeigt:

$t =$	0⁰	20⁰	40⁰	60⁰	90⁰	100⁰
$p_s =$	4,6	17,5	55,3	149	355	760 mm Q.S.

27. Hypsometer oder Thermo-Barometer.

Auf Grund der genauen Tabellen über den Sättigungsdruck des Wasserdampfes kann man aus der Siedetemperatur auf den Barometerstand oder den Luftdruck, der an der Meßstelle herrscht, schließen. Apparate, welche diesem Zwecke dienen, heißen Thermo-Barometer oder Hypsometer. Sie bestehen in der Hauptsache aus einem fein geteilten Thermometer, das im Dampf eines kochenden Wasserraumes steht. In Abb. 429 ist der Dampf in der durch die Pfeile angedeuteten Richtung geleitet, um das Thermometer vor Abkühlung zu schützen. Die Sättigungsdrücke der einzelnen Siedetemperaturen sind aus Abb. 430 zu entnehmen.

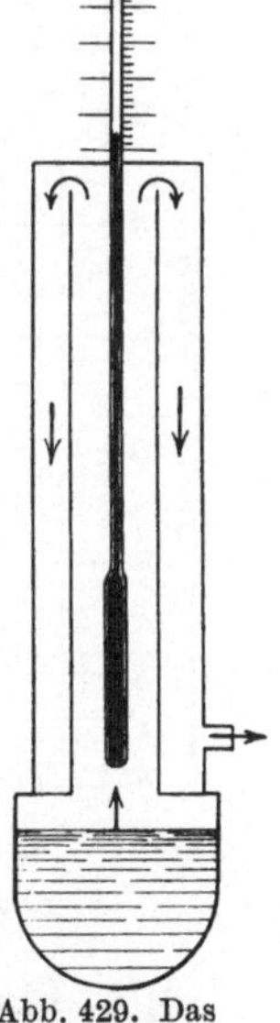

Abb. 429. Das Hypsometer.

Sie zeigt auf der Horizontalen die Temperaturwerte 97⁰ bis 103⁰ abgetragen und zwar so, daß man noch $^1/_{20}$⁰ ablesen kann. Als Ordinaten
sind die Sättigungsdrücke abgetragen, die Verbindungslinie der Ordinatenendpunkte ergibt eine sehr flach verlaufende Kurve, also fast eine
gerade Linie.

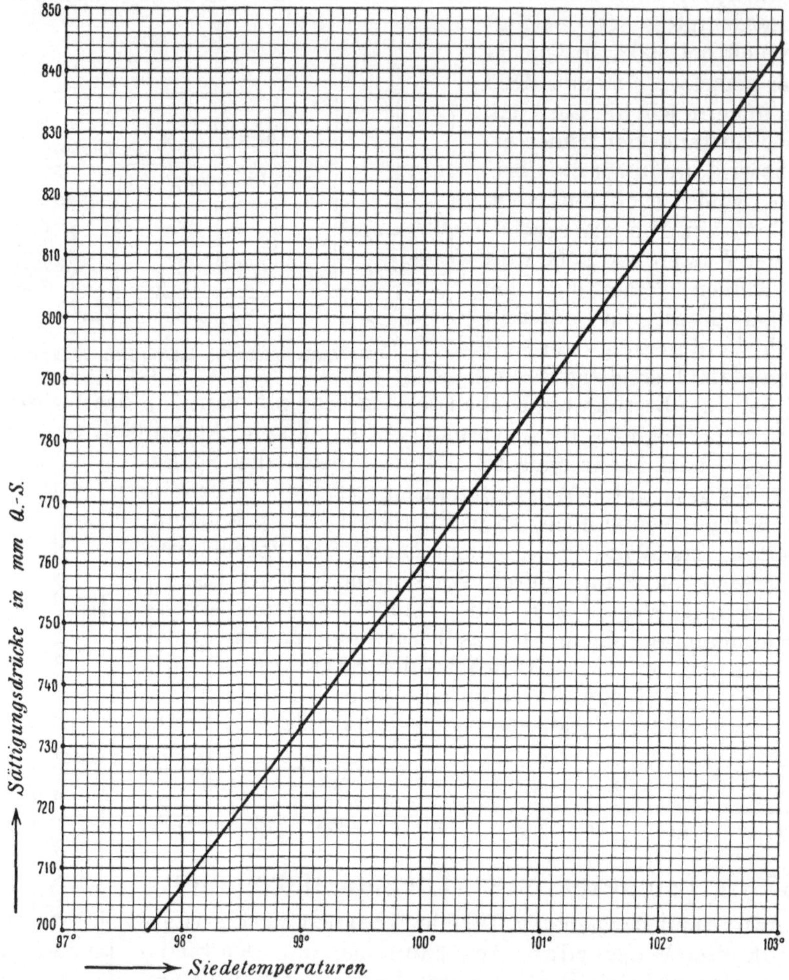

Abb. 430. Die Siedetemperatur des Wassers als Abhängige vom Luftdruck.

28. Das Messen von Strömungswiderständen im Grubengebäude.

Das Hypsometer findet immer mehr Anwendung zum Messen von
Strömungswiderständen im Grubengebäude, da man sehr geringe
Spannungsdifferenzen mit großer Genauigkeit messen kann. Das
Wasserbad wird durch eine elektrische Heizschlange erwärmt, die von

einem Akkumulator den Strom erhält. In der Regel ist dann das Thermometer mit einer Druckskala anstatt mit einer Temperaturskala versehen.

a) Der horizontale Wetterweg.

Es soll der Strömungswiderstand einer horizontalen Strecke
(Abb. 431) gemessen werden. Nach dem Satz von Bernoulli muß in
jedem Querschnitt der Strecke die Energie der Strömung konstant sein.
Die Energie setzt sich aus drei Teilenergien zusammen. Diese sind

1. die Energie des Druckes, statischer Druck $= E_1$,
2. die kinetische Energie, dynamischer Druck $= E_2$,
3. die Energie der Lage, geodätische Höhendifferenz $= E_3$.

Diese Energie wird in dem zweiten Querschnitt noch um die verbrauchte
Reibungsenergie E_w vermehrt.

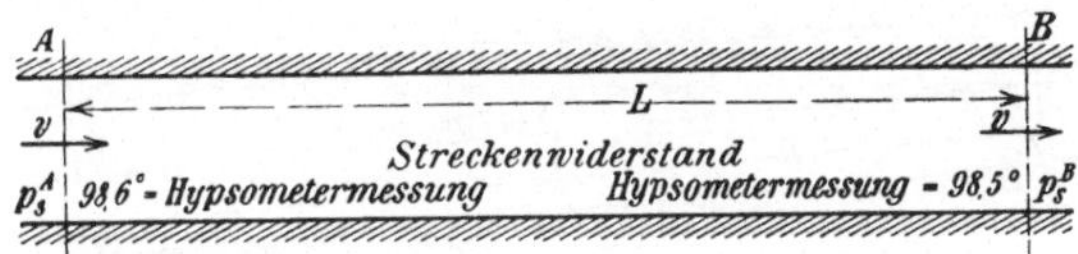

Abb. 431. Streckenwiderstandsmessung bei söhliger Strecke.

In unserm Beispiel ist in beiden Querschnitten, da der Querschnitt
konstant bleibt, die kinetische Energie gleich, und, da die Höhenlage
dieselbe bleibt, ist die Energie der Lage auch gleich. Sie fallen daher als
gleiche Größen, welche auf beiden Seiten einer Gleichung stehen, aus
der Rechnung heraus, und es muß sein

$$E_1^A = E_1^B + E_w \quad \text{oder} \quad E_w = E_1^A - E_1^B.$$

Die Energien werden durch Druckhöhen gemessen. Im Querschnitt A sei mittels des Hypsometer gemessen

Siedetemperatur $= 98{,}6°$, entsprechend $p_s^A = 722{,}8$ mm Q.S. $= E_1^A$
im Querschnit B sei gemessen

Siedetemperatur $= 98{,}5°$, entsprechend $p_s^B = 720$ mm Q.S. $= E_1^B$.
Also ist die Widerstandsenergie

$$E_w = E_1^A - E_1^B = 722{,}8 - 720 = 2{,}8 \text{ mm Q.S.}$$
$$= 2{,}8 \cdot 13{,}6 = 38{,}1 \text{ mm W.S.}$$

Der Reibungswiderstand der Strecke ist also

$$h = 38{,}1 \text{ mm W.S.}$$

Eine gleichzeitig vorgenommene Wettermessung hat ergeben

$$Q = 1200 \text{ m}^3/\text{min} \quad \text{oder} \quad V = \frac{1200}{60} = 20 \text{ m}^3/\text{sek.}$$

Hieraus berechnet man das Temperament der Strecke

$$T = \frac{V}{\sqrt{h}} = \frac{20}{\sqrt{38{,}1}} = 3{,}24.$$

Die Strecke habe folgende Größenverhältnisse

$$F = 6 \text{ m}^2, \quad U = 10 \text{ m} \quad \text{und} \quad L = 1030 \text{ m}.$$

Durch Umstellung der bekannten Gleichung

$$T = \sqrt{\frac{F^3}{k \cdot L \cdot U}}$$

läßt sich der Reibungsbeiwert der Strecke berechnen

$$k = \frac{F^3}{T^2 \cdot L \cdot U} = \frac{6^3}{3,24^2 \cdot 1030 \cdot 10} = 0,0020.$$

b) Der Wetterstrom im Wetterweg mit Gefälle.

Dieselbe Strecke werde, wie Abb. 432 zeigt, mit Gefälle angenommen. Der Höhenunterschied der beiden Meßpunkte sei

$$z = 10 \text{ m}.$$

Man stellt für die Meßquerschnitte A und B die Energiebeträge auf.

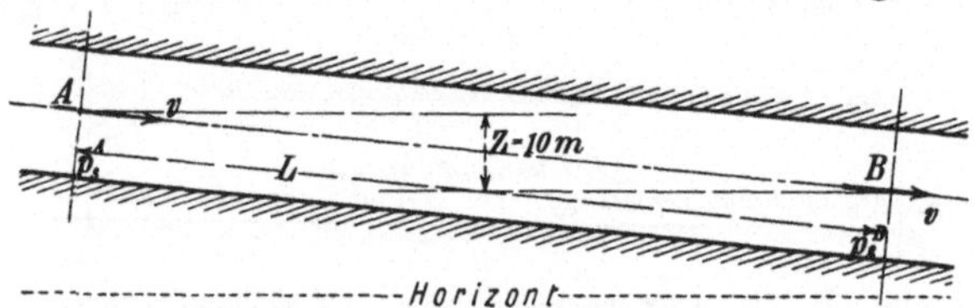

Abb. 432. Der Streckenwiderstand im Gefälle eines Wetterweges.

a) Anfangslage A: Die Gesamtenergie umfaßt folgende Einzelenergien:

1. die Energie des Drucks $E_1 = p_s^A$,

2. die kinetische Energie $E_2 = \dfrac{v^2}{2\,g}$ Meter Luftsäule $= H$,

$$= H \cdot \gamma \text{ mm Wassersäule } (\gamma = \text{Raumgewicht der Luft}),$$

$$= \frac{H \cdot \gamma}{13,6} \text{ mm Quecksilber } = h_d,$$

3. die Energie der Lage $= E_3 = z_1$.

Das Luftteilchen muß von A bis B noch die geodätische Höhe z durchfallen, also kann mit dieser Fallhöhe noch Arbeit geleistet werden. Es ist

$$E_3 = z_1 \text{ Meter Luftsäule } = 10 \cdot \gamma = 10 \cdot 1,25 = 12,5 \text{ mm W.S.},$$

$$= \frac{12,5}{13,6} = 0,92 \text{ mm Q.S.}$$

b) Endlage B:

1. die Energie des Drucks $E_1 = p_s^B$,
2. die kinetische Energie $\quad E_2 = h_d$,
3. die Energie der Lage $\quad E_3 = 0$.

Hier kommt noch die zur Überwindung des Reibungswiderstandes der Strecke verbrauchte Energie hinzu, die Energie E_w.

Nach Bernoulli muß für beide Querschnitte die Summe der Energien konstant sein, also ist

$$\underbrace{E_1 + E_2 + E_3}_{\text{Anfangslage } A} = \underbrace{E_1 + E_2 + E_3 + E_w}_{\text{Endlage } B},$$

$$p_s^A + h_d + z = p_s^B + h_d + 0 + E_w,$$

E_w = Reibungswiderstandshöhe $h = (p_s^A - p_s^B) + (h_d - h_d) + z$.

Es sei, wie im vorigen Beispiel, gemessen worden

$$p_s^A = 722{,}8 \text{ mm Q.S.} \quad \text{und} \quad p_s^B = 720 \text{ mm Q.S.},$$

dann ist

$$h = (722{,}8 - 720) + 0 + 0{,}92 = 3{,}72 \text{ mm Q.S.}$$

$$\text{oder} \quad h = 3{,}72 \cdot 13{,}6 = \mathbf{50{,}6 \ W.S.}$$

Gleichzeitig sei wieder gemessen worden

$$\text{Wettermenge } V = 20 \text{ m}^3/\text{sek.}$$

Mit diesen Werten errechnet sich das Temperament der Strecke zu

$$T = \frac{V}{\sqrt{h}} = \frac{20}{\sqrt{50{,}6}} = \mathbf{2{,}82}$$

und der Reibungsbeiwert der Strecke

$$k = \frac{F^3}{T^2 \cdot L \cdot U} = \frac{6^3}{2{,}82^2 \cdot 1030 \cdot 10} = 0{,}00264.$$

c) Der Wetterstrom im Wetterweg mit Steigung.

Es werde wieder dieselbe Strecke untersucht, und zwar, wie Abb. 433 zeigt, mit demselben Höhenunterschied

$$z = 10 \text{ m}$$

als Steigung für den Wetterstrom.

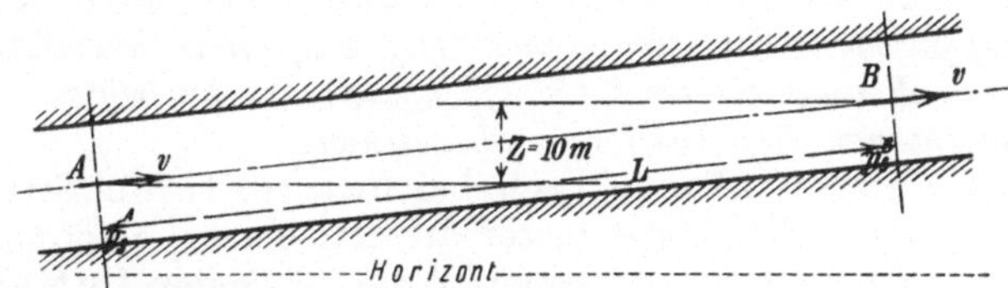

Abb. 433. Widerstandsmessung im steigenden Wetterstrom.

a) **Anfangslage** A: Die Gesamtenergie umfaßt folgende Einzelenergien:
1. die Energie des Drucks $E_1 = p_s^A$,
2. die kinetische Energie $E_2 = h_d$,
3. die Energie der Lage E_3.

Das Luftteilchen muß von A um die Höhe z nach B gehoben werden, d. h. es wird für diese Arbeit Energie verbraucht. Die geodätische Höhe z ist in Abzug zu bringen, mithin ist die Summe aller Energien

$$E_1 + E_2 + E_3 = p_s^A + h_d - z.$$

b) **Endlage** B: Es sind die Einzelenergien:
1. die Energie des Drucks $B_1 = p_s^B$,
2. die kinetische Energie $E_2 = h_d$,
3. die Energie der Lage $E_3 = 0$.

Hier kommt wieder die verbrauchte Energie zur Überwindung des Streckenwiderstandes hinzu, die Energie E_w. Die Summe aller Energien ist

$$E_1 + E_2 + E_3 + E_w = p_s^B + h_d + 0 + E_w.$$

Nach Bernoulli muß für beide Querschnitte die Summe der Energien konstant sein, also ist

$$p_s^A + h_d - z = p_s^B + h_d + 0 + E_w,$$
$$E_w = h = (p_s^A - p_s^B) + (h_d - h_d) - z$$
$$= 2{,}8 \qquad + \qquad 0 \qquad - 0{,}92 = 1{,}88 \text{ mm Q.S.}$$

oder $\qquad\qquad h = 1{,}88 \cdot 13{,}6 = \mathbf{25{,}6 \text{ mm W.S.}}$

Es sei wieder gemessen worden

$$V = 20 \text{ m}^3/\text{sek},$$

dann ist das Streckentemperament

$$T = \frac{V}{\sqrt{h}} = \frac{20}{\sqrt{25{,}6}} = \mathbf{3{,}96}$$

und der Reibungsbeiwert der Strecke

$$k = \frac{F^3}{T^2 \cdot L \cdot U} = \frac{6^3}{3{,}96^2 \cdot 1030 \cdot 10} = \mathbf{0{,}00134.}$$

Man muß Gefälle und Steigung der Strecken bei solchen Messungen berücksichtigen, sonst erhält man bedeutende Fehler. Das merke man sich durch folgende **Regel:**

Bei fallendem Wetterstrom ist die durchfallene Höhe zwischen den beiden Meßpunkten der gemessenen Druckdifferenz hinzuzufügen, bei steigendem Wetterstrom ist die Steighöhe zwischen den beiden Meßpunkten von der gemessenen Druckdifferenz abzuziehen.

Fehlmessungen können auch bei horizontalen Strecken entstehen, wenn man das Hypsometer an den beiden Meßquerschnitten verschieden hoch hält beim Messen. Wenn H Meter Luftsäule vom spezifischen Gewicht γ gleichwertig sein sollen einer **Wassersäule** von h Meter, so muß die Bedingungsgleichung gelten

$$h \cdot \gamma_w = H \cdot \gamma \quad \text{oder} \quad h = \frac{H \cdot \gamma}{\gamma_w}.$$

Setzt man $H = 1$ m, $\gamma = 1{,}25$ kg/m³, so ist

$$h = \frac{1 \cdot 1{,}25}{1000} = 0{,}00125 \text{ m} = 1{,}25 \text{ mm W.S.,}$$

d. h. 1 m Höhenunterschied des Instruments bringt bereits einen Fehler von **1,25 mm W.S.**

29. Der natürliche Wetterzug.

Ein natürliches Mittel, Zug zu erzeugen, besitzen wir im **Auftrieb der Luft.** Der Auftrieb entsteht durch das verschiedene Gewicht zweier gleich hohen Luftsäulen. Die Differenz der Gewichte liefert den Auftrieb der Luft.

Wenn im einziehenden Schacht das mittlere spezifische Gewicht der Wettersäule

$$\gamma_e = 1,261 \text{ kg/m}^3$$

ist, so heißt das, die Luftsäule von 1 m Höhe übt auf 1 m² Grundfläche den Druck von 1,261 kg aus, d. h. es ist der Bodendruck

$$p_e = 1,261 \text{ mm W. S.}$$

Bei einem mittleren spezifischen Gewicht der ausziehenden Wettersäule von

$$\gamma_a = 1,146 \text{ kg/m}^3$$

ist dementsprechend der Bodendruck

$$p_a = 1,146 \text{ mm W. S.}$$

Die Differenz der beiden Drücke liefert die für $H = 1$ m Luftsäulenhöhe erzeugte Auftriebsgröße

$$p_e - p_a = 1,261 - 1,146 = 0,115 \text{ mm W. S.}$$

Für H Meter Luftsäule ist der Auftrieb oder der natürliche Zug

$$h_n = (p_e - p_a) \cdot H,$$

z. B. ist dann für $H = 800$ m Teufe der natürliche Zug

$$h_n = 0,115 \cdot 800 = 92 \text{ mm W. S.}$$

Besonders günstig wirken im ausziehenden Schacht Druckluftleitungen, welche warme Druckluft in den Schacht führen, oder Dampfleitungen, sie erwärmen die ausziehenden Wetter und verstärken den Auftrieb. Würden solche Leitungen im einziehenden Schacht liegen, so würden sie den natürlichen Zug verschlechtern.

Kann man den natürlichen Wetterzug messen?

Diese Frage ist an Hand der Abb. 434 zu beantworten. Der ausziehende Schacht wirkt wie ein Schornstein. Der Schornsteinzug läßt sich immer nur am Fuß des Schornsteins messen, niemals aber an der Mündung. Messen wir daher im Saugkanal des Ventilators über Tage den Zug oder die Depression, so wird der natürliche Zug nicht mitgemessen. Die gemessene Depression ist daher die reine Ventilatordepression.

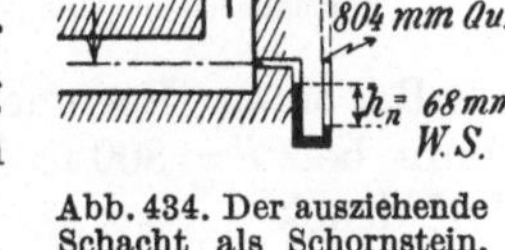

Abb. 434. Der ausziehende Schacht als Schornstein.

Man stelle sich vor, der ausziehende Schacht sei ein Schornstein, dann könnte man am Fuß des Schornsteins ein Wassermanometer ansetzen und den natürlichen Zug h_n messen. Der offene Schenkel des Wassermanometers ist durch den Atmosphärendruck belastet. Unter Annahme eines Barometerstandes

$$B = 730 \text{ mm Q. S.}$$

an der Mündung, würde bei $\gamma_e = 1,261$ kg/m³ Raumgewicht der äußeren Luftsäule unten der Druck um

$$\frac{800 \cdot 1,261}{13,6} = 74 \text{ mm Q.S.}$$

höher sein, d. h. unten würde der offene Schenkel mit dem Atmosphärendruck
$$730 + 74 = 804 \text{ mm Q.S.}$$

belastet sein. Beim Schacht habe ich aber unten keinen offenen Schenkel am Wassermanometer, man müßte, um wie beim Schornstein zu
messen, den offenen Schenkel bis über Tage hochführen. Das ist praktisch
natürlich nicht ausführbar. Man kann aber bei abgestelltem Ventilator unten im Schacht mit dem Hypsometer messen, wie Abb. 435
zeigt.

Der ausziehende Schacht müßte bei stillgesetztem Ventilator für
diese Messung unten gegen den einziehenden Schacht abgeschlossen
werden. In ihm steht eine Luftsäule vom mittleren spezifischen Gewicht
$$\gamma_a = 1{,}146 \text{ kg/m}^3.$$

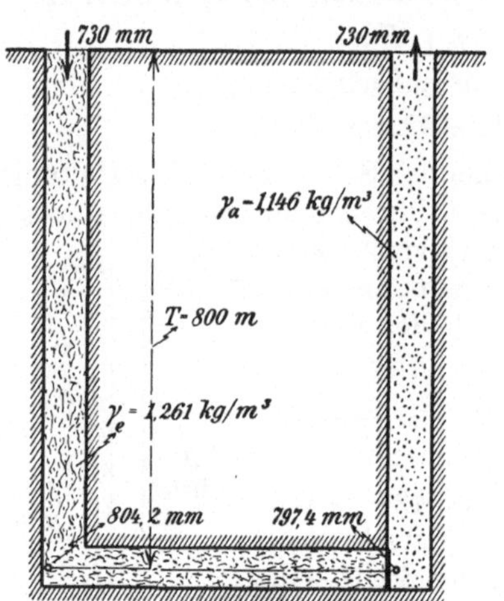

Abb. 435. Messung des natürlichen
Wetterzuges durch Druckmessung der
ruhenden Schachtsäulen unter Tage.

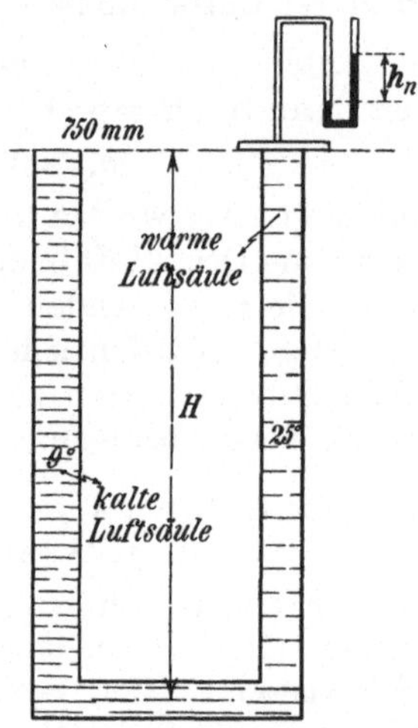

Abb. 436. Messung des natürlichen
Wetterzuges durch Druckmessung auf dem Schachtdeckel.

Bei einem Barometerstand von $B = 730$ mm über Tage würde man
dann bei $T = 800$ m Teufe am Fuß des ausziehenden Schachtes den
Luftdruck
$$B = 730 + \frac{800 \cdot 1{,}146}{13{,}6} = 797{,}4 \text{ mm}$$

messen.

Im einziehenden Schacht ist bei demselben Barometerdruck der
Luftdruck unten
$$B' = 730 + \frac{800 \cdot 1{,}261}{13{,}6} = 804{,}2 \text{ mm.}$$

Die Differenz beider Luftdrücke ist der Auftrieb der Luft, er hat
die Größe
$$h_n = B' - B = 804{,}2 - 797{,}4 = 6{,}8 \text{ mm Q.S.}$$
$$= 6{,}8 \cdot 13{,}6 = \mathbf{92 \text{ mm W.S.}}$$

Man hat noch eine andere Möglichkeit, den natürlichen Wetterzug
zu messen, das zeigt Abb. 436. Es wird bei stillgesetztem Ventilator der

ausziehende Schacht oben durch einen Deckel luftdicht abgeschlossen und durch ein Wassermanometer der statische Druck gemessen, den die Auftriebssäule gegen den Deckel ausübt. Diese Wassermanometerhöhe würde den **natürlichen Wetterzug** darstellen.

Beide Messungen sind ungenau, denn der Ventilator stellt einen anderen Betriebszustand her, er verdünnt die Luftsäule, so daß der natürliche Wetterzug des Betriebszustandes **größer** sein wird.

30. Der Strömungswiderstand der Schächte.

In Abb. 437 ist das einfachste Bild einer Schachtanlage dargestellt, um das Prinzip der Messung und Rechnung zu zeigen, links der einziehende Schacht, rechts der ausziehende Schacht, dazwischen durch eine Drosselöffnung dargestellt der Grubenwiderstand.

Die rechnerische Verfolgung der Strömungswiderstände wird am einfachsten, wenn man in derselben Weise wie bei der Wasserströmung **zwei Niveauflächen** bildet, deren Abstand die zur Verfügung stehende **potentielle Gesamtenergie** E darstellt. Man macht sich von der üblichen Anschauung eines vom Ventilator hergestellten Unterdrucks oder negativen Druckes frei, indem man sich vorstellt, daß der Ventilator eine **Druckdifferenz** erzeugt, so daß die Luft von dem Ort höheren Druckes nach dem Ort niedrigen Druckes strömen muß. Die Ventilatordepression betrage z. B.

$$h = 340 \text{ mm W.S.}$$

bei einem Barometerstand von $B = 730$ mm Q.S., ferner sei im einziehenden Schacht ein mittleres Raumgewicht der Wettersäule von

$$\gamma_e = 1{,}261 \text{ kg/m}^3$$

und im ausziehenden Schacht ein mittleres Raumgewicht von

$$\gamma_a = 1{,}146 \text{ kg/m}^3$$

festgestellt. Mit diesen Werten baut man die **strömende Wettersäule** auf. Zunächst verwandelt man die Ventilatordepression h in eine Luftsäulenhöhe von H Meter.

$$h = H \cdot \gamma_e \quad \text{oder} \quad H = \frac{h}{\gamma_e} = \frac{340}{1{,}261} = 270 \text{ m Luftsäule.}$$

Man setzt, wie Abb. 437 zeigt, auf den einziehenden Schacht die Luftsäulenhöhe H auf und erhält damit die Niveaufläche A. Nun denkt man sich einen Hochbehälter, aus dem die Luft unter dem konstanten Spiegel der Niveaufläche A abfließt. Die Rasenhängebank würde die Niveaufläche B darstellen. Hier ist der Ort niedrigen Drucks. Die Depression

$$h = 340 \text{ mm W.S.}$$

entspricht einer Quecksilbersäulenhöhe

$$h = \frac{340}{13{,}6} = 25 \text{ mm,}$$

d. h. die Niveaufläche B entspricht dem Barometerdruck

$$B - 730 - 25 = 705 \text{ mm.}$$

Die Luft strömt nun von der oberen Niveaufläche durch den Schacht nach der unteren Niveaufläche ab.

Dieser Betriebszustand würde richtig sein, wenn die Grube ohne natürlichen Wetterzug arbeiten würde. Sie arbeitet aber mit natürlichem Wetterzug, denn im ausziehenden Schacht ist das Raumgewicht der Wettersäule kleiner als im einziehenden, und deshalb stellt sich bei

$$T = 800 \text{ m Teufe}$$

ein natürlicher Zug ein von der Größe

$$h_n = (\gamma_e - \gamma_a) \cdot T$$
$$= (1{,}261 - 1{,}146) \cdot 800$$
$$= \mathbf{92 \text{ mm W.S.}}$$

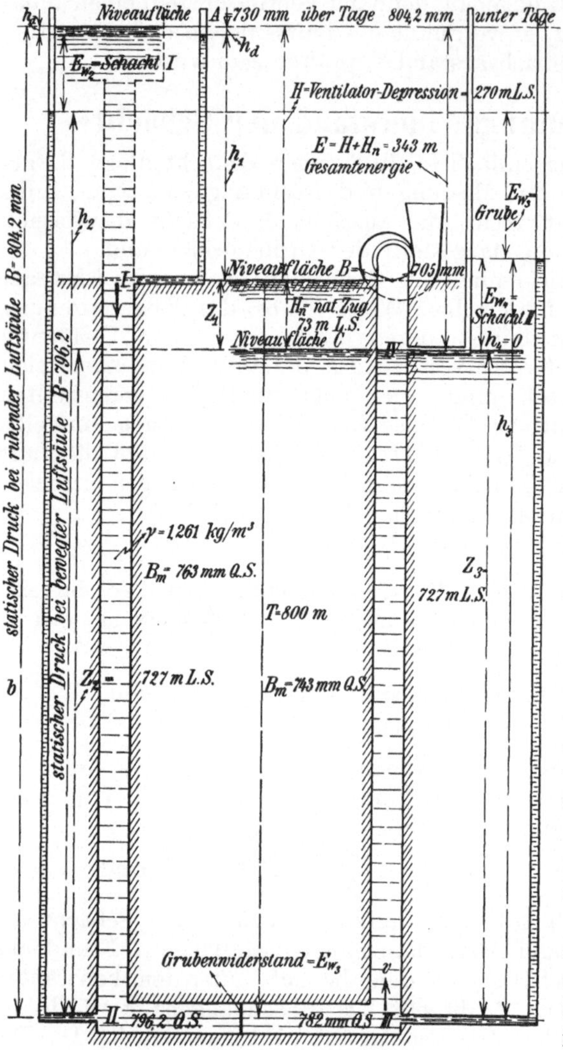

Um dieselben Verhältnisse wie bei Wasserströmung zu haben, gibt man der ganzen Wettersäule das mittlere spezifische Gewicht $\gamma_e = 1{,}261$ des einziehenden Schachtes und berücksichtigt das kleinere Gewicht der ausziehenden Wettersäule, indem man die Wettersäulenhöhe des ausziehenden Schachtes kleiner macht. Das Maß der Verkleinerung ist durch den ausgerechneten natürlichen Zug h_n gegeben, den man in Luftsäulenhöhe verwandeln muß.

Abb. 437. Der Strömungswiderstand eines ganzen Wetterweges.

$$H_n = \frac{h_n}{\gamma_e} = \frac{92}{1{,}261} = 73 \text{ m Luftsäule.}$$

Es steht also darnach die Gegendruckluftsäule im ausziehenden Schacht nicht bis zur Rasenhängebank, sondern um die Höhe $H_n = 73$ m tiefer. Hier liegt die Niveaufläche C, d. h. die Luft fällt nicht bis zur

Niveaufläche B, sondern infolge des natürlichen Wetterzuges fällt sie bis zur Niveaufläche C. Die gesamte potentielle Energie wird durch das Luftsäulengefälle

$$E = H + H_n = 270 + 73 = 343 \text{ m}$$

in der Zeichnung zum Ausdruck gebracht.

Die Berechnung der Strömungswiderstände der einzelnen Teilstrecken des Wetterweges erfolgt nach dem Satz von Bernoulli, welcher aussagt:

Auf dem ganzen Wetterweg muß in jedem Querschnitt die Summe der Teilenergien gleich der zur Verfügung stehenden potentiellen Gesamtenergie sein.

Wir betrachten nun einzelne Querschnitte des Wetterweges.

a) Querschnitt *I*.

Er liegt in der Rasenhängebank des einziehenden Schachtes. Die Abb. 437 zeigt im angesetzten Standrohr die statische Druckhöhe h_1. Sie ist um den Betrag h_d

$$h_d = \frac{v^2}{2g}$$

kleiner als die wirklich vorhandene Druckhöhe, denn die Wettersäule muß auf die Strömungsgeschwindigkeit v gebracht werden.

Die Teilenergien des Querschnitts sind

1. die Energie des Drucks $= h_1 = E_1$,
2. die kinetische Energie $= h_d = E_2$,
3. die Energie der Lage $= z_1 = E_3$, denn die Luft kann vom Querschnitt I noch bis zur Niveaufläche C arbeitsverrichtend weiterfallen.

Nach Bernoulli ist

$$E = E_1 + E_2 + E_3 = (h_1 + h_d + z_1) \text{ Meter Luftsäule.}$$

b) Querschnitt *II*.

Der Querschnitt II liegt am Fuß des einziehenden Schachtes. Wir messen im Standrohr die statische Druckhöhe h_2, sie ist um den Strömungswiderstand E_{w_2} des Schachtes kleiner als h_1. Die Teilenergien sind

1. die Energie des Drucks $= h_2 = E_1$,
2. die kinetische Energie $= h_d = E_2$,
3. die Energie der Lage $= -z_2 = E_3$, denn die Luft muß um die Höhe z_2 arbeitsverzehrend bis auf die Niveaufläche C wieder gehoben werden,
4. die Widerstandsenergie für Schachtreibung $= E_{w_2}$.

Nach Bernoulli ist

$$E = E_1 + E_2 + E_3 + E_{w_2} = (h_2 + h_d - z_2 + E_{w_2}) \text{ m Luftsäule.}$$

Hieraus errechnet sich die Schachtreibung

$$E_{w_2} = E + z_2 - h_2 - h_d.$$

Sieht man sich die Figur an, so erkennt man, daß die Größe

$$E + z_2 = B$$

ist, d. i. der unten im Schachtfuß bei **ruhender** Luftsäule gemessene Barometerdruck. Man könnte ihn messen, wenn man bei stillgesetztem Ventilator und Abdeckung des ausziehenden Schachtes messen würde, so daß die ganze Wettersäule in **Ruhe** wäre. Das ist aber kaum möglich. Man begnügt sich daher mit einer **Berechnung** dieses Barometerdruckes, und darin liegt eine gewisse Unsicherheit der Rechnung.

Hat man über Tage den Barometerstand B_0 gemessen, so ist bei dem mittleren spezifischen Gewicht γ_e der einziehenden Wettersäule für T Meter Teufe unten der Barometerdruck

$$B_u = B_0 + \frac{T \cdot \gamma_e}{13,6},$$

z. B. ist für $B_0 = 730$ mm, $T = 800$ m und $\gamma_e = 1,261$ kg/m³

$$B_u = 730 + \frac{800 \cdot 1,261}{13,6} = 804,2 \text{ mm} = B.$$

Der im Standrohr gemessene **statische Druck** h_2 ist der bei bewegter Wettersäule am Schachtfuß gemessene Barometerdruck, der mit dem **Hypsometer** leicht zu messen ist.

Die dynamische Druckhöhe h_d kann aus der Wettergeschwindigkeit v errechnet werden.

In unserm Beispiel sei $v = 5$ m/sek bei 8 m Schachtdurchmesser. Dann ist

$$h_d = \frac{v^2}{2\,g} = \frac{5^2}{2 \cdot 9,81} = 1,27 \text{ m Luftsäule}$$

$$= \frac{1,27 \cdot \gamma_e}{13,6} = \frac{1,27 \cdot 1,261}{13,6} = 0,12 \text{ mm Q.S.}$$

Hat man ferner mit dem Hypsometer gemessen

$$h_2 = 796,20 \text{ mm Q.S.},$$

so ist der Schachtwiderstand

$$E_{w2} = B - h_2 - h_d = 804,2 - 796,20 - 0,12 = \mathbf{7,88 \text{ mm Q.S.}}$$
$$= 7,88 \cdot 13,6 = \mathbf{107 \text{ mm W.S.}}$$

Das Temperament des Wetterweges im einziehenden Schacht ist, wenn die Wettermenge $Q = 15000$ m³/min oder

$$V = \frac{15000}{60} = 250 \text{ m}^3/\text{sek}$$

ist,

$$T = \frac{V}{\sqrt{h}} = \frac{250}{\sqrt{107}} = 24,2.$$

Der Schachtquerschnitt ist $F = \dfrac{\pi}{4} \cdot 8^2 = 50,5$ m²,

der Schachtumfang ist $\qquad U = \pi \cdot D = \pi \cdot 8 = 25,1$ m,

Teufe $\qquad\qquad\qquad\qquad T = 800$ m $= L$.

Dann ist die Reibungsziffer des Schachtes

$$k = \frac{F^3}{T^2 \cdot L \cdot U} = \frac{50,5^3}{24,2^2 \cdot 800 \cdot 25,1} = \mathbf{0,011.}$$

c) Querschnitt *III*.

Der Querschnitt *III* liegt am Fuß des ausziehenden Schachtes, er liegt in gleicher Höhe wie der Querschnitt *II*, so daß die Energie der Lage sich nicht ändert. Da ebenfalls dieselbe Wettergeschwindigkeit v angenommen ist, ändert sich auch nicht die kinetische Energie. Es ändert sich nur die Energie des Druckes, weil der Widerstand E_{w3} der Grubenbaue dazwischen liegt. In dem Standrohr des Querschnittes *III* sehen wir daher die statische Druckhöhe h_3 um das Maß E_{w3} kleiner als die statische Druckhöhe h_2 im Querschnitt *II*. Es ist also der Widerstand der Grubenbaue

$$E_{w3} = h_2 - h_3.$$

Durch Hypsometer-Messung sei bekannt $h_3 = 782$ mm Q.S., dann ist der Widerstand der Grubenbaue

$$E_{w3} = h_2 - h_3 = 796{,}2 - 782 = \textbf{14,2 mm Q.S.}$$

$$= 14{,}2 \cdot 13{,}6 = \textbf{194 mm W.S.}$$

d) Der Querschnitt *IV*.

Im Querschnitt *IV*, der ideell in der Niveaufläche C, praktisch aber in der Rasenhängebank des ausziehenden Schachtes liegt, messen wir im Standrohr die statische Druckhöhe $h_4 = 0$.

Die Teilenergien sind:

1. die Energie des Drucks $h_4 = 0 = E_1$,
2. die kinetische Energie $h_d = E_2$,
3. die Energie der Lage $z_4 = 0 = E_3$, denn die Luftteilchen befinden sich nun in der unteren Niveaufläche C, so daß die gesamte potentielle Energie verarbeitet ist;
4. die Widerstandsenergie $E_{w2} + E_{w3} + E_{w4} =$ Widerstand des einziehenden Schachtes + Widerstand im Grubenbau + Widerstand des ausziehenden Schachtes.

Nach Bernoulli ist

$$E = E_1 + E_2 + E_3 + E_{w2} + E_{w3} + E_{w4},$$
$$E = 0 \ + h_d + 0 \ + E_{w2} + E_{w3} + E_{w4}.$$

Der Widerstand des ausziehenden Schachtes ist demnach

$$E_{w4} = E - h_d - E_{w2} - E_{w3}.$$

Setzt man ein

$$E \ = 340 + 92 = 432 \text{ mm W.S.},$$
$$h_d \ = 0{,}12 \text{ mm Q.S.} = 0{,}12 \cdot 13{,}6 = 1{,}6 \text{ mm W.S.},$$
$$E_{w2} = 107 \text{ mm W.S.} \quad \text{und} \quad E_{w3} = 194 \text{ mm W.S.},$$

so ist

$$E_{w4} = 432 - 1{,}6 - 107 - 194 = \textbf{129,4 mm W.S.}$$

Man kommt zu demselben Ergebnis noch auf einem andern Wege. Nach Abb. 437 ist

$$E_{w4} = h_3 - z_3.$$

h_3 ist der bei strömender Wettersäule unten im Schacht gemessene Druck 782 mm Q.S., z_3 würde der an derselben Stelle gemessene Druck der ruhenden Wettersäule sein. Es ist, da in der Niveaufläche der Rasenhängebank $B = 705$ mm Q.S. ist und derselbe Druck in der ideellen Niveaufläche C herrscht, bei 727 m Luftsäulenhöhe

$$z_3 = 705 + 727 \cdot \frac{1{,}261}{13{,}6} = 772{,}4 \text{ mm},$$

also ist

$$E_{w_4} = 782 - 772{,}4 = 9{,}6 \text{ mm Q.S.}$$
$$= 9{,}6 \cdot 13{,}6 = 130 \text{ mm W.S.}$$

Die errechneten Werte sind in Abb. 438 aufgetragen. Wir sehen auf der Horizontalen den ganzen Wetterweg und als Ordinaten die Bewegungskräfte und die Bewegungswiderstände aufgetragen. Als Bewegungskräfte sehen wir rechts die Ventilatordepression h und den natürlichen Wetterzug h_n. Die Barometerdrücke sind ebenfalls eingetragen, die gemessenen mit 2 Kreisen umrahmt, die errechneten

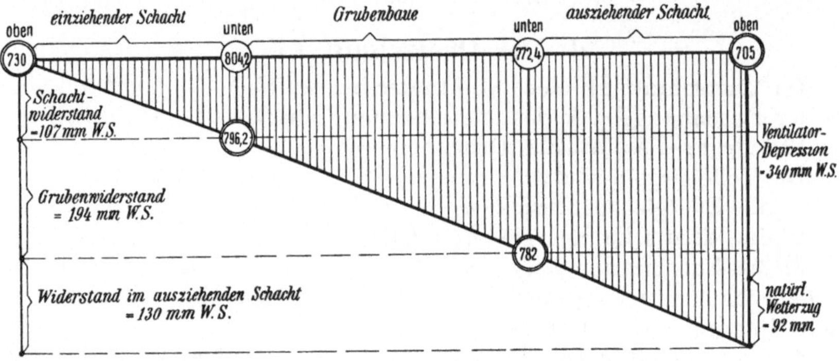

Abb. 438. Das Potentialgefälle des ganzen Wetterweges.

mit einem Kreis. Im einziehenden Schacht ist das Potentialgefälle $804{,}2 - 796{,}2$, im Grubengebäude $796{,}2 - 782$ und im ausziehenden Schacht $782 - 772{,}4$. Man sieht aus der Figur, daß der natürliche Wetterzug noch nicht ausreicht, um den Schachtwiderstand im ausziehenden Schacht zu überwinden.

31. Das Daltonsche Gesetz, relative Feuchtigkeit.

Jeder Temperatur des Wassers entspricht ein bestimmter Sättigungsdruck der Verdampfung, der in Millimeter Quecksilber gemessen wird. Er ist bei 100° C z. B. 760 mm und bei 20° nur noch 17,5 mm. Soll daher Wasser bei 20° verdampfen, so muß man die Wasseroberfläche durch Luftverdünnung so lange entlasten, bis der Luftdruck an der Oberfläche nur noch 17,5 mm Q.S. beträgt.

Solange der Druck auf der Wasseroberfläche größer ist als der Sättigungsdruck des Wasserdampfes bei der vorherrschenden Temperatur, kann nur eine Verdunstung an der Oberfläche vor sich gehen, niemals aber eine Verdampfung.

In Abb. 439 ist auf eine Wasseroberfläche eine Glocke von 1 m³ Inhalt gestülpt, welche mit trockener atmosphärischer Luft gefüllt ist. Das Wasser habe eine Temperatur von 20⁰ und der Luftdruck in der Glocke sei 760 mm. Dann beginnt an der Wasseroberfläche ein Verdunsten des Wassers, die Luft mischt sich mit Wasserdampf, so daß nach einiger Zeit eine Mischung von Luft und Wasserdampf vorhanden ist. Durch Messungen kann man feststellen, daß der Wasserdampfgehalt oder die Feuchtigkeit der Luft allmählich größer wird.

Man versteht nun unter dem Teildruck der Luft denjenigen Druck, den die Luft auf die Glockenwand ausüben würde, wenn sie den Raum allein ausfüllen würde, er wird mit p_L bezeichnet. Und unter dem Teildruck des Wasserdampfes versteht man denjenigen Druck, den der Wasserdampf auf die Glockenwand ausüben würde, wenn er allein vorhanden wäre, er werde mit p_D bezeichnet.

Nach dem Daltonschen Gesetz ist nun der Teildruck eines Bestandteiles einer Mischung genau so groß, als wenn der Bestandteil allein vorhanden wäre, und der Gesamtdruck der Mischung ist gleich der Summe der Teildrücke.

Der Teildruck des Wasserdampfes kann niemals über einen bestimmten Druck, den man den Sättigungsdruck nennt, ansteigen. Werte für den Sättigungsdruck p_s sind auf S. 423 angegeben.

Der unter der Glocke vorhandene Teildruck p_D des Dampfes wird also anfangs nur ein Bruchteil des Sättigungsdruckes p_s sein,

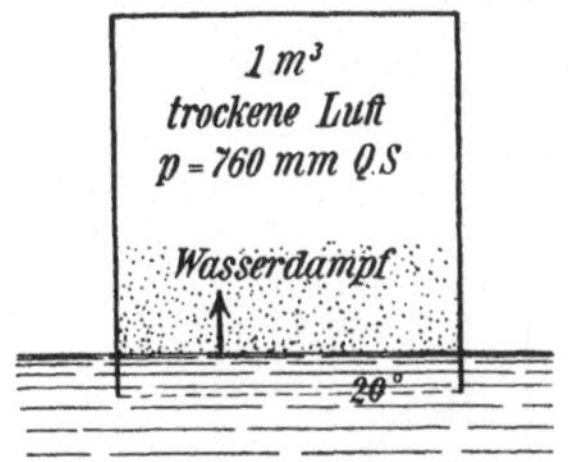

Abb. 439. Die Verdunstung an der Wasseroberfläche.

der bei 20⁰ bekanntlich den Wert $p_s = 17{,}5$ mm hat. Man setzt daher

$$p_D = \varphi \cdot p_s,$$

wo φ eine Zahl ist, welche kleiner als 1 sein muß. Die Größe φ ist ein Maß für die Luftfeuchtigkeit, denn bei einer bestimmten Lufttemperatur ist nur ein ganz bestimmter Wassergehalt möglich. Man nennt ihn den Sättigungsgehalt. In der Größe φ ist daher der Bruchteil dieser Höchstmenge an Wasserdampf gekennzeichnet. Man nennt darum φ die relative Feuchtigkeit.

Die Bedeutung der relativen Feuchtigkeit werde rechnerisch tiefer ergründet. Grundlegend ist mit den Beziehungen

G = Gewicht der Mischung V m³ in kg,

G_D = Dampfgewicht dieser Mischung (Volumen V_D),

G_L = Luftgewicht dieser Mischung (Volumen V_L),

$$G_D + G_L = G \quad \text{und} \quad V_D = V_L = V.$$

Rechnet man den Wasserdampf zu den idealen Gasen, so gilt allgemein für das Gemisch die allgemeine Zustandsgleichung der Gase

$$p \cdot v = R \cdot T,$$

v ist in dieser Gleichung das Volumen von 1 kg Gas. Für G kg Gas vom Volumen V heißt die Zustandsgleichung

$$p \cdot V = G \cdot R \cdot T,$$

woraus sich das Gewicht der $V\,\mathrm{m}^3$ Gas berechnet zu

$$G = \frac{p \cdot V}{R \cdot T} = \frac{V}{T} \cdot \frac{1}{R} \cdot p.$$

Bei Feuchtigkeitsrechnungen rechnet man den Druck nicht in kg/m², sondern in mm Q.S., damit erhalten die Gaskonstanten unter Berücksichtigung des spezifischen Gewichtes des Quecksilbers, das 13,6 beträgt, folgende Werte:

Gaskonstante für Luft $R_L = 29,27$

$$R_L = \frac{29,27}{13,6} = 2,15 \quad \text{oder} \quad \frac{1}{R_L} = \frac{1}{2,15} = 0,465,$$

Gaskonstante für Wasserdampf $R_D = 47,06$

$$R_D = \frac{47,06}{13,6} = 3,46$$

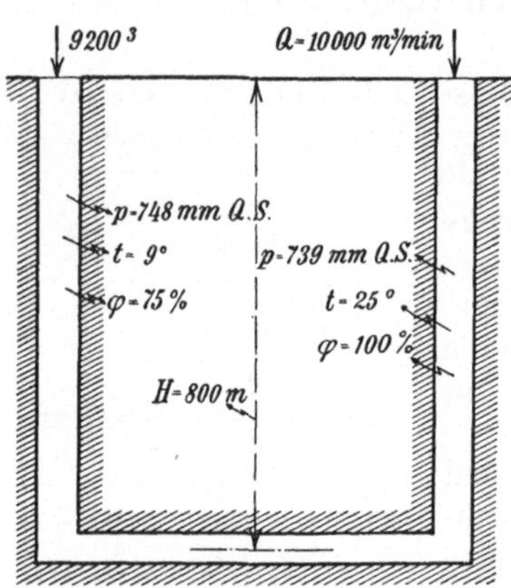

Abb. 440. Der Gewichtsunterschied der beiden Schachtsäulen.

$$\text{oder} \quad \frac{1}{R_D} = \frac{1}{3,46} = 0,289.$$

Der Teildruck des Wasserdampfes ist

$$p_D = \varphi \cdot p_s,$$

ist der Gesamtdruck p, so ist der Teildruck der Luft

$$p_L = p - p_D = p - \varphi \cdot p_s.$$

Das Luftgewicht ist

$$G_L = \frac{V}{T} \cdot \frac{1}{R_L} \cdot p_L = \frac{V}{T} \cdot 0,465 \cdot (p - \varphi \cdot p_s).$$

Das Dampfgewicht ist

$$G_D = \frac{V}{T} \cdot \frac{1}{R_D} \cdot p_D = \frac{V}{T} \cdot 0,289 \cdot \varphi \cdot p_s.$$

Das Gemischtgewicht ist

$$G = G_L + G_D = \frac{V}{T} \cdot 0,465 \cdot (p - \varphi \cdot p_s) + \frac{V}{T} \cdot 0,289 \cdot \varphi \cdot p_s$$

$$= \frac{V}{T} \cdot (0,465\,p - 0,465 \cdot \varphi \cdot p_s + 0,289 \cdot \varphi \cdot p_s)$$

oder

$$G = \frac{V}{T} \cdot (0,465\,p - 0,176\,\varphi \cdot p_s).$$

Hieraus ergibt sich das spezifische Gewicht des Gemisches, indem wir $V = 1$ setzen, zu

$$\gamma_\varphi = \frac{0,465 \cdot p}{T} - \frac{0,176 \cdot \varphi \cdot p_s}{T},$$

$$\gamma_\varphi = \gamma_{\text{trocken}} - \frac{0,176 \cdot \varphi \cdot p_s}{T},$$

d. h. feuchte Luft ist immer leichter als trockene Luft.

Beispiel: Im einziehenden Schacht, Abb. 440, habe die Luft eine mittlere Temperatur von 9⁰ und 75% Feuchtigkeit bei einem mittleren Druck von 748 mm, im ausziehenden Schacht habe die Luft 25⁰ und 100% Feuchtigkeit bei einem mittleren Druck von 739 mm, wie verhalten sich die spezifischen Gewichte zueinander?

Lösung: 1. Einziehender Schacht:
$$t = 9^0, \quad T = 273 + 9 = 281^0.$$

Nach Tabelle ist für 9^0 der Sättigungsdruck $p_s = 8{,}574$ mm Q.S., nach der Aufgabe ist $p = 748$ und $\varphi = 0{,}75$.

$$\gamma_\varphi = \frac{0{,}465 \cdot p}{T} - \frac{0{,}176 \cdot \varphi \cdot p_s}{T} = \frac{0{,}465 \cdot 748}{281} - \frac{0{,}176 \cdot 0{,}75 \cdot 8{,}574}{281},$$

$$\gamma_\varphi = 1{,}240 - 0{,}004 = 1{,}236 \; \text{kg/m}^3.$$

2. Ausziehender Schacht:
$$t = 25^0 \quad \text{oder} \quad T = 25 + 273 = 298^0.$$

Nach Tabelle ist für 25^0 der Sättigungsdruck $p_s = 23{,}55$ mm Q.S., nach der Aufgabe ist $p = 739$ und $\varphi = 1{,}0$.

$$\gamma_\varphi = \frac{0{,}465 \cdot 739}{298} - \frac{0{,}176 \cdot 1{,}0 \cdot 23{,}55}{298} = 1{,}152 - 0{,}014 = 1{,}138 \; \text{kg/m}^3.$$

Im einziehenden Schacht ist demnach die Luft

$$\frac{1{,}236}{1{,}138} = 1{,}085 \; \text{mal so schwer}$$

als im ausziehenden Schacht, so daß sich ein **natürlicher Wetterzug** ergibt.

Nachstehend sind die Sättigungsspannungen tabellarisch mitgeteilt.

Sättigungsspannungen p_s in mm Q.S.

t^0	p_s	t^0	p_s	t^0	p_s	t^0	p_s
1^0	4,940	11^0	9,762	21^0	18,495	31^0	33,406
2^0	5,302	12^0	10,457	22^0	19,659	32^0	35,359
3^0	5,687	13^0	11,162	23^0	20,888	33^0	37,411
4^0	6,097	14^0	11,908	24^0	22,184	34^0	39,565
5^0	6,543	15^0	12,699	25^0	23,550	35^0	41,827
6^0	6,998	16^0	13,536	26^0	24,988	36^0	44,201
7^0	7,492	17^0	14,421	27^0	26,505	37^0	46,691
8^0	8,017	18^0	15,357	28^0	28,101	38^0	49,302
9^0	8,574	19^0	16,346	29^0	29,782	39^0	52,039
10^0	9,165	20^0	17,391	30^0	31,548	40^0	54,906

Nach unserer Ableitung war das Dampfgewicht in V m³ Gemisch

$$G_D = \frac{V}{T} \cdot 0{,}289 \cdot \varphi \cdot p_s \; \text{kg im ungesättigten Zustand}$$

und

$$G_{D_s} = \frac{V}{T} \cdot 0{,}289 \cdot p_s \; \text{kg im gesättigten Zustand.}$$

Das Dampfgewicht im gesättigten Zustand ist der **Höchstgehalt** an Wasserdampf, der bei der vorherrschenden Temperatur überhaupt möglich ist. Das Verhältnis

$$\frac{\text{tatsächliches Wasserdampfgewicht}}{\text{Höchstwert des Wassergewichts}} = \frac{G_D}{G_{D_s}} = \frac{\varphi \cdot p_s}{p_s} = \varphi$$

heißt die **relative Feuchtigkeit**. Dieses Verhältnis stimmt also überein mit dem Verhältnis

$$\frac{\text{Teildruck des Dampfes}}{\text{Sättigungsdruck des Dampfes}}.$$

32. Der Wassergehalt der feuchten Luft.

Bei der Luftströmung durch Wetterwege ändert sich infolge von Wasseraufnahme oder Wasserausscheidung das Gewicht des Luftdampfgemisches, auch das Volumen der anteiligen „trockenen Luft" ändert sich infolge von Temperaturänderungen. Man kann daher mit dem Volumen nur umständlich rechnen. Es ist daher besser, mit dem Gewicht des Anteiles trockener Luft zu rechnen, weil diese Größe konstant bleibt. Man wählt daher das Gewicht G_L der trockenen Luft als Bezugsgrößen und führt die Bezeichnung x für den Gewichtsanteil an Wasserdampf ein. Man sagt:

$$x \text{ kg Dampf kommen auf 1 kg trockene Luft.}$$

Im Gegensatz zur relativen Feuchtigkeit φ nennt man denn x die absolute Feuchtigkeit.

Das Dampfgewicht ist:

$$G_D = x \cdot G_L \quad \text{oder} \quad x = \frac{G_D}{G_L}.$$

Früher fanden wir

$$G_D = \frac{V}{T} \cdot 0{,}289 \cdot \varphi \cdot p_s \quad \text{und} \quad G_L = \frac{V}{T} \cdot 0{,}465 \cdot (p - \varphi \cdot p_s),$$

also ist

$$x = \frac{0{,}289}{0{,}465} \cdot \frac{\varphi \cdot p_s}{p - \varphi \cdot p_s} = 0{,}622 \cdot \frac{\varphi \cdot p_s}{p - \varphi \cdot p_s}.$$

Für den Sättigungszustand ist $\varphi = 1$, d. h. die größte Wassermenge, welche 1 kg Luft aufnehmen kann, ist

$$x = 0{,}622 \cdot \frac{p_s}{p - p_s}.$$

Beispiel: Welche größte Wassermenge kann 1 kg Luft bei 760 mm Druck und $t = 25^0$ Temperatur aufnehmen?

Lösung: Für $t = 25^0$ ist $p_s = 23{,}55$ mm Q.S.

$$x = 0{,}622 \cdot \frac{23{,}55}{760 - 23{,}55} = 0{,}020 \text{ kg} = 20 \text{ g.}$$

Beispiel: Wie groß ist der Wassergehalt bei $\varphi = 75\%$ Feuchtigkeit?

Lösung:

$$x = 0{,}622 \cdot \frac{\varphi \cdot p_s}{p - \varphi \cdot p_s} = 0{,}622 \cdot \frac{0{,}75 \cdot 23{,}55}{760 - 23{,}55} = 0{,}0147 \text{ kg} = 14{,}7 \text{ g.}$$

Aus der Gleichung

$$x = 0{,}622 \cdot \frac{\varphi \cdot p_s}{p - \varphi \cdot p_s}$$

läßt sich ableiten, daß die relative Feuchtigkeit bei bekanntem Wassergehalt x folgende Größe hat

$$\varphi = \frac{p}{p_s} \cdot \frac{x}{0{,}622 + x}.$$

Der Teildruck des Wasserdampfes ist

$$p_D = \varphi \cdot p_s.$$

Setzt man für φ den vorstehenden Wert ein, so wird

$$p_D = p \cdot \frac{x}{0{,}622 + x}.$$

Der Teildruck der Luft ist

$$p_L = p - p_D,$$

unter Einsetzung des obigen Wertes von p_D erhält man

$$p_L = p \cdot \frac{0{,}622}{0{,}622 + x}.$$

Nach vorstehenden Gleichungen lassen sich die Teildrücke bei bekanntem Wassergehalt x berechnen.

33. Der Wärmeinhalt feuchter Luft.

Zur Berechnung des Wärmeinhalts von 1 kg feuchter Luft muß man die spezifischen Wärmen von Luft und Wasserdampf und außerdem die Verdampfungswärme des Wassers kennen. Es ist

0,24 die spezifische Wärme der trockenen Luft,
0,46 die spezifische Wärme des Wasserdampfes,
595 die Verdampfwärme des Wassers bei 0^0 in kcal.

Hiernach ist der Wärmeinhalt von 1 kg trockener Luft bei t^0 Temperatur

$$i_L = 0{,}24 \cdot t$$

und der Wärmeinhalt von 1 kg Wasserdampf

$$i_D = 595 + 0{,}46 \cdot t.$$

Der Wärmeinhalt eines Gemisches von 1 kg trockener Luft und x kg Wasserdampf ist

$$i = 0{,}24 \cdot t + 0{,}46 \cdot x \cdot t + 595 \cdot x,$$

wenn t die Temperatur des Gemisches bedeutet.

34. Die durch die Bewetterung abgeführte Grubenwärme.

Die Kühlung tiefer Gruben erfolgt auch heute noch ausschließlich durch die Bewetterung. Man macht sich kaum ein Bild davon, welche gewaltigen Wärmemengen durch die ausziehenden Wettermengen in die Atmosphäre zurückstrahlen, wenn man nicht rechnungsmäßig die Wärmemengen feststellt. Das ist uns nun auf Grund der aufgestellten Gleichungen

$$\text{Wasserdampfgewicht} \quad x = 0{,}622 \cdot \frac{\varphi \cdot p_s}{p - \varphi \cdot p_s} \quad \text{für 1 kg Luft}$$

und Wärmeinhalt $i = (0{,}24 \cdot t + 0{,}46 \cdot x \cdot t + 595 \cdot x)$ kcal für 1 kg Luft möglich. Es möge ein praktisches Beispiel ausgewertet werden. In Abb. 440 liegen folgende Verhältnisse vor:

einziehender Schacht:

$$\begin{aligned}
\text{mittlerer Luftdruck} &= 748 \text{ mm Q.S.} = p, \\
\text{mittlere Lufttemperatur} &= 9^0 = t, \\
\text{relative Luftfeuchtigkeit} &= 75\% \text{ oder } \varphi = 0{,}75;
\end{aligned}$$

auszieh ender Schacht:

$$\text{mittlerer Luftdruck} = 739 \text{ mm Q.S.} = p,$$
$$\text{mittlere Lufttemperatur} = 25^0 = t,$$
$$\text{relative Luftfeuchtigkeit} = 100\% \text{ oder } \varphi = 1{,}00.$$

Wettermenge am ausziehenden Schacht $Q = 10000 \text{ m}^3/\text{min}$.

1. Wärmeinhalt der einziehenden Wettermenge.

Der Wassergehalt der einziehenden Wetter ist, da für $t = 9^0$ der Sättigungsdruck $p_s = 8{,}74$ mm Q.S. ist,

$$x = 0{,}622 \cdot \frac{0{,}75 \cdot 8{,}574}{748 - 0{,}75 \cdot 8{,}574} = 0{,}0054 \text{ kg},$$

also ist der Wärmeinhalt von 1 kg Luft

$$i = 0{,}24 \cdot 9 + 0{,}46 \cdot 0{,}0054 + 595 \cdot 0{,}0054 = \mathbf{5{,}39 \ kcal.}$$

2. Wärmeinhalt der ausziehenden Wettermenge.

Der Wassergehalt der ausziehenden Wetter ist, da für $t = 25^0$ der Sättigungsdruck $p_s = 23{,}55$ mm Q.S. ist,

$$x = 0{,}622 \cdot \frac{1{,}0 \cdot 23{,}55}{739 - 1{,}0 \cdot 23{,}55} = 0{,}0204 \text{ kg},$$

also ist der Wärmeinhalt von 1 kg Luft

$$i = 0{,}24 \cdot 25 + 0{,}46 \cdot 0{,}0204 \cdot 25 + 595 \cdot 0{,}0204 = \mathbf{18{,}39 \ kcal.}$$

Die Wärmeaufnahme von 1 kg der Wettermenge ist demnach

$$i = 18{,}39 - 5{,}39 = 13 \text{ WE.}$$

Das spezifische Gewicht der ausziehenden Wetter ist

$$\gamma = 1{,}138 \text{ kg},$$

d. h.   1 m³ Wetter wiegen 1,138 kg

und   10000 m³   „   „   11138 kg $= G$.

Die minutliche Wärmeaufnahme aus dem Grubengebäude ist daher

$$J = G \cdot i = 11138 \cdot 13 = \mathbf{145000 \ kcal/min},$$

das sind in der Stunde

$$145000 \cdot 60 = 8700000 \text{ kcal/h.}$$

Würde man über Tage die ausziehenden Wetter wieder von 25⁰ abkühlen auf 9⁰ und die Feuchtigkeit von 100% herabsetzen können auf 75%, so würde die aufgenommene Wärme wieder frei. Gäbe es eine Wärmemaschine, welche diese frei werdende Wärme in mechanische Arbeit umsetzen könnte, so gäbe die Maschine, da der theoretische Wärmeverbrauch für eine Pferdestunde mit 632 kcal anzusetzen ist, eine Leistung von

$$\frac{8700000}{632} = 13750 \text{ PS.}$$

Die ausziehenden Wetter haben infolge ihres kleineren spezifischen Gewichtes ein größeres Volumen als die einziehenden.

Im einziehenden Schacht wiegt:

$$1 \text{ m}^3 = 1{,}236 \text{ kg}$$

oder 1 kg hat das Volumen $\dfrac{1}{1{,}236} = 0{,}81$ m³.

Im ausziehenden Schacht wiegt:

$$1 \text{ m}^3 = 1,138 \text{ kg}$$

oder 1 kg hat das Volumen $\dfrac{1}{1,138} = 0,88 \text{ m}^3$.

Die Volumenvergrößerung ist also eine

$$\frac{0,88}{0,81} = 1,085 \text{fache},$$

d. h. wenn im ausziehenden Schacht gemessen wurde

$$Q = 10000 \text{ m}^3/\text{min},$$

so zieht im einziehenden Schacht nur die Luftmenge

$$Q = \frac{10000}{1,085} = 9200 \text{ m}^3/\text{min}$$

ein.

35. Die Verdunstung auf feuchten Oberflächen.

Die Wärmeaufnahme des Wetterstromes hängt im hohen Maße von der Beschaffenheit der Oberfläche des Wetterstromes ab. Trockene Oberflächen zeigen eine geringere Wärmeabgabe als nasse. An nassen Flächen verdunstet das Oberflächenwasser, so daß die Fläche an sich gekühlt, der Wetterstrom dagegen mit Wärme beladen wird. Für die Fortleitung des Wetterstromes ist daher der trockene Wetterweg der beste. Ein solcher trockener Wetterweg ist z. B. ein langer Luttenstrang. Aber selbst warme Strecken sind nicht ungünstig, wenn sie trockene Oberflächen haben. Wenn sie auch den Wetterstrom erwärmen, so trocknen sie ihn auch.

Beispiel: Der Wetterstrom soll bei einem mittleren Druck von $p = 790$ mm Q.S. mit 15^0 Anfangstemperatur und 60% Feuchtigkeit durch warme, aber trockene Strecken strömen und hierbei eine Endtemperatur von 25^0 erreichen, wie groß ist seine Wärmeaufnahme?

Lösung: Der Wassergehalt von 1 kg Luft ist im Anfangszustand

$$x = 0,622 \cdot \frac{\varphi \cdot p_s}{p - \varphi \cdot p_s}.$$

für $t = 15^0$ ist nach Tabelle $\varphi_s = 12,7$ mm Q.S.

$$x = 0,622 \cdot \frac{0,60 \cdot 12,7}{790 - 0,60 \cdot 12,7} = 0,00607 \text{ kg}.$$

Der Wärmeinhalt von 1 kg Luft ist dann

$$i = 0,24 \cdot t + 0,46 \cdot x \cdot t + 595 \cdot x$$
$$= 0,24 \cdot 15 + 0,46 \cdot 0,00607 \cdot 15 + 595 \cdot 0,00607 = \textbf{7,251 kcal.}$$

Der Wetterstrom soll auf dem ganzen Wege kein Wasser aufnehmen, sondern nur seine Temperatur auf 25^0 erhöhen, dann ist bei 25^0 der Wärmeinhalt

$$i = 0,24 \cdot 25 + 0,46 \cdot 0,00607 \cdot 25 + 595 \cdot 0,00607 = \textbf{9,680 kcal,}$$

d. h. der Wetterstrom hat auf dem ganzen Strömungswege nur $9,680 - 7,251 = 2,43$ kcal je kg Wettermenge aufgenommen. Die Luft ist dadurch **trockener** geworden. Ihre relative Feuchtigkeit ist nur noch

$$\varphi = \frac{p}{p_s} \cdot \frac{x}{0,622 + x},$$

für $t=25^0$ ist nach Tabelle $p_s=23{,}55$ mm Q.S.

$$\varphi = \frac{790}{23{,}55} \cdot \frac{0{,}00607}{0{,}622 + 0{,}00607} = 0{,}324 = 32{,}4\,\%\,.$$

Dieser Wetterstrom komme an eine Arbeitsstelle. Hier sollen die Oberflächen künstlich befeuchtet werden, so daß eine starke Verdunstung eintritt. Und nun wird die trockene Luft in hohem Maße Wärme aufnehmen können, ohne die Temperatur zu steigern.

Wie groß ist die Wärmeaufnahme, wenn der Feuchtigkeitsgehalt auf 90 % steigt?

$$x = 0{,}622 \cdot \frac{\varphi \cdot p_s}{p - \varphi \cdot p_s} = 0{,}622 \cdot \frac{0{,}90 \cdot 23{,}55}{790 - 0{,}90 \cdot 23{,}55} = 0{,}0172 \text{ kg.}$$

Der Wärmeinhalt der Luft ist dann

$$i = 0{,}24 \cdot t + 0{,}46 \cdot x \cdot t + 595 \cdot x$$
$$= 0{,}24 \cdot 25 + 0{,}46 \cdot 0{,}0172 \cdot 25 + 595 \cdot 0{,}0172 = \mathbf{16{,}42 \text{ kcal.}}$$

Ohne Temperatursteigerung hat daher die Luft mit je 1 kg Wettermenge

$$16{,}42 - 9{,}680 = 6{,}74 \text{ kcal}$$

aufgenommen und der Arbeitsstelle entzogen.

Derselbe Vorgang spielt sich z. B. ab, wenn im Sommer das heiße Pflaster einer Straße mit Wasser besprengt wird. Man empfindet eine angenehme Abkühlung. Je heißer die Oberfläche und je trockener die Luft ist, um so besser wirkt die Verdunstungskühlung.

36. Die Verdunstung durch Nebeldüsen.

Man sucht neuerdings bei der Sonderbewetterung die ausströmenden Wetter durch eine Nebeldüse zu kühlen. In Abb. 441 ist am Ausgang der

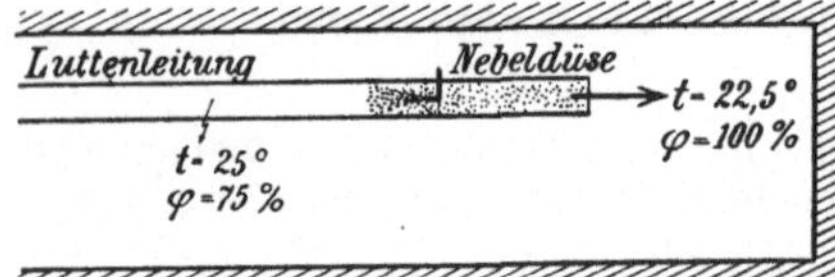

Abb. 441. Die Wirkung einer Nebeldüse.

Lutte eine Wasserstaubdüse angebracht. Die Düse spritzt Wasserstaub gegen den Wetterstrom, der Wasserstaub soll verdunsten, und da zur Verdunstung Wärme verbraucht wird, so muß diese Wärme dem Wetterstrom entzogen werden. Der Luftstrom wird kälter. Über die Wirksamkeit solcher Nebeldüsen soll eine kurze Rechnung Aufschluß geben.

Die Wetter sollen bei einem mittleren Druck $p_s=790$ mm Q.S. mit 25^0 und 75 % relativer Feuchtigkeit an der Nebeldüse ankommen, die Nebeldüse soll die relative Feuchtigkeit auf 85 % erhöhen, wie groß ist der Temperaturabfall?

Für $t=25^0$ ist die Sättigungsspannung $p_s = 23{,}55$ mm Q.S., also der absolute Wassergehalt vor der Einspritzung

$$x = 0{,}622 \cdot \frac{\varphi \cdot p_s}{p - \varphi \cdot p_s} = 0{,}622 \cdot \frac{0{,}75 \cdot 23{,}55}{790 - 0{,}75 \cdot 23{,}55} = 0{,}0142 \text{ kg.}$$

Nach der Einspritzung ist der Wassergehalt bei 85 % Feuchtigkeit

$$x = 0{,}622 \cdot \frac{0{,}85 \cdot 23{,}55}{790 - 0{,}85 \cdot 23{,}55} = 0{,}0162 \text{ kg.}$$

Dieser Zustand, 85 % relative Feuchtigkeit, würde bleiben, wenn die Luft sich nicht abkühlen würde. Sie muß sich abkühlen, da die Verdunstungswärme dem Wetterstrom entzogen wird. Die Abkühlung wird so lange anhalten, bis die Luft mit Wasserdampf gesättigt ist, d. h. bis $\varphi = 1,00$ geworden ist. In diesem Zustand ist

$$x = 0,622 \cdot \frac{p_s}{p - p_s}.$$

Aus dieser Gleichung läßt sich die Sättigungsspannung p_s berechnen, welche der tiefsten Temperatur entspricht. Es wird

$$p_s = \frac{x \cdot p}{0,622 + x} = \frac{0,0171 \cdot 790}{0,622 + 0,0162} = 21,2 \text{ mm Q.S.}$$

Dieser Sättigungsspannung entspricht nach der Tabelle ungefähr die Temperatur
$$t = 23,2^0,$$

also kann sich die Temperatur des Wetterstromes nur um

$$25 - 23,2 = 1,8^0$$

erniedrigen.

Der Wasserverbrauch der Nebeldüse muß möglichst klein gehalten werden, damit der Sättigungszustand bei 25° nicht erreicht wird. Er beträgt für den vorliegenden Fall

$$0,0162 - 0,0142 = 0,002 \text{ kg je kg Luft.}$$

Ist $\gamma = 1,25$ kg/m³ das spezifische Gewicht des Wetterstromes und kommt die Wettermenge
$$Q = 120 \text{ m}^3/\text{min}$$

an, so ist das Luftgewicht
$$G = 120 \cdot 1,25 = 150 \text{ kg}$$

und die erforderliche Wassermenge

$$150 \cdot 0,002 = 0,3 \text{ kg} = 0,3 \text{ Liter/min.}$$

Solche Nebeldüsen müssen, sollen sie ihrer Eigenart entsprechend wirksam bleiben, tatsächlich nur Wassernebel erzeugen. Düsen, welche Wasser in großen Mengen ausspritzen, so daß der ganze Ausgangsort mit Wasser besprengt wird, wirken nicht mehr als Nebeldüsen. Die kühlende Wirkung erfolgt vielmehr durch Oberflächenverdunstung.

Im allgemeinen kann man sagen, daß Nebeldüsen nur dann Erfolg versprechen, wenn die Luft in der Luttenleitung trocken herangeführt werden kann. Sie muß aufnahmefähig für Wasserdampf sein. Der Wasserzusatz ist so zu bemessen, daß keine Übersättigung stattfindet.

37. Düsen für Mengenmessungen in Rohrleitungen.

Die Düse, Abb. 442, stellt für durchströmende Flüssigkeit oder durchströmendes Gas einen Drosselquerschnitt dar, durch den das Medium mit erhöhter Geschwindigkeit strömen muß. Die Arbeit hierfür wird vom statischen Druck geleistet, es entsteht ein Druckabfall. Dieser Druckabfall ist die eigentliche Meßgröße.

Die Form und die Abmessungen solcher Meßdüsen sind durch die VDI-Normaldüse gegeben. Die VDI-Normaldüse hat das Öffnungsverhältnis

$$\frac{D}{d} = 2,5.$$

Sie verlangt eine gerade Rohrstrecke, vor der Düse soll diese mindestens $L \geqq 5 \cdot D$ sein. Die Anordnung am Ende einer Rohrleitung ist zulässig, jedoch bedingt die Verwendung im Einlauf z. B. als Saugöffnung oder im Anschluß an Behälter jedesmalige besondere Eichung, weil das Verhältnis

$$\frac{\text{Zuströmgeschwindigkeit}}{\text{Düsengeschwindigkeit}} = \frac{v_0}{v}$$

sich ändert

Das durchfließende Volumen ist für Wasser

$$V = \alpha \cdot f \cdot \sqrt{2\,g\,h} \ \text{m}^3/\text{sek},$$

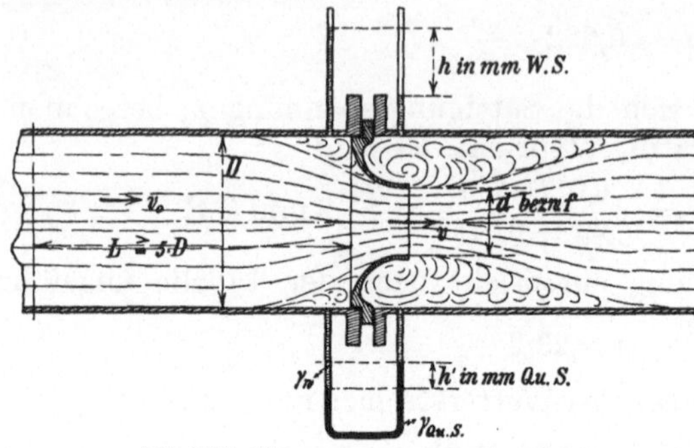

Abb. 442. Mengenmessung durch Düsen.

hierin bedeutet

$\alpha = $ Durchflußzahl der Düse,

$f = \dfrac{\pi}{4}\, d^2 = $ Düsenquerschnitt in m²,

$h = $ Druckabfall in Meter Wassersäule.

In Abb. 442 ist der Druckabfall oben in Millimeter Wassersäule direkt gemessen, unten in der Höhe h' in Millimeter Quecksilber.

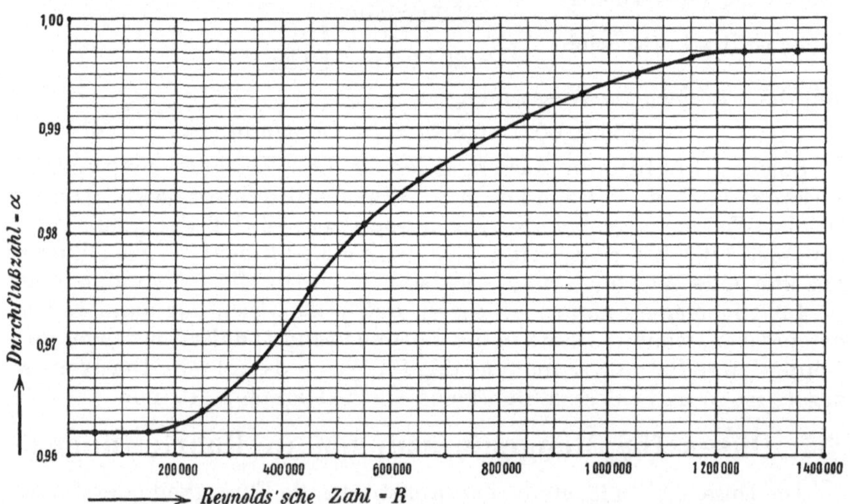

Abb. 443. Die Düsendurchflußzahl als Abhängige der Reynoldsschen Zahl.

Beispiel: Welche Wassersäulenhöhe h entspricht einer Quecksilberhöhe $h' = 20$ mm?

Lösung: Mit dem spezifischen Gewicht 13,6 für Quecksilber wird

$$h_1 = 13,6 \cdot h' = 13,6 \cdot 20 = 272 \ \text{mm W.S.}$$

Hiervon ist aber die Wassersäulenhöhe $h' = 20$ mm abzuziehen, so daß der wirkliche Spannungsabfall nur die Größe hat

$$h = 272 - 20 = 252 \ \text{mm W.S.}$$

Nach der neueren Strömungsforschung ist die Durchflußzahl α ohne Rücksicht auf die Art der Flüssigkeit eine **Funktion der Reynoldsschen Zahl**, d. h. abhängig von der Größe

$$R = \frac{v \cdot d}{r}.$$

Man ermittelt R, indem man v und d in cm einsetzt und den Wert v der kinematischen Zähigkeit den bekannten Kurven für Wasser und Luft entnimmt. Der Wert v berücksichtigt in jedem Fall die Art der Flüssigkeit und die Temperatur.

Nach neuen Versuchen von **Jakob** und **Kretschmer**[1] besteht für Normaldüsen mit dem Öffnungsverhältnis $\frac{D}{d} = 2{,}5$ die in Abb. 443 angegebene Abhängigkeit zwischen α und R. Hiernach nimmt der α-Wert mit Zunahme der Zahl R auch zu.

Durchflußzahlen der Normaldüsen.

R	α	R	α	R	α
50 000	$0{,}96_2$	550 000	$0{,}98_1$	1 050 000	$0{,}99_5$
150 000	$0{,}96_2$	650 000	$0{,}98_5$	1 150 000	$0{,}99_6$
250 000	$0{,}96_4$	750 000	$0{,}98_8$	1 250 000	$0{,}99_7$
350 000	$0{,}96_8$	850 000	$0{,}99_1$	1 350 000	$0{,}99_7$
450 000	$0{,}97_5$	950 000	$0{,}99_3$		

Beispiel: Wie groß ist die minutlich durchfließende Wassermenge, wenn bei einer Rohrleitung von $D = 250$ mm Durchmesser mit der Normaldüse ein Druckabfall von $h = 252$ mm W. S. gemessen wurde?

Lösung: Die minutliche Wassermenge ist

$$Q = 60 \cdot V = 60 \cdot \alpha \cdot f \cdot \sqrt{2 g h} \ \text{m}^3.$$

Für $h = 252$ mm $= 0{,}252$ m ist

$$v = \sqrt{2 g h} = \sqrt{19{,}62 \cdot 0{,}252} = 2{,}22 \ \text{m/sek.}$$

Um den richtigen Wert für α zu finden, muß die Reynoldssche Zahl berechnet werden:

$$R = \frac{v \cdot d}{v}.$$

Der Düsendurchmesser ist $d = \dfrac{D}{2{,}5} = \dfrac{250}{2{,}5} = 100$ mm $= 10$ cm, die Düsengeschwindigkeit ist $v = 222$ cm/sek.

Unter Annahme einer Wassertemperatur von 10^0 wird nach Abb. 392 die kinematische Zähigkeit des Wassers

$$v = 0{,}0132,$$

also

$$R = \frac{222 \cdot 10}{0{,}0132} = 168\,000,$$

für $R = 168\,000$ ist $\alpha = 0{,}962$,

$$f = \frac{\pi}{4} \cdot 10^2 = 78{,}5 \ \text{cm}^2 = 0{,}00785 \ \text{m}^2,$$

$$Q = 60 \cdot 0{,}962 \cdot 0{,}00785 \cdot 2{,}22 = 1 \ \text{m}^3/\text{min.}$$

---

[1] Forschungsarbeiten auf dem Gebiete des Ingenieurwesens, Forschungsheft 300, VDI-Verlag 1928.

Durch den Einbau der Düse entsteht ein **Druckverlust**, denn die Ausflußgeschwindigkeit aus der Düse setzt sich hinter der Düse nicht mehr vollständig in Druck um. Ist v_0 die Rohrgeschwindigkeit, v die Düsengeschwindigkeit, so ist nach der Stoßtheorie der Stoßverlust

$$\Delta h = \frac{(v - v_0)^2}{2\,g},$$

da $v_0 = \frac{\alpha \cdot f}{F} \cdot v$ ist, so wird

$$\Delta h = \frac{v^2}{2\,g} \cdot \left[1 - \frac{\alpha \cdot f}{F}\right]^2.$$

Setzt man

$$\alpha = 1 \quad \text{und} \quad \frac{f}{F} = \left(\frac{d}{D}\right)^2 = 0{,}40^2,$$

so wird

$$\left[1 - \alpha \cdot \frac{f}{F}\right]^2 = [1 - 0{,}40^2]^2 = 0{,}705 \quad \text{und} \quad \Delta h = 0{,}705 \cdot \frac{v^2}{2\,g}.$$

Also wird der Verlust rund 70 % der Geschwindigkeitshöhe in der Düse betragen.

In unserem Beispiel war

$$v = 2{,}22 \text{ m/sek} \quad \text{und} \quad v_0 = \frac{2{,}22}{2{,}5^2} = 0{,}35 \text{ m/sek}.$$

Damit wird

$$\Delta h = \frac{(v - v_0)^2}{2\,g} = \frac{(2{,}22 - 0{,}35)^2}{19{,}62} = 0{,}18 \text{ m} = 180 \text{ mm}.$$

Die Geschwindigkeitshöhe in der Düse war $h = 252$ mm, d. h. es gehen von 252 mm Druckabfall 180 mm verloren, das sind

$$\frac{180 \cdot 100}{252} = 71 \%,$$

also derselbe Betrag, den wir oben allgemein festgestellt haben.

Nachdem sich die Düsengeschwindigkeit $v = 2{,}22$ m hinter der Düse wieder in die Rohrgeschwindigkeit $v_0 = 0{,}35$ m umgesetzt hat, hat sich der statische Druck im Rohr nur um 180 mm W. S. $= 0{,}18$ m W. S. $= 0{,}018$ at vermindert. Der Druckverlust durch die Düse bleibt also sehr niedrig.

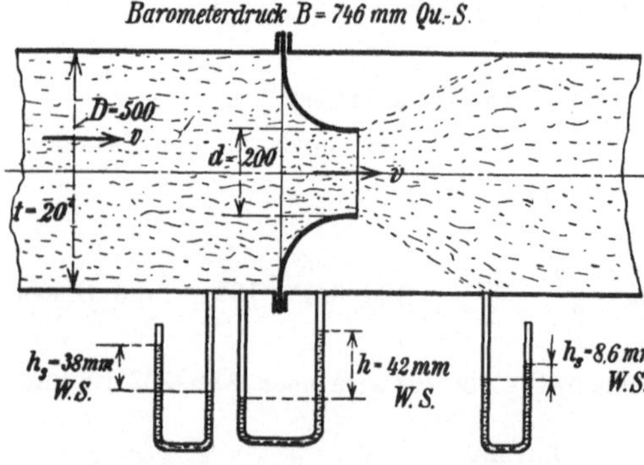

Abb. 444. Luftmessung mit Düsen.

Luftmessungen mit Düsen erfolgen genau in der beschriebenen Weise. In Abb. 444 ist z. B. ein Luttenrohr mit eingebauter Düse gezeigt. Hat das Luttenrohr den Durchmesser D, dann soll der Düsendurchmesser

$$d = \frac{D}{2{,}5} = 0{,}40 \cdot D$$

sein. Als Druckmesser verwendet man ein Wassermanometer. Aus dem abgelesenen Differenzdruck h der statischen Drücke vor und hinter der Düse errechnet sich die Düsengeschwindigkeit aus der Gleichung

$$v = \sqrt{\frac{2\,g\,h}{\gamma}},$$

wenn bedeutet

$h =$ Wassersäulenhöhe in mm,

$\gamma =$ spezifisches Gewicht der Luft in kg/m³.

Zur Bestimmung des spezifischen Gewichtes der Luft ist die Beobachtung des Barometerdruckes p in mm Q.S., der Lufttemperatur t und des Feuchtigkeitsgehaltes φ erforderlich. Man berechnet γ nach der bereits bekannten Gleichung

$$\gamma = \frac{0,465 \cdot p}{T} - \frac{0,176 \cdot \varphi \cdot p_s}{T},$$

p_s ist der Sättigungsdruck des Wasserdampfes in mm Q.S. bei der Lufttemperatur t, $T = 273^0 + t$ ist die absolute Temperatur der Luft. Die minutliche Luftmenge ist

$$Q = 60 \cdot \alpha \cdot f \cdot \sqrt{\frac{2\,g\,h}{\gamma}} \ \text{m}^3,$$

wenn f der Düsenquerschnitt in m² und α die Durchflußzahl der Düse ist, die in bekannter Weise unter Berücksichtigung der Reynoldsschen Zahl gefunden wird.

Beispiel: In einer Lutte von 500 mm Durchmesser soll die Liefermenge eines Luttenventilators gemessen werden. Man hat eine Normaldüse vom Durchmesser

$$d = \frac{D}{2,5} = 0,40 \cdot D = 0,40 \cdot 500 = 200 \ \text{mm}$$

eingebaut und folgende Werte gemessen: Lufttemperatur $t = 20^0$, Druckabfall in der Düse $h = 42$ mm W.S., statischer Druck vor der Düse $h_s = 38$ mm W.S., Barometerdruck $B = 746$ mm. Q.S., relativer Feuchtigkeitsgrad $\varphi = 0,75$.

Lösung: Der Druck vor der Düse ist

$$p = 746 + \frac{38}{13,6} = 748 \ \text{mm Q.S},$$

Der Sättigungsdruck hat nach Tabelle S. 423 bei $t = 20^0$ den Wert $p_s = 17,391$ mm Q.S.

Das Gewicht von 1 m³ Strömungsluft ist

$$\gamma = \frac{0,465 \cdot p}{T} - \frac{0,176 \cdot \varphi \cdot p_s}{T}$$
$$= \frac{0,465 \cdot 748}{293} - \frac{0,176 \cdot 0,75 \cdot 17,391}{293}$$
$$= 1,188 - 0,008 = 1,180 \ \text{kg/m}^3,$$

$$v = \sqrt{\frac{2\,g \cdot h}{\gamma}} = \sqrt{\frac{2 \cdot 9,81 \cdot 42}{1,180}} = 26,5 \ \text{m/sek} = 2650 \ \text{cm/sek}.$$

Die kinematische Zähigkeit der Luft ist nach dem Kurvenbild Abb. 414 bei 20^0 $\nu = 0,16$, also ist die Reynoldssche Zahl

$$R = \frac{v \cdot d}{\nu} = \frac{2650 \cdot 20}{0,16} = 331\,000.$$

Nach dem Kurvenbild Abb. 443 ist für $R = 331\,000$ der Wert $\alpha = 0,967$, ferner ist

$$f = \frac{\pi}{4} \cdot 0,20^2 = 0,0314 \ \text{m}^2,$$

also ist die minutliche Luftmenge

$$Q = 60 \cdot \alpha \cdot f \cdot \sqrt{\frac{2\,g\,h}{\gamma}} = 60 \cdot 0{,}967 \cdot 0{,}0314 \cdot 26{,}5 = 48{,}3 \ \text{m}^3/\text{min}.$$

Das Querschnittsverhältnis zwischen Düse und Rohr ist

$$\frac{f}{F} = \left(\frac{d}{D}\right)^2 = 0{,}40^2 = 0{,}16,$$

also ist die Luftgeschwindigkeit im Rohr

$$v_0 = 0{,}16 \cdot v = 0{,}16 \cdot 26{,}5 = 4{,}23 \ \text{m/sek}.$$

Beispiel: Wie groß ist der Druckverlust, den der Strömungsvorgang im Rohr durch die Düse erleidet und unter welchem statischen Druck strömt die Luft hinter der Düse weiter, wenn vor der Düse $h_s = 38$ mm W.S. ist?

Lösung: Der Druckverlust einer Normaldüse ist nach früherem etwa 70% der Geschwindigkeitshöhe in der Düse, also ist der Druckverlust

$$\varDelta h = 0{,}70 \cdot h = 0{,}70 \cdot 42 = 29{,}4 \ \text{mm W.S.}$$

Die Luft wird daher hinter der Düse nur mit dem statischen Druck

$$h_s - \varDelta h = 38 - 29{,}4 = 8{,}6 \ \text{mm W.S.}$$

weiterströmen. In diesem Fall ist also, da der Druck im Rohr an sich sehr niedrig ist, der Druckverlust sehr bedeutend, und man würde diese Düsenmeßeinrichtung nicht als Dauerkontrolle für die Luftlieferung verwenden dürfen.

Für Luftmessungen in Druckluftleitungen dagegen eignet sich die Düse auch für die Dauerkontrolle des Preßluftverbrauchs, denn in diesem Fall ist der Druck in der Leitung an sich sehr hoch. Auch hierfür ein Beispiel.

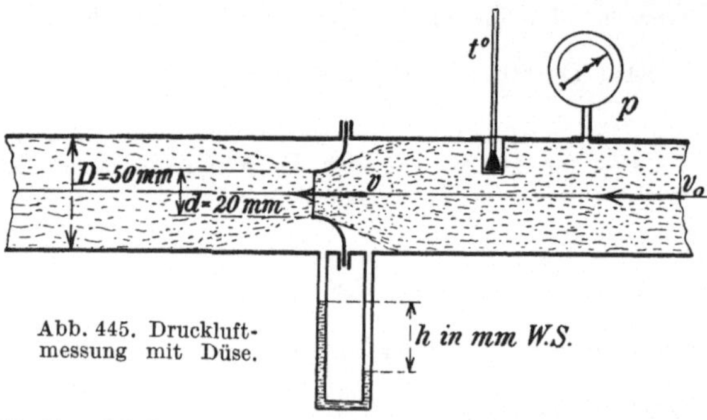

Abb. 445. Druckluftmessung mit Düse.

Beispiel: In Abb. 445 soll der Druckluftverbrauch in einer Druckluftleitung von 50 mm Durchmesser gemessen werden. Man baut eine Normaldüse mit dem Durchmesser $d = 0{,}40 \cdot D = 0{,}40 \cdot 50 = 20$ mm Durchmesser ein, mißt den Druckabfall h in der Düse an einem Wassermanometer, ferner die Druckluftspannung p in ata und die Temperatur t der Druckluft.

Wie groß ist die stündliche Druckluftmenge Q, wenn folgende Ablesungen gemacht sind?

$$h = 140 \ \text{mm W.S.}, \quad p = 5{,}2 \ \text{ata}, \quad t = 22^0.$$

Lösung: Man berechnet das Gewicht von 1 m³ Druckluft nach der Gleichung

$$\gamma = \frac{1}{v} = \frac{p}{R \cdot T}$$

und setzt ein

$$p = 5{,}2 \ \text{ata} = 52\,000 \ \text{kg/m}^2,$$
$$T = 273^0 + t^0 = 273 + 22 = 295^0,$$
$$R = 29{,}272 = \text{Gaskonstante für Luft},$$
$$\gamma = \frac{52\,000}{29{,}272 \cdot 295} = 5{,}95 \ \text{kg/m}^3,$$

$$v = \sqrt{\frac{2\,g\,h}{\gamma}} = \sqrt{\frac{2 \cdot 9{,}81 \cdot 140}{5{,}95}} = 21{,}55 \ \text{m/sek} = 2155 \ \text{cm/sek}.$$

Die kinematische Zähigkeit der Luft ist nach dem Kurvenbild Abb. 414

für 1 ata und 22⁰ . . . . . . $v = 0,162$,

also ist sie für 5,2 ata und 22⁰ . . . . . $v = \dfrac{0,162}{5,2} = 0,0312$.

Die Reynoldssche Zahl hat demnach den Wert

$$R = \frac{v \cdot d}{v} = \frac{2155 \cdot 2}{0,0312} = 138\,000.$$

Nach dem Kurvenbild Abb. 443 ist für $R = 138\,000$ der Wert $\alpha = 0,962$, ferner ist der Düsenquerschnitt

$$f = \frac{\pi}{4}\, d^2 = \frac{\pi}{4} \cdot 0,02^2 = 0,000\,314\ \text{m}^2.$$

Die stündliche Druckluftmenge ist

$$Q = 3600 \cdot \alpha \cdot f \cdot \sqrt{\frac{2\,g\,h}{\gamma}}$$
$$= 3600 \cdot 0,962 \cdot 0,000\,314 \cdot 21,55 = 23,4\ \text{m}^3/\text{Stunde}.$$

Es ist üblich, den Druckluftverbrauch der Maschinen immer in m³ Saugluft des Kompressors anzugeben. Da die Druckluft die Spannung $p = 5,2$ ata hat, so ist ihr Saugluftvolumen bei $p = 1$ ata

$$Q = \frac{5,2}{1} \cdot 23,4 = 121,5\ \text{m}^3/\text{Stunde}.$$

Wie groß ist der Spannungsverlust, den der Einbau der Düse bringt?
Der Spannungsverlust beträgt bekanntlich 70 % der Düsengeschwindigkeitshöhe
$$\Delta h = 0,70 \cdot h = 0,70 \cdot 140 = 98\ \text{mm W.S.}$$
$$= 0,098\ \text{m W.S.} = 0,0098\ \text{at} \sim \textbf{0,01 at.}$$

Hinter der Düse ist die Druckluftspannung demnach
$$4,20 - 0,01 = 4,19\ \text{atü}.$$

Der Spannungsabfall ist also so gering, daß man die Düse für die Dauerkontrolle des Luftverbrauchs ohne wirtschaftlichen Schaden verwenden kann. Die Rohrgeschwindigkeit der Druckluft ist in unserm Beispiel nur
$$v_0 = 0,16 \cdot v = 0,16 \cdot 21,55 = 3,45\ \text{m/sek.}$$

38. Stauränder für Mengenmessungen in Rohrleitungen.

Gasmessungen spielen heute in technischen Betrieben eine außerordentliche Rolle. Auch für Zechen werden, wenn die Ferngasversorgung mit Kokereigas sich durchsetzt, Gasmengenmessungen in großem Umfang notwendig werden. Die auf den Gaswerken üblichen großen Volumengasmesser reichen für Gasmengen, wie sie die geplanten Zentralkokereien liefern werden, nicht mehr aus. Es wiegt z. B. einer der größten Stationsgasmesser für eine tägliche Maximalleistung von 96 000 m³ bei einem Trommelinhalt von 30 m³ bereits etwa 19 t. Diese Gasmenge ist aber für die Zechengaserzeugung noch klein zu nennen. Eine Kokerei von 2000 t Kohlendurchsatz im Tage erzeugt je nach der Kohlenbeschaffenheit bis zu 700 000 m³ Gas in 24 Stunden, hiervon werden etwa 250 000 m³ für die Unterfeuerung der Öfen selbst verbraucht, so daß 450 000 m³ täglich abgegeben werden können. Das sind
$$V = \frac{450\,000}{24 \cdot 3600} = 5,21\ \text{m}^3/\text{sek.}$$

Bei einem Rohrdurchmesser von 500 mm mit $F = 0,1963$ m² Querschnitt würde dann das Gas in der Rohrleitung mit

$$v = \frac{V}{F} = \frac{5,21}{0,1963} = 26,6 \text{ m/sek}$$

strömen. Zum Vergleich sei der tägliche Gasverbrauch einer Großstadt von 500000 Einwohner angeführt. Er beträgt nur etwa 150000 m³ je Tag.

Der Staurand, Abb. 446, stellt in gleicher Weise wie die Düse für das strömende Medium einen Drosselquerschnitt dar, der einen Druckabfall erzeugt. Dieser Druckabfall ist die Meßgröße für die Gasmengenmessung.

Der Staurand wird hergestellt, indem die Öffnung auf der dem Strom abgekehrten Seite unter 45° abgedreht wird, wobei der Rand der Meßöffnung nicht breiter als $\frac{2}{1000}$ des Rohrdurchmessers sein soll. Die eigentliche Scheibendicke ist auf die Meßgenauigkeit ohne Einfluß. Sie beträgt bei größeren Scheiben etwa 10 mm, bei kleineren 3 bis 4 mm. Wegen der

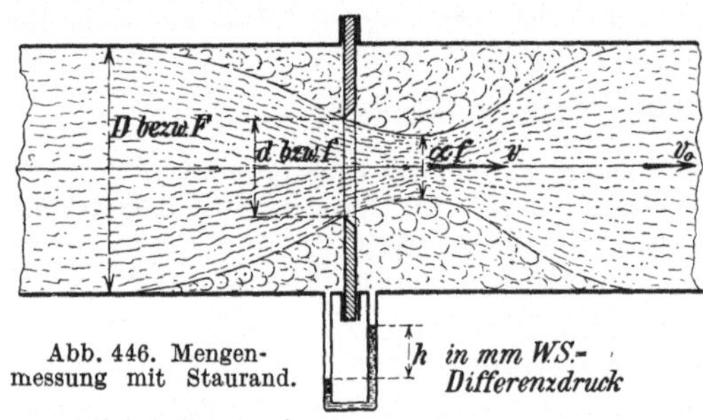

Abb. 446. Mengenmessung mit Staurand.

leichten Einbaumöglichkeit und Auswechselbarkeit und der geringen Herstellungskosten, der Staurand kann ohne Schwierigkeit im eigenen Betrieb hergestellt werden, wird der Staurand meistens der Düse vorgezogen. Das Verhältnis des Stauquerschnitts zum Rohrquerschnitt kann beliebig gewählt werden, jedoch soll man nach den Meßerfahrungen von Jakob und Kretzschmer[1] Öffnungsverhältnisse über 0,5 nur bei Rohrdurchmessern von etwa 500 mm aufwärts verwenden, da bei kleinen Rohrdurchmessern und großen Öffnungsverhältnissen infolge Einflusses der Rauhigkeit die Meßgenauigkeit sinkt.

Ist

d = Durchmesser der Staurandöffnung,

D = Durchmesser (lichte Weite) des Rohres,

so ist das Öffnungsverhältnis

$$m = \left(\frac{d}{D}\right)^2 = \frac{f}{F}.$$

Man wählt also folgende Öffnungsverhältnisse:

für Rohre bis zu 500 mm Durchmesser . . $m = 0,1$ bis 0,5,

„ „ von 500 mm und mehr . . . . $m = 0,1$ bis 0,7.

Die minutliche Gasmenge ist

$$Q = 60 \cdot \alpha \cdot f \cdot \sqrt{\frac{2gh}{\gamma}} \text{ m}^3/\text{min},$$

---

[1] Prof. Dr.-Ing. Jakob, M. u. Dr.-Ing. Fr. Kretzschmer: Die Durchflußzahlen von Normaldüsen und Normalstaurändern für Rohrdurchmesser von 100 bis 1000 mm. Forschungsheft Nr. 311. VDI-Verlag 1928.

hierin bedeutet:

f = Staurandquerschnitt in m²,
α = die Durchflußzahl des Staurands,
h = Druckabfall in mm W. S.,
γ = Gewicht von 1 m³ Gas vor dem Staurand.

Bei großem Druckabfall kann man mit der mittleren Dichte des Gases rechnen, dann wird

$$Q = 60 \cdot \alpha \cdot f \cdot \sqrt{\frac{2gh}{\dfrac{\gamma_1 + \gamma_2}{2}}} \ \text{m}^3/\text{min}.$$

γ_1 = Gewicht von 1 m³ Gas vor dem Staurand,
γ_2 = „ „ 1 m³ „ hinter „ „

Im allgemeinen werden aber die h-Werte so gering sein, daß man mit der Dichte des Gases vor dem Staurand rechnen kann. In Zweifelsfällen sind Kontrollrechnungen anzustellen.

Die Durchflußzahl α ist eine Erfahrungszahl. Sie ist nach den umfangreichen Versuchen von Jakob und Kretzschmer, die im Forschungsheft 311 niedergelegt sind, eine Funktion des Öffnungsverhältnisses m und der Reynoldsschen Zahl R. Je größer das Öffnungsverhältnis, um so größer wird der α-Wert, er sinkt dagegen mit Zunahme des Rohrdurchmessers, so daß für die üblichen Rohrdurchmesser von 100 bis 1000 mm die Werte besonders bestimmt werden müßten. Der α-Wert wächst aber mit Zunahme der Reynoldsschen Zahl R. Die Werte sind in Abb. 447 bis 454 graphisch mitgeteilt.

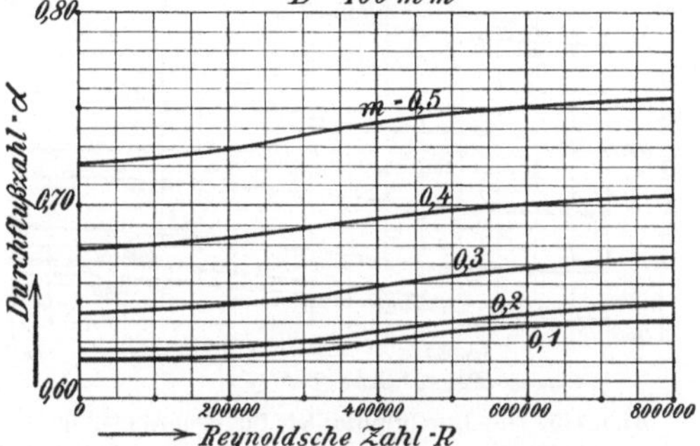

Abb. 447. Die Durchflußzahlen für Stauränder im 100-mm-Rohr.

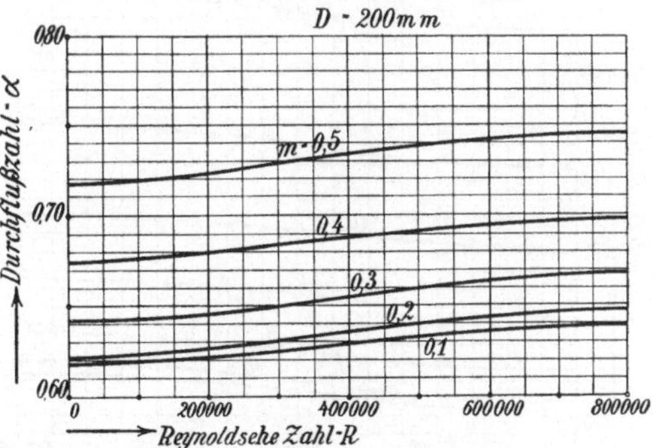

Abb. 448. Die Durchflußzahlen für Stauränder im 200-mm-Rohr.

Beispiel: Für die in Abb. 455 angegebenen Versuchsergebnisse einer Staurandmessung in einem Luttenrohr von 500 mm Durchmesser soll die vom Luttenventilator gelieferte Wettermenge bestimmt werden, wenn das spezifische Gewicht der Luft $\gamma = 1{,}180$ kg/m³ ist.

Lösung: Die minutliche Wettermenge ist

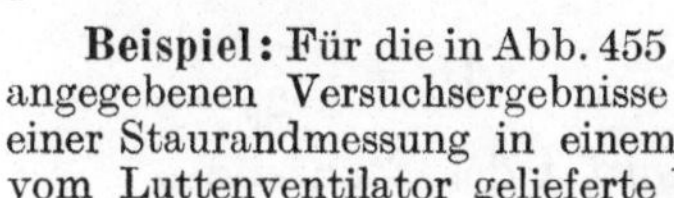

$$Q = 60 \cdot \alpha \cdot f \cdot v \ \text{m}^3/\text{min}.$$

Die Luftgeschwindigkeit v im Staurandquerschnitt berechnet sich aus dem gemessenen Differenzendruck

$$h = 42 \text{ mm W.S.}$$

$$v = \sqrt{\frac{2\,g\,h}{\gamma}} = \sqrt{\frac{2 \cdot 9{,}81 \cdot 42}{1{,}180}}$$

$$= 26{,}4 \text{ m/sek} = 2640 \text{ cm/sek.}$$

Die Durchflußzahl α ist eine Funktion der Reynoldsschen Zahl, also muß R bestimmt werden.

$$R = \frac{v \cdot d}{v}.$$

Nach dem Kurvenbild Abb. 414 ist bei 20⁰ gemessener Wettertemperatur die kinematische Zähigkeit der Luft $v = 0{,}16$.

$$R = \frac{2640 \cdot 35}{0{,}16} = 578\,000.$$

Nach Abb. 451 ist beim Rohrdurchmesser $D = 500$ mm und dem Öffnungsverhältnis $\left(\dfrac{350}{500}\right)^2 = 0{,}49 = m$ des Staurandes für $R = 578\,000$

$$\alpha = 0{,}718,$$

ferner ist

$$f = \frac{\pi}{4} \cdot 0{,}35^2 = 0{,}0962 \text{ m}^2.$$

Hiermit wird die Wettermenge

$$Q = 60 \cdot \alpha \cdot f \cdot v = 60 \cdot 0{,}718$$
$$\cdot 0{,}0962 \cdot 26{,}4 = 109 \text{ m}^3/\text{min.}$$

Wie groß ist der Druckverlust im Staurand?

Die Geschwindigkeit im Staurand wird hinter dem Staurand wieder in Druck umgesetzt, allerdings mit Verlust. Der Druckverlust berechnet sich nach der Stoßtheorie zu

$$\Delta h = \frac{(v - v_0)^2}{2g}$$

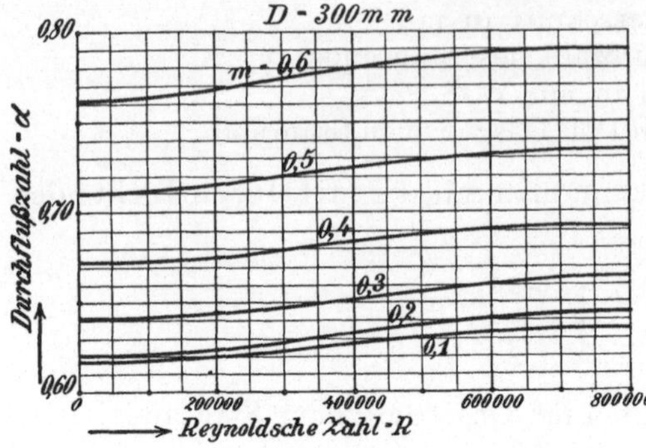

Abb. 449. Die Durchflußzahlen für Stauränder im 300-mm-Rohr.

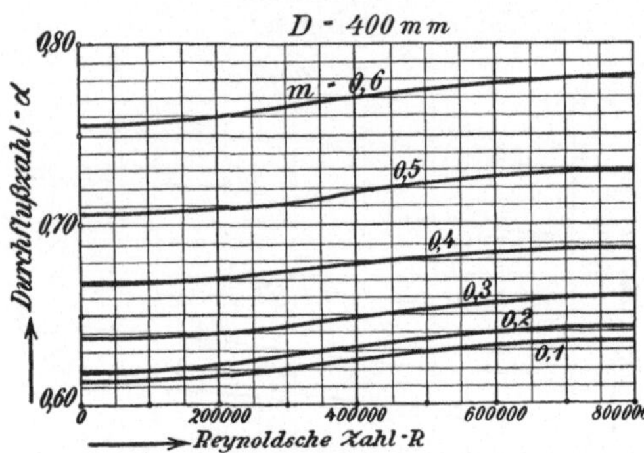

Abb. 450. Die Durchflußzahlen für Stauränder im 400-mm-Rohr.

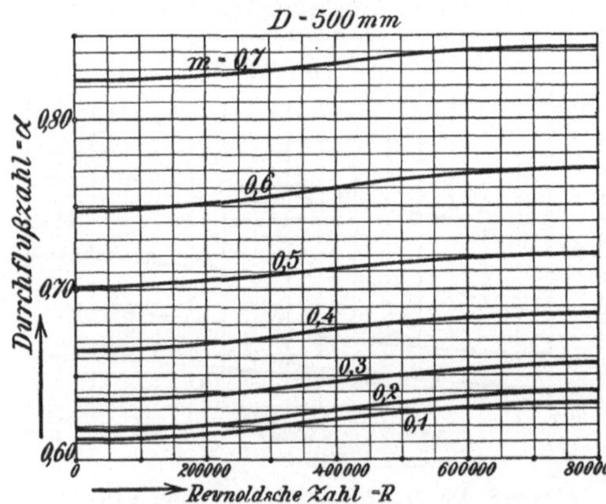

Abb. 451. Die Durchflußzahlen für Stauränder im 500-mm-Rohr.

$v = $ Luftgeschwindigkeit im Querschnitt f des Staurandes,
$v_0 = $ Luftgeschwindigkeit im Querschnitt F des Rohres

$$v_0 = \frac{f}{F} \cdot v = m \cdot v, \qquad \Delta h = \frac{v^2}{2g} \cdot (1 - m),$$

mit $m = 0,49$ wird

$$\Delta h = \frac{v^2}{2g}\,(1 - 0,49)$$
$$= 0,51 \cdot \frac{v^2}{2g},$$

d. h. 51% der Geschwindigkeitshöhe im Staurand geht verloren, während 49% zurückgewonnen werden.

Merkregel: Der Druckrückgewinn eines Staurandes ist numerisch gleich seinem Öffnungsverhältnis.

Auf unser Beispiel, Abb. 455 angewendet, erhalten wir folgende im Druckdiagramm eingezeichnete Werte:

Vor dem Staurand war der statische Druck

$$h_s = 24 \text{ mm W. S.}$$

gemessen. Der Druckverlust im Staurand ist

$$h_d = 42 \text{ mm W. S.},$$

so daß hinter dem Staurand eine Depression entsteht von der Größe

$$h_1 = h_s - h_d = 24 - 42$$
$$= -18 \text{ mm W. S.}$$

Der Druckrückgewinn beträgt 49% des Staurandabfalls, also

$$\text{Druckrückgewinn} = 0,49 \cdot h_d$$
$$= 0,49 \cdot 42 = 20,6 \text{ mm W. S.}$$

Der Druckgewinn liefert nach der Druckumsetzung den statischen Druck hinter dem Staurand

$$h_2 = -18 + 20,6 = +2,6 \text{ mm W. S.}$$

Nach Versuchen von **Kretzschmer** hat sich die Druckumsetzung etwa in einer Entfernung von

$$L = 5 \cdot D$$

vom Staurand bereits vollzogen. Von dieser Stelle ab würden also die Wetter mit einem Überdruck von 2,5 mm W. S. weiterströmen.

Dieses Meßergebnis ist außerordentlich lehrreich. Es

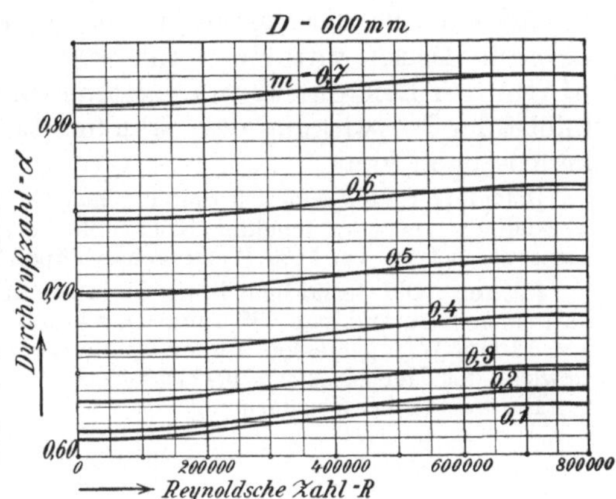

Abb. 452. Die Durchflußzahlen für Stauränder im 600-mm-Rohr.

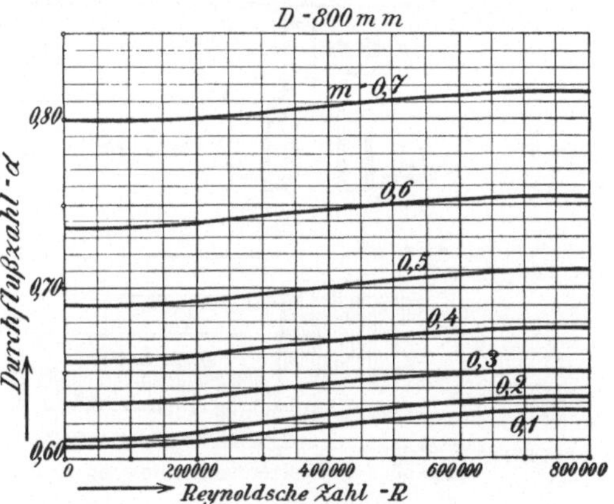

Abb. 453. Die Durchflußzahlen für Stauränder im 800-mm-Rohr.

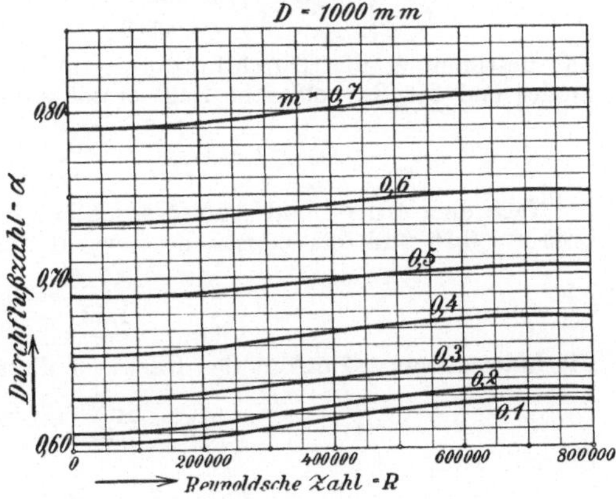

Abb. 454. Die Durchflußzahlen für Stauränder im 1000-mm-Rohr.

bestätigt die bei der Strahlpumpe gezeigte Erscheinung, daß bei niedrigem Druck vor einer **Querschnittseinschnürung** ein Vakuum hinter der Einschnürung entstehen muß, so daß man an dieser Stelle infolge der Saugwirkung des Vakuums Luft oder Wasser in den Strahl hereinsaugen kann.

Beispiel: Eine Zeche soll den Wärmebedarf feststellen, den die Kokerei zur Verkokung von 1 kg feuchter Kokskohle verbraucht. Der stündliche Kohlendurchsatz beträgt bei 11% Wassergehalt 26684 kg.

Lösung: Die Zeche baut in die Heizgasleitung, welche 450 mm Durchmesser hat, einen Staurand von 288,5 mm Durchmesser ein. Es wird ein Staudruck von $h = 12$ mm W.S. gemessen, ferner ist die Gastemperatur 20° und das spezifische Gewicht des Heizgases $\gamma = 0,4716$ kg/m³.

Die stündliche Heizgasmenge ist

$$Q = 3600 \cdot \alpha \cdot f \cdot \sqrt{\frac{2\,g\,h}{\gamma}} \,.$$

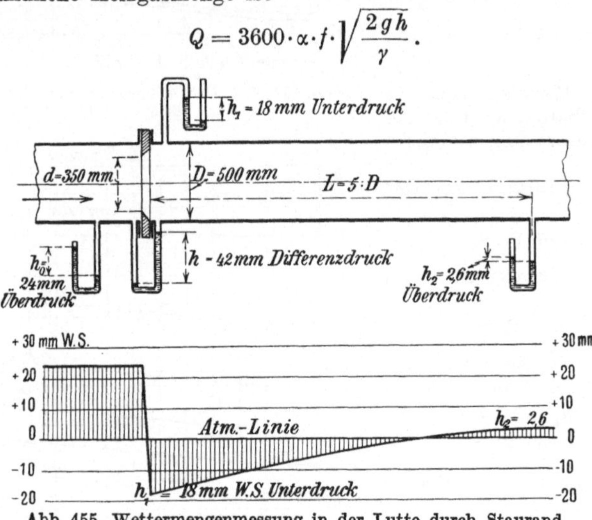

Abb. 455. Wettermengenmessung in der Lutte durch Staurand.

Es muß zunächst die Geschwindigkeit v im Staurand ermittelt werden.

$$v = \sqrt{\frac{2\,g\,h}{\gamma}} = \sqrt{\frac{2 \cdot 9,81 \cdot 12}{0,4716}} = 22,4 \text{ m/sek} = 2240 \text{ cm/sek} \,.$$

Zur Bestimmung der Durchflußzahl α muß das Öffnungsverhältnis des Staurandes und die Reynoldssche Zahl errechnet werden.

$$m = \left(\frac{d}{D}\right)^2 = \left(\frac{288,5}{450}\right)^2 = 0,41 \,.$$

Nach dem Kurvenbild Abb. 414 ist bei 20° die kinematische Zähigkeit der Luft $\nu = 0,16$ und das spezifische Gewicht der Luft $\gamma_l = 1,18$ kg/m³, also ist

$$\frac{\gamma}{\gamma_l} = \frac{0,4716}{1,18} = 0,40 \,.$$

Die kinematische Zähigkeit des Gases ist dann

$$\nu = \frac{0,16}{0,40} = 0,40 \,.$$

Hiermit wird

$$R = \frac{v \cdot d}{\nu} = \frac{2240 \cdot 28,85}{0,40} = 160000 \,.$$

Für $R = 160\,000$ findet man nach Abb. 450 als Durchflußzahl
$$\alpha = 0{,}668.$$

Der Staurandquerschnitt ist $f = \dfrac{\pi}{4} \cdot 0{,}2885^2 = 0{,}0653$ m³. Mit diesen Werten wird
$$Q = 3600 \cdot 0{,}668 \cdot 0{,}0653 \cdot 22{,}4 = 3510 \ \text{m}^3/\text{h}.$$

Der Heizwert des Gases war gemessen zu
$$H = 3841 \ \text{kcal},$$
also ist der stündliche Wärmeverbrauch
$$W = Q \cdot H = 3510 \cdot 3841 = 13\,500\,000 \ \text{kcal}.$$

Bei einem stündlichen Kohlendurchsatz von $G = 26\,684$ kg ist der Wärmebedarf für 1 kg feuchte Kohle
$$\frac{W}{G} = \frac{13\,500\,000}{26\,684} = 507 \ \text{kcal/kg}.$$

Anhang.
Tabellen.

n	n^2	n^3	$\sqrt{n}$	$\sqrt[3]{n}$	$\log n$	$\dfrac{1000}{n}$	πn	$\dfrac{\pi n^2}{4}$	n
1	1	1	1,0000	1,0000	0,00000	1000,000	3,142	0,7854	1
2	4	8	1,4142	1,2599	0,30103	500,000	6,283	3,1416	2
3	9	27	1,7321	1,4422	0,47712	333,333	9,425	7,0686	3
4	16	64	2,0000	1,5874	0,60206	250,000	12,566	12,5664	4
5	25	125	2,2361	1,7100	0,69897	200,000	15,708	19,6350	5
6	36	216	2,4495	1,8171	0,77815	166,667	18,850	28,2743	6
7	49	343	2,6458	1,9129	0,84510	142,857	21,991	38,4845	7
8	64	512	2,8284	2,0000	0,90309	125,000	25,133	50,2655	8
9	81	729	3,0000	2,0801	0,95424	111,111	28,274	63,6173	9
10	1 00	1 000	3,1623	2,1544	1,00000	100,000	31,416	78,5398	10
11	1 21	1 331	3,3166	2,2240	1,04139	90,9091	34,558	95,0332	11
12	1 44	1 728	3,4641	2,2894	1,07918	83,3333	37,699	113,097	12
13	1 69	2 197	3,6056	2,3513	1,11394	76,9231	40,841	132,732	13
14	1 96	2 744	3,7417	2,4101	1,14613	71,4286	43,982	153,938	14
15	2 25	3 375	3,8730	2,4662	1,17609	66,6667	47,124	176,715	15
16	2 56	4 096	4,0000	2,5198	1,20412	62,5000	50,265	201,062	16
17	2 89	4 913	4,1231	2,5713	1,23045	58,8235	53,407	226,980	17
18	3 24	5 832	4,2426	2,6207	1,25527	55,5556	56,549	254,469	18
19	3 61	6 859	4,3589	2,6684	1,27875	52,6316	59,690	283,529	19
20	4 00	8 000	4,4721	2,7144	1,30103	50,0000	62,832	314,159	20
21	4 41	9 261	4,5826	2,7589	1,32222	47,6190	65,973	346,361	21
22	4 84	10 648	4,6904	2,8020	1,34242	45,4545	69,115	380,133	22
23	5 29	12 167	4,7958	2,8439	1,36173	43,4783	72,257	415,476	23
24	5 76	13 824	4,8990	2,8845	1,38021	41,6667	75,398	452,389	24
25	6 25	15 625	5,0000	2,9240	1,39794	40,0000	78,540	490,874	25
26	6 76	17 576	5,0990	2,9625	1,41497	38,4615	81,681	530,929	26
27	7 29	19 683	5,1962	3,0000	1,43136	37,0370	84,823	572,555	27
28	7 84	21 952	5,2915	3,0366	1,44716	35,7143	87,965	615,752	28
29	8 41	24 389	5,3852	3,0723	1,46240	34,4828	91,106	660,520	29
30	9 00	27 000	5,4772	3,1072	1,47712	33,3333	94,248	706,858	30
31	9 61	29 791	5,5678	3,1414	1,49136	32,2581	97,389	754,768	31
32	10 24	32 768	5,6569	3,1748	1,50515	31,2500	100,531	804,248	32
33	10 89	35 937	5,7446	3,2075	1,51851	30,3030	103,673	855,299	33
34	11 56	39 304	5,8310	3,2396	1,53148	29,4118	106,814	907,920	34
35	12 25	42 875	5,9161	3,2711	1,54407	28,5714	109,956	962,113	35
36	12 96	46 656	6,0000	3,3019	1,55630	27,7778	113,097	1017,88	36
37	13 69	50 653	6,0828	3,3322	1,56820	27,0270	116,239	1075,21	37
38	14 44	54 872	6,1644	3,3620	1,57978	26,3158	119,381	1134,11	38
39	15 21	59 319	6,2450	3,3912	1,59106	25,6410	122,522	1194,59	39
40	16 00	64 000	6,3246	3,4200	1,60206	25,0000	125,66	1256,64	40
41	16 81	68 921	6,4031	3,4482	1,61278	24,3902	128,81	1320,25	41
42	17 64	74 088	6,4807	3,4760	1,62325	23,8095	131,95	1385,44	42
43	18 49	79 507	6,5574	3,5034	1,63347	23,2558	135,09	1452,20	43
44	19 36	85 184	6,6332	3,5303	1,64345	22,7273	138,23	1520,53	44
45	20 25	91 125	6,7082	3,5569	1,65321	22,2222	141,37	1590,43	45
46	21 16	97 336	6,7823	3,5830	1,66276	21,7391	144,51	1661,90	46
47	22 09	103 823	6,8557	3,6088	1,67210	21,2766	147,65	1734,94	47
48	23 04	110 592	6,9282	3,6342	1,68124	20,8333	150,80	1809,56	48
49	24 01	117 649	7,0000	3,6593	1,69020	20,4082	153,94	1885,74	49
50	25 00	125 000	7,0711	3,6840	1,69897	20,0000	157,08	1963,50	50

n	n^2	n^3	$\sqrt{n}$	$\sqrt[3]{n}$	$\log n$	$\dfrac{1000}{n}$	πn	$\dfrac{\pi n^2}{4}$	n
50	25 00	125 000	7,0711	3,6840	1,69897	20,0000	157,08	1963,50	50
51	26 01	132 651	7,1414	3,7084	1,70757	19,6078	160,22	2042,82	51
52	27 04	140 608	7,2111	3,7325	1,71600	19,2308	163,36	2123,72	52
53	28 09	148 877	7,2801	3,7563	1,72428	18,8679	166,50	2206,18	53
54	29 16	157 464	7,3485	3,7798	1,73239	18,5185	169,65	2290,22	54
55	30 25	166 375	7,4162	3,8030	1,74036	18,1818	172,79	2375,83	55
56	31 36	175 616	7,4833	3,8259	1,74819	17,8571	175,93	2463,01	56
57	32 49	185 193	7,5498	3,8485	1,75587	17,5439	179,07	2551,76	57
58	33 64	195 112	7,6158	3,8709	1,76343	17,2414	182,21	2642,08	58
59	34 81	205 379	7,6811	3,8930	1,77085	16,9492	185,35	2733,97	59
60	36 00	216 000	7,7460	3,9149	1,77815	16,6667	188,50	2827,43	60
61	37 21	226 981	7,8102	3,9365	1,78533	16,3934	191,64	2922,47	61
62	38 44	238 328	7,8740	3,9579	1,79239	16,1290	194,78	3019,07	62
63	39 69	250 047	7,9373	3,9791	1,79934	15,8730	197,92	3117,25	63
64	40 96	262 144	8,0000	4,0000	1,80618	15,6250	201,06	3216,99	64
65	42 25	274 625	8,0623	4,0207	1,81291	15,3846	204,20	3318,31	65
66	43 56	287 496	8,1240	4,0412	1,81954	15,1515	207,35	3421,19	66
67	44 89	300 763	8,1854	4,0615	1,82607	14,9254	210,49	3525,65	67
68	46 24	314 432	8,2462	4,0817	1,83251	14,7059	213,63	3631,68	68
69	47 61	328 509	8,3066	4,1016	1,83885	14,4928	216,77	3739,28	69
70	49 00	343 000	8,3666	4,1213	1,84510	14,2857	219,91	3848,45	70
71	50 41	357 911	8,4261	4,1408	1,85126	14,0845	223,05	3959,19	71
72	51 84	373 248	8,4853	4,1602	1,85733	13,8889	226,19	4071,50	72
73	53 29	389 017	8,5440	4,1793	1,86332	13,6986	229,34	4185,39	73
74	54 76	405 224	8,6023	4,1983	1,86923	13,5135	232,48	4300,84	74
75	56 25	421 875	8,6603	4,2172	1,87506	13,3333	235,62	4417,86	75
76	57 76	438 976	8,7178	4,2358	1,88081	13,1579	238,76	4536,46	76
77	59 29	456 533	8,7750	4,2543	1,88649	12,9870	241,90	4656,63	77
78	60 84	474 552	8,8318	4,2727	1,89209	12,8205	245,04	4778,36	78
79	62 41	493 039	8,8882	4,2908	1,89763	12,6582	248,19	4901,67	79
80	64 00	512 000	8,9443	4,3089	1,90309	12,5000	251,33	5026,55	80
81	65 61	531 441	9,0000	4,3267	1,90849	12,3457	254,47	5153,00	81
82	67 24	551 368	9,0554	4,3445	1,91381	12,1951	257,61	5281,02	82
83	68 89	571 787	9,1104	4,3621	1,91908	12,0482	260,75	5410,61	83
84	70 56	592 704	9,1652	4,3795	1,92428	11,9048	263,89	5541,77	84
85	72 25	614 125	9,2195	4,3968	1,92942	11,7647	267,04	5674,50	85
86	73 96	636 056	9,2736	4,4140	1,93450	11,6279	270,18	5808,80	86
87	75 69	658 503	9,3274	4,4310	1,93952	11,4943	273,32	5944,68	87
88	77 44	681 472	9,3808	4,4480	1,94448	11,3636	276,46	6082,12	88
89	79 21	704 969	9,4340	4,4647	1,94939	11,2360	279,60	6221,14	89
90	81 00	729 000	9,4868	4,4814	1,95424	11,1111	282,74	6361,73	90
91	82 81	753 571	9,5394	4,4979	1,95904	10,9890	285,88	6503,88	91
92	84 64	778 688	9,5917	4,5144	1,96379	10,8696	289,03	6647,61	92
93	86 49	804 357	9,6437	4,5307	1,96848	10,7527	292,17	6792,91	93
94	88 36	830 584	9,6954	4,5468	1,97313	10,6383	295,31	6939,78	94
95	90 25	857 375	9,7468	4,5629	1,97772	10,5263	298,45	7088,22	95
96	92 16	884 736	9,7980	4,5789	1,98227	10,4167	301,59	7238,23	96
97	94 09	912 673	9,8489	4,5947	1,98677	10,3093	304,73	7389,81	97
98	96 04	941 192	9,8995	4,6104	1,99123	10,2041	307,88	7542,96	98
99	98 01	970 299	9,9499	4,6261	1,99564	10,1010	311,02	7697,69	99
100	1 00 00	1 000 000	10,0000	4,6416	2,00000	10,0000	314,16	7853,98	100

Tafeln der Kreisfunktionen.

Grad	0′	10′	20′	30′	40′	50′	60′	
	Sinus							
0	0,00000	0,00291	0,00582	0,00873	0,01164	0,01454	0,01745	89
1	0,01745	0,02036	0,02327	0,02618	0,02908	0,03199	0,03490	88
2	0,03490	0,03781	0,04071	0,04362	0,04653	0,04943	0,05234	87
3	0,05234	0,05524	0,05814	0,06105	0,06395	0,06685	0,06976	86
4	0,06976	0,07266	0,07556	0,07846	0,08136	0,08426	0,08716	85
5	0,08716	0,09005	0,09295	0,09585	0,09874	0,10164	0,10453	84
6	0,10453	0,10742	0,11031	0,11320	0,11609	0,11898	0,12187	83
7	0,12187	0,12476	0,12764	0,13053	0,13341	0,13629	0,13917	82
8	0,13917	0,14205	0,14493	0,14781	0,15069	0,15356	0,15643	81
9	0,15643	0,15931	0,16218	0,16505	0,16792	0,17078	0,17365	80
10	0,17365	0,17651	0,17937	0,18224	0,18509	0,18795	0,19081	79
11	0,19081	0,19366	0,19652	0,19937	0,20222	0,20507	0,20791	78
12	0,20791	0,21076	0,21360	0,21644	0,21928	0,22212	0,22495	77
13	0,22495	0,22778	0,23062	0,23345	0,23627	0,23910	0,24192	76
14	0,24192	0,24474	0,24756	0,25038	0,25320	0,25601	0,25882	75
15	0,25882	0,26163	0,26443	0,26724	0,27004	0,27284	0,27564	74
16	0,27564	0,27843	0,28123	0,28402	0,28680	0,28959	0,29237	73
17	0,29237	0,29515	0,29793	0,30071	0,30348	0,30625	0,30902	72
18	0,30902	0,31178	0,31454	0,31730	0,32006	0,32282	0,32557	71
19	0,32557	0,32832	0,33106	0,33381	0,33655	0,33929	0,34202	70
20	0,34202	0,34475	0,34748	0,35021	0,35293	0,35565	0,35837	69
21	0,35837	0,36108	0,36379	0,36650	0,36921	0,37191	0,37461	68
22	0,37461	0,37730	0,37999	0,38268	0,38537	0,38805	0,39073	67
23	0,39073	0,39341	0,39608	0,39875	0,40142	0,40408	0,40674	66
24	0,40674	0,40939	0,41204	0,41469	0,41734	0,41998	0,42262	65
25	0,42262	0,42525	0,42788	0,43051	0,43313	0,43575	0,43837	64
26	0,43837	0,44098	0,44359	0,44620	0,44880	0,45140	0,45399	63
27	0,45399	0,45658	0,45917	0,46175	0,46433	0,46690	0,46947	62
28	0,46947	0,47204	0,47460	0,47716	0,47971	0,48226	0,48481	61
29	0,48481	0,48735	0,48989	0,49242	0,49495	0,49748	0,50000	60
30	0,50000	0,50252	0,50503	0,50754	0,51004	0,51254	0,51504	59
31	0,51504	0,51753	0,52002	0,52250	0,52498	0,52745	0,52992	58
32	0,52992	0,53238	0,53484	0,53730	0,53975	0,54220	0,54464	57
33	0,54464	0,54708	0,54951	0,55194	0,55436	0,55678	0,55919	56
34	0,55919	0,56160	0,56401	0,56641	0,56880	0,57119	0,57358	55
35	0,57358	0,57596	0,57833	0,58070	0,58307	0,58543	0,58779	54
36	0,58779	0,59014	0,59248	0,59482	0,59716	0,59949	0,60182	53
37	0,60182	0,60414	0,60645	0,60876	0,61107	0,61337	0,61566	52
38	0,61566	0,61795	0,62024	0,62251	0,62479	0,62706	0,62932	51
39	0,62932	0,63158	0,63383	0,63608	0,63832	0,64056	0,64279	50
40	0,64279	0,64501	0,64723	0,64945	0,65166	0,65386	0,65606	49
41	0,65606	0,65825	0,66044	0,66262	0,66480	0,66697	0,66913	48
42	0,66913	0,67129	0,67344	0,67559	0,67773	0,67987	0,68200	47
43	0,68200	0,68412	0,68624	0,68835	0,69046	0,69256	0,69466	46
44	0,69466	0,69675	0,69883	0,70091	0,70298	0,70505	0,70711	45
	60′	50′	40′	30′	20′	10′	0′	Grad
	Cosinus							

Grad	0′	10′	20′	30′	40′	50′	60′	
				Cosinus				
0	1,00000	1,00000	0,99998	0,99996	0,99993	0,99989	0,99985	89
1	0,99985	0,99979	0,99973	0,99966	0,99958	0,99949	0,99939	88
2	0,99939	0,99929	0,99917	0,99905	0,99892	0,99878	0,99863	87
3	0,99863	0,99847	0,99831	0,99813	0,99795	0,99776	0,99756	86
4	0,99756	0,99736	0,99714	0,99692	0,99668	0,99644	0,99619	85
5	0,99619	0,99594	0,99567	0,99540	0,99511	0,99482	0,99452	84
6	0,99452	0,99421	0,99390	0,99357	0,99324	0,99290	0,99255	83
7	0,99255	0,99219	0,99182	0,99144	0,99106	0,99067	0,99027	82
8	0,99027	0,98986	0,98944	0,98902	0,98858	0,98814	0,98769	81
9	0,98769	0,98723	0,98676	0,98629	0,98580	0,98531	0,98481	80
10	0,98481	0,98430	0,98378	0,98325	0,98272	0,98218	0,98163	79
11	0,98163	0,98107	0,98050	0,97992	0,97934	0,97875	0,97815	78
12	0,97815	0,97754	0,97692	0,97630	0,97566	0,97502	0,97437	77
13	0,97437	0,97371	0,97304	0,97237	0,97169	0,97100	0,97030	76
14	0,97030	0,96959	0,96887	0,96815	0,96742	0,96667	0,96593	75
15	0,96593	0,96517	0,96440	0,96363	0,96285	0,96206	0,96126	74
16	0,96126	0,96046	0,95964	0,95882	0,95799	0,95715	0,95630	73
17	0,95630	0,95545	0,95459	0,95372	0,95284	0,95195	0,95106	72
18	0,95106	0,95015	0,94924	0,94832	0,94740	0,94646	0,94552	71
19	0,94552	0,94457	0,94361	0,94264	0,94167	0,94068	0,93969	70
20	0,93969	0,93869	0,93769	0,93667	0,93565	0,93462	0,93358	69
21	0,93358	0,93253	0,93148	0,93042	0,92935	0,92827	0,92718	68
22	0,92718	0,92609	0,92499	0,92388	0,92276	0,92164	0,92050	67
23	0,92050	0,91936	0,91822	0,91706	0,91590	0,91472	0,91355	66
24	0,91355	0,91236	0,91116	0,90996	0,90875	0,90753	0,90631	65
25	0,90631	0,90507	0,90383	0,90259	0,90133	0,90007	0,89879	64
26	0,89879	0,89752	0,89623	0,89493	0,89363	0,89232	0,89101	63
27	0,89101	0,88968	0,88835	0,88701	0,88566	0,88431	0,88295	62
28	0,88295	0,88158	0,88020	0,87882	0,87743	0,87603	0,87462	61
29	0,87462	0,87321	0,87178	0,87036	0,86892	0,86748	0,86603	60
30	0,86603	0,86457	0,86310	0,86163	0,86015	0,85866	0,85717	59
31	0,85717	0,85567	0,85416	0,85264	0,85112	0,84959	0,84805	58
32	0,84805	0,84650	0,84495	0,84339	0,84182	0,84025	0,83867	57
33	0,83867	0,83708	0,83549	0,83389	0,83228	0,83066	0,82904	56
34	0,82904	0,82741	0,82577	0,82413	0,82248	0,82082	0,81915	55
35	0,81915	0,81748	0,81580	0,81412	0,81242	0,81072	0,80902	54
36	0,80902	0,80730	0,80558	0,80386	0,80212	0,80038	0,79864	53
37	0,79864	0,79688	0,79512	0,79335	0,79158	0,78980	0,78801	52
38	0,78801	0,78622	0,78442	0,78261	0,78079	0,77897	0,77715	51
39	0,77715	0,77531	0,77347	0,77162	0,76977	0,76791	0,76604	50
40	0,76604	0,76417	0,76229	0,76041	0,75851	0,75661	0,75471	49
41	0,75471	0,75280	0,75088	0,74896	0,74703	0,74509	0,74314	48
42	0,74314	0,74120	0,73924	0,73728	0,73531	0,73333	0,73135	47
43	0,73135	0,72937	0,72737	0,72537	0,72337	0,72136	0,71934	46
44	0,71934	0,71732	0,71529	0,71325	0,71121	0,70916	0,70711	45
	60′	50′	40′	30′	20′	10′	0′	Grad
				Sinus				

Grad	Tangens							Grad
	0′	10′	20′	30′	40′	50′	60′	
0	0,00000	0,00291	0,00582	0,00873	0,01164	0,01455	0,01746	89
1	0,01746	0,02036	0,02328	0,02619	0,02910	0,03201	0,03492	88
2	0,03492	0,03783	0,04075	0,04366	0,04658	0,04949	0,05241	87
3	0,05241	0,05533	0,05824	0,06116	0,06408	0,06700	0,06993	86
4	0,06993	0,07285	0,07578	0,07870	0,08163	0,08456	0,08749	85
5	0,08749	0,09042	0,09335	0,09629	0,09923	0,10216	0,10510	84
6	0,10510	0,10805	0,11099	0,11394	0,11688	0,11983	0,12278	83
7	0,12278	0,12574	0,12869	0,13165	0,13461	0,13758	0,14054	82
8	0,14054	0,14351	0,14648	0,14945	0,15243	0,15540	0,15838	81
9	0,15838	0,16137	0,16435	0,16734	0,17033	0,17333	0,17633	80
10	0,17633	0,17933	0,18233	0,18534	0,18835	0,19136	0,19438	79
11	0,19438	0,19740	0,20042	0,20345	0,20648	0,20952	0,21256	78
12	0,21256	0,21560	0,21864	0,22169	0,22475	0,22781	0,23087	77
13	0,23087	0,23393	0,23700	0,24008	0,24316	0,24624	0,24933	76
14	0,24933	0,25242	0,25552	0,25862	0,26172	0,26483	0,26795	75
15	0,26795	0,27107	0,27419	0,27732	0,28046	0,28360	0,28675	74
16	0,28675	0,28990	0,29305	0,29621	0,29938	0,30255	0,30573	73
17	0,30573	0,30891	0,31210	0,31530	0,31850	0,32171	0,32492	72
18	0,32492	0,32814	0,33136	0,33460	0,33783	0,34108	0,34433	71
19	0,34433	0,34758	0,35085	0,35412	0,35740	0,36068	0,36397	70
20	0,36397	0,36727	0,37057	0,37388	0,37720	0,38053	0,38386	69
21	0,38386	0,38721	0,39055	0,39391	0,39727	0,40065	0,40403	68
22	0,40403	0,40741	0,41081	0,41421	0,41763	0,42105	0,42447	67
23	0,42447	0,42791	0,43136	0,43481	0,43828	0,44175	0,44523	66
24	0,44523	0,44872	0,45222	0,45573	0,45924	0,46277	0,46631	65
25	0,46631	0,46985	0,47341	0,47698	0,48055	0,48414	0,48773	64
26	0,48773	0,49134	0,49495	0,49858	0,50222	0,50587	0,50953	63
27	0,50953	0,51320	0,51688	0,52057	0,52427	0,52798	0,53171	62
28	0,53171	0,53545	0,53920	0,54296	0,54673	0,55051	0,55431	61
29	0,55431	0,55812	0,56194	0,56577	0,56962	0,57348	0,57735	60
30	0,57735	0,58124	0,58513	0,58905	0,59297	0,59691	0,60086	59
31	0,60086	0,60483	0,60881	0,61280	0,61681	0,62083	0,62487	58
32	0,62487	0,62892	0,63299	0,63707	0,64117	0,64528	0,64941	57
33	0,64941	0,65355	0,65771	0,66189	0,66608	0,67028	0,67451	56
34	0,67451	0,67875	0,68301	0,68728	0,69157	0,69588	0,70021	55
35	0,70021	0,70455	0,70891	0,71329	0,71769	0,72211	0,72654	54
36	0,72654	0,73100	0,73547	0,73996	0,74447	0,74900	0,75355	53
37	0,75355	0,75812	0,76272	0,76733	0,77196	0,77661	0,78129	52
38	0,78129	0,78598	0,79070	0,79544	0,80020	0,80498	0,80978	51
39	0,80978	0,81461	0,81946	0,82434	0,82923	0,83415	0,83910	50
40	0,83910	0,84407	0,84906	0,85408	0,85912	0,86419	0,86929	49
41	0,86929	0,87441	0,87955	0,88473	0,88992	0,89515	0,90040	48
42	0,90040	0,90569	0,91099	0,91633	0,92170	0,92709	0,93252	47
43	0,93252	0,93797	0,94345	0,94896	0,95451	0,96008	0,96569	46
44	0,96569	0,97133	0,97700	0,98270	0,98843	0,99420	1,00000	45
	60′	50′	40′	30′	20′	10′	0′	Grad
	Cotangens							

Grad	Cotangens							Grad
	0′	10′	20′	30′	40′	50′	60′	
0	∞	343,77371	171,88540	114,58865	85,93979	68,75009	57,28996	89
1	57,28996	49,10388	42,96408	38,18846	34,36777	31,24158	28,63625	88
2	28,63625	26,43160	24,54176	22,90377	21,47040	20,20555	19,08114	87
3	19,08114	18,07498	17,16934	16,34986	15,60478	14,92442	14,30067	86
4	14,30067	13,72674	13,19688	12,70621	12,25051	11,82617	11,43005	85
5	11,43005	11,05943	10,71191	10,38540	10,07803	9,78817	9,51436	84
6	9,51436	9,25530	9,00983	8,77689	8,55555	8,34496	8,14435	83
7	8,14435	7,95302	7,77035	7,59575	7,42871	7,26873	7,11537	82
8	7,11537	6,96823	6,82694	6,69116	6,56055	6,43484	6,31375	81
9	6,31375	6,19703	6,08444	5,97576	5,87080	5,76937	5,67128	80
10	5,67128	5,57638	5,48451	5,39552	5,30928	5,22566	5,14455	79
11	5,14455	5,06584	4,98940	4,91516	4,84300	4,77286	4,70463	78
12	4,70463	4,63825	4,57363	4,51071	4,44942	4,38969	4,33148	77
13	4,33148	4,27471	4,21933	4,16530	4,11256	4,06107	4,01078	76
14	4,01078	3,96165	3,91364	3,86671	3,82083	3,77595	3,73205	75
15	3,73205	3,68909	3,64705	3,60588	3,56557	3,52609	3,48741	74
16	3,48741	3,44951	3,41236	3,37594	3,34023	3,30521	3,27085	73
17	3,27085	3,23714	3,20406	3,17159	3,13972	3,10842	3,07768	72
18	3,07768	3,04749	3,01783	2,98869	2,96004	2,93189	2,90421	71
19	2,90421	2,87700	2,85023	2,82391	2,79802	2,77254	2,74748	70
20	2,74748	2,72281	2,69853	2,67462	2,65109	2,62791	2,60509	69
21	2,60509	2,58261	2,56046	2,53865	2,51715	2,49597	2,47509	68
22	2,47509	2,45451	2,43422	2,41421	2,39449	2,37504	2,35585	67
23	2,35585	2,33693	2,31826	2,29984	2,28167	2,26374	2,24604	66
24	2,24604	2,22857	2,21132	2,19430	2,17749	2,16090	2,14451	65
25	2,14451	2,12832	2,11233	2,09654	2,08094	2,06553	2,05030	64
26	2,05030	2,03526	2,02039	2,00569	1,99116	1,97680	1,96261	63
27	1,96261	1,94858	1,93470	1,92098	1,90741	1,89400	1,88073	62
28	1,88073	1,86760	1,85462	1,84177	1,82906	1,81649	1,80405	61
29	1,80405	1,79174	1,77955	1,76749	1,75556	1,74375	1,73205	60
30	1,73205	1,72047	1,70901	1,69766	1,68643	1,67530	1,66428	59
31	1,66428	1,65337	1,64256	1,63185	1,62125	1,61074	1,60033	58
32	1,60033	1,59002	1,57981	1,56969	1,55966	1,54972	1,53987	57
33	1,53987	1,53010	1,52043	1,51084	1,50133	1,49190	1,48256	56
34	1,48256	1,47330	1,46411	1,45501	1,44598	1,43703	1,42815	55
35	1,42815	1,41934	1,41061	1,40195	1,39336	1,38484	1,37638	54
36	1,37638	1,36800	1,35968	1,35142	1,34323	1,33511	1,32704	53
37	1,32704	1,31904	1,31110	1,30323	1,29541	1,28764	1,27994	52
38	1,27994	1,27230	1,26471	1,25717	1,24969	1,24227	1,23490	51
39	1,23490	1,22758	1,22031	1,21310	1,20593	1,19882	1,19175	50
40	1,19175	1,18474	1,17777	1,17085	1,16398	1,15715	1,15037	49
41	1,15037	1,14363	1,13694	1,13029	1,12369	1,11713	1,11061	48
42	1,11061	1,10414	1,09770	1,09131	1,08496	1,07864	1,07237	47
43	1,07237	1,06613	1,05994	1,05378	1,04766	1,04158	1,03553	46
44	1,03553	1,02952	1,02355	1,01761	1,01170	1,00583	1.00000	45
	60′	50′	40′	30′	20′	10′	0′	Grad
	Tangens							

Reibungszahlen für gleitende Reibung in Abhängigkeit vom Flächendruck.

Flächen-druck kg/cm²	Schweißeisen auf Schweißeisen	Stahl auf Gußeisen	Flächen-druck kg/cm²	Schweißeisen auf Schweißeisen	Stahl auf Gußeisen
	$\mu =$			$\mu =$	
8,8	0,140	0,166	31,5	0,395	0,354
13,1	0,250	0,300	34,1	0,403	0,356
15,8	0,271	0,333	36,8	0,409	0,357
18,3	0,285	0,340	39,4	Flächen an-gegriffen	0,358
21,0	0,297	0,344	42,2		0,359
23,6	0,312	0,347	44,6	—	0,367
26,2	0,350	0,351	47,3	—	0,403
27,4	0,376	0,353	—	—	Flächen angegriffen

Traglager-Reibungszahlen für Stahl auf Lagermetall.

Flächen-druck kg/cm²	für die Umfangsgeschwindigkeiten v in m/sek					
	0,5	1	2	5	10	18
	Reibungsziffer μ für 50° Lagertemp. und 20° Raumtemp.					
2	0,010	0,013	0,020	0,028	0,035	0,070
6	0,006	0,008	0,010	0,015	0,018	0,033
10	0,004	0,005	0,007	0,011	0,011	0,025
14	0,003	0,004	0,006	0,009	0,010	0,021
18	0,003	0,004	0,005	0,008	0,009	0,019
22	0,003	0,004	0,005	0,007	0,009	0,018
26	0,003	0,003	0,004	0,007	0,008	0,017
30	0,003	0,003	0,004	0,006	0,008	0,016

Reibungszahlen für Backenbremsen.

μ ist fast unveränderlich für Umfangsgeschwindigkeiten $v = 1$ bis 20 m/sek und für Flächenpressungen . . . . $p = 0,5$ bis 10 kg/cm²

Brems-scheibe	μ für Bremsklötze mit Längsfasern auf abgedrehten Bremsscheiben					
	Buche	Eiche	Pappel	Ulme	Weide	Aluminium mit Ferrodo
Gußeisen.	0,29—0,37	0,30—0,34	0,35—0,40	0,36—0,37	0,46—0,47	0,30—0,35
Schmiede-eisen .	0,35—0,54	0,51—0,40	0,65—0,60	0,60—0,49	0,63—0,60	0,35—0,45

Werte $e^{\mu\alpha}$ für Bandbremsen.

| | Umspannungswinkel | | Werte $e^{\mu\alpha}$ für folgende μ-Werte | | | | | | |
α^0	Bogen-maß	n-fache Um-schlingung	0,10	0,18	0,20	0,25	0,30	0,40	0,50
45^0	$0,25\cdot\pi$	0,125	1,08	1,15	1,17	1,22	1,26	1,37	1,48
90^0	$0,50\cdot\pi$	0,250	1,17	1,30	1,37	1,48	1,60	1,90	2,20
180^0	$1,00\cdot\pi$	0,500	1,37	1,76	1,87	2,20	2,60	3,50	4,80
240^0	$1,33\cdot\pi$	0,665	1,52	2,12	2,31	2,84	3,51	5,32	8,13
250^0	$1,39\cdot\pi$	0,695	1,55	2,20	2,40	2,99	3,71	5,75	8,90
260^0	$1,45\cdot\pi$	0,725	1,58	2,27	2,49	3,12	3,93	6,20	9,78
270^0	$1,50\cdot\pi$	0,750	1,60	2,34	2,57	3,25	4,10	6,60	10,5
280^0	$1,55\cdot\pi$	0,775	1,63	2,40	2,64	3,38	4,31	7,00	11,5
290^0	$1,61\cdot\pi$	0,805	1,66	2,49	2,75	3,54	4,57	7,58	12,6
300^0	$1,67\cdot\pi$	0,835	1,69	2,57	2,86	3,71	4,83	8,16	13,8
310^0	$1,72\cdot\pi$	0,860	1,72	2,64	2,95	3,86	5,06	8,70	15,1
320^0	$1,78\cdot\pi$	0,890	1,75	2,74	3,06	4,03	5,35	9,38	16,4
330^0	$1,83\cdot\pi$	0,915	1,78	2,82	3,16	4,21	5,61	10,00	17,8
340^0	$1,89\cdot\pi$	0,945	1,81	2,92	3,28	4,41	5,95	10,7	19,5
360^0	$2\cdot\pi$	1,00	1,87	3,10	3,50	4,80	6,60	12,3	23,1

Werte $e^{\mu\alpha}$ für Riemenreibung.

| | | | Gußeisenscheiben | | |
α^0	n-fache Umschlingung	Holzscheiben $\mu = 0,47$	sehr gefettet $\mu = 0,12$	wenig gefettet $\mu = 0,28$	feucht $\mu = 0,38$
36^0	0,1	1,34	1,01	1,19	1,27
72^0	0,2	1,81	1,16	1,42	1,61
108^0	0,3	2,43	1,25	1,69	2,05
144^0	0,4	3,26	1,35	2,02	2,60
153^0	0,425	3,51	1,38	2,11	2,76
162^0	0,45	3,78	1,40	2,21	2,93
171^0	0,475	4,07	1,43	2,31	3,11
180^0	0,5	4,38	1,46	2,41	3,30
189^0	0,525	4,71	1,49	2,52	3,50
198^0	0,55	5,63	1,51	2,63	3,72
216^0	0,6	5,88	1,57	2,81	4,19
252^0	0,7	7,90	1,66	3,43	5,32
288^0	0,8	10,60	1,83	4,09	6,75
324^0	0,9	14,30	1,97	4,8?	8,57
360^0	1,0	19,20	2,12	5,81	10,90

Werte $e^{\mu\alpha}$ für Drahtseile auf Eisentrommeln.

α^0	$\mu = 0,18$	$\mu = 0,25$	α^0	$\mu = 0,18$	$\mu = 0,25$
36^0	1,11	1,17	189^0	1,81	2,28
72^0	1,25	1,37	198^0	1,86	2,37
108^0	1,40	1,60	216^0	1,97	2,57
144^0	1,57	1,87	252^0	2,21	3,00
153^0	1,62	1,95	288^0	2,47	3,51
162^0	1,66	2,03	324^0	2,75	4,11
171^0	1,71	2,11	360^0	3,10	4,81
180^0	1,76	2,19	540^0	5,50	10,55
			720^0	9,60	23,14

Mittelwerte der gleitenden Reibung für feuchte Schienen.

Fahrgeschw. km/h =	0	10	20	30	40	50	60	70	80	90
μ =	0,25	0,20	0,16	0,14	0,13	0,12	0,11	0,10	0,10	0,09

Rollende Reibung.

Rollende Körper	Hebelarm f in cm
Pockholz auf Pockholz	0,0547
Ulmenholz auf Pockholz	0,081
Eisen auf Eisen oder Stahl	0,005
Stahlkugeln in Kugellagern	0,0009 bis 0,0015

Reibungsziffern der Gesamtreibung für Fahrzeuge.

Gleise der Straßenbahnen im Mittel . . . μ_g = 0,006 bis 0,008
Gute Asphaltstraße. . . . . = 0,010
Gutes Steinpflaster. . . . . = 0,020
Gutes Holzpflaster . . . . = 0,018
Chaussierte Straße, in gutem Zustand . . = 0,023
            mit Staub bedeckt. . = 0,028
            mit Schlamm bedeckt = 0,035
Erdwege, gute bis schlechte. . . . . . . = 0,08 bis 0,16
Loser Sand . . . . = 0,15 bis 0,30
Automobile, Gummi auf Asphalt . . . . = 0,021 bis 0,031

Zugfestigkeit, Streckgrenze, Elastizitätszahl und spezifisches Gewicht.

Baustoff	Zugfestigkeit K_z in kg/cm²	Streckgrenze σ_s in kg/cm²	Elastizitätsmodul $E=\dfrac{1}{\alpha}$ in kg/cm²	Spezif. Gewicht γ in g/cm²
Guß-Werkstoffe				
Grauguß	1800— 2400	—	750 000	7,80
Temperguß	2400— 3600	—	bis 1 050 000	7,85
Stahlguß	3800— 6000	2200— 2600	2 150 000	8,00
Unlegierter Stahl				
Schweißeisen . . .	3300— 4000	1800	2 000 000	
Flußeisen	3400— 5000	2000	2 100 000	
Flußstahl	5000—20000	3000	2 150 000	7,60
Federstahl, gehärtet	13 500—15 000	12 500—14 000	2 200 000	
Werkzeugstahl.. .	6000— 6800	4200— 5 200	2 200 000	
Legierter Stahl				
Nickelstahl	4800— 6000	3400— 5000	2 150 000	
Chrom-Nickelstahl .	8 500—10 000	7200	2 100 000	
Nickelstahl, nicht rostend	6000— 7000	3000— 4000	—	7,80—8,00
Chromstahl	8000	—	2 100 000	
Leicht-Metalle				
Elektron	1200— 4500	600— 3000	41 000—48 000	1,80
Silumin.	1800— 2000	600— 800	—	2,60
Duralumin	3200— 4800	2000— 3000	500 000	2,80
Aluminium, rein . .	900— 1500	440	685 000	/ 2,70
Verschiedene Metalle				
Kupferbleche . . .	2000— 2300	—	1 150 000	8,90
Zink	2000— 2300	—	—	6,9—7,2
Zinn	350	—	960 000	7,2—7,3
Rotguß	2000	—	900 000	8,5
Messing	1500	—	800 000	8,6
Hartblei	250	50—100	50 000	11,2—11,3

Bruchfestigkeit, Proportionalitätsgrenze, Elastizitätszahl verschiedener Hölzer.

Art der Beanspruchung	Bruchfest. σ_B kg/cm²	Proport.-Grenze σ_P kg/cm²	Elastizitätszahl $E = \dfrac{1}{\alpha}$ kg/cm²	Bruchfest. σ_B kg/cm²	Proport.-Grenze σ_P kg/cm²	Elastizitätszahl $E = \dfrac{1}{\alpha}$ kg/cm²
	Kiefer $\gamma = (0{,}42—0{,}60)$			Eiche $(\gamma = 0{,}61—1{,}05)$		
Zug | parallel	790	—	90000	965	475	108000
Druck | zur Faser	280	155	96000	345	150	103000
Biegung	470	200	108000	600	215	100000
Schub	45	—	—	75	—	—
	Fichte $(\gamma = 0{,}40—0{,}59)$			Buche $(\gamma = 0{,}79—0{,}85)$		
Zug | parallel	750	—	92000	1340	580	180000
Druck | zur Faser	245	150	99000	320	100	169000
Biegung	420	230	111000	670	240	128000
Schub	40	—	—	85	—	—

Druckfestigkeit, zulässiger Druck, spezifisches Gewicht der Steine.

	Basalt	Porphyr	Granit	Kalkstein	Sandstein	Ziegelstein
Druckfestigkeit kg/cm²	1000—2000	500—2000	800—2000	400—1600	250—1800	100—300
zul. Druck kg/cm²	25—60	20—40	25—60	15—30	10—20	8—18
spez. Gewicht .	2,7—3,1	2,5—2,7	2,6—2,8	2,2—3,0	2,2—2,5	1,5—1,7

Zulässige Spannungen für Eisen und Stahl.

Art der Festigkeit und Belastung		Schweißeisen kg/cm²	Flußeisen kg/cm²	Flußstahl kg/cm²	Stahlguß kg/cm²	Gußeisen kg/cm²
Zug $\sigma_{zul.}$	I	900	900—1500	1200—1800	600—1200	300
	II	540	540— 900	720—1080	360— 720	180
	III	450	450— 750	600— 900	300— 600	150
Druck $\sigma_{zul.}$	I	900	900—1500	1200—1800	900—1500	900
	II	540	540— 900	720—1080	540— 900	540
Biegung $\sigma'_{zul.}$	I	900	900—1500	1200—1800	750—1200	—
	II	540	540— 900	720—1080	450— 720	—
	III	450	450— 750	600— 900	375— 600	—
Schub $\tau_{zul.}$	I	720	720—1200	960—1440	480— 960	300
	II	430	430— 720	580— 860	290— 580	180
	III	360	360— 600	480— 720	240— 480	180
Drehung $\tau'_{zul.}$	I	360	600—1200	900—1440	480— 960	—
	II	220	360— 720	540— 860	290— 580	—
	III	180	300— 600	450— 720	240— 480	—

Lehrbuch der Bergbaukunde mit besonderer Berücksichtigung des Steinkohlenbergbaues. Von Professor Dr.-Ing. e. h. F. Heise, Bochum, und Professor Dr.-Ing. e. h. F. Herbst, Essen.

Erster Band: Gebirgs- und Lagerstättenlehre. Das Aufsuchen der Lagerstätten (Schürf- und Bohrarbeiten). Gewinnungsarbeiten. Die Grubenbaue. Grubenbewetterung. Sechste, verbesserte Auflage. Mit 682 Abbildungen und einer farbigen Tafel. XXI, 716 Seiten. 1930.
Gebunden RM 22.50

Zweiter Band: Grubenausbau. Schachtabteufen. Förderung. Wasserhaltung. Grubenbrände. Atmungs- und Rettungsgeräte. Dritte und vierte, verbesserte und vermehrte Auflage. Mit 695 Abbildungen. XVI, 662 Seiten. 1923.
Gebunden RM 11.—

Grundzüge der Bergbaukunde einschließlich Aufbereiten und Brikettieren. Von Dr.-Ing. e. h. Emil Treptow, Geh. Bergrat, Professor i. R. der Bergbaukunde an der Bergakademie Freiberg, Sachsen. Sechste, vermehrte und vollständig umgearbeitete Auflage.

I. Band: Bergbaukunde. Mit 871 in den Text gedruckten Abbildungen. X, 636 Seiten. 1925.
Gebunden RM 18.—

II. Band: Aufbereitung und Brikettieren. Mit 324 in den Text gedruckten Abbildungen und 11 Tafeln. X, 338 Seiten. 1925.
Gebunden RM 21.—

Die wissenschaftlichen Grundlagen der nassen Erzaufbereitung. Von Dipl.-Bergingenieur Josef Finkey, a. o. Professor der Aufbereitungskunde an der Montan. Hochschule in Sopron. Aus dem ungarischen Manuskript übersetzt von Dipl.-Bergingenieur Johann Pocsubay, Assistent an der Montan. Hochschule in Sopron. Mit 44 Textabbildungen und 31 Tabellen. VI, 288 Seiten. 1924. RM 10.—; gebunden RM 11.50

Der Flotations-Prozeß. Von C. Bruchhold, gepr. Bergingenieur. Mit 96 Textabbildungen. VIII, 288 Seiten. 1927. Gebunden RM 27.—

Billig Verladen und Fördern. Die maßgebenden Gesichtspunkte für die Schaffung von Neuanlagen nebst Beschreibung und Beurteilung der bestehenden Verlade- und Fördermittel unter besonderer Berücksichtigung ihrer Wirtschaftlichkeit. Von Dipl.-Ing. Georg v. Hanffstengel, a. o. Professor an der Technischen Hochschule zu Berlin. Dritte, neubearbeitete Auflage. Mit 190 Textabbildungen. VIII, 178 Seiten. 1926. RM 6.—

Die Drahtseilbahnen (Schwebebahnen) einschließlich der Kabelkrane und Elektrohängebahnen. Von Professor Dipl.-Ing. P. Stephan. Vierte, verbesserte Auflage. Mit 664 Textabbildungen und 3 Tafeln. XII, 572 Seiten. 1926. Gebunden RM 33.—

Organisation, Wirtschaft und Betrieb im Bergbau. Von Dr. Bartel Granigg, o. ö. Professor an der Montanistischen Hochschule Leoben, Dr. mont. und Docteur ès sc. phys. der Universität Genf. Mit 70 Abbildungen im Text und auf 11 Tafeln sowie 3 mehrfarbigen Karten. VI, 283 Seiten. 1926. Gebunden RM 28.50

Technisches Denken und Schaffen. Eine leichtverständliche Einführung in die Technik. Von Professor Dipl.-Ing. Georg v. Hanffstengel, Charlottenburg. Vierte, neubearbeitete Auflage. Mit 175 Textabbildungen. XII, 228 Seiten. 1927. Gebunden RM 6.90

Hundert Versuche aus der Mechanik. Von Professor Georg v. Hanffstengel, Charlottenburg. Mit 100 Abbildungen im Text. V, 49 Seiten. 1925. RM 3.30

Lehrbuch der technischen Mechanik für Ingenieure und Physiker. Zum Gebrauche für Vorlesungen und zum Selbststudium. Von Professor Dr.-Ing. Theodor Pöschl, Karlsruhe. Zweite, vollständig umgearbeitete Auflage. Mit 249 Textabbildungen. VIII, 318 Seiten. 1930. RM 17.50; gebunden RM 19.—

Lehrbuch der Hydraulik für Ingenieure und Physiker. Zum Gebrauche bei Vorlesungen und zum Selbststudium. Von Professor Dr.-Ing. Theodor Pöschl, Karlsruhe. Mit 148 Abbildungen. VI, 192 Seiten. 1924. RM 8.40; gebunden RM 9.90

Festigkeitslehre für Ingenieure. Von Studienrat Dipl.-Ing. Hans Winkel †. Nach dem Tode des Verfassers bearbeitet und ergänzt von Dr.-Ing. Kurt Lachmann. Mit 363 Textabbildungen. VII, 494 Seiten. 1927. Gebunden RM 26.—

Elastizität und Festigkeit. Die für die Technik wichtigsten Sätze und deren erfahrungsmäßige Grundlage. Von Professor Dr.-Ing. C. Bach, Stuttgart, und Professor R. Baumann, Stuttgart. Neunte, vermehrte Auflage. Mit in den Text gedruckten Abbildungen, 2 Buchdrucktafeln und 25 Tafeln in Lichtdruck. XXVIII, 687 Seiten. 1924. Gebunden RM 24.—

Lehrbuch der Markscheidekunde. Von Dr. phil. P. Wilski, o. Professor der Markscheidekunde an der Technischen Hochschule Aachen. Erster Teil. Mit 131 Abbildungen im Text, einer mehrfarbigen und 27 schwarzen Tafeln. VIII, 252 Seiten. 1929. Gebunden RM 26.—

Beobachtungsbuch für markscheiderische Messungen. Herausgegeben von G. Schulte und W. Löhr, Markscheider der Westf. Berggewerkschaftskasse und ord. Lehrer an der Bergschule zu Bochum. Fünfte, durchgesehene Auflage. Mit 18 Textabbildungen und 15 ausführlichen Messungsbeispielen nebst Erläuterungen. IV, 144 Seiten und 8 Seiten Schreibpapier. 1929. RM 5.40

Zahlentafeln der Seigerteufen und Sohlen bzw. zur Berechnung der Katheten eines rechtwinkligen Dreiecks aus der Hypothenuse und einem Winkel. Nebst einem Anhang für die Verwandlung von Stunden in Grade. Von Markscheider Dr. L. Mintrop, Bochum. Sechste Auflage. VII, 39 Seiten. 1922. RM 1.—

Physik und Chemie. Leitfaden für Bergschulen. Von Dr. H. Winter, Bochum. Zweite, verbesserte Auflage. Mit 128 Textabbildungen und einer farbigen Tafel. VII, 162 Seiten. 1923. RM 3.30